Handbuch

der

Kugelfunctionen,

Theorie und Anwendungen,

von

Dr. E. Heine,

ordentlichem Professor der Mathematik an der vereinigten
Friedrichs-Universität Halle-Wittenberg.

Erster Band.

Zweite umgearbeitete und vermehrte Auflage.

Berlin.

Druck und Verlag von G. Reimer.

1878.

Theorie

der

Kugelfunctionen

und

der verwandten Functionen,

von

E. Heine.

Zweite umgearbeitete und vermehrte Auflage.

Berlin.
Druck und Verlag von G. Reimer.
1878.

Vorwort zur zweiten Auflage.

Neues Material und neue seit dem Erscheinen der ersten Auflage gewonnene Gesichtspunkte gestatteten für die wiederholte Herausgabe nicht den einfachen Wiederabdruck, sondern machten eine Umarbeitung nothwendig, bei welcher neben den Kugelfunctionen die mit ihnen verwandten zu berücksichtigen waren. Auch wurden grössere Zusätze, wie über trigonometrische und über hypergeometrische Reihen und über Kettenbrüche hinzugefügt, welche die darin behandelten Gegenstände weiter führen, als es die nächste Veranlassung, ihre Beziehung zu den Kugelfunctionen, unumgänglich verlangte. Dadurch ist die Arbeit so angewachsen, dass eine Vertheilung auf zwei Bände zweckmässig schien.

Der erste hier vorliegende Band giebt als selbstständiges Ganzes die Theorie der Kugelfunctionen und der mit ihnen verwandten, während der zweite, welcher sich auf diesen ersten stützt, die Anwendungen der Theorie in etwas ausgedehnterem Maasse als die erste Auflage behandeln wird.

Inhalt.

Einleitung.

Die Einführung der Kugelfunctionen.

I. Theil.

Die Kugelfunctionen einer Veränderlichen.

Erstes Kapitel.

Verschiedene Formen der Kugelfunction.

Zweites Kapitel.

Entwickelung nach Kugelfunctionen.

Drittes Kapitel.

Die Kugelfunction zweiter Art. Cylinderfunction.

Viertes Kapitel.

Zugeordnete Functionen.

Fünftes Kapitel.

Die Kettenbrüche.

Anhang.

II. Theil.

Die Kugelfunctionen mit mehreren Veränderlichen.

Erstes Kapitel.

Entwickelung der Kugelfunctionen erster Art nach Laplace.

Zweites Kapitel.

Entwickelung der Kugelfunction zweiter Art und der Cylinderfunctionen nach denselben Methoden.

Drittes Kapitel.

Einführung und Eigenschaften der Lamé'schen Functionen. Functionen des elliptischen Cylinders.

Viertes Kapitel.

Ueber orthogonale Substitutionen. Anwendung derselben auf Entwickelungen der $\mathfrak{E}$ und E. Entwickelung der Kugelfunctionen nach Lamé'schen Produkten.

Fünftes Kapitel.

Ueber die Entwickelung von Functionen zweier Veränderlichen nach Kugelfunctionen.

III. Theil.

Die Lamé'schen Functionen verschiedener Ordnungen.

Erstes Kapitel.

Definitionen. Eintheilungen.

Zweites Kapitel.

Die speciellen Lamé'schen Functionen. Kugelfunctionen höherer Ordnung.

Drittes Kapitel.

Eigenschaften aller Lamé'schen Functionen.

Viertes Kapitel.

Ueber die Existenz und Anzahl der Lamé'schen Functionen höherer Ordnung.

Einleitung.

Die Einführung der Kugelfunctionen.

§ 1. Die beschleunigende Kraft, welche ein System materieller Punkte P_1, P_2, P_3, etc., die nach dem Newton'schen Gesetze wirken, in einem Punkte O hervorbringt, lässt sich nach einem folgenreichen Satze von Laplace*) durch Differentialquotienten einer einzigen Function der Coordinaten von O analytisch ausdrücken. Werden die Massen der materiellen Punkte durch μ_1, μ_2, μ_3, etc. bezeichnet, so ist jene Function

$$V = \frac{\mu_1}{OP_1} + \frac{\mu_2}{OP_2} + \frac{\mu_3}{OP_3} + \cdots.$$

Green nennt sie**) das Potential, welches zum Systeme gehört für den Punkt O, und Gauss behält diese Bezeichnung im wesentlichen bei***). Eine Entwickelung der einzelnen Glieder

*) Mémoires de Mathématique et de Physique, tirés des registres de l'Académie royale des sciences, Année 1782. Paris 1785: Théorie des attractions des sphéroïdes et de la figure des planètes, par M. de la Place no. IV p. 123.

**) An Essay on the Application of mathematical Analysis to the theories of Electricity and Magnetism. Diese Arbeit von Green, nach William Thomson's Angabe schon im Jahre 1828 veröffentlicht, ist von W. Thomson im Crelle'schen Journal Bd. 39, 44 und 47 mitgetheilt. Im 44. Bde, no. 1, S. 359 sagt Green: ... we have ventured to call it the potential fonction belonging to the system, etc. und no. 4, S. 363: ... the potential for any point, und später: the value of this fonction for any other point.

***) Resultate aus den Beobachtungen des magnetischen Vereins im Jahre 1839, Leipzig 1840: Allgemeine Lehrsätze in Bezug auf die im verkehrten Verhältnisse des Quadrats der Entfernung wirkenden Anziehungs- und Abstossungs-Kräfte. Gauss des Potentials führte zuerst Legendre, wie Jacobi im 2. und 26., Dirichlet im 17. Bande des Crelle'schen Journals *) erwähnen, auf die Kugelfunctionen, und dadurch gab Legendre den Anstoss zu den tiefsinnigen Untersuchungen von Laplace über die Entwickelung der Functionen zweier Winkel **).

---

sagt dort no. 3, S. 4: „... werden wir uns erlauben, dieses V mit einer besonderen Benennung zu belegen, und diese Grösse das Potential der Massen, worauf sie sich bezieht, nennen.“ In no. 6 spricht er sowohl von dem Potential für einen Punkt als auch in einem Punkte. Die erwähnte Abhandlung findet sich auch im 5. Bde von Gauss Werken, S. 195—242.

*) Seite 223, 82 und 35.

**) Mémoires de Mathématique et de Physique, présentés à l'Académie royale des sciences par divers savans, Tome X, Paris 1785: Le Gendre, sur l'attraction des Sphéroides; ferner Mémoires de Mathématique et de Physique, tirés des registres de l'Académie royale des sciences, Année 1784, Paris 1787: Le Gendre, Recherches sur la figure des planètes. Obgleich die berühmte Arbeit von Laplace aus dem Jahre 1782, welche oben erwähnt wurde, ausser dem Potentiale auch schon die Kugelfunctionen behandelt, so verhält es sich doch mit der Priorität so wie Jacobi und Dirichlet angegeben haben. Die Pariser Akademie gab im vorigen Jahrhundert zu einem, höchstens zwei Bänden vereinigt, jährlich ihre Geschichte und die Abhandlungen ihrer Mitglieder über Mathematik und Physik (d. h. Naturwissenschaften im weitesten Sinne) heraus. Ausserdem veröffentlichte sie, nicht in festbestimmten Zeiträumen sondern nach Massgabe des angesammelten Materiales, die Abhandlungen der Savans étrangers, Arbeiten welche von Gelehrten, die der Akademie nicht angehörten, dieser Gesellschaft vorgelegt waren. Da Legendre 1782 noch nicht Mitglied derselben war, so ist erklärlich, dass seine Arbeiten verspätet bekannt wurden; erst in der Geschichte vom Jahre 1783, S. 28 (gedruckt 1786) wird unter den Mémoires approuvés par l'Académie, en 1783, et destinés par elle à être imprimés dans le Recueil des Savans-Etrangers die erste Arbeit von Legendre (sur l'attraction des Sphéroides) genannt, welche im 10. Bande jener Sammlung aufbewahrt ist. Positiv erfahren wir durch Legendre selbst den Sachverhalt, — dass nämlich Laplace das Potential eingeführt, Legendre die Theorie der Kugelfunctionen begründet hat — durch folgende Stellen, von denen die erste seiner Arbeit über die Sphäroide S. 123, die zweite der über die Gestalt der Planeten S. 370 entnommen ist: „Mais on y parvient ... à l'aide d'un théorème que M. de la Place a bien voulu me communiquer“ etc. und „ La proposition qui fait l'objet de ce Mémoire, étant démontrée d'une manière beaucoup plus savante et plus générale dans un Mémoire que M. de la Place a déjà publié dans le volume de 1782, je dois faire observer que la date de mon Mémoire est antérieure, et que la proposition qui paroît ici, telle qu'elle a été lue en juin et juillet 1784, a donné lieu à M. de la Place, d'approfondir cette matière, et d'en présenter aux Géomètres, une théorie complète.“ Schliesslich sei noch bemerkt, dass die Untersuchungen von Legendre über die Kugelfunctionen in seinen Exercices und in dem Traité des fonctions elliptiques, die von Laplace in der Mécanique céléste Tome II, Livre III; Tome V, Livre XI, und im Supplément au 5 volume zum grössten Theil gesammelt sind.

Es seien x, y, z die rechtwinkligen Coordinaten des Punktes O, ferner x_ν, y_ν, z_ν von P_ν; die obige Summe besteht dann, abgesehen von den Massen μ, aus Gliedern wie

$$T = \frac{1}{\sqrt{(x-x_\nu)^2+(y-y_\nu)^2+(z-z_\nu)^2}}.$$

Durch Einführung von Polarcoordinaten, wenn man nämlich setzt

$$\begin{aligned} x &= r\cos\theta & x_\nu &= r_\nu\cos\theta_\nu \\ y &= r\sin\theta\cos\psi & y_\nu &= r_\nu\sin\theta_\nu\cos\psi_\nu \\ z &= r\sin\theta\sin\psi & z_\nu &= r_\nu\sin\theta_\nu\sin\psi_\nu, \end{aligned}$$

wo r und r_ν positiv, θ und θ_ν zwischen 0 und π, ψ und ψ_ν zwischen 0 und 2π genommen werden, verwandelt sich OP_ν in den Ausdruck

$$\sqrt{r^2-2rr_\nu(\cos\theta\cos\theta_\nu+\sin\theta\sin\theta_\nu\cos(\psi-\psi_\nu))+r_\nu^2},$$

in welchem r und r_ν die geradlinigen Entfernungen der Punkte O und P_ν vom Anfangspunkte A des Coordinatensystems bedeuten. Setzt man noch den Winkel OAP_ν gleich γ_ν, so ist γ_ν mit den Winkeln θ und ψ durch die Gleichung

$$\cos\gamma_\nu = \cos\theta\cos\theta_\nu+\sin\theta\sin\theta_\nu\cos(\psi-\psi_\nu)$$

verbunden und man erhält

$$T = \frac{1}{\sqrt{r^2-2rr_\nu\cos\gamma_\nu+r_\nu^2}}.$$

Die oben erwähnte Entwickelung, die sich bei Laplace *) und Legendre **) findet, besteht darin, dass man T in eine nach aufsteigenden Potenzen der kleineren von den beiden Grössen r und r_ν — sie sei r_ν — und nach absteigenden der grösseren geordnete Reihe entwickelt: der Coefficient von $\frac{r_\nu^n}{r^{n+1}}$, der also nur von $\cos\gamma_\nu$ abhängt, heisst die n^{te} Kugelfunction, oder die Kugelfunction n^{ten} Grades. Als Functionszeichen für dieselbe wird hier, nach Dirichlet's Vorgange ***), $P^{(n)}$ oder, wo eine Verwechselung mit Potenzen unmöglich ist, P^n angewandt, dem noch das Argument $\cos\gamma_\nu$ in Parenthese beigefügt werden kann, so dass die Kugelfunction durch die Gleichung

$$T = \sum_{n=0}^{n=\infty} \frac{r_1^n}{r^{n+1}} P^{(n)}(\cos\gamma_\nu)$$

*) Mémoires de Math. et de Phys. etc. Année 1782, no. 10, p. 138.

**) Savans étrangers, Tome X no. 10, p. 419.

***) Crelle, Journal f. Mathematik Bd. 17: Sur les séries dont le terme général dépend de deux angles, et qui servent à exprimer des fonctions arbitraires entre des limites données, p. 35.

eingeführt wird, also mit Hülfe einer erzeugenden Function. Den fertigen Ausdruck von P^n als ganze Function n^{ten} Grades von $\cos\gamma_\nu$ findet man im § 4.

§ 2. Durch Differentiiren der Function T ergiebt sich, dass sie der partiellen Differentialgleichung

$$\frac{\partial^2 T}{\partial x^2}+\frac{\partial^2 T}{\partial y^2}+\frac{\partial^2 T}{\partial z^2}=0$$

genügt, die sich nach Einführung der Polarcoordinaten in

$$r\frac{\partial^2(rT)}{\partial r^2}+\frac{1}{\sin\theta}\,\frac{\partial\left(\sin\theta\,\frac{\partial T}{\partial\theta}\right)}{\partial\theta}+\frac{1}{\sin^2\theta}\,\frac{\partial^2 T}{\partial\psi^2}=0$$

verwandelt. Setzt man in die linke Seite dieser Gleichung für T die nach absteigenden Potenzen von r geordnete Reihe ein, so entsteht auf derselben eine neue Potenzreihe. Da ihre Summe verschwinden soll, so muss jedes Glied für sich verschwinden und $P^{(n)}(\cos\gamma_\nu)$ genügt daher, was auch θ_ν und ψ_ν sein mögen, der Differentialgleichung

$$(a)\ \ldots\quad \frac{1}{\sin\theta}\,\frac{\partial}{\partial\theta}\left(\sin\theta\,\frac{\partial P}{\partial\theta}\right)+\frac{1}{\sin^2\theta}\,\frac{\partial^2 P}{\partial\psi^2}+n(n+1)P=0.$$

Unter den unendlich vielen Lösungen dieser Gleichung zeichnen sich die von Laplace vorzugsweise betrachteten aus, welche wie $P^n(\cos\gamma_\nu)$ ganze Functionen von $\cos\theta$, $\sin\theta\cos\psi$, $\sin\theta\sin\psi$ sind. Es wird sich später zeigen *), dass jede solche Function durch Addition aus $2n+1$ Kugelfunctionen $P^n(\cos\gamma_\nu)$ erzeugt werden kann, die man vorher mit geeigneten Constanten multiplicirt hat. Jede von diesen Lösungen hat also die Form

$$\sum_{\nu=1}^{\nu=2n+1}\mu_\nu P^n(\cos\gamma_\nu),$$

wenn die μ diese Constanten bezeichnen, und jeder Winkel γ_ν dasselbe θ und ψ, nur verschiedene θ_ν und ψ_ν enthält. Alle diese Lösungen tragen, als Summen einer endlichen Anzahl von Kugelfunctionen, auch den Charakter derselben und führen den gleichen Namen; wo es nöthig ist kann man sie noch von den P als allgemeine Kugelfunctionen unterscheiden.

Wird in den bisherigen Formeln $\theta_\nu=0$ gesetzt, so reducirt sich $\cos\gamma_\nu$ auf $\cos\theta$ und $P^{(n)}(\cos\gamma_\nu)$ auf $P^{(n)}(\cos\theta)$, so dass $P^{(n)}(\cos\theta)$, da es unabhängig von ψ ist, ein Integral der Gleichung

---

*) II. Theil, § 77, δ.

$$(b) \ldots \quad \frac{1}{\sin\theta}\frac{d}{d\theta}\left(\sin\theta\frac{dP}{d\theta}\right)+n(n+1)P=0$$

giebt*), in welche (a) für $\theta_\nu = 0$ übergeht.

§ 3. In dem ersten Theile wird P als Function von $\cos\gamma_\nu$ betrachtet, ohne Rücksicht auf die Zusammensetzung dieses Arguments aus θ, ψ, θ_ν, ψ_ν, und in diesem Sinne sagt man, er handle über die Kugelfunctionen von einer Veränderlichen. Im zweiten Theile tritt P als Function der Veränderlichen auf, von welchen γ_ν abhängig gemacht wird, und zwar zunächst von θ, ψ, nachher aber auch von den durch Lamé eingeführten elliptischen Coordinaten, wodurch der Weg zu den Functionen eröffnet ist, welche ich in meinen Arbeiten die Lamé'schen Functionen nannte, bei denen sich die Eigenschaften der Kugelfunctionen wiederfinden, so dass die letzteren als specielle Fälle der ersteren angesehen werden können.

Ein Grenzfall verdient eine eigene Untersuchung, der nämlich, in welchem die Stellenzahl n unendlich gross, zugleich der Winkel γ unendlich klein und zwar von solcher Ordnung wird, dass $n.\gamma$ endlich bleibt. In diesem Falle geht die Kugelfunction in die von Fourier eingeführte Function über, welche man bisweilen als die Bessel'sche bezeichnet, die man aber auch Cylinderfunction nennen kann, da sie beim Kreiscylinder eine ähnliche Rolle spielt, wie die Kugelfunction bei der Kugel.

Es treten auch Functionen auf, die sich ebenso zu den Lamé-schen verhalten wie die vorerwähnten zu den Kugelfunctionen. Auf ihre Bedeutung weise ich hin, indem ich sie als Functionen des elliptischen Cylinders von den erstgenannten des Kreiscylinders unterscheide. Man wird sie bei Untersuchungen über die Schwingungen elliptischer Platten oder über das Potential eines elliptischen Cylinders anzuwenden haben. Ueber dieselben wird hier zum ersten Male gehandelt (§ 103—106 und 109).

Andererseits werden die Kugelfunctionen nach verschiedenen Richtungen hin verallgemeinert, und zwar zunächst, indem statt des reellen Argumentes $\cos\gamma$ ein complexes auftritt, wodurch der Charakter der Function sich nicht wesentlich ändert.

Wie man aus (b) ersehen kann ist $P^n(\cos\theta)$ ein Integral einer

*) Die Gleichungen, welche in diesem Paragraphen vorkommen, findet man bei Laplace in den Memoiren von 1782, S. 133 u. f.

linearen Differentialgleichung zweiter Ordnung in Bezug auf das Argument $\cos\theta$, deren Lösungen durch hypergeometrische Reihen gegeben werden, und P ist selbst eine (endliche) hypergeometrische Reihe. Eine Anzahl von Transformationen und Eigenschaften der Kugelfunctionen sind nichts anders als specielle Fälle von allgemeinen, die sich auf alle hypergeometrischen Reihen beziehen. Diese bleiben selbstverständlich noch bestehen, wenn n nicht mehr eine ganze positive Zahl vorstellt, sondern wenn n eine beliebige reelle oder complexe Zahl bezeichnet. Kann auch eine solche Verallgemeinerung im Folgenden schon darum nicht fehlen, weil die für imaginäre Werthe von n entstehenden Functionen, wie Herr Mehler*) gezeigt hat, bei dem Kegel und anderen Körpern in ähnlicher Art auftreten wie die Kugel- und Cylinder-Functionen bei der Kugel und dem Cylinder, so darf man doch nicht vergessen, dass eine Reihe von eigenthümlichen Eigenschaften der Kugelfunctionen darauf beruht, dass sie ganze Functionen ihres Arguments sind. Sofern aber die Allgemeinheit einen besseren Einblick gewährt soll, ebenso wie da wo sie für bestimmte Anwendungen erforderlich ist, auch der Fall eines beliebigen n in's Auge gefasst werden.

Im dritten Theile tritt für T ein allgemeinerer Ausdruck auf, nämlich eine ganze Potenz dieser Grösse und zugleich werden die drei Coordinaten x, y, z durch eine grössere Anzahl von Veränderlichen ersetzt, wodurch gleichfalls neue Gesichtspunkte entstehen, die hier soweit Berücksichtigung finden, als sie Interesse darzubieten scheinen. Unter den Functionen, die ich in diesem Zusammenhange als Lamé'sche bezeichnen musste, treten die von Lamé selbst eingeführten (ellipsoidischen) als zur zweiten Ordnung gehörig auf, und die Kugelfunctionen als solche Lamé'schen zweiter Ordnung, in denen zwei Constanten einander gleich werden, während dem $\cos n\theta$, der mit $P^n(\cos\theta)$ vielfach verknüpft ist, in diesem Zusammenhange die erste Ordnung zugetheilt werden muss.

So lange man sich mit der Anziehung von solchen Massen beschäftigte, welche Kugeln erfüllen oder auf Kugelflächen ausge-

*) Borchardt, Journal f. Math. Bd. 68 S. 134: Ueber die Vertheilung der statischen Electricität in einem von zwei Kugelkalotten begrenzten Körper; ferner im Jahresbericht des Gymnasiums zu Elbing, Ostern 1870: Ueber eine mit den Kugel- und Cylinder-Functionen verwandte Function und ihre Anwendung.

breitet sind, reichten die merkwürdigen Entwickelungen von Laplace zur Lösung der Aufgaben vollständig aus. Wo in Arbeiten über Kugelfunctionen gehandelt wurde, war vor der ersten Herausgabe dieses Handbuches das wesentliche Ziel, diese Entwickelungen abzuleiten und sie so fest zu begründen, wie es ihre Bedeutung erfordert und es gab daher nur eine Theorie der Functionen von Laplace aber nicht, in dem heutigen Sinne, der Kugelfunctionen. In meiner Inaugural-Dissertation *) und später im Crelle'schen Journale **) zeigte sich (was zu erwähnen Lamé bei seiner Arbeit über das Gleichgewicht der Wärme in einem Rotationsellipsoid***) nicht Gelegenheit gefunden hatte), dass die sogenannten „vollständigen" Aufgaben über die Anziehung der Rotationsellipsoide sich gleichfalls durch Anwendung der Kugelfunctionen lösen lassen, dass hier an die Stelle der positiven Potenzen von den Radii vectores, die bei den entsprechenden Aufgaben für die Kugel vorkommen, gleichfalls Kugelfunctionen treten, während die negativen Potenzen durch ein zweites Integral von (*b*) ersetzt werden mussten, welches nicht nur ähnliche Eigenschaften wie das erste besitzt, sondern auch mit diesem in eine Wechselbeziehung tritt. Ich habe mir erlaubt, dies als Kugelfunction zweiter Art einzuführen. Für die Gestaltung einer Theorie der Kugelfunctionen im Handbuche war es wesentlich, dass die Zusammengehörigkeit der Functionen erster und zweiter Art hervorgehoben und verfolgt wurde; eine ähnliche Behandlung und Bezeichnung hat man später auch bei anderen Functionsarten mit Vortheil angewandt.

Der Name Kugelfunction ist von Gauss eingeführt †),

---

*) De aequationibus nonnullis differentialibus. Berolini, 1842.

**) Bd. 26: Ueber einige Aufgaben, welche auf partielle Differentialgleichungen führen.

***) Liouville, Journale de Mathématiques T. IV, S. 351—385.

†) Diese Angabe beruhte in der früheren Auflage auf einer mündlichen Mittheilung, die ich Dirichlet verdankte. Als ich das Vorliegende niederschrieb, im Jahre 1875, hatte Herr Schering die Güte, mir die Stelle zu bezeichnen, an welcher Gauss die Benennung einführt. Sie ist: Göttingische gelehrte Anzeigen, 6. Stück, 10. Januar 1828, S. 55 und 56. (In dem jetzt erschienenen 6. Band von Gauss Werken S. 648.) In der Anzeige der „Connaissance des tems, ou des mouvemens célestes à l'usage des astronomes et des navigateurs pour l'an 1829; publiée par le bureau des longitudes. 1826" und zwar des Aufsatzes von Poisson „Ueber die Anziehung der Sphäroide" sagt Gauss: „Die erstere (Abtheilung) beschäftigt sich mit

und ursprünglich in einer sehr allgemeinen Bedeutung gebraucht worden; man findet ihn in der heutigen Bedeutung von Kugelfunction, selbstverständlich nur der ersten Art, in zwei Arbeiten aus dem Nachlasse *) von Gauss.

Die Herren Thompson und Tait haben in ihrem werthvollen Werke**) diese Functionen harmonische zubenannt, und noch ausserdem eine etwas abweichende Bezeichnung gewählt, welche der Art entspricht, wie sie dieselben einführen. Bei ihnen ist nämlich räumliche harmonische Kugelfunction eine homogene Function von x, y, z, welche der Gleichung

$$\frac{\partial^2 V}{\partial x^2} + \frac{\partial^2 V}{\partial y^2} + \frac{\partial^2 V}{\partial z^2} = 0$$

genügt; sie heisst vollkommen oder unvollkommen, je nachdem sie im Endlichen endlich bleibt oder auch unendlich wird; sie heisst Kugelflächenfunction auf der Oberfläche einer Kugel mit dem Radius 1, so dass man in dieser Nomenclatur unsere Kugelfunction erster Art P eine vollkommene harmonische Kugelflächenfunction nennen müsste.

Wo es für die Geschichte der Entwickelung von Bedeutung ist oder wo es sich um irgendwie erhebliche Untersuchungen handelt habe ich die Quelle angegeben, aus der ich schöpfte, habe nur da eine solche nicht aufgesucht oder angemerkt, wo Formeln auftreten, die jeder Mathematiker ableitet sobald er deren bedarf. Die Zahl derer, welche in neuerer Zeit die Theorie wahrhaft bereicherten, ist zwar, wie sich hierbei zeigt, nicht allzu gross; doch war manche Verbesserung und Vervollständigung in mehr formalen Dingen zu verzeichnen, besonders an solchen Stellen, welche eine Bekanntschaft mit den schwierigeren Untersuchungen nicht verlangten. In Betreff meiner früheren Angabe, es sei der Ausdruck

---

der Entwickelung der Kugelfunctionen (so möchten wir die Functionen zweier veränderlichen Grössen, die allgemein jeden Punkt einer Kugelfläche bestimmen, nennen) in Reihen, die nach einem bekannten von den Analysten vielfach behandelten Gesetze fortschreiten, und ist mit der diesem Geometer eigenthümlichen Eleganz durchgeführt . . . Gegenwärtige Anzeige ist im August v. J. geschrieben."

*) Gauss Werke, 5. Bd. S. 630 „Kugelfunctionen [1]" und S. 631 „[2] Geometrische Bedeutung der Kugelfunctionen". In der ersten von diesen Arbeiten gebraucht Gauss den Ausdruck reine Kugelfunctionen.

**) Handbuch der theoretischen Physik. Deutsche Uebersetzung von Dr. H. Helmholtz und G. Wertheim; Braunschweig 1871. M. vergl. I. Band, I. Theil; Zusätze zum ersten Capitel, B, S. 156.

von $P^n(\cos\theta)$ durch die hypergeometrischen Reihen *b, c, d* des § 5, von denen die ersten beiden sofort aus einer allgemeinen Formel von Legendre *) folgen, einer Arbeit von Dirichlet **) entnommen, theile ich aus dem recht brauchbaren Buche von Herrn Todhunter ***) mit, dass diese Formeln schon in Murphy's Treatise on Electricity, Cambridge 1833 vorkommen. In Folge einer gütigen Mittheilung des Herrn Hermite hatte ich bereits den in der ersten Auflage vorgekommenen, übrigens weit verbreiteten Irrthum berichtigt, dass eine Gleichung von fundamentaler Wichtigkeit (§ 6, Gl. 3), die wirklich von Rodrigues gefunden ist, von Ivory und Jacobi herrühre, ehe ich aus dem Werke des Herrn Todhunter, History of the theories of attractions etc. No. 1187 u. 1889, S. 248 u. 249 ersah, dass er dort berichtigt wird.

Indem neben die Kugelfunctionen, denen dies Werk gewidmet ist, noch eine Anzahl von specielleren und allgemeineren gestellt wurde, war es nicht meine Absicht, alle diese Functionen erschöpfend zu behandeln, sondern vielmehr, sie als verwandte darzustellen, und durch das Allgemeine das Speciellere zu beleuchten. Von den hierher gehörigen Formeln, deren Anzahl sich in den letzten Jahren stark angehäuft hat, wählte ich vorzugsweise solche aus, welche dem angeführten Gesichtspunkt entsprechen, oder nach

---

*) Exercices T. II, no. 25, § 172.

**) Crelle, J. f. Math. Bd. 17, 1837, S. 39—40.

***) Elementary Treatise on Laplace's Fonctions etc. London, 1875. Es sei mir gestattet, die nicht übliche Art zu erwähnen, in der Herr Todhunter das Handbuch benutzt hat. In dem Jahrbuch über die Fortschritte der Math. 7. Bd., Jahrgang 1875, Berlin 1877, S. 290—291 finde ich folgende Stelle, an welcher der Herr Ref. sich hierüber ausspricht: „Diese Benutzung anderer Arbeiten geht aber etwas weit. So sind speciell in der Theorie der Kugelfunctionen Abschnitte aus dem Heine'schen Handbuch der Kugelfunctionen fast wörtlich übersetzt, ohne dass der Verfasser dies angiebt, z. B. die Capitel über Kettenbrüche und mechanische Quadratur; in letzterem ist sogar ein einer Gauss'schen Arbeit entnommenes Zahlenbeispiel, das Herr Heine abgekürzt wiedergiebt, genau in der Heine'schen Form enthalten. Derartige Stellen, in denen Herr Todhunter nur eine freie Uebersetzung aus Abschnitten des Heine'schen Buches giebt, finden sich in grosser Anzahl."

Das Werk des Herrn Todhunter und einige andere Veröffentlichungen haben mich veranlasst, sowohl im Vorhergehenden näher auf meinen eigenen Antheil an der Entstehung und Ausbildung einer Theorie der Kugelfunctionen einzugehen, als auch im Folgenden an verschiedenen Stellen manche Untersuchungen und Resultate ausdrücklich als von mir herrührend zu bezeichnen.

subjectivem Ermessen diejenigen, welche besonders nützlich für verschiedene Untersuchungen schienen.

Bei der Darstellung habe ich geglaubt, an solchen Stellen, welche Leser voraussetzen, die mehr als elementare Kenntnisse besitzen, besonders in den Zusätzen, mich kürzer fassen zu dürfen. Auch wechselt die Strenge in der Durchführung nach der Natur des Gegenstandes, sowohl mit Rücksicht auf die Kürze als auch deshalb, weil manche Untersuchungen überhaupt noch nicht mit voller Strenge durchgeführt worden sind. Auf den Inhalt von Abhandlungen aus der neuesten Zeit bin ich nur kurz eingegangen, da dieser Band bereits in den ersten Monaten des Jahres 1876 wesentlich vollendet war, und seine Herausgabe nur durch andere Arbeiten verzögert wurde.

I. Theil.

Die Kugelfunctionen einer Veränderlichen.

Erstes Kapitel.

Verschiedene Formen der Kugelfunction.

§ 4. Die Kugelfunction wurde im § 1 S. 3 durch eine erzeugende Function eingeführt, nämlich durch Entwickelung der positiven Grösse

$$T = \frac{1}{\sqrt{1-2\alpha x+\alpha^2}},$$

in welcher α und x reell und kleiner als 1 sind, nach aufsteigenden Potenzen von α.

Um die Function selbst darzustellen, entwickelt man T nach dem binomischen Lehrsatze; bekanntlich stellt die Reihe

$$(a) \ldots \quad 1+\frac{\nu}{1}z+\frac{\nu(\nu-1)}{1.2}z^2+\cdots,$$

so lange ν und z reell sind und letzteres unter 1 liegt, gerade die positive ν^{te} Potenz von $1+z$ dar. Daher wird

$$(b)\ \dots\quad T = 1 + \tfrac{1}{2}\alpha(2x-\alpha) + \frac{1.3}{2.4}\alpha^2(2x-\alpha)^2 + \cdots,$$

so lange wie $\alpha(2x-\alpha)$ unter 1 liegt. Man löse nun die Parenthesen auf, und ordne darauf nach Potenzen von α. Diese Verrückung der Glieder ist gestattet, sobald die Reihen absolut convergent sind, d. h. auch dann noch convergent bleiben, wenn für jedes Glied sein Zahlwerth gesetzt wird. Sind β und y die Zahlwerthe von α und x, so wird diese Bedingung erfüllt, wenn die Reihe

$$1 + \tfrac{1}{2}\beta(2\beta+y) + \frac{1.3}{2.4}\beta^2(2\beta+y)^2 + \cdots$$

convergirt, d. h. wenn α so klein ist, dass die beiden Zahlen $\alpha(2x \pm \alpha)$ unter 1 liegen.

Sammelt man die Glieder, welche in eine bestimmte Potenz von α, die n^{te}, multiplicirt sind, so ergiebt sich

$$(1)\ \dots\quad T = \frac{1}{\sqrt{1-2\alpha x+\alpha^2}} = \sum_{n=0}^{n=\infty} \alpha^n P^n(x),$$

$$(2)\ \dots\quad P^{(n)}(x) = \frac{1.3.5\dots(2n-1)}{1.2.3\dots n}\Big(x^n - \frac{n(n-1)}{2.(2n-1)}x^{n-2} + \frac{n(n-1)(n-2)(n-3)}{2.4.(2n-1)(2n-3)}x^{n-4} - \dots\Big).$$

Diese Gleichung (2) soll als Definition der Kugelfunction $P^{(n)}(x)$ betrachtet werden, es mag x reell oder imaginär sein, so dass $P^{(n)}(x)$ eine ganze Function, genau vom n^{ten} Grade, von x ist.

Imaginär heisst hier jede complexe Zahl $a+bi$, gleichgültig ob a gleich Null oder von Null verschieden ist. Wird speciell der Fall $a=0$ betrachtet, so sagt man, die Zahl sei rein imaginär. Positiv soll eine complexe Zahl $a+bi$ heissen, wenn ihr reeller Theil positiv ist, gleichgültig welches Zeichen b besitzt; eine rein imaginäre Zahl bi heisst positiv, wenn sie auf der positiven Axe des Imaginären liegt, d. h. wenn b positiv ist. Nach Cauchy wird die positive Grösse $\sqrt{a^2+b^2}$ der Modulus, nach Gauss a^2+b^2 die Norm von $a+bi$ genannt; der Modulus einer reellen Zahl ist daher ihr Zahlwerth. Wir bezeichnen den Modulus einer beliebigen Grösse x durch $\mathcal{M}x$. Statt des Functionszeichens $P^{(n)}(x)$ findet man häufig, vorzugsweise in französischen Werken, $X^{(n)}$ oder X_n; ich werde mich in geeigneten Fällen gleichfalls des Zeichens X^n bedienen.

Specielle Fälle:

$$P^0 = 1$$
$$P^1 = x$$
$$P^2 = \tfrac{3}{2}(x^2 - \tfrac{1}{3})$$
$$P^3 = \tfrac{5}{2}(x^3 - \tfrac{3}{5}x)$$
$$P^4 = \tfrac{35}{8}(x^4 - \tfrac{6}{7}x^2 + \tfrac{3}{35})$$
$$P^5 = \tfrac{63}{8}(x^5 - \tfrac{10}{9}x^3 + \tfrac{5}{21}x)$$
$$P^{2n}(-x) = P^{2n}(x);\quad P^{2n+1}(-x) = -P^{2n+1}(x);\quad P^n(1) = 1$$
$$P^{2n}(0) = (-1)^n \frac{1.3.5\ldots(2n-1)}{2.4.6\ldots(2n)}$$
$$\frac{P^{2n+1}(x)}{x} = (-1)^n \frac{3.5\ldots(2n+1)}{2.4\ldots(2n)} \text{ für } x = 0.$$

Die drei letzten Ausdrücke ergeben sich durch Einsetzen von $x = 1$ oder $x = 0$ in die erzeugende Function und ihren Differentialquotienten nach x.

Der wesentliche Theil der Kugelfunction ist eine hypergeometrische Reihe. Gauss setzt nämlich*)

$$F(\alpha,\beta,\gamma,x) = 1 + \frac{\alpha\beta}{1.\gamma}x + \frac{\alpha(\alpha+1).\beta(\beta+1)}{1.2.\gamma(\gamma+1)}x^2 + \cdots,$$

und nennt diese Reihe eine hypergeometrische, α,β,γ,x das erste, zweite, dritte und vierte Element. In dieser Bezeichnung ist

$$P^{(n)}(x) = \frac{1.3\ldots(2n-1)}{1.2\ldots n} x^n F\left(-\frac{n}{2}, \frac{1-n}{2}, \tfrac{1}{2} - n, \frac{1}{xx}\right).$$

Ordnet man die Reihe nach aufsteigenden statt nach absteigenden Potenzen von x, so erhält man, je nachdem der Index von P gerade oder ungerade ist, die erste oder zweite von den folgenden Gleichungen:

$$P^{(2n)}(x) = (-1)^n \cdot \frac{1.3\ldots(2n-1)}{2.4\ldots(2n)} F(-n, n+\tfrac{1}{2}, \tfrac{1}{2}, x^2)$$
$$P^{(2n+1)}(x) = (-1)^n \cdot \frac{3.5\ldots(2n+1)}{2.4\ldots(2n)} x F(-n, n+\tfrac{3}{2}, \tfrac{3}{2}, x^2).$$

Erwähnung verdient, dass die Gleichungen (1) und (2) nicht nur dann gleichzeitig bestehen, wenn α und x reell sind, und

---

*) Societatis regiae scientiarum Gottingensis commentationes Tom. II. classis mathematicae ad a. 1812: Disquisitiones generales circa seriem infinitam $1 + \frac{\alpha\beta}{1.\gamma}x + \text{etc.}$; oder Gauss Werke, Bd. III, S. 125.

ersteres in den angegebenen Grenzen liegt, sondern auch noch für imaginäre α und x, nur vorausgesetzt, dass die beiden Ungleichheiten

$$\mathcal{M}\alpha < \mathcal{M}(x \pm \sqrt{x^2-1})$$

stattfinden. In der Gleichung (1) ist unter T der Werth mit positivem reellen Theile zu verstehen; der Fall, dass T rein imaginär ist, kann nämlich in Folge der beiden Ungleichheiten nicht eintreten.

Denn erstens gilt die Gleichung (1) noch für imaginäre Werthe von x wenn nur α hinlänglich klein ist: Die binomische Reihe (a) convergirt nämlich so lange $\mathcal{M}z < 1$. Hierbei besitzt $1+z$ einen positiven reellen Theil; bringt man es in die trigonometrische Form

$$1+z = \varrho(\cos\varphi + i\sin\varphi),$$

so liegt also der Hauptwerth von φ zwischen $-\frac{\pi}{2}$ und $\frac{\pi}{2}$. Da die Reihe gleich

$$\varrho^\nu(\cos\nu\varphi + i\sin\nu\varphi)$$

wird, wo ϱ^ν eine positive reelle Zahl und φ bekanntlich, wegen der Continuität der Function in Bezug auf φ, gerade den Hauptwerth bezeichnet, so wird wenn ν wie im vorliegenden Falle ($\nu = -\frac{1}{2}$) kleiner als 1 ist der reelle Theil $\varrho^\nu \cos\nu\varphi$ das positive Zeichen besitzen. Die Reihe (b) giebt also, so lange $\mathcal{M}(2\alpha x - \alpha^2) < 1$, in der That die Entwickelung des positiv genommenen Ausdrucks T.

Ferner ist die Vertauschung in der Anordnung der Glieder, aus den oben angegebenen Gründen, sicher gestattet, so lange

$$\mathcal{M}\alpha(2\mathcal{M}x + \mathcal{M}\alpha) < 1;$$

also finden in der That, von $\mathcal{M}\alpha = 0$ an bis zu einem gewissen Werthe von $\mathcal{M}\alpha$ hin, die Gleichungen (1) und (2) zugleich statt.

Zweitens kann man die Grenzen des Werthes von $\mathcal{M}\alpha$, bis zu welchen hin die durch (1) und (2) bezeichnete Entwickelung stattfindet, weiter rücken als sie sich bei der Ableitung ergaben, wenn man für T in (1) seine continuirliche Fortsetzung nimmt. Bleibt nämlich eine Function von α eindeutig und continuirlich für alle Werthe von α, deren Modulus kleiner ist als eine bestimmte reelle Zahl, so kann sie für dieselben Werthe von α durch eine nach ganzen Potenzen von α geordnete Reihe dargestellt werden. Nun verschwindet

$$1 - 2\alpha x + \alpha^2 = [1 - \alpha(x + \sqrt{x^2-1})][1 - \alpha(x - \sqrt{x^2-1})]$$

nie, wenn die Moduln von $\alpha(x \pm \sqrt{x^2-1})$ unter 1 liegen oder, was dasselbe ist, wenn

$$\mathcal{M}\alpha < \mathcal{M}(x \mp \sqrt{x^2-1}),$$

so dass die continuirliche Fortsetzung von T für alle α mit kleineren Moduln in eine Potenzreihe, also in die durch (1) und (2) gegebene Reihe, entwickelbar ist.

Drittens ist die continuirliche Fortsetzung von T gleich dem Werthe von T mit positivem reellen Theile, da für keinen dieser Werthe von α der reelle Theil von T Null, d. h. $1 - 2\alpha x + \alpha^2$ selbst rein reell und negativ wird. Ist nämlich einer von den Factoren $1-\alpha(x\pm\sqrt{x^2-1})$ von der Form $r(\cos\theta+i\sin\theta)$, so müsste der andere, um das Product negativ reell zu machen (wenn wie üblich r und s positiv genommen sind) $-s(\cos\theta-i\sin\theta)$ sein. Die reellen Theile hätten dann entgegengesetzte Zeichen, während doch in der That beide positiv sind, da sogar die Moduln von $\alpha(x\pm\sqrt{x^2-1})$, nach der Annahme, unter 1 liegen, also 1 um je einen der reellen Theile vermindert positiv bleibt.

Man kann T auch dann als erzeugende Function der P ansehen, wenn α hinlänglich gross, nämlich so genommen wird, dass es den beiden Ungleichheiten

$$\mathcal{M}\alpha > \mathcal{M}(x\pm\sqrt{x^2-1})$$

genügt, und man nach absteigenden Potenzen von α entwickelt. Es ist dann $P^n(x)$ der Coefficient von α^{-n-1}.

Denn es wird

$$T=\frac{1}{\sqrt{1-2\alpha x+\alpha^2}}=\frac{1}{\alpha}\cdot\frac{1}{\sqrt{1-\frac{2x}{\alpha}+\frac{1}{\alpha\alpha}}}$$

$$=\sum_{n=0}^{n=\infty}\frac{1}{\alpha^{n+1}}P^n(x).$$

Die Quadratwurzel auf der linken Seite ist so zu nehmen, dass αT einen positiven reellen Theil besitzt, also für ein reelles positives α selbst positiv.

Herr G. Bauer in München hat bemerkt, dass die Coefficienten der verschiedenen Potenzen von x in der Kugelfunction, wenn sie auf die kleinste Benennung gebracht werden, im Nenner nur Potenzen von 2 enthalten. Man kann hinzufügen, dass sämmtliche Coefficienten von $4^n P^n(x)$ ganze Zahlen sind. Hätte man ferner die ν^{te} statt der $-\frac{1}{2}^{\text{ten}}$ Potenz von $1-2\alpha x+\alpha^2$ nach Potenzen von α entwickelt, so würde der Factor von α^n, — eine Kugelfunction höherer Ordnung — mit c^{2n} multiplicirt nur ganze Coefficienten enthalten, wenn ν eine rationale Zahl und c ihr Nenner ist.

Dieses folgt unmittelbar aus der Bemerkung von Euler*), die man in einem Briefe an Goldbach findet, dass in der Entwicklung von $\sqrt[n]{1-ann}$ nach aufsteigenden Potenzen der Grösse a alle Coefficienten ganze Zahlen werden, welches zu besonderen Betrachtungen „Anlass geben kann".

*) Correspondance mathématique et physique etc. publiée par Fuss. St. Pétersbourg, 1843, T. I. Lettre CXLII, p. 557 (Berlin d. 4. December 1751). Es bedeutet n bei Euler eine positive ganze Zahl.

Dass der zu einem Exponenten $\nu = \frac{a}{c}$ gehörige Binomialcoefficient

$$\frac{1}{c^n} \cdot \frac{a(a-c)(a-2c)\ldots(a-\overline{n-1}\,c)}{1.2.3\ldots n}$$

mit c^{2n} multiplicirt eine ganze Zahl sei, zeigte ich im 45. Bande des Crelle'schen Journals S. 287—288 auf folgende Art:

Es sei zuerst p eine Primzahl, welche den Nenner $1.2.3\ldots n$, nicht aber zugleich c theilt. Man zeigt, dass der Zähler des Binomialcoefficienten durch eine gleich hohe oder höhere Potenz von p theilbar ist wie der Nenner. Dazu ordnet man sowohl die Factoren, welche den Zähler, als auch die, welche den Nenner ausmachen, in Gruppen, deren jede p auf einanderfolgende Zahlen enthält, die erste die ersten p, die zweite den $(p+1)^{ten}$ bis $2p^{ten}$ Factor, etc. Nur die letzte Gruppe kann weniger als p Factoren enthalten, wenn nämlich n nicht durch p theilbar ist. Alsdann wird in jeder vollständigen Gruppe des Nenners erst die letzte Zahl durch p theilbar sein, in der unvollständigen keine. In jeder vollständigen Gruppe des Zählers ist genau eine Zahl durch p theilbar, und zwar nicht erst die letzte, indem die Congruenz

$$a - cz \equiv 0 \mod p$$

in jeder vollständigen Gruppe eine nicht durch p theilbare Wurzel besitzt, (in einer unvollständigen eine solche besitzen kann). Der Zähler besitzt also ebenso viele durch p theilbare Zahlen wie der Nenner oder eine mehr. Gleiches gilt für die nicht nur durch p sondern auch noch durch höhere Potenzen von p theilbaren Zahlen, wie man durch dasselbe Verfahren beweist, indem man in Gruppen von p^2, p^3, etc. Zahlen zerlegt, so dass sich alle Potenzen einer Primzahl p, welche in c nicht aufgeht, aus dem Nenner gegen die im Zähler auftretenden fortheben, und nur solche Nenner übrig bleiben können, welche mit c einen Theiler gemein haben.

Zweitens sei p eine Primzahl, die c theilt; denkt man sich ν in der kleinsten Benennung gegeben, so theilt also p nicht zugleich a. In dem Zahlsystem, dessen Grundzahl p ist, geschrieben sei

$$n = \varkappa_0 + \varkappa_1 p + \varkappa_2 p^2 + \cdots \varkappa_\iota p^\iota,$$

so dass also alle $\varkappa$ unter p liegende nicht negative ganze Zahlen bezeichnen. Es giebt dann unter den Zahlen bis n im ganzen

$\varkappa_\iota p^{\iota-1} + \varkappa_{\iota-1} p^{\iota-2} + \cdots + \varkappa_2 p + \varkappa_\iota$	durch p,	davon
$\varkappa_\iota p^{\iota-2} + \varkappa_{\iota-1} p^{\iota-3} + \cdots + \varkappa_2$	„ p^2,	„
$\varkappa_\iota p^{\iota-3} + \varkappa_{\iota-1} p^{\iota-4} + \cdots$	„ p^3,	„
. . . .	. . . .	. .
$\varkappa_\iota p + \varkappa_{\iota-1}$	„ $p^{\iota-1}$,	„
$\varkappa_\iota$	„ p^ι	

theilbare Zahlen, daher ist der Nenner $1.2.3\ldots n$ genau durch eine Potenz von p theilbar, welche die Summe obiger Zahlen zum Exponenten hat, d. h. den Exponenten

$$\varkappa_\iota \frac{p^\iota - 1}{p-1} + \varkappa_{\iota-1} \frac{p^{\iota-1} - 1}{p-1} + \cdots + \varkappa_2 \frac{p^2 - 1}{p-1} + \varkappa_1$$

besitzt. Dieser Exponent ist gleich

$$\frac{n-(\varkappa_0+\varkappa_1+\cdots+\varkappa_\iota)}{p-1},$$

einer Zahl, welche sich als $p-1^{ter}$ Theil der Differenz zwischen n und seiner Quersumme im Zahlensystem mit der Grundzahl p darstellt, also in jedem Falle kleiner als n bleibt; die Potenz von p hebt sich demnach aus dem Binomialcoefficienten nach Multiplication desselben mit c^{2n} fort.

Der erwähnte Satz von Euler ist aber ein ganz specieller Fall des von Eisenstein gefundenen, im Monatsberichte der Akademie der Wissenschaften zu Berlin*) ohne Beweis veröffentlichten Satzes. Nach demselben kann eine Reihe mit rationalen Coefficienten c

$$y = c_0 + c_1 x + c_2 x^2 + \cdots$$

nur dann Wurzel einer algebraischen Gleichung zwischen x und y sein, wenn nach Vertauschung von x mit einem gewissen ganzen Vielfachen von x alle Coefficienten der Reihe für xy in ganze Zahlen übergehen. Man findet den Beweis dieses Satzes in dem I. Zusatze zu dem ersten Kapitel.

§ 5. Für $P^{(n)}(x)$, welches durch eine Reihe gegeben wurde, die nach ganzen Potenzen von x geordnet ist, lassen sich noch andere Reihen aufstellen, welche eine einfachere Form annehmen, wenn für x eine trigonometrische Function, nämlich $x = \cos\theta$, gesetzt wird, es mag θ reell oder imaginär sein.

Jede Zahl $x = a + bi$ lässt sich durch $\cos(\varphi - \varrho i)$ ausdrücken. Hierzu sucht man die beiden Wurzeln der Gleichung

$$\frac{a^2}{\omega} + \frac{b^2}{\omega - 1} = 1$$

auf; beide sind positiv und die eine liegt über 1, die andere unter 1 (S. u.). Die positive Quadratwurzel aus der ersteren heisse r, aus der zweiten u. Man bestimmt dann ϱ und φ durch die Gleichungen

$$\varrho = \log(r + \sqrt{r^2 - 1}) \qquad \cos\varphi = \pm u$$

wenn $\sqrt{r^2 - 1}$ positiv und φ so gewählt wird, dass $\cos\varphi$ das Zeichen von a, $\sin\varphi$ von b besitzt.

Denkt man sich unter a und b die Abscisse und Ordinate eines Punktes in rechtwinkligen Coordinaten, so heissen r und u die elliptischen Coor-

*) Juli 1852, S. 441—443: Ueber eine allgemeine Eigenschaft der Reihenentwickelungen aller algebraischen Functionen. Den vollständigen Beweis desselben habe ich im 48. Bande des Crelle'schen Journals S. 267—275 gegeben in der Abhandlung: Ueber Entwickelung von Wurzeln algebraischer Gleichungen in Potenzreihen. Neuerdings ist ein eleganter Beweis von Herrn Hermite in den Proceedings of the London Mathematical Society, Vol. VII, No. 99 erschienen; die Bemerkung, welche Herr H. J. S. Smith dort hinzufügt, habe ich in dem Zusatz zu diesem Kapitel unter (a) berücksichtigt.

dinaten des Punktes; sie sind nämlich die grossen Halbaxen einer Ellipse und Hyperbel, welche sich im Punkte (a, b) schneiden, und die zwei Punkte ± 1 zu Brennpunkten haben. Ellipsen schneiden confocale Hyperbeln unter rechten Winkeln.

Um zu zeigen, dass die beiden Wurzeln ω wirklich in den angegebenen Grenzen liegen, kann man ein Verfahren anwenden, durch welches sich auch zeigen lässt, dass die allgemeinere Gleichung

$$1 = \frac{a^2}{\omega - \alpha} + \frac{b^2}{\omega - \beta} + \frac{c^2}{\omega - \gamma} + \cdots$$

(wenn a, b, c, etc. α, β, γ, etc. reelle Grössen sind, und $\alpha > \beta > \gamma >$ etc.) nur reelle Wurzeln hat, die resp. zwischen ∞ und α, α und β, β und γ, etc. liegen. Bringt man nämlich die gegebene Gleichung in die Form

$$\omega(\omega - 1) - a^2(\omega - 1) - b^2\omega = 0$$

und beachtet, dass die linke Seite für $\omega = \infty$, 1, 0 resp. positiv, negativ, positiv wird, so ist klar, dass eine Wurzel über 1, die andere zwischen 0 und 1 liegt.

Um $P^{(n)}(\cos\theta)$ zuerst nach Cosinus der Vielfachen von θ zu entwickeln, bringt man T in die Form

$$(1 - \alpha e^{i\theta})^{-\frac{1}{2}} (1 - \alpha e^{-i\theta})^{-\frac{1}{2}},$$

entwickelt jeden Factor für sich nach dem binomischen Lehrsatze und bildet dann das Product der beiden Reihen

$$1 + \tfrac{1}{2}\alpha e^{i\theta} + \frac{1.3}{2.4}\alpha^2 e^{2i\theta} + \cdots,$$

$$1 + \tfrac{1}{2}\alpha e^{-i\theta} + \frac{1.3}{2.4}\alpha^2 e^{-2i\theta} + \cdots.$$

Der Coefficient von α^n in dem Producte muss $P^{(n)}$ sein, so dass man erhält

$$(a) \ldots \quad \frac{2.4.6\ldots(2n)}{1.3.5\ldots(2n-1)} P^{(n)}(\cos\theta)$$

$$= \cos n\theta + \frac{1.n}{1.(2n-1)} \cos(n-2)\theta + \frac{1.3.n(n-1)}{1.2.(2n-1)(2n-3)} \cos(n-4)\theta + \cdots,$$

wenn die Reihe so weit fortgesetzt wird, bis sie von selbst abbricht. Es kommt auf dasselbe hinaus, wenn man abbricht, ehe die Argumente $(n-2)\theta$, $(n-4)\theta$, etc. negative Vielfache von θ sind, und dann bei ungeraden n alle Glieder, bei geraden n alle ausser dem letzten doppelt nimmt. Da P eine ganze Function von $\cos\theta$ ist, so besteht die Gleichung (a) offenbar für reelle und imaginäre θ. Führt man eine Grösse ξ ein, die zu x dieselbe Beziehung hat wie $\cos\theta - i\sin\theta$ zu $\cos\theta$, indem man setzt

$$2x = \xi + \xi^{-1} \qquad 2\sqrt{x^2-1} = \xi^{-1} - \xi,$$
$$\xi = x - \sqrt{x^2-1} \qquad \xi^{-1} = x + \sqrt{x^2-1},$$

wobei es vorläufig noch gleichgültig bleibt, welche von den beiden Wurzeln man unter $\sqrt{x^2-1}$ versteht, so ist demnach

$$(a') \ldots \quad \frac{2.4\ldots(2n)}{1.3\ldots(2n-1)} P^n(x)$$
$$= \xi^{-n}\left[1 + \frac{1.n}{1.(2n-1)}\xi^2 + \frac{1.3.n(n-1)}{1.2.(2n-1)(2n-3)}\xi^4 + \cdots\right].$$

Die rechte Seite, durch das Zeichen der hypergeometrischen Reihe ausgedrückt, giebt

$$\xi^{-n} F(\tfrac{1}{2}, \ -n, \ \tfrac{1}{2}-n, \ \xi^2).$$

Specielle Fälle:

$$P^1 = \cos\theta$$
$$P^2 = \tfrac{3}{4}\cos 2\theta + \tfrac{1}{4}$$
$$P^3 = \tfrac{5}{8}\cos 3\theta + \tfrac{3}{8}\cos\theta$$
$$P^4 = \tfrac{35}{64}\cos 4\theta + \tfrac{5}{16}\cos 2\theta + \tfrac{9}{64}.$$

Aus dieser Reihe, welche Laplace und Legendre*) entwickeln, schliesst der Letztere, dass P, so lange θ reell ist, seinen grössten Werth für $\theta = 0$ erhält. Da aber $P(1) = 1$, so ist der grösste Werth, welchen $P(\cos\theta)$ für reelle θ annehmen kann, gleich 1.

Andere Ausdrücke für P, die nach Potenzen von $\cos\frac{1}{2}\theta$ und $\sin\frac{1}{2}\theta$ geordnet sind, folgen unmittelbar aus einer Formel von Legendre (M. vergl. S. 9), nämlich

$$(b) \ldots \qquad P^n(\cos\theta) = F(n+1, \ -n, \ 1, \ \sin^2\tfrac{1}{2}\theta)$$
$$(c) \ldots \quad (-1)^n P^n(\cos\theta) = F(n+1, \ -n, \ 1, \ \cos^2\tfrac{1}{2}\theta),$$

von denen die letztere aus der ersteren durch Vertauschung von θ mit $\pi - \theta$ entsteht.

Um die erstere zu erhalten, setze man für $1 - 2\alpha\cos\theta + \alpha^2$ zunächst $(1-\alpha)^2 + 4\alpha\sin^2\frac{1}{2}\theta$; dann zieht man $(1-\alpha)^2$ heraus und findet

$$T = \frac{1}{1-\alpha} - \frac{1}{1}\,\frac{2\alpha}{(1-\alpha)^3}\sin^2\tfrac{1}{2}\theta + \frac{1.3}{1.2}\,\frac{2^2\alpha^2}{(1-\alpha)^5}\sin^4\tfrac{1}{2}\theta - \cdots.$$

Das Glied, welches hier α^ν im Zähler hat, liefert, wenn es nach aufsteigenden Potenzen von α entwickelt wird, nur so lange einen Beitrag, welcher mit α^n multiplicirt ist, also in P^n vorkommt, wie ν nicht n überschreitet. Wenn $\nu \leqq n$, so ist der Beitrag, mit Anwendung des Gauss'schen Zeichens Π ausgedrückt, gleich

---

*) Mémoires de l'Académie royale 1782, S. 142 und 1784, S. 376.

$$(-1)^\nu \frac{\Pi(n+\nu)}{\Pi(n-\nu)\Pi\nu\Pi\nu} \sin^{2\nu}\tfrac{1}{2}\theta.$$

Sammelt man alle Beiträge, so entsteht der Ausdruck (b).

Der Vollständigkeit halber werden hier noch zwei Reihen für die Kugelfunction hinzugefügt, von denen die erste, welche nach Potenzen von tang $\frac{1}{2}\theta$ geordnet ist, wie Herr Todhunter erinnerte, bei Murphy, die andere im wesentlichen bei Euler*) vorkommt. Ihre Ableitung findet man im § 9.

$$(d) \ldots \quad P^n(\cos\theta) = \cos^{2n}\tfrac{1}{2}\theta\, F(-n,\ -n,\ 1,\ -\operatorname{tang}^2\tfrac{1}{2}\theta)$$

$$(e) \ldots \quad P^n(\cos\theta) = \cos^n\theta\, F(-\tfrac{1}{2}n,\ \tfrac{1}{2}-\tfrac{1}{2}n,\ 1,\ -\operatorname{tang}^2\theta).$$

Während die obigen Ausdrücke (a) bis (e) endliche Reihen sind, welche die Kugelfunction für alle Werthe von θ darstellen, so ist dies nicht mehr der Fall bei der folgenden von mir angegebenen Gleichung, die später mehrfach auftritt. Man hat nämlich zwischen $\theta = 0$ und $\theta = \pi$

$$(f) \ldots \quad \frac{\pi}{4} P^n(\cos\theta) = \frac{2.4\ldots(2n)}{3.5\ldots(2n+1)}\Big(\sin(n+1)\theta + \frac{1.(n+1)}{1.(2n+3)}\sin(n+3)\theta + \frac{1.3.(n+1)(n+2)}{1.2.(2n+3)(2n+5)}\sin(n+5)\theta + \cdots\Big).$$

Den Beweis dieser Formel findet man im § 19. Als die Quelle, aus der sich (a) bis (e) und ähnliche Reihenausdrücke ergeben, wird sich später die Differentialgleichung erweisen, welcher die P genügen.

§ 6. Die Kugelfunction entsteht durch wiederholte Differentiation eines einfachen Ausdrucks; es ist nämlich

$$(3) \ldots \quad P^n(x) = \frac{1}{2^n \Pi n} \frac{d^n(x^2-1)^n}{dx^n}.$$

Beweis. Differentiirt man

$$P^n(x) = \frac{1.3\ldots(2n-1)}{1.2\ldots n}\Big(x^n - \frac{n(n-1)}{2(2n-1)}x^{n-2} + \cdots\Big)$$

nach x, so tritt n vor die Parenthese, und in den Exponenten so wie in den Zählern des in der Parenthese befindlichen Ausdrucks verwandelt sich n in $n-1$. Nach einer zweiten Differentiation tritt noch $n-1$ als Factor vor die Parenthese, und in den Exponenten und Zählern der Parenthese ist wiederum $n-1$ statt n, also in dem ursprünglichen Ausdruck der Parenthese $n-2$ statt n zu setzen. Umgekehrt, integrirt man nach x zwischen 0 und 1, so

*) Euleri institutiones calculi integralis, Ed. III. Petropoli 1824. Vol. I, Sect I, Cap. VI, probl. 33 (nicht 36, wie dort irrthümlich steht), S. 160.

tritt $n+1$ als Factor in den Nenner, und n ist in den Exponenten und Zählern innerhalb der Parenthese mit $n+1$ zu vertauschen. Aehnliches geschieht bei einer mehrfachen Integration; nach einer $n$fachen ist der Factor vor der Parenthese daher

$$\frac{1.3.5\ldots(2n-1)}{1.2.3\ldots(2n-1)} = \frac{1}{2^n \Pi(n)},$$

während in der Parenthese die Reihe steht

$$x^{2n} - \frac{2n(2n-1)}{2(2n-1)} x^{2n-2} + \frac{2n(2n-1)(2n-2)2n-3)}{2.4.(2n-1)(2n-3)} x^{2n-4} - \ldots,$$

wenn man bei dem mit x^n multiplicirten Gliede abbricht. Dies ist aber der Anfang der Entwickelung von $(x^2-1)^n$ nach absteigenden Potenzen von x gleichfalls bis incl. x^n, so dass die n^{te} Kugelfunction durch $n$fache Differentiation von

$$\frac{1}{2^n \Pi n}(x^2-1)^n$$

entsteht.

Die wichtige*) Formel (3) deutet auf eine Analogie der Kugel-

---

*) Diese Formel trug früher den Namen von Ivory und Jacobi; in Deutschland zweifelte man um so weniger an der Berechtigung zu dieser Bezeichnung, als Herr Liouville, der nicht nur als ausgezeichneter Forscher sondern auch als Kenner der Literatur hochgeschätzte Gelehrte, im 2. Bande seines Journals S. 105 in der Abhandlung Sur le développement de $(1-2xz+z^2)^{-\frac{1}{2}}$; par MM. Ivory et Jacobi selbst die merkwürdige Gleichung den beiden letzteren zuschreibt. Wie schon S. 9 bemerkt wurde, hat Herr Hermite bemerkt, dass die Gleichung (3) zuerst von Rodrigues gegeben sei, indem sie in dessen Mémoire sur l'attraction des sphéroides vorkommt, das sich in der Correspondance sur l'école roy. pol. T. III, S. 361—385, Paris 1816, herausgegeben von Hachette findet. Um alle Daten möglichst festzustellen, sei noch erwähnt, dass bei dem Mémoire sich die Bemerkung findet: Ce Mémoire a été le sujet d'une thèse soutenue pour le Doctorat, devant la Faculté des Sciences à Paris, le 28 juin 1815, sous la présidence de M. Lacroix, Doyen de la Faculté. Hiernach ist es nicht mehr zweifelhaft, dass unter Allen, welche sich in hervorragender Weise mit demselben Gegenstande beschäftigten, Rodrigues zuerst zu der Gleichung gelangt ist. Bei dem Interesse, welches der Gegenstand gewonnen hat, theile ich noch Weiteres über den Sachverhalt mit, und zwar an dieser Stelle, obgleich ich vorgreifend Gegenstände berühre, die im Texte erst an einer späteren Stelle auftreten.

Nachdem Ivory in den Philosophical transactions von 1809 die Anziehung eines homogenen Ellipsoids dadurch bestimmt hatte, dass er lehrte wie die Anziehung eines jeden äusseren Punktes aus der eines innern gefunden werde, kam er in der Abhandlung On the Attractions of an extensive Class of Spheroids, S. 50, Gelesen d. 14. Nov. 1811, herausgegeben 1812 (demselben Jahre, in welchem Gauss die Theoria attractionis corporum sphaeroidicorum ellipticorum homogeneorum der Göttinger Societät vorlegte) der erwähnten Gleichung sehr nahe. Er giebt nämlich functionen mit den trigonometrischen hin, die noch bei vielen anderen Untersuchungen zu Tage tritt. Nach einem Satze*) von **Jacobi**, dessen Beweis man im § 34 findet, ist nämlich, wenn $x = \cos\theta$ gesetzt wird,

$$(3, a) \ldots \quad \frac{\sin n\theta}{n} = -\frac{(-1)^{n-1}}{1.3.5\ldots(2n-1)} \frac{d^{n-1}(1-x^2)^{n-\frac{1}{2}}}{dx^{n-1}}.$$

Diese Analogie tritt noch klarer im III. Theile hervor.

Jacobi beweist die Gleichung (3), indem er setzt

$$(a) \ldots \quad y - x = \frac{\alpha}{2}(y^2-1),$$

hieraus nach dem **Lagrange**'schen Lehrsatz y, daraus $\frac{dy}{dx}$ in eine nach Potenzen von α aufsteigende Reihe entwickelt. Löst man (a) nach y auf und differentiirt darauf nach x, so findet man andrerseits

$$dy = T dx$$

und durch Gleichsetzung der beiden auf verschiedenen Wegen gefundenen Werthe von y' die gesuchte Formel

$$T = \Sigma \frac{\alpha^n}{2^n \Pi n} \frac{d^n(x^2-1)^n}{dx^n}.$$

§ 7. Aus der Gleichung (3) folgt der

Satz. Sämmtliche Wurzeln der Gleichung $P^n(x) = 0$ sind reell und kleiner als 1.

Beweis. Sind die Wurzeln einer Gleichung $\psi(x) = 0$ sämmtlich reell, und liegen sie zwischen a und b, so gilt das Gleiche von den Wurzeln des ersten Differentialquotienten $\psi'(x)$, also

dort eine Formel, die in unserer Bezeichnung lauten würde

$$(n + \nu)(n - \nu + 1)(1-x^2)^\nu \frac{d^\nu P^{(n)}(x)}{dx^\nu} + \frac{d}{dx}\left[(1-x^2)^{\nu+1} \frac{d^{\nu+1} P^{(n)}(x)}{dx^{\nu+1}}\right] = 0.$$

Dieselbe Formel kommt im II. Bande der Exercices von **Legendre** vor, und zwar im fünften Theile (cinquième partie), der, wie man aus dem Avertissement erfährt, welches dem zweiten Bande vorgedruckt ist, schon im August 1815 publicirt wurde. **Rodrigues** selbst äussert sich S. 376 über die Selbständigkeit seiner Untersuchungen in folgender Art: L'analyse qui va suivre avait été employée en très-grande partie dans un deuxième Mémoire de M. **Ivory**, sur l'attraction des sphéroides (Transactions philosophiques, tom. 102, année 1812, 1re partie) et dans la Section XI du troisième Supplément aux Exercices du Calcul intégral, par M. **Legendre**. Je ne connaissais aucun de ces ouvrages lorsque je fis mon travail. Erst in den Philos. Transactions von 1824, Part. I, S. 91—93 kommt die Gleichung (3) auch bei **Ivory** und 1827 im 2. Bande des **Crelle**'schen Journals S. 223 bei **Jacobi** vor.

*) **Crelle**, Journal f. Math. Bd. 15, Formula transformationis integralium definitorum, S. 4.

auch von denen eines jeden folgenden. Ist im besonderen Falle $\psi(x) = (x^2 - 1)^n$, so müssen daher sämmtliche Wurzeln der Gleichung

$$\frac{d^n(x^2-1)^n}{dx^n} = 0,$$

oder, nach (3), die von $P^n(x) = 0$ zwischen -1 und $+1$ liegen und reell sein.

Dass diese Wurzeln sämmtlich verschieden sind, soll im § 12 bewiesen werden; 1 selbst gehört nicht zu ihnen, da $P^n(1) = 1$ nach § 4. Ist β eine Wurzel, so ist ferner auch $-\beta$ eine solche. Die numerischen Werthe dieser Wurzeln für die Werthe $n = 1$ bis $n = 7$ incl. findet man, nach der Rechnung von Gauss, im zweiten Bande des Handbuchs unter den Anwendungen auf mechanische Quadratur. Dort wird nämlich gezeigt, dass man $\int_{-1}^{1} \varphi(x)dx$, nach Gauss*), aus n Ordinaten φ in gewissem Sinne am vortheilhaftesten durch Annäherung berechnet, wenn man zu Abscissen die n Wurzeln von $P^n(x) = 0$ wählt. Dies setzt aber voraus, dass $\varphi(x)$ innerhalb der Integrationsgrenzen continuirlich bleibt. Hiermit bringe man die Bemerkung des Herrn Mehler in Verbindung**), dass in gleichem Sinne zur Berechnung von

$$\int_{-1}^{1} \varphi(x) \frac{dx}{\sqrt{1-x^2}}$$

die Ordinaten $\varphi(x)$ für die Abscissen

$$x = \cos\frac{\pi}{2n}, \quad \cos\frac{3\pi}{2n}, \ldots \quad \cos(2n-1)\frac{\pi}{2n}$$

gewählt werden müssen. Aus (3, a) geht hervor, dass dies die Wurzeln der Gleichung

$$\frac{d^n(x^2-1)^{n-\frac{1}{2}}}{dx^n} = 0$$

sind, so dass auch bei dieser Gelegenheit die Analogie der trigonometrischen und Kugelfunctionen hervortritt. In einer Arbeit, Mittheilung über Kettenbrüche***) und nach dieser hier in dem zweiten Zusatze zum 5. Kapitel, über Kettenbrüche, zeigt sich, dass in ähn-

---

*) Werke, III. Bd. Methodus nova integralium valores per approximationem inveniendi.

**) Borchardt, Journal f. Math. Bd. 63: Bemerkungen zur Theorie der mechanischen Quadraturen, no. 4, S. 156.

***) Borchardt, Journal f. Math. Bd. 67, § 7—8.

licher Art bei der angenäherten Berechnung von

$$\int_a^b \varphi(x)\, f(x)\, dx$$

als Abscissen, für welche man die Ordinaten $\varphi(x)$ berechnen muss, die Wurzeln von Gleichungen $N(x) = 0$ auftreten, wenn N einen Näherungsnenner des Kettenbruchs für

$$\int_a^b f(z) \frac{dz}{x - z}$$

bezeichnet. Man vergl. auch die Anmerkung zu § 16.

Der am Eingange dieses Paragraphen aufgestellte Satz ist zuerst von Legendre in den Memoiren der Akademie*) von 1784 für einen geraden Index n, in den Exercices**) für alle ganzen n bewiesen. Die Methode von Legendre wird im zweiten Theile § 99 auf eine ähnliche Untersuchung angewandt. Den hier gegebenen Beweis verdankt man Jacobi***).

§ 8. Unter den verschiedenen bestimmten Integralen, durch welche man die Kugelfunction ausgedrückt hat, ist das von Laplace aufgefundene†) von besonderer Wichtigkeit. Man kann u. a. bei ihm anknüpfen, wenn ein Uebergang zu den Kugelfunctionen mit mehreren Veränderlichen oder von ganzzahligen zu beliebigen Werthen des Index n gebildet werden soll.

Jacobi hat auf eine Methode††) aufmerksam gemacht, durch welche sich dies Integral leicht ableiten lässt. Sie beruht auf einem einfachen, sehr wichtigen Hülfssatze, dessen Beweis nur dann einige Weitläufigkeit verursacht, wenn man ihn in der Allgemeinheit aufstellt, welche Jacobi ihm in einer späteren Arbeit†††) gegeben hat.

---

*) S. 374.

**) Bd. II, S. 254.

***) Crelle, Journal f. Math. Bd. I: Ueber Gauss neue Methode, die Werthe der Integrale näherungsweise zu finden, S. 306.

†) Traité de mécanique céleste, Tome V, Paris 1825, Livre XI, Chap. II, No. 3, p. 33, form. (f).

††) Crelle, Journal f. Math. Bd. 26, S. 81: Ueber die Entwickelung des Ausdrucks $[aa - 2aa'(\cos\omega\cos\varphi + \sin\omega\sin\varphi\cos(\vartheta - \vartheta') + a'a']^{-\frac{1}{2}}$. Diese merkwürdige Arbeit ist später, abgekürzt in's Italienische übersetzt, im Giornale Arcadico Tomo XCVIII, Roma 1844 erschienen, und dann in's Liouville'sche Journal T. X; S. 229 übergegangen.

†††) Crelle, Journal f. Math. Bd. 32, S. 8: Ueber den Werth, welchen das be-

Hülfssatz. Das Integral

$$\int_0^{2\pi} \frac{d\varphi}{a - b\cos\varphi}$$

hat keine Bedeutung, sobald $\mathcal{M}(a - \sqrt{a^2 - b^2}) = \mathcal{M}b$, oder was dasselbe ist, sobald $\frac{b}{a}$ reell und zugleich absolut genommen, grösser oder gleich 1 ist. In allen übrigen Fällen wird

$$(4) \ldots \int_0^{2\pi} \frac{d\varphi}{a - b\cos\varphi} = \frac{2\pi}{\sqrt{a^2 - b^2}},$$

wenn die Quadratwurzel ein solches Vorzeichen erhält, dass

$$\mathcal{M}(a - \sqrt{a^2 - b^2}) < \mathcal{M}b.$$

Um zu zeigen, dass die beiden Formen übereinstimmen, in welchen die Bedingung für das Bestehen des Integrals ausgedrückt ist, geht man davon aus, dass immer wenn

$$\frac{a - \sqrt{a^2 - b^2}}{b}$$

den Modulus 1 besitzt, die Zahl selbst gleich $\cos\theta - i\sin\theta$ gesetzt werden kann, wo θ einen reellen Bogen bezeichnet. Hieraus folgt durch Division beider Seiten dieser Gleichung in 1

$$\frac{a + \sqrt{a^2 - b^2}}{b} = \cos\theta + i\sin\theta$$

also $a : b = \cos\theta \leqq 1$.

Umgekehrt, sobald $a : b$ reell und kleiner oder gleich 1 ist, setze man dies Verhältniss $= \cos\theta$ und findet sofort, dass $\mathcal{M}(a - \sqrt{a^2 - b^2} = \mathcal{M}b$.

Besteht dagegen diese Gleichheit nicht, so wird von den beiden Factoren von 1

$$\frac{a - \sqrt{a^2 - b^2}}{b}, \qquad \frac{a + \sqrt{a^2 - b^2}}{b},$$

der eine < 1 oder andere > 1 sein müssen.

Die Integration auf der linken Seite von (4) wird gewöhnlich, wenn die Constanten a und b reell sind, durch Anwendung der Substitution

$$\operatorname{tang}\tfrac{1}{2}\varphi = \sqrt{\frac{a-b}{a+b}}\operatorname{tang}\tfrac{1}{2}v$$

---

stimmte Integral $\int_0^{2\pi} \frac{d\varphi}{1 - A\cos\varphi - B\sin\varphi}$ für beliebige imaginäre Werthe von A und B annimmt.

ausgeführt, welches die bekannte Gleichung zwischen der excentrischen Anomalie (gewöhnlich E, hier φ genannt) und der wahren v ist in einer Ellipse mit der Excentricität $e = \frac{b}{a}$. Dieselbe Beziehung lässt sich auch durch die Formeln

$$\cos E = \frac{e + \cos v}{1 + e\cos v} \qquad \sin E = \frac{\sin v . \sqrt{1-e^2}}{1 + e\cos v}$$

ausdrücken, worauf mit Rücksicht auf § 10 schon hier aufmerksam gemacht worden soll. Dort wird man auch bemerken, dass dieselbe Substitution noch für imaginäre Werthe von e zum Ziele führt.

Man gelangt hier leichter zum Beweise des Satzes, dessen erster Theil, der sich auf die Gleichheit $\mathcal{M}(a-\sqrt{a^2-b^2}) = \mathcal{M} b$ bezieht, ohne weiteres klar ist, indem man die nach φ zu integrirende Function auf der linken Seite von (4) durch Multiplication mit $2v$ im Zähler und Nenner, wenn man zur Abkürzung $e^{i\varphi} = v$ setzt, in

$$-\frac{2v}{bv^2 - 2av + b}$$

verwandelt, und dies vermittelst Zerlegung in Partialbrüche in

$$\frac{2}{b(v_2 - v_1)}\left(\frac{v_2}{v_2 - v} + \frac{v_1}{v - v_1}\right)$$

umgestaltet, wo v_1 und v_2 die Wurzeln der Gleichung sind

$$bv^2 - 2av + b = 0.$$

Die Wurzel mit dem kleinern Modulus sei v_1, so dass man hat

$$\mathcal{M} v_1 < 1 \qquad \mathcal{M} v_2 > 1 \qquad v_1 v_2 = 1.$$

Durch Entwickelung in Reihen ergiebt sich, da $\mathcal{M} v = 1$,

$$\frac{v_2}{v_2 - v} = 1 + \frac{v}{v_2} + \left(\frac{v}{v_2}\right)^2 + \cdots$$

$$\frac{v_1}{v - v_1} = \frac{v_1}{v} + \left(\frac{v_1}{v}\right)^2 + \cdots.$$

Daher ist die zu integrirende Function

$$\frac{2}{b(v_2 - v_1)}\,(1 + 2v_1 \cos\varphi + 2v_1^2 \cos 2\varphi + \cdots),$$

und das Integral selbst gleich

$$\frac{4\pi}{b(v_2 - v_1)}.$$

Sind nämlich m und n ganze Zahlen, so wird

$$\int_0^{2\pi} \cos m\varphi \, \cos n\varphi \, d\varphi$$

gleich π oder 0, je nachdem m und n gleiche oder verschiedene Werthe besitzen. Nur für den Grenzfall $m = n = 0$ giebt das Integral 2π und nicht π.

Das Vorzeichen von $\sqrt{a^2 - b^2}$ möge so gewählt werden, dass

$$v_1 = \frac{a - \sqrt{a^2 - b^2}}{b}$$

die Wurzel mit dem kleinern Modulus wird; dann ist

$$b(v_2 - v_1) = 2\sqrt{a^2 - b^2},$$

also der Werth des Integrals der im Hülfssatze angegebene.

Aus demselben wird im § 9, der sich hier anschliesst, das Integral von Laplace abgeleitet; das zunächst Folgende enthält einige weitere Untersuchungen über Integrale von dem Charakter des in (4) enthaltenen.

Bedeutet m irgend eine ganze positive Zahl, so findet man auf demselben Wege, wenn $\mathcal{M}(a - \sqrt{a^2 - b^2}) < \mathcal{M} b$, die Gleichung

$$(4,\, a) \ldots \int_0^{2\pi} \frac{\cos m\varphi \, d\varphi}{a - b\cos\varphi} = \frac{2\pi}{\sqrt{a^2 - b^2}} \left(\frac{a - \sqrt{a^2 - b^2}}{b} \right)^m.$$

Die Gleichung (4) lässt sich nach einem bekannten Satze verallgemeinern. Bedeutet $f(\varphi)$ eine endliche periodische Function von φ mit der Periode 2π, und ψ eine reelle Constante, so ist

$$\int_0^{2\pi} f(\varphi)\, d\varphi = \int_0^{2\pi} f(\varphi + \psi)\, d\varphi,$$

oder in Worten: der Mittelwerth von $f(\varphi)$ ist gleich dem Mittelwerth von (derselben Function) $f(\varphi + \psi)$. Um dies analytisch zu zeigen, substituirt man links $\varphi + \psi$ für φ, wodurch entsteht

$$\int_0^{2\pi} f(\varphi)\, d\varphi = \int_{-\psi}^{0} f(\varphi + \psi)\, d\varphi + \int_0^{2\pi - \psi} f(\varphi + \psi)\, d\psi.$$

Setzt man $-2\pi + \varphi$ für φ im ersten Integral auf der rechten Seite, und beachtet, dass $f(-2\pi + \varphi + \psi)$ wegen der Periodicität von f gleich $f(\varphi + \psi)$ ist, so verwandelt sich dieses Integral endlich in

$$\int_{2\pi - \psi}^{2\pi} f(\varphi + \psi)\, d\varphi.$$

Vermittelst einer solchen Substitution erhält man aus (4), wenn a reell, b reell und < 1 oder rein imaginär gedacht wird:

Wenn A reell und positiv, B und C entweder beide rein imaginär oder beide reell und dann so beschaffen sind, dass $A^2 > B^2 + C^2$, so wird

$$(4, b) \ldots \int_0^{2\pi} \frac{d\varphi}{A - B\cos\varphi - C\sin\varphi} = \frac{2\pi}{\sqrt{A^2 - B^2 - C^2}},$$

die Quadratwurzel positiv genommen. Keine Bedeutung hat das Integral, wenn A, B, C reell sind und zugleich

$$B^2 + C^2 \geqq A^2.$$

Zum Beweise setzt man

$$A = a \qquad B = b\cos\psi \qquad C = -b\sin\psi,$$

wodurch das Integral auf der Linken sich in

$$\int_0^{2\pi} \frac{d\varphi}{a - b\cos(\varphi + \psi)}$$

verwandelt.

Es bedarf keines besonderen Beweises, dass $(4, b)$ noch gilt, wenn A, B, C zwar imaginär sind, sich aber verhalten wie drei reelle Zahlen, und zugleich noch bleibt $\frac{BB + CC}{AA} < 1$. Dem reellen oder imaginären Theile der Quadratwurzel in $(4, b)$ hat man dann das Zeichen beizulegen, welches derselbe Theil von A besitzt. Keinen Werth hat dieses Integral, wenn $\frac{BB + CC}{AA} \geqq 1$.

Bei den meisten Anwendungen im Handbuche reicht die Bestimmung des Integrales in $(4, b)$ für die bisher behandelten Fälle aus. Die oben zum Beweise des Hülfssatzes angegebene Methode lässt sich aber zur Untersuchung des Integrales anwenden, welche Werthe auch A, B, C besitzen. Um Weitläufigkeiten zu vermeiden, die entstehen, wenn man die Grenzfälle in die Betrachtung einschliessen würde, bleibt der so eben erledigte Fall, dass sich A, B, C zu einander verhalten wie drei reelle Zahlen, ausgeschlossen. Ferner wird aus demselben Grunde angenommen, das für den Werth des Integrales gleichgültige Vorzeichen von C sei so gewählt, dass

$$\mathfrak{M}(B + iC) \leqq \mathfrak{M}(B - iC).$$

Dann kann der Fall $B - iC = 0$ nicht eintreten, indem er auch $B + iC = 0$ also $B = C = 0$ fordern würde, ein Fall, der als schon erledigt ausgeschlossen wurde. $\Big($Das Integral $(4, b)$ ist in demselben $\frac{2\pi}{A}\Big)$.

Das Integral $(4, b)$ hat offenbar nur und immer einen Werth, wenn

$$A - B\cos\varphi - C\sin\varphi$$

für kein reelles φ verschwindet; setzt man wieder $v = \cos\varphi + i\sin\varphi$, wie S. 25, so besteht daher die nothwendige und hinreichende Bedingung für die Existenz des Integrals darin, dass die Gleichung

$$(a) \ldots \quad (B - iC)v^2 - 2Av + (B + iC) = 0$$

keine Wurzel mit dem Modulus 1 besitzt. Diese Bedingung sei erfüllt.

Das Product der Wurzeln v_1 und v_2 in (a) ist

$$\frac{B+iC}{B-iC},$$

so dass sein Modulus die Einheit nicht überschreitet; also ist der Modulus wenigstens einer Wurzel nicht grösser als 1 und, weil das Integral einen Werth hat, sogar < 1. Der Modulus der zweiten Wurzel kann dann entweder gleichfalls unter 1 oder über 1 liegen. Es heisse nun die oder eine Wurzel, deren Modulus kleiner als 1 ist v_1, und der Quadratwurzel aus der Determinante der quadratischen Gleichung (a) ertheile man ein solches Zeichen, dass

$$v_1 = \frac{A-\sqrt{A^2-B^2-C^2}}{B-iC} \qquad \mathcal{M}(v_1) < 1;$$

woraus folgt, dass

$$v_2 = \frac{A+\sqrt{A^2-B^2-C^2}}{B-iC}.$$

Die Function in $(4, b)$ welche integrirt werden soll, bringe man auf die Form

$$\frac{-2v}{(B-Ci)v^2-2Av+(B+Ci)} = \frac{2}{(B-Ci)(v_2-v_1)}\left(\frac{v_2}{v_2-v}+\frac{v_1}{v-v_1}\right).$$

Entwickelt man nun das zweite Glied in der Parenthese auf der Rechten nach absteigenden Potenzen von v, das erste nach absteigenden oder aufsteigenden, je nachdem $\mathcal{M}v_2$ kleiner oder grösser als 1 ist, und integrirt darauf nach φ von 0 bis 2π, wodurch das von v unabhängige Glied allein in der Entwickelung übrig bleibt, so findet man:

Es hat das Integral

$$\int_0^{2\pi} \frac{d\varphi}{A-B\cos\varphi-C\sin\varphi}$$

1) keinen Werth, wenn eine der Gleichungen erfüllt wird

$$\mathcal{M}(A\pm\sqrt{A^2-B^2-C^2}) = \mathcal{M}(B-iC),$$

2) den Werth Null, wenn die beiden Ungleichheiten stattfinden

$$\mathcal{M}(A\pm\sqrt{A^2-B^2-C^2}) < \mathcal{M}(B-iC),$$

3) in den übrigen Fällen den Werth

$$\frac{2\pi}{\sqrt{AA-BB-CC}};$$

die Quadratwurzel erhält hier ein solches Zeichen, dass

$$\mathcal{M}(A-\sqrt{A^2-B^2-C^2}) < \mathcal{M}(B-iC).$$

Beispiel. Wenn $B+iC=0$, so sind die Wurzeln von (a)

$$v_1 = 0 \qquad v_2 = \frac{A}{B}.$$

$$\text{Das Integral ist also } = 0, \quad \text{wenn } \mathcal{M}A < \mathcal{M}B,$$
$$\text{,, ,, ,, ,, } = \frac{2\pi}{A}, \quad \text{,, } \mathcal{M}A > \mathcal{M}B,$$
$$\text{,, ,, ,, ohne Werth,} \quad \text{,, } \mathcal{M}A = \mathcal{M}B.$$

Anmerkung. Im Vorhergehenden habe ich nach Jacobi die Integration durch Entwickelung des Bruches, welcher integrirt werden soll, in eine Reihe ausgeführt. Herr Worpitzky hat in Grunert's Archiv, Bd. 55, S. 59–63, um ein Beispiel für die Anwendung der Cauchy'schen Sätze über das Residuum von rationalen Functionen zu geben, diese Methode auf die Integration von

$$\int \frac{v\, d\varphi}{(v - v_1)(v - v_2)}$$

in der üblichen Art angewandt, und das vorstehende Resultat von Jacobi abgeleitet. Zu dem, was dort S. 62 über den speciellen Fall $C = 0$ gesagt wird, kann man die Bemerkung hinzufügen, dass, wie sich oben zeigte,

$$\int_0^{2\pi} \frac{d\varphi}{a - b\cos\varphi}$$

für kein endliches a und b verschwindet.

Besondere Beachtung verdient die einfache Gestalt, in welche Jacobi in seiner vorerwähnten Arbeit (32. Bd. des Crelle'schen Journals) sowohl die Bedingung für die Existenz des Integrals, als auch die Regel zur Unterscheidung der verschiedenen Fälle gebracht hat.

Um zu derselben zu gelangen, wobei ich jedoch den Entwickelungen von Jacobi nicht überall genau folge, setze ich

$$A = \alpha + \alpha_1 i \qquad B = \beta + \beta_1 i \qquad C = \gamma + \gamma_1 i,$$

Das für den Werth des Integrals gleichgültige Vorzeichen von C wurde so gewählt (S. 27), dass

$$\mathcal{M}(B + iC) \leqq \mathcal{M}(B - iC);$$

der Ausdruck hierfür besteht (offenbar) in der Ungleichheit

$$\beta\gamma_1 - \gamma\beta_1 \geqq 0.$$

Das Integral hat keinen Werth, nur und immer, wenn für irgend ein reelles φ die Gleichungen stattfinden

$$\alpha - \beta\cos\varphi - \gamma\sin\varphi = 0$$
$$\alpha_1 - \beta_1\cos\varphi - \gamma_1\sin\varphi = 0.$$

Dann kann die Determinante

$$\beta\gamma_1 - \beta_1\gamma = [\beta\gamma_1]$$

nicht Null sein; denn wäre $\beta : \gamma = \beta_1 : \gamma_1$, so müsste, da die zwei Gleichungen zugleich bestehen, sich verhalten

$$\alpha : \beta : \gamma = \alpha_1 : \beta_1 : \gamma_1 = A : B : C.$$

Der Fall, dass A, B, C sich zu einander wie drei reelle Zahlen verhalten, war oben S. 27 als erledigt ausgeschlossen.

Aus den zwei Gleichungen folgt also

$$[\alpha\gamma_1]-[\beta\gamma_1]\cos\varphi = 0$$
$$[\alpha\beta_1]-[\gamma\beta_1]\sin\varphi = 0$$

oder die nothwendige Bedingung

$$(b)\ \ldots\quad [\alpha\beta_1]^2+[\alpha\gamma_1]^2 = [\beta\gamma_1]^2.$$

Indem man den zurückgelegten Weg umgekehrt durchmisst, zeigt sich, dass beim Bestehen der Gleichung (b) auch umgekehrt der Nenner des Integrals für einen reellen Werth von φ verschwindet. Man hat daher den

I. Satz. Den Fall ausgeschlossen, dass

$$\alpha : \beta : \gamma = \alpha_1 : \beta_1 : \gamma_1,$$

besitzt das Integral

$$(4,\, b)\ \ldots\quad \int_0^{2\pi} \frac{d\varphi}{\alpha+\alpha_1 i-(\beta+\beta_1 i)\cos\varphi-(\gamma+\gamma_1 i)\sin\varphi}$$

nur und immer dann keinen Werth, wenn

$$(b)\ \ldots\quad (\alpha\beta_1-\alpha_1\beta)^2+(\alpha\gamma_1-\alpha_1\gamma)^2 = (\beta\gamma_1-\beta_1\gamma)^2.$$

Es handelt sich ferner um die Unterscheidung der Fälle, in welchen das Integral den Werth unter No. 2 auf S. 28 d. h. Null, von dem, in welchem es den Werth unter No. 3 d. h.

$$\frac{2\pi}{\sqrt{AA-BB-CC}}$$

annimmt. So lange A, B, C endlich bleiben, unterscheiden diese beiden angegebenen Werthe sich immer um eine von Null verschiedene Grösse, und gehen daher, durch continuirliche Aenderungen von A, B, C nicht continuirlich in einander über. Andererseits ändert sich das Integral mit A, B, C continuirlich, so lange für diese Grössen das Gebiet von Werthen ausgeschlossen bleibt, welche seinen Nenner zu Null machen, d. h. welche (b) erfüllen. Es wird daher unter der Bedingung

$$[\alpha\beta_1]^2+[\alpha\gamma_1]^2 < [\beta\gamma_1]^2$$

dem Integrale immer der Werth aus derselben Rubrik, wenn aber

$$[\alpha\beta_1]^2+[\alpha\gamma_1]^2 > [\beta\gamma_1]^2$$

einer aus der anderen zukommen. In dem speciellen Falle

$$A = \alpha \qquad B = \beta \qquad C = \beta i$$

verwandeln sich diese Ungleichheiten in

$$\alpha^2 < \beta^2 \qquad \alpha^2 > \beta^2.$$

Das Integral ist aber in diesen Fällen schon bekannt (M. vergl. das Beispiel auf S. 28), nämlich im ersten Falle gleich Null, im zweiten von Null verschieden. Daher besteht der

II. Satz. Es sei $A = \alpha+\alpha_1 i$, $B = \beta+\beta_1 i$, $C = \gamma+\gamma_1 i$, und das Vorzeichen von C der Art gewählt, dass

$$\beta\gamma_1-\beta_1\gamma \geqq 0.$$

Wird dann nicht $A : B : C = \alpha : \beta : \gamma$, so nimmt das Integral

$$\int_0^{2\pi} \frac{d\varphi}{A-B\cos\varphi \pm C\sin\varphi}$$

je nachdem die Ungleichheit

$$(\alpha\beta_1-\alpha_1\beta)^2+(\alpha\gamma_1-\alpha_1\gamma)^2 \lesseqgtr (\beta\gamma_1-\beta_1\gamma)^2$$

mit dem obern oder untern Zeichen besteht, der Werth Null oder

$$\frac{2\pi}{\sqrt{AA-BB-CC}}$$

an, wobei die Quadratwurzel ein solches Vorzeichen erhält, dass

$$\mathcal{M}(A-\sqrt{A^2-B^2-C^2}) < \mathcal{M}(B-iC).$$

Diesen Gleichungen fügt Jacobi allgemeinere hinzu, die der Formel (4, a) entsprechen, und die sich aus der obigen Untersuchung sofort ergeben, wenn man statt des von v unabhängigen Gliedes auf S. 28 die mit $v^{\pm m}$ multiplicirten betrachtet. Man findet dann die allgemeinsten hierher gehörenden Gleichungen von Jacobi (bei dem übrigens α_1 Null ist) durch den

III. Satz. Unter den Voraussetzungen des zweiten Satzes, wenn ferner gesetzt wird

$$v_1=\frac{A-\sqrt{A^2-B^2-C^2}}{B-Ci};\quad v_2=\frac{A+\sqrt{A^2-B^2-C^2}}{B-Ci};\quad \mathcal{M}(v_1)<\mathcal{M}(v_2),$$

so erhält man, wenn die Ungleichheit mit dem obern Zeichen erfüllt wird

$$\int_0^{2\pi}\frac{\cos m\varphi\, d\varphi}{A-B\cos\varphi-C\sin\varphi}=i\int_0^{2\pi}\frac{\sin m\varphi\, d\varphi}{A-B\cos\varphi-C\sin\varphi}=\pi\frac{v_1^m-v_2^m}{\sqrt{AA-BB-CC}};$$

wird aber die Ungleichheit mit dem untern Zeichen erfüllt, so ist

$$\int_0^{2\pi}\frac{\cos m\varphi\, d\varphi}{A-B\cos\varphi-C\sin\varphi}=\pi\frac{v_2^{-m}+v_1^m}{\sqrt{AA-BB-CC}}$$

$$\int_0^{2\pi}\frac{\sin m\varphi\, d\varphi}{A-B\cos\varphi-C\sin\varphi}=i\pi\frac{v_2^{-m}-v_1^m}{\sqrt{AA-BB-CC}}.$$

Die hier behandelten allgemeinen Integrale lassen sich durch eine imaginäre Substitution auf die specielleren zurückführen, in denen C Null ist.

Es sei die Axe der X zugleich die Axe der Reellen, die im Anfangspunkte A auf ihr senkrechte Axe der Y zugleich die Axe des rein Imaginären. Ferner sei $z=x+iy$ und $f(z)$ eine Function von z, welche innerhalb eines einfach zusammenhängenden geschlossenen Polygons einwerthig und stetig bleibt. Bekanntlich wird dann

$$\int f(z)\,dz=0,$$

wenn die Integration sich über die Begrenzung des Polygons erstreckt.

Dieser Satz wird hier zweimal auf ein Rechteck angewendet. Es sei

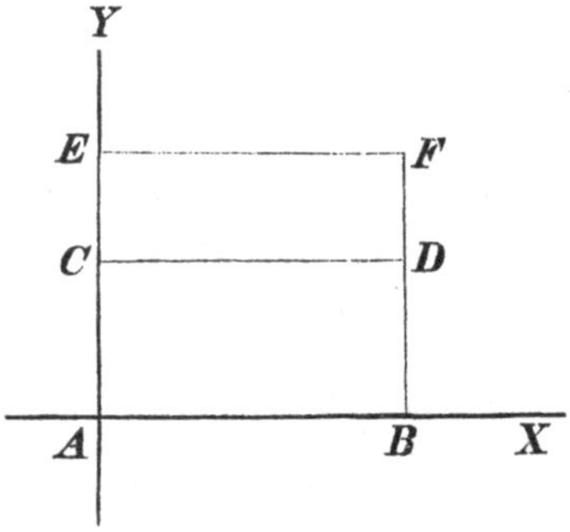

ABEF ein Rechteck, dessen Basis *AB* auf der Axe der *X*, während *AE* auf der Axe der *Y* liegt. Vom Punkte *C* auf der Linie *AE* ziehe man die Parallele *CD* zur Basis, so dass $AC < AE$. Ferner bezeichne man durch a und b irgend welche Constante und setze

$$f(z) = \frac{1}{a - b\cos z} \qquad z = x + iy$$

$$AB = 2\pi \qquad AC = \eta \qquad AE = \mathrm{H}.$$

Bleibt $f(z)$ endlich im Innern von *ABCD* (und auf der Begrenzung), so ist daher Null gleich der Summe von vier Integralen $\int f(z)\,dz$, genommen von *A* bis *B*, von *B* bis *D*, von *D* bis *C*, von *C* bis *A*. Die Summe des zweiten und vierten wird aber $= 0$, da $f(z)$ die Periode 2π besitzt, also auf *BD* gleich $f(2\pi + iy) = f(iy)$, ebenso gross wie auf *AC* ist, und man nach y das erste Mal von 0 bis η, das zweite Mal von η bis 0 integrirt. Berücksichtigt man, dass $f(z)$ auf *CD* gleich $f(x + i\eta)$, auf *AB* gleich $f(x)$ ist, so ergiebt sich

$$\int_0^{2\pi} f(x + i\eta)\,dx = \int_0^{2\pi} f(x)\,dx.$$

In derselben Art findet man

$$\int_0^{2\pi} f(x + i\eta)\,dx = \int_0^{2\pi} f(x + i\mathrm{H})\,dx,$$

wenn $f(z)$ im Rechteck *CDEF* endlich bleibt.

Die hier vorliegende Function wird für ein endliches z nur dann unendlich, wenn ihr Nenner, also wenn

$$b\,e^{2iz} - 2a\,e^{iz} + b$$

verschwindet, d. h. wenn

$$e^{iz} = \frac{a \pm \sqrt{a^2 - b^2}}{b}.$$

Da der reelle Theil x von z in jedem von den beiden Rechtecken alle Werthe von 0 bis 2π durchläuft, so wird die vorstehende Gleichung nur und immer in einem Rechtecke erfüllt, sobald für ein y die Moduln der beiden Seiten gleich sind, also

$$e^{-y} = \mathcal{M}\frac{a \pm \sqrt{a^2 - b^2}}{b}.$$

In beiden Rechtecken ist y nicht negativ, die Exponentialgrösse daher $\leqq 1$, während von den beiden Ausdrücken auf der Rechten der eine $\leqq 1$, der andere, des ersteren reciproker Werth, $\geqq 1$ sein muss. Giebt man der Quadratwurzel ein solches Zeichen, dass

$$\mathcal{M}(a - \sqrt{a^2 - b^2}) \leqq \mathcal{M}(a + \sqrt{a^2 - b^2}),$$

so wird daher $f(z)$ nur in dem Punkte unendlich, dessen Ordinate y gleich

$$\log_e\left(\frac{a-\sqrt{a^2-b^2}}{b}\right) = \log_e\left(\frac{a+\sqrt{a^2-b^2}}{b}\right).$$

Man kann daher, statt über CD zu integriren, die Integration über EF oder über AB erstrecken, wenn der obige Werth von y resp. kleiner oder grösser als η ist. Hierdurch entsteht der

IV. Satz. Der Werth des Integrales

$$\int_0^{2\pi} \frac{dx}{a-b\cos(x+iy)}$$

bleibt unverändert, wenn man für y eine beliebig grosse Zahl H setzt, die grösser ist als die nicht negative Grösse

$$\log_e \frac{a+\sqrt{a^2-b^2}}{b}.$$

Das Integral bleibt wiederum unverändert (erhält aber einen anderen Werth als im vorhergehenden Falle), wenn man für y irgend eine Zahl setzt, die kleiner ist als jener Logarithmus, bis incl. Null.

In dem ersten Falle wird das Integral daher gleich dem Werthe für $y=\infty$, d. h. Null, im zweiten gleich dem Werthe für $y=0$, d. h.

$$=\int_0^{2\pi} \frac{dx}{a-b\cos x} = \frac{2\pi}{\sqrt{a^2-b^2}}.$$

Ist jener Modulus genau 1, so lässt sich nach diesem Satze y vergrössern, aber nicht bis Null verkleinern.

Die Methode des Beweises zeigt, dass ein dem IV. Satze ähnlicher auch von dem Integrale

$$\int_0^{2\pi} \frac{G(\cos z, \sin z)\, dx}{[a-b\cos(\psi+z)]^n}$$

gilt, wenn G eine ganze Function ihrer Argumente, n eine ganze Zahl, und ψ eine beliebige reelle Grösse vorstellt. Auch in diesem Integral kann y in den angegebenen Fällen vergrössert oder bis 0 verkleinert werden. Ist z. B. der Grad der ganzen Function G in Bezug auf $\cos z$ und $\sin z$ kleiner als n, so wird im ersten Falle y bis ∞ vergrössert werden dürfen, und man findet, dass das Integral Null ist. Im andern Falle, auch wenn der Grad die Zahl n übertrifft, wird das Integral gleich

$$\int_0^{2\pi} \frac{G(\cos\overline{x-\psi}, \sin\overline{x-\psi})}{(a-b\cos x)^n}\, dx.$$

Auf die im IV. Satze betrachteten Integrale lässt sich zunächst das allgemeinere

$$\int_0^{2\pi} \frac{dx}{A-B\cos x-C\sin x}$$

zurückführen, in welchem über die Constanten A, B, C dieselben Annahmen bestehen mögen wie im II. Satze. Man bestimme Grössen a und b und die reellen ψ und η so, dass

$$a = A \qquad b\cos(\psi + i\eta) = B \qquad b\sin(\psi + i\eta) = -C.$$

Alsdann ist das vorstehende Integral

$$= \int_0^{2\pi} \frac{dx}{a - b\cos(x + \psi + i\eta)},$$

welches offenbar von ψ unabhängig ist, so dass man setzen kann $\psi = 0$. Nach dem IV. Satze ist das Integral gleich Null oder

$$= \int_0^{2\pi} \frac{dx}{a - b\cos x} = \frac{2\pi}{\sqrt{A^2 - B^2 - C^2}}.$$

Durch Schlüsse, wie sie zum Beweise des II. Satzes gemacht wurden, erkennt man, dass die Unterscheidung nach der Grösse von η mit der durch die Ungleichheiten des zweiten Satzes übereinstimmt.

Dieselbe Methode, auf die Reduction der allgemeineren Integrale angewandt, welche als Nenner eine ganze Potenz des bisherigen Nenners enthalten, giebt den

V. Satz. Je nachdem die Ungleichheit

$$(\alpha\beta_1 - \alpha_1\beta)^2 + (\alpha\gamma_1 - \alpha_1\gamma)^2 \lesseqgtr (\beta\gamma_1 - \beta_1\gamma)^2$$

mit dem obern oder untern Zeichen besteht, ist

$$\int_0^{2\pi} \frac{dx}{(A - B\cos x - C\sin x)^n}$$

gleich 0 oder

$$= \int_0^{2\pi} \frac{dx}{(A - \cos x . \sqrt{B^2 + C^2})^n},$$

wenn n eine ganze positive Zahl bezeichnet.

Der Vollständigkeit halber sei erwähnt, dass ganz ähnliche Resultate sich auch für die durch eine Function G wie oben verallgemeinerten Integrale ergeben. So wird

$$\int_0^{2\pi} \frac{G(\cos x, \sin x)\,dx}{(A - B\cos x - C\sin x)^n} = \int_0^{2\pi} \frac{G(\cos x, \sin x)\,dx}{[a - b\cos(x + \psi + i\eta)]^n},$$

wenn man wie oben setzt

$$a = A \qquad b\cos(\psi + i\eta) = B \qquad b\sin(\psi + i\eta) = -C.$$

Je nachdem die Ungleichheit im V. Satze mit dem obern oder untern Zeichen besteht, wird das Integral auf der linken Seite resp. gleich

$$\int_0^{2\pi} \frac{G(\cos\overline{x + iy}, \sin\overline{x + iy})\,dx}{(A - B\cos\overline{x + iy} - C\sin\overline{x + iy})^n},$$

wie gross man auch y nimmt, also $= 0$, wenn der Grad von G kleiner ist als n, oder resp. gleich

$$\int_0^{2\pi} \frac{G[\cos(x - \psi - i\eta), \sin(x - \psi - i\eta)]\,dx}{(A - \sqrt{A^2 + B^2}.\cos x)^n}.$$

Im speciellen Falle, wenn $\cos mx$ oder $\sin mx$ für G gesetzt wird, erhält man: Vorausgesetzt, dass die Ungleichheit des V. Satzes mit dem unteren Zeichen besteht, ist

$$\int_0^{2\pi} \frac{\cos mx\,dx}{(A - B\cos x - C\sin x)^n} = \cos m(\psi + i\eta) \int_0^{2\pi} \frac{\cos mx\,dx}{(A - \sqrt{B^2+C^2}.\cos x)^n},$$

$$\int_0^{2\pi} \frac{\sin mx\,dx}{(A - B\cos x - C\sin x)^n} = -\sin m(\psi + i\eta) \int_0^{2\pi} \frac{\cos mx\,dx}{(A - \sqrt{B^2+C^2}.\cos x)^n}.$$

Besteht die Ungleichheit mit dem oberen Zeichen, so wird, wenn $m < n$, jedes der beiden Integrale auf der Linken gleich Null.

Die beiden trigonometrischen Functionen auf der Rechten, welche die Integrale multipliciren, werden durch B und C vermittelst der Doppel-Gleichung ausgedrückt

$$\cos m(\psi + i\eta) \mp i \sin m(\psi + i\eta) = \left(\frac{B \pm iC}{\sqrt{B^2+C^2}}\right)^m.$$

Für $n = 1$ erhält man hieraus, mit Benutzung von (4, a) die im III. Satze angegebenen Gleichungen.

Im § 49 wird man noch einmal auf anderem Wege zu diesen Integralen gelangen, und dann auch die auf der rechten Seite befindlichen Integrale vollständig ausführen. Die Methode, welche hier angewandt wurde, ist auch anzuwenden, wenn man über die imaginäre Substitution bei ähnlichen Integralen, in den Grenzen $-\infty$ und ∞ handelt.

§ 9. Im Anschluss an S. 26 wird vermittelst des Hülfssatzes im vorigen Paragraphen **die Kugelfunction durch ein Integral ausgedrückt.**

Setzt man

$$a = 1 - \alpha x \qquad b = \alpha\sqrt{x^2 - 1},$$

so wird $1 - 2\alpha x + \alpha^2 = a^2 - b^2$. Denkt man sich zunächst x reell und nimmt für α eine hinlänglich kleine reelle Grösse, so wird a positiv, b reell oder rein imaginär, und man hat daher aus (4)

$$\frac{\pi}{\sqrt{1 - 2\alpha x + \alpha^2}} = \int_0^{\pi} \frac{d\varphi}{1 - \alpha x - \alpha\cos\varphi.\sqrt{x^2-1}},$$

wenn die Quadratwurzel auf der Linken das positive Vorzeichen erhält. Die Entwickelung nach aufsteigenden Potenzen von α giebt, vermöge (1), wenn man die Coefficienten von α^n auf beiden Seiten einander gleich setzt,

$$(5) \ldots \quad \pi P^n(x) = \int_0^{\pi} (x + \cos\varphi.\sqrt{x^2-1})^n\,d\varphi,$$

die Gleichung von Laplace.

Man kann nach § 4, S. 14 bei hinreichend grossem α die Quadratwurzel noch immer als erzeugende Function der Kugelfunction ansehen. Macht man

$$a = \alpha x - 1 \qquad b = \alpha\sqrt{x^2-1},$$

nimmt an, es sei x positiv, und denkt sich unter α eine positive Grösse, so wird a wiederum positiv, und man hat

$$\frac{\pi}{\sqrt{1-2\alpha x+\alpha^2}} = \int_0^\pi \frac{d\varphi}{\alpha x - \alpha\cos\varphi\,.\sqrt{x^2-1}-1}.$$

Setzt man in der Entwickelung nach absteigenden Potenzen von α die Coefficienten der $-(n+1)^{\text{ten}}$ Potenz einander gleich, so erhält man die zweite Form

$$(5, a) \ldots \quad \pi P^n(x) = \int_0^\pi \frac{d\varphi}{(x+\cos\varphi\cdot\sqrt{x^2-1})^{n+1}}$$

für positive reelle x, also die wichtige Gleichung*)

$$(6) \ldots \int_0^\pi (x-\cos\eta\,.\sqrt{x^2-1})^n\,d\varphi = \int_0^\pi \frac{d\varphi}{(x+\cos\varphi\,.\sqrt{x^2-1})^{n+1}}.$$

In jedem der beiden Integrale kann offenbar der Theil $x+\cos\varphi\,.\sqrt{x^2-1}$ mit $x-\cos\varphi\,.\sqrt{x^2-1}$ vertauscht werden; integrirt man ferner nach φ von 0 bis 2π, so erhält man das Doppelte des Integrales von 0 bis π.

Aus (5) lassen sich die Reihen (d) und (e) des § 5 ableiten. Setzt man wieder $x = \cos\theta$ und

$$\cos\theta + i\sin\theta\cos\varphi = (\cos\tfrac{1}{2}\theta + i\sin\tfrac{1}{2}\theta\,.e^{i\varphi})\,(\cos\tfrac{1}{2}\theta + i\sin\tfrac{1}{2}\theta\,.e^{-i\varphi}),$$

so wird die n^{te} Potenz des Ausdrucks auf der linken Seite gleich dem Produkt der beiden Reihen

$$\cos^n\tfrac{1}{2}\theta\left[1+\frac{n}{1}(i\tang\tfrac{1}{2}\theta\,.e^{i\varphi})+\frac{n(n-1)}{1\,.\,2}(i\tang\tfrac{1}{2}\theta\,.e^{i\varphi})^2+\cdots\right],$$

$$\cos^n\tfrac{1}{2}\theta\left[1+\frac{n}{1}(i\tang\tfrac{1}{2}\theta.e^{-i\varphi})+\frac{n(n-1)}{1\,.\,2}(i\tang\tfrac{1}{2}\theta.e^{-i\varphi})^2+\cdots\right].$$

Das von φ unabhängige Glied in diesem Produkte wird nach (5) gleich $P^n(\cos\theta)$, ist aber (offenbar) gerade die rechte Seite von (d).

Die Reihe (e) ergiebt sich aus (5), wenn man den Ausdruck unter dem Integrale nach dem binomischen Lehrsatz entwickelt,

---

*) Diese Gleichung findet sich, noch verallgemeinert, in der schon früher angeführten Arbeit von Jacobi im Crelle'schen Journal Bd. 26 auf S. 85. Dass sie im wesentlichen von Euler gegeben sei, erkennt Jacobi daselbst ausdrücklich an: „Einer meiner jüngeren Freunde .... hat bemerkt, dass die hier zwischen den bestimmten Integralen gefundene Relation in der Euler'schen Formel .... enthalten ist." Näheres hierüber findet man im § 50.

und berücksichtigt, dass für ein gerades m

$$\int_0^\pi \cos^m \varphi \, d\varphi = \frac{1.3.5\ldots(m-1)}{2.4.6\ldots m} \pi,$$

während für ein ungerades m das Integral auf der Linken Null ist.

Obgleich die Ableitung der Gleich. (5) an Einfachheit und Strenge nichts zu wünschen lässt, so soll doch hier ein zweites Verfahren erwähnt werden, dessen sich Herr M. H. Laurent in seinem Mémoire sur les fonctions de Legendre (Liouville, J. d. M. 3 Série p. par H. Resal. T. I, 1875) bedient: Nach einem Satze von Cauchy von fundamentaler Bedeutung ist $P^{(n)}(x)$, als Coefficient in der Entwickelung von T nach Potenzen von α, gleich dem Integrale

$$\frac{1}{2\pi i} \int T \alpha^n \, d\alpha,$$

wenn die Integration über einen um den Anfangspunkt beschriebenen Kreis ausgedehnt wird, dessen Radius kleiner ist als $\mathrm{mod}\,(x \pm \sqrt{x^2-1})$. Statt desselben nimmt man das doppelte Integral über eine die beiden Punkte $x \pm \sqrt{x^2-1}$ verbindende Linie. Die Berechtigung zu dieser Vertauschung würde eine genauere Untersuchung erfordern, wie in allen Fällen, in welchen man die Peripherie, über die integrirt wird, bis in die Punkte ausdehnen will, in welchen die zu integrirende Function discontinuirlich wird. Ist dieselbe einmal nachgewiesen, so erhält man das Integral von Laplace sofort, indem man über die Gerade integrirt, welche die Punkte $x \pm \sqrt{x^2-1}$ verbindet, analytisch gefasst, wenn man für α die Veränderliche φ durch die Gleichung

$$\alpha = x + \cos\varphi . \sqrt{x^2-1}$$

einführt und nach φ von 0 bis π integrirt.

§ 10. Nach (2) ist die Kugelfunction eine ganze Function ihres Arguments x; dasselbe gilt von dem Integrale auf der Rechten von (5), indem dort bei der Entwickelung nach Potenzen von $\cos\varphi$ durch die Integration die ungeraden Potenzen von $\cos\varphi$ und mit ihnen von $\sqrt{x^2-1}$ herausfallen. Besteht die Gleichheit zweier ganzen Functionen für alle reellen Werthe der Veränderlichen, so findet sie allgemein statt. Ohne dass es nöthig wäre, sich der durch kleineren Druck ausgezeichneten Betrachtungen im § 4 zu bedienen, findet man daher, dass die Gleichung (5) für alle reellen und imaginären x besteht. Sie kann also, eben so gut wie (2), als Definition der Kugelfunction dienen, und indem dies geschieht, hat man diese Function gerade in der Art verallgemeinert, welche im § 3, S. 6 angedeutet war, so nämlich dass ihr eine Bedeutung für beliebige reelle und imaginäre Werthe von n zukommt, wobei freilich Eigenthümlichkeiten, die sie für ein reelles ganzes n besitzt, verloren gehen.

Dann erhält man, wenn n eine beliebige Zahl bezeichnet, für $P^n(x)$ noch immer eine Reihe wie (2), nämlich

$$P^n(x) = \frac{1}{2^n} \frac{\Pi 2n}{\Pi n . \Pi n} x^n F\left(-\tfrac{1}{2}n,\ \tfrac{1}{2}(1-n),\ \tfrac{1}{2}-n,\ \frac{1}{xx}\right),$$

die aber nur convergirt, so lange $\mathcal{M}x > 1$. Ebenso behalten (d) und (e) ihre Gültigkeit so lange die Reihen auf der Rechten convergiren. Für $n = -\frac{1}{2}$ entsteht ein elliptisches Integral. Setzt man nämlich

$$k^2 = \frac{2\sqrt{x^2 - 1}}{x + \sqrt{x^2 - 1}},$$

und ist k' das Complement des Modulus k, d. h. $kk + k'k' = 1$, so hat man

$$\int \frac{d\varphi}{(x + \cos\varphi . \sqrt{x^2 - 1})^{\frac{1}{2}}} = \sqrt{k'} . \int \frac{d\varphi}{\sqrt{1 - k^2 \sin^2 \frac{1}{2}\varphi}}.$$

Es soll nun bewiesen werden, dass der Satz, den die Gl. (6) enthält, immer gilt, welche reelle oder imaginäre Zahl auch n sein möge, so lange nur x einen positiven reellen Theil besitzt. Rein imaginär darf x offenbar nicht sein, weil immer und nur für ein solches x der Nenner $x + \cos\varphi . \sqrt{x^2 - 1}$ bei einem Werthe von φ zwischen 0 und π verschwindet. Für ein x mit negativem reellen Theile endlich kann die Gleichung nicht gelten, wenn sie für positive x gilt; der einen Seite müsste dann vielmehr das negative Zeichen vorgesetzt werden. Das Integral auf der Rechten ist also nur dann $\pi P^{(n)}(x)$, wenn x einen positiven reellen Theil besitzt; selbst bei einem ganzen positiven n wird es für ein x mit negativem reellen Theile $-\pi P^{(n)}(x)$, und verliert für ein rein imaginäres x die Bedeutung. Seiner Vermittelung wird man sich zur Darstellung von $\pi P^{(n)}(x)$ aber in allen Fällen, selbst im letzten, bedienen können, da P als ganze Function continuirlich, also die Grenze für $\varepsilon = 0$ von dem Integrale ist, durch welches $P^{(n)}(\varepsilon + x)$ für ein positives ε dargestellt wird. Wenn später ein allgemeineres Integral zu behandeln ist, welches gleichfalls für ein rein imaginäres x seine Bedeutung verliert, so wird man diesen Fall in gleicher Weise als Grenzfall zu betrachten haben. Man beachte dies z. B. im § 47.

In Betreff der Vieldeutigkeit der n^{ten} Potenzen mag sogleich hier bemerkt werden, dass es genügt, die Zeichen derselben für $\eta = 0$ und $\varphi = 0$ festzustellen, indem sie dadurch für alle Werthe von 0 bis π gegeben sind, da sie nicht durch Null gehen. Wir setzen fest, dass für $\eta = 0$ und resp. $\varphi = 0$ die Potenzen

$$(x - \cos\eta . \sqrt{x^2-1})^n \qquad (x + \cos\varphi . \sqrt{x^2-1})^{-n}$$

übereinstimmen.

Dass die Gleichung (6) in dieser Allgemeinheit besteht, zeige ich durch eine Substitution, welche derjenigen nachgebildet ist, die Jacobi bei einer ähnlichen Gelegenheit*) angewendet hat; es ist dieselbe, welche bereits im § 8 vorkommt, und besteht in der Einführung der excentrischen Anomalie statt der wahren.

Zunächst wird, um den einfachsten und zugleich häufig vorkommenden Fall zu erledigen, x reell, positiv und grösser als 1 angenommen. Man führt dann für φ eine neue Variabeln η ein durch die Gleichungen

$$\cos\eta = \frac{x\cos\varphi + \sqrt{x^2-1}}{x + \cos\varphi . \sqrt{x^2-1}} \qquad \sin\eta = \frac{\sin\varphi}{x + \cos\varphi . \sqrt{x^2-1}}$$

$$x - \cos\eta . \sqrt{x^2-1} = \frac{1}{x + \cos\varphi . \sqrt{x^2-1}} \qquad d\eta = \frac{d\varphi}{x + \cos\varphi . \sqrt{x^2-1}}$$

mit der Bestimmung, dass für $\varphi = 0$ auch $\eta = 0$ sei, so dass η und φ zugleich von 0 bis π wachsen. Man findet dann, unbestimmt d. h. für jedes φ

$$\int_0 (x - \cos\eta . \sqrt{x^2-1})^n \, d\eta = \int_0 \frac{d\varphi}{(x + \cos\varphi . \sqrt{x^2-1})^{n+1}},$$

also für $\varphi = \pi$ die Formel (6).

In dem allgemeinen Falle, wenn also x zwar einen positiven reellen Theil besitzt, im übrigen aber völlig beliebig ist, wird die Substitution zwar imaginär; ihrer Anwendung steht aber nichts entgegen.

Beim Gebrauche der imaginären Grössen (m. vergl. § 4 S. 11, § 5 S. 16) hat man auf folgende Bemerkungen zu achten.

1) Zwei Zahlen x und $\frac{1}{x}$ haben reelle Theile mit gleichen, imaginäre mit entgegengesetzten Vorzeichen.

---

*) Crelle, Journal f. Math. Bd. 15: Formula transformationis integralium definitorum S. 11, no. 8.

Beweis. Wenn $x = a + bi$, so ist

$$\frac{1}{x} = \frac{a - bi}{a^2 + b^2}.$$

2) Wählt man $\sqrt{x^2 - 1}$ so, dass der reelle Theil der Wurzel das Zeichen des reellen Theiles von x hat, was nur dann nicht geschehen kann, wenn x reell und zugleich kleiner als 1 ist, so haben auch die imaginären Theile von x und $\sqrt{x^2 - 1}$ gleiche Zeichen. Der Fall $x = bi$ ist auszunehmen.

Beweis. Ist

$$x = a + bi \qquad \sqrt{x^2 - 1} = p + qi,$$

so wird der imaginäre Theil von x^2

$$2abi = 2pqi.$$

Hatten a und p gleiche Zeichen, so gilt daher dasselbe auch von p und q.

Unter $\sqrt{x^2 - 1}$ werden wir im Folgenden diejenige Quadratwurzel verstehen, die mit x das gleiche Zeichen besitzt; der Sinn dieser Festsetzung ist nach S. 11 nicht zweifelhaft.

Die Quadratwurzel lässt sich durch Einführung der elliptischen Coordinaten (S. 16) in eine bequeme Form bringen. Setzt man dazu, indem man r und $\sqrt{r^2 - 1}$ positiv, φ zwischen $-\pi$ und π nimmt,

$$x = a + bi = r \cos\varphi + i \sin\varphi \sqrt{r^2 - 1},$$

so wird, wenn man $\sqrt{x^2 - 1}$ dasselbe Zeichen wie x giebt,

$$\sqrt{x^2 - 1} = \cos\varphi . \sqrt{r^2 - 1} + i r \sin\varphi.$$

Folgende Formeln, die sich hieraus ergeben, finden mehrfach Anwendung

$$x + \sqrt{x^2 - 1} = (r + \sqrt{r^2 - 1})(\cos\varphi + i \sin\varphi),$$

$$x - \sqrt{x^2 - 1} = (r - \sqrt{r^2 - 1})(\cos\varphi - i \sin\varphi),$$

$$\frac{x \pm 1}{\sqrt{x^2 - 1}} = \frac{\sqrt{r^2 - 1} \mp i \sin\varphi}{r \mp \cos\varphi}, \qquad \mathcal{M}(x \pm \sqrt{x^2 - 1}) = r \pm \sqrt{r^2 - 1}.$$

Mit Herrn Carl Neumann*) drücken wir den Inhalt der letzten durch den Satz aus: Der geometrische Ort aller Punkte $x = a + bi$, für welche $\mathcal{M}(x + \sqrt{x^2 - 1})$ constant bleibt, ist eine Ellipse mit den Brennpunkten ± 1. Der constante Modulus stellt sich als Summe der grossen und kleinen Halbaxe dar. Die Grenze der Werthe α, bis zu welcher hin oder von welcher an man T im § 4 (S. 13 u. 14) nach aufsteigenden resp. absteigenden Potenzen von α entwickeln kann, ist daher die Peripherie eines Kreises mit dem Radius $r - \sqrt{r^2 - 1}$ resp. $r + \sqrt{r^2 - 1}$.

Ist x reell und > 1, so wird $r > 1$, $\varphi = 0$;
„ „ „ „ < 1, „ „ $r = 1$;
„ „ rein imaginär, „ „ $r > 1$, $\varphi = \pm \frac{\pi}{2}$.

*) Ueber die Entwickelung einer Function mit imaginärem Argument nach den Kugelfunctionen. Halle, 1862.

Der grösste Werth, den $\mathcal{M}(x-\sqrt{x^2-1})$ annehmen kann, ist daher 1.

3) Der reelle Theil von $x+\cos\psi.\sqrt{x^2-1}$ hat das Zeichen des reellen Theiles von x, wenn ψ einen reellen Winkel bezeichnet.

Beweis. Da

$$(x+\sqrt{x^2-1})(x-\sqrt{x^2-1})=1,$$

so haben (No. 1) die reellen Theile von

$$x+\sqrt{x^2-1}, \qquad x-\sqrt{x^2-1}$$

gleiche Zeichen. Diese Theile sind (No. 2) $a+p$ und $a-p$, so dass p absolut kleiner als a ist. Daher hat der reelle Theil von

$$x+\cos\psi.\sqrt{x^2-1}=a+p\cos\psi+i(b+q\cos\psi),$$

nämlich $a+p\cos\psi$, sicher das Zeichen von a.

Es sei jetzt x positiv. Führt man für das auf reellem Wege von 0 bis π wachsende φ durch die Substitution auf Seite 39 die Grösse η ein, so wird nach η über einen Weg w zu integriren sein, der, wie in der Figur, vom Anfangspunkte $\eta=0$ zu $\eta=\pi$ im Endlichen führt, ohne sich selbst oder die Axe X des Reellen zu schneiden. Ersteres zeigt die Formel

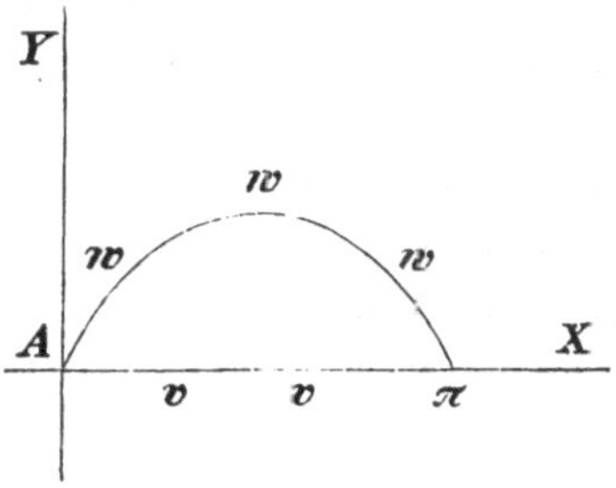

$$(x+\cos\varphi.\sqrt{x^2-1})(x-\cos\eta.\sqrt{x^2-1})=1,$$

nach der zu demselben η nur ein φ $(0 \leqq \varphi \leqq \pi)$ gehören kann. Letzteres folgt aus der Gleichung

$$\sin\varphi=\sin\eta(x+\cos\varphi.\sqrt{x^2-1}),$$

die zeigt, dass η nur dann reell werden kann, wenn $\varphi=0$, oder $\varphi=\pi$, oder endlich wenn $x+\cos\varphi.\sqrt{x^2-1}$ reell ist. Dieses findet (und zwar für jedes φ) immer und nur in dem schon oben erledigten Falle statt, dass x reell und $\geqq 1$. Es kann nämlich $x+\cos\varphi.\sqrt{x^2-1}$ nur für einen Werth von $\cos\varphi$ reell werden, da $b+q\cos\varphi$, wenn man die Bezeichnungen von No. 2 benutzt, nur für einen Werth von $\cos\varphi$ verschwindet; damit $\cos\eta$ reell sei, muss auch $b\cos\varphi+q$ verschwinden, also $b:q$ gleich ± 1 sein, also φ gleich 0 oder π.

Der Beweis der Gleichung (6) besteht darin, dass die Berechtigung dargethan wird, nach η statt auf dem Wege w auf dem reellen Wege v von 0 bis π zu integriren. Dies ist bekanntlich für jedes n gestattet, wenn $x-\cos\eta.\sqrt{x^2-1}$ für kein η in dem durch v und w eingeschlossenen Theile der Ebene verschwindet. Ich werde jetzt zeigen, dass dieser Ausdruck dort einen positiven reellen Theil behält.

Am Rande w ist er gleich $(x+\cos\varphi.\sqrt{x^2-1})^{-1}$, hat also nach No. 3 einen positiven imaginären Theil; am Rande v, wo η reell bleibt und von 0 bis π wächst, ist er gleichfalls positiv, folglich überall am Rande. Im Innern kann er nur verschwinden, wenn auch der reelle Theil verschwindet, also ein Minimum besitzt, welches 0 oder negativ ist. Dies kann jedoch nicht eintreten. Setzt man nämlich

$$\eta = \varepsilon + \zeta i, \qquad x = \cos(\varphi - \varrho i), \qquad \sqrt{x^2 - 1} = i\sin(\varphi - \varrho i),$$
$$A = \cos\varepsilon\cos\zeta i, \qquad B = i\cos\varphi\sin\varrho i, \qquad C = -i\sin\varphi\cos\varrho i,$$
so wird dieser reelle Theil
$$= A + B\cos\varepsilon\cos\zeta i + C\sin\varepsilon\sin\zeta i.$$
Soll er für eine Combination ε, ζ ein Minimum haben, so sind für dieselbe seine Differentialquotienten nach ε und ζ Null, also
$$B\sin\varepsilon\cos\zeta i - C\cos\varepsilon\sin\zeta i = 0,$$
$$C\sin\varepsilon\cos\zeta i - B\cos\varepsilon\sin\zeta i = 0,$$
woraus folgt, dass $\sin\varepsilon\cos\zeta i$ und $\cos\varepsilon\sin\zeta i$, also ε und ζ Null sind, was für η den Randwerth Null giebt. Die Determinante $BB - CC$ kann nämlich nicht verschwinden, ohne dass $B = C = 0$, da BB und $-CC$ nicht negativ sind. Für diesen Fall würde der ganze zu untersuchende reelle Theil sich auf $A = 1$ reduciren, also kein Minimum unter 1 besitzen.

§ 11. Ein Integral von neuer Gestalt hat Dirichlet für $P^n(\cos\theta)$ unter der Voraussetzung entwickelt, dass θ einen reellen Bogen $(0 < \theta < \pi)$ bezeichnet.*)

Die heuristische Methode, um zu demselben zu gelangen, besteht darin, dass man annimmt, die Gleichung (1),
$$T = \sum \alpha^n P^n(\cos\theta),$$
deren linke Seite einen positiven reellen Theil besitzt, habe noch Gültigkeit, wenn auch $\mathrm{Mod}\,\alpha = 1$. Setzt man $\alpha = \cos\varphi + i\sin\varphi$, so zerfällt die rechte Seite in einen reellen Theil
$$P^{(0)}(\cos\theta) + \cos\varphi P^{(1)}(\cos\theta) + \cos 2\varphi P^{(2)}(\cos\theta) + \cdots$$
und einen imaginären, der, durch Division von i befreit, die Sinusreihe
$$\sin\varphi P^{(1)}(\cos\theta) + \sin 2\varphi P^{(2)}(\cos\theta) + \cdots$$
giebt. Zerfällt man die linke Seite gleichfalls in ihren reellen Theil R und den imaginären iS, so ist R gleich der oberen, der Cosinusreihe, S gleich der Sinusreihe zu setzen. Nun wird
$$1 - 2\alpha\cos\theta + \alpha^2 = 2e^{i\varphi}(\cos\varphi - \cos\theta);$$
der Ausdruck in der Parenthese ist für $\varphi < \theta$ positiv, so dass die Quadratwurzel aus demselben gleich wird
$$e^{\frac{1}{2}i\varphi}\sqrt{2(\cos\varphi - \cos\theta)}, \text{ wenn } \varphi < \theta,$$
$$e^{\frac{1}{2}i(\varphi+\pi)}\sqrt{2(\cos\theta - \cos\varphi)}, \text{ wenn } \varphi > \theta,$$
woraus folgt:
$$R = \frac{\cos\frac{1}{2}\varphi}{\sqrt{2(\cos\varphi - \cos\theta)}}; \quad S = -\frac{\sin\frac{1}{2}\varphi}{\sqrt{2(\cos\varphi - \cos\theta)}}; \quad (\varphi < \theta)$$
$$R = \frac{\sin\frac{1}{2}\varphi}{\sqrt{2(\cos\theta - \cos\varphi)}}; \quad S = \frac{\cos\frac{1}{2}\varphi}{\sqrt{2(\cos\theta - \cos\varphi)}}; \quad (\varphi > \theta).$$

*) Crelle, Journal f. Math. Bd. 17, S. 41.

Entwickelt man die von $\varphi = 0$ bis $\varphi = \pi$ gegebene Function von φ, die R resp. S heisst, nach Cosinus resp. Sinus der Vielfachen des Bogens φ, so ist also der Coefficient von $\cos n\varphi$, resp. von $\sin n\varphi$, wenn $n \geqq 1$, die n^{te} Kugelfunction, deren Ausdruck durch ein bestimmtes Integral in diesem Paragraphen aufgesucht wird.

Fourier lehrte die Coefficienten solcher trigonometrischen Reihen durch Integrale darzustellen. Soll eine Gleichung

$$f(\varphi) = \tfrac{1}{2}a_0 + a_1 \cos\varphi + a_2 \cos 2\varphi + \cdots$$
$$+ b_1 \sin\varphi + b_2 \sin 2\varphi + \cdots$$

für alle Werthe von φ zwischen $-\pi$ und π bestehen, so findet er nämlich durch Multiplication mit $\cos n\varphi$ resp. mit $\sin n\varphi$ und Integration nach φ von $-\pi$ bis π

$$a_n = \frac{1}{\pi}\int_{-\pi}^{\pi} f(\varphi) \cos n\varphi \, d\varphi$$

$$b_n = \frac{1}{\pi}\int_{-\pi}^{\pi} f(\varphi) \sin n\varphi \, d\varphi.$$

Ist $f(\varphi)$ nur von 0 bis π gegeben, so kann man dennoch diese Formeln anwenden, indem man die Function auf der negativen Seite in willkürlicher Art fortsetzt. Wählt man die Fortsetzung so, dass $f(\varphi) = f(-\varphi)$, so verwandeln sich die obigen Ausdrücke in

$$a_m = \frac{2}{\pi}\int_0^{\pi} f(\varphi) \cos m\varphi \, d\varphi, \qquad b_m = 0,$$

wodurch die Reihe in eine reine Cosinusreihe übergeht, man nämlich erhält

$$f(\varphi) = \tfrac{1}{2}a_0 + a_1 \cos\varphi + a_2 \cos 2\varphi + \cdots.$$

Setzt man aber $f(\varphi)$ so fort, dass $f(-\varphi) = -f(\varphi)$, so findet man $a_n = 0$ und die Entwickelung

$$f(\varphi) = b_1 \sin\varphi + b_2 \sin 2\varphi + \cdots$$
$$b_n = \frac{2}{\pi}\int_0^{\pi} f(\varphi) \sin n\varphi \, d\varphi.$$

An dieser Stelle wollen wir den Gang der Untersuchung nicht unterbrechen, um hier näher darzuthun, dass diese Ableitung der Strenge entbehrt*) und um sie durch eine andere zu ersetzen; es

*) M. vergl. den zweiten Zusatz zu diesem Kapitel.

ist dies nicht erforderlich, da wir unser schliessliches Resultat noch verificiren.

Wendet man Fourier's Satz auf die Entwickelung von R und S in eine Cosinus- resp. Sinusreihe an, so muss man berücksichtigen, dass $f(\varphi)$ hier nicht im ganzen Intervalle von $\varphi = 0$ bis $\varphi = \pi$ durch dasselbe analytische Gesetz gegeben wird, sondern durch eines von 0 bis θ und durch ein anderes von θ bis π. Daher hat man das Integral, welches zur Bestimmung der Coefficienten dient, in eines von 0 bis θ, und eines von θ bis π zu theilen, darauf in das erste die Werthe von R und S aus der oberen, in das zweite aus der unteren Zeile zu setzen. Auf diese Art entstehen die beiden Formeln von Dirichlet für P

$$(7) \ldots \quad \frac{\pi}{2} P^n(\cos\theta) = \int_0^\theta \frac{\cos\frac{1}{2}\varphi \cos n\varphi \, d\varphi}{\sqrt{2(\cos\varphi - \cos\theta)}} + \int_\theta^\pi \frac{\sin\frac{1}{2}\varphi \cos n\varphi \, d\varphi}{\sqrt{2(\cos\theta - \cos\varphi)}},$$

$$(7, a) \ldots \quad \frac{\pi}{2} P^n(\cos\theta) = -\int_0^\theta \frac{\sin\frac{1}{2}\varphi \sin n\varphi \, d\varphi}{\sqrt{2(\cos\varphi - \cos\theta)}} + \int_\theta^\pi \frac{\cos\frac{1}{2}\varphi \sin n\varphi \, d\varphi}{\sqrt{2(\cos\theta - \cos\varphi)}}.$$

Zu erinnern ist, dass man, wie die Ableitung zeigt, in (7) für $n = 0$ die Hälfte der rechten Seite zu nehmen hat, in $(7, a)$ aber den Werth $n = 0$ überhaupt ausschliessen muss.

Herr Mehler bildet aus diesen Formeln zwei einfachere*)

$$(7, b) \ldots \quad \frac{\pi}{2} P^n(\cos\theta) = \int_0^\theta \frac{\cos(n+\frac{1}{2})\varphi \, d\varphi}{\sqrt{2(\cos\varphi - \cos\theta)}} = \int_\theta^\pi \frac{\sin(n+\frac{1}{2})\varphi \, d\varphi}{\sqrt{2(\cos\theta - \cos\varphi)}},$$

wenn $0 < \theta < \pi$. Man erhält dieselben, wenn man (7) und $(7, a)$ erstens addirt, zweitens sie subtrahirt nachdem man n mit $n+1$ vertauscht hat. Dadurch entstehen die beiden Formeln

$$\pi P^n = \int_0^\theta \frac{\cos(n+\frac{1}{2})\varphi \, d\varphi}{\sqrt{2(\cos\varphi - \cos\theta)}} + \int_\theta^\pi \frac{\sin(n+\frac{1}{2})\varphi \, d\varphi}{\sqrt{2(\cos\theta - \cos\varphi)}},$$

$$0 = \int_0^\theta \frac{\cos(n+\frac{1}{2})\varphi \, d\varphi}{\sqrt{2(\cos\varphi - \cos\theta)}} - \int_\theta^\pi \frac{\sin(n+\frac{1}{2})\varphi \, d\varphi}{\sqrt{2(\cos\theta - \cos\varphi)}},$$

aus denen durch Addition oder Subtraction sofort die des Herrn Mehler hervorgehen.

Um die Formeln (7) und $(7, a)$ mit Dirichlet zu verificiren, multiplicire man ihre rechten Seiten mit der n^{ten} Potenz einer reellen positiven Grösse α, die kleiner als 1 ist; es zeigt sich, dass dieses Produkt als n^{tes} Glied einer convergenten Reihe angesehen werden

*) Clebsch und Neumann, Annalen, V. Band, S. 141.

kann, und dass die Summe dieser Reihe, wenn man die rechte Seite von (7) benutzt und von $n = 0$ bis $n = \infty$ summirt, jedoch für $n = 0$ die Hälfte nimmt, sich in $(1-2\alpha\cos\theta + \alpha^2)^{-\frac{1}{2}}$ verwandelt, wenn man aber von (7, a) ausgeht und von $n = 1$ bis $n = \infty$ summirt, in dasselbe weniger 1 übergeht, wodurch, vermöge der Gleichung (1), die Formeln (7) und (7, a) bewiesen sind.

Bezeichnet man das erste Integral in (7) durch R_n, so ist die Reihe

$$(a) \ldots \quad \tfrac{1}{2}R_0 + \alpha R_1 + \alpha^2 R_2 + \cdots$$

convergent. Die Summe der ersten Glieder bis zu dem mit α^n multiplicirten incl. wird nämlich

$$\int_0^\theta \frac{\cos\frac{1}{2}\varphi\, d\varphi}{\sqrt{2(\cos\varphi - \cos\theta)}} \left(\tfrac{1}{2} + \alpha\cos\varphi + \cdots + \alpha^n \cos n\varphi\right).$$

Durch Summation der unter dem Integralzeichen befindlichen endlichen Reihe erhält man, dass der vorstehende Ausdruck sich von

$$(b) \ldots \quad \frac{1-\alpha^2}{2} \int_0^\theta \frac{\cos\frac{1}{2}\varphi}{\sqrt{2(\cos\varphi - \cos\theta)}} \, \frac{d\varphi}{1 - 2\alpha\cos\varphi + \alpha^2}$$

um das Integral

$$\alpha^{n+1} \int_0^\theta \frac{\cos\frac{1}{2}\varphi}{\sqrt{2(\cos\varphi - \cos\theta)}} \, \frac{\cos\overline{n+1}\varphi - \alpha\cos n\varphi}{1 - 2\alpha\cos\varphi + \alpha^2}\, d\varphi$$

unterscheidet, welches mit wachsendem n zu Null convergirt. Denn der Ausdruck unter dem letzten Integrale ist

$$< \tfrac{1}{2}\, \frac{1+\alpha}{(1-\alpha)^2} \, \frac{\cos\frac{1}{2}\varphi\, d\varphi}{\sqrt{\sin^2\frac{1}{2}\theta - \sin^2\frac{1}{2}\varphi}},$$

daher das Integral selbst

$$< \frac{\pi}{2} \cdot \frac{1+\alpha}{(1-\alpha)^2}.$$

Hieraus folgt, dass (b) die Summe der unendlichen Reihe (a) ist.

Vermittelst der Substitution

$$\sin\tfrac{1}{2}\varphi = z\sin\tfrac{1}{2}\theta, \qquad z = \cos\psi,$$

welche man zur Ausführung des vorigen Integrales anzuwenden pflegt, findet man für (b)

$$\frac{1-\alpha^2}{2} \int_0^{\frac{1}{2}\pi} \frac{d\psi}{(1-\alpha)^2\cos^2\psi + (1 - 2\alpha\cos\theta + \alpha^2)\sin^2\psi}$$

oder endlich

$$(c) \ldots \quad \frac{\pi}{4} \, \frac{1+\alpha}{\sqrt{1-2\alpha\cos\theta + \alpha^2}}.$$

Aus dem zweiten Integrale in (7) bildet man in ähnlicher Art eine Reihe, deren Summe

$$\frac{1-\alpha^2}{2}\int_\theta^\pi \frac{\sin\frac{1}{2}\varphi}{\sqrt{2(\cos\theta-\cos\varphi)}}\,\frac{d\varphi}{1-2\alpha\cos\varphi+\alpha^2}$$

ist; diese verwandelt sich, indem man $\pi-\varphi$ statt φ setzt in einen Ausdruck der aus (b) entsteht, wenn man darin α mit $-\alpha$ und θ mit $\pi-\theta$ vertauscht, d. h. in

$$\frac{\pi}{4}\,\frac{1-\alpha}{\sqrt{1-2\alpha\cos\theta+\alpha^2}}.$$

Indem man dies zu (c) hinzufügt, erhält man in der That $\frac{1}{2}\pi T$.

Auf ganz ähnliche Art verificirt man (7, a). Man multiplicirt wiederum die rechte Seite mit α^n, summirt nach n von 1 an, und betrachtet gesondert den Theil, welchen das erste Integral von (7, a) zur Summe liefert, und den, welcher vom zweiten herrührt.

Der erste ist

$$-\int_0^\theta \frac{\sin\frac{1}{2}\varphi}{\sqrt{2(\cos\varphi-\cos\theta)}}\,(\alpha\sin\varphi+\alpha^2\sin 2\varphi+\cdots)\,d\varphi,$$

oder, wenn die Sinusreihe bis zum n^{ten} Gliede summirt wird, nach dem Uebergange zur Grenze ($n=\infty$),

$$-\int_0^\theta \frac{\sin\frac{1}{2}\varphi}{\sqrt{2(\cos\varphi-\cos\theta)}}\,\frac{\alpha\sin\varphi\,d\varphi}{1-2\alpha\cos\varphi+\alpha^2}.$$

Da aber die Identität besteht

$$\frac{\alpha\sin\varphi\sin\frac{1}{2}\varphi}{1-2\alpha\cos\varphi+\alpha^2}=\frac{1}{2}\cos\tfrac{1}{2}\varphi-\frac{1}{2}\,\frac{(1-\alpha)^2\cos\frac{1}{2}\varphi}{1-2\alpha\cos\varphi+\alpha^2},$$

so verwandelt sich das letzte Integral in

$$\frac{\pi}{4}\,\frac{1-\alpha}{\sqrt{1-2\alpha\cos\theta+\alpha^2}}-\frac{1}{2}\int_0^\theta \frac{\cos\frac{1}{2}\varphi\,d\varphi}{\sqrt{2(\cos\varphi-\cos\theta)}},$$

worin man noch das zweite Glied mit seinem Werthe $\frac{\pi}{4}$ vertauschen kann.

Der zweite Theil ergiebt sich aus dem ersten durch Vertauschung von α und θ mit $-\alpha$ und $\pi-\theta$.

Durch Addition beider Theile und Hinzufügung von $\frac{1}{2}\pi P^0$ entsteht die Function $\frac{1}{2}\pi T$, wodurch streng bewiesen ist, dass die rechten Seiten von (7) und (7, a), mit den angegebenen Modificationen für $n=0$, wirklich $P^n(\cos\theta)$ darstellen.

Die erste von den Gleichungen (7, b) erhält Herr Laurent durch das am Schluss des § 9 erwähnte Verfahren, indem er die kritischen Punkte, welche hier $\cos\theta \pm i\sin\theta$ sind, durch den Bogen eines Kreises mit dem Radius 1 verbindet, dessen Mittelpunkt im Anfangspunkte liegt, also $\alpha = \cos\varphi + i\sin\varphi$ setzt und nach φ von $-\theta$ bis θ integrirt. Auch hier ist ein besonderer Beweis für die Berechtigung des Verfahrens erforderlich.

§ 12. Aus dem § 2 der Einleitung S. 5 ging hervor, dass $P^n(x)$ die Lösung einer Differentialgleichung sei. Auf dieselbe führte eine allgemeinere partielle (a) naturgemäss, wenn man mit Laplace von dem Allgemeineren zum Speciellen herabstieg. Bei dem Gange, der hier gewählt ist, leiten wir, wie es auch bei Legendre geschieht*), die specielle Gleichung direct ab. Dies gelingt u. a. auf folgendem Wege: Man setzt

$$T = \frac{1}{z}, \qquad z = \sqrt{1 - 2\alpha x + \alpha^2},$$

woraus folgt

$$\frac{\partial z}{\partial x} = -\alpha T \qquad \frac{\partial^2 z}{\partial x^2} = -\alpha^2 T^3$$

$$\frac{\partial z}{\partial \alpha} = (\alpha - x) T \qquad \frac{\partial^2 z}{\partial \alpha^2} = (1 - x^2) T^3,$$

so dass man die Gleichung erhält

$$(1 - x^2)\frac{\partial^2 z}{\partial x^2} + \alpha^2 \frac{\partial^2 z}{\partial \alpha^2} = 0,$$

in welche wieder T für z, und zwar dadurch eingeführt wird, dass man sie nach x differentiirt und $-\alpha T$ für $\partial z : \partial x$ setzt. Dadurch entsteht die partielle Differentialgleichung für T

$$(1 - x^2)\frac{\partial^2 T}{\partial x^2} - 2x\frac{\partial T}{\partial x} + \alpha \frac{\partial^2 (\alpha T)}{\partial \alpha^2} = 0.$$

Setzt man für T die Reihe $\Sigma \alpha^n P^n(x)$, und beachtet, dass die linke Seite der Differentialgleichung eine nach Potenzen von α geordnete Reihe wird, die nur dann verschwinden kann, wenn jedes Glied für sich verschwindet, so findet man dadurch, dass man das n^{te} Glied gleich Null setzt, die Differentialgleichung der Kugelfunction

$$(8) \ldots \quad (1 - x^2)\frac{d^2 P^{(n)}(x)}{dx^2} - 2x\frac{d P^{(n)}(x)}{dx} + n(n+1) P^{(n)}(x) = 0.$$

Diese lässt sich, weil sie der zweiten Ordnung angehört, vollständig integriren sobald zwei verschiedene partikuläre Lösungen bekannt sind. Eine von ihnen $P^{(n)}(x)$ ist eine ganze Function n^{ten}

*) Exercices T. II, p. 257, No. 133.

Grades; eine zweite wird, wie man aus der allgemeinen Theorie der Differentialgleichungen ohne Rechnung erkennt, wie sich aber auch später bei der wirklichen Ermittelung der Lösung zeigt, an zwei Stellen, für $x = \pm 1$, logarithmisch unendlich. Jede im Endlichen endliche Lösung von (8) kann sich daher von $P^n(x)$ nur durch einen constanten Factor unterscheiden.

Aus (8) geht hervor, dass die Wurzeln der Gleichung $P^n(x) = 0$ sämmtlich ungleich sind. (M. vergl. § 7.) Denn wären mehrere Wurzeln gleich derselben Grösse α, wo α sicher nicht 1 ist (§ 7, S. 21), so würde für $x = \alpha$ nicht nur $P^n(x)$ selbst, sondern auch der erste Differentialquotient, in Folge dessen, wegen (8), auch der zweite verschwinden. Differentiirt man (8) eine Anzahl von ν Malen hintereinander nach x, so entsteht

$$(1-x^2)\frac{d^{\nu+2}P}{dx^{\nu+2}} - 2(\nu+1)\frac{d^{\nu+1}P}{dx^\nu} + (n-\nu)(n+\nu+1)\frac{d^\nu P}{dx^\nu} = 0,$$

woraus folgen würde, dass alle Differentialquotienten von P^n für $x = \alpha$ verschwinden, also auch der n^{te}, der doch offenbar eine von 0 verschiedene Constante ist.

Von (8) kann man durch Einsetzen eines Ausdrucks, wie er im § 1 durch $\cos\gamma$ bezeichnet wurde, nämlich von

$$x = a\cos\theta + b\sin\theta\cos\psi + c\sin\theta\sin\psi$$

zu der partiellen Differentialgl. (a) auf S. 4 gelangen, wenn $a^2+b^2+c^2 = 1$. Man hat, sobald eine Grösse x von anderen θ und ψ abhängt,

$$\frac{\partial^2 P}{\partial\theta^2} + \operatorname{cotg}\theta\frac{\partial P}{\partial\theta} + \frac{1}{\sin^2\theta}\frac{\partial^2 P}{\partial\psi^2} = \frac{\partial^2 P}{\partial x^2}\left[\left(\frac{\partial x}{\partial\theta}\right)^2 + \right.$$

$$\left.\frac{1}{\sin^2\theta}\left(\frac{\partial x}{\partial\psi}\right)^2\right] + \frac{\partial P}{\partial x}\left[\frac{\partial^2 x}{\partial\theta^2} + \operatorname{cotg}\theta\cdot\frac{\partial x}{\partial\theta} + \frac{1}{\sin^2\theta}\frac{\partial^2 x}{\partial\psi^2}\right].$$

Der Factor von $\frac{\partial P}{\partial x}$ zieht sich zu $-2x$ zusammen; ferner ist

$$\frac{\partial x}{\partial\theta} = -a\sin\theta + b\cos\theta\cos\psi + c\cos\theta\sin\psi$$

$$\frac{1}{\sin\theta}\frac{\partial x}{\partial\psi} = \qquad -b\sin\psi + c\cos\psi$$

so dass

$$x^2 + \left(\frac{\partial x}{\partial\theta}\right)^2 + \frac{1}{\sin^2\theta}\left(\frac{\partial x}{\partial\psi}\right)^2 = a^2+b^2+c^2.$$

Ist nun $a^2+b^2+c^2 = 1$, so wird demnach die Gleichung erhalten

$$-(n+1)P^n(x) = (1-x^2)\frac{d^2P^n}{dx^2} - 2xP^n = \frac{\partial^2 P^n}{\partial\theta^2} + \operatorname{cotg}\theta\frac{\partial P^n}{\partial\theta} + \frac{1}{\sin^2\theta}\,\frac{\partial^2 P^n}{\partial\psi^2}.$$

Die Gleichung (8) wird im Folgenden bei vielen Untersuchungen entweder in der ursprünglichen Form auftreten oder nach Einführung einer neuen Veränderlichen statt x. Ich stelle einige häufig vorkommende Formen zusammen.

Die ursprüngliche Gleichung, von der ein Integral $z = P^n(x)$ ist

$$(a)\ldots\quad (1-x^2)\frac{d^2z}{dx^2} - 2x\frac{dz}{dx} = \frac{d}{dx}\left[(1-x^2)\frac{dz}{dx}\right] = -n(n+1)z,$$

geht durch die Substitution $x = \cos\theta$ über in

$$(b)\ldots\quad \frac{d^2z}{d\theta^2} + \operatorname{cotg}\theta\frac{dz}{d\theta} = \frac{1}{\sin\theta}\frac{d}{d\theta}\left(\sin\theta\frac{dz}{d\theta}\right) = -n(n+1)z;$$

sie verwandelt sich durch die Substitution $\varrho = \sqrt{x^2-1}$ in

$$(c)\ldots\quad \varrho(\varrho^2+1)\frac{d^2z}{d\varrho^2} + (2\varrho^2+1)\frac{dz}{d\varrho}$$

$$= \sqrt{\varrho^2+1}\frac{d}{d\varrho}\left(\varrho\sqrt{\varrho^2+1}\frac{dz}{d\varrho}\right) = n(n+1)\varrho z,$$

die Form, welche bei Lamé vorkommt*), auf deren Zusammenhang mit den Kugelfunctionen ich hinwies**). Von besonderer Bedeutung ist die Einführung der Grösse ξ, die schon S. 18 geschah für x, welche durch die Gleichungen erfolgt

$$\xi = x - \sqrt{x^2-1}, \qquad \frac{1}{\xi} = x + \sqrt{x^2-1},$$

$$2x = \frac{1}{\xi} + \xi, \qquad 2\sqrt{x^2-1} = \frac{1}{\xi} - \xi.$$

Im allgemeinen ist es zwar unerheblich, welches Zeichen man der Quadratwurzel ertheilt; des bestimmteren Ausdrucks halber wollen wir aber das Zeichen (S. 40) so feststellen, dass $\sqrt{x^2-1}$ das Zeichen von x erhält; also ist $\mathcal{M}\xi$ im allgemeinen kleiner als 1, nur dann gleich 1, wenn x ein echter Bruch

---

*) Liouville, Journal de Mathématiques, T. IV: Sur l'équilibre des températures dans les corps solides homogènes de forme ellipsoidale, concernant particulièrement les ellipsoides de révolution, p. 361.

**) Dissertatio inauguralis: De aequationibus nonnullis differentialibus, Berolini 1842 und Crelle, J. f. Math. Bd. 26: Ueber einige Aufgaben, welche auf partielle Differentialgleichungen führen.

wird. (Für § 23 sind diese Festsetzungen von Bedeutung). Geometrisch lässt sich demnach die Beziehung von x zu ξ so ausdrücken, dass durch ξ die Ebene der x, mit Ausnahme der endlichen Geraden, welche die Punkte -1 und $+1$ verbindet, eindeutig und in den kleinsten Theilen ähnlich auf das Innere des Einheitskreises abgebildet wird, während den Punkten jener Geraden selbst die halbe Peripherie entsprechen würde.

Durch Einführung von ξ geht (8) in die Gleichung über

$$(d) \ldots \quad \xi^2(1-\xi^2)\frac{d^2z}{d\xi^2}-2\xi^3\frac{dz}{d\xi}-n(n+1)(1-\xi^2)z=0,$$

welche selbstverständlich bei Vertauschung von ξ mit ξ^{-1} ungeändert bleibt.

Zusätze zum ersten Kapitel.

A. Eisenstein's Satz. (M. vergl. S. 16.)

(*a*) Soll die Reihe

$$y=c_0+c_1x+c_2x^2+\cdots$$

mit rationalen Coefficienten c Wurzel einer algebraischen Gleichung sein, so muss eine solche Zahl $\varkappa$ existiren, dass die Coefficienten von xy nach Vertauschung von x mit einem gewissen ganzen Vielfachen von x in ganze Zahlen übergehen.

Diesen Satz beweise ich zuerst unter der Voraussetzung, die Eisenstein offenbar machte, dass y einer algebraischen Gleichung mit rationalen, oder was dasselbe ist, ganzen Zahlcoefficienten genügen soll*), und zeige zweitens, dass jede Reihe y mit rationalen Coefficienten c, welche die Wurzel einer beliebigen algebraischen Gleichung ist, auch einer solchen mit ganzen Coefficienten genügt. Schliesslich wird der Satz auch noch in der Richtung

*) Im Eingange meines zweiten Beweises dieses Satzes, im Crelle'schen Journal Bd. 48, aus dem Jahre 1854, findet sich eine irrthümliche Angabe, worauf ich erst sehr spät aufmerksam gemacht wurde. Eisenstein hat nicht nur, wie ich dort erwähne, angegeben, dass die c in den Nennern nur eine endliche Anzahl verschiedener Primzahlen enthalten dürfen, wenn y einer algebraischen Gleichung genügen soll, sondern auch ausdrücklich gesagt, dass durch die erwähnte Vertauschung die Nenner fortfallen müssen. Nachträglich füge ich hinzu (März 1877), dass, wie ich aus einer gefälligen Zusendung des Herrn Hermite ersehe, Herr H. J. S. Smith die Angabe in einer Note zu der Abhandlung: „Sur un Théorème d'Eisenstein. Par M. Hermite" bereits berichtigt hat.

erweitert, dass er sich auf algebraische Functionen von einigen Transcendenten bezieht.

(b) Da y Wurzel einer algebraischen Gleichung sein soll, so muss y auch einer solchen genügen, welche keine gleichen Wurzeln besitzt. Diese sei

$$f(x, y) = Ay^\nu + By^{\nu-1} + \cdots + Iy^2 + Ky + L = 0,$$

wenn A, B, etc. ganze Functionen von x mit ganzzahligen Coefficienten vorstellen, die keinen allen gemeinsamen Theiler besitzen, so dass also auch $f(0, y)$ nicht identisch Null ist. Macht man

$$\begin{aligned} y &= c_0 + xy_1, \\ y_1 &= c_1 + xy_2, \\ &\cdots\cdots \\ y_{n-1} &= c_{n-1} + xy_n, \end{aligned}$$

so kann man, durch Einsetzen dieser Werthe, successive die Gleichungen bilden, welchen die Grössen y_1, y_2, etc. genügen; jede ist von derselben Form und demselben Grade ν wie die ursprüngliche, besitzt gleichfalls ganzzahlige Coefficienten, und man darf wiederum wie oben voraussetzen, dass die Ausdrücke für $x = 0$ und ein beliebiges y nicht identisch verschwinden.

(c) Für $x = 0$ kann von einem gewissen Werthe des Index n an jede dieser transformirten Gleichungen nur einen endlichen Werth von y_n liefern, während die übrigen $\nu - 1$ Wurzeln unendlich werden, weil nicht zwei Wurzeln von $f(x, y) = 0$ in ihrer ganzen Entwickelung übereinstimmen. Solche Gleichung heisse eine reducirte; kann man den Beweis des Satzes für jede Reihe y_n führen, welche einer reducirten Gleichung genügt, so ist der Satz auch für die ganze Reihe y bewiesen.

Es sei deshalb die vorliegende Reihe selbst die Wurzel einer reducirten Gleichung; da dieselbe für $x = 0$ nur einen endlichen Werth von y giebt, so müssen die ganzen Functionen A, B, etc., J, für $x = 0$ verschwinden; würde auch K Null sein, so wäre auch $L = 0$, und die Coefficienten A, etc., L wären nicht von einem gemeinsamen Factor befreit. Daher verschwindet K nicht für $x = 0$, und man hat daher

$$\begin{aligned} A &= \qquad \alpha_1 x + \alpha_2 x^2 + \cdots \\ B &= \qquad \beta_1 x + \beta_2 x^2 + \cdots \\ &\cdots\cdots \\ I &= \qquad \iota_1 x + \iota_2 x^2 + \cdots \\ K &= \varkappa + \varkappa_1 x + \varkappa_2 x^2 + \cdots \\ L &= \lambda + \lambda_1 x + \lambda_2 x^2 + \cdots \end{aligned}$$

wenn die α, β, etc. λ ganze Zahlen oder Null vorstellen; $\varkappa$ ohne Index ist sicher nicht Null, während λ ohne Index auch Null sein darf.

Anmerk. Wenn A, B, etc. I sich für $x = 0$ auf Zahlen α, β, etc. ι reducirten, die nicht Null sind, so wäre es dennoch möglich, dass die Gleichung

$$\alpha y^\nu + \beta y^{\nu-1} + \cdots + \varkappa y + \lambda = 0$$

nur eine Wurzel liefert, wenn sie nämlich nur gleiche Wurzeln enthält; sie würde aber nicht den Charakter einer reducirten besitzen, die für $x = 0$ eine endliche Wurzel (welche auch Null sein kann) aber $\nu - 1$ unendliche geben muss.

(d) In die reducirte Gleichung

$$Ay^\nu + By^{\nu-1} + \cdots + Ky + L = 0$$

setze man den Werth

$$y = c_0 + c_1 x + c_2 x^2 + \cdots$$

ein, ordne nach Potenzen von x, und setze den Coefficienten einer jeden Potenz für sich gleich Null. Ohne Beschränkung der Allgemeinheit kann man sich, nur des bequemern Ausdrucks halber, c_0 als ganze Zahl vorstellen.

Der Coefficient von x^1 giebt dann

$$[\alpha_1 c_0^\nu + \beta_1 c_0^{\nu-1} + \cdots + \varkappa_1 c_0 + \lambda] + \varkappa c_1 = 0,$$

so dass $\varkappa c_1$ eine ganze Zahl ist, d. h. c_1 nur den Nenner $\varkappa$ haben kann. Es lässt sich schliesslich durch vollständige Induction zeigen, dass $c_m \varkappa^m$ eine ganze Zahl wird. Ist dies bis zu einem bestimmten Werthe m bewiesen, — und es gilt für $m = 1$ — so gilt es auch für $m+1$. Zu dem Coefficienten von x^{m+1} geben nämlich, da A, B, etc. I kein von x freies Glied besitzen, aus Ay^m, By^{m-1}, etc. Iy^2 nur diejenigen Glieder in der Entwickelung der Potenzen von y einen Beitrag, welche höchstens mit x^m multiplicirt sind. Haben die Grössen $c_1 x$, $c_2 x^2$, etc. $c_m x^m$, resp. die erste, zweite, etc. m^{te} Potenz von $\varkappa$ im Nenner (Annahme), so kann auch dieser Beitrag höchstens die m^{te} Potenz von $\varkappa$ im Nenner enthalten. Ferner giebt Ky einen ähnlichen Beitrag vermehrt um $\varkappa c_{m+1}$, endlich L den Beitrag λ_{m+1}. Es ist daher $\varkappa c_{m+1}$ vermehrt um eine Summe, die keine höhere als die m^{te} Potenz von $\varkappa$ im Nenner hat, gleich 0; also enthält, wie zu zeigen war, c_{m+1} keine höhere als die $m+1^{te}$ Potenz von $\varkappa$ im Nenner.

(*e*) Die Methode des Beweises verschafft auch dann interessante Resultate, wenn A, B, etc. L nicht ganze Functionen von x, sondern selbst unendliche Reihen, und die α, β, etc. λ, nicht mehr ganze Zahlen sind. Man findet dann folgende Zusätze zum Eisenstein'schen Satze: Wenn eine Reihe

$$y = c_0 + c_1 x + c_2 x^2 + \cdots$$

der Gleichung

$$Ay^\nu + By^{\nu-1} + \cdots + L = 0$$

genügt, so existirt eine Zahl $\varkappa$ von der Beschaffenheit, dass xy nach Vertauschung von x mit $\varkappa x$ keine anderen Irrationalitäten enthält, als diejenigen, welche in den α, β, etc. vorkommen, und ganze Potenzen derselben.

Sind aber die α, β, etc. rationale Zahlen, so müssen auch die c rationale Zahlen sein; nach der erwähnten Vertauschung bleiben in xy nur solche Nenner, welche in den α, β, etc. vorkommen und Potenzen derselben.

So kann z. B. eine Reihe y, in deren Coefficienten c alle Primzahlen von der Form $4n+3$ vorkommen, nicht die Wurzel einer algebraischen Gleichung sein, deren Coefficienten A, B, etc. solche ganze Functionen oder unendliche Reihen sind, welche Zahlen α, β, etc. enthalten, die als Nenner nur Primzahlen von der Form $4n+1$ besitzen.

(*f*) Wir gehen nun zu der ersten im § *a* angegebenen Erweiterung des Eisenstein'schen Satzes über. Die Function $f(x, y)$ soll also nicht mehr ausschliesslich rationale Zahlen α, β, etc. als Coefficienten haben. Sie zerfalle dann in ein Aggregat von Gliedern $gx^m y^n$, wenn m und n ganze, die g rationale und irrationale Zahlen vorstellen. Von den g mögen g_1, g_2, etc. g_n irrational sein, die übrigen rational; dann hat $f(x, y)$ offenbar die Form

$$\psi_0 + g_1\psi_1 + g_2\psi_2 + \cdots + g_n\psi_n$$

wenn die ψ ganze Functionen von x und y mit rationalen Coefficienten bedeuten. Sollten zwischen g_1, g_2, etc. g_n und rationalen Grössen α_0, α_1, etc. α_n eine Gleichung bestehen

$$\alpha_0 + \alpha_1 g_1 + \cdots + \alpha_n g_n = 0$$

ohne dass alle α Null sind, so würde sich eine der Grösse g, z. B. g_n eliminiren lassen, und daher $f(x, y)$ die Form

$$\vartheta_0 + q_1 \vartheta_1 + q_2 \vartheta_2 + \cdots + q_{n-1} \vartheta_{n-1}$$

erhalten, in welcher die ϑ solche ganze Functionen von x und y mit rationalen Coefficienten wie die ψ sind. So fahre man mit der Reduction fort, bis entweder keine irrationalen g übrig bleiben oder doch nur solche, zwischen denen keine lineare Gleichung von der obigen Form stattfindet. Es lässt sich daher $f(x, y)$ in eine Summe von der Form

$$f = \psi_0 + g_1 \psi_1 + g_2 \psi_2 + \cdots + g_m \psi_m$$

zerlegen, in der die ψ die frühere Bedeutung haben, und die irrationalen Zahlen g keiner linearen Gleichung

$$\alpha_0 + \alpha_1 g_1 + \alpha_2 g_2 + \cdots + \alpha_m g_m = 0$$

mit rationalen Coefficienten α genügen, ohne dass die α sämmtlich Null sind.

(g) Soll nun

$$y = c_0 + c_1 x + c_2 x^2 + \cdots$$

eine Wurzel von $f = 0$ sein, während die c rationale Zahlen vorstellen, so muss $f(x, y)$ verschwinden, wenn man für y jene Reihe einsetzt. Dadurch möge sich ergeben

$$\psi_0 = \alpha_0 + \beta_0 x + \gamma_1 x^2 + \cdots$$
$$\psi_1 = \alpha_1 + \beta_1 x + \gamma_2 x^2 + \cdots$$
$$\cdots\cdots\cdots\cdots$$

wo die α, β, γ, etc. offenbar rationale Zahlen vorstellen. Es muss daher

$$\begin{aligned} f(x, y) = & (\alpha_0 + \alpha_1 g_1 + \cdots + \alpha_m g_m) \\ & + (\beta_0 + \beta_1 g_1 + \cdots + \beta_m g_m) x \\ & + (\gamma_0 + \gamma_1 g_1 + \cdots + \gamma_m g_m) x^2 \\ & + \cdots\cdots\cdots\cdots \end{aligned}$$

für alle Werthe von x verschwinden, was unmöglich ist, wenn nicht sämmtliche α, β, γ, etc. Null sind, d. h. wenn nicht y eine Wurzel aller Gleichungen $\psi_0 = 0$, $\psi_1 = 0$, etc. also gewiss von einer dieser Gleichungen ist. Jede solche Gleichung ist aber eine algebraische mit rationalen Zahlcoefficienten.

B. Trigonometrische Reihen. (M. vergl. S. 43.)

(a) Durch die Arbeiten von Dirichlet*) steht fest, dass eine stetige Function $f(x)$, die für alle reellen Werthe von x zwischen $-\pi$ und π will-

*) Crelle, Journal f. Math. Bd. 4, S. 157—169: Sur la convergence des séries trigonométriques etc.; ferner Dove, Repertorium der Physik, Bd. 1, S. 152—174: Ueber die Darstellung ganz willkührlicher Functionen durch Sinus- und Cosinusreihen. M. vergl. auch in Crelle's Journal f. Math. Bd. 17, S. 54—56 der Abhandlung: Sur les séries dont le terme général dépend de deux angles; Addition au mémoire.

kürlich gegeben ist, die ferner nur eine angebbare Anzahl Male vom Wachsen zum Abnehmen übergeht, innerhalb dieses Intervalles durch eine Fourier'sche Reihe dargestellt werden kann, d. h. durch eine trigonometrische Reihe

$$(1) \ldots \quad \tfrac{1}{2}a_0 + a_1 \cos x + a_2 \cos 2x + \cdots$$
$$+ b_1 \sin x + b_2 \sin 2x + \cdots,$$

in welcher die Constanten a und b die Werthe besitzen

$$(1, a) \ldots \quad a_n = \frac{1}{\pi}\int_{-\pi}^{\pi} f(x) \cos nx\, dx \qquad b_n = \frac{1}{\pi}\int_{-\pi}^{\pi} f(x) \sin nx\, dx.$$

Fällt die eine Bedingung, die der Stetigkeit fort, nicht aber die der Endlichkeit, und ist die Function von $x = -\pi$ bis $x = \pi$, die Grenzen $\pm\pi$ eingeschlossen, willkürlich gegeben, so stellt die Reihe nur insofern $f(x)$ dar, als man auf eine Uebereinstimmung der Reihe mit der Function in der endlichen Anzahl von Unstetigkeitspunkten und in den Punkten $\pm\pi$ verzichtet. Die Reihe nimmt nämlich, nach Dirichlet's Beweis, für jedes x zwischen $-\pi$ und $+\pi$ den völlig bestimmten Werth $\frac{1}{2}[f(x+0)+f(x-0)]$ an und $\frac{1}{2}[f(\pi-0)+f(-\pi+0)]$ für $x = \pm\pi$, wenn man durch $f(x\pm 0)$ die Grenze bezeichnet, welcher $f(x\pm z)$ zustrebt, während die positive Grösse z sich der Null nähert.

Dirichlet's Methode reicht auch hin, um zu zeigen, dass in demselben Sinne die Reihe noch gleich der Function $f(x)$ wird, wenn die Function noch dazu an einzelnen Stellen in's Unendliche geht, vorausgesetzt, dass $\int f(x)\, dx$ endlich und continuirlich von $x = -\pi$ bis $x = \pi$ bleibt. (Man vergl. Crelle J. f. M. Bd. 17, S. 55.)

Ferner ist auch die Reihe, in demselben Sinne, gleich der Function, wenn $f(x)$ in der Umgebung einzelner Punkte unendlich oft vom Wachsen zum Abnehmen übergeht und umgekehrt, oder, wie man sich auszudrücken pflegt, unendlich viele Maxima und Minima hat. Der Ausdruck „in der Umgebung" ist hier, wie üblich, so zu fassen, dass man die betreffenden Punkte durch beliebig kleine festzuhaltende Stücke einschliesst. Ausserhalb dieser Stücke soll die Anzahl der Maxima und Minima endlich bleiben.

Die Untersuchung über den Werth, welchen dann die Reihe in den kritischen Punkten selbst darstellt, hat den Scharfsinn der Mathematiker beschäftigt. Die völlig continuirliche Function $f(x)$, welche zwischen $x = -\pi$ und $x = \pi$ gleich gesetzt wird $x \cos \frac{1}{x}$, für $x = 0$ aber, wo $x \cos \frac{1}{x}$ keine Bedeutung hat, gleich Null, lässt sich in eine Fourier'sche Reihe entwickeln, die offenbar, da sie eine Sinusreihe giebt, für $x = 0$ Null ist, also in dem kritischen Punkte die Function selbst darstellt. Herr Lipschitz findet*) ferner Gattungen von Functionen, welche, obgleich sie in einem Punkte unendlich viele Maxima und Minima haben, der Reihe noch in dem kritischen Punkte gleich bleiben. Andererseits hat aber vor kurzem Herr du Bois-

*) Borchardt, Journal f. Math. Bd. 63, S. 296—308: De explicatione per series trigonometricas etc. Die Arbeit erschien zuerst als Einladungsprogramm (pro aditu muneris professoris ordinarii in ord. philos. univ. Frid. Guil. Rhenanae) im Mai 1864.

Reymond*) eine continuirliche endliche Function von x mit unendlich vielen Maximis und Minimis in eine trigonometrische Reihe entwickelt, die an den kritischen Stellen nicht mit ihr übereinstimmt, die nämlich dort unendlich wird.

Riemann sagt im § 7 seiner Abhandlung:**) „Ueber die Darstellbarkeit einer Function durch eine trigonometrische Reihe", dass die bisherigen Arbeiten über diesen Gegenstand den Zweck hatten, die Fourier'sche Reihe für die in der Natur vorkommenden Fälle zu beweisen. Und in der That, indem die Methode von Dirichlet nicht einmal voraussetzt, dass die Function $f(x)$ differentiirt werden kann, hat man hier Functionen von einer Allgemeinheit betrachtet, die für diesen Zweck erschöpfend schien. Es mag dahingestellt bleiben, ob in der Natur die discontinuirlichen Functionen wirklich vorkommen, oder ob die mathematische Theorie der Physik sie nur einführt, indem sie Annahmen macht, welche dem wirklichen Sachverhalt angenähert zu entsprechen scheinen, und mathematische Aufgaben stellt, welche sie den wirklich vorkommenden Problemen assimilirt. Untersucht man z. B. den Wärmezustand eines Körpers, dessen Begrenzung fortdauernd in einer gegebenen Temperatur erhalten wird, so lässt die mathematische Theorie zu, dass die anfängliche Erwärmung eines Punktes auf der Oberfläche selbst sich von der eines beliebig nahen nicht auf der Oberfläche liegenden um eine endliche Grösse unterscheide, nimmt also eine völlige Discontinuität an.

Während sich in Folge einer Bemerkung von Dirichlet am Schlusse seiner im vierten Bande des Crelle'schen Journals befindlichen Arbeit die Aussicht eröffnete, Dirichlet's Resultate auch auf allgemeinere Functionen übertragen zu können, so schien andererseits die Anwendung der Fourier'schen Reihen auf's äusserste beschränkt werden zu müssen, nachdem in neuerer Zeit der Begriff der Convergenz in gleichem Grade aufgetreten war. (M. vergl. § 13 im II. Kapitel.) Man wusste nicht einmal, ob eine periodische, völlig continuirliche Function $f(x)$ mit einer endlichen Anzahl Maxima und Minima immer eine Fourier'sche Reihe giebt, welche in gleichem Grade convergirt, während eine endlich bleibende Function, bei der nicht $f(\pi) = f(-\pi)$, oder die nicht überall continuirlich ist, eine Fourier'sche Reihe liefert, die sicher nicht in gleichem Grade convergirt. Bedeutet $\psi(x)$ eine zwischen zwei Grenzen α und β continuirliche Function, so durfte man daher selbst in einfachen Fällen, welche „in der Natur vorkommen", nicht schliessen, es sei

$$\int_\alpha^\beta f(x)\,\psi(x)\,dx$$
$$= \tfrac{1}{2}a_0\int_\alpha^\beta \psi(x)\,dx + \sum_{n=1}^{n=\infty}\int_\alpha^\beta (a_n\cos nx + b_n\sin nx)\,\psi(x)\,dx;$$

damit fällt aber ein wesentlicher Theil des Werthes fort, den die Entwickelung einer Function in eine trigonometrische Reihe hat.

---

*) Untersuchungen über die Convergenz und Divergenz der Fourier'schen Darstellungsformeln. Abh. der baier. Akad. II. Cl. XII. Bd. II. Abtheil. 1876.

**) Werke S. 213. Die Abhandlung wurde als Habilitationsschrift im Jahre 1854 bei der Göttinger philosophischen Facultät eingereicht, und ist erst nach Riemann's Tode erschienen.

In einer Arbeit: „Ueber trigonometrische Reihen*) habe ich die Gültigkeit dieses Satzes bei Functionen $f(x)$ der eben erwähnten Art festgestellt, indem ich nachwies, was offenbar hierzu hinreichend ist:

Die Fourier'sche Reihe für eine jede endliche Function, die nur eine endliche Anzahl Maxima und Minima und Unterbrechungen der Stetigkeit besitzt, convergirt im allgemeinen in gleichem Grade, nämlich mit Ausnahme der Unstetigkeitspunkte und insofern nicht $f(\pi) = f(-\pi)$, der Punkte $\pm\pi$.

Der früher übliche Beweis dafür, dass eine Function höchstens auf eine Art in eine trigonometrische Reihe, d. h. in eine Reihe von der Form

$$\sum a_n \cos nx + b_n \sin nx$$

entwickelt werden könne, war durch die erwähnten Umstände hinfällig geworden; der Satz selbst ist aber jetzt durch neue Methoden bewiesen. Die Feststelluug zweier Punkte war hierzu erforderlich: Erstens ist nachzuweisen, dass Null nur dann durch eine immer convergente trigonometrische Reihe dargestellt werden kann, wenn alle a und b Null sind. Zweitens ergiebt sich als Vervollständigung der Satz, dass diese Coefficienten selbst dann noch Null sind, wenn man auch für eine endliche Anzahl Werthe von x auf die Convergenz der Reihe oder darauf verzichtet, dass die Summe der Reihe Null sei.

Der erste von diesen beiden Sätzen war in meiner vorerwähnten Arbeit nur unter der Voraussetzung bewiesen, dass die trigonometrische Reihe der Bestimmung unterworfen wird, wenigstens „im allgemeinen" in gleichem Grade zu convergiren; erst Herr Cantor (in Halle) hat ihn im 72ten Bande von Borchardt's Journal ganz allgemein bewiesen**). Den zweiten Satz leitete ich in der Arbeit des 71ten Bandes aus dem ersten durch eine Methode ab, die erlaubte, ihn in allen Fällen auszusprechen, in welchen der erste gilt, nämlich indem ich den zweiten von zwei Lehrsätzen (s. unten) anwandte, welche Riemann im § 8 seiner Abhandlung (Werke, S. 213) aufgestellt und bewiesen hat, wodurch er zum ersten Male nach Dirichlet's Arbeiten, die Untersuchungen über trigonometrische Reihen in neue Bahnen lenkte. Herr Cantor gründete darauf seinen allgemeinen Beweis des ersten Satzes auf den ersten Lehrsatz von Riemann an der erwähnten Stelle.

Setzt man

$$C_n = a_n \cos nx + b_n \sin nx$$

und soll die trigonometrische Reihe

$$C_0 + C_1 + \cdots + C_n + \cdots$$

für alle Werthe von x die Null darstellen; macht man ferner

$$\tfrac{1}{2} C_0 x^2 + F(x) = C_1 + \frac{C_2}{2^2} + \cdots + \frac{C_n}{n^2} + \cdots,$$

so folgt aus dem ersten Lehrsatze von Riemann unmittelbar, dass der Differenzenquotient

$$\frac{F(x+\alpha) - 2F(x) + F(x-\alpha)}{\alpha\alpha}$$

---

*) Borchardt, Journal f. M. Bd. 71, S. 353—365.

**) S. 130—138: Ueber einen die trigonometrischen Reihen betreffenden Lehrsatz, und S. 139—142: Beweis, dass eine für jeden reellen Werth etc. M. vergl. auch im 73. Bande S. 294—296 seine Arbeit: Notiz zu dem Aufsatze etc. Bd. 72, S. 130 dieses Journals.

mit α zu Null convergirt. Der zweite Satz von Riemann besagt, dass der Quotient

$$\frac{F(x+\alpha)-2F(x)+F(x-\alpha)}{\alpha}$$

mit α zu Null convergirt, auch wenn die vorliegende Reihe $C_1+C_2+\cdots$ nicht die Null darstellt. Mit Hülfe eines Satzes, den Herr Cantor aufgestellt und Herr Schwarz (Göttingen) bewiesen hat, nach welchem eine Function, wenn sie den hier geltenden Stetigkeitsbedingungen unterworfen ist, und wenn ihr zweiter Differenzenquotient für jedes x Null wird, vom ersten Grade sein muss, schliesst Herr Cantor aus dem ersten Lehrsatz von Riemann, dass auch in dem von ihm behandelten allgemeinen Falle $F(x)$ eine Function ersten Grades sei. Hieraus folgt sogleich die Einheit der Entwickelung von Null in dem Falle des oben angegebenen ersten von den beiden Sätzen.

Die Theorie der trigonometrischen Reihen wird hier nur so weit behandelt, als die Methoden zur Beleuchtung ähnlicher Untersuchungen für die Kugelfunctionen dienen, und die gewonnenen Resultate uns von Wichtigkeit sind. Daher gehe ich nicht näher auf den reichen Inhalt der bisher nicht erwähnten Arbeiten*) ein, welche wir unter den deutschen Mathematikern den Herren du Bois-Reymond und Cantor, unter den italienischen den Herren Ascoli und Dini verdanken, während ihre Methoden in der folgenden Darstellung benutzt werden. Nur ein positives Resultat soll noch hervorgehoben werden, welches die Herren Ascoli und du Bois-Reymond gewonnen haben, indem sie den Beweis lieferten, dass eine Function, wenn sie eine Integration und die Entwickelung in eine trigonometrische Reihe zulässt, nur in eine Fourier'sche Reihe entwickelt werden kann, dass also dann die Coefficienten durch (1, a) gegeben werden. Eine Grenze der Freiheit, welche man einer Function lassen kann, ohne dass sie aufhört, die Entwickelung in eine trigonometrische Reihe zu gestatten, hat sich, trotz der Bemühungen hervorragender Gelehrten nicht ergeben, was durch die grosse Allgemeinheit des Functionsbegriffs erklärlich ist.

(b). Im Folgenden handeln wir, nach Anleitung des § a, von der Summirung der Fourier'schen Reihe und über die Art ihrer Convergenz.

Setzt man in die Reihe (1) für a und b ihre Ausdrücke unter (1, a) ein, wodurch sofort alle Functionen f ausgeschlossen werden, die keine Integration zulassen, so verwandelt sich

$$\begin{aligned} s_n = \tfrac{1}{2}a_0 + a_1 \cos x + \cdots + a_n \cos nx \\ + b_1 \sin x + \cdots + b_n \sin nx \end{aligned}$$

in den Ausdruck

$$s_n = \frac{1}{2\pi}\int_{-\pi}^{\pi} f(\beta)\,\frac{\sin[(n+\frac{1}{2})(\beta-x)]}{\sin\frac{1}{2}(\beta-x)}\,d\beta.$$

---

*) Die Arbeiten, welche ich benutzte, findet man: Von Herrn du Bois-Reymond in Borchardt's Journal, Bd. 74, 76 u. 79, den Abh. d. bayerschen Akad. v. 1874 u. 1876, und den Göttinger Nachrichten von 1873; von Herrn Cantor in Borchardt's Journal Bd. 72 u. 73 und den Annalen von Clebsch und Neumann Bd. 4 u. 5; von Herrn Ascoli in den Annalen aus 1873 und den Annali di Matematica T. VI; von Herrn Dini erschien die Abhandlung Sopra la serie di Fourier. Pisa 1872.

Dieser geht durch die Substitution $\beta - x = 2\alpha$ über in

$$(2)\ \ldots\quad s_n = \frac{1}{\pi}\int_{-\frac{1}{2}(\pi+x)}^{\frac{1}{2}(\pi-x)} f(x+2\alpha)\frac{\sin(2n+1)\alpha}{\sin\alpha}\,d\alpha.$$

Man sucht die Summe s der unendlichen Reihe (1), d. h. die Grenze s, der sich s_n nähert, und fragt, ob s_n sich dem s in gleichem Grade nähert, was auch x sei. Wird $s = f(x)$, so stellt die unendliche Reihe $f(x)$ dar. Wir leiten nun folgende Sätze ab.

1. Satz. Bezeichnet $f(x)$ eine endliche integrabele Function, welche zwischen $-\pi$ und π nicht unendlich oft vom Wachsen in's Abnehmen übergeht und nicht unendlich viele Unstetigkeiten besitzt, so ist die Grenze s von s_n für $n = \infty$

$$s = \tfrac{1}{2}[f(x+0) + f(x-0)],$$

wenn $-\pi \lessdot x < \pi$, und ferner

$$s = \tfrac{1}{2}[f(\pi-0) + f(-\pi+0)],$$

wenn $x = \pm\pi$.

2. Satz. Unter den gleichen Bedingungen kann man n so gross nehmen, dass $s - s_n$ kleiner bleibt als jede gegebene feste Grösse, während x die Werthe zwischen $-\pi$ und π durchläuft, die Grenzen $\pm\pi$ eingeschlossen. Dadurch, dass man n noch grösser nimmt, kann man die Differenz $s - s_n$ noch kleiner machen.

Diese Sätze werden unten bewiesen. Man zieht aus ihnen die Folgerungen:

1. Folgerung. So lange f continuirlich zwischen $-\pi$ und π bleibt, ist die Reihe $= f(x)$, und zwar in gleichem Grade, convergent. Ist f in einzelnen Punkten discontinuirlich, so gilt im allgemeinen, d. h. mit Ausschluss der Umgebung dieser Punkte dasselbe. Die Punkte $x = \pm\pi$ verhalten sich wie Punkte der ersten oder zweiten Art, je nachdem $f(\pi)$ gleich oder nicht gleich ist $f(-\pi)$.

2. Folgerung. Besitzt $f(x)$ in der Umgebung einzelner Punkte $x_1, x_2, \ldots$ unendlich viele Maxima oder Minima, so bleibt noch immer der erste und zweite Satz bestehen, wenn man beliebig kleine endliche Strecken ausschliesst, mit denen man jene Punkte umgiebt, und x keinen solchen Werth ertheilt, der in diese Räume fallen würde. Gleiches gilt, wenn $f(x)$ in einzelnen Punkten $x_1, x_2, \ldots$ unendlich, aber nur in der Art wird, dass

$$(x-x_1)^{\nu_1} f(x), \qquad (x-x_2)^{\nu_2} f(x_2), \ldots$$

für $x = x_1, x_2, \ldots$ endlich bleiben, und die ν feste positive Zahlen unter 1 sind.

Auch diese Folgerung, die man in Bezug auf die Maxima und Minima mit einer noch weiter gehenden, Strecken statt der Punkte betreffenden vertauschen könnte, bedarf keines eigenthümlichen Beweises, sondern ergiebt sich unmittelbar aus den Elementen der Integralrechnung. Bezeichnet man durch φ eine endliche Function mit einer endlichen Anzahl Maxima und Minima, die mit f überall ausser in der Umgebung der Punkte $x_1, x_2, \ldots$ übereinstimmt, so gelten nämlich die beiden Sätze, wenn man f mit φ vertauscht. Das Integral (2) wird aber, wenn man $f - \varphi$ für f setzt, beliebig klein, indem die Function unter dem Integrale $f(x+2\alpha) - \varphi(x+2\alpha)$ sich nur in sehr kleinen Intervallen von 0 unterscheidet, nämlich für solche Werthe von α, für welche $x + 2\alpha$ in die Umgebung kritischer Punkte fällt. Nach der Voraussetzung, dass x kein kritischer Punkt sei, wird in der Umgebung von $\alpha = 0$ die

Differenz $f(x+2\alpha)-\varphi(x+\alpha)$ sicher Null, also

$$\frac{\sin(2n+1)\alpha}{\sin\alpha} < \frac{1}{\sin\alpha}$$

überall endlich, wo jene Differenz nicht Null ist. Hieraus folgt unmittelbar, dass das Integral (2) nach Vertauschung von f mit $f-\varphi$ für jedes n beliebig klein, also die Grenze von s_n beliebig nahe dem im ersten Satze angegebenen Werthe sei. Nach dieser Bemerkung wird es auch im Folgenden überflüssig sein, derartige Ausnahmen, die in Punkten eintreten, zu erörtern.

$(c.)$ Um den Beweis der beiden Sätze zu liefern, untersuchen wir die Ausdrücke

$$A = \int_0^h \psi(\alpha)\sin n\alpha\, d\alpha \qquad B = \int_0^h \psi(\alpha)\cos n\alpha\, d\alpha,$$

in welchen ψ eine Function von α bezeichnet, welche, wie oben $f(x+2\alpha)$, einen Parameter x enthalten möge; in denen h eine feste reelle endliche Zahl, und ebenso n eine reelle ganze oder gebrochene Zahl bezeichnet. Während des Beweises denken wir uns h und n positiv.

Zuerst sei $\psi(\alpha)$ endlich, und für keinen Werth des Parameters x grösser als die feste Zahl γ. Diese Annahme ist hier wesentlich; nur zur Bequemlichkeit wird vorläufig angenommen, dass $\psi(\alpha)$ in den Grenzen 0 und h für α das positive Zeichen hat und nicht zunimmt, so dass $\psi(0)=\gamma$.

Man setze ferner $\frac{\pi}{2n} = \delta$.

Man zerlege A in eine Summe von Integralen zwischen den Grenzen 0 und δ, δ und 3δ, allgemein $(2m-1)\delta$ und $(2m+1)\delta$, schliesslich $(2\mu+1)\delta$ bis h, wo μ eine solche ganze Zahl bezeichnet, dass $(2\mu+1)\delta \leqq h < (2\mu+3)\delta$. Das letzte Integral ist, absolut genommen, $< 2\gamma\delta$, das erste $<\gamma\delta$. Jedes der übrigen hat die Form

$$\int_{(2m-1)\delta}^{(2m+1)\delta} \psi(\alpha)\sin n\alpha\, d\alpha = \int_{(2m-1)\delta}^{2m\delta} + \int_{2m\delta}^{(2m+1)\delta}.$$

Sind δ_1 und δ_2 positive Grössen, welche δ nicht überschreiten, so werden die beiden Integrale auf der Rechten resp. gleich

$$-\frac{1}{n}\cdot\psi(2m\delta-\delta_1)\cdot\cos m\pi, \qquad \frac{1}{n}\cdot\psi(2m\delta+\delta_2)\cdot\cos m\pi,$$

das Integral auf der linken also absolut

$$< \frac{1}{n}\,|\psi(2m-1)\delta - \psi(2m+1)\delta|.$$

Hieraus folgt

$$\int_\delta^{(2\mu+1)\delta} \psi(\alpha)\sin n\alpha\, d\alpha < \frac{1}{n}\,|\psi(0)-\psi(h)| < \frac{\gamma}{n},$$

und fügt man noch das erste und letzte Integral hinzu

$$A < \frac{\gamma}{n}\cdot\left(1+\frac{3\pi}{2}\right)$$

oder

$$nA < \gamma . \varepsilon$$

wo ε eine endliche, von der Beschaffenheit unserer Function ψ unabhängige Zahl $\left(\text{nämlich } 1+\frac{3\pi}{2}\right)$ bezeichnet.

Indem man das Resultat auf diese Art ausspricht, bleibt es noch gültig, wenn man ψ von den oben unwesentlich genannten Beschränkungen befreit; dies geschieht nach dem Muster von Dirichlet's Arbeit über die trigonometrischen Reihen im I. Bande von Dove's Repertorium § 5, S. 167—168.

Zunächst bleibt das Resultat bestehen für den Fall, dass $\psi(\alpha)$ eine Constante γ ist; ferner wenn $\psi(\alpha)$ auch negativ wird. Ist dann noch immer γ der grösste Zahlwerth von $\psi(\alpha)$, so wird $\gamma+\psi(\alpha)$ positiv sein, und statt $\psi(\alpha)$ in A eingesetzt, das Resultat geben

$$n\int_0^h(\gamma+\psi(\alpha))\sin n\alpha\, d\alpha < \gamma\varepsilon,$$

wo ε eine endliche Grösse bezeichnet. Hieraus ergiebt sich derselbe Satz, wenn auch ψ sein Zeichen wechselt. Vertauscht man ψ mit $-\psi$, so erhält man das gleiche Resultat für eine immer wachsende Function. Da ferner offenbar auch für ein Integral

$$\int_k^h \psi(\alpha)\sin n\alpha\, d\alpha \qquad (0 < n < h)$$

dasselbe gilt, und wenn ψ zwischen 0 und h mehrfach (p mal) vom Abnehmen zum Wachsen übergeht und umgekehrt, man A in eine Reihe von $p+1$ derartigen Integralen zerlegen kann, so dass in jedem ψ nur wächst oder nur abnimmt (resp. constant bleibt), so wird jetzt $nA < (p+1)\gamma.\varepsilon$. Setzt man wieder $nA < \gamma.\varepsilon$, so ist jetzt unter ε wie früher eine endliche Grösse zu verstehen; jetzt ist sie aber nicht völlig unabhängig von ψ, sondern enthält einen Factor $(p+1)$, welcher anzeigt, wieviel grösste und kleinste Werthe ψ besitzt. Diese Zahl ist nach der Annahme endlich und da ähnliche Betrachtungen für B das gleiche Resultat geben, so hat man den

3. Satz. Ist $\psi(\alpha)$ endlich und für jeden Werth des Parameters x kleiner als γ, besitzt ferner $\psi(\alpha)$ von $\alpha=0$ bis $\alpha=h$ eine endliche Anzahl Maxima und Minima, so bleiben die Integrale

$$n\int_0^h \psi(\alpha)\sin n\alpha\, d\alpha, \qquad n\int_0^h \psi(\alpha)\cos n\alpha\, d\alpha$$

unter $\varepsilon\gamma$, wo γ den absolut grössten Werth von $\psi(\alpha)$ und ε eine endliche Zahl bezeichnet, die sich nicht mit dem Parameter x ändert.

(*d*) Zweitens möge ψ an einer Stelle, und zwar für $\alpha=0$ unendlich werden, doch nur so, dass $\alpha^\nu\psi(\alpha)$ endlich bleibt, wenn ν eine positive Zahl bezeichnet, die 1 nicht übersteigt. Ferner soll ψ nur Maxima und Minima in endlicher Anzahl enthalten.

Man führe für ψ eine immer endliche Function φ ein, indem man setzt

$$\psi(\alpha)=\alpha^{-\nu}\varphi(\alpha) \qquad (0 < \nu \leqq 1),$$

wo φ den Parameter x enthalten wird, und bezeichne nunmehr den grössten

Zahlwerth, den $\varphi(\alpha)$ von $\alpha = 0$ bis $\alpha = h$ für alle x annehmen kann, durch γ. Es wird vorausgesetzt, dass es ein bestimmtes γ giebt.

Man zerlege nun A in die Summe zweier Integrale $\left(\frac{m}{n} < h\right)$

$$A = \int_0^h \psi(\alpha) \sin n\alpha\, d\alpha = \int_0^{\frac{m}{n}} + \int_{\frac{m}{n}}^h.$$

Auf das zweite Integral der rechten Seite, in welchem $\psi(\alpha)$ endlich bleibt, lässt sich der 3. Satz anwenden. Dort ist aber statt γ, dem grössten Werth von $\psi(\alpha)$, zu setzen der grösste Werth von $\alpha^{-\nu}\varphi(\alpha)$ d. h. γ mal der $-\nu^{\text{ten}}$ Potenz des kleinsten Werthes von α, d. h.

$$\gamma\left(\frac{n}{m}\right)^{\nu}.$$

Hieraus geht hervor, dass

$$A - \int_0^{\frac{m}{n}} \psi(\alpha) \sin n\alpha\, d\alpha < \frac{\varepsilon\gamma}{m^{\nu} n^{1-\nu}}.$$

Multiplicirt man noch mit $n^{1-\nu}$, so entsteht

$$(3) \ldots \quad n^{1-\nu}\left[\int_0^h \varphi(\alpha)\frac{\sin n\alpha}{\alpha^{\nu}} d\alpha - \int_0^{\frac{m}{n}} \varphi(\alpha)\frac{\sin n\alpha}{\alpha^{\nu}} d\alpha\right] < \frac{\varepsilon\gamma}{m^{\nu}},$$

wo ε und γ feste, und nicht von m, n oder dem Parameter x in φ abhängige Grössen sind.

Für m nehme man nun keine feste, sondern eine mit n zugleich bewegliche Zahl (m braucht ebensowenig wie n eine ganze Zahl zu sein), die mit n, aber schwächer als dieses in's Unendliche wächst, so nämlich dass $\frac{m}{n}$ unendlich klein wird. Dies geschieht z. B. wenn man $m = \sqrt{n}$ setzt. Alsdann sinkt die rechte Seite unter jeden Grad der Kleinheit herab, und zwar in gleichem Grade für jeden Parameter x; d. h. es lässt sich n so gross nehmen, dass der Ausdruck auf der Linken für jedes x und dasselbe n unter einer beliebig gegebenen Grösse bleibt.

Hier gewinnt man also das Resultat, dass die Grenze von

$$n^{1-\nu}\int_0^h \varphi(\alpha)\frac{\sin n\alpha}{\alpha^{\nu}} d\alpha$$

sich nicht ändert, wenn man h mit einer kleinern, sogar einer solchen oberen Grenze $\frac{m}{n}$ vertauscht, die mit wachsendem n zu Null convergirt.

(e) Um die Gleichung (3) bequemer anwenden zu können, transformirt man sie nach dem sogenannten zweiten Mittelwerthsatze (von den Herren du Bois-Reymond und Weierstrass). Nach unserer Voraussetzung, dass $\varphi(\alpha)$ nicht unendlich viele Maxima und Minima besitzt, muss φ von $\alpha = 0$, wenigstens bis zu einem sehr kleinen Werthe $\left(\frac{m}{n}\right)$ dasselbe Zeichen behalten und entweder nur wachsen oder nur abnehmen. [Dasselbe tritt auch ein, wenn unendlich viele Maxima und Minima vorhanden sind, aber an einer andern Stelle als $\alpha = 0$]. Dann hat man nach dem erwähnten Satze:

$$\int_0^{\frac{m}{n}} \varphi(\alpha) \frac{\sin n\alpha}{\alpha^\nu} d\alpha = \varphi(+0) \int_0^{\frac{m}{n}} \frac{\sin n\alpha}{\alpha^\nu} d\alpha$$

$$+ \left[\varphi\left(\frac{m}{n}\right) - \varphi(+0)\right] \int_\xi^{\frac{m}{n}} \frac{\sin n\alpha}{\alpha^\nu} d\alpha,$$

wenn ξ eine weder 0 noch $\frac{m}{n}$ überschreitende Grösse bezeichnet. Setzt man diesen Werth in (3) ein, so entsteht ($\nu \leqq 1$)

$$(4) \ldots \quad n^{1-\nu} \int_0^h \varphi(\alpha) \frac{\sin n\alpha}{\alpha^\nu} d\alpha - \varphi(+0) \int_0^{\frac{m}{n}} \frac{\sin n\alpha}{(n\alpha)^\nu} d(n\alpha)$$

$$- \left[\varphi\left(\frac{m}{n}\right) - \varphi(+0)\right] \int_\xi^{\frac{m}{n}} \frac{\sin n\alpha}{(n\alpha)^\nu} d(n\alpha) < \frac{\varepsilon\gamma}{m^\nu}.$$

Wir gehen nun zu den Grenzen über. Das zweite und dritte Integral auf der linken Seite bleiben endlich; führt man $n\alpha$ als Veränderliche ein, so verwandeln dieselben sich in die ganz bekannten Formen

$$\int_0^m \frac{\sin\beta}{\beta^\nu} d\beta, \qquad \int_{n\xi}^m \frac{\sin\beta}{\beta^\nu} d\beta,$$

von denen die erste für $n = \infty$, also $m = \infty$, gleich ist

$$\frac{\pi}{2.\sin\frac{1}{2}\nu\pi . \Gamma\nu}.$$

Da ferner $\varphi\left(\frac{m}{n}\right) - \varphi(+0)$ zu Null herabsinkt, so findet man den Satz, welcher im Handbuche mehrfach Anwendung findet:

4. Satz. Ueberschreitet die von $\alpha = 0$ bis $\alpha = h$ für jeden Werth des Parameters x endliche Function $\varphi(\alpha)$ nicht einen angebbaren Werth γ und hat sie zwischen $\alpha = 0$ und $\alpha = h$ nur eine endliche Anzahl Maxima und Minima; ist ferner $0 < \nu \leqq 1$, so kann man n so gross nehmen, dass

$$n^{1-\nu} \int_0^h \varphi(\alpha) \frac{\sin n\alpha}{\alpha^\nu} d\alpha - \frac{\pi}{2\Gamma\nu . \sin\frac{1}{2}\nu\pi} \cdot \varphi(+0),$$

und zwar für alle x in gleichem Grade, unter jeden Grad der Kleinheit herabsinkt.

Dieselbe Methode zeigt auch, dass

$$n^{1-\nu}\int_0^h \varphi(\alpha)\frac{\cos n\alpha}{\alpha^\nu}\,d\alpha - \frac{\pi}{2\Gamma\nu\,.\cos\frac{1}{2}\nu\pi}\cdot\varphi(+0)$$

dieselbe Eigenschaft besitzt, wenn $0 < \nu < 1$.

(*f*) Hieraus erkennt man unmittelbar, wie stark die Coefficienten a_n und b_n in einer Fourier'schen Reihe, welche die Function $\varphi(\alpha)$ darstellt, zu Null convergiren. Bleibt $\varphi(\alpha)$ endlich, so bleiben na_n und nb_n, wie gross auch n sei, im Endlichen. Wird $\varphi(\alpha)$ für $\alpha = x$ so unendlich, dass $(\alpha-x)^\nu\varphi(\alpha)$ für $x = \alpha$ endlich bleibt, so bleibt noch $a_n n^{1-\nu}$ für $n = \infty$ endlich. Dies ist sogar noch der Fall, wenn auch $\varphi(\alpha)$ in einzelnen Punkten, in welchen es nicht unendlich wird, unendlich viele Maxima und Minima besitzt.

Hier wenden wir das Vorhergehende nur zum Beweise der beiden Sätze 1. und 2. an, indem wir im 4. Satze $\nu = 1$ setzen. Dadurch findet man, dass, wenn k eine positive Zahl bezeichnet,

$$(5)\ \ldots\ \int_{-k}^h \varphi(\alpha)\frac{\sin n\alpha}{\alpha}\,d\alpha - \frac{\pi}{2}[\varphi(+0)+\varphi(-0)]$$

mit wachsendem n in gleichem Grade zu Null convergirt; wenn $k = 0$, ist ferner

$$(5, a)\ \ldots\ \int_0^h \varphi(\alpha)\frac{\sin n\alpha}{\alpha}\,d\alpha - \frac{\pi}{2}\varphi(+0)$$

Null für $n = \infty$.

Es sei nun $-\pi < x < \pi$; man setze

$$h = \tfrac{1}{2}(\pi - x) \qquad k = \tfrac{1}{2}(\pi + x)$$

$$\varphi(\alpha) = \frac{\alpha}{\sin\alpha}f(x+2\alpha)$$

und $2n+1$ für n. Dadurch wird

$$\varphi(+0)+\varphi(-0) = f(x+0)+f(x-0),$$

so dass der 4te Satz sich in den ersten und zweiten verwandelt.

Der Fall $x = \pm\pi$ bleibt noch übrig, der eine Modification des Verfahrens deshalb erfordern würde, weil eine von den Grössen h, k gleich π ist, $\sin\alpha$ daher zweimal unter dem Integrale, für $\alpha = 0$ und $\alpha = \pi$, verschwindet. Aus dem fertigen allgemeinen Resultate ergiebt sich aber das Resultat in diesem Falle sofort, wenn man $f(x)$ periodisch fortsetzt, so dass z. B. in den Punkten $-\pi-0$, $-\pi+0$ die Ordinaten sind $f(\pi-0)$, $f(-\pi+0)$, und darauf x von einem andern Anfangspunkt zählt.

Man kann aber auch das obige Verfahren für den speciellen Fall passend modificiren. Behandeln wir einen von den beiden Fällen, z. B. $x = -\pi$. In diesem ist

$$\pi s_n = \int_0^\pi f(-\pi+2\alpha)\frac{\sin(2n+1)\alpha}{\sin\alpha}\,d\alpha$$

$$= \int_0^{\frac{1}{2}\pi} + \int_{\frac{1}{2}\pi}^{\pi}.$$

Nachdem man im letzten Integral $\pi - \alpha$ für α eingeführt hat, entsteht

$$\pi s_n = \int_0^{\frac{\pi}{2}} [f(\pi - \alpha) + f(-\pi + \alpha)] \frac{\sin(2n+1)\alpha}{\sin \alpha} d\alpha.$$

Diesen Ausdruck assimilirt man (5, a), indem man setzt

$$\varphi(\alpha) = \frac{\alpha}{\sin \alpha} [f(\pi - \alpha) + f(-\pi + \alpha)],$$

und erhält dadurch das verlangte Resultat.

Zweites Kapitel.

Entwickelung nach Kugelfunctionen.

§ 13. Die Darstellung des vollständigen Integrales von (8) bildet den Gegenstand des dritten Kapitels, während hier von der Entwickelung nach Kugelfunctionen gehandelt wird, wobei wir uns zur Abkürzung des Zeichens X^n für $P^{(n)}(x)$ bedienen werden (M. vergl. S. 11). Die Entwickelungen von Functionen werden hier unter der Voraussetzung vorgenommen, dass diese Functionen sich wirklich von $x = -1$ bis $x = 1$ durch Reihen darstellen lassen, die nach Kugelfunctionen geordnet sind. Die Berechtigung dieser Voraussetzung ist in einigen Fällen klar, wird allgemein aber erst im 5. Kapitel des zweiten Theiles § 119 untersucht, so dass die Methoden dieses Kapitels bis dahin nur als heuristische zu betrachten sind; der Nachweis der Berechtigung lässt sich übrigens für continuirliche und zugleich differentiirbare Functionen ohne erhebliche Schwierigkeit führen.

Der Methode liegt noch eine zweite Voraussetzung zu Grunde, auf deren Nothwendigkeit man erst in Folge einer Arbeit von Herrn Seidel in den Denkschriften der Münchener Akademie für 1848 aufmerksam geworden ist. Die Reihen müssen nicht nur convergiren, sondern sie müssen auch in gleichem Grade convergiren.

Um zunächst die Bedeutung dieses Ausdrucks zu erklären, die in diesem Augenblick noch nicht hinreichend bekannt ist, knüpfe ich bei der bekannten Erklärung der Convergenz an, indem ich mich der Kürze halber auf Reihen mit reellen Gliedern beschränke.

I. Definition. Die unendliche Reihe $g_1, g_2, g_3, \ldots$ heisst nur und immer convergent, wenn der Stellenzeiger n so gross genommen werden kann, dass die endliche Summe

$$g_n + g_{n+1} + \cdots + g_{n+\nu},$$

immer, d. h. welche positive ganze Zahl man auch für ν setzen möge, kleiner als jede vorgegebene Zahl ε ist und auch kleiner bleibt, wenn n noch grösser genommen wird.

Enthalten die Glieder g_n der convergenten Reihe einen Parameter x, so wird bei festgehaltenem ε, nach der Definition der Convergenz, zwar für jedes einzelne x ein n existiren; es folgt aber hieraus noch nicht, dass ein und dasselbe n das Gleiche für die unendliche Mannigfaltigkeit von Werthen x leiste, welche in den Grenzen der Convergenz liegen. Auf diesen Umstand bezieht sich die

II. Definition. Eine von $x = a$ bis $x = b$ convergente Reihe g_1, g_2, etc. heisst in gleichem Grade convergent, wenn, bei festgehaltenem ε, dieselbe Stellenzahl n die Bedingung der ersten Definition gleichzeitig für jedes x innerhalb der Grenzen a und b erfüllt.

Zum Beweise eines Satzes von fundamentaler Wichtigkeit (s. u. (ε)) über die Integration von convergenten Reihen erinnere ich an die Principien der Infinitesimalrechnung.

α) Werden die Glieder s_1, s_2, s_3 etc. einer Reihe von Zahlen nach einem solchen Gesetze gebildet, dass $s_n - s_{n+\nu}$ für jedes ganze positive ν, mit wachsendem n unter jeden Grad der Kleinheit herabsinkt, so drückt man dies Verhalten dadurch aus, dass man sagt, es habe s_n für $n = \infty$ eine Grenze. Nach der Definition des Begriffs Zahl ist diese Grenze eine und zwar durch das Bildungsgesetz völlig bestimmte Zahl s, ausserdem von solcher Beschaffenheit, dass $s - s_n$ mit wachsendem n unter jeden beliebigen Grad der Kleinheit herabsinkt. Umgekehrt, wenn eine solche Grösse s existirt, dass $s - s_n$ unter jeden Grad der Kleinheit herabsinkt, so wird offenbar $s_n - s_{n+\nu}$ mit wachsendem n beliebig klein.

Anmerkung. Im Abschnitte A. meiner Abhandlung über die Elemente der Functionenlehre, im 74. Bande von Borchardt's Journal, habe ich mich bemüht, möglichst vollständig die Voraussetzungen zusammenzustellen, welche dem Obigen zu Grunde liegen. Die Definition der irrationalen Zahl fasste ich im § 2 in formaler Beziehung so, wie sie mir als Basis für eine präcise Darstellung besonders geeignet schien. In sachlicher Beziehung liegt allen brauchbaren Definitionen der irrationalen Zahl derselbe Gedanke zu Grunde, eine Abstraction von der geometrischen Vorstellung, man möge diese, nach Euklidischem Sprachgebrauch, als eine Forderung oder einen Grundsatz einführen. Man nimmt nämlich an, dass eine Reihe von disparaten Punkten auf einer Geraden, deren Entfernungen von einem Punkte s_1, s_2, etc. ein Gesetz wie das oben angegebene befolgen, sich einem und nur einem Punkte, der durch das Gesetz völlig bestimmt ist, unbestimmt nähern, d. h. so, dass seine Entfernung vom n^{ten} Punkte mit wachsendem n unter jede angebbare Grösse herabsinkt.

β) Bezeichnen die g wiederum Glieder einer convergenten Reihe, und setzt man

$$\begin{aligned} s_1 &= g_1 \\ s_2 &= g_1 + g_2 \\ s_3 &= g_1 + g_2 + g_3 \\ &\cdots\cdots \end{aligned}$$

so sind s_1, s_2, etc. Glieder einer Zahlenreihe, von der Beschaffenheit, dass

$$s_{n+\nu}-s_n = g_{n+1}+g_{n+2}+\cdots+g_{n+\nu}$$

mit wachsendem n unter jeden Grad der Kleinheit herabsinkt, — nach der I. Definition über Convergenz von Reihen.

γ) Die Grenze s, welcher die s_n sich nach (α) nähern, heisst Summe der unendlichen Reihe der g, und man drückt dies aus, indem man symbolisch setzt

$$s = g_1+g_2+\cdots = \sum_{n=1}^{\infty} g_n.$$

δ) Lehrsatz. Convergirt die Reihe der Glieder g, welche einen Parameter x enthalten, von $x = a$ bis $x = b$ in gleichem Grade (II. Def.) und ist s ihre Summe, so ist s auch ihre Summe in gleichem Grade, d. h. so wird auch $s-s_n$ für ein hinreichend grosses und jedes noch grössere n, gleichmässig für alle x in den Grenzen a und b, unter jede gegebene Grösse ε herabsinken.

Beweis. Da die Reihe in gleichem Grade convergirt, so kann man n so gross nehmen (Def. II.), dass, gleichmässig für jedes x,

$$s_{n+\nu}-s_n = g_{n+1}+g_{n+2}+\cdots+g_{n+\nu} < \tfrac{1}{2}\varepsilon$$

für jedes ν, und noch $<\frac{1}{2}\varepsilon$ bleibt, wenn n noch grösser genommen wird. Ein solches n halte man nun fest. Da ferner s die Summe der convergenten Reihe ist, so existirt ein Werth ν, so dass $s-s_{n+\nu}<\frac{1}{2}\varepsilon$ ist, und für ein grösseres ν bleibt (selbstverständlich auch, wenn man ein grösseres n festgehalten hätte). Hierbei ist es vollständig gleichgültig, ob dasselbe ν dieses für jedes x leistet, oder ob für verschiedene x auch verschiedene ν zu nehmen sind, in jedem Falle wird

$$s-s_{n+\nu} = (s-s_n)+(s_n-s_{n+\nu}) < \tfrac{1}{2}\varepsilon.$$

Da n so gross genommen war, dass $s_n-s_{n+\nu}<\frac{1}{2}\varepsilon$ für alle ν, so bleibt nur übrig, dass für jedes x ist $s-s_n<\varepsilon$.

ε) Es sei nun s die Summe der zwischen endlichen Grenzen $x = a$ und $x = b$ in gleichem Grade convergenten Reihe g_1, g_2, etc. Dann ist

$$\int_a^b s\,dx = \sum_{n=1}^{n=\infty} \int_a^b g_n\,dx,$$

oder in Worten ausgedrückt, das Integral einer gegebenen unendlichen in gleichem Grade convergirenden Reihe ist gleich der Summe einer Reihe, deren einzelne Glieder die Integrale der gegebenen sind.

Da nämlich bei hinlänglich grossem n, wenn eine Zahl ε gegeben ist,

$$s-s_n < \frac{\varepsilon}{b-a}$$

wird, so hat man

$$\int_a^b (s-s_n)\,dx = \int_a^b s\,dx - \int_a^b s_n\,dx < \varepsilon.$$

Da für jedes feste n die Gleichung besteht

$$\int s_n\,dx = \int g_1\,dx + \int g_2\,dx + \cdots + \int g_n\,dx,$$

so ist der Satz durch die obige Ungleichheit bewiesen.

Stellt $f(x)$ eine von $x = a$ bis $x = b$ continuirliche Function vor, so hat man, indem die Reihe mit dem n^{ten} Gliede $f(x)g_n$ zugleich mit der Reihe, deren n^{tes} Glied g_n ist, in gleichem Grade convergirt, auch die Gleichung

$$\int_a^b f(x)\, s\, dx = \sum_{n=1}^{n=\infty} \int_a^b f(x) g_n\, dx.$$

1. Anmerkung. Auf Reihen mit imaginären Gliedern lässt sich dies leicht übertragen, indem man statt der Glieder die Moduln betrachtet. Ferner gilt der Satz unter (ε) offenbar noch, wenn die Reihe in der Umgebung einzelner Punkte aufhört, in gleichem Grade zu convergiren.

2. Anmerkung. Eine Reihe, die nach Potenzen der Veränderlichen x geordnet ist, convergirt sicher von $x = 0$ bis zu der Grenze der Convergenz, die Umgebung der Grenze ausgeschlossen, in gleichem Grade. Beweis. Es sei das n^{te} Glied der Reihe $a_n x^n$, und die Grenze der Convergenz $x = 1$. Bedeutet η irgend eine beliebig kleine positive feste Grösse, so zeige ich, dass diese Reihe bis $x = 1 - \eta$ in gleichem Grade convergirt. Da nämlich $a_n = 0$ für $n = \infty$, so kann man n so gross nehmen, dass a_n, wenn ε eine beliebig kleine gegebene Zahl bezeichnet, kleiner als $\varepsilon\eta$ ist, und für grössere n noch kleiner bleibt. Dann wird für jedes ν, wenn man unter x seinen Zahlwerth versteht,

$$a_n x^n + a_{n+1} x^{n+1} + \cdots + a_{n+\nu} x^{n+\nu} < \varepsilon\eta (x^n + x^{n+1} + \cdots + x^{n+\nu}) < \frac{\varepsilon\eta\, x^n}{1 - x}.$$

Da x höchstens gleich $1 - \eta$ wird, so bleibt die Summe der Glieder auf der Linken, nach der früheren Bezeichnung $g_n + g_{n+1} + \cdots + g_{n+\nu}$, unter $\varepsilon(1-\eta)^n$, also unter ε.

§ 14. Lässt eine Function $f(x)$ sich von $x = -1$ bis $x = 1$ in eine nach Kugelfunctionen geordnete Reihe

$$(9) \ldots \quad f(x) = a^0 X_0^0 + a^1 X^1 + \cdots + a^{(n)} X^{(n)} + \cdots$$

entwickeln, in welcher die a von x unabhängige Coefficienten bezeichnen, so kann man die a als bestimmte Integrale durch die Gleichung

$$(9, a) \ldots \quad a^{(n)} = \frac{2n+1}{2} \int_{-1}^{1} f(x) X^{(n)}\, dx$$

ausdrücken.

Um dies zu beweisen zeigt man zunächst dass

$$(9, b) \ldots \quad \int_{-1}^{1} X^m X^n\, dx = 0 \qquad (m < n)$$

$$(9, c) \ldots \quad \int_{-1}^{1} X^n X^n\, dx = \frac{2}{2n+1},$$

wenn m und n positive ganze Zahlen oder Null sind.

Die Gleichung (9, b), und noch dazu in allgemeinerer Gestalt, hat **Laplace** bewiesen *), gerade in dieser Gestalt aber **) **Legendre** und zwar zuerst nur für gerade, später für beliebige Indices m und n.

Der Beweis wird leicht durch die Formel (3) geführt, nach welcher

$$\int_{-1} X^m X^n dx = \frac{1}{2^{m+n}\Pi m\Pi n}\int_{-1}^{1} \frac{d^m(x^2-1)^m}{dx^m}\,\frac{d^n(x^2-1)^n}{dx^n}dx.$$

Sind m und n verschieden, so möge n die grössere von den beiden Zahlen bezeichnen. Da $(x^2-1)^n$ weniger als n mal nach x differentiirt an den Grenzen $x = \pm 1$ verschwindet, so verwandelt eine m malige Integration durch Theile das vorstehende Integral in

$$(-1)^m\int_{-1}^{1} \frac{d^{2m}(x^2-1)^m}{dx^{2m}}\,\frac{d^{n-m}(x^2-1)^n}{dx^{n-m}}dx.$$

Das erste Glied unter dem Integrale ist der $2m^{\text{te}}$ Differentialquotient einer Function $2m^{\text{ten}}$ Grades nach x, also eine Constante, und $n-m$ wenigstens 1; daher lässt die Integration sich ausführen und das Integral wird Null. Nur wenn $m = n$ verschwindet das Integral nicht, sondern ist gleich

$$\Pi 2n\int_{-1}^{1}(1-x^2)^n dx.$$

Das Integral lässt sich durch die Substitution

$$\frac{1+x}{2} = z,\qquad \frac{1-x}{2} = 1-z,\qquad dx = 2dz$$

noch in

$$2^{2n+1}\int_0^1 z^n(1-z)^n dz = 2^{n+1}\cdot\frac{\Pi n\Pi n}{\Pi(2n+1)}$$

verwandeln, so dass man hat

$$\int_{-1}^{1} X\;X^n dx = \frac{\Pi 2n}{2^{2n}\Pi n\Pi n}\cdot\frac{2^{n+1}.\Pi n\Pi(n)}{\Pi 2n+1} = \frac{2}{2n+1}.$$

Von grossem Interesse sind die Methoden, durch welche man früher die Gleichungen (9, *b*) und (9, *c*) fand.

Laplace bedient sich einer, seitdem bei Entwickelungen nach solchen Functionen, welche Differentialgleichungen genügen, häufig angewandten Methode. Durch Multiplication der Gleichung (8) des § 12 in der Form (*a*) d. h. der Gleichung

*) Memoiren der Pariser Akademie vom Jahre 1782, S. 163.

**) Memoiren von 1784, S. 373, und von 1789, S. 384.

$$-n(n+1).X^n = \frac{d}{dx}\left[(1-x^2)\frac{dX^n}{dx}\right]$$

mit X^m und Integration nach x erhält man

$$-n(n+1)\int X^m X^n dx = \int X^m \frac{d}{dx}\left[(1-x^2)\frac{dX^n}{dx}\right]dx.$$

Integrirt man rechts durch Theile, so verwandelt sich die rechte Seite in

$$(1-x^2)X^m\frac{dX^n}{dx} - \int (1-x^2)\frac{dX^m}{dx}\,\frac{dX^n}{dx}\,dx.$$

Das letzte Integral geht nach einer zweiten Integration durch Theile in

$$(1-x^2)X^n\frac{dX^m}{dx} - \int X^n\frac{d}{dx}\left[(1-x^2)\frac{dX^m}{dx}\right]dx$$

über und der Ausdruck unter dem Integrale verwandelt sich in Folge der Differentialgleichung, welcher X^m genügt, in $-m(m+1)X^m$. Stellt man die einzelnen Gleichungen zusammen, so erhält man schliesslich

$$(a)\ \ldots\ [n(n+1)-m(m+1)]\int X^m X^n dx = (1-x^2)\left(X^n\frac{dX^m}{dx} - X^m\frac{dX^n}{dx}\right).$$

Integrirte man zwischen den Grenzen -1 und 1, so ist offenbar die rechte Seite Null, so dass man erhält, es sei

$$\int_{-1}^{1} X^m X^n dx = 0$$

so lange m und n verschieden sind.

Dasselbe erhält Legendre und ermittelt zugleich den Werth des Integrals, wenn $m = n$, an der zweiten von den oben citirten Stellen, indem er das Integral

$$(b)\ \ldots\ \int_{-1}^{1}\frac{dx}{\sqrt{1-2\varrho r x+\varrho^2 r^2}\,\sqrt{1-\frac{2r}{\varrho}x+\frac{r^2}{\varrho^2}}}$$

berechnet, und findet es sei gleich

$$\frac{1}{r}\log\frac{1+r}{1-r} = 2\left(1+\frac{r^2}{3}+\frac{r^4}{5}+\cdots\right).$$

Dies Integral eines Productes von zwei erzeugenden Functionen der Kugelfunctionen ist aber gleich der Doppelsumme von $m = 0$ und $n = 0$ bis $m = \infty$ und $n = \infty$

$$\Sigma(\varrho r)^m\left(\frac{r}{\varrho}\right)^n\int_{-1}^{1} X^m X^n dx.$$

Dies mit dem Obigen verglichen, zeigt, dass die Summe unabhängig von ϱ ist; es fallen also zunächst die Integrale fort, in denen m und n verschieden sind, und der Werth desjenigen in dem $m = n$ wird $\frac{2}{2n+1}$.

Ist einmal (9, b) bekannt, so findet man kürzer (9, c), indem man in dem Integrale (b) setzt $\varrho = 1$, so dass nur die Integration auszuführen bleibt

$$\int_{-1}^{1} \frac{dx}{1-2rx+r^2} = \frac{1}{r} \log \frac{1+r}{1-r}.$$

§ 15. Die Bestimmung der Coefficienten a in (9) erfolgt in ganz ähnlicher Art wie bei der Entwickelung von Functionen in trigonometrische Reihen. Um einen Coefficienten a^n durch $f(x)$ auszudrücken, multiplicire man (9) mit X^n und integrire nach x von -1 bis 1. Nach (9, b) fällt dadurch der Coefficient eines jeden Gliedes a_m fort, in dem nicht $m = n$, und man erhält

$$\int_{-1}^{1} f(x) X^n \, dx = a_n \int_{-1}^{1} X^n X^n \, dx,$$

die gesuchte Gleichung (9, a).

Hieraus ersieht man, dass sämmtliche Coefficienten Null sind, wenn $f(x) = 0$, d. h. wenn die Reihe

$$a_0 X^0 + a_1 X' + \cdots,$$

für alle Werthe von $x = -1$ bis $x = 1$, Null darstellt, und hieraus erhält man den

Satz. Die Entwickelung einer von $x = -1$ bis $x = 1$ gegebenen Function nach Kugelfunctionen ist nur auf eine Art möglich.

Denn wäre $f(x)$ in die beiden Reihen von Kugelfunctionen

$$\begin{aligned} f(x) &= a^0 X^0 + a' X' + a'' X'' + \cdots \\ &= b^0 X^0 + b' X' + b'' X'' + \cdots \end{aligned}$$

entwickelt, so würde man haben

$$0 = (a^0 - b^0) X^0 + (a' - b') X' + (a'' - b'') X'' + \cdots$$

d. h.

$$a^0 - b^0 = 0, \qquad a' - b' = 0, \qquad a'' - b'' = 0, \quad \ldots$$

Es mag daran erinnert werden, dass diese Resultate nur dann zuverlässig gelten, wenn die im § 13 erwähnten Voraussetzungen erfüllt sind. Im andern Falle hat man durch eine besondere Untersuchung festzustellen, ob wirklich

$$\Sigma \frac{(2n+1)}{2} X^n \int_{-1}^{1} f(x) X^n \, dx,$$

die Summe von $n = 0$ an bis zu einem Werthe n genommen, mit wachsendem n der Grenze $f(x)$ zustrebe, ebenso auch die Einheit der Entwickelung festzustellen.

§ 16. Alle endlichen Reihen, die nach ganzen aufsteigenden Potenzen einer Veränderlichen x geordnet sind, lassen sich in Reihen von Kugelfunctionen umsetzen.

Um dies nachzuweisen, zeigen wir wie man x^n in eine Reihe von Kugelfunctionen verwandelt, wenn n eine ganze positive Zahl bezeichnet. Zunächst ist klar, dass dies immer geschehen könne; denn nach (2) lässt x^n sich durch eine lineare Verbindung von $X^{(n)}$, x^{n-2}, x^{n-4}, etc. ausdrücken; x^{n-2} wieder durch $X^{(n-2)}$, x^{n-4}, x^{n-6}, etc. bis endlich bei geradem n, x^2 durch X'' und X^0, bei ungeradem n, x durch X' ausgedrückt wird. Man darf also setzen

$$x^n = a^{(n)} X^{(n)} + a^{(n-2)} X^{(n-2)} + a^{(n-4)} X^{(n-4)} + \cdots,$$

wenn die Reihe, je nachdem n gerade oder ungerade ist, mit X^0 oder X' abbricht.

Aus den Gleichungen (9) und (9, a) folgt unmittelbar, dass $a^{(\nu)} = 0$ wenn $\nu > n$ und ausserdem wenn $n + \nu$ ungerade ist. Um es in den übrigen Fällen zu bestimmen, wenn also $\nu \leq n$ und zugleich $n + \nu$ gerade ist, zieht man aus (9, a)

$$a^{(\nu)} = (2\nu + 1) \int_0^1 x^n X^{(\nu)} \, dx.$$

Um die Integration auszuführen, ersetzt man X^ν durch seinen Werth aus (3), wodurch entsteht

$$a^{(\nu)} = \frac{(2\nu + 1)}{2^\nu . \Pi \nu} \int_0^1 x^n \frac{d^\nu (x^2 - 1)^\nu}{dx^n} \, dx.$$

Nach einer ν maligen Integration durch Theile verwandelt sich dies in

$$a^{(\nu)} = \frac{2\nu + 1}{2^\nu} \cdot \frac{\Pi n}{\Pi \nu . \Pi n - \nu} \int_0^1 x^{n-\nu} (1 - x^2)^\nu \, dx.$$

Das letzte Integral geht, wenn man $x^2 = z$ setzt, in ein Euler'sches über; man erhält also schliesslich folgenden Werth von a, wo es nicht Null ist:

$$(10) \ldots \quad a^{(\nu)} = (2\nu+1)\frac{n(n-1)(n-2)\ldots(n-\nu+2)}{(n+\nu+1)(n+\nu-1)\ldots(n-\nu+3)},$$

und hieraus die Gleichung

$$(10, a) \ldots \quad x^n = \frac{1.2.3\ldots n}{3.5\ldots(2n+1)}\Big[(2n+1)X^n + \overline{2n-3}\,\frac{2n+1}{2}\,X^{n-2}$$
$$+ \overline{2n-7}\,\frac{(2n+1)(2n-1)}{2.4}\,X^{n-4} + \cdots\Big],$$

welche von Legendre herrührt *), der $a^{(\nu)}$ zuerst für gerade n, und später für alle ganzen n ableitete.

Schon Legendre bemerkt an der erwähnten Stelle, dass die rechte Seite von (10) noch

$$(2\nu+1)\int_0^1 x^n X^{(\nu)}\,dx$$

darstellt, wenn auch n eine beliebige Zahl bezeichnet. Allerdings muss vorausgesetzt werden, dass $n+1$ positiv ist, wenn ν eine gerade, oder wenigstens $n+2$ positiv, wenn ν eine ungerade Zahl bezeichnet. Zwar setzt die obige Herleitung auch voraus, dass $n \geqq \nu$ sei; das Resultat lässt sich aber ohne Mühe auf den allgemeinen Fall übertragen. Man darf jedoch nicht übersehen, dass dieser Ausdruck nicht allgemein den Coefficienten a in der Entwickelung von x^n nach Kugelfunctionen giebt, sondern nur dann, wenn n eine ganze Zahl und ν ihr gleichartig, d. h. wenn $n+\nu$ gerade ist. Im allgemeinen stellt es den Entwickelungscoefficienten a einer solchen Function der Veränderlichen x vor, welche von $x=0$ bis $x=1$ gleich x^n ist, aber auf der negativen Seite, von $x=0$ bis $x=-1$, gleich Null. Als solcher tritt der vorhergehende Ausdruck gelegentlich in einer Arbeit von Dirichlet auf **).

Legendre findet (10), oder vielmehr er findet den Werth des Integrals

$$\int_0^1 x^n X^\nu\,dx$$

für beliebige Werthe von n durch folgendes Verfahren: Er weist

---

*) Memoiren von 1784, S. 373 und Exercices T. II, S. 252.

**) Ueber einen neuen Ausdruck zur Bestimmung der Dichtigkeit einer unendlich dünnen Kugelschale, wenn der Werth des Potentials derselben in jedem Punkte ihrer Oberfläche gegeben ist, No. 5; in den Abhandlungen der Akademie der Wissenschaften, 1850, und in der französischen Uebersetzung Liouville, Journal de Math. 22. Bd., 1857.

zuerst nach, dass dieses Integral immer verschwindet, wenn für n ganze positive Werthe gesetzt werden, die $n+\nu$ zu einer geraden Zahl machen und kleiner als ν sind. Dann ist es nämlich die Hälfte des Integrales von —1 bis 1, also proportional dem Coefficienten von X^{ν} in der Entwickelung von x^n nach Kugelfunctionen. Da aber in dieser keine Kugelfunctionen von einem höhern als dem n^{ten} Grade vorkommen, so ist der Coefficient, somit auch das Integral, Null.

Hierauf setzt er X^{ν} in die Form

$$\alpha x^{\nu} + \beta x^{\nu-2} + \gamma x^{\nu-4} + \cdots$$

wo die α, β, γ, etc. gewisse Zahlcoefficienten bezeichnen, deren Werth man übrigens aus (2) entnehmen könnte. Für ganz beliebige Werthe von n, diejenigen selbstveränderlich ausgenommen, bei denen $n+1$ resp. $n+2$ noch nicht positiv ist, erhält man daher

$$\int_0^1 x^n X^{\nu} dx = \frac{\alpha}{n+\nu+1} + \frac{\beta}{n+\nu-1} + \frac{\gamma}{n+\nu-2} + \cdots$$

Die rechte Seite, auf gleiche Benennung gebracht, giebt einen Bruch, dessen Zähler und Nenner ganze Functionen von n sind, und zwar ist ersterer, je nachdem ν eine gerade oder eine ungerade Zahl bezeichnet, vom Grade $\frac{1}{2}\nu$ oder $\frac{1}{2}(\nu-1)$. Ferner verschwindet er für $n=\nu-2$, $\nu-4$, etc., schliesslich resp. für $n=0$ oder $n=1$. Das Integral wird durch diese Betrachtung resp. gleich gefunden

$$\varkappa \cdot \frac{n(n-2)(n-4)\ldots(n-\nu+2)}{(n+\nu+1)(n+\nu-1)\ldots(n+1)} \quad (\nu \text{ gerade})$$

$$\varkappa \cdot \frac{(n-1)(n-3)\ldots(n-\nu+2)}{(n+\nu+1)(n+\nu-1)\ldots(n+2)} \quad (\nu \text{ ungerade})$$

wo $\varkappa$ eine Constante nach n bezeichnet, die (selbstverständlich) nichts anders ist, als der Werth, den vorstehende gebrochene Functionen von n, noch mit n multiplicirt, für $n=\infty$ annehmen. Andererseits hat man aber, wenn $n=\infty$ gesetzt wird,

$$n\int_0^1 x^n X^{\nu} dx = \alpha + \beta + \gamma + \cdots,$$

also gleich X^{ν} für $x=1$, d. h. 1. Somit ist $\varkappa = 1$; zieht man noch die beiden Formeln in eine zusammen, so wird erhalten

$$\int_0^1 x^n X^{(\nu)} dx = \frac{n(n-1)(n-2)\ldots(n-\nu+2)}{(n+\nu+1)(n+\nu-1)\ldots(n-\nu+3)}$$

für alle ganzen oder gebrochenen n, welche die Integration auf der linken Seite gestatten, d. h. $n+1$ resp. $n+2$ positiv machen.

Auf eine ganz verschiedene Art leitet Herr Cayley*) die Gleichung (10, a) ab, und giebt auch die unten folgende (10, b) an. Indem er nämlich setzt

$$\frac{2\alpha}{1+\alpha^2} = \beta, \quad \alpha + \frac{1}{\alpha} = \frac{2}{\beta}$$

entwickelt er

$$\frac{\sqrt{1+\alpha^2}}{\sqrt{1-2\alpha x+\alpha^2}} = \frac{1}{\sqrt{1-\beta x}}$$

in eine nach Potenzen von β aufsteigende Reihe, d. h. in die Reihe

$$\sum_n \frac{1.3\ldots(2n-1)}{2.4\ldots(2n)} \beta^n x^n;$$

andererseits kann er dasselbe offenbar gleich setzen

$$\sqrt{2}\sum_n \frac{(1-\sqrt{1-\beta^2})^{n+\frac{1}{2}}}{\beta^{n+1}} X^n.$$

Entwickelt man auch den ganzen Factor von X^n in eine nach Potenzen von β aufsteigende Reihe, nämlich in

$$(2n+1)\left(\frac{\beta}{2}\right)^n \Big[\frac{1}{2n+1} + \frac{2n+3}{2.(2n+3)}\cdot\left(\frac{\beta}{2}\right)^2 + \frac{(2n+5)(2n+7)}{2.4.(2n+5)}\left(\frac{\beta}{2}\right)^4$$
$$+ \frac{(2n+7)(2n+9)(2n+11)}{2.4.6.(2n+7)}\left(\frac{\beta}{2}\right)^6 + \cdots\Big]$$

und setzt schliesslich die Ausdrücke einander gleich, welche in der ersten und zweiten Entwickelung mit denselben Potenzen von β multiplicirt sind, so entsteht die Gleichung (10, a).

Die vorstehende Hülfsformel ist keine andere, als die Entwickelung von $e^{-n\theta}$ nach absteigenden Potenzen von $\cos i\theta$, wie man sofort bemerkt, wenn man

$$\beta = \frac{1}{\cos i\theta}, \qquad \frac{1+\sqrt{1-\beta^2}}{\beta} = e^\theta$$

setzt, indem n und θ reelle positive Grössen bezeichnen. Man findet diese Formel aus Lagrange's Umkehrungsformel, nach welcher die Gleichung

$$\alpha - hf(\alpha) = x,$$

wenn φ eine gegebene Function bezeichnet, giebt

$$\frac{d\alpha}{dx}\varphi(\alpha) = \varphi(x) + \frac{h}{1}\frac{d}{dx}\{\varphi(x)f(x)\} + \frac{h^2}{1.2}\frac{d^2}{dx^2}\{\varphi(x)[f(x)]^2\} + \cdots.$$

*) The Cambridge and Dublin mathematical Journal, Cambridge 1848, Vol. III. S. 120—121.

Man mache nun

$$f(\alpha) = \frac{1}{\alpha} \qquad h = -1 \qquad \varphi(\alpha) = \left(\alpha - \frac{1}{\alpha}\right)\alpha$$

und berücksichtige, dass von den beiden Wurzeln der Gleichung

$$\alpha - \frac{h}{\alpha} = x$$

diejenige gleich α zu setzen ist, welche für $h = 0$ sich in x verwandelt, d. h. dass man hat

$$\alpha = \frac{x}{2} + \sqrt{\frac{x^2}{4} + h}.$$

Man findet dann durch Einsetzen der speciellen Werthe in die allgemeine Gleichung

$$\alpha^{-\nu} = (x^{-\nu} - x^{-\nu-2}) - \frac{1}{1} \cdot \frac{d}{dx}(x^{-\nu-1} - x^{-\nu-3})$$
$$+ \frac{1}{1\,.\,2} \cdot \frac{d^2}{dx^2}(x^{-\nu-2} - x^{-\nu-4}) - \cdots,$$

oder endlich

$$\alpha^{-\nu} = x^{-\nu} + \frac{\nu}{1} x^{-\nu-2} + \frac{\nu(\nu+3)}{1\,.\,2} x^{-\nu-4} + \frac{\nu(\nu+4)(\nu+5)}{1\,.\,2\,.\,3} x^{-\nu-6} + \cdots,$$

einen Ausdruck, der mit dem obigen übereinstimmt, wenn man für α, x und ν die ihnen hier zukommenden Werthe

$$\alpha = \frac{1 + \sqrt{1 - \beta^2}}{\beta}, \qquad x = \frac{2}{\beta}, \qquad \nu = n + \tfrac{1}{2}$$

setzt. Wenn man endlich noch die Grösse θ statt β einführt (s. o.), so entsteht die Gleichung

$$\frac{e^{-\nu\theta}}{\nu} = \frac{(2\cos i\theta)^{-\nu}}{\nu} + \frac{(\nu+1)}{1} \frac{(2\cos i\theta)^{-\nu-2}}{\nu+1}$$
$$+ \frac{(\nu+2)(\nu+3)}{1\,.\,2} \frac{(2\cos i\theta)^{-\nu-4}}{\nu+2}$$
$$+ \frac{(\nu+3)(\nu+4)(\nu+5)}{1\,.\,2\,.\,3} \frac{(2\cos i\theta)^{-\nu-6}}{\nu+3} + \cdots.$$

Wenn für ν eine negative ganze Zahl auf der Rechten gesetzt wird, so hat man statt der vorstehenden die verwandte Gleichung

$$\frac{2\cos\nu\varphi}{\nu} = \frac{(2\cos\varphi)^{\nu}}{\nu} - \frac{(\nu-1)}{1} \frac{(2\cos\varphi)^{\nu-2}}{\nu-1}$$
$$+ \frac{(\nu-2)(\nu-3)}{1\,.\,2} \frac{(2\cos\varphi)^{\nu-4}}{\nu-2} - \cdots.$$

Nachdem durch die Gleichung (10, a) x^n in eine nach Kugelfunctionen geordnete Reihe entwickelt worden ist, lässt sich die am Anfange dieses Paragraphen gestellte Aufgabe leicht erledigen.

Es soll die Function $f(x)$, welche in die Potenzreihe

$$f(x) = c_0 + c_1 x + c_2 x^2 + \cdots$$

entwickelt vorliegt, in eine nach Kugelfunctionen geordnete Reihe umgestaltet werden. Setzt man

$$f(x) = b^0 X^0 + b' X' + b'' X'' + \cdots$$

und führt für die Potenzen von x die Reihen von Kugelfunctionen ein, so ergiebt sich nämlich

$$(10, b) \ldots \quad b^{(n)} = \frac{1.2.3\ldots n}{1.3.5.(2n-1)}\Big(c_n + \frac{(n+1)(n+2)}{2.(2n+3)} c_{n+2} + \frac{(n+1)(n+2)(n+3)(n+4)}{2.4.(2n+3)(2n+5)} c_{n+4} + \cdots\Big).$$

Anmerkung. Die Methode zur Bestimmung der Coefficienten a beruht wesentlich darauf, dass nach (9, b) ist

$$\int_{-1}^{1} X^m X^n dx = 0$$

wenn m und n verschieden sind; hiermit gleichbedeutend ist die Eigenschaft, dass

$$\int_{-1}^{1} x^m X^{(n)} dx = 0 \quad (m < n).$$

Denn durch Summation von Gliedern der letzteren Art, die man mit geeigneten Constanten multiplicirt hat, kann man das vorhergehende Integral, und umgekehrt aus Integralen der ersteren Art

$$\int_{-1}^{1} X^n dx, \quad \int_{-1}^{1} X^n X^1 dx, \quad \int_{-1}^{1} X^n X^2 dx, \ \ldots \quad \int X^n X^{n-1} dx,$$

mit Hülfe von (10, a) jedes Integral der zweiten bilden.

Aus meiner Arbeit „Mittheilung über Kettenbrüche", die bereits § 7, S. 22 erwähnt wurde, geht hervor, wie man statt der X andere ganze Functionen von beliebig vielen verschiedenen Arten (die an dieser Stelle gleichfalls X heissen mögen) auffinden kann, die sich aus ähnlichen Gründen zu Reihenentwickelungen eignen.

Es sei $f(x)$ eine zwischen $x = a$ und $x = b$ gegebene reelle endliche Function. Wird der n^{te} Näherungsnenner eines Kettenbruchs für das Integral

$$\sigma = \int_a^b f(z) \frac{dz}{x - z}$$

durch X^n bezeichnet, so verschwinden die beiden Arten von Integralen

$$\int_a^b X^{(m)} X^{(n)} f(x)\,dx, \qquad \int_a^b x^m X^{(n)} f(x)\,dx$$

sobald $m < n$, woraus sich erklärt, dass die X, welche im § 7 mit der Bezeichnung $N(x)$ aufgeführt wurden, die dort angeführte Rolle bei der Berechnung der Integrale durch Annäherung spielen. Das Verschwinden solcher Integrale ist eine bestimmende Eigenschaft jener Functionen X.

So ist für $f(x) = 1$, $a = -1$, $b = 1$

$$\sigma = \int_{-1}^{1} \frac{dz}{x - z} = \log \frac{x+1}{x-1}$$

und der Nenner X^n gerade die Kugelfunction n^{ten} Grades. Ein zweites Beispiel giebt die Annahme

$$f(x) = \sqrt{1 - x^2}, \qquad a = -1, \qquad b = 1;$$

die Nenner des Kettenbruchs von

$$\sigma = \int_{-1}^{1} \frac{dz}{(x - z)\sqrt{1 - z^2}} = \frac{\pi}{\sqrt{x^2 - 1}}$$

sind dann die ganzen Functionen X, welche

$$\int_{-1}^{1} X^{(m)} X^{(n)} \frac{dx}{\sqrt{1 - x^2}}$$

zu Null machen. Ohne den Kettenbruch wirklich zu bilden kann man in diesem Falle die X finden; setzt man nämlich in dem Integral

$$\int_0^\pi \cos m\varphi \cos n\varphi \, d\varphi = 0$$

$\cos\varphi = x$, so wird $\cos n\varphi$ eine ganze Function n^{ten} Grades von x, die X^n heisse. Dann wird, nach der bekannten, Seite 75 aufgeführten Formel, X^n durch die Gleichung gegeben

$$\frac{2}{n} X^{(n)} = \frac{(2x)^n}{n} - \frac{(n-1)}{1} \cdot \frac{(2x)^{n-2}}{n-1} + \frac{(n-2)(n-3)}{1.2} \cdot \frac{(2x)^{n-4}}{n-2} \cdots\cdots$$

Bei Entwickelungen nach allen solchen X^n kann man also die Coefficienten nach denselben Regeln bestimmen wie bei Reihen von Kugelfunctionen. Das Allgemeine hierüber und die Beweise findet man in dem 2. Zusatze zum 5. Kapitel.

§ 17. Ein Beispiel von der Art, wie die Ausdrücke (10) angewandt werden können um eine Potenzreihe nach Kugelfunctionen zu entwickeln, bietet die Function

$$\frac{1}{y-x}=\frac{1}{y}+\frac{x}{y^2}+\frac{x^2}{y^3}+\cdots$$

dar. Aus (10, *b*) ergiebt sich die Gleichung

$$(11) \ldots \quad \frac{1}{y-x}=\sum_{n=0}^{n=\infty}(2n+1)P^n(x)Q^n(y),$$

wenn man setzt

$$(12) \ldots \quad Q^n(y)=\frac{\Pi n}{3.5.7\ldots(2n+1)}\Big(y^{-n-1}+$$

$$\frac{(n+1)(n+2)}{2.(2n+3)}y^{-n-3}+\frac{(n+1)(n+2)(n+3)(n+4)}{2.4.(2n+3)(2n+5)}y^{-n-5}+\ldots\Big).$$

Auf die Gleichung (11), welche ich in meiner Theorie der Anziehung eines Ellipsoides*) mitgetheilt habe, sei schon hier hingewiesen, da sie nicht nur bei den Anwendungen der Kugelfunctionen auf die im Titel jener Abhandlung angegebene physikalische Untersuchung auftritt, sondern auch neue Gesichtspunkte für die Theorie der Kugelfunctionen gegeben hat, und vielfache Anwendungen findet. So hat sie Herr Carl Neumann zum Ausgangspunkte für seine Abhandlung**) „Ueber die Entwickelung einer Function mit imaginärem Argument nach den Kugelfunctionen erster und zweiter Art" genommen (m. vergl. unten § 45), hat auch ein Analogon für dieselbe in seiner „Theorie***) der Bessel'schen Functionen" aufgestellt; Untersuchungen Anderer folgten darauf nach ähnlicher Richtung.

Die Potenzreihe, von der man bei der Ableitung ausging, convergirt nur und immer, wenn $\mathcal{M}x < \mathcal{M}y$. Diese Bedingung ist also für die Herleitung erforderlich, aber für das Resultat, für das Bestehen von (11), weder die nothwendige noch die hinreichende. Das letztere ist sofort einleuchtend, da $Q^0(y)$ offenbar gleich $\frac{1}{2}\log(y+1)-\frac{1}{2}\log(y-1)$ ist, also für $y=\pm 1$ unendlich wird, während $y-x$ sich in $\pm 1-x$ verwandelt. Ich habe gefunden und in der ersten Auflage dieses Handbuchs nachgewiesen†), dass die Gleichung (11) für solche Werthe von x und y bestehe, für welche

*) Crelle, Journal f. Math. Bd. 42, 1851.

**) Halle bei H. W. Schmidt, 1862.

***) Leipzig, Teubner, 1867.

†) Dieser Beweis ist durch Herrn Thomé vereinfacht worden im 66. Bande von Borchardt's Journal in der Abhandlung: Ueber die Reihen, welche nach Kugelfunctionen fortschreiten S. 337—343.

$$\mathcal{M}(x-\sqrt{x^2-1}) > \mathcal{M}(y-\sqrt{y^2-1}).$$

Einen einfachen Beweis findet man hier im § 45.

Diese Bedingung konnte Herr Neumann, wie aus § 10, S. 40 hervorgeht, geometrisch so ausdrücken, dass die Gleich. (11) besteht, wenn die Ellipse mit den Brennpunkten ± 1, welche sich durch den Punkt x legen lässt, von der confocalen Ellipse eingeschlossen wird, welche durch y geht. Während also, bei festgehaltenem y, die geometrische Reihe für $(y-x)^{-1}$ convergirt, so lange x in einem Kreise liegt, der um den Anfangspunkt mit dem Radius $\mathcal{M}y$ beschrieben ist, also durch den Punkt y hindurchgeht, ist die Reihe (11), in welche dieselbe Function entwickelt wird, von einer ganz andern Natur, da sie convergirt, so lange sich x innerhalb der oben näher bezeichneten Ellipse befindet.

Die Functionen $Q^n(x)$ sind ebensowohl wie die P^n Producte einer Potenz von x in eine hypergeometrische Reihe, indem (S. 12)

$$\frac{\Pi n}{1.3.5\ldots(2n-1)} P^n(x) = x^n F\left(-\frac{n}{2}, \frac{1-n}{2}, \tfrac{1}{2}-n, \frac{1}{xx}\right),$$

$$\frac{3.5.7\ldots(2n+1)}{\Pi n} Q^n(x) = x^{-n-1} F\left(\frac{n+1}{2}, \frac{n+2}{2}, \tfrac{3}{2}+n, \frac{1}{xx}\right).$$

Von den Eigenschaften solcher unendlichen hypergeometrischen Reihen, über welche in dem Zusatz zu diesem Kapitel gehandelt wird, mögen hier die folgenden in Erinnerung gebracht werden, die meist in der Sectio tertia der betreffenden Abhandlung von Gauss (Disquisitiones gen. etc.) abgeleitet sind:

1) Von einer gewissen Stelle an wechseln die Glieder der Reihe $F(\alpha, \beta, \gamma, 1)$ ihr Zeichen nicht, und wachsen immerfort oder nehmen immerfort ab.

2) Sie wachsen in's Unendliche, wenn $\alpha+\beta-\gamma-1$ positiv ist.

3) Sie convergiren zu einer endlichen von Null verschiedenen Grenze, wenn $\alpha+\beta-\gamma-1=0$.

4) Sie convergiren zu Null, wenn $\alpha+\beta-\gamma-1$ negativ ist.

5) Die unendliche Folge von den Gliedern der Reihe, d. h. von

$$1, \quad \frac{\alpha\beta}{1.\gamma}, \quad \frac{\alpha(\alpha+1)\beta(\beta+1)}{1.2.\gamma(\gamma+1)}, \quad \ldots$$

hat nur und immer eine endliche Summe, wenn $\alpha+\beta-\gamma$ negativ ist.

6) Man kann an dieser Stelle ferner mit Gauss beweisen, dass $(1-x)S$ für $x=1$ verschwindet, wenn S eine solche Potenzreihe

$$S = c_0 + c_1 x + c_2 x^2 + \cdots$$

bezeichnet, deren Glieder c_n mit wachsendem n zu Null convergiren, die also jedenfalls selbst convergirt, so lange $x<1$. Es ist nämlich $(1-x)S$, so lange $x<1$, die sicherlich convergente Reihe

$$c_0 + x_1(c_1-c_0) + x^2(c_2-c_1) + \cdots$$

Der Werth dieser Reihe für $x=1$ ist (nach einem Satze, den Abel im ersten

Bande des Crelle'schen Journals, in der Abhandlung über die binomische Reihe aufgestellt und bewiesen, den Dirichlet im 27ten Bande des Liouville'schen Journals*) sehr einfach bewiesen hat), gleich der Summe der einzelnen Glieder, nachdem man x in denselben gleich 1 gesetzt hat, vorausgesetzt, dass die Reihe derselben noch convergirt. Dies geschieht in dem vorliegenden Falle, da die Summe der ersten Glieder vom 0ten bis zum n^{ten}

$$c_0 + (c_1 - c_0 + (c_2 - c_1) + \cdots + (c_n - c_{n-1}) = c_n,$$

mit wachsendem n zu Null abnimmt.

7) Sind ferner die c reell und positiv, und ist $c_{n+1} < c_n$ für jedes n, so convergirt die Reihe

$$c_0 + c_1 x + c_2 x^2 + \cdots$$

noch für alle Werthe von x, für welche $\mathcal{M}(x) = 1$; nur für $x = 1$ kann sie divergent sein.

Beweis. Der Modulus der Summe zweier complexen Zahlen

$$u = r(\cos\alpha + i\sin\alpha), \qquad v = \varrho(\cos\beta + i\sin\beta)$$

d. h. die Quadratwurzel aus

$$r^2 + 2r\varrho\cos(\alpha - \beta) + \varrho^2$$

ist als Seite eines ebenen Dreiecks kleiner als die Summe der beiden anderen r und ϱ, nämlich der Moduln von u und von v. Daher ist der Modulus der Summe der ersten n Glieder in $(1-x)S$ kleiner als

$$\mathcal{M}c_0 + \mathcal{M}(c_1 - c_0) + \mathcal{M}(c_2 - c_1) + \cdots + \mathcal{M}(c_n - c_{n-1})$$
$$< c_0 + (c_0 - c_1) + (c_1 - c_2) + \cdots + (c_{n-1} - c_n),$$

d. h. $< 2c_0 - c_n$. Die Summe der Moduln dieser positiven Grössen, bleibt also für jedes n immer unter einer endlichen Grösse; daher haben die Moduln und daher auch die Glieder selbst eine Summe. Da nun $(1-x)S$ einen Werth besitzt, so hat auch S einen solchen, wenn nicht x gleich 1 wird.

Die hypergeometrische Reihe, welche $Q^n(x)$ darstellt, wird für $x = 1$ unendlich, bleibt aber für jedes andere x, dessen Modulus gleich 1 ist, endlich, während $(1-x)Q^n(x)$ für $x = 1$ verschwindet. Im Zusammenhang mit der Entwickelung, welche (11) giebt, kommen freilich solche Werthe von y, deren Modulus $\leqq 1$ ist, nicht vor, da $\mathcal{M}(y - \sqrt{y^2 - 1})$ für dieselben gleich 1 wäre (Man vergl. S. 40 unter No. 2), also nicht kleiner sein könnte als $\mathcal{M}(x - \sqrt{x^2 - 1})$, wie doch zum Bestehen der Entwickelung verlangt wird. Darum genügt es, vorläufig die Reihe (12) nur so lange Q zu nennen, wie $\mathcal{M}y > 1$.

Man bemerkt, dass die Reihe für $P^n(x)$ sich durch Vertauschung von n mit $-(n+1)$ in $Q^n(x)$ verwandelt, während die Differentialgleich. (8) für P durch dieselbe Vertauschung ungeändert bleibt.

*) II. Série. T. VII. 1862, S. 253.

Dies deutet darauf hin, dass auch $Q(x)$ ein particuläres Integral von (8) sein wird, welches aber von P verschieden sein muss, weil die Reihe $Q(x)$ für $x=1$ unendlich wird, oder auch weil sie für $x=\infty$ verschwindet, während P^n im Endlichen endlich bleibt, im Unendlichen sogar unendlich wird, sobald $n>0$.

Um diese Beziehung zwischen P und Q nachzuweisen, setze man

$$v=\frac{1}{y-x}.$$

Dann erhält man successive

$$1-x^2=1-y^2+2y(y-x)-(y-x)^2,$$
$$(1-x^2)\frac{\partial v}{\partial x}=-(1-y^2)\frac{\partial v}{\partial y}+2yv-1$$

und hieraus die Gleichung

$$\frac{\partial}{\partial x}\left((1-x^2)\frac{\partial v}{\partial x}\right)=\frac{\partial}{\partial y}\left((1-y^2)\frac{\partial v}{\partial y}\right).$$

Entwickelt man v nach (11) in eine Reihe und benutzt (8), so ergiebt sich

$$\Sigma(2n+1)P^n(x)\left[\frac{\partial}{\partial y}\left((1-y^2)\frac{\partial Q^n}{\partial y}(y)\right)+n(n+1)Q^n(y)\right]=0;$$

da Null sich nur auf eine Art nach Kugelfunctionen $P^n(x)$ entwickeln lässt, so muss der Factor von $(2n+1)P^n(x)$ für sich verschwinden, so dass in der That $Q^n(x)$ derselben Differentialgleichung (8) wie $P^n(x)$ genügt.

Die hier eingeführte Function $Q(x)$ habe ich, wegen ihrer Verwandtschaft mit den P, Kugelfunction zweiter Art genannt. Hier ist sie durch (12), und nur für den Fall, dass $\mathcal{M}(x)>1$ definirt; im folgenden Kapitel wird ihre Definition verallgemeinert, so dass sie für alle Werthe der Veränderlichen x eine Bedeutung behält.

Wie P^n ein $n$facher Differentialquotient einer einfachen Function ist, so lässt sich Q^n als ein $n+1$faches Integral einer solchen darstellen; während nach (3)

$$P^n(x)=\frac{1}{2^n\Pi n}\,\frac{d^n(x^2-1)^n}{dx^n},$$

so hat man hier offenbar nach der Definition (12)

$$(13)\;\ldots\quad Q^n(x)=2^n\Pi n\int_x^\infty\frac{dx^{n+1}}{(x^2-1)^{n+1}},$$

wenn das Symbol dx^{n+1} die $n+1$fache Integration andeutet, welche jedes Mal von x bis ∞ ausgeführt wird. (M. vergl. § 32.)

Die Formel (11) ist nur ein specieller Fall der allgemeinen, welche im II. Bande bei der Behandlung einer Aufgabe über das Rotationsellipsoid abgeleitet wird:

$$\frac{1}{\sqrt{\varrho-\cos(\theta+\theta_1)}}\cdot\frac{1}{\sqrt{\varrho-\cos(\theta-\theta_1)}} = \Sigma(2n+1)P^n(\cos\theta)P^n(\cos\theta_1)Q^n(\varrho),$$

aus der für $\theta_1 = \frac{\pi}{2}$ folgt

$$\frac{1}{\sqrt{\varrho^2-\sin^2\theta}} = \Sigma(-1)^n\cdot\frac{1.3\ldots(2n-1)}{2.4\ldots(2n)}(4n+1).P^{2n}(\cos\theta)Q^{2n}(\varrho).$$

§ 18. Ein zweites Beispiel für die Anwendung der Formeln (10) liefert die Entwickelung einer Exponentialgrösse, deren Exponenten man mit Rücksicht auf spätere Untersuchungen in die Form bringt $iz\cos\varphi$, es möge z eine reelle oder imaginäre Grösse vorstellen. Zunächst ist

$$e^{iz\cos\varphi} = 1 + \frac{iz\cos\varphi}{1} + \frac{(iz\cos\varphi)^2}{1.2} + \cdots;$$

entwickelt man nach Kugelfunctionen von $\cos\varphi$, macht also in (10, b)

$$c_n = \frac{(iz)^n}{1.2\ldots n},$$

so erhält man

$$(14)\ \ldots\quad e^{iz\cos\varphi} = \Sigma(n+\tfrac{1}{2})i^n\psi_n(z)P^n(\cos\varphi),$$

wenn gesetzt ist

$$(14,\ a)\ \ldots\quad \tfrac{1}{2}\psi_n(z) = \frac{z^n}{3.5..(2n+1)}\Big(1-\frac{z^2}{2.(2n+3)} + \frac{z^4}{2.4.(2n+3)(2n+5)} - \cdots\Big).$$

Zur Vergleichung stelle ich neben diese Reihe die Entwickelung derselben Exponentialgrösse in eine trigonometrische Reihe

$$(14,\ b)\ \ldots\quad e^{iz\cos\varphi} = J_0(z) + 2\sum_1^\infty i^n J_n(z)\cos n\varphi,$$

$$(14,\ c)\ \ldots\quad J_n(z) = \frac{z^n}{2.4\ldots(2n)}\Big(1-\frac{z^2}{2.(2n+2)} + \frac{z^4}{2.4.(2n+2)(2n+4)} - \cdots\Big)$$

so dass ψ und J wiederum hypergeometrische Reihen werden.

Will man die Reihe an dieser Stelle ableiten, so kann man ähnlich verfahren wie bei der Ableitung der vorigen, nämlich die Exponentialgrösse nach Potenzen von $z\cos\varphi$ entwickeln, die Potenzen von $\cos\varphi$ in Cosinus der Vielfachen von φ umsetzen, und die Glieder sammeln, welche in den Cosinus eines bestimmten Vielfachen $\cos \nu\varphi$ multiplicirt sind. Man gelangt zu demselben Resultate, wenn man sich des Satzes bedient, nach welchem die Coefficienten trigonometrischer Reihen durch bestimmte Integrale ausgedrückt werden. Nach demselben ist

$$i^n J_n(z) = \frac{1}{\pi} \int_0^\pi e^{iz \cos\varphi} \cos n\varphi \, d\varphi.$$

Dann entwickelt man die Exponentialgrösse nach Potenzen von $iz\cos\varphi$, und benutzt um die Integrale

$$\int_0^\pi \cos^\nu \varphi \cos n\varphi \, d\varphi,$$

die dort auftreten, wo sie nicht Null sind, zu berechnen, die bekannte Formel:

$$2^{a+b+1} \int_0^{\frac{\pi}{2}} \cos^{a+b} \varphi \cos(a-b)\varphi \, d\varphi = \frac{\pi \Pi(a+b)}{\Pi a \, \Pi b},$$

in der a und b irgend welche reelle positive Grössen bezeichnen.

Diese Function $J_n(z)$ heisst Cylinderfunction, und spielt eine ähnliche Rolle bei den Untersuchungen über das Potential eines Cylinders wie die Kugelfunction bei der Kugel. Ueber dieselbe wird an einer anderen Stelle gehandelt, wo sie als Grenze der Kugelfunction auftritt (§ 59, Gl. 43, b). Man nennt sie auch wohl Bessel'sche Function, aber nicht ganz mit Recht, da sie bereits von Fourier in seiner Wärmetheorie eingeführt und untersucht ist. Die Functionen, welche ich hier vorläufig mit ψ bezeichnet habe, die aber, wie man im III. Theil bemerken wird, keines besonderen Functionszeichens in einer allgemeinen Theorie bedürfen, treten bei der Betrachtung des von der Zeit abhängigen Wärmezustandes in einer Kugel auf und sind von Poisson untersucht worden, der für sie das Resultat*) fand, es lasse sich $\psi_n(z)$ in die Form

$$\psi_n(z) = z^{-n}(Z \sin z - Z' \cos z)$$

bringen, wenn Z und Z' zwei dort angegebene ganze Functionen bezeichnen.

Herr Bauer**) zeigte, dass Z' und Z, abgesehen von einem numerischen Factor, Näherungszähler und Nenner des Kettenbruchs für $\tan z$ sind; er zeigt ferner, dass die Entwickelungscoefficienten $b^{(n)}$ bei Entwickelungen nach Kugelfunctionen noch für einige andere Functionen, welche einfache hypergeometrische Reihen sind, sich in eine ähnliche Form $Z\chi(z) - Z'\eta(z)$ zerlegen lassen, wo

---

*) Poisson, Théorie mathématique de la chaleur, Paris, 1835, No. 82, S. 161.

**) Borchardt, Journal f. Math. Bd. 56: Von den Coefficienten der Reihen von Kugelfunctionen einer Variablen, S. 118.

Z und Z' ganze Functionen, und zugleich (wesentlich) die Näherungszähler und Nenner des Kettenbruchs für den Quotienten $\chi:\eta$ werden. Die Ausdrücke für die Z und Z' kommen bei ihm noch nicht vor. Eine bessere Einsicht, noch weitere ähnliche Resultate und auch die Ausdrücke für die Z und Z selbst, erhält man mit Hülfe der allgemeinen Untersuchungen, welche sich in meiner Abhandlung*) „Ueber die Zähler und Nenner der Näherungswerthe von Kettenbrüchen" finden, nach denen solche Darstellungen nicht wesentlich mit einer Entwickelung nach Kugelfunctionen zusammenhängen. Es lässt sich vielmehr allgemein $F(\alpha+n, \beta+n, \gamma+2n, z)$ durch die Form $Z F(\alpha, \beta, \gamma, z) - Z' F(\alpha, \beta+1, \gamma-1, z)$ darstellen, in welcher $Z:Z'$ ein Näherungsbruch des Kettenbruchs für $F(\alpha, \beta+1, \gamma+1, z):F(\alpha, \beta, \gamma, z)$ ist, und zwar lassen sich die beiden ganzen Functionen Z und Z' ziemlich einfach darstellen. Man vergl. hierüber den Zusatz zum 5. Kapitel.

Wenn man eine Function

$$f(x) = c_0 + c_1 x + c_2 x^2 + \cdots$$

nach Kugelfunctionen X entwickelt, die selbst eine hypergeometrische Reihe ist

$$f(x) = F(\alpha, \beta, \gamma, kx),$$

so wird der Coefficient von $X^{(n)}$ durch eine hypergeometrische Reihe höherer Ordnung ausgedrückt, nämlich durch

$$b^{(n)} = \frac{\Pi(\alpha+n-1)\Pi(\beta+n-1)}{1.3\ldots(2n-1).\Pi(\gamma+n-1)} k^n \Big[1 + \frac{(\alpha+n)(\alpha+n+1)(\beta+n)(\beta+n+1)}{2.(2n+3).(\gamma+n)(\gamma+n+1)} k^2$$
$$+ \frac{(\alpha+n)\ldots(\alpha+n+3)(\beta+n)\ldots(\beta+n+3)}{2.4.(2n+3)(2n+5).(\gamma+n)\ldots(\gamma+n+3)} k^4 + \cdots\Big].$$

Dieser Ausdruck zieht sich ausser in den durch die Gleichungen (14) erledigten Fällen, für jedes n, noch weiter zusammen, wenn für α, β, γ geeignete specielle Werthe gesetzt werden; ausserdem vereinfacht sich zuweilen ein Coefficient $b^{(n)}$ ganz besonders dadurch, dass sein Index n eine Beziehung zu einem der Elemente α, β, γ besitzt. Ein Beispiel liefert die bekannte Gleichung

$$\int_{-1}^{1} \frac{P^{2n}(x)dx}{(1+kx^2)^{n+\frac{3}{2}}} = \frac{2}{(2n+1)} \cdot \frac{(-k)^n}{(1+k)^{n+\frac{1}{2}}},$$

welche Legendre an verschiedenen Stellen, zuerst in den Schriften der Savans étrangers T. X, S. 426, übersichtlicher in den Memoiren der Pariser Akademie von 1784, S. 377 bewiesen hat.

Setzt man, um diese Gleichung abzuleiten,

$$f(x) = (1+kx^2)^{-\nu},$$

so wird für ein ungerades n offenbar $b^n = 0$, während man nach einer geringen Modification des oben angegebenen Verfahrens findet

---

*) Borchardt, Journal f. Math. Bd. 57, § 3, Formel (14).

$$b^{(2n)} = (-k)^n \frac{\Pi 2n}{\Pi n} \frac{\nu(\nu+1)\ldots(\nu+n-1)}{1.3.5\ldots(4n-1)} F(n+\tfrac{1}{2},\, n+\nu,\, 2n+\tfrac{3}{2},\, -k).$$

Für $\nu = n + \frac{3}{2}$ vereinfacht sich der vorstehende Ausdruck zu

$$\frac{4n+1}{2n+1} \frac{(-k)^n}{(1+k)^{n+\frac{1}{2}}}.$$

Dies ist also der Coefficient von $X^{(2n)}$ in der Entwickelung von

$$f(x) = (1 + k x^2)^{-n-\frac{3}{2}};$$

andrerseits wird er aber gleich

$$(2n+\tfrac{1}{2}) \int_{-1}^{1} f(x) X^{2n} dx.$$

Durch Gleichsetzung dieser beiden Ausdrücke findet man sofort die Gleichung von Legendre.

Endlich stelle ich noch die Entwickelung nach Kugelfunctionen für einige Ausdrücke zusammen, die ich zum Theil der Abhandlung des Herrn Bauer entnehme, ohne die Beweise hinzuzufügen, die keine Schwierigkeiten darbieten; man erhält die Ausdrücke durch Anwendung von (10, b) oder derjenigen Hülfsmittel, welche nachher angegeben werden.

$$(2n+1)x^{2n} = 1 . X^0 + 5 \frac{2n}{2n+3} X^2 + 9 \frac{2n(2n-2)}{(2n+3)(2n+5)} X^4 + \cdots$$

$$(2n+3)x^{2n+1} = 3 . X^1 + 7 \frac{2n}{2n+5} X^3 + 11 \frac{2n(2n-2)}{(2n+5)(2n+7)} X^5 + \cdots$$

$$\frac{2}{\pi \sqrt{1-x^2}} = X^0 + 5(\tfrac{1}{2})^2 X^2 + 9\left(\frac{1.3}{2.4}\right)^2 X^4 + \cdots$$

$$\frac{8}{\pi} \arcsin x = 3 . X^1 + 7(\tfrac{1}{4})^2 X^3 + 11\left(\frac{1.3}{4.6}\right)^2 X^5 + \cdots$$

$$\frac{2}{\pi} \sqrt{1-x^2} = \tfrac{1}{2} X^0 - 5 . \tfrac{1}{4}(\tfrac{1}{2})^2 X^2 - 9 . \tfrac{3}{6}\left(\frac{1}{2.4}\right)^2 X^4$$
$$- 13 . \tfrac{5}{8}\left(\frac{1.3}{2.4.6}\right)^2 X^6 - \cdots.$$

Die beiden ersten Gleichungen sind dieselben wie (10, a), nur nach Functionen mit aufsteigendem Index n geordnet, während der Index in (10, a) abstieg, Wenn für $2n$ resp. $2n+1$ eine gebrochene Zahl ν gesetzt wird, so sind diese Reihen, gemäss der Ableitung durch Legendre's Methode, und nach der vorgeschickten Bemerkung auf S. 72 noch anwendbar, stellen aber die Linke nur für positive x vor; von den rechten Seiten bleibt die erste offenbar unverändert durch Vertauschung von x mit $-x$, während die zweite ihr Zeichen, aber nicht ihren Werth ändert.

§. 19. Wir knüpfen bei den Untersuchungen im § 16 an. Während dort an die Spitze die Aufgabe gestellt wurde, eine aufsteigende Potenzreihe nach Kugelfunctionen zu entwickeln, so handelt es sich hier darum, eine trigonometrische Reihe nach

Kugelfunctionen zu entwickeln. Diese Aufgabe reducirt sich auf die beiden, erstens $\sin n\theta$ und zweitens $\cos n\theta$ nach Kugelfunctionen von $\cos\theta = x$ zu entwickeln, wenn n eine ganze Zahl bezeichnet. Dies geschieht durch die Gleich. (15, a) und (15, d). Zunächst werde ich die Entwickelung nach der Methode vornehmen, die ich ursprünglich benutzte und die in der ersten Auflage angegeben wird; sie ist zwar weitläufig, bedarf aber nur elementarer Hülfsmittel. Ich lasse dann eine zweite Methode folgen, die kürzer ist, und noch anwendbar bleibt, wenn auch n eine gebrochene Zahl bedeutet. Die Formeln, welche sich auf ein solches n beziehen, würde man allerdings aus den für ein ganzes n geltenden sofort ableiten können, da $\cos nx$ in solchem Falle sich in eine bekannte einfache, nach Cosinus der ganzen Vielfachen von x fortschreitenden Reihe entwickeln lässt. Direct, ohne diesen erheblichen Umweg, hat zuerst Herr Most*) die Formeln, welche sich auf ein gebrochenes n beziehen, durch ein (drittes) Verfahren abgeleitet, welches unten, im letzten Theil des § 20, angegeben wird.

Erste Methode.

1) Die Entwickelung von $\sin n\theta$ nach Kugelfunctionen. Setzt man

$$\sin n\theta = \Sigma a^{(\nu)} X^{\nu},$$

so wird nach (9, a)

$$a^{(\nu)} = \frac{2\nu+1}{2}\int_0^{\pi} P^{\nu}(\cos\theta)\sin n\theta \sin\theta\, d\theta.$$

Das Integral auf der rechten Seite lässt sich in die Differenz von zwei einfacheren zerlegen, und man findet

$$\frac{4a^{(\nu)}}{(2\nu+1)\pi} = \frac{1}{\pi}\int_0^{\pi} P^{\nu}(\cos\theta)\cos(n-1)\theta\, d\theta - \frac{1}{\pi}\int_0^{\pi} P^{\nu}(\cos\theta)\cos(n+1)\theta\, d\theta.$$

In dieser Form erkennt man die Bedeutung der beiden Glieder auf der Rechten; es ist nämlich

$$\frac{1}{\pi}\int_0^{\pi} P^{\nu}(\cos\theta)\cos m\theta\, d\theta$$

der halbe, für $m = 0$ der ganze Coefficient in der Entwickelung von $P^{\nu}(\cos\theta)$ nach Cosinus der Vielfachen von θ, und kann daher sofort der Gleich. (a) des § 5 entnommen werden. Man hat nämlich: Es ist

---

*) Borchardt, Journal f. Math. Bd. 70.

$$(15)\ \dots\ \frac{1}{\pi}\int_0^\pi P^{m-2s}(\cos\theta)\cos m\theta\,d\theta = \frac{\Pi(s-\frac{1}{2})\Pi(m+s-\frac{1}{2})}{\Pi(s)\Pi(m+s)},$$

wenn s eine nicht negative ganze Zahl bezeichnet, dagegen

$$\int_0^\pi P^\nu(\cos\theta)\cos m\theta\,d\theta = 0,$$

wenn die Summe der beiden nicht negativen ganzen Zahlen m und ν ungerade, oder ν grösser als m ist.

Hieraus ergiebt sich

$$\frac{4a^{(n+2s-1)}}{(2n+4s-1)\pi}\cdot\frac{2.4\ldots(2n-2)}{1.3\ldots(2n-3)} =$$
$$\frac{1.3.5\ldots(2s-3)}{2.4.6\ldots2s}\cdot\frac{(2n-1)(2n+1)\ldots(2n+2s-3)}{(2n+2)(2n+4)\ldots(2n+2s)},$$

so dass man schliesslich die Gleichung erhält

$$(15, a)\ \dots\ \frac{4}{\pi}\cdot\frac{2.4\ldots(2n-2)}{1.3\ldots(2n-3)}\sin n\theta = (2n-1)P^{n-1}(\cos\theta)$$
$$+(2n+3)\frac{(n-1)^2-n^2}{(n+2)^2-n^2}P^{n+1}(\cos\theta)$$
$$+(2n+7)\frac{((n-1)^2-n^2)((n+1)^2-n^2)}{((n+2)^2-n^2)((n+4)^2-n^2)}P^{n+3}(\cos\theta)+\cdots$$

2) Die Entwickelung von $\cos n\theta$. Um dieselbe zu finden, kann man sich nicht der Formel (f) des § 5 in derselben Art bedienen, wie so eben der Formel (a), da die erstere noch nicht bewiesen ist. Man setze jetzt P^n gleich einer trigonometrischen Reihe, welche nur Sinus der Vielfachen von θ enthält, nämlich

$$P^\nu(\cos\theta) = c_1\sin\theta + c_2\sin 2\theta + \cdots;$$

für $\theta = 0$ und $\theta = \pi$ stellt die rechte Seite bekanntlich nicht mehr die linke vor, sondern hat den Werth Null. Es handelt sich zunächst um die Ermittelung von

$$c_m = \frac{2}{\pi}\int_0^\pi P^\nu(\cos\theta)\sin m\theta\,d\theta.$$

Dieses Integral verschwindet für alle ganzen m von $m = 1$ bis $m = \nu$; denn $\sin m\theta$ ist gleich dem Produkte von $2\sin x$ in

$$\cos(m-1)\theta + \cos(m-3)\theta + \cdots,$$

wenn die Reihe mit $\cos 1.\theta$ oder $\cos 2\theta + \frac{1}{2}$ schliesst. Letztere ist eine ganze Function von $\cos\theta = x$ höchstens vom Grade $\nu - 1$; also verschwindet c_m, wenn die ganze Zahl m nicht grösser als ν ist. (M. vergl. § 16, S. 71.)

Um die c genau zu bestimmen, geht man davon aus, dass nach

§ 5, *a* die Function P die Form hat

$$P^\nu(\cos\theta) = \varkappa_0 \cos\nu\theta + \varkappa_2 \cos(\nu-2)\theta + \cdots,$$

wo die $\varkappa$ bekannte numerische Coefficienten bezeichnen. Multiplicirt man auf beiden Seiten mit $\sin m\theta d\theta$ und integrirt von 0 bis π, so entsteht links $\frac{\pi}{2} c_m$, auf der rechten Seite identisch Null, wenn nicht $m+\nu$ eine ungerade Zahl wird. Ist aber $m+\nu$ ungerade, so hat man

$$\frac{\pi}{2} c_m = \varkappa_0 \left(\frac{1}{m+\nu} + \frac{1}{m-\nu}\right) + \varkappa_2 \left(\frac{1}{m+\nu-2} + \frac{1}{m-\nu+2}\right) + \cdots$$

und die Reihe schliesst, je nachdem ν ungerade oder gerade ist (m gerade oder ungerade) resp. mit

$$\frac{1}{m+1} + \frac{1}{m-1}, \qquad \frac{1}{m} + \frac{1}{m}.$$

Diese Reihe lässt sich durch eine Formel von Pfaff*) summiren, die sich auf solche hypergeometrische Reihen bezieht, welche zwei Elemente mehr besitzen, als die Reihe von Gauss. Einfacher führt aber folgendes Verfahren zu einer Summation der Reihe: Nach der vorstehenden Gleichung ist, immer $m+\nu$ ungerade vorausgesetzt, $\frac{\pi}{2} c_m$ eine rationale Function von m, deren Nenner aus dem Producte der Factoren $m+\nu$, $m-\nu$; $m+\nu-2$, $m-\nu+2$; etc. besteht. Aus der vorhergehenden Betrachtung aber folgt, dass der Zähler verschwindet, bei geradem ν für $m = \pm 1, \pm 3$, etc., $\pm(\nu-1)$, bei ungeradem ν für $m = \pm 2, \pm 4$, etc., $\pm(\nu-1)$, und für $m=0$; — ausserdem aber für keinen Werth von m, da der Zähler einen geringeren Grad hat als der Nenner. Bezeichnet μ eine Constante nach m, so ist also

$$c_m = \mu \cdot \frac{(m-\nu+1)(m-\nu+3)\ldots(m+\nu-1)}{(m-\nu)(m-\nu+2)\ldots(m+\nu)}.$$

Die Constante μ bestimmt sich dadurch, dass, wie aus dem Ausdruck von c durch die Reihe hervorgeht, $m\pi c_m$ sich für $m=\infty$ in $4(k_0+k_2+\cdots)$ verwandelt. Dies ist aber $4P^n(1) = 4$, während es andererseits $\mu\pi$ giebt. Man hat also das Resultat: Bezeichnen m und ν ganze positive Zahlen, so wird

---

*) Nova acta Petropol. T. XI, 1797. Supplément à l'histoire, S. 51

$$(15,\ b)\ \ldots\quad \tfrac{1}{2}\int_0^\pi P^\nu(\cos\theta)\sin m\theta\, d\theta$$
$$= \frac{(m-\nu+1)(m-\nu+3)\ldots(m+\nu-1)}{(m-\nu)(m-\nu+2)\ldots(m+\nu)} = \frac{\pi}{4} c_m,$$

wenn $m > \nu$ und zugleich $m+\nu$ ungerade ist. In den anderen Fällen ist das Integral Null.

Unmittelbar durch diese Gleichung finde ich die Entwickelung von P nach Sinus der Vielfachen von θ, welche schon im § 5, f angeführt wurde

$$(15,\ c)\ \ldots\quad \frac{\pi}{4}\cdot P^n(\cos\theta) = \frac{2.4\ldots(2n)}{3.5\ldots(2n+1)}\Big(\sin(n+1)\theta$$
$$+ \frac{1.(n+1)}{1.(2n+3)}\sin(n+3)\theta + \frac{1.3.(n+1)(n+2)}{1.2.(2n+3)(2n+5)}\sin(n+5)\theta + \cdots\Big).$$

Für $n = 0$ erhält man hieraus die bekannte Entwickelung von 1 in eine Sinusreihe.

Um nach diesen Vorbereitungen die gesuchte Entwickelung für $\cos n\theta$ zu finden, setzt man

$$\cos n\theta = b^0 P^0(\cos\theta) + b' P'(\cos\theta) + \cdots,$$
$$\frac{2}{2\nu+1} b^\nu = \int_0^\pi P^\nu \cos n\theta \sin\theta\, d\theta = \frac{\pi}{4}(c_{n+1} - c_{n-1}).$$

Ist $n+\nu$ gerade, so giebt die rechte Seite

$$-2n\frac{(n-\nu+2)(n-\nu+4)\ldots(n+\nu-2)}{(n-\nu-1)(n-\nu+1)\ldots(n+\nu+1)}$$

und damit die gesuchte Formel

$$(15,\ d)\ \ldots\quad 2\frac{3.5\ldots(2n+1)}{2.4\ldots 2n}\cos n\theta = (2n+1)P^n(\cos\theta)$$
$$+ (2n-3)\frac{(n^2-(n+1)^2)}{(n^2-(n-2)^2)}P^{n-2}(\cos\theta)$$
$$+ (2n-7)\cdot\frac{(n^2-(n+1)^2)(n^2-(n-1)^2)}{(n^2-(n-2)^2)(n^2-(n-4)^2)}P^{n-4}(\cos\theta) + \cdots.$$

Durch die Formeln (15, a) und (15, d) ist die Aufgabe dieses Paragraphen nach S. 86 gelöst.

Zweite Methode.

In den Formeln, durch welche $\sin m\theta$ und $\cos m\theta$ nach den Potenzen von $\sin\theta$ entwickelt wird, setze man $\frac{\pi}{2} - \theta$ für θ und darauf $\cos\theta = x$, so erhält man die Ausdrücke, welche den weiteren Entwickelungen zu Grunde gelegt werden

$$(a) \ldots \quad \cos m\left(\frac{\pi}{2} - \theta\right) = 1 - \frac{m^2}{1.2} x^2 + \frac{m^2(m^2 - 2^2)}{1.2.3.4} x^4 - \cdots$$

$$(b) \ldots \quad \sin m\left(\frac{\pi}{2} - \theta\right) = \frac{mx}{1} - \frac{m(m^2 - 1^2)}{1.2.3} x^3 + \frac{m(m^2 - 1^2)(m^2 - 3^2)}{1.2.3.4.5} x^5 - \cdots.$$

Diese Gleichungen gelten für positive x; dass die erste für negative x dasselbe, die zweite das entgegengesetzte giebt, wie für positive x, ist klar; m kann eine beliebige reelle Grösse sein. Ich werde nur jede von den beiden Reihen für sich in Kugelfunctionen umsetzen, und nicht $\cos m\theta$ oder $\sin m\theta$ selbst, die man aus einer einfachen Combination der beiden Reihen, nämlich durch die Gleichungen

$$\cos m\theta = (a).\cos\frac{m\pi}{2} + (b).\sin\frac{m\pi}{2}$$

$$\sin m\theta = (a).\sin\frac{m\pi}{2} - (b).\cos\frac{m\pi}{2}$$

erhält; für ein ganzzahliges m sind (a) und (b) geradezu die zu entwickelnden Functionen $\pm \sin m\theta$ und $\pm \cos m\theta$.

In das n^{te} Glied von (a) setze man für x^{2n} die ihm gleiche Reihe von Kugelfunctionen, am bequemsten, indem man sich der Form des § 18, S. 85 bedient. Dadurch entsteht als Factor von $X^{2\nu}$ eine Summe

$$(4\nu + 1)\sum \frac{m^2(m^2 - 2^2)\ldots(m^2 - (2n-2)^2)}{2.4\ldots(2n - 2\nu).1.3\ldots(2n + 2\nu + 1)},$$

welche nach n, aber erst von $n = \nu$ an bis $n = \infty$ zu nehmen ist. Rückt man das erste, nämlich das $n = \nu$ entsprechende Glied vor die Summe, so bleibt unter dem Summenzeichen genau eine hypergeometrische Reihe

$$F(\nu + \tfrac{1}{2}m,\ \nu - \tfrac{1}{2}m,\ 2\nu + \tfrac{3}{2},\ 1),$$

deren Summe nach Gauss gleich ist

$$\frac{\Pi\tfrac{1}{2}\,\Pi(2\nu + \tfrac{1}{2})}{\Pi(\nu + \tfrac{1}{2}\overline{1 - m})\,\Pi(\nu + \tfrac{1}{2}\overline{1 + m})}.$$

Reducirt man nach den bekannten Formeln für die Π, so erhält man als Factor von $X^{2\nu}$ den Ausdruck

$$-\cos\frac{m\pi}{2}.(4\nu + 1)\frac{m^2(m^2 - 2^2)\ldots(m^2 - (2\nu - 2)^2)}{(m^2 - 1^2)(m^2 - 3^2)\ldots(m^2 - (2\nu + 1)^2)},$$

also schliesslich für beliebige reelle m die Gleichung

$$(15.\ e)\ \ldots\quad \cos m\left(\frac{\pi}{2}-\theta\right)=\frac{\cos\frac{m\pi}{2}}{1-m^2}\left(1.P^0(\cos\theta)+5\frac{m^2}{m^2-3^2}P^2(\cos\theta)\right.$$
$$\left.+9\cdot\frac{m^2(m^2-2^2)}{(m^2-3^2)(m^2-5^2)}P^4(\cos\theta)+\cdots\right),$$

die offenbar auch noch in dem speciellen Falle anwendbar bleibt, wenn m eine ungerade ganze Zahl wird. ($\cos\theta$ ist positiv!)

Dasselbe Verfahren, auf die Gleichung (*b*) angewandt, giebt

$$(15,\ f)\ \ldots\quad \sin m\left(\frac{\pi}{2}-\theta\right)=\frac{\sin\frac{m\pi}{2}}{2^2-m^2}\left(3.P^1(\cos\theta)+7\frac{m^2-1^2}{m^2-4^2}P^3(\cos\theta)\right.$$
$$\left.+11\frac{(m^2-1^2)(m^2-3^2)}{(m^2-4^2)(m^2-6^2)}P^5(\cos\theta)+\cdots\right).$$

§ 20. Ausser den im Vorhergehenden angegebenen Mitteln, welche dazu dienen, ganz allgemeine Potenzreihen oder trigonometrische Reihen in Reihen von Kugelfunctionen umzugestalten, kann man sich in speciellen Fällen zuweilen für ähnliche Umformungen der Hülfsmittel bedienen, welche in diesem Paragraphen zusammmengestellt werden.

1) Wenn die Entwickelung einer Function $f(x)$ nach Kugelfunctionen gegeben ist, so kennt man auch die von $xf(x)$; ist nämlich

$$f(x)=a_0X^0+a_1X'+a_2X''+\cdots,$$

so wird

$$xf(x)=\frac{a_1}{3}X^0+\left(a_0+\frac{2}{5}a_2\right)X'+\cdots+\left(\frac{n}{2n-1}a_{n-1}+\frac{n+1}{2n+3}a_{n+1}\right)X^n+\cdots.$$

Beweis. Aus der Gleichung (1) S. 11 folgt

$$\log T=-\tfrac{1}{2}\log(1-2\alpha x+\alpha^2)$$

und hieraus durch Differentiation nach α

$$(1-2\alpha x+\alpha^2)\frac{\partial T}{\partial\alpha}+(\alpha-x)T=0.$$

Vertauscht man T mit der ihm gleichen Reihe von Kugelfunctionen, so findet man hieraus die einfache und wichtige Gleichung

$$(16)\ \ldots\quad (n+1)X^{n+1}-(2n+1)xX^n+nX^{n-1}=0$$
$$X^1-xX^0=0.$$

Diese Recursionsformel, welche gestattet X^n für jeden Index n aus je zwei vorhergehenden, schliesslich aus $X^0=1$ und $X'=x$ zu berechnen, kommt im wesentlichen schon bei Gauss vor *); ich entnehme sie einer Arbeit des Herrn Bonnet **) und erwähne noch, dass derselbe darauf aufmerksam macht, dass aus ihr durch Sturm's Methode die Realität der Wurzeln von $X^n = 0$ folge (die schon im § 7 bewiesen ist). Die Bedingungen, welche eine leichte Anwendung dieser Methode gestatten, sind nämlich erfüllt, da die Function X^n immer vom n^{ten} Grade, X^0 eine Constante ist, und ferner nach (16), wenn X^n verschwindet, die Nachbarn X^{n+1} und X^{n-1} entgegengesetzte Vorzeichen besitzen.

2) Aus der Entwickelung von $f(x)$ ergiebt sich die von $f'(x)$ durch eine von Herrn Christoffel ***) gefundene Formel. Mit Herrn Bauer †) leitet man sie leicht ab, wenn man erwägt, dass X^n nach x differentiirt nur die $n-1^{\text{te}}$, $n-3^{\text{te}}$, etc. Potenz von x enthält, man also setzen kann

$$\frac{dX^n}{dx} = a_{n-1}X^{n-1} + a_{n-3}X^{n-3} + \cdots.$$

Da allgemein

$$2a_\nu = (2\nu+1)\int_{-1}^{1} X^\nu \frac{dX^n}{dx}\,dx,$$

wo ν jede der Zahlen $n-1$, $n-3$, etc. vorstellt, und nach einer Integration durch Theile erhalten wird

$$2a_\nu = (2\nu+1)\left(2 - \int_{-1}^{1} X^n \frac{dX^\nu}{dx}\,dx\right),$$

das letzte Integral aber verschwindet (weil der Grad $\nu-1$ geringer ist als n), so entsteht die Gleichung

*) Methodus nova integralium valores per approx. inveniendi no. 19.

**) Liouville, Journal de Math. T. XVII, Thèse de Mécanique S. 267. Gauss hat in seiner Abhandlung nirgend erwähnt, dass die Functionen, auf welche er geführt wird, die Kugelfunctionen (erster Art), jene Laplace'schen Functionen seien. Sie treten bei ihm überall als Nenner der Näherungswerthe eines Kettenbruchs auf, und erst Jacobi macht im 2. Bd. des Crelle'schen Journals S. 226 auf den Zusammenhang aufmerksam. In derselben Arbeit von Gauss kommen auch die Functionen, welche ich Kugelfunctionen zweiter Art nannte, vor, und zwar spielen sie eine Rolle als Reste bei dem Kettenbruche für $\log(x+1) - \log(x-1)$; als particuläre Lösungen der Differentialgleich. (8) habe ich sie in meiner Inauguraldissertation und dann im 26. Bande des Crelle'schen Journals § 2 neben die P gestellt.

***) De motu permanenti electricitatis in corporibus homogeneis. Dissertatio inauguralis. Berolini, 1856, p. 53.

†) Borchardt, Journal f. Math. Bd. 56, S. 102.

$$(16, a) \ldots \quad \frac{dX^n}{dx} = (2n-1)X^{n-1} + (2n-5)X^{n-3} + (2n-9)X^{n-5} + \cdots,$$

welche mit $3.X'$ oder mit $1.X^0$ schliesst.

3) Aus (16, a) folgt unmittelbar

$$(16, b) \ldots \quad \frac{dX^{n+1}}{dx} - \frac{dX^{n-1}}{dx} = (2n+1)X^n$$

und durch Integration schliesslich

$$(16, c) \ldots \quad (2n+1)\int^1 X^n dx = X^{n-1} - X^{n+1}.$$

Man kann diesen Gleichungen noch eine Reihe ähnlicher hinzufügen, z. B.

$$(16, d) \ldots \quad (2n+1)x\frac{dX^n}{dx} = n\frac{dX^{n+1}}{dx} + (n+1)\frac{dX^{n-1}}{dx}.$$

Ein Beispiel für die Art, wie diese Formeln zu verwerthen sind, wenn die Function, welche in eine Reihe von Kugelfunctionen entwickelt werden soll, durch eine Differentialgleichung definirt ist, liefert die

Dritte Methode.

Indem ich hier im wesentlichen Herrn Most folge, gebe ich aus seiner Arbeit nur das, was hierher gehört.

Jede lineare Verbindung von $\cos m\theta$ und $\sin m\theta$, also jeder Ausdruck z von der Form

$$z = a\cos m\theta + b\sin m\theta,$$

in dem a und b irgend welche gegebenen Constanten bezeichnen, wird der Gleichung genügen

$$d^2z + m^2 z\, d\theta^2 = 0.$$

Diese verwandelt sich durch die Substitution $\cos\theta = x$ in

$$(1-x^2)d^2z - x\,dz\,dx + m^2 z\,dx^2 = 0.$$

Entwickelt man z in die Reihe

$$z = c_0X^0 + c_1X' + c_2X'' + \cdots = \Sigma c_\nu X^\nu,$$

setzt dieselbe in die obige Differentialgleichung ein, und reducirt durch die Gleichung (8), nach welcher

$$(1-x^2)\frac{d^2X^\nu}{dx^2} - x\frac{dX^\nu}{dx} = x\frac{dX^\nu}{dx} - \nu(\nu+1)X^\nu,$$

so entsteht

$$\Sigma c_\nu[x\,dX^\nu + (m^2 - \nu(\nu+1))X^\nu dx] = 0.$$

Durch (16, d) und (16, b) verwandelt sich das Vorstehende in

$$\frac{d}{dx} \Sigma c_\nu \frac{(m^2-\nu^2) X^{\nu+1} - (m^2-(\nu+1)^2)}{2\nu+1} X^{\nu-1} = 0;$$

folglich erhält man für die Coefficienten c die Relation

$$c_{\nu+2} = \frac{2\nu+5}{2\nu+1} \cdot \frac{m^2-\nu^2}{m^2-(\nu+3)^2} c_\nu.$$

Es bleibt nur noch c_0 und c_1 zu bestimmen, aus denen durch die vorhergehende Formel die übrigen Coefficienten recurrirend gefunden werden. Da nach (9, *a*)

$$c_0 = \tfrac{1}{2} \int_0^\pi (a \cos m\theta + b \sin m\theta) \sin\theta \, d\theta,$$

$$c_1 = \tfrac{3}{2} \int_0^\pi (a \cos m\theta + b \sin m\theta) \cos\theta \sin\theta \, d\theta,$$

so erhält man

$$c_0 = \frac{\cos \frac{m\pi}{2}}{1-m^2} \left(a \cos \frac{m\pi}{2} + b \sin \frac{m\pi}{2} \right)$$

$$c_1 = \frac{3 \sin \frac{m\pi}{2}}{4-m^2} \left(a \sin \frac{m\pi}{2} - b \cos \frac{m\pi}{2} \right),$$

und durch Substitution dieser Ausdrücke in die Reihe für z wiederum die Gleich. (15, *e*) und (15, *f*).

Die Anwendung dieser Methode gestaltet sich ebenso einfach, wenn eine Function z nach Kugelfunctionen entwickelt werden soll, welche der Differentialgleichung genügt

$$(1-x^2) d^2z + (a+bx) dz\, dx + cz\, dx^2 = 0,$$

immer noch vorausgesetzt, dass die Entwickelung möglich sei.

§ 21. Ganz ähnliche Resultate wie die, welche wir für die Kugelfunction der ersten Art fanden, ergeben sich auch für die Functionen der zweiten Art Q.

1) Reihen, welche nach Potenzen von y absteigen, entwickelt man nach den Q. Differentiirt man die Gleichung (11) n mal nach x, so ergiebt sich

$$\frac{\Pi(n)}{(y-x)^{n+1}} = \sum_\nu (2\nu+1) Q^\nu(y) \frac{d^n}{dx^n} X^\nu.$$

Setzt man $x=0$, so wird der auf der rechten Seite befindliche Differentialquotient von X Null, so oft $\nu < n$, und ebenso, wenn $n+\nu$ ungerade ist. In den anderen Fällen findet man ihn aus dem mit x^n multiplicirten Gliede von X^ν in der Reihe, welche nach aufsteigenden Potenzen von ν geordnet ist, im § 4, S. 12, gleich

$$(-1)^{\frac{\nu+n}{2}} \frac{1.3.5\ldots(\nu+n-1)}{2.4.6\ldots(\nu-n)}.$$

Hierdurch erhält man

$$(17) \ldots \quad \frac{1}{y^{n+1}} = \frac{1.3.5\ldots(2n-1)}{1.2.3\ldots n}\Big((2n+1)Q^n(y) - (2n+5)\frac{2n+1}{2}Q^{n+2}(y) + (2n+9)\cdot\frac{(2n+1)(2n+3)}{2.4}Q^{n+4}(y) - \cdots\Big),$$

und darauf das allgemeine, der Gleich. (10, b) entsprechende Resultat:

Eine Function

$$f(x) = \frac{c_0}{x} + \frac{c_1}{x^2} + \frac{c_2}{x^3} + \cdots,$$

nach Kugelfunctionen zweiter Art entwickelt, giebt

$$f(x) = b_0 Q^0(x) + b_1 Q'(x) + b_2 Q''(x) + \cdots,$$

wenn gesetzt wird

$$(17, a) \ldots \quad b_n = \frac{1.3.5\ldots(2n+1)}{1.2\ldots n}\Big(c_n - \frac{n(n-1)}{2.(2n-1)}c_{n-2} + \frac{n(n-1)(n-2)(n-3)}{2.4.(2n-1)(2n-3)}c_{n-4} - \cdots\Big).$$

Als Beispiel für die Anwendung dieser Formel kann das im § 17 gegebene, die Entwickelung von $(y-x)^{-1}$, benutzt werden, indem man x mit y vertauscht und dann c_n gleich x^n setzt.

2) Für die Q hat man eine Recursionsformel die (16) entspricht. Aus (11) zieht man

$$\frac{x}{y-x} = \Sigma(2n+1)xP^n(x)\,Q^n(y)$$

und indem man (16) anwendet

$$= \Sigma[(n+1)P^{n+1}(x) + nP^{n-1}(x)]\,Q^n(y).$$

Die linke Seite ist

$$= \frac{y}{y-x} - 1 = -1 + y\,\Sigma(2n+1)P^n(x)\,Q^n(y).$$

Vergleicht man diese Reihe mit der vorhergehenden, ordnet darauf nach $P^n(x)$, und setzt die Ausdrücke gleich, welche mit einer Kugelfunction $P^n(x)$ von demselben Grade multiplicirt sind, so erhält man

$$(17, b) \ldots \quad (n+1)Q^{n+1}(y) - (2n+1)yQ^n(y) + nQ^{n-1}(y) = 0$$

$$Q'(y) - yQ^0(y) + 1 = 0.$$

Hieran knüpfte Herr Carl Neumann, der während seiner früheren Lehrthätigkeit in Halle mich bei der Ausarbeitung des Handbuchs auch durch viele andere schätzbare Mittheilungen unterstützte, folgende einfache Ableitung einer merkwürdigen, von Gauss gefundenen Gleichung:

Die Formel (16) lehrt, dass $P^n(x)$ recurrirend aus P' und P^0 vermittelst einer linearen Gleichung von der Form

$$P^n(x) = AP'(x) + BP^0(x)$$

gefunden wird, wo A und B gewisse ganze Functionen von x bezeichnen. Vergleicht man (16) mit (17, b), so ist klar, dass man für dasselbe A und B haben müsse

$$Q^n(x) = AQ'(x) + BQ^0(x).$$

Setzt man für P' und Q' ihre Werthe

$$P' = xP^0 \qquad Q' = xQ^0 - 1,$$

so wird

$$P^n(x) = (Ax + B)P^0 = Ax + B$$

$$Q^n(x) = (Ax + B)Q^0 - A.$$

Den Werth von Q^0 haben wir bereits aus der Definition (12) gleich $\frac{1}{2}\log(x+1) - \frac{1}{2}\log(x-1)$ gefunden. Ferner ist A eine ganze Function von x, offenbar vom Grade $n-1$. Die vorstehenden Betrachtungen haben uns also den Satz verschafft: Es ist

$$(17, c) \ldots \quad Q^n(x) = \tfrac{1}{2} P^n(x) . \log\frac{x+1}{x-1} - Z^n,$$

wo Z^n eine ganze Function $n-1^{\text{ten}}$ Grades von x bezeichnet. Die Kugelfunction zweiter Art enthält also keine höhere Transcendente als einen Logarithmus.

Die Beziehung, welche in (17, c) enthalten ist, und die noch mehrfach auftreten wird, ist jene vorerwähnte, die bei Gauss in der Schrift Methodus nova integr. val. per approx. inven. vorkommt.

Eine besonders einfache Gestalt hat Herr Christoffel für Z gegeben; er findet nämlich (M. vergl. § 27)

$$Z^n = \frac{2n-1}{1.n} P^{n-1}(x) + \frac{2n-5}{3.(n-1)} \cdot P^{n-3}(x) + \frac{2n-9}{5.(n-2)} P^{n-5}(x) + \cdots,$$

wenn die Reihe bis P^0 oder P' fortgesetzt wird.

3) Man hat offenbar die Gleichung

$$-\frac{\partial}{\partial y}\left(\frac{1}{y-x}\right) = \frac{\partial}{\partial x}\left(\frac{1}{y-x}\right),$$

und setzt man für den zu differentiirenden Ausdruck die ihm gleiche Reihe, die folgende:

$$-\Sigma(2n+1)P^n(x)\frac{\partial Q^n(y)}{\partial y}=\Sigma(2n+1)Q^n(y)\frac{\partial P^n(x)}{\partial x}.$$

Die rechte Seite wird nach (16, a)

$$=\Sigma(2n+1)Q^n(y)((2n-1)P^{n-1}(x)+(2n-5)P^{n-3}(x)+\cdots).$$

Fasst man die Factoren von $P^n(x)$ in ein Glied zusammen, so wird schliesslich erhalten

$$(17,\ d)\ \ldots\quad -\frac{dQ^n(y)}{dy}=(2n+3)Q^{n+1}(y)+(2n+7)Q^{n+3}(y)$$
$$+(2n+11)Q^{n+5}(y)+\cdots.$$

Man kann noch die beiden Gleichungen hinzufügen

$$(17,\ e)\ \ldots\quad d(Q^{n+1}(y)-Q^{n-1}(y))=(2n+1)Q^n(y)dy.$$

$$(17,\ f)\ \ldots\quad (2n+1)\int_{\infty}^{y}Q^n(y)\,dy=Q^{n+1}(y)-Q^{n-1}(y).$$

Anmerkung. Nach den $Q(x)$ lässt sich eine Function von x nur auf eine Art entwickeln. Nach den allgemeinen Prinzipien hat man dazu nur nachzuweisen, dass die Reihe

$$b_0Q^0(x)+b_1Q'(x)+b_2Q''(x)+\cdots$$

nur dann Null für alle Werthe x, von einem gegebenen x an bis $x=\infty$ darstellen kann, wenn alle b Null sind. Dies ist klar, da die Reihe mit x, x^2, x^3, etc. multiplicirt Null sein muss, während $x.Q^0(x)$, $x^2.Q'(x)$, $x^3.Q^2(x)$, etc. für $x=\infty$ endlich und von Null verschieden bleiben.

Zusatz zum zweiten Kapitel.

Die hypergeometrischen Reihen. (M. vergl. S. 79.)

I. Die Einführung.

(a) Unter den linearen Differentialgleichungen zweiter Ordnung

$$\psi(x)\,y''+\chi(x)y'+\vartheta(x)y=0,$$

in welchen ψ, χ, ϑ gegebene ganze Functionen von x bezeichnen, spielen diejenigen eine bedeutende Rolle, in welchen ψ einen höheren Grad besitzt als χ, χ als ϑ. Die ganze Classe derer, in welchen ψ noch ausserdem vom zweiten Grade ist, lässt sich durch die Reihe integriren, welche seit Gauss die hypergeometrische heisst. Nach der Bezeichnung von Gauss ist sie

$$F(\alpha, \beta, \gamma, x) = 1 + \frac{\alpha\beta}{1 . \gamma} x + \frac{\alpha(\alpha+1)\beta(\beta+1)}{1 . 2 . \gamma(\gamma+1)} x^2 + \cdots$$

Die Grössen α, β, γ, x heissen die Elemente.

Neben diese stelle ich die verallgemeinerte hypergeometrische Reihe

$$\varphi(\alpha, \beta, \gamma, q, \xi) = 1 + \frac{(1-q^\alpha)(1-q^\beta)}{(1-q)(1-q^\gamma)} q^\xi$$
$$+ \frac{(1-q^\alpha)(1-q^{\alpha+1})(1-q^\beta)(1-q^{\beta+1})}{(1-q)(1-q^2)(1-q^\gamma)(1-q^{\gamma+1})} q^{2\xi} + \cdots,$$

deren Eigenschaften hier gleichzeitig untersucht werden sollen, wobei ich meine früheren im 32. und 34. Bde des Crelle'schen Journals erschienenen Arbeiten zu Grunde lege, und die Methode beibehalte, durch welche die Resultate gefunden wurden. Schon wegen der grossen Ausdehnung, welche einige Formeln bei dieser Bezeichnung erhalten, ist es zweckmässig zu setzen

$$q^\alpha = a, \quad q^\beta = b, \quad q^\gamma = c, \quad q^\xi = x$$

und die Reihe in der Form

$$1 + \frac{(1-a)(1-b)}{(1-q)(1-c)} x + \frac{(1-a)(1-qa)(1-b)(1-qb)}{(1-q)(1-q^2)(1-c)(1-qc)} x^2 + \cdots$$

durch $\varphi[a, b, c, q, x]$ zu bezeichnen, so dass man hat

$$\varphi[a, b, c, q, x] = \varphi(\mathfrak{q} \log a, \mathfrak{q} \log b, \mathfrak{q} \log c, q, \log x),$$

wenn $\mathfrak{q}$ den Modulus in einem Logarithmensystem mit der Grundzahl q und log den natürlichen Logarithmus bezeichnet. Ferner werden im Folgenden nicht immer sämmtliche Elemente α, β, γ, ξ oder a, b, c, x und q zu F oder φ hinzugesetzt; wo keine Zweideutigkeit dadurch entsteht, kann man einige von ihnen fortlassen.

Die Analogie zwischen den beiden hypergeometrischen Reihen tritt am besten hervor, wenn man sich für φ der ersten Form bedient. Für $q = 1$ gehen die Coefficienten der Potenzen von q^ξ in die entsprechenden Glieder der Reihe F über, oder vollständiger, wenn man setzt

$$q = 1 + \frac{1}{\xi} \log z,$$

so geht die Reihe $\varphi(\alpha, \beta, \gamma, q, \xi)$ für $\xi = \infty$, wodurch zugleich $q = 1$ wird, in $F(\alpha, \beta, \gamma, q, z)$ über. Ein wesentlicher Unterschied, der im Folgenden mehrfach hervortritt, besteht darin, dass ξ in der allgemeinen Reihe φ eine ähnliche Rolle spielt, wie α, β, γ, während diese Eigenschaft bei der Reihe von Gauss verloren geht. Die doppelte Periodicität der elliptischen Functionen, die sich vermittelst solcher Reihen φ darstellen lassen, beruht auf dem erwähnten Umstande.

Wenn es sich nicht gerade um den Grenzfall handelt, so wird immer $\mathcal{M} q$ kleiner als 1 genommen. Dies ist keine Beschränkung, indem man hat

$$\varphi(\alpha, \beta, \gamma, q, \xi) = \varphi\left(\alpha, \beta, \gamma, \frac{1}{q}, \gamma + 1 - \alpha - \beta - \xi\right)$$

oder, was dasselbe ist

$$\varphi[a, b, c, q, x] = \varphi\left[\frac{1}{a}, \frac{1}{b}, \frac{1}{c}, \frac{1}{q}, \frac{ab}{qc}x\right].$$

Unter dieser Voraussetzung convergiren $F(x)$ und $\varphi(x)$, sobald $\mathcal{M}x$ angebbar unter 1 bleibt, divergiren wenn $\mathcal{M}x > 1$.

Endlich sind diese Reihen nur und immer, wenn α oder β eine negative ganze Zahl ist.

Eine einfache Rechnung verschafft die bekannte Gleichung

$$(1) \ldots \quad \gamma . dF(\alpha, \beta, \gamma, x) = \alpha\beta . F(\alpha+1, \beta+1, \gamma+1, x)dx.$$

Setzt man, im Einklang mit der üblichen Bezeichnung

$$\varphi(\alpha, \beta, \gamma, q, \xi+1) - \varphi(\alpha, \beta, \gamma, q, \xi) = \Delta\varphi(\alpha, \beta, \gamma, q, \xi),$$

so erhält man eine der obigen ähnliche Gleichung

$$(1, a) \ldots \quad (c-1)\Delta\varphi(\alpha, \beta, \gamma, q, \xi) = (1-a)(1-b)x\varphi(\alpha+1, \beta+1, \gamma+1, q, \xi).$$

Nach dieser Festsetzung bedeutet $\Delta\varphi(a, b, c, q, x)$ die Differenz

$$\varphi(a, b, c, q, qx) - \varphi(a, b, c, q, x).$$

Ich stelle nun einige Reihen von Gauss für specielle Werthe der Elemente mit den entsprechenden der Function φ zusammen:

$$F(\alpha, 1, 1, x) = (1-x)^{-\alpha} = 1 + \frac{\alpha}{1}x + \frac{\alpha(\alpha+1)}{1.2}x^2 + \cdots$$

$$\varphi(\alpha, 1, 1, q, \xi) = 1 + \frac{1-q^\alpha}{1-q}q^\xi + \frac{(1-q^\alpha)(1-q^{\alpha+1})}{(1-q)(1-q^2)}q^{2\xi} + \cdots$$

$$= 1 + \frac{1-a}{1-q}x + \frac{(1-a)(1-qa)}{(1-q)(1-q^2)}x^2 + \cdots$$

$$xF(1, 1, 2, x) = -\log(1-x) = x + \frac{x^2}{2} + \frac{x^3}{3} + \cdots$$

$$\frac{x}{1-q}\varphi(1, 1, 2, q, \xi) = \frac{x}{1-q} + \frac{x^2}{1-q^2} + \frac{x^3}{1-q^3} + \cdots$$

$$xF(1, \tfrac{1}{2}, \tfrac{3}{2}, x^2) = \tfrac{1}{2}\log\frac{1+x}{1-x} = \frac{x}{1} + \frac{x^3}{3} + \cdots$$

$$\frac{x}{1-q}\varphi(1, \tfrac{1}{2}, \tfrac{3}{2}, q^2, \xi) = \frac{x}{1-q} + \frac{x^3}{1-q^3} + \frac{x^5}{1-q^5} + \cdots.$$

Während die ersten Formeln sich auf die binomische Reihe beziehen, betreffen die letzten logarithmische Reihen. Man bemerkt, dass die letzte durch Vertauschung von x mit $\sqrt{q}e^{ix}$ oder dem $i$fachen dieses Werthes in eine complexe Zahl übergeht, deren imaginäre Theile resp. sind

$$\frac{ikK}{2\pi}\sin\operatorname{am}\frac{2Kx}{\pi}, \quad \frac{ikK}{2\pi}\sin\operatorname{coam}\frac{2Kx}{\pi}.$$

Von Interesse sind die Reihen, in welchen die Elemente das Unendliche enthalten, wie dies bei der Exponentialreihe der Fall ist. Setzt man g gleich dem reell Unendlichen, so hat man

$$e^x = F(1, g, 1, xg^{-1}); \quad F(g, g, \gamma, xg^{-2}) = 1 + \frac{x}{1.\gamma} + \frac{x^2}{1.2.\gamma(\gamma+1)} + \cdots.$$

Die letzte Reihe giebt für $\gamma = \frac{1}{2}$, oder $\gamma = \frac{3}{2}$ trigonometrische Functionen nämlich resp.

$$\cos(2i\sqrt{x}), \qquad \frac{\sin 2i\sqrt{x}}{2i\sqrt{x}}, \qquad (i=\sqrt{-1}),$$

für $\gamma = 1$ aber die Cylinderfunctionen (S. 83) und allgemein, wenn γ die Hälfte einer ganzen Zahl ist, die im III. Theile vorkommenden Cylinderfunctionen höherer Ordnung.

Bei den Reihen φ tritt das Unendliche in noch mannigfaltigerer Art auf. Man hat, der ersten Reihe entsprechend

$$\varphi(1, g, 1, q, \xi) = 1 + \frac{x}{1-q} + \frac{x^2}{(1-q)(1-q^2)} + \cdots$$

$$\varphi(1, -g, 1, q, \xi+g) = 1 - \frac{x}{1-q} + \frac{qx^2}{(1-q)(1-q^2)} - \cdots,$$

wenn der Zähler des n^{ten} Gliedes $q^{\frac{n(n-1)}{2}} x^n$ wird. Der zweiten von den Reihen F entsprechen

$$\varphi(g, g, \gamma, q, \xi) = 1 + \frac{x}{(1-q)(1-q^\gamma)} + \frac{x^2}{(1-q)(1-q^2)(1-q^\gamma)(1-q^{\gamma+1})} + \cdots$$

$$\varphi(-g, -g, \gamma, q, \xi+2g) = 1 + \frac{x}{(1-q)(1-q^\gamma)}$$
$$+ \frac{q^2x^2}{(1-q)(1-q^2)(1-q^\gamma)(1-q^{\gamma+1})} + \cdots,$$

wo das n^{te} Glied den Zähler $q^{n(n-1)}x^n$ hat. Ferner gehört hierher

$$\varphi(-g, 1, g, qq, \xi + \tfrac{1}{2} + g) = 1 - q^1x^2 + q^4x^4 - q^9x^6 + \cdots,$$

eine Reihe aus der man die Jacobi'sche Function Θ bilden kann.

Beachtet man, dass $q^\alpha = -1$, wenn α gleich $i\pi\mathfrak{q}$ gesetzt wird, so erhält man

$$\varphi(1, i\pi\mathfrak{q}, 1+i\pi\mathfrak{q}, q, \xi) = 1 + \frac{2x}{1+q} + \frac{2x^2}{1+q^2} + \cdots,$$

eine Reihe, die nach Jacobi's Fundamenta nova theor. f. ell. § 39, Gl. 25 auf Δam führt.

Dies mag genügen, um den Charakter der Ausdrücke zu zeigen, auf welche man beim Uebergange von den Functionen F zu φ kommt.

II. Differential- und Differenzen-Gleichungen.

(*b*) Euler behandelt in den Instit. calc. integr. Vol. II. Sect. I. Cap. VIII. das Problema 122: Formulam generalem aequationum differentio-differentialium, quas commode per series resolvere licet, exhibere etc. und gelangt auf die Gleichung

$$v^2(a+bv^n)\,d^2y + v(c+ev^n)\,dy\,dv + (f+gv^n)\,y\,dv^2 = 0.$$

Setzt man $v^n = u$, so nimmt diese die Form an

$$(a_0 - b_0 u)\frac{d^2y}{(d\log u)^2} + (a_1 - b_1 u)\frac{dy}{d\log u} + (a_2 - b_2 u)y = 0.$$

Wenn ein Integral dieser Gleichung sich in eine nach Potenzen von u aufsteigende Reihe

$$y = \sum_{n=0}^{\infty} c_n u^{\varepsilon+n}$$

entwickeln lässt, so wird ε, der Exponent der niedrigsten Potenz von u, durch die Gleichung bestimmt

$$a_0\varepsilon^2 + a_1\varepsilon + a_2 = 0.$$

Soll, wie bei einer hypergeometrischen Reihe, ε zu Null werden, so muss a_2 Null sein. Indem man noch $b_0 u = -a_0 x$ macht, und für a_0, a_1, b_0, b_1, b_2 Buchstaben α, β, γ einführt, geht die Differentialgleichung in

$$(2) \ldots \quad (1-x)d^2y + [\gamma - 1 - (\alpha+\beta)x]dy\,d\xi - \alpha\beta x y\,d\xi^2 = 0$$

über, wo $\xi = \log x$. Integrirt man diese nach der bekannten Methode durch Reihen, die nach Potenzen von x aufsteigen, so erhält man eine Lösung

$$y = F(\alpha, \beta, \gamma, x).$$

Die von Euler im 122. Probleme behandelte Gleichung giebt also als Lösung eine hypergeometrische Reihe sobald $a_2 = 0$.

Dieser Untersuchung setzen wir eine andere an die Seite, welche sich auf die Differenzengleichung

$$(a_0 - b_0 u)\Delta^2 y + (a_1 - b_1 u)\Delta y + (a_2 - b_2 u)y = 0$$

bezieht, worin die Differenzen nicht nach u, sondern nach $\log u$ genommen werden, wie oben die Differentiation nicht nach x, sondern nach $\log x = \xi$ ausgeführt wurde. Wenn man die Grössen y_1, y_2, etc. bildet, deren Differenzen die Δ geben, so hat man also $\log u$ um die Constante zu vermehren, also u in qu, q^2u, etc. zu verwandeln.

Setzt man hier

$$y = \sum_n c_n u^{\varepsilon+n},$$

und denkt sich u ausgedrückt durch $u = q^\nu$, so dass

$$\Delta u = -(1-q)u, \qquad \Delta u^\nu = -(1-q^\nu)u^\nu,$$

$$\Delta y = -\Sigma c_n(1-q^{\varepsilon+n})u^{\varepsilon+n}, \qquad \Delta^2 y = \Sigma c_n(1-q^{\varepsilon+n})^2 u^{\varepsilon+n},$$

so wird ε durch die Gleichung bestimmt

$$a_0(1-q^\varepsilon)^2 - a_1(1-q^\varepsilon) + a_2 = 0.$$

Soll die Reihe für y, wie im Falle der Function F, mit einer Constanten, der 0ten Potenz von u, beginnen, also ε gleich Null sein, so muss auch hier a_2 Null gesetzt werden. Für u, die a und b führe man eine Veränderliche x und Constante α, β, γ ein; dann geht die Differenzengleichung in

$$(2, a) \ldots \quad (q^{\gamma-1} - xq^{\alpha+\beta})\Delta^2 y - [1 - q^{\gamma-1} - (q^\alpha + q^\beta - 2q^{\alpha+\beta})x]\Delta y \\ -(1-q^\alpha)(1-q^\beta)xy = 0$$

über oder, nach der zweiten Bezeichnungsart, in

$$(2, b) \ldots \quad (c - abqx)\Delta^2 y + [c - q + (a+b-2ab)qx]\Delta y \\ -(1-a)(1-b)qxy = 0.$$

Eine Lösung dieser Gleichungen ist

$$y = \varphi[a, b, c, q, x].$$

III. Die verwandten Reihen.

(c) Functiones contiguae nennt Gauss diejenigen Reihen von der Form $F(\alpha, \beta, \gamma, x)$, in welchen die Werthe eines der drei ersten Elemente um eine Einheit verschieden, die Werthe der drei übrigen hingegen gleich sind. In seiner Anzeige der Disquis. gener. c. ser. inf. etc. (Gött. gel. Anz. Febr. 10) sagt Gauss (Werke, Bd. III, S. 199): „Im Deutschen könnte man sie etwa verwandte Reihen nennen"; ich habe mir deshalb erlaubt, mich dieser Bezeichnung neben der lateinischen zu bedienen. Zwischen der Function selbst F und irgend zwei verwandten F_1 und F_2 besteht je eine homogene lineare Gleichung

$$aF + a_1F_1 + a_2F_2 = 0,$$

worin die a ganze Functionen von x höchstens vom ersten Grade vorstellen, so dass im ganzen $\frac{6.5}{1.2} = 15$ von derartigen Gleichungen vorhanden sind, die Gauss angegeben hat. Sie sind von fundamentaler Bedeutung und gestatten u. a. jede Function $\mathfrak{F} = F(\alpha + m, \beta + n, \gamma + p, x)$, wenn m, n, p ganze Zahlen sind, linear durch F und eine verwandte F_1 vermittelst einer Gleichung

$$\mathfrak{F} = A.F + A_1F_1$$

darzustellen, wenn A und A_1 rationale Functionen von x sind, die sich, wie aus der Existenz solcher recurrirenden Gleichungen von selbst folgt, auf die Zähler und Nenner gewisser Kettenbrüche beziehen. (M. vergl. das fünfte Kapitel und den Zusatz A zu demselben.)

Man leitet die von Gauss aufgestellten Gleichungen ab, wenn man von den drei Gleichungen

$$(3) \ldots \quad \frac{dF}{d\log x} = \alpha(F(\alpha+1) - F) = \beta(F(\beta+1) - F) = (\gamma-1)(F(\gamma-1) - F)$$

ausgeht. Zur Abkürzung bezeichne ich hier, gemäss der Festsetzung auf S. 98, eine hypergeometrische Reihe, welche sich von $F(\alpha, \beta, \gamma, x)$ um ein oder einige Elemente unterscheidet, so, dass ich nur die verschiedenen Elemente dem Buchstaben F hinzufüge, also z. B. $F(\gamma-1)$ statt $F(\alpha, \beta, \gamma-1, x)$ setze.

Aus den obigen Gleichungen entsteht durch eine neue Differentiation das System (3, a):

$$\begin{aligned}\frac{d^2F}{(d\log x)^2} &= \alpha[(\alpha+1)F(\alpha+2) - (2\alpha+1)F(\alpha+1) + \alpha F(\alpha)] \\ &= \beta[(\beta+1)F(\beta+2) - (2\beta+1)F(\beta+1) + \beta F(\beta)] \\ &= (\gamma-1)[(\gamma-2)F(\gamma-2) - (2\gamma-3)F(\gamma-1) + (\gamma-1)F(\gamma)].\end{aligned}$$

Aus (3) erhält man, wenn man das vermittelnde Glied dF fortlässt, als die ersten drei Gleichungen zwischen verwandten Functionen das folgende System [a]

$$\begin{aligned}(\beta-\alpha)F + \alpha F(\alpha+1) - \beta F(\beta+1) &= 0\\ (\gamma-\alpha-1)F + \alpha F(\alpha+1) - (\gamma-1)F(\gamma-1) &= 0\\ (\gamma-\beta-1)F + \beta F(\beta+1) - (\gamma-1)F(\gamma-1) &= 0.\end{aligned}$$

Setzt man den Ausdruck für dF und d^2F aus (3) und (3, a) in die Differentialgl. (2) ein, so erhält man, je nachdem man zugleich die ersten Glieder von (3) und (3, a) oder zugleich ihre zweiten oder zugleich ihre dritten anwendet zum zweiten Male drei Gleichungen, das System [b]

$$[(\beta-\alpha)x+2\alpha-\gamma]F=\alpha(1-x)F(\alpha+1)-(\gamma-\alpha)F(\alpha-1)$$
$$[(\alpha-\beta)x+2\beta-\gamma]F=\beta(1-x)F(\beta+1)-(\gamma-\beta)F(\beta-1)$$
$$\gamma[(2\gamma-\alpha-\beta-1)x+1-\gamma]F=(\gamma-\alpha)(\gamma-\beta)xF(\gamma+1)$$
$$-\gamma(\gamma-1)(1-x)F(\gamma-1).$$

Die übrigen neun Gleichungen findet man unmittelbar durch Elimination aus diesen sechs.

Jede von ihnen giebt eine lineare Differenzengleichung zweiter Ordnung, entweder eine vollständige oder eine partielle, indem wir diesen Ausdruck analog dem bei den Differentialgleichungen angewandten gebrauchen. Wir setzen, wenn $\psi(\alpha, \beta, \text{etc.})$ irgend eine Function von α, β, etc. bezeichnet,

$$\psi(\alpha+1, \beta, \text{etc.})-\psi(\alpha, \beta, \text{etc.})=\underset{\alpha}{\Delta}\psi, \qquad \underset{\beta}{\Delta}\underset{\alpha}{\Delta}\psi=\underset{\beta\alpha}{\Delta^2}\psi,$$

es mögen α und β gleich oder verschieden sein. Zur Bequemlichkeit für den Druck werden wir zuweilen die unabhängige Veränderliche neben die Gleichung statt unter die Δ stellen, wobei wir diese Veränderliche in Parenthesen { } einschliessen. Die erste Gleichung $[a]$ würde also eine partielle Differenzengleichung erster Ordnung

$$\alpha\underset{\alpha}{\Delta}F-\beta\underset{\beta}{\Delta}F=0$$

geben, während $[b]$ vollständige zweiter Ordnung liefert. Der hauptsächliche Theil dieser Resultate lässt sich folgendermaassen zusammenfassen:

Die Function $F(\alpha, \beta, \gamma, x)$ genügt in Bezug auf x der Differentialgleichung (2), in Bezug auf α, β, γ vollständigen Differenzengleichungen zweiter Ordnung.

Z. B. ist die, welche sich auf die unabhängige Veränderliche α bezieht

$$0=(\alpha+1)(1-x)\Delta^2F+(\gamma-(\alpha+\beta+1)x)\Delta F-\beta xF.$$

(d) Eine Gleichartigkeit bei der verallgemeinerten Reihe φ in Bezug auf das Verhalten aller vier Elemente a, b, c, x erkennt man aus dem System

$$(3.\,b)\ \ldots\quad \underset{\xi}{\Delta}\varphi=\frac{1-a}{a}(\varphi-\varphi(\alpha+1))=\frac{1-b}{b}(\varphi-\varphi(\beta+1))$$
$$=\frac{q-c}{c}(\varphi-\varphi(\gamma-1))=\varphi(\xi+1)-\varphi,$$

indem man hier, ähnlich wie bei F in (3) hinter das Functionszeichen φ nur die Elemente setzt, welche sich von α, β, γ, q, ξ unterscheiden.

Unter den verwandten Functionen von φ wird man nicht wie bei F nur die 6 verstehen, bei denen eines der drei ersten Elemente um ± 1 zugenommen hat, sondern auch solche, bei denen ξ um ± 1 wächst, also 8. Indem man auch hier zwischen φ und je zwei verwandten Functionen Gleichungen von der Form

$$a\varphi+a_1\varphi_1+a_2\varphi_2=0$$

findet, existiren von solchen Relationen 28. Zunächst erhält man statt wie früher 3 jetzt 6 im Systeme $[a]$

$$(b-a)\varphi=b(1-a)\varphi(\alpha+1)+a(1-b)\varphi(\beta+1)$$
$$(c-aq)\varphi=c(1-a)\varphi(\alpha+1)+a(q-c)\varphi(\gamma-1)$$
$$(c-bq)\varphi=c(1-b)\varphi(\beta+1)+b(q-c)\varphi(\gamma-1)$$
$$\varphi=(1-a)\varphi(\alpha+1)+a\varphi(\xi+1)$$
$$\varphi=(1-b)\varphi(\beta+1)+b\varphi(\xi+1)$$
$$q\varphi=(q-c)\varphi(\gamma-1)+c\varphi(\xi+1).$$

Die ersten drei Gleichungen verwandeln sich, nach Division durch $1-q$, für $q=1$ sofort in die drei des Systemes $|a|$ im § c, während die letzten drei ihre analogen unter den früheren 15 nicht besitzen.

Um die übrigen Relationen aufzusuchen nimmt man von

$$\Delta\varphi = \frac{1-a}{a}(\varphi - \varphi(\alpha+1)) \quad \{\xi\}$$

die Differenz nach ξ und erhält

$$\frac{qa^2}{1-a}\Delta^2\varphi = (1-a)q\varphi - (1-2aq+q)\varphi(\alpha+1) + (1-aq)\varphi(\alpha+2), \quad \{\xi\}.$$

Setzt man diesen Werth in (2, a) ein, so entsteht zunächst eine Gleichung zwischen φ, $\varphi(\alpha+1)$, $\varphi(\alpha+2)$; ein ähnliches Verfahren schafft noch eine Gleichung zwischen φ, $\varphi(\beta+1)$, $\varphi(\beta+2)$ und eine dritte zwischen φ, $\varphi(\gamma+1)$, $\varphi(\gamma+2)$, also drei Gleichungen, welche dem Systeme $|b|$ im § c entsprechen, und vollständige Differenzengleichungen mit der Veränderlichen resp. α, β, γ sind, zu denen (2, a) selbst als vierte vollständige mit der Veränderlichen ξ gleichberechtigt hinzutritt.

Diese drei Gleichungen bilden folgendes System $|b|$

$$\begin{aligned}
|(1+q-a)c-aq+ax(a-b)|\varphi &= (1-a)(c-abx)\varphi(\alpha+1) \\
&\quad + q(c-a)\varphi(\alpha-1) \\
|(1+q-b)c-bq+bx(b-a)|\varphi &= (1-b)(c-abx)\varphi(\beta+1) \\
&\quad + q(c-b)\varphi(\beta-1) \\
(c-1)|c(q-c)+x(ac+bc-ab-abq)|\varphi &= (a-c)(b-c)x\varphi(\gamma+1) \\
&\quad - (q-c)(1-c)(c-abx)\varphi(\gamma-1).
\end{aligned}$$

Ich füge noch die fehlenden 9 Gleichungen hinzu, die mit den drei ersten und den drei letzten sämmtliche Beziehungen zwischen φ und zwei solchen verwandten Functionen liefern, bei denen einer der Buchstaben a, b, c, aber nicht x geändert wird. Diese bilden das System $|c|$

$$\begin{aligned}
&(abq+abc-acq-bc)\varphi = b(a-1)(c-abx)\varphi(\alpha+1) + aq(b-c)\varphi(\beta-1), \\
&(c-1)|(1-a)c^2-(b-c)xa^2|\varphi = ax(a-c)(b-c)\varphi(\gamma+1) \\
&\qquad\qquad - c(1-a)(1-c)(c-abx)\varphi(\alpha+1), \\
&(abq+abc-bcq-ac)\varphi = a(b-1)(c-abx)\varphi(\beta+1) + bq(a-c)\varphi(\alpha-1), \\
&(a-b)(cq-abx)\varphi = (c-b)aq\varphi(\beta-1) + (a-c)bq\varphi(\alpha-1), \\
&(c-1)(cq-abx)\varphi = ax(b-c)\varphi(\gamma+1) - cq(1-c)\varphi(\alpha-1), \\
&|c^2(q-a)+a^2(c-bq)x]\varphi = (c-a)cq\varphi(\alpha-1) + a(q-c)(c-abx)\varphi(\gamma-1), \\
&(c-1)|(1-b)c^2-(a-c)xb^2|\varphi = bx(a-c)(b-c)\varphi(\gamma+1) \\
&\qquad\qquad - c(1-b)(1-c)(c-abx)\varphi(\beta+1), \\
&(c-1)(cq-abx)\varphi = bx(a-c)\varphi(\gamma+1) - cq(1-c)\varphi(\beta-1), \\
&|c^2(q-b)+b^2(c-aq)x|\varphi = (c-b)cq\varphi(\beta-1) + b(q-c)(c-abx)\varphi(\gamma-1).
\end{aligned}$$

Die noch übrigen 10 Gleichungen erhält man durch Elimination aus den bisherigen 18, und aus der 19. Gleichung, welche entsteht, wenn man die Differenzengleich. (2, a) in eine Gleichung zwischen φ, $\varphi(qx)$, $\varphi(q^2x)$ umsetzt, woraus diese 19te hervorgeht

$$q(1-x)\varphi = |c+q-(a+b)qx|\varphi(\xi+1) - (c-abqx)\varphi(\xi+2).$$

Vollständige Differenzengleichungen, denen φ genügt, sind, ausser der Gleichung (2, a), noch drei andere, die hier nicht von Bedeutung werden. Ich setze von ihnen diejenige hierher, welche sich auf α bezieht:

$$0 = (aq-1)(c-abqx)\Delta^2 y + [aq(c-q) + c(q-1) + aqx(b-2abq+aq)]\Delta y + b^2q^2x(1-b)y.$$

Die zweite entsteht hieraus durch Vertauschung von α mit β; die dritte, welche sich auf die unabhängige Veränderliche γ bezieht, ist ziemlich complicirt.

IV. Umformung der verallgemeinerten Reihen.

(e) Aus (1, a) folgt, wenn $\beta = \gamma = 1$ gesetzt wird, für die specielle Reihe $\varphi = \varphi(\alpha, 1, 1, q, \xi)$ die Gleichung

$$(1-a)x\varphi(\alpha+1) = \varphi - \varphi(\xi+1).$$

Verbindet man hiermit einen Theil des Systems (3, a), nämlich

$$\varphi(\xi+1) - \varphi = \frac{1-a}{a}(\varphi - \varphi(\alpha+1)),$$

so giebt die Elimination von $\varphi(\alpha+1)$

$$\varphi = \frac{1-ax}{1-x}\varphi(\xi+1).$$

Da φ für $\xi = \infty$ gleich 1 wird, so erhält man durch wiederholte Anwendung dieser Formel, vorausgesetzt dass ξ und $\alpha+\xi$ positiv sind, die bekannte Gleichung

$$(4) \ldots \quad \varphi(\alpha, 1, 1, q, \xi) = \frac{(1-ax)(1-aqx)(1-aq^2x)\ldots}{(1-x)(1-qx)(1-q^2x)\ldots}$$

$$= 1 + \frac{1-a}{1-q}x + \frac{(1-a)(1-aq)}{(1-q)(1-q^2)}x^2 + \cdots.$$

Von dieser Formel sind zwei specielle Fälle besonders hervorzuheben; bedeutet g wiederum das positiv Unendliche, so erhält man aus ihr

$$(4, a) \ldots \quad \varphi(g, 1, 1, q, \xi) = \frac{1}{(1-x)(1-qx)(1-q^2x)\ldots} = 1 + \frac{x}{1-q} + \frac{x^2}{(1-q)(1-q^2)} + \cdots$$

$$(4, b) \ldots \quad \varphi(-g, 1, 1, q, \xi+g) = (1-x)(1-qx)(1-q^2x)\ldots = 1 - \frac{x}{1-q} + \frac{qx^2}{(1-q)(1-q^2)} - \cdots,$$

wenn bei der zweiten Reihe der Factor von x^n im Zähler gleich $q^{\frac{n(n-1)}{2}}$ ist.

Hieraus folgt die allgemeinere Gleichung

$$(4, c) \ldots \quad \varphi(\alpha, 1, 1, q, \xi)\,\varphi(\beta, 1, 1, q, \alpha+\xi) = \varphi(\alpha+\beta, 1, 1, q, \xi).$$

(f) Mit Hülfe von (4) ergiebt sich eine Umformung der ursprünglichen Reihe, welche wiederum deutlich zeigt, dass das letzte Element hier nicht die besondere Rolle spielt, welche ihm bei der Gauss'schen Reihe vor den drei ersten zukommt. Zur Abkürzung lasse man bei der Bezeichnung das vierte Element, q, fort.

Da man nach (4) hat

$$\varphi(\gamma, 1, 1, \beta) = \frac{(1-bc)(1-bcq)\ldots}{(1-b)(1-bq)\ldots},$$

so wird

$$\varphi(\gamma,1,1,\beta)\,\varphi(\alpha,\beta,\beta+\gamma,\xi) = \varphi(\gamma,1,1,\beta) + \frac{1-a}{1-q}\,x\varphi(\gamma,1,1,\beta+1)$$
$$+ \frac{(1-a)(1-aq)}{(1-q)(1-q^2)}\,x^2\varphi(\gamma,1,1,\beta+2) + \cdots.$$

Ordnet man die rechte Seite nach aufsteigenden Potenzen, nicht von x sondern von b, so verwandelt sie sich in

$$\left[1 + \frac{1-c}{1-q}\,b + \frac{(1-c)(1-cq)}{(1-q)(1-q^2)}\,b^2 + \cdots\right]$$
$$+ \frac{1-a}{1-q}\,x\left[1 + \frac{1-c}{1-q}\,bq + \frac{(1-c)(1-cq)}{(1-q)(1-q^2)}\,b^2q^2 + \cdots\right]$$
$$+ \frac{(1-a)(1-aq)}{(1-q)(1-q^2)}\,x^2\left[1 + \frac{1-c}{1-q}\,bq^2 + \frac{(1-c)(1-cq)}{(1-q)(1-q^2)}\,b^2q^4 + \cdots\right]$$
$$+ \cdot\;\cdot\;\cdot\;\cdot\;\cdot\;\cdot\;\cdot\;\cdot\;\cdot\;\cdot\;\cdot\;\cdot\;\cdot\;\cdot$$

Die Zusammenfassung der in jeder einzelnen Verticalreihe stehenden Glieder giebt

$$\varphi(\alpha,1,1,\xi) + \frac{1-c}{1-q}\,b\varphi(\alpha,1,1,\xi+1) + \frac{(1-c)(1-cq)}{(1-q)(1-q^2)}\,b^2\varphi(\alpha,1,1,\xi+2) + \cdots.$$

Dies entspricht dem Ausdruck der Gauss'schen Reihe durch ein bestimmtes Integral. Indem ich schliesslich $\varphi(\alpha, 1, 1, \xi)$ herausziehe und die Gleich. (4) benutze, finde ich folgende allgemeine Formel:

$$(5)\;\ldots\quad \varphi(\gamma, 1, 1, \beta)\,\varphi(\alpha, \beta, \beta+\gamma, \xi) = \varphi(\alpha, 1, 1, \xi)\,\varphi(\gamma, \xi, \alpha+\xi, \beta).$$

Abgesehen von dem ersten Factor auf jeder Seite, der nach (4) ein sehr einfaches Produkt ist, wird also eine Reihe φ in eine andere derselben Art umgeformt, bei der das frühere letzte Element ξ nur im zweiten und dritten Element vorkommt, während das frühere zweite die letzte Stelle einnimmt. Die erwähnte Umformung in Produkte giebt

$$(5, a)\;\ldots\quad \varphi(\alpha, \beta, \gamma, \xi) = \varphi(\gamma-\beta, \xi, \alpha+\xi, \beta)\cdot\prod_{n=0}^{\infty}\frac{(1-axq^n)(1-bq^n)}{(1-xq^n)(1-cq^n)}.$$

(g) Einige Beispiele für die Anwendung dieser Formeln mögen hier folgen: Erstens für $\alpha = 1$, $\gamma = \beta + 1$ oder $a = q$, $c = bq$ erhält man

$$(5, b)\;\ldots\quad \frac{1}{1-b} + \frac{x}{1-qb} + \frac{x^2}{1-q^2b} + \cdots$$
$$= \frac{1}{1-x} + \frac{b}{1-qx} + \frac{b^2}{1-q^2x} + \cdots$$

eine Gleichung, die man sofort verificiren kann, indem man links nach Potenzen von b entwickelt.

Multiplicirt man sie mit $\sqrt{x}$, vertauscht q mit q^2, b mit q, endlich x mit qe^{2ix} und setzt die imaginären Theile auf beiden Seiten gleich, so entsteht

$$\frac{\sqrt{q}}{1-q}\sin x+\frac{\sqrt{q^3}}{1-q^3}\sin 3x+\cdots=\sin x\Big[\frac{\sqrt{q}(1+q)}{1-2q\cos 2x+q^2}$$
$$+\frac{\sqrt{q^3}(1+q^3)}{1-2q^3\cos 2x+q^6}+\cdots\Big],$$

d. i. Jacobi's Formel in den Fundamenta § 39, S. 102.

Zweitens setze man in (5, a)

$$\alpha=-g,\quad \beta=1,\quad \gamma=g,$$

ferner für q und ξ resp. q^2 und $g+\frac{\xi+1}{2}$. Dann erhält man

$$1-q^1x+q^4x^2-q^9x^3+\cdots=\prod_{n=0}^{\infty}(1-q^{2n+2})(1-q^{2n+1}x)\cdot\Big[1+\frac{q^2}{(1-q^2)(1-qx)}$$
$$+\frac{q^4}{(1-q^2)(1-q^4)(1-qx)(1-q^3x)}+\cdots\Big].$$

Drittens setze man $\xi=\gamma-\alpha-\beta$ und findet

$$\varphi(\alpha,\beta,\gamma,q,\gamma-\alpha-\beta)=$$
$$\varphi(\gamma-\beta,\gamma-\alpha-\beta,\gamma-\beta,\beta)\prod_{n=0}^{\infty}\frac{(1-q^{\gamma-\beta+n})(1-q^{\beta+n})}{(1-q^{\gamma-\alpha-\beta+n})(1-q^{\gamma+n})}.$$

In der Function φ auf der Rechten ist das erste Element gleich dem dritten, so dass beide zugleich mit 1 vertauscht werden können; benutzt man (4), so entsteht, unter der Voraussetzung, dass $\gamma-\alpha-\beta$ positiv sei, die Gleichung

$$(6)\ \ldots\quad \varphi(\alpha,\beta,\gamma,q,\gamma-\alpha-\beta)=\prod_{n=0}^{\infty}\frac{(1-q^{\gamma-\alpha+n})(1-q^{\gamma-\beta+n})}{(1-q^{\gamma-\alpha-\beta+n})(1-q^{\gamma+n})},$$

durch welche ich die verallgemeinerte hypergeometrische Reihe vermittelst eines unendlichen Produktes summire, ein Resultat, welches, wie im nächsten Abschnitt weiter ausgeführt wird, dem von Gauss gefundenen entspricht, nach welchem $F(\alpha,\beta,\gamma,1)$ bei positivem $\gamma-\alpha-\beta$ durch ein unendliches Produkt summirt werden kann.

Dasselbe Resultat kann man auch aus der fünften Gleich. im System $|c|$ des § d ableiten, indem man $\alpha+1$ für α und dann $\xi=\gamma-\alpha-\beta$ setzt.

Dadurch findet man für dieses ξ

$$b(1-c)\varphi=(b-c)\varphi(\alpha+1,\gamma+1).$$

Berücksichtigt man, dass $\varphi(\alpha+g,\beta,\gamma+g,\xi)$ für $g=\infty$ nichts anderes als $\varphi(\beta,1,1,q,\xi)$ ist, dass dieses sich nach (4) durch ein unendliches Produkt ausdrücken lässt, so giebt die unendlich oft wiederholte Anwendung der obigen Formel die Gleichung (6).

Bei dem Beweise der Convergenz dieser unendlichen Produkte zu verweilen würde überflüssig sein, da zu einem solchen die gewöhnlichen Regeln für eine derartige Untersuchung ohne irgend eine Schwierigkeit angewandt werden können.

V. Summation der hypergeometrischen Reihen für besondere Werthe des letzten Elements.

(h) Gauss hat in der Sectio tertia seiner Abhandlung ganz allgemein die Convergenz einer unendlichen Reihe von Gliedern

$$g_1,\ g_2,\ \text{etc.},\ g_n,\ \text{etc.}$$

untersucht, welche so beschaffen sind, dass das Verhältniss zweier aufeinanderfolgenden durch

$$\frac{g_{n+1}}{g_n} = \frac{n^\lambda + An^{\lambda-1} + Bn^{\lambda-2} + Cn^{\lambda-3} + \cdots}{n^\lambda + an^{\lambda-1} + bn^{\lambda-2} + cn^{\lambda-3} + \cdots}$$

ausgedrückt wird, wenn λ, A, a, B, b, etc. von n unabhängige Grössen bezeichnen, die dort reell gedacht sind. In dem Falle der hypergeometrischen Reihe geht das Verhältniss für $x = 1$ in

$$\frac{g_{n+1}}{g_n} = \frac{(n+\alpha)(n+\beta)}{(n+1)(n+\gamma)}$$

über, so dass

$$A = \alpha + \beta, \quad B = \alpha\beta, \quad a = \gamma + 1, \quad b = \gamma,$$

während C, c, etc. Null sind. Gauss zeigt (m. vergl. oben § 17, S. 79 die Sätze, welche dort speciell für die hypergeometrische Reihe angegeben wurden):

1) Von einem gewissen Werthe von n an haben sämmtliche Glieder g gleiche Zeichen und nehmen immerfort zu oder immerfort ab, je nachdem die erste der Differenzen $A - a$, $B - b$, $C - c$, etc., die nicht verschwindet, das positive oder negative Zeichen besitzt.

2) Ist $A - a$ positiv, so wachsen die g in's Unendliche, ist $A - a$ negativ, so werden sie unendlich klein.

3) Wenn $A - a = 0$, so streben sie einer endlichen von Null verschiedenen Grenze zu.

4) Die Reihe g_1, g_2, g_3, etc. hat eine Summe nur und immer, wenn $A - a + 1$ negativ ist.

5) Ist zwar $A - a$ negativ aber $A - a + 1$ nicht negativ, so convergirt noch

$$(1 - x)(g_1 + g_2 x + g_3 x^2 + \cdots)$$

für $x = 1$, und zwar wird es zu Null.

6) Man kann hinzufügen, was ich bereits im § 17 unter No. 7 bewiesen habe, dass im 5. Falle die Reihe

$$g_1 + g_2 x + g_3 x^2 + \cdots$$

noch convergirt, wenn $\mathcal{M}x = 1$ aber x nicht $+1$ ist.

Hieraus folgt, dass $F(\alpha, \beta, \gamma, x)$ immer und nur wenn $\gamma - \alpha - \beta$ positiv ist für $x = 1$ convergirt, und dass die Function für $x = 1$ die Summe der einzelnen Glieder zur Summe hat. In Betreff der Reihe φ ist aber ohne Hinzufügung eines irgendwie eingehenden Beweises klar, dass $\varphi(\alpha, \beta, \gamma, q, \xi)$ für $\xi = \gamma - \alpha - \beta$ convergirt immer und nur wenn $\gamma - \alpha - \beta$ positiv ist.

Den Ausdruck von $F(\alpha, \beta, \gamma, 1)$ selbst findet Gauss aus der dritten Gleichung des Systems [b] im § c, indem er dort $x = 1$ setzt, woraus sich für ein positives $\gamma - \alpha - \beta$ ergiebt

$$F(\alpha, \beta, \gamma, 1,) = \frac{(\gamma - \alpha)(\gamma - \beta)}{\gamma(\gamma - \alpha - \beta)}\, F(\alpha, \beta, \gamma + 1, 1,).$$

Berücksichtigt man, dass $F(\alpha, \beta, \infty, 1) = 1$, so erhält man

$$(6, a) \ldots \quad F(\alpha, \beta, \gamma, 1) = \lim_{n=\infty} \prod_{n=0}^{n} \frac{(\gamma - \alpha + n)(\gamma - \beta + n)}{(\gamma - \alpha - \beta + n)(\gamma + n)}.$$

(*i*) Indem man die Function

$$(7) \ldots \quad \Pi(x) = \operatorname*{Lim}_{n=\infty} \frac{1.2.3\ldots n}{(x+1)(x+2)\ldots(x+n)} n^x$$

einführt, die mit $\Gamma(x+1)$ übereinstimmt so lange $x+1$ reell und positiv bleibt, lässt sich das Produkt (6, *a*) für $n=\infty$ durch Functionen Π ausdrücken, und Gauss erhält schliesslich die wichtige Formel

$$(8) \ldots \quad F(\alpha,\beta,\gamma,1) = \frac{\Pi(\gamma-1)\Pi(\gamma-\alpha-\beta-1)}{\Pi(\gamma-\alpha-1)\Pi(\gamma-\beta-1)}.$$

Den sehr bekannten Beweis von Gauss für die Existenz der Grenzen Π übergehe ich der Kürze wegen und bemerke, dass ich auch bei den entsprechenden Sätzen, die für die Reihen φ gelten, keinen Beweis geben werde, aber dort wegen der Einfachheit desselben.

Um zu einem ähnlichen Ausdruck für die Summe der verallgemeinerten Reihe zu gelangen setzen wir

$$(9) \ldots \quad O(q,\xi) = (1-q^{\xi+1})(1-q^{\xi+2})(1-q^{\xi+3})\ldots = O|q,x|,$$

$$(9, a) \ldots \quad \Omega(q,\xi) = \frac{O(q,0)}{O(q,\xi)} = \Omega\,|q,x|,$$

oder kürzer, wo keine Zweideutigkeit entsteht, resp. $O(\xi)$ und $\Omega(\xi)$ statt $O(q,\xi)$ und $\Omega(q,\xi)$.

Die Ω entsprechen völlig den Π und man hat z. B. für eine ganze Zahl ξ

$$\Omega(q,\xi) = (1-q)(1-q^2)\ldots(1-q^{\xi});$$

ferner $\Omega(q,0) = 1$ und allgemein

$$\Omega(q,\xi) = (1-q^{\xi})\Omega(q,\xi-1).$$

Die Summationsformel (6) geht dann über in

$$(8, a) \ldots \quad \varphi(\alpha,\beta,\gamma,q^{\gamma-\alpha-\beta}) = \frac{\Omega(\gamma-1)\,\Omega(\gamma-\alpha-\beta-1)}{\Omega(\gamma-\alpha-1)\,\Omega(\gamma-\beta-1)} = \frac{O(\gamma-\alpha-1)\,O(\gamma-\beta-1)}{O(\gamma-1)\,O(\gamma-\alpha-\beta-1)}.$$

VI. Die Functionen O und Ω.

(*k*) Die folgende Zusammenstellung der Ω mit den Π lässt die bekannten Eigenschaften der Euler'schen Integrale in einem neuen Lichte erscheinen:

1) Die Π sind Bestandtheile der Sinus oder Cosinus in der Art, dass

$$\Pi(x)\,\Pi(-x) = \frac{x\pi}{\sin x\pi};$$

die Ω sind in ähnlicher Art Bestandtheile der Jacobi'schen Functionen Θ oder H.

2) Der Satz von Legendre

$$(2\pi)^{\frac{n-1}{2}}\,\Pi(nx) = n^{nx+\frac{1}{2}}\,\Pi x\,\Pi\Big(x-\frac{1}{n}\Big)\,\Pi\Big(x-\frac{2}{n}\Big)\cdots\Pi\Big(x-\frac{n-1}{n}\Big)$$

giebt die Function Π des $n$fachen Arguments nx aus denen des einfachen x, und liefert daher die Multiplikation für die trigonometrischen Functionen. Für die $\Omega(q,\xi)$ findet man in § *m* zwei entsprechende Sätze, deren Zusammenstellung einen Ausdruck für $O(q, n\xi)$ und damit die Multiplikation der O giebt. Aus diesem fliessen die Formeln von Jacobi für die Multiplikation der Θ.

3) Die Differentialquotienten von $\log\Omega$ oder $\log O$ nach dem Argumente ξ führen auf die der Gaussischen Function Ψ analogen. Wie aus den Ψ eine Cotangente, so wird aus jenen Functionen Jacobi's Z oder $\sin am$ erzeugt. Die Logarithmen der O selbst geben einfache Reihe, durch welche sich u. a. $\log\Theta$ ausdrücken lässt, so dass die elliptischen Integrale dritter Gattung darauf führen.

Wir erinnern daran, dass Ω, O und auch ihre Reciproken $1:\Omega$ und $1:O$ nach den drei Gleichungen (4) einfache Reihen φ sind, z. B. die ersten beiden

$$\Omega(q, \xi) = \varphi(-\xi, 1, 1, q, \xi+1)$$
$$O(q, \xi) = \varphi(-g, 1, 1, q, \xi+g+1).$$

(l) Um das im § k unter 1 Angegebene weiter auszuführen, bemerken wir, dass man nach (9) hat, wenn wir die Norm einer Zahl mit dem vorgesetzten $\mathcal{N}$ bezeichnen

$$\mathcal{N}O(q, y+2\mathfrak{q}xi) = (1-2q^{y+1}\cos 2x + q^{2y+2})(1-2q^{y+2}\cos 2x + y^{2y+4}).$$

Man hat also für bekannte, in der Theorie der elliptischen Functionen vorkommende Grössen Ausdrücke durch O, nämlich

$$(10)\ \ldots\quad [\Omega(q^2, -\tfrac{1}{2})]^2 = \frac{K}{\pi}\,\frac{\sqrt{k}}{\sqrt[4]{q}} = \left(\frac{O(q^2, 0)}{O(q^2, -\frac{1}{2})}\right)^2$$

entsprechend der Gleich. $\Pi(-\tfrac{1}{2}) = \sqrt{\pi}$, ferner

$$(10, a)\ \ldots\quad \Theta\left(\frac{2Kx}{\pi}\right) = O(q^2, 0).\mathcal{N}O(q^2, \mathfrak{q}xi - \tfrac{1}{2}),$$

$$(10, b)\ \ldots\quad H\left(\frac{2Kx}{\pi}\right) = 2\sin x\sqrt[4]{q}\,O(q^2, 0).\mathcal{N}O(q^2, \mathfrak{q}xi).$$

Auch einige weniger bekannte Ausdrücke für die Θ giebt Gleich. (8, a), nämlich zunächst

$$\varphi(\tfrac{1}{2}+\mathfrak{q}xi, \tfrac{1}{2}-\mathfrak{q}xi, \tfrac{3}{2}, q^2, \tfrac{1}{2}) = (1-q)\mathcal{N}\frac{O(q^2, \mathfrak{q}xi)}{O(q^2, -\frac{1}{2})},$$

$$\varphi(\mathfrak{q}xi, -\mathfrak{q}xi, \tfrac{1}{2}, q^2, \tfrac{1}{2}) = \mathcal{N}\frac{O(q^2, \mathfrak{q}xi-\frac{1}{2})}{O(q^2, -\frac{1}{2})}.$$

Setzt man für die rechten Seiten ihre Werthe aus den drei Gleichungen (10), so erhält man

$$H\left(\frac{2Kx}{\pi}\right) = 2\sqrt[4]{q}\sqrt{\frac{2k'K}{\pi}}\,\frac{\sin x}{1-q}\left[1 + \frac{1-2q\cos 2x+q^2}{(1-q^2)(1-q^3)}\,q + \frac{(1-2q\cos 2x+q^2)(1-2q^3\cos 2x+q^6)}{(1-q^2)(1-q^3)(1-q^4)(1-q^5)}\,q^2 + \cdots\right],$$

$$\Theta\left(\frac{2Kx}{\pi}\right) = \sqrt{\frac{2k'K}{\pi}}\left[1 + \frac{2.(1-\cos 2x)}{(1-q)(1-q^2)}\,q + \frac{2.(1-\cos 2x)(1-2q^2\cos 2x+q^4)}{(1-q)(1-q^2)(1-q^3)(1-q^4)}\,q^2 + \cdots\right].$$

Diesen Formeln kann man noch ähnliche hinzufügen.

(*m*) Der zweite im § 4 erwähnte Punkt betrifft die Vergleichung eines Satzes von Legendre mit den Sätzen über die Multiplikation der Θ.

Setzt man in den Ausdruck $1-q^{\xi+1}$ für ξ die Werthe $\xi=\frac{1}{n}$, $\xi=\frac{2}{n}$, etc. $\xi=\frac{n-1}{n}$, für q ferner q^n und multiplicirt alle diese Binome mit einander, so entsteht

$$(1-q^{n\xi+1})(1-q^{n\xi+2})\ldots(1-q^{n\xi+n-1}).$$

Daher wird

$$O(q^n,\xi)O\left(q^n,\xi-\frac{1}{n}\right)\ldots O\left(q^n,\xi-\frac{n-1}{n}\right)=O(q,n\xi),$$

indem die linke Seite das Produkt aller Factoren $1-q^{n\xi+\alpha}$ von $\alpha=1$ bis $\alpha=\infty$, d. h. $O(q,n\xi)$ giebt.

Die zweite Uebertragung folgt aus der Gleichung

$$(1-x^n)=(1-x)(1-\varrho x)\ldots(1-\varrho^{n-1}x),$$

wenn ϱ eine primitive n^{te} Wurzel der Einheit bezeichnet. Daher wird

$$O(q^n,\xi)=(1-q^n x^n)(1-q^{2n}x^n)(1-q^{3n}x^n)\ldots$$

das Produkt von n Produkten, von denen das erste ist

$$(1-qx)(1-q^2x)\ldots=O(q,\xi).$$

Man erhält dadurch

$$O(q^n,\xi)=O(q,\xi)O\left(q,\xi+\frac{1}{n}\cdot 2\pi\mathfrak{q}i\right)\ldots O\left(q,\xi+\frac{n-1}{n}\cdot 2\pi\mathfrak{q}i\right).$$

Verbindet man diese Formel mit der oben abgeleiteten, so entsteht als Gleichung für die Multiplikation der O

$$(11)\ \ldots\quad O(q,n\xi)=\prod_{\mu=0\,m=0}^{n-1}O\left(q,\xi-\frac{\mu+2m\pi\mathfrak{q}i}{n}\right).$$

Nach 10, *a* und *b* erhält man hieraus die bekannten Formeln von Jacobi für Θ und H des $n$fachen Arguments.

(*n*) Um auch in der dritten Richtung die O zu untersuchen, geht man von der Gleichung aus

$$\log O(q,\xi)=\log(1-qx)+\log(1-q^2x)+\cdots;$$

man führt dann eine Function Φ ein, indem man setzt

$$(12)\ \ldots\quad d\log\Omega(q,\xi)=-d\log O(q,\xi)=\log q\,\Phi(q,\xi)d\xi.$$

Dadurch erhält man

$$(12,a)\ \ldots\quad \Phi(q,\xi)=\frac{qx}{1-qx}+\frac{q^2x}{1-q^2x^2}+\frac{q^3x}{1-q^3x^3}+\cdots,$$

eine Formel, welche man auch nach (5, *b*) mit

$$(12,b)\ \ldots\quad \Phi(q,\xi)=\frac{qx}{1-q}+\frac{q^2x^2}{1-q^2}+\frac{q^3x^3}{1-q^3}+\cdots$$

vertauschen kann. Es sei daran erinnert, dass Gauss die transcendente Function $\frac{d\log\Pi\xi}{d\xi}$ mit $\Psi\xi$ bezeichnet und im Bd. III. S. 201 seiner Werke sagt, dass sie „gleichfalls eine besondere Benennung verdiente“.

Wenn man hier $\xi = \alpha \pm \mathfrak{q} z i$ setzt, so erhält man durch die Verbindung der beiden aus (12, *b*) entstehenden Formeln

$$(\alpha)\ldots\quad \tfrac{1}{2}\,\Phi(q,\alpha-\mathfrak{q}zi)+\tfrac{1}{2}\,\Phi(q,\alpha+\mathfrak{q}zi)=\frac{q^{\alpha+1}}{1-q}\cos z+\frac{q^{2\alpha+2}}{1-q^2}\cos 2z+\cdots$$

$$(\beta)\ldots\quad \frac{i}{2}\,\Phi(q,\alpha-\mathfrak{q}zi)-\frac{i}{2}\,\Phi(q,\alpha+\mathfrak{q}zi)=\frac{q^{\alpha+1}}{1-q}\sin z+\frac{q^{2\alpha+2}}{1-q^2}\sin 2z+\cdots.$$

Man bemerkt, dass diese Ausdrücke für specielle Werthe von α in der Theorie der elliptischen Functionen eine bedeutende Rolle spielen. So hat man für $\alpha = \frac{1}{2}$, wenn man q mit q^2 vertauscht, und mit Jacobi setzt

$$\frac{2K}{\pi}Z\Big(\frac{2Kz}{\pi}\Big)=4\Big\{\frac{q\sin 2z}{1-q^2}+\frac{q^2\sin 4z}{1-q^4}+\frac{q^3\sin 6z}{1-q^6}+\cdots\Big\},$$

die Gleichung

$$\Phi(q^2,-\tfrac{1}{2}+\mathfrak{q}zi)-\Phi(q^2,-\tfrac{1}{2}-\mathfrak{q}zi)=\frac{iK}{\pi}Z\Big(\frac{2Kz}{\pi}\Big)$$

entsprechend der Formel von Gauss

$$\Psi(-z)-\Psi(z-1)=\pi\operatorname{cotang} z\pi.$$

Anmerk. Bemerkenswerth ist, dass Ausdrücke, welche in der Theorie der elliptischen Functionen auftreten, häufig auf die Sinusreihe (β), nie auf die Reihe (α) führen, die einen anderen Charakter zu besitzen scheint. Ein Beispiel giebt die Zahlentheorie. Die Sätze über die Anzahl der Darstellungen einer ungeraden Zahl durch die Form x^2+y^2 oder x^2+2y^2 drückt man nach Dirichlet durch die Gleichungen aus

$$\Sigma q^{\nu\nu+\gamma\gamma}=\Sigma(-1)^{\frac{\nu-1}{2}}\frac{q^\nu}{1-q^{2\nu}},\qquad \Sigma q^{\nu\nu+2\gamma\gamma}=\Sigma(-1)^{\frac{(\nu-1)(\nu-3)}{8}}\frac{q^\nu}{1-q^{2\nu}},$$

wenn über alle geraden Zahlen γ incl. 0 und über alle positiven ungeraden ν summirt wird. Die Reihen auf den rechten Seiten entstehen aus (β) für $z=\frac{1}{2}\pi$ resp. $z=\frac{1}{4}\pi$ und die Transformation der Ausdrücke auf der Rechten und Linken verschafft direkt den Beweis ihrer Gleichheit (cf. Crelle, J. f. Math. Bd. 39, S. 127). Anders verhält es sich mit der Form x^2-2y^2 der positiven Determinante 2, für welche der entsprechende Satz lautet

$$\Sigma q^{xx-2yy}=\Sigma(-1)^{\frac{\nu\nu-1}{8}}\frac{q^\nu}{1-q^{2\nu}},$$

wenn links für x alle positiven ungeraden, für y alle positiven Zahlen gesetzt werden, für welche $3y \leqq 2x$. Die rechte Seite entsteht aus (α) für $z=\frac{1}{4}\pi$. Diese Gleichung direct zu beweisen, war mir bisher unmöglich selbst wenn ich die Ungleichheit $3y \leqq 2x$ eliminirte, indem ich sie in zwei ähnliche Sätze theilte, von denen der erste sich auf die Darstellung von Zahlen der Form $8n+1$, der andere auf die Form $8n+7$ bezieht. Der erste lautet

$$\Sigma q^{\nu\nu}+2\Sigma q^{\nu\nu+6\nu\gamma+\gamma\gamma}=\Sigma(-1)^{\frac{\nu\nu-1}{8}}q^{\nu\nu}\frac{1+q^{8\nu}}{1-q^{8\nu}}.$$

Die rechte Seite ist augenscheinlich nichts anders, als die über alle positiven m und n genommene Summe von Gliedern

$$q^{(8m+1)(8n+1)}-q^{(8m+3)(8n+3)}-q^{(8m+5)(8n+5)}+q^{(8m+7)(8n+7)}.$$

(*o*) Die Function $\Phi(\xi)$ lässt sich auf verschiedene Art durch Produkte von Reihen darstellen, die nach Potenzen von x geordnet sind, so z. B., nach der Definition (12), von der Reihe, in welche man $1 : O(\xi)$ nach (4, a) im § *e* verwandeln kann und der für $dO(\xi) : dx$.

Die Functionen $\log O$ selbst, aus denen die Φ durch Differentiation hervorgehen, sind offenbar die Bestandtheile von $\log \Theta$. Man hat nach der Definition (9) der O

$$-\log O(q, \xi) = \frac{qx}{1-q} + \frac{q^2x^2}{2(1-q^2)} + \frac{q^3x^3}{3(1-q^3)} + \cdots,$$

und hieraus nach (10, a), wenn nach n von 1 bis ∞ summirt wird,

$$\log \Theta\left(\frac{2Kz}{\pi}\right) = \log O(q^2, 0) - 2\Sigma \frac{q^n}{n(1-q^{2n})} \cos 2nz.$$

Das Integral dritter Gattung in Jacobi's Bezeichnung ist

$$\Pi(z, a) = zZ(a) + \tfrac{1}{2}\log \frac{\Theta(z-a)}{\Theta(z+a)}.$$

Anmerk. Da nach (10, a) der wesentliche Theil der Functionen Θ dem $\cos z\pi$ ebenso wie Z dem $\operatorname{cotang} z\pi$ entspricht, so würde dem Theile des Integrales dritter Gattung, welcher logarithmisch unendlich wird, der Ausdruck $\log \cos(z-a)\pi - \log\cos(z+a)\pi$ zu vergleichen sein. Diesen kann man auch auf folgende Art in ein bestimmtes Integral umsetzen:

Da nach Gleich. 79 bei Gauss

$$\Psi(-\tfrac{1}{2}+x) - \Psi(-\tfrac{1}{2}-x) = \int_0^1 \frac{(y^{-x}-y^x)}{1-y} \cdot \frac{dy}{\sqrt{y}},$$

dieses aber, nach der Definition von Ψ, gleich ist dem Differentialquotienten nach x von

$$\log \Pi(-\tfrac{1}{2}+x)\Pi(-\tfrac{1}{2}-x) = \log\pi - \log\cos x\pi,$$

so giebt eine Integration nach x von x bis z, die beide unter $\frac{1}{2}$ liegen,

$$\log\frac{\cos x\pi}{\cos z\pi} = \int_0^1 \frac{(y^x+y^{-x})-(y^z+y^{-z})}{\log y} \cdot \frac{dy}{(1-y)\sqrt{y}}.$$

Substituirt man hier $\log y = u$, so erhält man das Integral

$$(\alpha) \ldots \log\frac{\cos z\pi}{\cos x\pi} = i\int_0^\infty \frac{\cos iux - \cos iuz}{\sin\frac{1}{2}iu} \cdot \frac{du}{u},$$

welches den geforderten Ausdruck giebt, wenn z und x durch $z-a$ und $z+a$ ersetzt werden.

In der Formel (α) mussten x und z reell genommen werden, während der Logarithmus auf der Rechten noch für imaginäre x und z durch ein ähnliches Integral ausgedrückt werden kann. Eine allgemeine Methode derartige Formeln zu finden, beruht auf der Gleichung von Dirichlet

$$\Sigma\int_0^\infty f(\beta)\cos n\beta\, d\beta = \pi\,\Sigma f(2n\pi),$$

die besteht, wenn auf beiden Seiten nach n von 0 bis ∞ summirt und für $n = 0$ die Hälfte genommen wird. Hieraus folgt, dass die Summe nach n, ebenso in Bezug auf 0 und über alle geraden n genommen, gleich wird

$$\tfrac{1}{2}\pi\left[\tfrac{1}{2}f(0)+f(\pi)+f(2\pi)+\cdots\right],$$

über alle ungeraden n genommen gleich

$$\tfrac{1}{2}\pi\left[\tfrac{1}{2}f(0)-f(\pi)+f(2\pi)-\cdots\right].$$

Dieses wende man auf

$$\log\frac{e^{a\pi}-e^{-a\pi}}{e^{b\pi}-e^{-b\pi}}=(a-b)\pi-2\pi\Sigma\frac{(e^{-2na\pi}-e^{-2nb\pi})}{2n\pi}$$

an, wenn a und b positiv reell sind, indem man setzt

$$f(x)=\frac{e^{-bx}-e^{-ax}}{x},$$

wodurch die rechte Seite der vorigen Gleichung gerade

$$\pi\Sigma f(2n\pi)$$

wird, so dass man erhält

$$\log\frac{e^{a\pi}-e^{-a\pi}}{e^{b\pi}-e^{-b\pi}}=2\sum_{n=0}^{\infty}\int_0^\infty\frac{e^{-b\beta}-e^{-a\beta}}{\beta}\cos n\beta\,d\beta$$

für $n=0$ die Hälfte genommen.

Das Integral auf der Rechten ist gleich

$$\frac{2}{\pi}\int_0^\infty\cos n\beta\,d\beta\int_0^\infty\frac{\cos bx-\cos ax}{\beta^2+x^2}\,dx$$

und nach Umkehrung der Integrationsordnung

$$\int_0^\infty e^{-nx}\frac{(\cos bx-\cos ax)}{x}\,dx,$$

so dass die Ausführung der Summation giebt

$$(\beta)\ \ldots\ \log\frac{e^{a\pi}-e^{-a\pi}}{e^{b\pi}-e^{-b\pi}}=\int_0^\infty\frac{e^{\frac{1}{2}x}+e^{-\frac{1}{2}x}}{e^{\frac{1}{2}x}-e^{-\frac{1}{2}x}}\cdot\frac{\cos bx-\cos ax}{x}\,dx.$$

Ein drittes hierher gehörendes Integral findet man von

$$\log\frac{e^{\frac{1}{2}b\pi}+e^{-\frac{1}{2}b\pi}}{e^{\frac{1}{2}a\pi}+e^{-\frac{1}{2}a\pi}}=\pi\left[\tfrac{1}{2}f(0)-f(\pi)+f(2\pi)-\cdots\right]$$

ausgehend, worin gesetzt wurde

$$f(x)=\frac{e^{-ax}-e^{-bx}}{x}.$$

Nach unserem Satze ist die rechte Seite

$$=2\Sigma\int_0^\infty\frac{e^{-a\beta}-e^{-b\beta}}{\beta}\cos n\beta\,d\beta,$$

die Summe über alle ungeraden n genommen. Die Zusammenstellung giebt

$$(\gamma)\ \ldots\ \log\frac{e^{b\pi}+e^{-b\pi}}{e^{a\pi}+e^{-a\pi}}=2\int_0^\infty\frac{\cos ax-\cos bx}{e^{\frac{1}{2}x}-e^{-\frac{1}{2}x}}\cdot\frac{dx}{x}.$$

(p) Das Theorem für die Multiplikation von $\Phi(\xi)$, nämlich den Ausdruck von $\Phi(q, n\xi)$ durch eine Summe von Functionen $\Phi(q, \zeta)$, in welchen die Differenz $\zeta - \xi$ nur eine Summe ganzer Vielfachen von $1:n$ und von $2\pi qi:n$ ist, ergiebt sich unmittelbar aus der Formel (11) durch Nehmen des Logarithmus und darauf folgende Differentiation.

Für die Functionen Ψ gewinnt Gauss im § 33 in den zwei Formeln (74) und (75) seiner Disquisitiones gen. circa ser. inf. das Resultat „Ψz generaliter pro quovis valore rationali ipsius z, positivo seu negativo per Ψ_0 atque logarithmos determinari posse, quod theorema sane maxime est memorabile", was er auch in der schon erwähnten Anzeige dieser Schrift S. 201 hervorhebt. Die entsprechenden Formeln für die Φ übergehe ich hier, da sie zwar eine äussere Aehnlichkeit mit den von Gauss erwähnten besitzen, aber keine Reduction auf einfachere Functionen geben.

VII. Die Integration einer Differenzengleichung.

(q) Ein Verfahren, welches Herr Kummer im 15. Bd. des Crelle'schen Journals angewandt hat um Beziehungen zwischen partikulären Integralen der Differentialgleich. (2) für die Gaussische Reihe zu entdecken, lässt sich auch auf die Differenzengleich. (2, a) anwenden. Durch dasselbe ergab sich u. a. eine Gleichung, welche der wichtigen Euler'schen Transformationsformel

$$F(\alpha, \beta, \gamma, x) = (1-x)^{\gamma-\alpha-\beta} F(\gamma-\alpha, \gamma-\beta, \gamma, x)$$

entspricht, nämlich

(13) ... $\varphi(\alpha,\beta,\gamma,q,\xi) = \varphi(\alpha+\beta-\gamma,1,1,\xi)\,\varphi(\gamma-\alpha,\gamma-\beta,\gamma,q,\xi+\alpha+\beta-\gamma)$.

Der erste Factor auf der Rechten ist jene einfache Function φ, welche nach (4) ein unendliches Produkt giebt, und nach der Zusammenstellung auf S. 99 als Uebertragung der binomischen Reihe zu betrachten war.

Die Resultate, welche sich bei dieser Behandlung im 34. Bde. des Crelle'schen Journals ergaben, sind später von Herrn Thomae nach den Prinzipien abgeleitet und erweitert worden, nach welchen Riemann die Reihe von Gauss behandelt hat. Indem ich hier bei dem ursprünglichen Verfahren bleibe, verweise ich auf die Arbeiten des Herrn Thomae über diesen Gegenstand im 70. Bd. von Borchardt's Journal und im 4. Bd. 2. Serie der Annali di Matematica pura ed applicata.

(r) Wir behandeln die Differenzengleichung

$$(2, b) \; \ldots \; \Delta^2 y + g\Delta y + hy = 0, \quad \{\xi\}$$

worin gesetzt ist

$$(\alpha) \; \ldots \; g = \frac{c - q + (a + b - 2ab)qx}{c - ab\,qx}, \quad h = -\frac{(1-a)(1-b)}{c - ab\,qx}\,qx.$$

Angenommen wird, dass die α, β, γ, oder a, b, c allgemein bleiben, d. h. dass keine algebraische Gleichung zwischen ihnen bestehe, oder dass wenigstens das Bestehen gewisser Gleichungen unter ihnen ausgeschlossen sei.

Wir versuchen das Integral y in ein Produkt $y = v.w$ zu zerlegen, in welchem v das Integral einer Differenzengleichung wird, der $\varphi(\alpha', \beta', \gamma', q', \xi')$ genügt, wenn α', β', γ', q' Constante und ξ' eine von ξ abhängige Veränderliche bezeichnen. Es zeigt sich, dass w dadurch als Function von ξ und ξ' von selbst bestimmt ist.

Macht man

$$w_1 = w + \Delta w, \quad w_2 = w_1 + \Delta w_1,$$

so wird, nach welchem Buchstaben man auch die Differenzen nimmt,

$$\Delta y = w_1 \Delta v + v \Delta w$$
$$\Delta^2 y = w_2 \Delta^2 v + 2 \Delta w_1 \Delta v + v \Delta^2 w.$$

Setzt man dies in (2, b) ein, so findet man

$$(\beta) \ldots \quad w_2 \Delta^2 v + (2\Delta w_1 + g w_1)\Delta v + (\Delta^2 w + g\Delta w + hw) v = 0, \quad \{\xi\}.$$

Diese Gleichung wollen wir mit einer solchen in Uebereinstimmung bringen, welcher eine Function $v = \varphi(\alpha', \beta', \gamma', q', \xi')$ genügt. Man setze zunächst fest, wie ξ' von ξ abhängen soll. Hier handeln wir ausschliesslich über die Ergebnisse der einfachsten Festsetzung $\xi' = \xi + \mathfrak{f}$, wo $\mathfrak{f}$ eine Constante bezeichnet, so dass, wenn ξ um eine Einheit, ξ' um ebensoviel zunimmt; daher darf in der Differenzengleichung die unabhängige Variabele ξ mit ξ' vertauscht werden und umgekehrt.

Man bringt nun (β) mit der Gleichung

$$(\gamma) \ldots \quad \Delta^2 v + g' \Delta v + h' v = 0, \quad \{\xi'\}$$

in Uebereinstimmung, wo

$$(\delta) \ldots \quad g' = \frac{c' - q' + (a' + b' - 2a'b') q'x'}{c' - a'b'q'x'}, \quad h' = -\frac{(1-a')(1-b')}{c' - a'b'q'x'} q'x'.$$

Dies geschieht, indem man setzt

$$(\varepsilon) \ldots \quad w_2 (g' - 2) = w_1 (g - 2)$$
$$(\zeta) \ldots \quad w_1 (g - 2)(h' + 1 - g') = w(g' - 2)(h + 1 - g);$$

sind diese Bedingungen erfüllt, so wird auch

$$(14) \ldots \quad y = w\,\varphi(\alpha', \beta', \gamma', q', \xi + \mathfrak{f})$$

ein Integral von (2, b) sein.

Dadurch, dass man ξ in (3) mit $\xi - 1$ vertauscht und dann $w_1 : w$ eliminirt, erhält man

$$(14, a) \ldots \quad q(1 - x)(c - abx)[q' + c' - (a' + b')x'][q' + c' - (a' + b')q'x']$$
$$= q'(1 - x')(c' - a'b'x')[q + c - (a + b)x][q + c - (a + b)qx].$$

Hieraus folgt, dass x' als Wurzel einer Gleichung zweiten Grades die Form hat

$$x' = \frac{\psi(x) + \sqrt{\chi(x)}}{\eta(x)},$$

wo η und ψ ganze Functionen höchstens des zweiten, χ des vierten Grades sein können. Durch Vertauschung von ξ mit $\xi + 1$ gehen ferner x und x' in qx und $q'x'$ über, so dass

$$\frac{\psi(qx) + \sqrt{\chi(qx)}}{\eta(qx)} = q' \frac{\psi(x) + \sqrt{\chi(x)}}{\eta(x)},$$

folglich auch $\sqrt{\chi}$ rational ist und mit ψ zu einer Function zweiten Grades, die wieder ψ heisse, zusammengezogen werden kann. Man hat also

$$x' . \eta(x) = \psi(x).$$

Aus der Annahme $\xi' = \xi + \mathfrak{f}$ folgt, wenn ε und k Constante bezeichnen,

$$x' = (q')^{\xi'} = kq^{\varepsilon\xi} = kx^{\varepsilon}, \quad q' = q^{\varepsilon}.$$

Nach dem unmittelbar Vorhergehenden kann ε nur ganz und höchstens 2 sein, so dass als einzig mögliche Fälle übrig bleiben

$$\begin{array}{llll} 1) & x' = kx & \text{und zugleich} & q' = q \\ 2) & x' = k : x & \text{,,} \quad \text{,,} & q' = 1 : q \\ 3) & x' = kx^2 & \text{,,} \quad \text{,,} & q' = q^2 \\ 4) & x' = k : x^2 & \text{,,} \quad \text{,,} & q' = 1 : q^2. \end{array}$$

Das Bestehen der Gleich. (14, a) fordert, dass die niedrigsten und ebenso die höchsten Potenzen von x auf beiden Seiten gleiche Factoren haben; folglich ist

$$\frac{(q+c)^2}{qc} = \frac{(q'+c')^2}{q'c'}, \quad \frac{(a+b)^2}{ab} = \frac{(a'+b')^2}{ab},$$

d. i.

$$(\eta) \ldots \quad q' : c' = q : c \quad \text{oder} \quad q' : c' = c : q$$
$$a' : b' = a : b \quad \text{,,} \quad a' : b' = b : a.$$

Bringt man (14, a) in die Form

$$(\theta) \ldots \quad (1-x)(1-px)(1-r'x')(1-q'r'x')$$
$$= (1-x')(1-p'x')(1-rx)(1-qrx),$$

wo gesetzt ist

$$p = \frac{ab}{c}, \quad r = \frac{a+b}{q+c}, \quad p' = \frac{a'b'}{c'}, \quad r' = \frac{a'+b'}{q'+c'},$$

so überzeugt man sich davon, dass der dritte und vierte Fall nicht eintreten können, indem α, β, γ unabhängig sein sollen. Würde man, um den Beweis in einem von den beiden Fällen, wozu wir willkürlich den dritten wählen, zu Ende zu führen, in (θ) setzen $q' = q^2$, $x' = kx^2$, so hätte man

$$(1-x)(1-px)(1-kr'x^2)(1-kr'q^2x^2)$$
$$=(1-kx^2)(1-kp'x^2)(1-rx)(1-qrx).$$

Da die linke Seite für $x = 1$ verschwindet, so muss zugleich die rechte Null sein, also auch einer der beiden Factoren zweiten Graden. (Sollte nämlich $(1-r)(1-qr) = 0$ sein, so wäre r oder qr gleich 1; also könnten α, β, γ nicht unabhängige Grössen bedeuten.) Dieser wäre dann $1-x^2$, so dass ein Factor, also ein quadratischer, der linken Seite für $x = -1$ verschwindet. Die linke Seite wäre also

$$(1-x)(1-px)(1-x^2)(1-q^{\pm 2}.x^2),$$

und der Factor $1-rx$ auf der Rechten müsste mit einem der Factoren auf der Linken für dasselbe x Null sein — was (wegen der Unabhängigkeit von α, β, γ) unmöglich ist. Es bleibt nur noch der erste und zweite Fall übrig.

1) Man setzt $q' = q$, $x' = kx$, und hat

$$(1-x)(1-px)(1-kr'x)(1-kqr'x) = (1-kx)(1-kp'x)(1-rx)(1-qrx).$$

Für $x = 1$ oder $px = 1$ können auf der Rechten nur die beiden ersten Factoren verschwinden und es ist also

$$\text{entweder } k = 1 \quad \text{und} \quad p = p', \quad \text{d. h.} \quad \frac{ab}{c} = \frac{a'b'}{c'}$$

$$\text{oder } k = p = \frac{ab}{c} \quad \text{,,} \quad kp' = 1, \quad \text{,,} \quad \frac{a'b'}{c'} = \frac{c}{ab}.$$

Combinirt man hiermit die vier verschiedenen Fälle unter (η), so ergeben sich folgende vier Systeme von Werthen der Elemente

a'	b'	c'	q'	x'	oder	α'	β'	γ'	q'	ξ'
a	b	c	q	x	„	α	β	γ	q	ξ
$\frac{c}{a}$	$\frac{c}{b}$	c	q	$\frac{ab}{c}x$	„	$\gamma-\alpha$	$\gamma-\beta$	γ	q	$\xi+\alpha+\beta-\gamma$
$\frac{qa}{c}$	$\frac{qb}{c}$	$\frac{q^2}{c}$	q	x	„	$\alpha+1-\gamma$	$\beta+1-\gamma$	$2-\gamma$	q	ξ
$\frac{q}{a}$	$\frac{q}{b}$	$\frac{q^2}{c}$	q	$\frac{ab}{c}x$	„	$1-\alpha$	$1-\beta$	$2-\gamma$	q	$\xi+\alpha+\beta-\gamma.$

2) Eine ganz ähnliche Untersuchung verschafft für den Fall $q' = 1 : q$, $x' = k : x$ noch vier andere Systeme von Werthen der Elemente

a'	b'	c'	q'	x'	oder	α'	β'	γ'	q'	ξ'
$\frac{1}{a}$	$\frac{c}{aq}$	$\frac{b}{aq}$	$\frac{1}{q}$	$\frac{1}{x}$	„	α	$\alpha+1-\gamma$	$\alpha+1-\beta$	$\frac{1}{q}$	ξ
$\frac{b}{q}$	$\frac{b}{c}$	$\frac{b}{aq}$	$\frac{1}{q}$	$\frac{c}{abx}$	„	$1-\beta$	$\gamma-\beta$	$\alpha+1-\beta$	$\frac{1}{q}$	$\xi+\alpha+\beta-\gamma$
$\frac{1}{b}$	$\frac{c}{bq}$	$\frac{a}{bq}$	$\frac{1}{q}$	$\frac{1}{x}$	„	β	$\beta+1-\gamma$	$\beta+1-\alpha$	$\frac{1}{q}$	ξ
$\frac{a}{q}$	$\frac{a}{c}$	$\frac{a}{bq}$	$\frac{1}{q}$	$\frac{c}{abx}.$	„	$1-\alpha$	$\gamma-\alpha$	$\beta+1-\alpha$	$\frac{1}{q}$	$\xi+\alpha+\beta-\gamma.$

Die vier Reihen φ von diesen Elementen lassen sich nach S. 98 in solche verwandeln, deren viertes Element q und nicht $\frac{1}{q}$ ist; in der Zusammenstellung des folgenden Paragraphen sind sie in dieser Form angegeben. Nichts desto weniger konnten sie nicht unter No. 1 stehen, weil wir S. 116 festsetzten, es sollen nur solche Transformationen aufgesucht werden, bei welchen $\xi' = \xi + \mathfrak{f}$, nicht solche, bei denen $\xi' = -\xi + \mathfrak{f}$.

Man überzeugt sich leicht davon, dass diese Elemente der Bedingung (**14**, a) wirklich genügen.

Für jede dieser Functionen v hat man schliesslich das dazugehörige w nach (ε) aufzusuchen, also durch die Gleichung

$$w = \frac{q' + c' - (a' + b')x'}{q + c - (a + b)x} \cdot \frac{c - abx}{c' - a'b'x} w_1,$$

die man wiederholt anwendet, so dass w durch ein Produkt ausgedrückt wird, welches in den acht Fällen, — den Fall wo es 1 wird eingeschlossen — in welchen w aufzusuchen ist, eine einfache Form annimmt. So erhält man z. B. in dem zweiten Falle von No. 1, in dem

$$a' \quad b' \quad c' \quad q' \quad x'$$

gleich

$$\frac{c}{a} \quad \frac{c}{b} \quad c \quad q \quad \frac{abx}{c}$$

sind, die Gleichung

$$w = \frac{c - abx}{c(1-x)} \cdot w_1,$$

also indem man w_α gleich 1 setzt, das unendliche Produkt

$$w = \frac{(1-q^{\alpha+\beta-\gamma}x)(1-q^{1+\alpha+\beta-\gamma}x)(1-q^{2+\alpha+\beta-\gamma}x)\ldots}{(1-x)(1-qx)(1-q^2x)\ldots},$$

welches nach (4) gleich $\varphi(\alpha+\beta-\gamma, 1, 1, q, \xi)$ wird.

(*s*) Auf diese Art haben wir folgende 8 Lösungen der Differenzengleichung (2, *a*) gefunden, die sämmtlich das gleiche vierte Element q haben, welches deshalb bei der nachstehenden Zusammenstellung fortgelassen werden durfte

1) $\varphi(\alpha, \beta, \gamma, \xi)$
2) $x^{1-\gamma}\varphi(\alpha+1-\gamma, \beta+1-\gamma, 2-\gamma, \xi)$
3) $x^{-\alpha}\varphi(\alpha, \alpha+1-\gamma, \alpha+1-\beta, \gamma+1-\alpha-\beta-\xi)$
4) $x^{-\beta}\varphi(\beta, \beta+1-\gamma, \beta+1-\alpha, \gamma+1-\alpha-\beta-\xi)$

5) $\varphi(\alpha+\beta+\gamma, 1, 1, \xi)\,\varphi(\gamma-\alpha, \gamma-\beta, \gamma, \xi+\alpha+\beta-\gamma)$
6) $x^{1-\gamma}\varphi(\alpha+\beta-\gamma, 1, 1, \xi)\,\varphi(1-\alpha, 1-\beta, 2-\gamma, \xi+\alpha+\beta-\gamma)$
7) $x^{-\alpha}\varphi(\alpha+\beta-\gamma, 1, 1, \gamma+1-\alpha-\beta-\xi)\,\varphi(1-\beta, \gamma-\beta, \alpha+1-\beta, 1-\xi)$
8) $x^{-\beta}\varphi(\alpha+\beta-\gamma, 1, 1, \gamma+1-\alpha-\beta-\xi)\,\varphi(1-\alpha, \gamma-\alpha, \beta+1-\alpha, 1-\xi)$.

Da das erste und fünfte Integral sich nach aufsteigenden ganzen positiven Potenzen von x entwickeln lassen und für $x = 0$ sich in 1 verwandeln, so sind sie gleich, und liefern die oben als Verallgemeinerung der Euler'schen hervorgehobene Gleichung (13). Durch Anwendung derselben verwandeln sich die ersten vier in die letzten. Wir haben also die vier verschiedenen Lösungen 1 — 4 der Differentialgleichung (2, *a*) gefunden, welche den Forderungen entsprechen ($y = v \,.\, w$, $\xi' = \xi + \mathfrak{f}$).

Zwischen den verschiedenen Lösungen existiren ähnliche Beziehungen wie die, welche man bei den linearen Differentialgleichungen zweiter Ordnung kennt und die von doppelter Art sind. Die eine Art giebt lineare homogene Gleichungen zwischen drei Lösungen, die andere verbindet zwei Lösungen mit ihren Differentialquotienten, hier mit ihren Differenzen Δ. Nur bei der Uebertragung dieser Art von Gleichungen verweilen wir, indem die Formeln, welche man bei der andern Art gewinnt, vorläufig keine Anwendung finden, und die Uebertragung der betreffenden von Kummer aufgestellten Gleichungen keine Schwierigkeit hat.

Sind y und z zwei verschiedene Lösungen von (2, *a*), so wird

$$z\Delta^2 y - y\Delta^2 z + g(z\Delta y - y\Delta z) = 0.$$

Setzt man

$$z\Delta y - y\Delta z = \chi,$$

so wird

$$\Delta\chi = (z + \Delta z)\Delta^2 y - (y + \Delta y)\Delta^2 z,$$
$$z\Delta^2 y - y\Delta^2 z = \Delta\chi + \Delta^2 z\Delta y - \Delta^2 y\Delta z,$$

und aus der gegebenen Differenzengleichung für y und z

$$\Delta^2 z\Delta y - \Delta^2 y\Delta z = h(y\Delta z - z\Delta y) = -h\chi,$$

so dass für χ die Differenzengleichung erster Ordnung entsteht

$$\varDelta\chi = (h-g)\chi.$$

Setzt man $\varDelta\chi = \chi_1 - \chi$, $\varDelta\chi_1 = \chi_2 - \chi_1$, etc., so giebt dies

$$\chi_1 = \frac{1-x}{c-abqx}q\chi$$

und die wiederholte Anwendung dieser Formel

$$\chi = x^{1-\gamma}\frac{(1-q^{1+\alpha+\beta-\gamma}x)(1-q^{2+\alpha+\beta-\gamma}x)(1-q^{3+\alpha+\beta-\gamma}x)\dots}{(1-x)(1-qx)(1-q^2x)\dots}.$$

Nennt man die aus y und z durch Vertauschung von x mit qx hervorgehenden Functionen y_1 und z_1, so kann man die linke Seite der Gleichung auch durch $zy_1 - yz_1$ ersetzen. Hierdurch erhält man die in Rede stehenden Gleichungen, nämlich den Ausdruck

$$zy_1 - yz_1 = x^{1-\gamma}\varphi(\alpha+\beta+1-\gamma, 1, 1, q, \xi),$$

in welchen man für y und z irgend zwei verschiedene der Lösungen 1 bis 4 einzusetzen hat.

Anmerk. Hätte man allgemein die Transformationen untersucht, bei welchen $\xi' = \nu\xi + \mathfrak{f}$, wenn ν eine ganze positive Zahl bezeichnet, so dürfte man im § r, β nicht die Differenz von v nach ξ' mit der nach ξ vertauschen. Lässt man ξ in

$$v = \varphi(\alpha', \beta', \gamma', q', \xi')$$

um 1 oder 2 wachsen, so geht v in

$$v_1 = \varphi(\alpha', \beta', \gamma', q', \xi'+\nu), \qquad v_2 = \varphi(\alpha', \beta', \gamma', q', \xi'+2\nu)$$

über, und man kann (β) nicht mit (γ) assimiliren, sondern mit einer Gleichung

$$(v_2 - 2v_1 + v) + G(v_1 - v) + Hv = 0,$$

also einer homogenen Gleichung zwischen drei Functionen v von der Form

$$Av + Bv_1 + Cv_2 = 0,$$

in welcher für A, B, C Functionen von α', β', γ', q', ξ' aufzusuchen sind. Aus den Relationen, welche unter den verwandten Functionen bestehen, folgt, dass für jedes gegebene ν eine solche Gleichung wirklich gefunden werden kann, im allgemeinen um so leichter je kleiner ν ist. Diese Coefficienten A, B, C verglichen mit den w geben die (14, a) entsprechende Gleichungen, durch welche die Elemente α', β', γ', q', ξ' mit den ursprünglich gegebenen α, β, γ, q, ξ zusammenhängen. Untersuchungen über diesen Zusammenhang habe ich noch nicht angestellt.

VIII. Anwendungen auf die Theorie der elliptischen Functionen.

(t) Im § 64 seiner Fundamenta setzt Jacobi für die unendlichen Produkte

$$(1-qz)(1-q^3z)(1-q^5z)\dots, \quad \left(1-\frac{q}{z}\right)\left(1-\frac{q^3}{z}\right)\left(1-\frac{q^5}{z}\right)\dots,$$

die nach (4) im § e ihnen gleichen, nach auf- oder absteigenden Potenzen von $z = \cos 2x + i\sin 2x$ geordneten Reihen, multiplicirt einerseits die beiden Produkte, andrerseits die ihnen gleichen Reihen und findet so, dass das entstehende unendliche Produkt, welches wesentlich die Jacobi'sche Function Θ wird, gleich einer nach auf- und absteigenden Potenzen von z geordneten Reihe sei, in welcher mit $\cos 2nx$ eine nur von q abhängige Reihe multiplicirt ist, die durch eine besondere Methode summirt, eine einfache Summe liefert.

Von dem allgemeinen Standpunkt aus, den wir hier einnehmen, indem wir die zu multiplicirenden Reihen als besondere Fälle der Function φ betrachten, zeigt sich, dass jene Summation, welche der Factor von $\cos 2nx$ liefert, gelingt, weil die zu summirende Reihe eine solche hypergeometrische $\varphi(\alpha, \beta, \gamma, q, \xi)$ wird, bei welcher ξ den Werth $\gamma - \alpha - \beta$ annimmt (Vergl. (8, a)). Dieser Umstand macht es möglich, eine einzige allgemeine Formel (§ w, 17) aufzustellen, die, direkt oder nach geringen Umformungen, nicht nur die unendlichen Produkte für die Θ und H in die bekannten trigonometrischen Reihen umsetzt, sondern dasselbe auch für sin am, cos am, Δam etc. (Jacobi § 39) leistet. Ferner gewinnt man auch noch Formeln, die ich an anderen Stellen noch nicht bemerkt habe, von denen einige hier Platz finden mögen in Ansehung des Interesse, welches man Entwickelungen, die sich auf die Theorie der elliptischen Functionen beziehen, zuzuwenden pflegt. (M. findet diese Art der Behandlung in meiner Abhandlung: Abriss einer Theorie d. ell. Funct. im 39. Bde des Crelle'schen Journals, wo ich mehrere Untersuchungen weiter ausgeführt habe, als es hier geschieht.)

(u) Um die erwähnte allgemeine Gleichung und zugleich noch allgemeinere Transformationen zu gewinnen, geht man von (4) aus. Es ist hiernach

$$\Pi \frac{1 - aq^n z}{1 - bq^n z} = 1 + \frac{b - a}{1 - q} z + \frac{(b - a)(b - aq)}{(1 - q)(1 - q^2)} z^2 + \cdots,$$

wenn das Produkt hier wie im Folgenden nach dem Buchstaben n genommen wird, der alle ganzen Zahlen von 0 incl. zu ∞ durchläuft. Ist $z = \cos 2x + i \sin 2x$ also $\mathfrak{M} z = 1$, so kann man z mit z^{-1} vertauschen. Multiplicirt man die so entstehende Gleichung mit der vorigen, so erhält man sogleich

$$(15) \ldots \quad \Pi \frac{1 - 2q^{\alpha + n} \cos 2x + q^{2\alpha + 2n}}{1 - 2q^{\beta + n} \cos 2x + q^{2\beta + 2n}} = c_0 + 2c_1 \cos 2x + 2c_2 \cos 4x + \cdots$$

wo c_ν eine hypergeometrische Reihe ist, nämlich

$$c_\nu = \frac{(b - a)(b - aq)\ldots(b - aq^{\nu - 1})}{(1 - q)(1 - q^2)\ldots(1 - q^\nu)} \Big[1 + \frac{(b - a)(b - aq^\nu)}{(1 - q)(1 - q^{\nu + 1})}$$
$$+ \frac{(b - a)(b - aq)(b - aq^\nu)(b - aq^{\nu + 1})}{(1 - q)(1 - q^2)(1 - q^{\nu + 1})(1 - q^{\nu + 2})} + \cdots \Big].$$

Der in der Parenthese eingeschlossenen Reihe

$$(15, a) \ldots \quad \varphi(\alpha - \beta, \alpha + \nu - \beta, \nu + 1, 2\beta)$$

kann man nach (13) resp. nach (5, a) auch die Formen geben

$$(15, b) \ldots \quad \frac{O(2\alpha - 2)}{O(2\beta - 1)} \varphi(\beta - \alpha + 1, \beta - \alpha + \nu + 1, \nu + 1, 2\alpha - 1),$$

$$(15, c) \ldots \quad \frac{O(\alpha + \beta - 1) O(\alpha - \beta + \nu - 1)}{O\nu O(2\beta - 1)} \varphi(\beta - \alpha + 1, 2\beta, \alpha + \beta, \alpha - \beta + \nu),$$

von denen die letztere nach wiederholter Anwendung von (13) sich auch mit

$$(15, d) \ldots \quad \frac{O(\alpha + \beta - 1) O(\nu + \beta - \alpha)}{O\nu O(2\beta - 1)} \varphi(\alpha - \beta, 2\alpha - 1, \alpha + \beta, \beta - \alpha + \nu + 1)$$

vertauschen lässt.

(v) Zunächst erhält man die **Zerlegung des sehr allgemeinen Produktes auf der linken Seite von (15) in sogenannte einfache Brüche.** Setzt man die Form (15, c) ein, so wird (α, β, $\alpha-\beta$ positiv vorausgesetzt)

$$c_\nu = \frac{O(\alpha-1+\beta)\,O(\alpha-1-\beta)}{O(0)\,O(2\beta-1)}\,q^{\beta\nu}\,\varphi(\beta-\alpha+1,\ 2\beta,\ \alpha+\beta,\ \alpha-\beta+\nu);$$

dieser Coefficient lässt sich also durch eine Reihe

$$\varkappa_0\, q^{\beta\nu} + \varkappa_1\, q^{\alpha-\beta+(\beta+1)\nu} + \cdots + \varkappa_m\, q^{(\alpha-\beta)m+(\beta+m)\nu} + \cdots$$

darstellen, in welcher die $\varkappa$ von ν unabhängig sind. Multiplicirt man c_ν mit $2\cos\nu x$, c_0 mit 1, und führt die Summation zuerst nach ν und dann nach m aus, so **erhält man die Zerlegung durch folgende Formel**

$$(16)\ \ldots\quad \frac{O(0).\,O(0)}{O(\alpha-\beta-1)\,O(\beta-\alpha)}\,\Pi\,\frac{1-2q^{\alpha+n}\cos 2x+q^{2\alpha+2n}}{1-2q^{\beta+n}\cos 2x+q^{2\beta+2n}}$$
$$= \Sigma\,\frac{On\,O(\alpha+\beta-1+n)}{O(\beta-\alpha+n)\,O(2\beta-1+n)}\cdot\frac{(1-q^{2\beta+2n})\,q^{n(\alpha-\beta)}}{1-2q^{\beta+n}\cos 2x+q^{2\beta+2n}},$$

in der, wie festgesetzt wurde, n auf der Linken und Rechten die Zahlenreihe von 0 incl. bis ∞ durchläuft, und das bei den O fortgelassene vierte Element überall q ist.

Diese Gleichung enthält die Zerlegung der elliptischen Functionen in Partialbrüche (Jacobi § 35, S. 87) in sich, z. B. erhält man die für sinam indem man $\alpha = 1$, $\beta = \frac{1}{2}$ setzt und q mit q^2 vertauscht, die für cosam wenn $\alpha = 1 + q\pi i$. Macht man $\alpha = \infty$, so entstehen die Formeln für die Zerlegung von $1 : \Theta$ und $1 : H$, die Jacobi im § 66 S. 187 giebt, nämlich zunächst wenn β allgemein bleibt

$$(16, a)\ \ldots\quad \Pi\,\frac{(1-q^{n+1})(1-q^{n+1})}{1-2q^{\beta+n}\cos 2x+q^{2\beta+2n}}$$
$$= \Sigma\,(-1)^n\, q^{\frac{n(n+1)}{2}}\,\frac{On}{O(2\beta-1+n)}\cdot\frac{1-q^{2\beta+2n}}{1-2q^{\beta+n}\cos 2x+q^{2\beta+2n}}.$$

(w) Wir gehen wieder zurück zu (15) und suchen die Fälle für α und β auf, in welchen die Reihen für c_n sich summiren, also das Produkt auf der linken Seite, welches nach (15) eine Doppelreihe giebt, sich in eine einfache trigonometrische Reihe (in Bezug auf x) verwandeln lässt. Die Ausdrücke, welche wir gewinnen, werden bei der Anwendung auf specielle Fälle zum Theil durch folgende trigonometrische Formeln vereinfacht:

$$\frac{\sin(2m+1)x}{\sin x} = 1 + 2\cos 2x + 2\cos 4x + \cdots + 2\cos 2mx,$$

$$\frac{\sin 2mx}{2\sin x} = \cos x + \cos 3x + \cdots + \cos(2m-1)x,$$

$$\frac{\cos(2m+1)x}{\sin x} = \operatorname{cotang} x - 2\sin 2x - 2\sin 4x - \cdots - 2\sin 2mx,$$

$$\frac{\cos 2mx}{\sin x} = \frac{1}{\sin x} - 2\sin x - 2\sin 3x - \cdots - 2\sin(2m-1)x.$$

1) Die in c_ν vorkommende Reihe lässt sich, wenn $\alpha = \frac{1}{2}$ und β positiv ist, in der Form (15, a) durch (8, a) summiren, in der Form (15, d)

ohne andere Hülfsmittel. Man findet

$$c_\nu = q^{\nu\beta}\frac{O(\beta-\frac{1}{2})O(-\beta-\frac{1}{2})}{O(0)O(2\beta-1)}\cdot\frac{O(\beta-\frac{1}{2}+\nu)}{O(-\beta-\frac{1}{2}+\nu)}$$

und erhält daher, wenn man noch q mit q^2, 2β mit β vertauscht, die Gleichung

$$(17)\ldots\quad \Pi\frac{1-2q^{2n+1}\cos 2x+q^{4n+2}}{1-2q^{\beta+2n}\cos 2x+q^{2\beta+4n}} = \Pi\frac{(1-q^{\beta+2n+1})^2}{(1-q^{2n+2})(1-q^{2\beta+2n})}\Big[1+$$
$$2q^\beta\frac{1-q^{1-\beta}}{1-q^{1+\beta}}\cos 2x + 2q^{2\beta}\frac{(1-q^{1-\beta})(1-q^{3-\beta})}{(1-q^{1+\beta})(1-q^{3+\beta})}\cos 4x+\cdots\Big].$$

Dies ist eine von den allgemeinen Formeln, auf welche im § (t) hingewiesen wurde.

2) Einen ähnlichen Ausdruck gewinnt man für $\alpha = 1$, wenn man x in (17) um $i\pi\log q$ wachsen lässt, aber auch direkt aus (15, c), welches für $\alpha = 1$ giebt

$$\frac{O(-\beta)O(\beta)}{O(0)O(2\beta-1)}q^{\nu\beta}\varphi(\beta, 2\beta, \beta+1, \nu+1-\beta).$$

Multiplicirt man (15) mit $\sin x$, so erhält man

$$(c_0-c_1)\sin x+(c_1-c_2)\sin 3x+(c_2-c_3)\sin 5x+\cdots;$$

diese Differenzen der c liefern einfache Ausdrücke. Es ist nämlich $c_\nu - c_{\nu+1}$ offenbar gleich

$$\frac{O(-\beta)O(\beta)}{O(0)O(2\beta-1)}\cdot(1-q^\beta)q^{\nu\beta}\varphi(2\beta, 1, 1, \nu+1-\beta),$$

und man hat daher mit Hülfe von (4),

$$(17, a)\ldots\quad \sin x\,\Pi\frac{1-2q^{n+1}\cos 2x+q^{2n+2}}{1-2q^{\beta+n}\cos 2x+q^{2\beta+2n}} = \frac{O\beta O(\beta-1)}{O(0)O(2\beta-1)}\Big[\sin x+$$
$$q^\beta\frac{1-q^{1-\beta}}{1-q^{1+\beta}}\sin 3x+q^{2\beta}\frac{(1-q^{1-\beta})(1-q^{2-\beta})}{(1-q^{1+\beta})(1-q^{2+\beta})}\sin 5x+\cdots\Big].$$

Anmerk. Macht man $\alpha = \infty$ in (15), so verwandelt sich der Zähler auf der Linken in 1, während man aus (15, c) erhält

$$c_\nu = \frac{q^{\nu\beta}}{O(0)O(2\beta-1)}\varphi(-g, 2\beta, g, g+\nu+1),\quad (g=\infty).$$

Man findet also die Gleichung

$$\sqrt[8]{q}\,\Pi\frac{(1-q^{n+1})(1-q^{2\beta+n})}{1-2q^{\beta+n}\cos 2x+q^{2\beta+2n}} =$$
$$\Sigma 2q^{\nu\beta}\cos 2\nu x\Big[q^{\frac{1}{8}}-\frac{1-q^{2\beta}}{1-q}q^{\nu+\frac{9}{8}}+\frac{(1-q^{2\beta})(1-q^{2\beta+1})}{(1-q)(1-q^2)}q^{2\nu+\frac{2}{8}}+\cdots\Big],$$

wenn rechts für $\nu = 0$ die Hälfte genommen wird.

(x) Aus den Formeln (17) und (17, a) entstehen die von Jacobi gegebenen Entwickelungen der unendlichen Produkte in Reihen durch einfache Substitution specieller Werthe für α und β, z. B. Θ und H wenn man β gleich ∞ setzt; in dem Falle, dass in (17) $\beta = 2$ ist, wenn es sich also um die Quotienten $1 : \sin\mathrm{am}$ oder $1 : \cos\mathrm{am}$ etc. handelt, hat man die entstehenden Gleichungen noch durch $\sin x$ zu dividiren, um die gewöhnliche Form zu erhalten. Dadurch entsteht auf der rechten Seite mit Hülfe der oben angegebenen trigonometrischen Gleichungen

$$\frac{1}{\sin x}(c_0 + 2\sum_{\nu=1}^{\infty} c_\nu) - 4\sin x \sum_{\nu=1}^{\infty} c_\nu - 4\sin 3x \sum_{\nu=2}^{\infty} c_\nu - \cdots.$$

Abgesehen von dem vor der Parenthese befindlichen Factor ist c_0 gleich 1, und c_ν gleich

$$-\frac{(1-q)^2 q^{2\nu-1}}{(1-q^{2\nu-1})(1-q^{2\nu+1})} = \frac{1-q}{1+q}\left[\frac{q^{2\nu+1}}{1-q^{2\nu+1}} - \frac{q^{2\nu-1}}{1-q^{2\nu-1}}\right].$$

Durch Einsetzen dieser Werthe ergiebt sich die bekannte Formel

$$(\alpha) \ldots \quad \frac{1}{\sin x}\Pi\left(\frac{1-q^{2n+2}}{1-q^{2n+1}}\right)^2 \Pi\frac{1-2q^{2n+1}\cos 2x + q^{4n+2}}{1-2q^{2n+2}\cos 2x + q^{4n+4}}$$

$$= \frac{1}{\sin x} + \frac{4q}{1-q}\sin x + \frac{4q^3}{1-q^3}\sin 3x + \cdots,$$

welcher man noch die zweite hinzufügen kann, die durch Division von (17, a) mit $\cos x$ entsteht, nachdem man q^β gleich $-q$ gesetzt hat

$$\left(\Pi\frac{1-q^{n+1}}{1+q^{n+1}}\right)^2 \cdot \Pi\frac{1-2q^{n+1}\cos 2x + q^{2n+2}}{1+2q^{n+1}\cos 2x + q^{2n+2}} \cdot \operatorname{tang} x$$

$$= \operatorname{tang} x - \frac{4q}{1+q}\sin 2x + \frac{4q^2}{1+q^2}\sin 4x - \cdots.$$

Indem man x in (α) gleich $\frac{1}{2}\pi$ macht, wodurch die linke Seite das Quadrat von

$$\Pi\frac{(1+q^{2n+1})(1-q^{2n+2})}{(1-q^{2n+1})(1+q^{2n+2})}$$

wird, während dieses sich in

$$\Pi(1-q^{2n+2})(1+q^{2n+2})^2 = \sum_{-\infty}^{\infty} q^{\nu\nu}$$

verwandelt, weil

$$\Pi(1-q^{2n+1})(1+q^{n+1}) = 1,$$

so erhält man auch den schon auf S. 112 erwähnten Satz

$$(1+2q^1+2q^4+\cdots)^2 = 1 + \frac{4q}{1-q} - \frac{4q^3}{1-q^3} + \cdots.$$

Aus den Gleichungen (17) zieht man auch die Formeln für die Entwickelung der Produkte aus einer endlichen Anzahl von Faktoren. Setzt man in (17) für β eine ungerade Zahl $2m+1$, so erhält man die endlichen Ausdrücke

$$\prod_{\mu=1}^{m}\frac{1-q^{2\mu}}{1-q^{2m+2\mu}}\prod_{\mu=1}^{m}(1-2q^{2\mu-1}\cos 2x + q^{4\mu-2}) = 1 - 2\frac{1-q^{2m}}{1-q^{2m+2}}q^1\cos 2x$$

$$+ 2\frac{(1-q^{2m})(1-q^{2m-2})}{(1-q^{2m+2})(1-q^{2m+4})}q^4\cos 4x - \cdots.$$

Diese Formel mit dem nachfolgenden sehr einfachen, der Eigenthümlichkeit des speciellen Falles entsprechenden Beweise findet man in dem äusserst werthvollen von Herrn **Hermite** verfassten Anhange zu **Lacroix**, Traité élémentaire de calcul différentiel et intégral (Deutsch von Natani; IV, S. 30). Sie rührt, wie Herr Hermite dort bemerkt, von Cauchy her, der damit auf die einfachste Art das unendliche Produkt für Θ in die unendliche trigonometrische Reihe verwandelt hat, und kommt vor in Cauchy's Mémoire sur les fonctions dont plusieurs valeurs sont liées entre elles par une équation linéaire, et sur divers transformations de produits composés d'un nombre indéfini de facteurs, Comptes rendus, T. XVII (1843) p. 523—531 u. 567—572, auf S. 568. Dies genaue Citat verdanke ich einer gefälligen Mittheilung des Herrn Enneper.

Um das endliche Produkt

$$(1+qz)(1+q^3z)\ldots(1+q^{2\nu-1}z).\left(1+\frac{q}{z}\right)\left(1+\frac{q^3}{z}\right)\ldots\left(1+\frac{q^{2\nu-1}}{z}\right)$$

in eine Reihe zu verwandeln, bringt man es auf die Form eines Produktes von den beiden Faktoren

$$(1+zq^{1-2\nu})(1+zq^{3-2\nu})\ldots(1+zq^{2\nu-1}),\quad z^{-\nu}q^{\nu\nu}.$$

Der erste von ihnen lässt sich durch die einfachsten lange bekannten Mittel (oder durch die sehr leicht abzuleitende Gleichung (4)) nach Potenzen von z in die Reihe

$$\varphi(\tfrac{1}{2}-\nu,\ 1,\ 1,\ q^2,\ \zeta+\nu+\tfrac{1}{2}),\qquad (q^{2\zeta}=-z)$$

entwickeln, welche mit dem zweiten Faktor multiplicirt die verlangte Darstellung giebt.

Zum Schluss füge ich noch die Gleichung hinzu

$$\left(\sum_{n=0}^{\infty}\frac{q^n}{1-q^{2n+1}}\sin(2n+1)x\right)\Big\{1-2\cdot\frac{1-q^{2m}}{1-q^{2m+2}}\,q^1\cos 2x$$

$$+2\,\frac{(1-q^{2m})(1-q^{2m-2})}{(1-q^{2m+2})(1-q^{2m+4})}\,q^1\cos 4x-\cdots\Big\}=\prod_{\mu=1}^{m}\left(\frac{1-q^{2\mu}}{1-q^{2\mu-1}}\right)^2\Big\{\frac{\sin x}{1-q^{2m+1}}$$

$$-\frac{1-q^{2m-1}}{(1-q^{2m+1})(1-q^{2m+3})}q^{1.2}\sin 3x+\frac{(1-q^{2m-1})(1-q^{2m-3})}{(1-q^{2m+1})\ldots(1-q^{2m+5})}q^{2.3}\sin 5x+\cdots\Big\},$$

deren rechte Seite mit wachsendem m sich dem wesentlichen Theile der Function H nähert.

Drittes Kapitel.

Die Kugelfunction zweiter Art. Cylinderfunction.

§ 22. Die Kugelfunction zweiter Art wurde im § 17 eingeführt und ist vermöge der Gleich. (12)

$$Q^n(x)=\frac{1.2\ldots n}{3.5\ldots(2n+1)}\left(x^{-n-1}+\frac{(n+1)(n+2)}{2.(2n+3)}x^{-n-3}+\cdots\right)$$

so lange definirt als $\mathcal{M}x>1$.

Es zeigte sich ferner, dass $Q^n(x)$ ein Integral der Differentialgleich. (8) ist, d. h. von

$$(8) \ldots \quad (1-x^2)d^2z - 2x\,dz\,dx + n(n+1)z\,dx^2 = 0.$$

Da die Ausführung von dergleichen Integrationen durch Reihen in der Folge mehrfach gefordert wird, so soll an dieser Stelle das Verfahren, wie man es in den bekannten Werken *) über Integralrechnung findet, kurz erörtert werden.

Um für die Gleichung Lösungen zu erhalten, welche nach Potenzen von x absteigen, setze man

$$z = x^\alpha + a_2 x^{\alpha-2} + a_4 x^{\alpha-4} + \cdots$$

in dieselbe ein, und ordne dann nach Potenzen von x. Da der Coefficient einer jeden von ihnen für sich Null sein muss, damit die linke Seite für jedes x, wenigstens für grosse Werthe von x, verschwinde, so findet man zuerst aus dem Coefficienten der höchsten Potenz

$$\alpha(\alpha+1) = n(n+1)$$

und allgemein von $\nu = 0$ an ($a_0 = 1$)

$$a_{2\nu+2} = a_{2\nu} \cdot \frac{(\alpha-2\nu)(\alpha-2\nu-1)}{(\alpha-2\nu-2)(\alpha-2\nu-1)-n(n+1)}.$$

Der Nenner lässt sich vermöge der Identität

$$m(m+1)-n(n+1) = (m-n)(m+n+1)$$

vereinfachen; ferner erhält man zwei verschiedene Werthe für α, nämlich $\alpha = n$ und $\alpha = -n-1$. Setzt man den ersten Werth für α in den Ausdruck für die Coefficienten ein, so erhält man die Lösung $P^n(x)$; setzt man aber $\alpha = -n-1$, die Lösung $Q^n(x)$.

Bedeuten a und b willkürliche Constanten, so ist, so lange $\mathcal{M}x > 1$, $z = aP^n + bQ^n$ das allgemeine Integral von (8). Für $x = \infty$ wird $P = \infty$, $Q = 0$, so dass nur ein Integral von der Form bQ für $x = \infty$ verschwindet. So lange $\mathcal{M}(x) > 1$ ist daher eine Function als $Q^n(x)$ völlig bestimmt dadurch, dass sie ein continuirliches Integral von (8) sein und mit x^{n+1} multiplicirt für $x = \infty$ sich in $\frac{1.2\ldots n}{3.5\ldots(2n+1)}$ verwandeln soll.

Noch blieb willkürlich was Q vorstellen solle, wenn $\mathcal{M}x \leqq 1$ (M. vergl. S. 80); wir wählen die Fortsetzung von Q so, dass sie in keinem angebbaren Flächenstücke aufhört, der Gleich. (8) zu genügen.

Dies kann so geschehen, dass $Q(x)$ in der ganzen Ebene der x, nachdem man die Punkte ± 1 ausgeschieden hat, nicht nur endlich, sondern auch continuirlich bleibt und auch in keiner Linie aufhört, (8) zu genügen, und zwar ändert Q sich dann auf jedem

*) Z. B. in Euleri institutiones calculi integralis, Vol. II, Sectio I, Cap. VIII.

gegebenen Wege (der nicht durch die Punkte ± 1 geht) auf völlig bestimmte Art. Sie ist dann aber nicht monodrom; man langt vielmehr, wie sich aus der Gleich. (17, c) S. 96 schliessen lässt, bei dieser Art der Fortsetzung, wenn man verschiedene Wege einschlägt, in demselben Punkte x auch im allgemeinen mit verschiedenen Werthen an, die sich um ganze Vielfache von $i\pi P^n(x)$ unterscheiden.

Eine solche Art der Fortsetzung würde jedoch nicht unserer Forderung entsprechen, nach der Q einen, wenigstens wenn $\mathcal{M}x > 1$, durch (12) völlig bestimmten, von dem Wege unabhängigen Werth besitzen soll. Man kann aber eine einwerthige Fortsetzung erhalten, wenn man auf die Continuität der Function beim Uebergang in die Gerade verzichtet, welche die zwei Punkte ± 1 mit einander verbindet, die also einen Theil der Axe des Reellen ausmacht. Diese endliche Linie heisst im Folgenden Querschnitt.

Eine eindeutige Function von x ist bis an, aber nicht bis in den Querschnitt bestimmt durch folgende Bedingungen:

1) Sie soll bis an den Querschnitt der Differentialgleichung (8) genügen;

2) bis an den Querschnitt continuirlich bleiben; nur in den Punkten ± 1 darf sie unendlich werden;

3) mit x^{n+1} multiplicirt für $x = \infty$ gleich werden

$$\frac{1.2\ldots n}{3.5\ldots(2n+1)}.$$

Diese Function heisst $Q^n(x)$ ausserhalb des Querschnittes. Es wird sich zeigen (§ 23), dass eine solche Function wirklich existirt, dass sie zu beiden Seiten des Querschnitts verschiedene Werthe besitzt — was aus dem Umstande stammt, dass $\sqrt{x^2-1}$ zu beiden Seiten des Querschnitts, nach S. 40, entgegengesetzte Zeichen erhält, — und zwar ist der Werth am Rande des negativen Ufers um $i\pi P^n(x)$ grösser als am Rande des positiven Ufers für das gleiche x. Positiv heisst das Ufer, auf dem sich die positive Axe des Imaginären befindet.

Ist x ein Punkt im Querschnitt, so dass also $-1 < x < 1$, und bedeutet ε eine positive reelle Grösse, so ist $x + \varepsilon i$ ein Werth am positiven Ufer, $Q^n(x+\varepsilon i)$ die Function Q auf demselben, und es existirt eine Grenze, Gr. $Q^n(x+\varepsilon i)$ für $\varepsilon = 0$ oder $Q^n(x+0.i)$, in der symbolischen Bezeichnung die man in solchem Zusammenhange anzuwenden pflegt. Dies ist der Werth am Rande des positiven Ufers, während Gr. $Q^n(x-\varepsilon i)$ für $\varepsilon=0$, oder $Q^n(x-0.i)$, den Werth am Rande des negativen vorstellt. Die Differenz $Q^n(x-0.i)-Q^n(x+0.i)$ verschwindet daher, wenn x eine beliebige complexe Zahl bezeichnet, und $Q(x\pm 0.i)$ stimmt dann mit $Q(x)$ überein; für einen Punkt x im Querschnitt ist sie aber $i\pi P^n(x)$.

Im Querschnitte war bisher $Q^n(x)$ nicht definirt; es wird nunmehr festgesetzt: Im Querschnitte soll $Q^n(x)$ das arithmetische Mittel aus den beiden Werthen an den Uferrändern bedeuten; also ist im Querschnitte

$$Q^n(x)=\tfrac{1}{2}Q^n(x+0.i)+\tfrac{1}{2}Q^n(x-0.i),$$

zugleich eine reelle Grösse.

Die Function $Q^n(x\pm\varepsilon i)$ bleibt, wenn x zwischen -1 und $+1$ liegt, nach x und ε continuirlich, wie nahe auch ε der Null kommt. Ebenso sind die Differentialquotienten von $Q(x\pm\varepsilon i)$ nach $x\pm\varepsilon i$ continuirliche Functionen von ε bis an $\varepsilon=0$, und die Grenzen derselben gleich den entsprechenden Differentialquotienten nach x von den Grenzwerthen, nämlich von $Q(x\pm 0.i)$. (Am leichtesten erkennt man dies aus dem Ausdruck für Q auf S. 96.) Hieraus folgt, dass $Q(x)$, wie es oben definirt wurde, auch im Querschnitt sich continuirlich ändert und der Differentialgleichung (8) genügt. Fasst man Alles zusammen, so bleibt das so definirte $Q(x)$ in der ganzen Ebene mit Ausschluss der beiden Punkte ± 1 endlich; in der Ebene bis an den Querschnitt und im Querschnitt continuirlich, aber nicht mehr bis in denselben, d. h. nicht mehr beim Uebergange zum Querschnitt; es genügt der Differentialgleichung (8) in der Ebene mit Ausschluss der Umgebung des Querschnitts, genügt ihr wieder im Querschnitte selbst. Die Differentiation für einen Punkt x im Querschnitt ist so zu verstehen, dass man dort x nur einen reellen Zuwachs dx geben darf.

Anmerk. Es mag der Punkt x dem Querschnitt angehören oder nicht, so wird immer $Q(x)$ das arithmetische Mittel aus den Werthen, welche die Function Q in den Punkten annimmt, die auf der Peripherie eines Kreises liegen, welcher mit einem unendlich kleinen Radius um den Punkt x beschrieben ist.

§ 23. Um die so definirte Function für alle Werthe von x wirklich darzustellen, und zwar zunächst durch eine Reihe, entwickele ich sie nach aufsteigenden Potenzen von $\xi = x - \sqrt{x^2 - 1}$. Ueber diese Substitution und ihre geometrische Bedeutung vergl. m. S. 49 und 50, wo das Vorzeichen der Quadratwurzel so festgesetzt wurde, dass $\mathcal{M}\xi \leqq 1$. Die Punkte x des Querschnittes geben also Bilder ξ, die auf die Peripherie des Einheitskreises fallen, während den übrigen Punkten x Bilder ξ im Innern desselben eindeutig entsprechen.

Die gesuchte Reihe erhält man, wenn man (8) in der Form (d) auf S. 50, wenigstens so lange $\mathcal{M}\xi < 1$, nach der bekannten, im Eingange des § 22 auseinandergesetzten Methode integrirt. Dadurch findet man zwei Lösungen

$$z_1 = \xi^{-n} F(\tfrac{1}{2}, -n, \tfrac{1}{2} - n, \xi^2),$$
$$z_2 = \xi^{n+1} F(\tfrac{1}{2}, n+1, n + \tfrac{3}{2}, \xi^2).$$

Die erste ist eine endliche Reihe, und eine Vergleichung mit (a') auf S. 18 zeigt, dass z_1 bis auf einen constanten Factor mit $P^n(x)$ übereinstimmt. Die Lösung z_2 verschwindet aber für $x = \infty$, ist also, so lange $\mathcal{M}x > 1$, nach S. 126 gleich $bQ^n(x)$ zu setzen. Um die Constante b zu bestimmen multiplicirt man beide Seiten dieser Gleichheit mit x^{n+1}, setzt $x = \infty$ und beachtet, dass dann $x\xi$ sich in $\frac{1}{2}$ verwandelt. So erhält man die beiden Lösungen, von denen man die erste schon aus S. 18 kennt,

$$P^n(x) = \frac{1.3\ldots(2n-1)}{2.4\ldots(2n)} \xi^{-n} F(\tfrac{1}{2}, -n, \tfrac{1}{2} - n, \xi^2),$$

$$(18) \ldots \quad Q^n(x) = 2 \cdot \frac{2.4\ldots(2n)}{3.5\ldots(2n+1)} \xi^{n+1} F(\tfrac{1}{2}, n+1, n+\tfrac{3}{2}, \xi^2),$$

wo $\mathcal{M}\xi < 1$. Die letztere Gleichung habe ich in der vorigen Auflage des Handbuchs mitgetheilt.

Nach den zwischen x und ξ bestehenden Gleichungen wird für $\xi = \pm 1$ auch $x = \pm 1$. Für $\xi\xi = 1$ ist ferner $Q^n(x) = \infty$, da in der betreffenden hypergeometrischen Reihe $\alpha + \beta - \gamma = 0$ (S. 79. No. 5). Daher nehmen (Ebendas. No. 4) die Glieder der Reihe, abgesehen von der Potenz von ξ mit der sie multiplicirt sind, fortwährend ab, und die Reihe besitzt (No. 7) noch einen endlichen Werth, wenn $\mathcal{M}\xi = 1$ ohne dass $\xi\xi = 1$.

Dies führt uns zu dem Ausdrucke von $Q^n(x)$ im Querschnitte.

Es sei $x = \cos\theta$ ein Punkt im Querschnitte $0 < \theta < \pi$, und zwar möge vorläufig x positiv, d. h. $\theta < \frac{1}{2}\pi$ sein. Ein benachbarter Punkt, der nicht dem Querschnitt angehört

$$x_1 = \cos(\theta \pm \varepsilon i) = \cos\theta \mp \varepsilon i \sin\theta$$

ist dann ein Punkt $x \mp 0.i$, und befindet sich auf dem negativen oder positiven Ufer, je nachdem das obere oder untere Zeichen gilt. Ferner ist

$$\sqrt{x_1^2 - 1} = \varepsilon\cos\theta \mp i\sin\theta,$$

da die Quadratwurzel mit x das gleiche Zeichen besitzen soll (S. 40, No. 2). Hieraus folgt

$$\xi_1 = x_1 - \sqrt{x_1^2 - 1} = (1-\varepsilon)(\cos\theta \pm i\sin\theta),$$

so dass $Q^n(\cos\theta \mp 0.i)$ die Grenze für $\varepsilon = 0$ ist von

$$2\frac{2.4\ldots 2n}{3.5\ldots(2n+1)} e^{\pm(n+1)\theta i} F(\tfrac{1}{2}, n+1, n+\tfrac{3}{2}, (1-\varepsilon)^2 e^{\pm 2\theta i}).$$

Nach dem schon erwähnten Satze von Abel wird die Potenzreihe F, weil sie noch für $\varepsilon = 0$ convergirt, an der Grenze $\varepsilon = 0$ gleich der Reihe, deren viertes Element $\cos 2\theta \pm i\sin 2\theta$ ist. Der vorstehende Ausdruck zerfällt an der Grenze in einen reellen und imaginären Theil, so dass Q am Uferrande die Form hat

$$Q^n(\cos\theta \mp 0.i) = A \pm Bi.$$

Hier ist der imaginäre Theil bekannt, nämlich nach (15, c) auf S. 89 gleich $\pm\frac{1}{2}\pi i P^n(\cos\theta)$. Da ferner A das arithmetische Mittel aus $Q^n(\cos\theta + 0.i)$ und $Q^n(\cos\theta - 0.i)$ bildet, und dieses Mittel nach der Definition $Q^n(\cos\theta)$ wird, so ist $A = Q^n(\cos\theta)$. Eine ähnliche Untersuchung für den Fall, dass θ zwischen $\frac{1}{2}\pi$ und π liegt, liefert ähnliche Resultate, so dass sich in beiden Fällen gemeinsam ergiebt:

Für einen Punkt im Querschnitte selbst, $x = \cos\theta$, wird

$$(18, a) \ldots \quad Q^n(x) = 2\cdot\frac{2.4\ldots(2n)}{3.5\ldots(2n+1)}\cdot\Big(\cos(n+1)\theta + \frac{1.(n+1)}{1.(2n+3)}\cos(n+3)\theta + \frac{1.3.(n+1)(n+2)}{1.2.(2n+3)(2n+5)}\cos(n+5)\theta + \cdots\Big),$$

während die Function Q am Uferrande des Querschnittes die Werthe annimmt

$$(18, b) \ldots \quad Q^n(x \pm 0.i) = Q^n(x) \mp \tfrac{1}{2} i\pi P^n(x).$$

Durch 18, 18, *a* und 18, *b* ist die Existenz der Function $Q(x)$, die im § 22 durch ihre Eigenschaften in der ganzen Ebene definirt wurde, nachgewiesen, und diese Function selbst in demselben Umfange durch Reihen dargestellt.

§ 24. Am Schluss des § 22 war bereits erwähnt, dass $Q(x)$, wie es von uns definirt wurde, der Differentialgleich. (8) sowohl im allgemeinen als auch im Querschnitte genügen müsse. Aus (18) lässt sich diese Eigenschaft dadurch, dass man die Differentialquotienten von $Q(x)$ mit der Summe der Differentialquotienten von den einzelnen Gliedern der Reihe vertauscht, zwar im allgemeinen verificiren, aber nicht mehr, wenn x im Querschnitte liegt, da in letzterem Falle die Differentialquotienten der Glieder aufhören eine convergente Reihe zu bilden. Es lassen sich aber die Reihen (18) summiren, und geben ein bestimmtes Integral, welches $Q^n(x)$ in demselben Umfange darstellt, wie die Reihen (18), d. h. für alle Werthe von x. Dass dies Integral noch im Querschnitte eben so gut wie ausserhalb (8) genügt, zeigt sich im § 25.

Das Integral findet man vermittelst der Formel, durch welche nach Euler's Entwickelungen im 2. Bde. seiner Institut. calc. integr. Sect. I, Cap. 11 die hypergeometrische Reihe summirt werden kann. In die Gestalt, in welcher sie jetzt bekannt ist, wird sie mit Hülfe des Satzes von Legendre gebracht, welcher den Zusammenhang des Euler'schen Integrales erster mit dem zweiter Gattung giebt, nach welchem

$$(a) \ldots \quad \Pi(\gamma-1)\int_0^1 u^{\beta-1}(1-u)^{\gamma-\beta-1}du = \Pi(\beta-1)\,\Pi(\gamma-\beta-1),$$

wenn β und $\gamma-\beta$ positiv sind. Multiplicirt man nämlich die Gleichung

$$(1-\xi u)^{-\alpha} = 1+\frac{\alpha}{1}\xi u+\frac{\alpha(\alpha+1)}{1.2}\xi^2u^2+\cdots$$

mit dem Factor

$$u^{\beta-1}(1-u)^{\gamma-\beta-1}du$$

und integrirt nach u von 0 bis 1, so lässt sich, sicher so lange $\mathcal{M}\xi<1$, das Integral der Summe mit der Summe aus den Integralen der einzelnen Glieder vertauschen. Diese Integrale, nach (a) durch Π ausgedrückt, geben mit Hülfe des Satzes $\Pi\nu=\nu\Pi(\nu-1)$ die bekannte Summationsformel

$$(b) \ldots \quad F(\alpha,\beta,\gamma,\xi)$$
$$=\frac{\Pi(\gamma-1)}{\Pi(\beta-1)\,\Pi(\gamma-\beta-1)}\int_0^1 u^{\beta-1}(1-u)^{\gamma-\beta-1}(1-\xi u)^{-\alpha}du.$$

Diese wenden wir auf die Summation der Reihe in (18) an. Setzt man nämlich $\alpha=n+1$, $\beta=\frac{1}{2}$, $\gamma=n+\frac{3}{2}$ und $\xi\xi$ für ξ, so wird, da β und $\gamma-\beta$ positiv sind

$$(c) \ldots \quad \frac{\Pi(n)\,\Pi(-\frac{1}{2})}{\Pi(n+\frac{1}{2})} F(\tfrac{1}{2}, n+1, n+\tfrac{3}{2}, \xi^2)$$
$$= \int_0^1 u^{-\frac{1}{2}}(1-u)^n(1-u\xi^2)^{-n-1}\,du.$$

Multiplicirt man auf beiden Seiten mit ξ^{n+1}, so steht auf der Linken $Q^n(x)$. Die rechte Seite verwandelt sich dann vermittelst der Substitution

$$u = \frac{v-1}{v+1} \qquad v = \frac{1+u}{1-u}$$

in das Integral

$$2^{n+1}\int_1^\infty \left[\left(\xi+\frac{1}{\xi}\right) - v\left(\xi - \frac{1}{\xi}\right)\right]^{-n-1} \frac{dv}{\sqrt{v^2-1}}.$$

Man findet also schliesslich, wenn man für ξ seinen Werth in x setzt und $v = \cos iu$ macht, die Gleichung, die für alle Punkte x gilt, welche nicht im Querschnitte liegen

$$(19) \ldots \quad Q^n(x) = \int_0^\infty \frac{du}{(x+\cos iu . \sqrt{x^2-1})^{n-1}}.$$

Hier ist $\sqrt{x^2-1}$ mit demselben Zeichen zu versehen, welches x besitzt.

Diese Gleichung habe ich in meiner Abhandlung „Theorie der Anziehung ei es Ellipsoides“ mitgetheilt *).

Die Gleichheit des Integrales (19) und der Reihe ist zwar vollständig nur nachgewiesen, wenn $\mathcal{M}\xi < 1$, besteht aber noch für $\mathcal{M}\xi = 1$. Am leichtesten sieht man dies aus der ursprünglichen Form (c) des Integrales, welches offenbar, die Punkte $\xi = \pm 1$ ausgeschlossen, sich mit ξ continuirlich ändert, da $\mathcal{M}\xi$ nicht 1 überschreitet. Dasselbe gilt aber von der Reihe. Indem nach S. 40 zu den Werthen $x = \cos\theta \pm 0.i$ die Werthe

$$\sqrt{x^2-1} = \pm i\sin\theta, \qquad \xi = \cos\theta \mp i\sin\theta$$

gehören, erhält man also für einen Punkt $x = \cos\theta$ im Querschnitt ($0 < \theta < \pi$)

$$(19, a) \ldots \quad 2Q^n(x) = \int_0^\infty \frac{du}{(x+\cos iu.\sqrt{x^2-1})^{n+1}} + \int_0^\infty \frac{du}{(x-\cos iu.\sqrt{x^2-1})^{n+1}},$$

$$(19, b) \ldots \quad Q^n(x \pm 0.i) = \int_0^\infty \frac{du}{(\cos\theta \pm i\sin\theta\cos iu)^{n+1}}.$$

Zu diesen Gleichungen tritt noch (18, b) hinzu und besagt, dass

*) Crelle, Journal f. Math. Bd. 42, S. 73 und 75.

$$(19, c) \ldots \int_0^{\infty} \frac{du}{(\cos\theta + i\sin\theta\cos iu)^{n+1}} - \int_0^{\infty} \frac{du}{(\cos\theta - i\sin\theta\cos iu)^{n+1}}$$
$$= -i\pi P^n(\cos\theta).$$

Durch die Gleichungen (19) gebe ich eine Darstellung der Kugelfunction zweiter Art, welche dem Ausdruck der P durch das Integral von Laplace oder vielmehr durch die Gleichung (5, a) entspricht. Während dort nach φ von und bis π, wird hier auf der Axe des Imaginären von 0 bis $i.\infty$ integrirt. Wenn dort § 10, S. 37 von den P gesagt wurde, die Integrale können auch als Definition der P betrachtet werden, so gilt etwas ähnliches für die Integrale (19) und die Q. Dagegen kann man hier für n nicht, wie bei den P, eine beliebige complexe Zahl setzen, sondern nur solche, für welche $n+1$ einen positiven reellen Theil besitzt. Da (8) unverändert bleibt, wenn man n mit $-n-1$ vertauscht, so wird man noch immer ein zweites Integral erhalten, wenn auch der reelle Theil von $-n$ positiv ist. Man hat also in jedem Falle das vollständige Integral von (8) durch die Integrale P und Q ausgedrückt. Neben die Integrale (19) treten im § 36 andere, welche ihnen so entsprechen, wie (5, a) den Integralen (5).

Auch die Formeln (18) bleiben für negative Werthe von n brauchbar, nur muss man sie so modificiren, dass die multiplicirende Constante in $\Pi n.\sqrt{\pi} : \Pi(n+\frac{1}{2})$ verwandelt wird und beachten, dass man hat

$$\sin a\pi . \Pi a\, \Pi(-a) = a\pi.$$

§ 25. Für jeden gegebenen (ganzen positiven) Werth von n kann man, ohne eine andere Schwierigkeit als die, welche in der Weitläufigkeit der Rechnung liegt, das Integral für Q^n durch die bekannten Reductionsformeln ausführen, wenn man es durch die Substitution $u = \log v$ in die Form

$$Q^n(x) = 2^n \int_0^{\infty} \frac{v^n\, dv}{(\sqrt{x^2-1} + 2xv + v^2\sqrt{x^2-1})^{n+1}}$$

bringt. (Man übersehe nicht, dass das Integral nur so lange $Q(x)$ vorstellt, als x nicht zugleich reell und kleiner als 1, oder, was dasselbe, so lange $\mathfrak{M}\xi$ nicht 1 ist. Wohl darf man aber $\cos\theta \pm 0.i$ für x setzen.) Ferner hat man

$$Q^n(-x) = (-1)^{n+1} Q^n(x), \quad Q^n(0.i) = -\frac{(-2i)^{n-1}}{\Pi n}(\Pi\tfrac{1}{2}(n-1))^2;$$

$$Q^{2n+1}(0) = (-1)^{n+1}\frac{2.4\ldots(2n)}{3.5\ldots(2n+1)}; \quad \frac{Q^{2n}(x)}{x} = (-1)^n \frac{2.4\ldots(2n)}{3.5\ldots(2n-1)} \text{ für } x=0;$$

$$xQ^n(x) = \frac{1.2\ldots n}{3.5\ldots(2n+1)} \text{ für } x = \infty.$$

Einen direkten Beweis dafür, dass das Integral Q der Differentialgleichung (8) genügt (m. vergl. den Schluss des § 22), übergehe ich hier, um eine Wiederholung im § 50 zu vermeiden, und gebe im Anschluss an die Methode des § 12 einen indirekten:

Eine ebenso einfache erzeugende Function, wie man sie in der Quadratwurzel für die P besitzt, liess sich für die Q nicht auffinden; eine geeignete Function erhielt ich durch die Betrachtung, dass das Integral

$$y = \int_0^g \frac{d\varphi}{\alpha(x + \cos\varphi . \sqrt{x^2 - 1}) - 1},$$

wenn aber x im Querschnitte liegt jedes der beiden zu $x \pm 0.i$ gehörenden sich also nur durch das Zeichen der Quadratwurzel unterscheidenden Integrale, für $g = \pi$ in πT (S. 36) übergeht, und für diesen Werth von g der partiellen Differentialgl. für T auf S. 47 genügt. Bleibt die Constante g allgemein, so muss daher y, in die linke Seite der vorstehenden Gleichung eingesetzt, einen Ausdruck geben, welcher für $g = \pi$ verschwindet. Nach Ausführung der Rechnung wird dieser gleich

$$\frac{\alpha}{\sqrt{x^2 - 1}} \cdot \frac{\sin g}{[\alpha(x + \cos g . \sqrt{x^2 - 1}) - 1]^2},$$

verschwindet also nicht nur für $g = 0$ und π sondern auch für $g = i . \infty$; führt man für φ eine Veränderliche u durch die Gleichung $\varphi = iu$ ein, wo u von 0 bis ∞ wächst, so genügt daher

$$(a) \ldots \quad y = \int_0^\infty \frac{du}{\alpha(x + \cos iu . \sqrt{x^2 - 1}) - 1}$$

der partiellen Differentialgl. Nimmt man α hinlänglich gross und entwickelt nach absteigenden Potenzen von α, so schliesst man hieraus, in ganz ähnlicher Art, wie man auf S. 47 schloss, dass der Coefficient von α^{-n-1} der Differentialgl. (8) genüge. Dieser ist aber $Q^n(x)$, genauer $Q^n(x \pm 0.i)$, wenn man x mit $x \pm 0.i$ vertauscht.

Der ausgeführte Werth der erzeugenden Function für die Q, nämlich von y in (a) ist für unsere Untersuchungen unerheblich; nur der Vollständigkeit halber sei erwähnt, dass man findet, es sei

$$y = \frac{1}{\sqrt{1 - 2\alpha x + \alpha^2}} \log \frac{\alpha x - 1 + \sqrt{1 - 2\alpha x + \alpha^2}}{\alpha \sqrt{x^2 - 1}},$$

wo $\sqrt{1 - 2\alpha x + \alpha^2}$ ein solches Zeichen erhält, dass

$$\mathcal{M}(\alpha x - 1 + \sqrt{1 - 2\alpha x + \alpha^2}) > \mathcal{M}(\alpha x - 1 - \sqrt{1 - 2\alpha x + \alpha^2})$$

und der imaginäre Theil des Logarithmus zwischen $-\frac{1}{2}\pi i$ und $\frac{1}{2}\pi i$

liegt. Man ersieht dies aus einer Formel, die am Schlusse des § 37 abgeleitet wird.

Indem man sich der erzeugenden Function (a) bedient, findet man die Verallgemeinerung der Gleich. (19, c) auf den Fall, dass x nicht im Querschnitt liegt, nämlich den

Satz. Ist x eine positive Zahl von der Form $a \pm bi$, wo a und b nicht negativ sind, und $\sqrt{x^2-1}$ positiv, so wird

$$\int_0^{\infty} \frac{du}{(x+\cos iu.\sqrt{x^2-1})^{n+1}} - \int_0^{\infty} \frac{du}{(x-\cos iu.\sqrt{x^2-1})^{n+1}} = \mp i\pi P^n(x).$$

Eine Ausnahme bildet der Fall dass $b = 0$ und zugleich $a > 1$, in welchem das abzuziehende Integral (offenbar) keinen Werth besitzt. Der Fall eines im Querschnitte befindlichen Punktes ist als Grenzfall eingeschlossen. Durch Multiplication der Gleichung mit $(-1)^{n+1}$ erhält man sogleich das Resultat für den Fall eines negativen x.

Beweis. Die erzeugende Function der im Satze vorkommenden Differenz ist die Differenz zweier Integrale wie (a), welche sich durch die Substitution $i \sin iu = v$ in

$$-2\alpha\sqrt{x^2-1}\int_0^{\infty} \frac{dv}{1-2\alpha x+\alpha^2+\alpha^2(1-x^2)v^2}$$

zusammenzieht. Um die Integration nach v auszuführen, welche über die positive Axe des Reellen zu erstrecken ist, denke man sich α reell, hinlänglich gross und positiv und setze $\alpha v\sqrt{1-x^2} = z$, indem man die $\sqrt{1-x^2}$, die sicher einen reellen Theil besitzt, positiv nimmt. Nach den Bestimmungen unseres Satzes kann man diese Wurzel für $x = a \pm bi$ mit $\mp i\sqrt{x^2-1}$ vertauschen. Dadurch geht die erzeugende Function in

$$\pm 2i\int_0^{\infty} \frac{dz}{1-2\alpha x+\alpha^2+z^2}$$

über. Die $\sqrt{1-x^2}$ wird durch einen Punkt im ersten oder vierten Quadranten vorgestellt, so dass die Gerade, welche von dem Anfangspunkte des Systemes A durch denselben gelegt wird, einen spitzen Winkel mit der positiven Axe des Reellen bildet. Ueber diese Gerade soll nach z integrirt werden; es ist aber erlaubt, statt dessen die Integration über die Axe des Reellen von 0 bis ∞ auszuführen. Ist nämlich $P = p \pm hi$ ein Punkt der bezeichneten Ge-

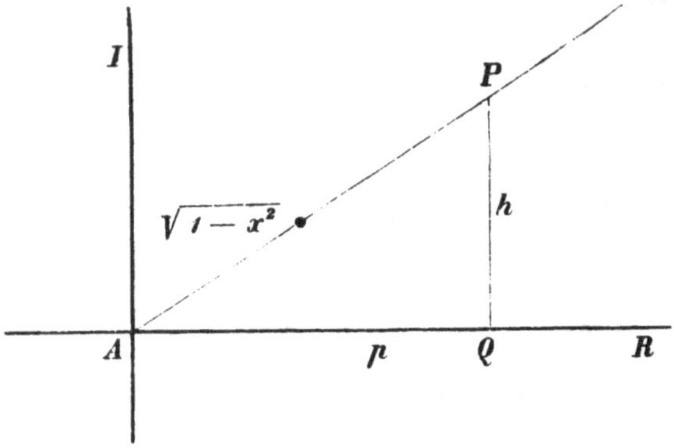

raden, so bleibt die zu integrirende Function endlich, wenn man für z eine Zahl setzt, die dem Innern oder dem Rande von APQ angehört. In der That wird, wenn man für α grosse Zahlen nimmt, der Nenner nur dann Null, wenn nahezu $z^2 = -\alpha^2$, also z nahe der Axe des Imaginären, also zwischen AP und dieser Axe liegt. Daher kann man statt über AP auch über AQ und QP integriren. Das Integral über QP wird mit wachsendem p unendlich klein, es bleibt also für $p = \infty$ nur das Integral nach z von 0 bis p übrig.

Die Ausführung der Integration giebt $\mp\frac{1}{2}\pi T$, wenn T mit positivem reellen Theile genommen wird. Geht man von den erzeugenden Functionen auf die erzeugten über, so erhält man unmittelbar den zu beweisenden Satz.

Ohne Rechnung findet man denselben mit Hülfe einer imaginären Substitution im § 38, 2. Anmerk.

§ 26. Auf S. 127 wurde eine solche Fortsetzung von Q erwähnt, welche überall (8) genügt, bei der man auf die Continuität in den beiden Punkten $x = \pm 1$; ausserdem auf die Einwerthigkeit verzichtet. Diese Function soll hier untersucht werden *). Sie ist völlig bestimmt und werde durch $q^{(n)}(x)$ bezeichnet.

Abel **) hat eine Methode angegeben, die sich allerdings im

---

*) Als die erste Auflage des Handbuchs erschien, waren die allgemeinen Untersuchungen über lineare Differentialgleichungen, wie man sie bei Herrn Fuchs findet, noch nicht bekannt, und ich bediente mich zur Ableitung der Resultate solcher Methoden, die sich zunächst auf die zweite Ordnung bezogen, und die besonders leicht zum Ziele führen, weil eine von den particulären Lösungen eine ganze Function wird. Dieser Umstand veranlasst mich, dieses Mal die speciellen Untersuchungen des früheren § 31 zu wiederholen, anstatt auf die allgemeinen jetzt bekannten Sätze zu verweisen.

**) Crelle, Journal f. Math Bd II, S 22: Ueber einige bestimmte Integrale.

wesentlichen bei Euler*) findet, welche man mit Vortheil angewandt hat, um durch ein gegebenes Integral einer linearen Differentialgleichung zweiter Ordnung eine zweite Lösung auszudrücken.

Ist z irgend ein Integral von (8)

$$(a) \ldots \quad (1-x^2)d^2z - 2x\,dz\,dz + n(n+1)z\,dx^2 = 0,$$

der auch P^n genügt, so dass man auch hat

$$(b) \ldots \quad (1-x^2)d^2P - 2x\,dP\,dx + n(n+1)P\,dx^2 = 0,$$

so ergiebt sich, indem man $(a).P - (b)z$ bildet,

$$(1-x^2)d(P\,dz - z\,dP) - 2x(P\,dz - z\,dP)dx = 0,$$

also, wenn h eine Constante bezeichnet

$$(x^2-1)(P\,dz - z\,dP) = h\,dx,$$

und endlich, nach Division durch P^2 und darauf folgende Integration

$$z = hP(x)\int \frac{dx}{(x^2-1)(P(x))^2}.$$

Hier soll z das Integral sein, auf dessen Verfolgung es allein ankommt, welches so lange, $\text{mod}\, x > 1$ bleibt, mit $Q^n(x)$ übereinstimmt; dann muss man für $x = \infty$ haben (§ 22)

$$x^{n+1}z = hP^n(x)x^{n+1}\int_x^{\infty} \frac{dx}{(x^2-1)(P(x))^2} = \frac{1.2\ldots n}{3.5\ldots(2n+1)}.$$

Entwickelt man das mittlere Glied nach absteigenden Potenzen von x, so ergiebt sich $h = -1$; es zeigt sich, dass dies Integral z die gesuchte Function q sei, so dass man erhält

$$q^{(n)}(x) = P^n(x)\int_x^{\infty} \frac{dx}{(x^2-1)(P^n(x))^2}.$$

Die Function unter dem Integrale wird nämlich nur unstetig für $x = \pm 1$ und $x = \alpha$, β, etc., wenn durch diese Buchstaben die Wurzeln der Gleichung $P^n(x) = 0$ bezeichnet werden, die nach § 7 und 12 sämmtlich reell, kleiner als 1 und verschieden sind. Durch Zerlegung in Partialbrüche nimmt sie die Form an

$$\Sigma \frac{a}{(x-\alpha)^2} + \Sigma \frac{A}{x-\alpha} + \frac{b}{x-1} + \frac{c}{x+1},$$

wenn die Summenzeichen Σ sich auf alle Wurzeln α, β, etc. von $P^n(x) = 0$ beziehen. Es ist wesentlich, dass jedes A Null wird (s. u.); daher stammt es nämlich, dass die Q den Logarithmus zwar von den Factoren $x \mp 1$, aber nicht der anderen Factoren im Nenner enthalten. Auf einem ähnlichen Umstande beruht es, dass

*) Institutiones calculi integralis. Vol. II. Sectio I Cap. IV, Problema 104.

in allgemeineren Functionen, den Lamé'schen F, die im § 100 auftreten, nur elliptische Integrale der ersten und zweiten, aber nicht der dritten Gattung vorkommen.

Zur Bestimmung der Constanten setze man

$$\frac{1}{x^2-1}\left(\frac{x-\alpha}{P(x)}\right)^2 = \varphi(x)$$

und hat dann

$$a = \varphi(\alpha) \quad A = \varphi'(\alpha) \quad b = \tfrac{1}{2} \quad c = -\tfrac{1}{2}.$$

Die ersten beiden Differentialquotienten von $P^{(n)}(x)$ nach x werden durch P' und P'' bezeichnet; dann ist zunächst

$$\varphi(\alpha) = \frac{1}{(\alpha^2-1)(P'(\alpha))^2}.$$

Nimmt man auf beiden Seiten den Logarithmus von $\varphi(x)$ und differentiirt darauf, so entsteht

$$\frac{\varphi'(x)}{2\varphi(x)} = -\frac{x}{x^2-1} + \frac{1}{x-\alpha} - \frac{P'(x)}{P(x)}.$$

Für $x = \alpha$ bleibt das erste Glied der rechten Seite endlich und bestimmt, während die Summe des zweiten und dritten die unbestimmte Form $\frac{0}{0}$ annimmt. Die erste Differentiation des Zählers und Nenners giebt als Werth des Ausdrucks

$$\frac{(\alpha-x)P''(x)}{P(x)+(x-\alpha)P'(x)} \qquad (x=\alpha)$$

also wiederum $\frac{0}{0}$, während die zweite

$$-\frac{P''(\alpha)}{2P'(\alpha)}$$

liefert. Setzt man diesen Werth in die Gleichung ein und bringt die rechte Seite auf gleiche Benennung, so entsteht

$$-\frac{\varphi'(\alpha)}{2\varphi(\alpha)} = \frac{(\alpha^2-1)P''(\alpha)+2\alpha P'(\alpha)}{2(\alpha^2-1)P'(\alpha)};$$

die rechte Seite, also auch $\varphi'(\alpha)$ also A ist nach (8) gleich Null. Man erhält daher

$$q^n(x) = \tfrac{1}{2}P^n(x)\log\frac{x+1}{x-1} + P^n(x)\Sigma\frac{a}{x-\alpha}.$$

Das zweite Glied auf der rechten Seite dieser Gleichung ist eine ganze Function von x des Grades $n-1$; wir bezeichnen es mit $-Z^n(x)$ und setzen daher

$$P^n(x)\Sigma\frac{a}{x-\alpha} = -Z^{(n)}(x).$$

Somit wird diejenige Lösung von (8), welche in der ganzen Ebene mit Ausnahme der Punkte $x = \pm 1$ endlich und stetig bleibt

$$(20) \ldots \quad q^{(n)}(x) = \tfrac{1}{2} P^{(n)}(x) \log \frac{x+1}{x-1} - Z^{(n)}(x),$$

wenn der Logarithmus durch die Gleichung definirt ist

$$(20, a) \quad \ldots \quad \tfrac{1}{2} \log \frac{x+1}{x-1} = \int_x^\infty \frac{dx}{x^2-1},$$

wobei die Integration auf dem zurückgelegten Wege auszuführen ist.

Geht man mit dem Werthe $q^n(x) = 0$ für $x = \infty$ aus, so stimmt $q^n(x)$ so lange mit $Q^n(x)$ genau überein, als der Weg nicht den früheren Querschnitt trifft. Wir erhalten dadurch im § 27 eine dritte Art der Darstellung von Q^n selbst.

Die Function Z ist dieselbe, welche schon S. 96 auftrat; ihre dort gegebene einfache Form findet man, indem man in (8) für z den Ausdruck q aus (20) einsetzt; der Factor des Logarithmus im Resultate der Substitution ist dann Null, und es bleibt zur Bestimmung von Z^n die Gleichung

$$(c) \ldots \quad d((1-x^2)dZ^n) + n(n+1)Z^n dx^2 = 2\,dP^n(x)dx,$$

deren rechte Seite sich nach (16, a) in das Produkt aus dx und

$$2(2n-1)P^{(n-1)} + 2(2n-5)P^{(n-3)} + 2(2n-9)P^{(n-5)} + \cdots$$

verwandelt. Setzt man für die Function $n-1^{\text{ten}}$ Grades Z^n eine Summe von Kugelfunctionen

$$Z^n(x) = \Sigma a_\nu P^{n-\nu}(x),$$

die Summation von $\nu = 1$ bis n oder $n-1$ ausgeführt, in (c) ein und reducirt, so wird

$$\Sigma \nu(2n-\nu+1) a_\nu P^{n-\nu} = 2\Sigma(2n-2\nu+1)P^{n-2\nu+1};$$

also a_0, a_2, a_4, etc. zu Null und

$$a_{2\nu-1} = \frac{2n-2\nu+1}{(2\nu-1)(n+1-\nu)};$$

man hat also den Ausdruck von Z auf S. 96 gefunden.

Da $\log(x+1) - \log(x-1)$ beim Umkreisen der Punkte $+1$ resp. -1 in positiver Richtung (d. h. in einer solchen, dass die positive reelle Axe nach einer Drehung von 90° in die positiv imaginäre gelangt) um $-2i\pi$ resp. $2i\pi$ zunimmt, so findet man den Satz: Die verschiedenen Werthe, welche $q^n(x)$ in demselben Punkte annimmt, unterscheiden sich untereinander nur um ganze Vielfache von $i\pi P^n(x)$. Man kann den Weg immer so wählen, dass $q^n(x)$ bei Zurückkehren des Punktes x an eine frühere Stelle um ein beliebig gegebenes positives oder negatives Vielfaches von $i\pi P^n(x)$ zugenommen hat.

§ 27. Der Logarithmus, welcher durch (20, a) definirt wird, ist ein solcher, dass der imaginäre Theil desselben so lange zwischen $-i\pi$ und $i\pi$ liegt, als x den früheren Querschnitt nicht überschreitet.

In der That kann man statt

$$\int_{a+bi}^{\infty} \frac{dx}{x^2-1},$$

wenn nur x bei der Integration von $x = a+bi$ den Querschnitt nicht überschreitet, die Summe der beiden Integrale derselben Function nehmen erstens auf der Geraden von $a+bi$ bis $\infty+bi$, und zweitens auf der Geraden, die parallel der Axe des Imaginären läuft, von $\infty+bi$ bis ∞; das letztere Integral ist offenbar Null, das erstere gleich

$$\int_{a+bi}^{\infty+bi} \frac{dx}{x^2-1} = \tfrac{1}{2}\int_{a}^{\infty}\left(\frac{1}{x-1+bi} - \frac{1}{x+1+bi}\right)dx.$$

Der imaginäre Theil hiervon wird gleich

$$-\tfrac{1}{2}bi\int_{a-1}^{a+1} \frac{dx}{x^2+b^2},$$

hat daher das Zeichen von $-b$ und ist kleiner als $\frac{1}{2}\pi$. Verbindet man hiermit die Bemerkung im vorigen Paragraphen über die Gleichheit der Werthe von q und Q ehe x den Querschnitt trifft, so findet man, dass Q, wenn x nicht im Querschnitte liegt, durch die Gleichung (17, c) auf S. 96 ausgedrückt wird, wo man denjenigen Logarithmus zu nehmen hat, dessen imaginärer Theil der möglich kleinste, d. h. der zwischen $-i\pi P^n(x)$ und $i\pi P^n(x)$ liegende ist.

Die Function Q im Querschnitte ergiebt sich nach der Definition des § 22 auf S. 128 aus dem arithmetischen Mittel der beiden Werthe von $\frac{1}{2}\log(x+1)-\frac{1}{2}\log(x-1)$, wenn man $x+0.i$ und $x-0.i$ für x setzt, wo $x = \cos\theta$ reell und kleiner als 1 ist. Dieses Mittel wird, nach dem Anfange dieses Paragraphen, gleich dem reellen

Werthe

$$\tfrac{1}{2}\log\frac{1+x}{1-x} = \log\operatorname{cotang}\tfrac{1}{2}\theta.$$

Zum Schluss stelle ich hier die hauptsächlichen Resultate zusammen, welche in den beiden letzten Paragraphen gewonnen wurden.

Dieselbe Function $Q^n(x)$, welche als Reihe durch (18) und (18, a), als Integral durch (19) und (19, a) definirt war, findet man auch drittens durch die Gleichungen

$$(20,\ b)\ \ldots\quad Z^n(x) = \frac{2n-1}{1.n}P^{n-1}(x) + \frac{2n-5}{3.(n-1)}P^{n-3}(x) + \cdots,$$

$$(20,\ c)\ \ldots\quad Q^n(x) = \tfrac{1}{2}P^n(x)\log\frac{x+1}{x-1} - Z^n(x),$$

$$(20,\ d)\ \ldots\quad Q^n(x) = \tfrac{1}{2}P^n(x)\log\frac{1+x}{1-x} - Z^n(x),$$

von denen für Q die letztere anzuwenden ist, wenn der Punkt x im Querschnitte liegt, die vorhergehende in den übrigen Fällen. Der Logarithmus ist so zu nehmen, dass der Modulus seines imaginären Theiles möglichst klein wird.

Die auch im Querschnitte continuirliche, nur für $x = \pm 1$ discontinuirliche mehrwerthige Function q ist, je nach dem Wege, den man einschlägt, um zu dem Punkte x zu gelangen, erstens wenn x nicht im Querschnitte liegt, gleich Q oder dieser vermehrt um jedes positive oder negative ganze Vielfache von $i\pi P$; zweitens wenn x im Querschnitte liegt, gleich

$$Q + \tfrac{1}{2}i\pi P,$$

oder dieses vermehrt um jedes positive oder negative ganze Vielfache von $i\pi P$.

§ 28. Eine mit der vorhergehenden eng zusammenhängende neue Form für die Kugelfunction zweiter Art hat Herr F. E. Neumann (Königsberg) gegeben*). Man findet dieselbe, indem man in der Gleich. (11) auf S. 78

$$(x-y)^{-1} = \Sigma(2n+1)P^n(y)Q^n(x)$$

den Coefficienten von $P^n(y)$, also $(2n+1)Q^n(x)$ vermittelst (9, a) auf S. 67 durch ein Integral ausdrückt. So erhält man Neumann's Integral

$$(21)\ \ldots\quad Q^n(x) = \tfrac{1}{2}\int_{-1}^{+1} P^n(y)\frac{dy}{x-y}.$$

Wegen der Voraussetzungen, welche der Ableitung zu Grunde

*) Crelle, Journal f. Math. Bd. 37, S. 24: Ueber eine Entwickelung der in elliptischen Coordinaten ausgedrückten reciproken Entfernung zweier Punkte in Reihen, welche nach den Laplace'schen Y^n fortschreiten, und Anwendung dieser Reihen zur Bestimmung des magnetischen Zustandes eines Rotationsellipsoids, welcher durch vertheilende Kräfte erregt ist.

liegen (§ 13), bedarf die Gleichung einer Verification. Man zeigt leicht, dass das Integral bis an den Querschnitt einwerthig und stetig ist und (8) genügt, ferner mit x^{n+1} multiplicirt für $x = \infty$ die vorgeschriebene Constante giebt. Daher gilt (21) so lange $\mathcal{M}\xi < 1$. Die Function im Querschnitt erhält man aus (21) vermittelst der Werthe am Uferrande. S. u.

Der Uebergang von der Form (21) für Q auf (20) geschieht dadurch, dass man (21) in

$$(a) \ldots \quad Q^n(x) = -\tfrac{1}{2}\int_{-1}^{1} \frac{P^n(x) - P^n(y)}{x-y}\, dy + \tfrac{1}{2} P^n(x) \int_{-1}^{1} \frac{dy}{x-y}$$

umwandelt. Das letzte Glied der Rechten ist

$$\tfrac{1}{2} P^n(x)(\log(x+1) - \log(x-1)),$$

während das erste, das Integral von einer ganzen Function von x und y vom Grade $n-1$, selbst eine ganze Function von x vom Grade $n-1$ wird. Der obige Logarithmus, obgleich anders definirt als der des § 27, ist wiederum ein solcher, bei welchem der Modulus des imaginären Theils unter π liegt. In der That, setzt man $x = a + bi$, so wird der imaginäre Theil von

$$\log \frac{x+1}{x-1} = \int_{-1}^{1} \frac{dy}{x-y} = \int_{-1}^{1} \frac{dy}{a+bi-y};$$

augenscheinlich zwischen $-\pi i$ und πi liegen. Die Gleichung (a) mit (20, c) verglichen, giebt **einen neuen Ausdruck** für Z, **nämlich**

$$(21, a) \ldots \quad Z^n = \tfrac{1}{2}\int_{-1}^{1} \frac{P^n(x) - P^n y}{x-y}\, dx.$$

Ein Integral von der Form (21) kommt schon in **Gauss** Methodus nova integr. val. per approx. inven. § 8 vor. Dort wird sein Werth für ein solches x betrachtet, welches eine Wurzel von $P^n(x) = 0$ ist; wie aus (21, a) hervorgeht, stimmt es dann mit $-Z^n$ überein.

Von der Formel (21) gelangt man zu der früher schon gewonnenen Reihe für Q^n. Man findet, $\mathcal{M}(x) > 1$ vorausgesetzt, die nach absteigenden Potenzen von x geordnete Reihe (12) zunächst in der Form einer Summe von $\nu = 0$ bis ∞ nämlich

$$Q^n(x) = \tfrac{1}{2}\Sigma x^{-\nu-1}\int_{-1}^{1} P^n(y) y^\nu\, dy.$$

So lange ν kleiner als n ist, verschwindet das betreffende Glied in der Summe, so dass die Reihe erst mit der $-n-1^{\text{ten}}$ Potenz von x beginnt, die Coefficienten der übrigen Glieder ergeben sich aus (10).

Ein grösseres Interesse nimmt das Verfahren in Anspruch, vermittelst dessen man aus (21) die Reihe (18) gewinnt. Dazu setzt man $\cos\theta$ für y und führt wieder ξ statt x ein durch die Gleichungen

$$2x = \xi^{-1} + \xi, \quad 2\sqrt{x^2-1} = \xi^{-1} - \xi.$$

Hierdurch erhält man

$$Q^n(x) = \xi \int_0^\pi \frac{P^n(\cos\theta)\sin\theta\, d\theta}{1 - 2\xi\cos\theta + \xi^2},$$

also die Entwickelung

$$Q^n(x) = \sum_{\nu=1}^{\infty} \xi^\nu \int_0^\pi P^n(\cos\theta)\sin\nu\theta\, d\theta.$$

Führt man die Integration vermittelst (15, *b*) auf S. 89 aus, so giebt die rechte Seite die Reihe (18).

Anmerk. Des gleichen Verfahrens kann man sich bedienen, um das arithmetische Mittel der beiden Werthe von

$$\tfrac{1}{2}\int_{-1}^{1} \frac{dy}{x-y}$$

an dem Uferrande des Querschnitts zu finden. Es wird nach Einführung von ξ das Integral gleich

$$\sum_{\nu=1}^{\infty} \xi^\nu \int_0^\pi \sin\nu\theta\, d\theta = 2\sum_1 \frac{1}{2\nu-1}\xi^{2\nu-1},$$

also das Mittel im Querschnitt ($x = \cos\theta$)

$$2(\tfrac{1}{1}\cos\theta + \tfrac{1}{3}\cos 3\theta + \tfrac{1}{5}\cos 5\theta + \cdots),$$

d. h. die reelle Grösse

$$\tfrac{1}{2}\log\frac{1+\xi}{1-\xi} + \tfrac{1}{2}\log\frac{\xi+1}{\xi-1} = \tfrac{1}{2}\log\frac{1+x}{1-x}.$$

Dieselbe Methode lässt sich anwenden, um die Differentialgleich. der hypergeometrischen Reihe durch eine Reihe zu lösen, die nicht nur, wie $F(\alpha, \beta, \gamma, x)$, so lange convergirt wie $\mathcal{M}x < 1$, eventuell auch noch wenn $\mathcal{M}x = 1$, sondern welche in der ganzen Ebene oder doch nur mit Ausnahme von einzelnen Linien und nicht von Flächenstücken endlich und eindeutig bleibt. Zur weiteren Ausführung bedient man sich der Gleich. (*b*) auf S. 131

$$F(\alpha,\beta,\gamma,x) = \frac{\Pi(\gamma-1)}{\Pi(\beta-1)\Pi(\gamma-\beta-1)}\int_0^1 u^{\beta-1}(1-u)^{\gamma-\beta-1}(1-xu)^{-\alpha}\, du,$$

wobei β und $\gamma-\beta$ positiv vorausgesetzt werden müssen, wenn man, wie es hier geschehen soll, für die Integration den reellen Weg von 0 bis 1 vorschreibt. Dieses Integral genügt der Differentialgleich. nach x und hat einen endlichen Werth, wenigstens so lange nicht x positiv reell und zugleich grösser als 1 ist.

Dies Integral wird in eine Potenzreihe verwandelt, welche in demselben Umfange eine Lösung der Differentialgleich. giebt wie das Integral selbst. Setzt man nämlich

$$z^{\frac{1}{2}} + z^{-\frac{1}{2}} = 2x^{-\frac{1}{2}},$$

und nimmt $\mathcal{M} z < 1$, so werden durch z alle Punkte, welche nicht auf der positiven Axe des Reellen zwischen $x = 1$ und $x = \infty$ liegen, auf das Innere des Einheitskreises abgebildet. Die Substitution in das Integral ergiebt aber

$$F(\alpha, \beta, \gamma, x) = \frac{\Pi(\gamma-1)(1+z)^{2\alpha}}{\Pi(\beta-1)\Pi(\gamma-\beta-1)} \int_0^1 \frac{u^{\beta-1}(1-u)^{\gamma-\beta-1}\,du}{[1+2z(1-2u)+z^2]^{\alpha}}.$$

Die $-\alpha^{\text{te}}$ Potenz unter dem Integrale lässt sich in eine nach z aufsteigende Reihe entwickeln, die convergirt, da $\mathcal{M}(z) < 1$. Durch ein Verfahren, welches dem ganz ähnlich ist, durch welches $P^n(\cos\theta)$ im § 5 nach Potenzen von $\sin^2\frac{\theta}{2}$ entwickelt wurde (M. vergl. (49, c) im § 69), kann man auch hier den Coefficienten jeder Potenz von z, welcher eine Function von $1-2u$ ist, nach Potenzen von u entwickeln und findet so

$$F(\alpha, \beta, \gamma, x) = (1+z)^{2\alpha} \sum_{\nu=0}^{\infty} U_\nu z^\nu,$$

wenn man setzt

$$U_\nu = \frac{\Pi(2\alpha+\nu-1)\Pi(\gamma-1)}{\Pi\nu\,\Pi(2\alpha-1)\Pi(\beta-1)\Pi(\gamma-\beta-1)}$$
$$\int_0^1 u^{\beta-1}(1-u)^{\gamma-\beta-1} F(-\nu, 2\alpha+\nu, \alpha+\tfrac{1}{2}, u)\,du.$$

Man hat also den Satz:

Dasjenige Integral der Differentialgleichung für die hypergeometrische Reihe, welches durch $F(\alpha, \beta, \gamma, x)$ ausgedrückt wird so lange $\mathcal{M}(x) < 1$, lässt sich für alle Punkte x der Ebene mit Ausnahme derjenigen, welche auf der Axe des Reellen zwischen 1 und ∞ liegen, durch

$$(1+z)^{2\alpha} \sum_{\nu=0}^{\infty} U_\nu z^\nu, \qquad z^{\frac{1}{2}} + z^{-\frac{1}{2}} = 2x^{-\frac{1}{2}}$$

darstellen, wenn z so bestimmt wird, dass $\mathcal{M} z < 1$.

Diese Darstellung hat denselben Umfang, wie die durch die Kettenbrüche von Gauss. Wenn auch β oder $\gamma-\beta$ nicht positiv sind, so lässt $F(\alpha, \beta, \gamma, x)$ sich dennoch mit Hülfe zweier derartigen Reihen darstellen, da diese Function in die Form gebracht werden kann

$$AF(\alpha+n-1, \beta+n, \gamma+2n-1, x) + BF(\alpha+n, \beta+n, \gamma+2n, x),$$

wo n eine beliebige ganze Zahl bezeichnet und A und B ganze Functionen von x sind.

Die Gleichungen (21) hat Jacobi wesentlich erweitert, indem

er sie*) im 56. Bande von Borchardt's Journal § 2 ganz allgemein auf solche Differentialgleichungen übertrug, deren Integrale hypergeometrische Reihen sind.

Die Buchstaben $\mathfrak{p}$ und $\mathfrak{q}$ werden gewählt, um Functionen zu bezeichnen, welche die Verallgemeinerung von P und Q vorstellen sollen. Es möge nun $z = \mathfrak{p}(x)$ eine Lösung der Differentialgleichung für die Reihe $F(\alpha, \beta, \gamma, x)$, nämlich von

$$x(1-x)d^2z + (\gamma - (\alpha+\beta+1)x)\,dz\,dx - \alpha\beta z\,dx^2 = 0$$

vorstellen. Unten wird bewiesen, dass

$$(21, b) \ldots \quad \mathfrak{q}(x) = x^{1-\gamma}(1-x)^{\gamma-\alpha-\beta} \int_g^h \frac{y^{\gamma-1}(1-y)^{\alpha+\beta-\gamma}}{x-y}\,\mathfrak{p}(y)\,dy$$

eine zweite Lösung ist, wenn die Integration auf reellem Wege ausgeführt wird, und g und h irgend zwei von den Grenzen $0, 1, \pm\infty$ sind, zwischen denen das Integral einen Werth behält, vorausgesetzt dass

$$(21, c) \ldots \quad y^{\gamma}(1-y)^{\alpha+\beta+1-\gamma}\,\frac{(x-y)\mathfrak{p}'(y) - \mathfrak{p}(y)}{(x-y)^2}$$

für die Werthe $y = g$ und $y = h$ verschwindet. Es existirt ein noch allgemeinerer Satz für ein Integral, welches im Nenner statt der ersten Potenz von $x - y$ eine beliebige ganze oder gebrochene enthält.

Setzt man im besondern Falle für $\mathfrak{p}(x)$ eine ganze Function von x, d. h. eine hypergeometrische Reihe, deren erstes Element α eine negative ganze Zahl ist, so folgt hieraus unmittelbar

$$(21, d) \ldots \quad x^{\gamma-1}(1-x)^{\alpha+\beta-\gamma}.\mathfrak{q}(x) = \mathfrak{p}(x)\int_g^h y^{\gamma-1}(1-y)^{\alpha+\beta-\gamma}\frac{dy}{x-y} - \mathfrak{z},$$

$$\mathfrak{z} = \int_g^h \frac{\mathfrak{p}(x) - \mathfrak{p}(y)}{x-y}\,y^{\gamma-1}(1-y)^{\alpha+\beta-\gamma}\,dy.$$

Es wird also $\mathfrak{z}$, ähnlich wie früher Z, eine ganze Function von x, vom Grade $-\alpha-1$, und die Stelle des Logarithmus in der specielleren Gleichung, welcher dort Factor von $\mathfrak{p}(x)$ ist, nimmt hier eine hypergeometrische Reihe ein, die, wenn z. B. $g = 0$, $h = 1$ ist, als erstes Element 1 hat und gleich wird

$$\frac{1}{x}\cdot\frac{\Pi(\gamma-1)\Pi(\alpha+\beta-\gamma)}{\Pi(\alpha+\beta)}\cdot F\left(1, \gamma, \alpha+\beta+1, \frac{1}{x}\right).$$

Dieses Resultat tritt in seiner Beziehung zu den Kettenbrüchen noch einmal, im 5. Kapitel, auf. Im § 35 wird sich zeigen, wie in diesem Falle der Ausdruck von $\mathfrak{q}$ sich vereinfacht.

Um zu beweisen, dass $\mathfrak{q}$ in (21, b) derselben Differentialgleichung wie $\mathfrak{p}$ genügt, setze man

$$v = x^{a-b}(1-x)^{a+b-c}(y-x)^{-a},$$

und hat dann die Identität

$$y(1-y)\frac{\partial^2 v}{\partial y^2} + (b - cy)\frac{\partial v}{\partial y} + a(a+1-c)v = a\frac{\partial}{\partial x}\,\frac{x(1-x)v}{y-x},$$

*) Untersuchungen über die Differentialgleichung der hypergeometrischen Reihe.

die man auch Euler's Untersuchungen im zweiten Bande der Institutiones calc. integr. Vol. II., Sect. I., Cap. X. entnehmen konnte.

Indem man

$$a = 1, \quad b = 2 - \gamma, \quad c = 3 - \alpha - \beta$$

setzt, wird die Differentialgleichung von z durch Multiplikation mit v auf die Form

$$\frac{\partial}{\partial x}\left(x(1-x)v\frac{\partial z}{\partial x}\right) = \alpha\beta v z$$

gebracht. Integrirt man nach x zwischen g und h, so verwandelt eine zweimalige Integration durch Theile die linke Seite in die Summe eines Ausdrucks, welcher frei von dem Integralzeichen wird, — demselben (21, c), von dem oben verlangt wurde, er solle an den Grenzen g und h verschwinden — und des zweiten Summanden

$$\int z \cdot \frac{\partial}{\partial x}\left(\frac{x(1-x)v}{y-x}\right)\partial x,$$

den man durch die obige identische Gleichung umformt. Setzt man noch ζ für $\int v z \partial x$, so wird

$$y(1-y)d^2\zeta + (2-\gamma-(3-\alpha-\beta)y)\,d\zeta\, dy - (1-\alpha)(1-\beta)\zeta\, dy^2 = 0;$$

eine einfache Rechnung zeigt, dass

$$\zeta . y^{1-\gamma}(1-y)^{\gamma-\alpha-\beta}$$

nach Vertauschung von y mit x, dass also q wirklich derselben Differentialgleichung wie z genügt.

Aehnliche Untersuchungen über die Darstellung einer zweiten Lösung, wenn die erste gegeben ist, findet man im II. Theile § **101** und im III. Theile § **131**.

§ 29. Im § 5 wurden mehrere Reihen für P^n zusammengestellt; während die Ableitung einer jeden von ihnen nach einer besonderen Methode erfolgte, so ergeben sie sich nach den gewöhnlichen Regeln aus Gleich. (8), in welcher die unabhängige Veränderliche x oder $\cos\theta$ mit $\sin\theta$, $\cos\frac{1}{2}\theta$, $\operatorname{tang}\frac{1}{2}\theta$, etc. vertauscht wird. Dies findet keine Anwendung auf die Reihe (f) des § 5, deren Differentialquotient nicht mit der Summe der Differentialquotienten aus den einzelnen Gliedern vertauscht werden darf.

Die Integration von (8) giebt zugleich ähnliche Reihen für Q, von denen hier einige mitgetheilt werden sollen. Um die Werthe der Integrations-Constanten zu bestimmen vergleicht man die Lösungen, welche man hier findet, mit den früher gefundenen, welche Q für alle Werthe von x darstellen.

a) Entwickelt man das Integral der Gleichung

$$(1-x^2)\,d^2z - 2x\,dz\,dx + n(n+1)z\,dx^2 = 0$$

nach dem S. 126 angegebenen Verfahren in eine nach Potenzen

von x aufsteigende Reihe, so wird der Exponent α der niedrigsten Potenz von x durch die Gleichung $\alpha(\alpha-1)=0$ gegeben, hat also die zwei Werthe 0 und 1. Ferner wird

$$a_{2\nu+2} = -a_{2\nu}\frac{(n-\alpha-2\nu)(n+\alpha+2\nu+1)}{(\alpha+2\nu+1)(\alpha+2\nu+2)},$$

daher das allgemeine Integral

$$z = aM + bN,$$

wenn a und b willkürliche Constante und M und N die hypergeometrischen Reihen bezeichnen

$$M = 1 - \frac{n(n+1)}{1.2}x^2 + \frac{n(n-2)(n+1)(n+3)}{1.2.3.4}x^4 - \cdots$$

$$N = x - \frac{(n-1)(n+2)}{2.3}x^3 + \frac{(n-1)(n-3)(n+2)(n+4)}{2.3.4.5}x^5 - \cdots.$$

Von diesen bricht eine bei x^n ab, die erste für ein gerades, die zweite für ein ungerades n, und die nicht abbrechende convergirt nur wenn $M(x) \leqq 1$; für $x=1$ selbst wird sie unendlich (§ 17, No. 5, S. 79). Die abbrechende Reihe muss bis auf einen constanten Faktor gleich P sein; durch Vergleichung der Coefficienten der höchsten Potenz von x in P mit der in M oder N vorkommenden findet man zunächst für P die Gleichung

$$(22)\ldots\quad P^n(x) = (-1)^\nu \frac{1.3\ldots(n-1)}{2.4\ldots(2n)} F\left(-\frac{n}{2}, \frac{n+1}{2}, \frac{1}{2}, x^2\right), \quad (n=2\nu)$$

$$P^n(x) = (-1)^\nu x \frac{3.5\ldots n}{2.4\ldots(n-1)} F\left(\frac{1-n}{2}, \frac{n+2}{2}, \frac{3}{2}, x^2\right), \quad (n=2\nu+1).$$

Die Function Q^n im Einheitskreise muss eine lineare Verbindung von M und N sein, die bekannt ist, wenn man sie nur im Querschnitte kennt. Da sie dort nach (20, d) nur ungerade oder nur gerade Potenzen von x enthält, je nachdem $n=2\nu$ oder $=2\nu+1$, so hat sie resp. die Form bN oder aM. Die Constante a resp. b bestimmt man als Werth von $Q(x)$ resp. $Q(x):x$ für $x=0$ (M. vergl. S. 133), so dass man schliesslich erhält so lange $Mx \leqq 1$ für ein gerades oder ungerades n resp.

$$(22, a)\ldots\quad Q^n(x) = i^n\cdot\frac{2.4\ldots n}{1.3\ldots(n-1)} x F\left(\frac{1-n}{2}, \frac{n+2}{2}, \frac{3}{2}, x^2\right) \mp \tfrac{1}{2} i\pi P^n(x)$$

$$Q^n(x) = i^{n+1}\cdot\frac{2.4\ldots(n-1)}{3.5\ldots n} F\left(-\frac{n}{2}, \frac{n+1}{2}, \frac{1}{2}, x^2\right) \mp \tfrac{1}{2} i\pi P^n(x),$$

wo das obere oder untere Zeichen zu nehmen ist, je nachdem x

auf dem positiven oder negativen Ufer liegt, während für einen Punkt im Querschnitt selbst der imaginäre Theil fortfällt.

b) Um P und Q nach Potenzen von $\varrho = \sqrt{x^2-1}$ zu entwickeln, bedient man sich der Form (*c*) im § 12. Entwickelt man nach absteigenden Potenzen von ϱ, so erhält man ohne Schwierigkeit die Formeln

$$(22, b) \ldots \quad P^n(x) = \frac{1.3\ldots(2n-1)}{1.2\ldots n} \varrho^n F\left(-\frac{n}{2}, -\frac{n}{2}, \frac{1-2n}{2} - \varrho^{-2}\right)$$

$$Q^n(x) = \frac{1.2\ldots n}{3.5\ldots(2n+1)} \varrho^{-n-1} F\left(\frac{n+1}{2}, \frac{n+1}{2}, \frac{2n+3}{2}, -\varrho^2\right).$$

c) Entwickelt man nach aufsteigenden Potenzen von ϱ, so wird der Exponent α der niedrigsten Potenz von ϱ (S. 126) durch die Gleichung $\alpha\alpha = 0$ gegeben und daher eine erste Lösung

$$M = F(-\tfrac{1}{2}n, \tfrac{1}{2}(n+1), 1, -\varrho^2).$$

Da die Wurzeln der quadratischen Gleichung für α hier einander gleich, nämlich beide Null sind, so nimmt eine zweite Lösung nach den Prinzipien für die Integration solcher Gleichungen*) die Form $M \log \varrho + K$ an, wo K in eine Potenzreihe entwickelt werden kann.

Durch Einführung von $1 \pm x$ als Veränderliche statt x in (8) erhält man ähnliche Resultate. M. vergl. § 51.

§ 30. Die Kugelfunction zweiter Art lässt sich, ebenso wie diejenige erster Art, als vielfacher Differentialquotient einer einfachen Grösse darstellen. (M. vergl. § 6.)

Differentiirt man nämlich die Gleichung (8)

$$(8) \ldots \quad (1-x^2) d^2 z - 2x\, dz\, dx + n(n+1) z\, dx^2 = 0$$

ν mal nach x und setzt den ν^{ten} Differentialquotienten von z nach x gleich $z^{(\nu)}$, so entsteht offenbar die Gleichung

$$(23) \ldots \quad (1-x^2) d^2 z^{(\nu)} - 2(\nu+1) x\, dz^{(\nu)}\, dx + (n-\nu)(n+\nu+1) z^{(\nu)} dx^2 = 0.$$

Beobachtet man die Art, wie hier die Differentialgleichung für einen Werth von ν aus der für den vorhergehenden entsteht, so bemerkt man, dass auch aus der ähnlichen

$$(23, a) \ldots \quad (1-x^2) d^2 z_\nu + 2(\nu-1) x\, dz_\nu\, dx + (n-\nu+1)(n+\nu) z_\nu\, dx^2 = 0$$

durch ν malige Differentiation nach x, indem man

$$d^\mu z_\nu = z_{\nu-\mu} dx^\mu$$

setzt, sich die Differentialgleichung für $z_{\nu-\mu}$ und hieraus, durch

*) M. vergl. Euler's Integralrechnung an der schon oben bezeichneten Stelle; problema 123.

νmalige Differentiation, für z_0 oder z selbst

$$(1-x^2)d^2z - 2x\,dz\,dx + n(n+1)z\,dx^2 = 0$$

ableiten lässt.

Die allgemeinen Integrale $z^{(\nu)}$ und z_ν hängen einfach zusammen*). Setzt man nämlich

$$z^{(\nu)} = (x^2-1)^{-\frac{\nu}{2}}y, \qquad z_\nu = (x^2-1)^{\frac{\nu}{2}}y$$

in die betreffende Differentialgleichung ein, so genügt das eine wie das andere Mal y derselben Differentialgleichung

$$(1-x^2)d^2y - 2x(1-x^2)dy\,dx + [n(n+1) - m^2 - n(n+1)x^2]y\,dx^2 = 0,$$

so dass zwischen den allgemeinen Integralen $z^{(\nu)}$ und z_ν die Gleichung stattfindet

$$(23, b) \ldots \quad z_\nu = (x^2-1)^\nu z^{(\nu)}.$$

Wir betrachten zunächst jede der Gleichungen (23) und (23, a) für sich.

§ 31. Für $\nu = n+1$ geht die letztere in

$$(1-x^2)\,d^2z_{n+1} + 2nx\,dz_{n+1}\,dx = 0$$

über. Sie hat das Integral

$$\log\frac{dz_{n+1}}{dx} = n\log(x^2-1) + \text{const.}$$

Da aber $dz_{n+1} = z_n dx$, so hat man unmittelbar ein Integral

$$z_n = (x^2-1)^n.$$

Ein zweites ergiebt sich aus der Methode des § 26 S. 137 gleich

$$(x^2-1)^n\int_x^\infty \frac{dx}{(x^2-1)^{n+1}}$$

und damit das vollständige Integral z_n, aus diesem aber durch $n-\nu$fache Differentiation z_ν, nämlich $(0 \leq \nu < n+1)$

$$z_\nu = a\frac{d^{n-\nu}(x^2-1)^n}{dx^{n-\nu}} + b\frac{d^{n-\nu}}{dx^{n-\nu}}\left[(x^2-1)^n\int_x^\infty \frac{dx}{(x^2-1)^{n+1}}\right],$$

also endlich z_0 oder z selbst

$$z = a\frac{d^n(x^2-1)^n}{dx^n} + b\frac{d^n}{dx^n}\left[(x^2-1)^n\int_x^\infty \frac{dx}{(x^2-1)^{n+1}}\right].$$

Einerseits ist dies das Integral von (8), andererseits hat es die Form

$$z = \alpha P^n(x) + \beta Q^n(x);$$

bestimmt man die Constanten gehörig, so erhält man die schon bekannte Gleichung (3) für P und eine noch nicht im Vorgehenden enthaltene Form für Q, nämlich

*) Crelle, Journal f. Math. Bd. 26, S. 185—216, Anmerk. 1.

$$(3) \ldots \quad P^n(x) = \frac{1}{2^n \Pi(n)} \frac{d^n (x^2-1)^n}{dx^n},$$

$$(23, c) \ldots \quad Q^n(x) = \frac{(-2)^n \Pi(n)}{\Pi(2n)} \frac{d^n}{dx^n} \left[(x^2-1)^n \int_x^\infty \frac{dx}{(x^2-1)^{n+1}} \right],$$

wenn x nicht im Querschnitte liegt.

Bisher wurde z_ν betrachtet, wenn $\nu < n+1$, während im Folgenden (§ 47) auch die Werthe für ein grösseres ν auftreten. Während man aus z_{n+1} durch Differentiation die Functionen mit kleinerem Index ν fand, so liefert die Integration die z mit grösserem Index. Führt man eine Function ζ durch die Gleichung $d\zeta = z_\nu dx$ ein, so zieht man aus (23, a), dass der Differentialquotient nach x von

$$(1-x^2)\frac{d^2\zeta}{dx^2} + 2\nu x \frac{d\zeta}{dx} + (n-\nu)(n+\nu+1)\zeta$$

Null, dieser Ausdruck selbst also eine Constante sei. Gelingt es diese zu Null zu machen, so wird zugleich ζ eine Lösung der Differentialgleichung für $z_{\nu+1}$. Man ermittelt diese Constante, indem man für x einen speciellen Werth $x = \varkappa$ einsetzt; ist derselbe so gewählt, dass für ihn $(1-x^2)z_{\nu-1}$ und $2\nu z_\nu$ verschwindet, nimmt man ferner für ζ ein solches Integral von $z_\nu dx$, welches für $x = \varkappa$ verschwindet, so ist diese Constante Null. Um die allgemeinen Formeln noch für $\nu = 0$ anzuwenden, muss man unter z_{-1} den Differentialquotienten von z_0 oder z nach x verstehen.

Erstens hat man eine Lösung $z_0 = P^n(x)$; nimmt man $\varkappa = 1$, so folgt hieraus, dass

$$z_1 = \int_1 P^n(x)\, dx$$

eine Lösung z_ν für $\nu = 1$ sei; setzt man nach und nach

$$\zeta = \int_1 z_1\, dx, \quad \zeta = \int_1 z_2\, dx, \quad \ldots,$$

so erhält man hieraus, dass für jedes ganze positive ν die Gleichung (23, a) eine particuläre Lösung

$$z_\nu = \int_1 P^n(x)\, dx^\nu$$

besitzt, wenn bei der νfachen Integration jedes Mal von $x = 1$ an integrirt wird.

Ist $\nu \leqq n$, so kann diese Lösung offenbar mit

$$z_\nu = \frac{d^{n-\nu}(x^2-1)^n}{dx^{n-\nu}}$$

vertauscht werden, ist $\nu > n$ mit

$$z_\nu = \int_1 (x^2-1)^n dx^{\nu-n}.$$

Zweitens geht man von der Lösung $z = Q^n(x)$ aus und setzt $\varkappa = \infty$, so wird

$$z_\nu = \int_x^\infty Q^n(x)\,dx^\nu$$

nur so lange für $x = \infty$ verschwinden und die Constante zu Null machen als $\nu \leqq n$. Für ein grösseres ν findet man aber auf anderem Wege, wenn $\nu = n+1,\ n+2,\ n+3$, etc. die Lösungen resp. $1,\ x,\ x^2 + \frac{1}{2n+3},\ x^3 + \frac{3x}{2n+3},\ x^4 + \frac{6x^2}{2n+3} + \frac{3}{(2n+3)(2n+5)}$. Jede von diesen Functionen ist selbstverständlich das Integral der vorhergehenden (mit einem Zahlfaktor multiplicirt) aber nicht von derselben untern Grenze $\varkappa$ an; die zu einem bestimmten ν gehörige Function ist nach x vom Grade $\nu - n - 1$. Das allgemeine Gesetz für diese Lösungen ergiebt sich, indem man die Gleichung (23, a) durch Reihen integrirt, die nach Potenzen von x absteigen. Man findet dann als particuläre Lösungen zwei hypergeometrische Reihen, von denen die erste immer eine ganze Function von x ist, die zweite so lange $\nu > n$; nur die zweite besitzt den Grad $\nu - n - 1$. Man hat demnach den

I. Satz. Ein particuläres Integral der Gleichung (23, a)

$$(1-x^2)d^2z_\nu + 2(\nu-1)x\,dz_\nu\,dx + (n-\nu+1)(n+\nu)z_\nu\,dx^2 = 0$$

ist für jede Grösse der ganzen positiven Zahl ν gleich

$$x^{\nu-n-1}F\left(\frac{n+1-\nu}{2}, \frac{n+2-\nu}{2}, \frac{2n+3}{2}, \frac{1}{x^2}\right).$$

War $\nu > n$, so ist dies eine ganze Function von x; wenn $\nu \leqq n$, so kann man statt dieser unendlichen hypergeometrischen Reihe, welche verlangen würde, dass $\mathcal{M}x > 1$, für alle Werthe x das Integral

$$\frac{1.3.5\ldots(2n+1)}{\Pi(n-\nu)}\int_x^\infty Q^{(n)}(x)\,dx^\nu$$

einführen. Diese particuläre Lösung heisse $\mathfrak{Q}_\nu^{(n)}(x)$.

II. Satz. Ein anderes particuläres Integral der Gleichung (23, a) ist für jede Grösse der ganzen positiven

Zahl ν

$$\mathfrak{P}_\nu^{(n)}(x) = \frac{\Pi(n+\nu)}{1.3\ldots(2n-1)}\int\limits_1 P^{(n)}(x)\,dx^\nu.$$

So lange $\nu \leqq n$, stimmt dieses mit der ganzen Function

$$\mathfrak{P}_\nu^{(n)}(x) = \frac{\Pi(n+\nu)}{\Pi(2n)}\frac{d^{n-\nu}(x^2-1)^n}{dx^{n-\nu}}$$

$$= x^{n+\nu}F\left(-\frac{n+\nu}{2}, -\frac{n+\nu-1}{2}, -\frac{2n-1}{2}, \frac{1}{x^2}\right)$$

überein, wenn aber $\nu > n$, mit

$$\mathfrak{P}_\nu^{(n)}(x) = x^{n+\nu}F\left(-\frac{n+\nu}{2}, -\frac{n+\nu-1}{2}, -\frac{2n-1}{2}, \frac{1}{x^2}\right)$$

$$+(-1)^{n+1}(2n+1)\frac{(\nu+n)(\nu+n-1)\ldots(\nu-n)}{[1.3\ldots(2n+1)]^2}\mathfrak{Q}_\nu^{(n)}(x)$$

und auch mit

$$\mathfrak{P}_\nu^{(n)}(x) = \frac{\Pi(n+\nu)}{\Pi(2n)}\int\limits_1 (x^2-1)^n dx^{\nu-n}.$$

Hier ist die Constante von $\mathfrak{P}_\nu^{(n)}$ so bestimmt, dass $x^{-n-\nu}\mathfrak{P}_\nu^{(n)}(x)$ für $x=\infty$ gleich 1 wird.

Beispiele.

Für $n=0$ findet man $\mathfrak{P}_\nu^{(n)}(x) = (x-1)^\nu$.

Für $n=2$, $\nu=5$ ist:

$$\mathfrak{P}_5^{(2)} = \frac{\Pi 7}{3}\int\limits_1 P^{(2)}(x)\,dx^5 = x^7 - 7x^5 + 35x^3 + 35x - 56x(x^2+\tfrac{1}{5}).$$

§ 32. Wir knüpfen beim Schluss des § 30 an und behandeln hier die Gleichung (23). Aus dieser findet man für $\nu = n$

$$(1-x^2)d^2z^{(n)} - 2(n+1)dz^{(n)}dx = 0,$$

folglich für $z^{(n)}$ die Gleichung

$$z^{(n)} = b\int_x^\infty \frac{dx}{(x^2-1)^{n+1}} + a.$$

Dieses ist zugleich der n^{te} Differentialquotient von z, welches die Form hat

$$z = \alpha P^n(x) + \beta Q^n(x),$$

so dass man durch eine $n$fache Integration, wenn man die Constanten gehörig bestimmt, wiederum die Gleichung findet, welche schon S. 81 angegeben war

$$(13)\ \ldots\quad Q^{(n)}(x) = 2^n \Pi n\int_x^\infty \frac{dx^{n+1}}{(x^2-1)^{n+1}}.$$

Das allgemeine Integral $z^{(\nu)}$ wird, so lange $\nu < n+1$, durch die Gleichung gegeben

$$(\gamma) \ldots \quad z^{(\nu)} = \alpha \frac{d^\nu P^n(x)}{dx^\nu} + \beta \frac{d^\nu Q^n(x)}{dx^\nu};$$

wenn aber $\nu > n$, so hat dieser Ausdruck nur eine willkürliche Constante β. Um auch für diesen Fall eine vollständige Lösung zu erhalten, geht man von der Gleichung (23) aus, die sich auf den Fall $\nu = n+1$ bezieht

$$(1-x^2)d^2 z^{(n+1)} - 2(n+2)dz^{(n+1)}dx - 2(n+1)z^{(n+1)}dx^2 = 0,$$

von der, wie (13) mit (γ) verbunden zeigt, das eine Integral ist $(x^2-1)^{-n-1}$. Nach der Methode von Abel (§ 26) ergiebt sich hieraus ein zweites Integral und hieraus das allgemeine

$$z^{(n+1)} = \alpha(x^2-1)^{-n-1} \int_x^1 (x^2-1)^n dx + \beta(x^2-1)^{-n-1}.$$

Der $\nu - n - 1^{\text{te}}$ Differentialquotient hiervon, nach x genommen, ist das allgemeine Integral $z^{(\nu)}$, wenn $\nu > n$.

Endlich kann man auch die Gleichung (23) durch zwei Reihen integriren und erhält schliesslich die Sätze, welche den beiden des vorigen Paragraphen entsprechen:

III. Satz. Ein particuläres Integral der Gleichung

$$(23) \ldots (1-x^2)d^2 z^{(\nu)} - 2(\nu+1)dz^{(\nu)}dx + (n-\nu)(n+\nu+1)z^{(\nu)}dx^2 = 0$$

ist für jede Grösse der ganzen positiven Zahl ν gleich der Function

$$(-1)^\nu \cdot \frac{1.3.5\ldots(n+1)}{\Pi(n+\nu)} \frac{d^\nu Q^{(n)}(x)}{dx^\nu},$$

welche sich auch, wenn $\mathfrak{M}(x) > 1$, mit

$$x^{-n-\nu-1} F\left(\frac{n+\nu+1}{2}, \frac{n+\nu+2}{2}, \frac{2n+3}{2}, \frac{1}{x^2}\right)$$

vertauschen lässt. Dieselbe Function ist, wenn $\nu \leqq n+1$, gleich

$$\frac{\Pi(2n+1)}{\Pi(n+\nu)} \int_x^\infty \frac{dx^{n+1-\nu}}{(x^2-1)^{n+1}};$$

wenn $\nu > n+1$, gleich

$$(-1)^{n+\nu+1} \frac{\Pi(2n+1)}{\Pi(n+\nu)} \frac{d^{\nu-n-1}(x^2-1)^{-n-1}}{dx^{\nu-n-1}}.$$

Sie heisst, für jede Grösse von ν, $\mathfrak{Q}_{-\nu}^{(n)}(x)$, und man hat

$$x^{n+\nu+1}\mathfrak{Q}_{-\nu}^{(n)}(x) = 1 \quad \text{für} \quad x = \infty.$$

IV. Satz. Ein zweites particuläres Integral derselben Gleichung ist, so lange $\nu \leqq n$ die ganze Function

$$\frac{\Pi(n-\nu)}{1.3\ldots(2n-1)}\frac{d^\nu P^{(n)}(x)}{dx^\nu} = \frac{\Pi(n-\nu)}{\Pi(2n)}\frac{d^{n+\nu}(x^2-1)^n}{dx^{n+\nu}}$$
$$= x^{n-\nu}F\left(-\frac{n-\nu}{2}, -\frac{n-\nu-1}{2}, \frac{2n-1}{2}, \frac{1}{x^2}\right).$$

Wenn aber $\nu > n$, so findet man ein solches gleich

$$\frac{2n+1}{\Pi(\nu-n-1)}\frac{d^{\nu-n-1}}{dx^{\nu-n-1}}\left[(1-x^2)^{-n-1}\int_1^x (x^2-1)^n dx\right]$$

und dies lässt sich auch mit

$$x^{n-\nu}F\left(-\frac{n-\nu}{2}, -\frac{n-\nu-1}{2}, -\frac{2n-1}{2}, \frac{1}{x^2}\right)$$
$$+(-1)^{n+1}(2n+1)\frac{(\nu+n)(\nu+n-1)\ldots(\nu-n)}{[1.3.5\ldots(2n+1)]^2}\mathfrak{Q}^{(n)}_{-\nu}(x)$$

vertauschen. Diese Function, welche mit $x^{\nu-n}$ multiplicirt für $x=\infty$ in 1 übergeht, soll $\mathfrak{P}^{(n)}_{-\nu}(x)$ heissen.

§ 33. Nachdem z_ν im § 31 für sich, im § 32 darauf $z^{(\nu)}$ für sich untersucht worden ist, betrachten wir hier die aus der Gleichung (23, *b*) S. 149 hervorgehenden Beziehungen, welche zwischen den beiden Functionen bestehen. Wenn auch die erwähnte Gleichung zunächst die allgemeinen Integrale verbindet, so kann man sie doch sogleich auf die particulären Lösungen übertragen, deren charakteristischen Unterschiede in Bezug auf die Werthe von x für welche sie unendlich oder Null werden augenfällig sind.

Zunächst erhält man aus dem ersten und dritten Satze die Gleichung

$$(a) \ldots \quad \mathfrak{Q}^n_\nu(x) = (x^2-1)^\nu \mathfrak{Q}^n_{-\nu}(x);$$

ferner aus dem zweiten und vierten

$$(b) \ldots \quad \mathfrak{P}^n_\nu(x) = (x^2-1)^\nu \mathfrak{P}^n_{-\nu}(x).$$

Benutzt man die Formen, in welche die Functionen $\mathfrak{Q}$ und $\mathfrak{P}$ gebracht sind, so erhält man aus (*a*) für $\nu < n+1$

$$(c) \ldots \quad \Pi(n+\nu)\int_x^\infty Q^{(n)}(x)\,dx^\nu = \Pi(n-\nu)(1-x^2)^\nu \frac{d^\nu Q^{(n)}(x)}{dx^\nu},$$

was man auch, durch Verbindung mit (13), auf die Form bringen kann

$$(d) \ldots \quad \Pi(n+\nu)\int_x^\infty \frac{dx^{\nu+n+1}}{(x^2-1)^{n+1}} = \Pi(n-\nu).(1-x^2)^\nu\int_x^\infty \frac{dx^{n+1-\nu}}{(x^2-1)^{n+1}}.$$

Wenn aber $\nu > n$, so erhält man

$$(e) \ldots \quad x^{\nu-n-1} F\left(\frac{n+1-\nu}{2}, \frac{n+2-\nu}{2}, \frac{2n+3}{2}, \frac{1}{x^2}\right)$$
$$= \frac{\Pi(2n+1)}{\Pi(n+\nu)} (1-x^2)^\nu \frac{d^{\nu-n-1}(1-x^2)^n}{dx^{\nu-n-1}}.$$

Ferner findet man aus (b), wenn $\nu < n+1$ resp. $\nu > n+1$

$$(f) \ldots \quad \Pi(n+\nu) \frac{d^{n-\nu}(x^2-1)^n}{dx^{n-\nu}} = \Pi(n-\nu)(x^2-1)^\nu \frac{d^{n+\nu}(x^2-1)^n}{dx^{n+\nu}}$$

$$(g) \ldots \quad \int_1^x (1-x^2)^n dx^{\nu-n}$$
$$= \frac{\Pi(2n+1)(1-x^2)^\nu}{\Pi(\nu+n)\Pi(\nu-n-1)} \frac{d^{\nu-n-1}}{dx^{\nu-n-1}} \left[(1-x^2)^{-n-1} \int_1^x (1-x^2)^n dx\right].$$

Diesen Formeln kann man noch solche hinzufügen, welche auch Beziehungen zwischen den hypergeometrischen Reihen enthalten, die in den vier Sätzen vorkommen. So wird z. B. die wichtige Gleichung (f) nach dem zweiten und vierten Satz durch folgende Beziehung ausgedrückt

$$x^{2\nu} F\left(-\frac{n+\nu}{2}, -\frac{n+\nu-1}{2}, -\frac{2n-1}{2}, \frac{1}{x^2}\right)$$
$$= (x^2-1)^\nu F\left(-\frac{n-\nu}{2}, -\frac{n-\nu-1}{2}, -\frac{2n-1}{2}, \frac{1}{x^2}\right),$$

welche ein ganz specieller Fall der Euler'schen Gleichung ist

$$F(\alpha, \beta, \gamma, x) = (1-x)^{\gamma-\alpha-\beta} F(\gamma-\alpha, \gamma-\beta, \gamma, x).$$

Hierdurch zeigt sich zugleich der Charakter der übrigen Gleichungen, welche man aus den vier Sätzen durch das hier angewandte Verfahren erhält.

Die Gleichung (f) ist von Jacobi*) gefunden, der auch später**) (g) abgeleitet hat. Gleichungen, wie die unter (c) und (d) gegebenen, habe ich in einer Abhandlung aus der Wärmetheorie nur angedeutet***), während Herr Bertram†) die in denselben enthaltenen Beziehungen wirklich entwickelt hat.

§ 34. Im Anschluss an § 30 und 31 wird hier die Formel von Jacobi (3, a) für $\sin m\theta$ bewiesen, welche im § 6 mitgetheilt

---

*) Crelle, Journal f. Math. Bd. 2, S. 225: Ueber eine besondere Gattung etc.

**) Crelle, Journal f. Math. Bd. 26, S. 83: Ueber die Entwickelung etc.

***) Crelle, Journal f. Math. Bd. 26, Anmerk. 1, Formel 22—24.

†) Jahresbericht über die Königstädtische Realschule. Berlin 1855: Theorie der Kugelfunctionen. S. 9 und 11.

war um auf die Analogie der Kugelfunctionen mit den Kreisfunctionen aufmerksam zu machen.

Setzt man

$$z = \sin n\theta \qquad x = \cos\theta \qquad 0 < \theta < \pi,$$

so ist z ein für $x = 1$ verschwindendes Integral der Gleichung

$$d^2z + n^2 z\, d\theta^2 = 0,$$

die durch Einführung von x für θ in

$$(\alpha) \ldots \quad (1 - x^2)\, d^2z - x\, dz\, dx + n^2 z\, dx^2 = 0$$

übergeht. (M. vergl. § 20, S. 93.) Zu dieser gelangt man durch νmalige Differentiation von der Gleichung ausgehend

$$(1 - x^2) d^2 z_\nu + (2\nu - 1) x\, dz_\nu\, dx + (n^2 - \nu^2) z_\nu\, dx^2 = 0,$$

wenn man wieder setzt $d^\nu z_\nu = z\, dx^\nu$. Für $\nu = n$ ist ein Integral derselben eine Constante, ein anderes

$$z_n = \int (1 - x^2)^{\frac{2n-1}{2}} dx,$$

so dass der Gleichung (α) der n^{te} Differentialquotient hiervon also

$$z = \frac{d^{n-1}(1 - x^2)^{\frac{2n-1}{2}}}{dx^{n-1}}$$

genügt. Ohne dass man ein zweites Integral wirklich ermittelt, ist man sicher, dass dasselbe für $x = 1$ nicht verschwindet; denn das vorstehende ist für $x = 1$ Null, während das allgemeine Integral $a \sin n\theta + b \cos n\theta$ für $x = 0$ nicht Null ist, wenn nicht $b = 0$. Daher ist jener Werth von z gleich $a \sin n\theta$ und es bleibt nur noch übrig, die Constante a zu bestimmen. Dies geschieht, indem man durch $\sqrt{1 - x^2}$ auf beiden Seiten dividirt und $x = 1$ setzt; dadurch verwandelt sich die eine Seite in na, und es kommt nur darauf an, die andere

$$\frac{1}{\sqrt{1 - x^2}} \frac{d^{n-1}(1 - x^2)^{\frac{2n-1}{2}}}{dx^{n-1}}$$

für $x = 1$ einfach auszudrücken. Zerlegt man die Potenz in das Produkt

$$(1 - x)^{\frac{2n-1}{2}} (1 + x)^{\frac{2n-1}{2}}$$

und wendet die bekannte Formel für die wiederholte Differentiation eines Produktes an, so ist klar, dass auf dieser Seite für $x = 1$ Alles verschwindet mit Ausnahme des Gliedes

$$\frac{(1+x)^{\frac{2n-1}{2}}}{\sqrt{1-x^2}} \frac{d^{n-1}(1-x)^{\frac{2n-1}{2}}}{dx^{n-1}},$$

dieses selbst aber

$$= (-1)^{n-1}.1.3.5\ldots(2n-1)$$

wird, wodurch die Formel

$$(3, a) \ldots \quad \frac{\sin n\theta}{n} = \frac{(-1)^{n-1}}{1.3\ldots(2n-1)} \frac{d^{n-1}(1-x^2)^{\frac{2n-1}{2}}}{dx^{n-1}}$$

bewiesen ist.

Jacobi hat diese Gleichung abgeleitet, indem er sich einer Formel von Lacroix bediente, um direct den $n-1^{\text{ten}}$ Differentialquotienten zu bilden. Ich benutzte an dieser Stelle eine Arbeit von Herrn Liouville*).

§ 35. Die Methode, deren ich mich in den letzten Paragraphen bediente, kommt wesentlich auf das Verfahren hinaus, welches Ivory und Legendre anwandten, um Eigenschaften der P aus der Differentialgleichung abzuleiten. Das Vorstehende klärt auch die Andeutungen auf, welche in der Bemerkung zum § 6 bei Gelegenheit der Formel von Rodrigues gemacht wurden.

Jacobi**) hat dies Verfahren verallgemeinert und auf die Differentialgleichung der hypergeometrischen Reihe in dem Falle angewandt, in welchem diese eine ganze Function, also eines der ersten beiden Elemente, eine negative ganze Zahl $-n$ ist.

Es genügt $z = F(\alpha, \beta, \gamma, x)$ der Gleichung

$$x(1-x)\frac{d^2z}{dx^2} + (\gamma - (\alpha+\beta+1)x)\frac{dz}{dx} - \alpha\beta z = 0.$$

Durch ν malige Differentiation entsteht hieraus, wenn $z^{(\nu)}$ wiederum den ν^{ten} Differentialquotienten bezeichnet

$$x(1-x)\frac{d^2z^{(\nu)}}{dx^2} + (\gamma+\nu-(\alpha+\beta+2\nu+1)x)\frac{dz^{(\nu)}}{dx} - (\alpha+\nu)(\beta+\nu)z^{(\nu)} = 0.$$

Nachdem man zur Abkürzung

$$\mu = x^{\gamma-1}(1-x)^{\alpha+\beta-\gamma}, \qquad \varphi = x(1-x)$$

gesetzt hat, multiplicire man die vorstehende Differentialgleichung mit $\mu\varphi^\nu$, wodurch sie in

$$(\alpha+n)(\beta+n)\mu\varphi^\nu z^{(\nu)} = \frac{d}{dx}(\mu\varphi^{\nu+1}z^{(\nu+1)})$$

---

*) Journal de Math. T. VI: Sur une formule de M. Jacobi, p. 69.

**) Borchardt, Journal f. Math. Bd. 56, § 3: Untersuchungen über die Differentialgleichungen der hypergeometrischen Reihe.

übergeht. Macht man ν successive gleich 0, 1, 2, etc., so entstehen die Gleichungen

$$\alpha\beta\mu z\,dx = d(\mu\varphi z'),$$
$$(\alpha+1)(\beta+1)\mu\varphi z'\,dx = d(\mu\varphi^2 z''),$$
$$(\alpha+2)(\beta+2)\mu\varphi^2 z''\,dx = d(\mu\varphi^3 z''')$$
$$\cdots\cdots\cdots\cdots\cdots$$

so dass man für jedes ganze positive ν erhält

$$\alpha(\alpha+1)\ldots(\alpha+\nu-1).\beta(\beta+1)\ldots(\beta+\nu-1)\mu z\,dx^\nu = d^\nu(\mu\varphi^\nu z^{(\nu)}).$$

Setzt man nun $\beta = -n$ und macht $\nu = n$, so wird, wenn man noch α mit $\alpha+n$ vertauscht,

$$(24)\ldots\quad F(-n,\alpha+n,\gamma,x) = \frac{x^{1-\gamma}(1-x)^{\gamma-\alpha}}{\gamma(\gamma+1)\ldots(\gamma+n-1)}\frac{d^n}{dx^n}[x^{n+\gamma-1}(1-x)^{n+\alpha-\gamma}].$$

Die Gleichung (**21**, b) auf S. **145** im § **28** lässt sich vermittelst dieser Formel vereinfachen, wenn für $\mathfrak{p}$ eine ganze Function von x gesetzt wird. Es sei dieselbe

$$\mathfrak{p}(x) = F(-n,\alpha+n,\gamma,x).$$

Macht man $g = 0$ und $h = 1$, so wird ein zweites Integral

$$\mathfrak{q}(x) = x^{\gamma-1}(1-x)^{\gamma-\alpha}\int_0^1 \frac{d^n}{dy^n}[y^{n+\gamma-1}(1-y)^{n+\alpha-\gamma}]\frac{dy}{x-y}.$$

Ist n so gross, dass $n+\gamma$ und $1+n+\alpha-\gamma$ das positive Zeichen besitzen, so kann man durch Theile integriren und man erhält schliesslich zu dem ersten Integral

$$\mathfrak{p}(x) = F(-n,\alpha+n,\gamma,x)$$

das zweite

$$(24, a)\ldots\quad \mathfrak{q}(x) = x^{1-\gamma}(1-x)^{\gamma-\alpha}\int_0^1 y^{n+\gamma-1}(1-y)^{n+\alpha-\gamma}(x-y)^{-n-1}dy,$$

eine Function, die nach absteigenden Potenzen von x entwickelt, mit der $-n-1^{\text{ten}}$ beginnt.

§ 36. Auf S. 36 trat neben das Integral für $P^{(n)}$, welches der Formel (19) für $Q^{(n)}$ entspricht, ein zweites auf, welches aus dem ersten durch Vertauschung von n mit $-n-1$ entsteht. Durch dieselbe Substitution, welche im § 10 angewandt wurde, um die eine Form in die andere zu verwandeln, gewinne ich auch **eine entsprechende neue Form** für Q. Im Folgenden sei x positiv.

Zunächst soll ein besonders einfacher Fall behandelt werden, der Fall eines rein imaginären x.

1) Specieller Fall: $x = iy$. Die Substitution (m. vergl. S. 39)

$$\cos\chi = \frac{y\cos iu + \sqrt{y^2+1}}{y+\cos iu.\sqrt{y^2+1}},\quad \sin\chi = \frac{-i\sin iu}{y+\cos iu.\sqrt{y^2+1}},$$

$$y-\cos\chi.\sqrt{y^2+1} = -\frac{1}{y+\cos iu.\sqrt{y^2+1}},\quad d\chi = \frac{du}{y+\cos iu.\sqrt{y^2+1}},$$

mit der Bestimmung $\chi = 0$ für $u = 0$, beweist dass

$$(25) \ldots \int_0^{\infty} \frac{du}{(y + \cos iu . \sqrt{y^2+1})^{n+1}} = \int_0^{\operatorname{arc\,cotg} y} (\sqrt{y^2+1} . \cos\chi - y)^n d\chi$$

$$= i^{n+1} Q^n(x) = i^{n+1} Q^n(iy) \qquad \left(0 < \operatorname{arc\,cotg} y < \frac{\pi}{2}\right).$$

In der That bleibt χ reell, während u von 0 bis ∞ wächst; ferner ist $\sin\chi$ und $\cos\chi$ immer positiv.

2) Der reelle Theil von x ist positiv. Hier wird die Substitution angewandt

$$\cos iv = \frac{x \cos iu + \sqrt{x^2-1}}{x + \cos iu . \sqrt{x^2-1}}, \quad -i \sin iv = \frac{-i \sin iu}{x + \cos iu . \sqrt{x^2-1}},$$

$$x - \cos iv . \sqrt{x^2-1} = \frac{1}{x + \cos iu . \sqrt{x^2-1}}, \quad dv = \frac{du}{x + \cos iu . \sqrt{x^2-1}}$$

mit der Bedingung $v = 0$ für $u = 0$. Durch Einsetzen des Werthes für u erhält man

$$\frac{du}{(x + \sqrt{x^2-1} . \cos iu)^{n+1}} = (x - \sqrt{x^2-1} . \cos iv)^n dv.$$

Um das Verhalten der Differentiale leichter zu verfolgen, während u von 0 bis ∞ wächst, bringe man x nach S. 40 in die Form

$$x = r . \cos\theta + i \sin\theta \sqrt{r^2-1},$$

wo nach unserer Festsetzung $-\frac{\pi}{2} < \theta < \frac{\pi}{2}$, $r \geqq 1$. Wir erhalten dann

$$\sqrt{x^2-1} = \sqrt{r^2-1} . \cos\theta + i r \sin\theta.$$

Wenn $r = 1$, so darf man wegen der Festsetzung, dass x und $\sqrt{x^2-1}$ das gleiche Zeichen besitzen sollen, θ nur positiv nehmen; man kann aber die beiden Ausdrücke, welche sich auf den positiven und negativen Werth der Quadratwurzel beziehen, zugleich erhalten, wenn man erst im Resultat die Grenze für $r = 1$ nimmt, den Punkt im Querschnitt also als am positiven oder am negativen Uferrande liegend ansieht. Dies wird hier geschehen (S. u. No. 4).

Nach dieser Einführung der festzuhaltenden Grössen r und θ für x hat man

$$dv = [\cos\theta(r + \cos iu . \sqrt{r^2-1}) + i \sin\theta(\sqrt{r^2-1} + r \cos iu)]^{-1} du.$$

Da u auf reellem Wege von 0 bis ∞ wächst, also $\cos iu$ positiv ist, so hat die rechte Seite die Form $(a - ib \sin\theta) du$, wenn a und b positive Grössen bezeichnen. Daher wächst der reelle Theil von

v fortwährend mit u, während zugleich der imaginäre abnimmt oder wächst, je nachdem θ positiv oder negativ ist, so dass v selbst die gleiche Form $v = a - ib\sin\theta$ besitzt. Ferner zeigt der Ausdruck von $-i\sin iv$ auf S. 159 durch u, dass auch $-i\sin iv$ die Form hat $\alpha - i\beta\sin\theta$, wenn α und β positive reelle Grössen vorstellen. Hieraus zieht man, dass

$$(e^a - e^{-a})\cos(b\sin\theta) = \alpha$$

positiv, also $b\sin\theta$, daher der imaginäre Theil von v, absolut, $\frac{1}{2}\pi$ nicht überschreitet. Ferner wird für $u = \infty$ die obere Grenze $v = v_0$ durch die Gleichung

$$\cos iv_0 = \frac{x}{\sqrt{x^2-1}}, \qquad e^{v_0} = \frac{x \pm 1}{\sqrt{x^2-1}}$$

gefunden, wo das Zeichen so zu wählen ist, dass v_0 also auch e^{v_0} die nothwendige Form $a - ib\sin\theta$ erhält. Unsere Formel auf S. 40 zeigt, dass wir dazu das obere Zeichen wählen müssen. Man erhält also, kurz ausgedrückt, $v_0 = \frac{1}{2}\log(x+1) - \frac{1}{2}\log(x-1)$, vollständig

$$v_0 = \log\frac{\sqrt{r^2-1} - i\sin\theta}{r - \cos\theta},$$

wenn der Logarithmus so genommen wird, dass sein imaginärer Theil unter $\frac{1}{2}\pi$ liegt.

Nimmt man an, dass n eine ganze positive Zahl sei, so ist es gleichgültig, auf welchem Wege man von $v = 0$ bis v_0 integrirt. Nach einigen einfachen Transformationen erhält man dann den

I. Satz. Bezeichnet x eine Grösse mit positivem reellen Theile, und setzt man

$$\sqrt{\frac{x+1}{x-1}} = \varrho(\cos\varphi - i\sin\varphi), \quad v_0 = \tfrac{1}{2}\log\frac{x+1}{x-1} = \log\varrho - i\varphi,$$
$$(\varrho \geqq 1) \quad (-\tfrac{1}{2}\pi < \varphi < \tfrac{1}{2}\pi),$$

so wird

$$(25, a) \ldots \int_0^\infty \frac{du}{(x + \cos iu.\sqrt{x^2-1})^{n+1}} = \int_0^{v_0} (x - \cos iv.\sqrt{x^2-1})^n \, dv,$$

wenn man von 0 bis v_0 auf einem beliebigen Wege integrirt.

Zum Schluss stelle ich einige hierher gehörende Formeln zusammen:

$$x = r\cos\theta + i\sin\theta.\sqrt{r^2-1}, \quad (r > 1), \quad (-\tfrac{1}{2}\pi < \theta < \tfrac{1}{2}\pi),$$
$$\sqrt{x^2-1} = \sqrt{r^2-1}.\cos\theta + i\sin\theta,$$
$$\varrho = \sqrt{\frac{r+\cos\theta}{r-\cos\theta}}, \quad \cos\varphi = \sqrt{\frac{r^2-1}{r^2-\cos^2\theta}}, \quad \sin\varphi = \frac{\sin\theta}{\sqrt{r^2-\cos^2\theta}}.$$

Diese Formeln wenden wir auf die speciellen Fälle an, in welchen x reell (positiv) wird.

3) Specieller Fall: x reell und > 1.

Hier ist

$$\varrho = \sqrt{\frac{x+1}{x-1}}, \quad \varphi = 0$$

und somit v_0 die reelle Grenze $\frac{1}{2}\log(x+1) - \frac{1}{2}\log(x-1)$.

4) Specieller Fall: x reell und < 1.

Wendet man die elliptischen Coordinaten r und θ an und geht nach Anleitung von S. 159 zur Grenze $r = 1$ über, so wird $\cos\varphi = 0$ und $\sin\varphi = +1$ wenn θ positiv, -1 wenn θ negativ ist, ferner ϱ gleich dem Zahlwerth von $\operatorname{cotg}\frac{1}{2}\theta$. Man findet daher, wenn $0 < \theta < \frac{1}{2}\pi$, $v_0 = \log\operatorname{cotg}\frac{1}{2}\theta \mp \frac{1}{2}\pi i$,

$$(25, b) \ldots \int_0^\infty \frac{du}{(\cos\theta \pm i \sin\theta \cos iu)^{n+1}} = \int_0^{v_0} (\cos\theta \mp i\sin\theta \cos iv)^n dv.$$

Die rechte Seite kann man in ein Integral von 0 bis $\mp\frac{1}{2}\pi i$, und ein zweites von dort bis v_0 zerlegen, welches letztere offenbar reell ist. Fasst man die Resultate dieses Paragraphen zusammen, so erhält man den

II. Satz. So lange x positiv ist und nicht dem Querschnitt angehört, gilt die Doppelgleichung (25, c)

$$Q^n(x) = \int_0^\infty \frac{du}{(x + \cos iu\, \sqrt{x^2-1})^{n+1}} = \int_0^{v_0} (x - \cos iv . \sqrt{x^2-1})^n dv,$$

wo der Werth von v_0 durch den ersten Satz gegeben ist; im Querschnitte wird

$$Q^n(\cos\theta) = \int_0^{\operatorname{cotg}\frac{1}{2}\theta} (\cos\theta - z\sin\theta)^n \frac{dz}{\sqrt{1+z^2}}$$
$$+ \tfrac{1}{2} i \int_0^{\frac{1}{2}\pi} [(\cos\theta + i\sin\theta\cos\psi)^n - (\cos\theta - i\sin\theta\cos\psi)^n]\, d\psi.$$

Schliesslich wird daran erinnert, dass, auch wenn das Integral nach n nicht bis ∞, sondern bis zu einem beliebigen Werthe genommen wird, es einem Integrale nach v gleich ist, dessen obere Grenze sich durch die Transformationsgleichungen auf S. 159 bestimmt.

§ 37. Die gewonnenen Resultate sollen nun auf den speciellen Fall $n = 0$ angewandt werden.

1) Es sei x positiv und rein imaginär $= iy$. Dann wird

$$\int_0^\infty \frac{du}{y+\cos iu.\sqrt{y^2+1}} = iQ^0(iy) = \operatorname{arc\,cotg} y < \tfrac{1}{2}\pi,$$

ferner nach dem Satz auf S. 135, indem $P^{(0)} = 1$,

$$\int_0^\infty \frac{du}{y-\cos iu.\sqrt{y^2+1}} = \operatorname{arc\,cotg} y - \pi;$$

wenn der arc. auch hier zwischen 0 und $\frac{1}{2}\pi$ genommen wird.

2) Ist x positiv reell und >1, so wird

$$\int_0^\infty \frac{du}{x+\sqrt{x^2-1}.\cos iu} = Q^0(x) = \tfrac{1}{2}\log\frac{x+1}{x-1}.$$

Vertauscht man $\sqrt{x^2-1}$ mit $-\sqrt{x^2-1}$, so hat das Integral keine Bedeutung.

3) Ist x positiv reell und <1; $x = \cos\theta$, so wird

$$\int_0^\infty \frac{du}{\cos\theta \pm i\sin\theta\cos iu} = \log\operatorname{cotg}\tfrac{1}{2}\theta \mp \tfrac{1}{2}\pi i$$

und hieraus $Q^0(\cos\theta) = \log\operatorname{cotg}\frac{1}{2}\theta$.

4) Allgemeiner Fall; es ist x positiv, sonst beliebig. Setzt man

$$\sqrt{\frac{x+1}{x-1}} = \varrho(\cos\varphi - i\sin\varphi), \quad -\tfrac{1}{2}\pi < 0 < \tfrac{1}{2}\pi, \quad \varrho > 1,$$

so hat man die Gleichung

$$\int_0^\infty \frac{du}{x+\sqrt{x^2-1}.\cos iu} = Q^0(x) = \log\varrho - i\varphi.$$

Dagegen wird

$$\int_0^\infty \frac{du}{x-\sqrt{x^2-1}.\cos iu} = \log\varrho - i\varphi_1,$$

wenn φ_1 so bestimmt wird, dass es zwischen $\frac{1}{2}\pi$ und π oder $-\frac{1}{2}\pi$ und $-\pi$ liegt, während $\operatorname{tang}\varphi_1 = \operatorname{tang}\varphi$ bleibt.

Die vorstehenden Ausdrücke dienen auch zur Bestimmung des Integrales

$$\int_0^\infty \frac{du}{a+b\cos iu},$$

wenn a eine positive, b eine beliebig gegebene von Null verschiedene Constante vorstellt. Für den ausgeschlossenen Grenzfall $a = 0$ wird das Integral $\pi:2b$.

Dividirt man das Integral im Zähler und Nenner durch $\sqrt{a^2-b^2}$, und giebt der Wurzel ein solches Vorzeichen, dass

$$\frac{a}{\sqrt{a^2-b^2}} = x$$

positiv wird, so kann man die obigen Resultate unmittelbar anwenden und findet

1) wenn a reell, b reell positiv und $> a$

$$\int_0^\infty \frac{du}{a \pm b \cos iu} = \frac{1}{\sqrt{b^2-a^2}} \operatorname{arc\,tang} \frac{\sqrt{b^2-a^2}}{a}.$$

Gilt das obere Zeichen, so ist $+\operatorname{arctang}$ zwischen 0 und $\frac{1}{2}\pi$, im andern Falle zwischen $-\frac{1}{2}\pi$ und $-\pi$ zu nehmen; ist er das erste Mal φ, so wird er das zweite Mal $\varphi-\pi$.

2) Ist a reell, b reell positiv und $b < a$, so wird

$$\int_0^\infty \frac{du}{a + b \cos iu} = \frac{1}{\sqrt{a^2-b^2}} \log \frac{a+\sqrt{a^2-b^2}}{b}.$$

3) Ist a reell, b rein imaginär positiv, $b = \beta i$, so hat man

$$\int_0^\infty \frac{du}{a \pm i\beta \cos iu} = \frac{1}{\sqrt{a^2+\beta^2}} \left(\log \frac{a+\sqrt{a^2+\beta^2}}{\beta} \mp \tfrac{1}{2} i\pi\right).$$

4) Im allgemeinen Falle setzt man

$$\frac{a+\sqrt{a^2-b^2}}{b} = \varrho(\cos\varphi - i\sin\varphi),$$

wo φ zwischen $-\frac{1}{2}\pi$ und $\frac{1}{2}\pi$ liegt. Da die $\sqrt{a^2-b^2}$ ein solches Zeichen besitzt, dass

$$\mathcal{M}\frac{a+\sqrt{a^2-b^2}}{b} \geqq \mathcal{M}\frac{a-\sqrt{a^2-b^2}}{b},$$

so ist $\varrho \geqq 1$. Alsdann wird

$$\int_0^\infty \frac{du}{a + b \cos iu} = \frac{1}{\sqrt{a^2-b^2}} (\log\varrho - i\varphi)$$

und, den zweiten Fall ausgenommen,

$$\int_0^\infty \frac{du}{a - b \cos iu} = \frac{1}{\sqrt{a^2-b^2}} (\log\varrho - i\varphi_1),$$

wenn $\operatorname{tang}\varphi_1 = \operatorname{tang}\varphi$, aber φ_1 zwischen $-\frac{1}{2}\pi$ und $-\pi$, resp. $\frac{1}{2}\pi$ und π genommen wird.

Indem man hier

$$a = \alpha x - 1 \qquad b = \alpha\sqrt{x^2-1}$$

setzt, erhält man den Ausdruck für die erzeugende Function der Q, welcher auf S. 134 angegeben war.

§ 38. Das Integral von Laplace, Gleichung (5) auf S. 35, nämlich

$$P^{(n)}(x) = \frac{1}{2\pi}\int_0^{2\pi}(x+\cos\varphi\,.\sqrt{x^2-1})^n d\varphi$$

besagt, dass bei der Entwickelung von $(x+\cos\varphi\,.\sqrt{x^2-1})^n$ nach Cosinus der Vielfachen in die endliche Reihe

$$c_0 + c_1\cos\varphi + c_2\cos 2\varphi + \cdots$$

das Glied c_0 gleich $P^{(n)}(x)$ ist. Diese Reihe könnte man auch dadurch erhalten, dass man die zu entwickelnde n^{te} Potenz des Binoms zuerst nach Potenzen von $\cos\varphi$ ordnet und dann die Potenzen von $\cos\varphi$ in Cosinus der Vielfachen von φ, nach den bekannten Formeln umsetzt. Da n eine positive ganze Zahl ist, so erhält man aus diesen Operationen dasselbe Resultat, wenn auch φ eine complexe Grösse vorstellt, und findet daher, wenn ψ und v irgend welche reelle Grössen bezeichnen und c die früheren Constanten sind

$$[x+\cos(\varphi+\psi+iv)\,.\sqrt{x^2-1}]^n$$
$$= c_0 + c_1\cos(\varphi+\psi+iv) + c_2\cos 2(\varphi+\psi+iv) + \cdots.$$

Hieraus ergiebt sich durch Integration

$$(26)\ \ldots\quad P^n(x) = \frac{1}{2\pi}\int_0^{2\pi}(x+\cos(\varphi+\psi+iv)\,.\sqrt{x^2-1})^n d\varphi,$$

so dass in dem früheren Ausdrucke von P die imaginäre Substitution gestattet ist, ohne dass dadurch die Grenzen sich ändern.

Für ein x mit positivem reellem Theile hat man nach (6)

$$P^{(n)}(x) = \frac{1}{2\pi}\int_0^{2\pi}\frac{d\varphi}{(x+\cos\varphi\,.\sqrt{x^2-1})^{n+1}}.$$

Aus dem IV. Satze des § 8 S. 33 und seiner Verallgemeinerung, S. 34, weiss man, dass in diesem Ausdruck für P^n die imaginäre Substitution nicht mehr unbedingt gestattet ist. Setzt man dort x und $\sqrt{x^2-1}$ für a und b, so findet man: Es ist

$$(26, a)\ \ldots\quad P^{(n)}(x) = \frac{1}{2\pi}\int_0^{2\pi}\frac{d\varphi}{(x+\sqrt{x^2-1}\,.\cos(\varphi+\psi+iv))^{n+1}},$$

wenn x einen positiven reellen Theil besitzt und ψ und v reelle Grössen bezeichnen, die letztere eine solche, dass

$$v < \mathcal{M}\sqrt{\frac{x+1}{x-1}}.$$

Ueberschreitet v diesen Modulus, so ist das Integral Null.

Es soll nun untersucht werden, unter welchen Bedingungen

auch in dem Integrale (19) für Q die imaginäre Substitution vorgenommen werden kann, nachdem die Grenzen vorher in $-\infty$ und ∞ verwandelt sind, ob man also in

$$Q^{(n)}(x) = \frac{1}{2}\int_{-\infty}^{\infty} \frac{du}{(x + \cos iu . \sqrt{x^2 - 1})^{n+1}},$$

ohne die Grenzen zu ändern, $\cos iu$ mit $\cos i(u + v + i\psi)$ vertauschen darf, wenn v und ψ reelle Grössen bezeichnen. Klar ist, dass man eine Verschiebung um v vornehmen, d. h. $\cos iu$ mit $\cos i(u + v)$ vertauschen darf, ohne die Grenzen zu ändern; es fragt sich nur, ob eine Vertauschung von u mit $u + \psi i$ gestattet sei. Ein Satz, der diese Frage ebenso erledigte, wie oben der IV. Satz diejenige, welche sich auf P bezog, ist im § 8 nicht abgeleitet worden, weil jene Integrale dort noch nicht aufgetreten waren, und wird hier nachgetragen.

Aehnlich wie im § 8 setze man

$$f(z) = (a + b \cos i z)^{-n-1},$$

wo z eine complexe Grösse vorstellt $z = u + i\psi$. Auch hier wird ein Rechteck $ABEF$ zu Grunde gelegt; seine Basis AB liegt auf der Axe des Reellen, der

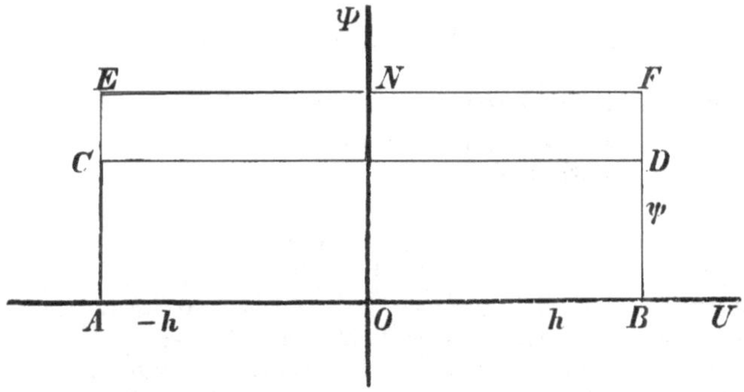

Axe der U, so dass sich A im Punkte $u = -h$, B in $u = h$ befindet, wenn h eine Zahl bezeichnet, die man zu ∞ wachsen lässt. Die Seite BF von der Länge π ist parallel und gleichgerichtet der Axe des positiv Imaginären $O\Psi$. In dem Parallelogramm $ABEF$ ziehe man von einem Punkte D der BF die Parallele DC zu der Axe des Reellen. Die Länge BD heisse ψ und ψ ist nicht grösser als BF oder π.

Das Integral $\int f(z)dz$, genommen über das Rechteck $ABDCA$, innerhalb dessen $f(z)$ endlich bleiben möge, ist Null; also ist Null die Summe von vier Integralen $\int f(z)dz$ genommen auf AB von A bis B, auf BF von B bis D, auf CD von D bis C, auf AC von C bis A. Für $h = \infty$ verschwindet das zweite und vierte Integral, da $f(z)$ Null wird, für $h = \infty$. Daher wird das Integral über *CD* gleich dem über *AB*.

Sollte $f(z)$ in dem Rechteck *CDFE* endlich bleiben, so findet man ebenso, dass das Integral über *CD* gleich dem über *EF* ist. Man hat also zunächst das Resultat gefunden.

Je nachdem $f(z)$ in dem Rechteck *ABDC* oder in *CDFE* endlich bleibt, ist das Integral $\int f(z)dz$ über *CD* genommen, d. h. ist

$$\int_{-\infty}^{\infty} f(u+\psi i)du = \int_{-\infty}^{\infty} f(u)du, \quad \text{resp.} \quad = \int_{-\infty}^{\infty} f(u+\pi i)du,$$

d. i. gleich dem ersten resp. dem zweiten der Integrale

$$\int_{-\infty}^{\infty} \frac{du}{(a+b\cos iu)^{n+1}}, \quad \int_{-\infty}^{\infty} \frac{du}{(a-b\cos iu)^{n+1}}.$$

Es fragt sich, ob und wo $f(z)$ etwa unendlich wird. Dies geschieht immer und nur in solchen Punkten $z = u + i\psi$, für welche $a + b\cos iz$ verschwindet, für welche also

$$e^{u+i\psi} = -\frac{a \pm \sqrt{a^2-b^2}}{b}$$

ist. Man setze nun, um zu erfahren, wo dies im Rechteck *ABFE* (in dem überall $0 < \psi < \pi$ ist) geschieht,

$$-\frac{a+\sqrt{a^2-b^2}}{b} = \sigma(\cos\psi_0 + i\sin\psi_0),$$

indem σ den Modulus der linken Seite vorstellen soll, und wähle das Zeichen von $\sqrt{a^2-b^2}$ so dass der imaginäre Theil positiv wird, also $0 < \psi_0 < \pi$. Dies kann immer geschehen, da

$$-\frac{a-\sqrt{a^2-b^2}}{b} = \frac{1}{\sigma}(\cos\psi_0 - i\sin\psi_0),$$

der imaginäre Theil also mit $\sqrt{a^2-b^2}$ sein Zeichen wechselt. Hieraus geht hervor, dass genau in einem einzigen Punkte des Rechtecks, dem eine Coordinate $\psi = \psi_0$ angehört, $f(z)$ unendlich wird. Das zu dem Punkte gehörende u wird durch $u = \log\sigma$ gegeben, so dass der betreffende Discontinuitätspunkt $z = \log\sigma + i\psi_0$ auf der Seite der positiven oder negativen u liegt, je nachdem $\sigma > 1$ oder $\sigma < 1$.

Die übrigen ausserhalb des Rechtecks *ABFE* gelegenen Punkte, für welche $f(z)$ unendlich wird, würden neben dem ersten kritischen Punkt z_1 selbstverständlich $z = \pm z_1 + 2m\pi i$ sein, wenn m alle positiven und negativen ganzen Zahlen durchläuft. Man hat daher folgenden, dem IV. Satz auf S. 33 entsprechenden

VI. Satz. Giebt man der Quadratwurzel $\sqrt{a^2-b^2}$ ein solches Vorzeichen, dass der Ausdruck

$$\frac{a+\sqrt{a^2-b^2}}{b}$$

einen negativen imaginären Theil erhält, und bestimmt man einen Bogen ψ_0 zwischen 0 und π durch die Gleichung

$$-\frac{a+\sqrt{a^2-b^2}}{b} = \sigma(\cos\psi_0 + i\sin\psi_0),$$

so ist

$$(a) \ldots \int_{-\infty}^{\infty} \frac{du}{[a+b\cos i(u+v\pm\psi i)]^{n+1}},$$

wenn v eine beliebige reelle Grösse bezeichnet, und ψ irgend welche zwischen 0 und ψ_0 liegende reelle Zahl, gleich

$$(b) \ldots \int_{-\infty}^{\infty} \frac{du}{(a+b\cos iu)^{n+1}};$$

es ist aber das Integral (a) gleich

$$(c) \ldots \int_{-\infty}^{\infty} \frac{du}{(a-b\cos iu)^{n+1}},$$

wenn ψ zwischen ψ_0 und π liegt.

Aus dem Satze auf S. 135, noch leichter aus der 2. Anmerkung zu diesem Paragraphen, erhält man den

Zusatz. Hat b ein solches Vorzeichen, dass noch ausserdem $\sigma > 1$, so ist der Unterschied der Integrale (b) und (c), nämlich

$$(19, c) \ldots \quad (b)-(c) = \mp i\int_0^{\pi} \frac{d\psi}{(a+b\cos\psi)^{n+1}}$$

$$= -\frac{i\pi}{(a^2-b^2)^{\frac{n+1}{2}}} P^n\left(\frac{a}{\sqrt{a^2-b^2}}\right).$$

Sind a und b, ersteres mit seinem Zeichen gegeben, so sind die Zeichen von b und der Quadratwurzel durch die Bedingungen bestimmt, da nach ihnen $a:b$ und $\sqrt{a^2-b^2}:b$ negative imaginäre Theile erhalten.

Da man für jedes zwischen $-\pi$ und π liegende ψ das Integral (a) auf (b) oder auf (c) zurückführen kann und da (a) eine periodische Function von ψ mit der Periode 2π ist, so kann man (a) für jeden Werth von ψ, für welchen das Integral einen Werth hat, gleich (b) oder gleich (c) setzen. Keinen Werth besitzt (a), wenn ψ gleich $\pm\psi_0$ ist, oder sich von $\pm\psi_0$ nur um ein ganzes Vielfache von 2π unterscheidet.

1. Anmerkung. Der Satz lässt sich ähnlich wie der IV. Satz verallgemeinern, indem man in den Zähler eine ganze Function von $\cos iu$ setzt,

deren Grad unter $n+1$ bleibt. Z. B. findet man, dass, je nachdem ψ zwischen 0 und ψ_0 oder zwischen ψ_0 und π liegt, wenn die ganze Zahl m kleiner als $n+1$ ist,

$$\int_{-\infty}^{\infty} \frac{\cos i m(u+v \pm i\psi) du}{[a+b\cos i(u+v\pm i\psi)]^{n+1}}$$

sich auf das erste oder zweite der folgenden Integrale reducirt

$$\int_{-\infty}^{\infty} \frac{\cos imu\, du}{(a+b\cos iu)^{n+1}}, \quad (-1)^m \int_{-\infty}^{\infty} \frac{\cos imu\, du}{(a-b\cos iu)^{n+1}}.$$

2. Anmerkung, Hier erhält man leicht den Satz auf S. 135. Je nachdem der kritische Punkt z auf der Seite der positiven oder negativen u liegt, also im Rechteck $OBFN$ oder in $AONE$, wird $\int f(z)dz$ über die Peripherie von $AONE$ oder von $OBFN$ integrirt gleich Null. Da aber die Integrale über AE und BF wegen des unendlichen h Null sind, so hat man im ersten Falle

$$0 = \int_{-\infty}^{0} \frac{du}{(a+b\cos iu)^{n+1}} + i\int_{0}^{\pi} \frac{d\psi}{(a+b\cos\psi)^{n+1}} + \int_{0}^{\infty} \frac{du}{(a-b\cos iu)^{n+1}}$$

und im zweiten Falle

$$0 = \int_{0}^{\infty} \frac{du}{(a+b\cos iu)^{n+1}} + \int_{\infty}^{0} \frac{du}{(a-b\cos iu)^{n+1}} + i\int_{\pi}^{0} \frac{d\psi}{(a+b\cos\psi)^{n+1}}.$$

Hieraus ergiebt sich die Gleichung

$$(19, e)\ldots \int_{0}^{\infty} \frac{du}{(a+b\cos iu)^{n+1}} - \int_{0}^{\infty} \frac{du}{(a-b\cos iu)^{n+1}} = \mp i\int_{0}^{\pi} \frac{d\psi}{(a+b\cos\psi)^{n+1}},$$

wenn das Zeichen $\mp$ genommen wird, je nachdem $\mathcal{M}\sigma \gtrless 1$, nachdem $\sqrt{a^2-b^2}$ das im VI. Satz vorgeschriebene Zeichen erhalten hat.

Setzt man für a die positive Grösse

$$a = r\cos\theta \pm i\sin\theta . \sqrt{r^2-1},$$

und $b = \pm\sqrt{a^2-1}$, $\sqrt{a^2-b^2} = \pm 1$, so haben, nach S. 40, $a:b$ und $\sqrt{a^2-b^2}$ die gehörigen Zeichen und man erhält den Satz auf S. 135.

§ 39. Die im VI. Satze enthaltenen Formeln für die Bestimmung des kritischen Winkels ψ_0 vereinfachen sich in folgenden speciellen Fällen; unter a wird eine nicht negative Zahl verstanden.

1) Wenn a reell, b reell positiv und $b > a$ ist, so wird

$$\cos\psi_0 = -\frac{a}{b}, \quad \tfrac{1}{2}\pi < \psi_0 < \pi.$$

2) Wenn a reell, b reell positiv und $b < a$, so wird $\psi_0 = \pi$. Also giebt das zu reducirende Integral (a) des VI. Satzes für jedes ψ, welches nicht ein ungerades Vielfache von π ist,

$$\int_{-\infty}^{\infty} \frac{du}{(a+b\cos iu)^{n+1}};$$

in den soeben ausgeschlossenen Fällen hat das Integral keinen Werth.

3) a ist reell, b rein imaginär und positiv. Dann ist $\psi_0 = \frac{1}{2}\pi$, also erhält ψ_0 den kleinsten Werth, den es überhaupt erhalten kann.

Zum bequemeren Gebrauch füge ich die Formeln für die Reduction des Integrals (a) hinzu, wenn $a = x$, $b = \sqrt{x^2-1}$; a ist nicht negativ, b positiv. Man findet dann den Werth von

$$\frac{1}{2}\int_{-\infty}^{\infty} \frac{du}{[x+\sqrt{x^2-1}.\cos i(u+v\pm i\psi)]^{n+1}}$$

ausgedrückt durch die nachstehend verzeichneten Ausdrücke, in denen $\frac{1}{2}\pi \leqq \psi_0 \leqq \pi$. Es ist

1) x rein imaginär. Man setzt $\cos\psi_0 = \frac{-x}{\sqrt{x^2-1}}$.

Das Integral wird $Q^n(x)$, wenn $\psi < \psi_0$; $Q^{(n)}(x) - i\pi P^{(n)}(x)$, wenn $\psi > \psi_0$.

2) x reell und > 1.

Das Integral wird $Q^n(x)$, wenn $\psi < \pi$.

3) x reell und < 1.

Das Integral wird, wenn $\psi \lesseqgtr \frac{1}{2}\pi$, resp. gleich $Q^{(n)}(x) \mp \frac{1}{2}\pi i P^{(n)}(x)$.

4) x hat die Form $x = p \pm iq$, wenn p und q positive reelle Grössen bezeichnen. Man bestimmt ψ_0 so, dass

$$-\frac{x\pm 1}{\sqrt{x^2-1}} = \varrho(\cos\psi_0 + i\sin\psi_0).$$

Das Integral ist $Q^{(n)}(x)$, wenn $\psi < \psi_0$, aber $Q^{(n)}(x) \pm i\pi P^{(n)}(x)$, wenn $\psi > \psi_0$.

Für $n = 0$ hat man $P = 1$ und kann in die Formeln No. 1—4 die fertigen Werthe von Q^0 aus S. 162 einsetzen.

Ein Integral

$$(d) \ldots \quad \frac{1}{2}\int_{-\infty}^{\infty} \frac{du}{(A + B\cos iu + C\sin iu)^{n+1}},$$

welches analog dem im V. Satz S. 34 behandelten gebildet ist, in dem A, B, C gegebene complexe Zahlen bezeichnen, lässt sich auf die oben behandelten zurückführen. Setzt man nämlich

$$B = \sqrt{B^2+C^2}\cos i(v+\psi i), \quad C = -\sqrt{B^2+C^2}\sin i(v+i\psi)$$

und bestimmt v und ψ, indem man $\sqrt{B^2+C^2}$ ein beliebiges Zeichen giebt, so verwandelt sich das Integral in

$$\frac{1}{2}\int_{\infty}^{\infty} \frac{du}{(A+\sqrt{B^2+C^2}\cos i(u+v+i\psi)^{n+1}},$$

welches nach dem VI. Satze auf S. 166 gleich einem der beiden Integrale ist

$$\frac{1}{2}\int_{-\infty}^{\infty} \frac{du}{(A\pm\sqrt{B^2+C^2}\sin iu)^{n+1}}.$$

Dass die imaginäre Substitution bei den Integralen, welche hier behandelt wurden, gestattet sei, habe ich im 42. Bande des Crelle'schen Journals S. 73 mitgetheilt*).

Beispiele für eine Reduction des Integrales (d) geben folgende specielle Fälle, in welchen A eine positive reelle Grösse vorstellt.

1) Es sei B und C reell, $B^2+C^2-A^2>0$. Man muss dann setzen

$$A+B\cos iu+C\sin iu = A+\sqrt{B^2+C^2}.\cos i(u+\psi i).$$

Damit $0<\psi_0<\pi$ sei, macht man

$$-\frac{A-i\sqrt{B^2+C^2-A^2}}{\sqrt{B^2+C^2}} = \sigma(\cos\psi_0+i\sin\psi_0).$$

Alsdann ist $\sigma=1$, folglich

$$\cos\psi_0 = -\frac{A}{\sqrt{B^2+C^2}},\quad \cos\psi = \frac{B}{\sqrt{B^2+C^2}},$$

und daher $\psi<\psi_0$ so lange B positiv, ausserdem aber wenn B negativ und $-B<A$, d. h. so lange $A+B>0$.

2) Es sei B und C reell, $A^2-B^2-C^2>0$. Transformirt man den Nenner wie oben, so wird $\psi_0=\pi$, daher $\psi<\psi_0$, wenn ψ nicht gerade selbst π, d. h. wenn nicht $C=0$, und zugleich $B<0$ ist.

3) Es seien B und C rein imaginär, $B=i\beta$, $C=i\gamma$. Dann ist $\psi_0=\frac{1}{2}\pi$, also $\psi<\frac{1}{2}\pi$ sobald für β eine positive Grösse gesetzt wird.

Hiernach nimmt das gegebene Integral (d)

im ersten Falle, je nachdem $A+B\lesseqgtr 0$, den Werth an

$$\int_0^{\infty} \frac{du}{(A\pm\sqrt{B^2+C^2}.\cos iu)^{n+1}},$$

im zweiten Falle den Werth mit dem obern Zeichen (ausgenommen $C=0$ und $B<0$),

*) Theorie der Anziehung eines Ellipsoides.

im dritten Falle den Werth mit dem obern oder untern Zeichen, je nachdem B positiv oder negativ ist.

Für $n=0$ kann man noch statt der Integrale ihre Ausdrücke nach § 37, S. 163 setzen und findet dann für

$$\frac{1}{2}\int_{-\infty}^{\infty}\frac{du}{A+B\cos iu+C\sin iu}$$

im ersten Falle

$$\frac{1}{\sqrt{B^2+C^2-A^2}}\operatorname{arctang}\frac{\sqrt{B^2+C^2-A^2}}{A},$$

im zweiten Falle

$$\frac{1}{\sqrt{A^2-B^2-C^2}}\log\frac{A+\sqrt{A^2-B^2-C^2}}{\sqrt{B^2+C^2}},$$

im dritten Falle

$$\frac{1}{\sqrt{A^2+\beta^2+\gamma^2}}\left(\log\frac{A+\sqrt{A^2+\beta^2+\gamma^2}}{\sqrt{\beta^2+\gamma^2}}\mp\frac{i\pi}{2}\right).$$

Im ersten Falle ist der Bogen zwischen 0 und $\frac{1}{2}\pi$ zu nehmen, wenn $A+B$ positiv, zwischen $\frac{1}{2}\pi$ und π, wenn $A+B$ negativ wird.

§ 40. Wir kommen jetzt zur Untersuchung der Kugelfunctionen $P^{(n)}(x)$ und $Q^{(n)}(x)$ für solche Indices n, welche in's Unendliche wachsen.

Laplace*) hat bereits einen einfachen Ausdruck gefunden, welcher die Function erster Art, wenn $x=\cos\theta$ reell und kleiner als 1, für grosse Werthe von n mit einer Annäherung darstellt, mit der wir in diesem Paragraphen beide Functionen und zwar für beliebige Werthe des Arguments x darstellen werden. Im folgenden Paragraphen zeige ich, wie man eine grössere Annäherung erzielen, und z. B. die unendlich kleinen Glieder bis excl. zur Ordnung $\frac{5}{2}$ noch vollständig berücksichtigen kann, was zuerst Herr Bonnet**), allerdings nur für den von Laplace behandelten Fall, — die Function $P^n(\cos\theta)$ — und nicht mit Glück versucht hat, da sein Resultat eine Unrichtigkeit enthält und seine Methode nicht geeignet scheint, das Resultat zu verbessern.

Wir sagen von einer Function $\psi(n)$, sie gebe für wachsende n an eine andere $f(n)$ eine Annäherung zur ν^{ten} oder einer höheren Ordnung, wenn

*) Mécanique céleste. T. V, Livre XI, no. 3 und Supplément au 5e volume no. 1.

**) Liouville, Journal de Mathématiques T. XVII: Thèse de Mécanique.

$$n^{\nu}(f(n)-\psi(n))$$

mit wachsendem n kleiner wird und bleibt als jede beliebig gegebene noch so kleine Grösse η. Ist dies nur der Fall für jede Zahl ν, die unter μ liegt, wie nahe auch ν an μ kommt, so bezeichnen wir ein solches Verhalten als Näherung bis an die μ^{te} Ordnung. Enthalten f und ψ jede noch eine Veränderliche x, so können solche Functionen für jeden einzelnen Werth von x bis zur ν^{ten} Ordnung übereinstimmen, oder gleichmässig für alle x, d. i. so dass für jedes gegebene feste η, was auch x sein möge, ein und derselbe Werth n existirt, für den oder über den hinaus die Ungleichheit stattfindet. Ein Glied wie e^{-h}, wo h irgend eine positive Potenz von n bezeichnet, stimmt mit 0 zu jeder Ordnung überein, — die Ordnungszahl ist unendlich.

Zunächst verschaffen die Reihen, welche nach Potenzen von ξ geordnet sind, die angenäherten Werthe für $P^n(x)$ und $Q^n(x)$; also die Reihen a, a', f, im § 5 und (18) im § 23. Man bedarf dazu aber der bekannten Hülfsgleichung, welche ergiebt, wie das Produkt

$$2\cdot\frac{2.4\ldots(2n)}{3.5\ldots(2n+1)}=\frac{\Pi n\,\Pi-\frac{1}{2}}{\Pi(n+\frac{1}{2})}$$

sich mit wachsendem n der Null nähert. Dies ergiebt sich mit jedem erforderlichen Grade der Genauigkeit aus der Gleichung *)

$$\log\Pi z=(z+\tfrac{1}{2})\log z-z+\tfrac{1}{2}\log(2\pi)$$
$$+\frac{\mathfrak{A}}{1.2.z}-\frac{\mathfrak{B}}{3.4.z^2}+\frac{\mathfrak{C}}{5.6.z^3}-\cdots,$$

wo $\mathfrak{A}$, $\mathfrak{B}$, $\mathfrak{C}$, etc. die Bernoulli'schen Zahlen $\frac{1}{6}$, $\frac{1}{30}$, $\frac{1}{42}$, etc. sind. Vermittelst derselben erhält man

$$(27)\ \ldots\quad 2\cdot\frac{2.4\ldots(2n)}{3.5\ldots(2n+1)}=\sqrt{\frac{\pi}{n}}\left(1-\frac{3}{8n}+\frac{25}{128n^2}\right)$$

bis an die Ordnung $\frac{7}{2}$. Solche Genauigkeit ist für die Zwecke dieses Paragraphen nicht erforderlich, sondern es genügt die Näherungformel

$$(27,a)\ \ldots\quad 2\cdot\frac{2.4\ldots(2n)}{3.5\ldots(2n+1)}=\sqrt{\frac{\pi}{n}}\,.$$

Die hierdurch erzielte Näherung ist dieselbe, welche man durch die bekannte Formel

---

*) Gauss, disquis. gen. circa ser. inf. etc. no. 29. M. vergl. auch über diese Formel eine Arbeit des Herrn Lipschitz in Borchardt's Journal, Bd. 56, S. 18.

$$\Pi z = z^{z+\frac{1}{2}} e^{-z} \sqrt{2\pi}$$

für $z = \infty$ erreicht.

Die Gleichung (27) lässt sich durch eine Untersuchung des Euler'schen Integrales erster Gattung in der Gleichung

$$\frac{\Pi n \, \Pi - \frac{1}{2}}{\Pi(n+\frac{1}{2})} = \int_0^\infty \frac{x^{-\frac{1}{2}}}{(1+x)^{n+\frac{3}{2}}} dx$$

finden; statt desselben kann man nach derselben Methode sogleich das allgemeinere

$$\frac{\Pi(a-1)\, \Pi(n-a-1)}{\Pi(n-1)} = \int_0^\infty \frac{x^{a-1}}{(1+x)^n} dx$$

behandeln, bei dem n auch eine unendlich werdende gebrochene Zahl bezeichnen kann. Ferner wird a positiv und < 1 vorausgesetzt; diese Festsetzung enthält keine wesentliche Beschränkung, da

$$\Pi(a-1)\, \Pi(n-a-1) = \frac{n-a-1}{a} \Pi a\, \Pi(n-a-2).$$

Das zu untersuchende Integral verwandelt sich durch die Substitution $nx = z$ in

$$(a) \ldots \quad \frac{1}{n^a} \int_0^\infty \frac{z^{a-1}}{\left(1+\frac{z}{n}\right)^n} dz.$$

Man theile das Integral in eines von 0 bis h, und eines von h bis ∞, wenn unter h eine Grösse verstanden wird, die mit n wie eine Potenz von n mit positivem Exponenten ε unendlich wird. Man setzt also $h = n^\varepsilon$ und versteht unter ε eine, wenn auch noch so kleine, feste positive Zahl, die wegen des Folgenden ein echter Bruch sein soll. Z. B. denke man sich $\varepsilon = 0,1$.

Das zweite Integral, von h bis ∞, ist nach dem bekannten Mittelwerthsatze kleiner als

$$\frac{1}{h^{1-a}} \int_h^\infty \frac{dz}{\left(1+\frac{z}{n}\right)^n} = \frac{n}{n-1} \, \frac{1}{h^{1-a}\left(1+\frac{h}{n}\right)^{n-1}},$$

wird daher zu jeder Ordnung Null; folglich ist (a) zu jeder Ordnung gleich

$$(b) \ldots \quad \frac{1}{n^a} \int_0^h \frac{z^{a-1}}{\left(1+\frac{z}{n}\right)^n} \cdot dz.$$

In den Grenzen dieses Integrals ist

$$\log\left(1+\frac{z}{n}\right)^n = z - \frac{z^2}{2n} + \frac{z^3}{3n^2} - \cdots$$

eine mit wachsendem n stark convergirende Reihe. Hier soll der Werth des Integrales (a) nur bis zur Ordnung $a+2$ betrachtet werden, so dass man die Reihe nach dem Gliede zweiter Ordnung abbrechen kann und, nahezu bis auf einen Factor dritter Ordnung genau, gleichmässig für alle z innerhalb der Grenzen hat

$$\left(1+\frac{z}{n}\right)^{-n} = e^{-z}\left[1+\left(\frac{z^2}{2n}-\frac{z^3}{3n^2}\right)+\frac{z^4}{8n^2}\right].$$

Da bis zu jeder beliebigen Ordnung genau

$$\int_0^h e^{-x} x^m\, dx = \Pi m,$$

so wird bis an die Ordnung $a+3$ ein Näherungswerth des Integrals (a) gleich

$$\frac{\Pi(a-1)}{n^a}\left[1+\frac{a(a+1)}{2n}+\frac{a(a+1)(a+2)(3a+1)}{24n^2}\right].$$

Aus diesem allgemeinen Resultate findet man das gesuchte, wenn man $a=\frac{1}{2}$ macht, wodurch jener Näherungswerth sich in

$$(c) \ldots \quad \sqrt{\frac{\pi}{n}}\left(1+\frac{3}{8n}+\frac{25}{128n^2}\right)$$

verwandelt, genau bis an die Ordnung $\frac{7}{2}$.

Setzt man $n+\frac{3}{2}$ statt n und entwickelt nach absteigenden Potenzen von n, so stimmt der entstehende Ausdruck mit der rechten Seite von (27) überein.

Nach diesen Vorbereitungen suchen wir Näherungswerthe von $Q^{(n)}$ und $P^{(n)}$ für $n=\infty$ mit Hülfe unserer Reihen auf. Wir nehmen x positiv an.

I. Es sei $\mathcal{M}(\xi)<1$. Aus (18) folgt mit Hülfe von (27, a) sogleich der Näherungswerth für $n=\infty$

$$(28) \ldots \quad \xi^{-n-1} Q^{(n)}(x) = \sqrt{\frac{\pi}{n}}\,\frac{1}{\sqrt{1-\xi^2}},$$

und aus (a') in § 5

$$(28, a) \ldots \quad \xi^n P^{(n)}(x) = \frac{1}{\sqrt{n\pi}}\cdot\frac{1}{\sqrt{1-\xi^2}},$$

wenn die Quadratwurzeln positiv genommen werden.

II. Es sei $\mathcal{M}(\xi)=1$. Der Fall $x=1$ wird ausgeschlossen, in welchem für jedes n die Function Q unendlich, P gleich 1 wird. Man setze $x=\cos\theta$, $0<\theta<\frac{1}{2}\pi$. Da Q im Querschnitte das arithmetische Mittel aus den beiden Werthen am positiven und negativen Uferrande bezeichnet, ihm daher der Werth (18, a) auf S. 130 zukommt, da ferner

$$\frac{\xi^{n+1}}{\sqrt{1-\xi^2}} = \frac{\cos\left[(n+\frac{1}{2})\theta+\frac{\pi}{4}\right] \mp i\sin\left[(n+\frac{1}{2})\theta+\frac{\pi}{4}\right]}{\sqrt{2\sin\theta}},$$

so wird als Grenze der Summe der Uferwerthe, welche hier mit der Summe der Grenzen dieser Uferwerthe übereinstimmt, erhalten

$$(28, b) \ldots \quad Q^{(n)}(\cos\theta) = \sqrt{\frac{\pi}{2n\sin\theta}} \cdot \cos\left[(n+\tfrac{1}{2})\theta + \frac{\pi}{4}\right].$$

Um auch für $P^{(n)}(\cos\theta)$ einen Näherungswerth zu finden, kann man sich der Formel (a) im § 5 nicht bedienen, ohne zu berücksichtigen, dass die Glieder der hypergeometrischen Reihe zwar im Anfange abnehmen, nach einer unendlichen Stellenzahl aber wieder zunehmen; durch ein ungenaues Vorgehen, indem man nämlich zuerst n unendlich werden lässt und dann mit x in den Querschnitt geht, anstatt die Grenzen in umgekehrter Ordnung, zuerst nach x und dann nach n zu nehmen, würde man nur die Hälfte des Werthes erhalten. Man kann aber bequem die Formel (f) des § 5 benutzen, die sofort für $n = \infty$ giebt

$$(28, c) \ldots \quad P^{n}(\cos\theta) = \sqrt{\frac{2}{n\pi\sin\theta}} \cdot \sin\left[(n+\tfrac{1}{2})\theta + \frac{\pi}{4}\right].$$

Man würde dasselbe finden, wenn man nach (S. 135) diesen Grenzwerth als Produkt von $i\pi$ mal der Differenz der beiden Werthe von Q am Uferrande betrachtet hätte.

§ 41. Laplace bedient sich des von ihm herrührenden Integrales (5) um den oben gefundenen Näherungswerth für $P^{n}(\cos\theta)$ abzuleiten. Seine Prinzipien sind grundlegend gewesen, wo es sich überhaupt um die Ermittelung des angenäherten Werthes einer Function von n handelt, und diese Function durch ein Integral dargestellt wird, unter dem sich ein Ausdruck befindet, der mit einem sehr hohen Exponenten n behaftet ist. Diese Prinzipien wurden schon oben bei der Untersuchung des Integrals

$$\int_0^{\infty} \frac{z^{a-1}}{\left(1+\frac{z}{n}\right)^n}\, dz$$

für $n = \infty$ angewandt. Man sucht nämlich die Stelle auf, an welcher die n^{te} Potenz den grössten Beitrag zum Integrale liefert (hier ist sie bei $z = 0$), setzt die n^{te} Potenz in eine Exponentialgrösse um (hier e^{-z}) und integrirt die so entstehende Function ($e^{-z} z^{a-1}$). Es kommt in den besonderen Fällen nur darauf an, diese Principien mit der erforderlichen Strenge anzuwenden.

Im Folgenden werde ich daher von der Betrachtung der Integrale für P und Q ausgehen, und die Grenzwerthe dieser

Functionen bei wachsendem n, zugleich aber mit der im vorigen Paragraphen in Aussicht genommenen grösseren Näherung bis an die Ordnung $\frac{5}{2}$ aufsuchen.

I. Angenäherte Werthe der Function erster Art $P^{(n)}(x)$. Wiederum sei x positiv, $x-\sqrt{x^2-1}=\xi$, $h=n^\varepsilon$ und $\varepsilon<0,1$.

1) $\mathcal{M}(\xi)<1$. Aus der Zusammenstellung auf S. 40 ist klar, dass

$$\mathcal{M}(x+\cos\varphi.\sqrt{x^2-1})$$

sein Maximum für $\varphi=0$ und für keinen anderen Werth zwischen $\varphi=0$ und $\varphi=\pi$ erreicht. Man transformire nun das Laplace'sche Integral für $P^n(x)$, indem man $\sin\frac{1}{2}\varphi=z$, $1-\xi^2=a^2$ setzt, in

$$\tfrac{1}{2}\pi P^{(n)}(x).\xi^n=\int_0^1(1-a^2z^2)^n\frac{dz}{\sqrt{1-z^2}}.$$

Das Integral auf der rechten Seite wird in ähnlicher Art zerlegt, wie es im § 40 S. 173 geschah. Es zeigt sich, dass der eine Theil, welcher sich von $\sqrt{\frac{h}{n}}$ bis 1 erstreckt, sich dem Werthe Null zu jeder Ordnung nähert. Der Modulus dieses Integrales ist nämlich kleiner als das Produkt von $\frac{1}{2}\pi$ und dem grössten Werthe, welchen $\mathcal{M}(1-a^2z^2)^n$ zwischen den Integrationsgrenzen annimmt. Für jedes feste, von Null verschiedene z zwischen 0 und 1 ist ferner $\mathcal{M}(1-a^2z^2)$ kleiner als 1, und zwar um eine feste, endliche Grösse davon verschieden. Denn man hat

$$\frac{1-a^2z^2}{\xi}=x+\cos\varphi\sqrt{x^2-1}.$$

Da aber, nach dem Obigen,

$$\mathcal{M}(x+\cos\varphi.\sqrt{x^2-1})<\mathcal{M}(x+\sqrt{x^2-1}),$$

so wird $\mathcal{M}(1-a^2z^2)<1$, nur für $z=0$ gleich 1. Daher nähert sich die n^{te} Potenz von $\mathcal{M}(1-a^2z^2)$ der Null zu jeder Ordnung. Aber auch noch an der unteren Grenze von z, die nicht fest ist, sondern sich der Null nähert, für die nämlich $nz^2=h$, findet dasselbe statt, da

$$-\log(1-a^2z^2)^n=a^2h+\frac{a^4h^2}{2n}+\cdots$$

und $a^2=1-\xi^2$ einen positiven reellen Theil besitzt (nach der Annahme $\mathcal{M}(\xi)<1$). Daher wird

$$(1-a^2z^2)^n=e^{-a^2h}.f$$

wo $\mathcal{M}f = 1$ für $n = \infty$, während die Exponentialgrösse sich der Null zu jeder beliebigen Ordnung nähert.

Es wird also, wenn $\mathcal{M}\xi < 1$, mit wachsendem n, zu jeder beliebigen Ordnung,

$$(a) \ldots \quad \tfrac{1}{2}\pi P^n(x).\xi^n = \int_0^{\sqrt{\frac{h}{n}}} (1-a^2z^2)^n \frac{dz}{\sqrt{1-z^2}}.$$

Wenn man

2) den Fall behandelt, dass $\mathcal{M}\xi = 1$, so zerlege man gleich von Anfang an das Integral für P, welches von 0 bis π zu nehmen ist, in eines von 0 bis $\frac{1}{2}\pi$ und eines von $\frac{1}{2}\pi$ bis π. Indem man in ersterem $\sin\frac{1}{2}\varphi = z$, im zweiten $\cos\frac{1}{2}\varphi = z$ setzt, ferner

$$a = \sqrt{1-\xi^2} \qquad b = \sqrt{1-\xi^{-2}},$$

wobei die Wurzeln mit positivem reellen Theile (ein reeller Theil existirt immer, da der Fall $x = 1$ ausgeschlossen werden konnte) genommen werden sollen, so erhält man

$$\tfrac{1}{2}\pi.P^n(x) = \xi^{-n}\int_0^{\frac{1}{2}}(1-a^2z^2)^n\frac{dz}{\sqrt{1-z^2}} + \xi^n\int_0^{\frac{1}{2}}(1-b^2z^2)^n\frac{dz}{\sqrt{1-z^2}}.$$

Nun ist

$$a^2 = 2\sin\theta(\sin\theta + i\cos\theta),$$

also $\mathcal{M}(a^2) = 2\sin\theta$. Die Schlüsse unter (1), auf den vorliegenden Fall angewandt, zeigen, dass es erlaubt sei, jedes der beiden Integrale, wenn es sich um die Grenze $n = \infty$ handelt, von 0 nur bis $\sqrt{\frac{h}{n}}$ zu nehmen. Das zweite Integral ist aber die zum ersten conjugirte Zahl, und man hat das Resultat gewonnen: Mit wachsendem n wird $\frac{1}{2}\pi P^n(x)$ zu jeder beliebigen Ordnung gleich dem doppelten reellen Theile von

$$\xi^{-n}\int_0^{\sqrt{\frac{h}{n}}}(1-a^2z^2)\frac{dz}{\sqrt{1-z^2}}.$$

Es bleibt zur Erledigung beider Fälle, dieses und des ersten, die von hier an gemeinsam behandelt werden, noch übrig, einen Näherungswerth für das letzte Integral zu ermitteln. Man führe dazu statt z eine Grösse u durch die Substitution $u = z\sqrt{n}$ ein, wodurch das Integral sich in

$$\frac{1}{\sqrt{n}}\int_0^{\sqrt{h}}\left(1-\frac{a^2u^2}{n}\right)^n\frac{du}{\sqrt{1-\frac{u^2}{n}}}$$

verwandelt. Entwickelt man sowohl die Quadratwurzel im Nenner als auch die n^{te} Potenz, letztere wieder wie oben mit Hülfe des Logarithmus, nach absteigenden Potenzen von n in offenbar sehr stark convergirende Reihen, und berücksichtigt die Potenzen von n nur bis zu einer bestimmten Ordnung, beispielsweise bis an die Ordnung $\frac{7}{2}$, so wird das Integral bis an diese Ordnung gleich

$$\frac{1}{\sqrt{n}}\int_0^{\sqrt{h}} e^{-a^2u^2}\Big[1+\frac{1}{2n}(u^2-a^4u^4)$$
$$+\frac{1}{n^2}\left(\tfrac{3}{8}u^4-\tfrac{1}{4}a^4u^6-\tfrac{1}{3}a^6u^6+\tfrac{1}{8}a^8u^8\right)\Big]du.$$

Mit derselben Berechtigung, wie auf S. 174, kann man in jedem einzelnen Integrale dieser Summe, welches von der Form ist

$$\int_0^{\sqrt{h}} e^{-a^2u^2}u^{2\nu}\,du,$$

bis zu jeder Ordnung genau, die obere Grenze $\sqrt{h}$ mit ∞ vertauschen, also das Integral selbst mit

$$\tfrac{1}{2}\Gamma(\nu+\tfrac{1}{2})\,.\,a^{-2\nu-1}.$$

Auf diese Art ergiebt sich als Werth des Integrales (a) bis an die Ordnung $\frac{7}{2}$

$$\frac{1}{2a}\sqrt{\frac{\pi}{n}}\left[1-\frac{3}{8n}+\frac{1}{4na^2}+\frac{3}{4n^2}\left(\frac{3}{8a^4}-\frac{5}{8a^2}+\frac{25}{96}\right)\right].$$

Hieraus erhält man, indem man sich zur Abkürzung der Formeln mit einer Annäherung bis an die Ordnung $\frac{5}{2}$ begnügt

$$(29, a)\ \ldots\quad \xi^n P^n(x)=\frac{1}{\sqrt{n\pi}}\,\frac{1}{\sqrt{1-\xi^2}}\left[1-\frac{3}{8n}+\frac{1}{4n(1-\xi^2)}\right],$$

wenn $\mathcal{M}\xi<1$; ist aber $\mathcal{M}\xi=1$, so wird ($x=\cos\theta$) wiederum bis an die Ordnung $\frac{5}{2}$

$$(29, c)\ \ldots\quad P^n(\cos\theta)=\sqrt{\frac{2}{n\pi\sin\theta}}\Big[\left(1-\frac{1}{4n}\right)\cos((n+\tfrac{1}{2})\theta-\tfrac{1}{4}\pi)$$
$$+\frac{1}{8n}\operatorname{cotg}\theta\sin((n+\tfrac{1}{2})\theta-\tfrac{1}{4}\pi)\Big].$$

Herr Bonnet findet (m. vergl. S. 171) eine Formel, die sich von der obigen dadurch unterscheidet, dass der Factor von $\cos((n+\frac{1}{2})\theta-\frac{1}{4}\pi)$ in der Parenthese nicht wie hier mit $1-\dfrac{1}{4n}$ sondern mit $1+\dfrac{(-1)^n}{4n}$ multiplicirt ist. Dass die Formel des Herrn Bonnet unrichtig sei, zeigt eine Prüfung durch unsere Formel (16), (welche bei Herrn Bonnet selbst die Formel des Théorème V. S. 267 ist), nämlich durch die Gleichung

$$\left(1+\frac{1}{n}\right)P^{n+1}(\cos\theta)+P^{n-1}(\cos\theta)=\left(2+\frac{1}{n}\right)\cos\theta P^{n}(\cos\theta).$$

Das richtige Resultat theilte ich einigen Gelehrten mit, u. a. als ich das Schreiben einsandte, welches als Lettre à M. Resal, 6 Janvier 1876 im Journal de Mathématiques abgedruckt ist. Oeffentlich berichtigt hat aber erst Herr Ascoli diese Formel im § 3 seiner interessanten Arbeit Sulle serie $\Sigma A_n X_n$, im 7. Bde der Annali di Mat. pura ed applicata diretti da F. Brioschi e L. Cremona.

Dasselbe Verfahren lässt sich bei Integralen von allgemeinerer Gestalt, z. B. von der Form

$$A=\int_0^{\pi}(x+\cos\varphi.\sqrt{x^2-1})^n\chi(\sin\varphi,\cos\varphi)\,d\varphi,$$

anwenden, wenn χ eine ganze Function der hinzugefügten Argumente bezeichnet, in welcher der Buchstabe n nicht selbst auftritt. Im ersten Falle, d. h. wenn $\mathcal{M}\xi<1$, wird man erhalten

$$\frac{\xi^n}{2}A=\int_0^1(1-a^2z^2)^n\vartheta(z)\frac{dz}{\sqrt{1-z^2}},$$

wo $\vartheta(z)$ eine aus χ durch die Substitution $\sin\frac{1}{2}\varphi=z$ entstehende endliche Function von z bezeichnet, so dass

$$\chi(2z\sqrt{1-z^2},1-2z^2)=\vartheta(z).$$

Statt der obern Grenze nimmt man wiederum $\sqrt{\frac{h}{n}}$ und erhält so

$$\frac{\xi^n}{2}A=\frac{1}{\sqrt{n}}\int_0^{\sqrt{h}}\left(1-\frac{a^2u^2}{n}\right)^n\vartheta(n^{-\frac{1}{2}}u)\frac{du}{\sqrt{1-\frac{u^2}{n}}}.$$

Indem man, wie oben, die n^{te} Potenz durch eine Potenz von e ersetzt und nach absteigenden Potenzen von n entwickelt, erhält man eine Reihe von Gliedern, bei denen die Integration ausgeführt werden kann. Ist z. B. $\chi=\cos m\varphi$, so wird nach der Formel, welche den Cosinus des vielfachen Bogens durch Potenzen von dem Sinus des einfachen, also hier von $2z\sqrt{1-z^2}$ ausdrückt,

$$\cos m\varphi=1-\frac{4m^2}{2}z^2(1-z^2)+\frac{16m^2(m^2-4)}{24}z^4(1-z^2)^2-\cdots$$

und hieraus

$$\xi^n A = \frac{2}{\sqrt{n}} \int_0^{1/h} e^{-a^2u^2} \left[1 + \frac{1}{2n}(u^2 - a^4 u^4)\right]\left[1 - \frac{2m^2 u^2}{n}\right] du$$

$$= \frac{1}{a}\sqrt{\frac{\pi}{n}}\left(1 - \frac{3}{8n} + \frac{1}{4na^2} - \frac{m^2}{na^2}\right),$$

wenn man wieder bis an die Ordnung $\frac{5}{2}$ geht.

Nimmt man, wie im zweiten Falle, $\mathcal{M}\xi$ gleich 1, so ist wieder die rechte Seite zu verdoppeln.

Man sieht hieraus, dass der Näherungswerth der Integrale

$$\xi^n \int_0^\pi (x + \cos\varphi . \sqrt{x^2 - 1})^n \cos m\varphi \, d\varphi$$

bis an die Ordnung $\frac{3}{2}$ unabhängig von m ist; erst bei der Näherung bis an die Ordnung $\frac{5}{2}$ tritt dem für $m = 0$ geltenden Ausdruck noch ein Glied

$$-\frac{m^2}{a^3}\sqrt{\frac{\pi}{n^3}}$$

hinzu, wenn $\mathcal{M}\xi < 1$; wenn $\mathcal{M}\xi = 1$ das Doppelte.

Andere Beispiele für die Anwendung unserer Methode giebt die Betrachtung der Integrale

$$\int_0^\pi \frac{\cos m\varphi \, d\varphi}{(x + \cos\varphi . \sqrt{x^2 - 1})^{n+1}}, \quad \int_0^\pi \frac{\sin m\varphi \, d\varphi}{(x + \cos\varphi . \sqrt{x^2 - 1})^{n+1}}.$$

Anmerkung. In einer andern Richtung hat Dirichlet die Untersuchung über den Grenzwerth von $P^n(x)$ verallgemeinert, wenn $x = \cos\theta$, $0 < \theta < \pi$.

Es geht dies aus einer Nachschrift der Vorlesungen von Dirichlet über Wahrscheinlichkeitsrechnung hervor, die etwa im Jahre **1837** gehalten wurden. Dies Collegienheft hatte ich wenige Jahre später in Händen, und vervollständige hier den Auszug, den ich damals aus demselben machte.

Dirichlet untersucht den Werth der beiden Ausdrücke

$$\tfrac{1}{2}\pi U = \int_0^\theta \frac{\cos s\varphi \cos n\varphi \, d\varphi}{[2(\cos\varphi - \cos\theta)]^s} + \int_\theta^\pi \frac{\cos s(\pi - \varphi) \cos n\varphi \, d\varphi}{[2(\cos\theta - \cos\varphi)]^s},$$

$$\tfrac{1}{2}\pi V = -\int_0^\theta \frac{\sin s\varphi \sin n\varphi \, d\varphi}{[2(\cos\varphi - \cos\theta)]^s} + \int_\theta^\pi \frac{\sin s(\pi - \varphi) \sin n\varphi \, d\varphi}{[2(\cos\theta - \cos\varphi)]^s}$$

für $n = \infty$, wenn $0 < s < 1$. Für $s = \frac{1}{2}$ gehen U und V, nach (7) und (7, a) in $P^n(\cos\theta)$ über. Beide lassen sich aus je vier Integralen

$$(a, \eta) = \int_0^\eta \frac{\cos a\varphi \, d\varphi}{[2(\cos\varphi - \cos\eta)]^s}$$

zusammensetzen, indem man hat

$$\pi U = (n+s, \theta) + (n-s, \theta) + (-1)^n((n+s, \pi-\theta) + (n-s, \pi-\theta)),$$
$$\pi V = (n+s, \theta) - (n-s, \theta) + (-1)^n((n+s, \pi-\theta) - (n-s, \pi-\theta)).$$

Daher genügt es, einen Näherungswerth für ein Integral (a, η), in dem $a-n$ eine endliche Grösse ist, für $n = \infty$ aufzusuchen. Aus dem 4. Satz im 2. Anhang zum 1. Kapitel, S. 62, ergiebt sich, wenn man (a, η) durch die Substitution $\eta - \varphi = 2\psi$ auf die Form

$$(a, \eta) = 2^{1-2s}\int_0^{\frac{1}{2}\eta}\left(\frac{\psi}{\sin\psi\sin(\eta-\psi)}\right)^s \cdot \frac{\cos a(2\psi-\eta)}{\psi^s}\,d\psi$$

gebracht hat, für $n = \infty$

$$(a, \eta) = \frac{a^{s-1}\,\Pi - s}{(2\sin\eta)^s}\sin(a\eta + \tfrac{1}{2}s\pi).$$

Hieraus folgt, wenn man Glieder der Ordnung $2-s$ vernachlässigt,

$$(n+s, \theta) + (n-s, \theta) = \left(\frac{2}{n}\right)^{1-s} \cdot \frac{\Gamma(1-s)}{\sin^s\theta}\sin(n\theta + \tfrac{1}{2}s\pi)\cos(s\theta),$$

$$(n+s, \theta) - (n-s, \theta) = \left(\frac{2}{n}\right)^{1-s} \cdot \frac{\Gamma(1-s)}{\sin^s\theta}\cos(n\theta + \tfrac{1}{2}s\pi)\sin(s\theta)$$

und schliesslich

$$\tfrac{1}{2}\pi U = \left(\frac{2}{n}\right)^{1-s} \cdot \frac{\Gamma(1-s)}{\sin^s\theta}[\sin(n\theta + \tfrac{1}{2}s\pi)\cos s\theta - \sin(n\theta - \tfrac{1}{2}s\pi)\cos s(\pi-\theta)].$$

$$\tfrac{1}{2}\pi V = \left(\frac{2}{n}\right)^{1-s} \cdot \frac{\Gamma(1-s)}{\sin^s\theta}[\cos(n\theta + \tfrac{1}{2}s\pi)\sin s\theta + \cos(n\theta - \tfrac{1}{2}s\pi)\sin s(\pi-\theta)].$$

Für $s = \frac{1}{2}$ verwandelt sich selbstverständlich jede dieser beiden Gleichungen in (28, c).

II. Es sind auch noch (m. vergl. S. 176) die angenäherten Werthe der Function zweiter Art bis an die Ordnung $\frac{3}{2}$ aufzusuchen. Aehnlich dem Verfahren im I. Falle verwandelt man das Integral für $Q^n(x)$ durch die Substitution $z = -i\sin\frac{1}{2}iu$ in

$$\tfrac{1}{2}Q^n(x) = \xi^{n+1}\int_0^{\infty}\frac{1}{(1+a^2z^2)^{n+1}}\,\frac{dz}{\sqrt{1+z^2}},$$

wo $a^2 = 1-\xi^2$. Man zerlegt das Integral in eines von 0 bis $\sqrt{\frac{h}{n}}$ und eines von dieser Grenze bis ∞, welches den Grenzwerth 0 zu jeder Ordnung hat. Denn selbst für den kleinsten Werth, den z zwischen diesen Grenzen erreicht, nämlich $z = \sqrt{\frac{h}{n}}$, ist zu jeder Ordnung

$$\mathcal{M}(1+a^2z^2)^{-n} = \mathcal{M}\left(1+\frac{a^2h}{n}\right)^{-n}$$

Null und daher

$$\xi^{-n-1}Q^n(x) = \frac{2}{\sqrt{n}}\int_0^{\sqrt{h}} \frac{1}{\left(1+\frac{a^2z^2}{n}\right)^{n+1}} \frac{dz}{\sqrt{1+\frac{z^2}{n}}}.$$

Ferner wird

$$(n+1)\log\left(1+\frac{a^2z^2}{n}\right) = a^2z^2 + \frac{1}{n}\left(a^2z^2 - \frac{a^4z^4}{2}\right) + \cdots$$

und hieraus

$$\left(1+\frac{a^2z^2}{n}\right)^{-n-1} = e^{-a^2z^2}\left[1-\frac{1}{n}\left(a^2z^2 - \frac{a^4z^4}{2}\right)\right].$$

Durch Benutzung dieser Formel erhält man

$$\xi^{-n-1}Q^n(x) = \frac{2}{\sqrt{n}}\int_0^{\sqrt{h}} e^{-a^2z^2}\left[1-\frac{1}{n}\left((a^2+\tfrac{1}{2})z^2 - \frac{a^4z^4}{2}\right)\right]dz.$$

Mit gleicher Näherung wird für $\mathcal{M}\xi < 1$

$$(29) \ldots \quad \xi^{-n-1}Q^{(n)}(x) = \sqrt{\frac{\pi}{n(1-\xi^2)}}\left(1-\frac{1}{8n}-\frac{1}{4n(1-\xi^2)}\right),$$

wobei die Quadratwurzel positiv zu nehmen ist. Für $x = \cos\theta$, $0 < \theta < \frac{1}{2}\pi$, wird daher

$$(29, b) \ldots \quad Q^n(\cos\theta) = \sqrt{\frac{\pi}{2n\sin\theta}}\Big[\cos((n+\tfrac{1}{2})\theta + \tfrac{1}{4}\pi)$$
$$+ \frac{1}{4n}\sin\tfrac{1}{4}\pi\sin(n+\tfrac{1}{2})\theta + \frac{1}{8n}\operatorname{cotg}\theta\cos((n+\tfrac{1}{2})\theta + \tfrac{1}{4}\pi)\Big].$$

Durch ein ähnliches Verfahren, wie S. 179, findet man den Näherungswerth des allgemeineren Integrales

$$\int_\theta^\infty \frac{\cos miu\, du}{(x+\cos iu.\sqrt{x^2-1})^{n+1}},$$

wenn die ganze positive Zahl m unter $n+1$ liegt. Nachdem man die Grenzen auf 0 und $\sqrt{\frac{h}{n}}$ gebracht hat, setzt man

$$\cos imu = 1 + 2m^2z^2(1-z^2)$$

und erhält für das gegebene Integral im ersten Falle, $\mathcal{M}\xi < 1$, den Ausdruck von (29) in der Parenthese vermehrt um $\frac{m^2}{n(1-\xi^2)}$, im zweiten Falle, $\mathcal{M}\xi = 1$, die rechte Seite von (29, b) vermehrt um

$$-m^2\sqrt{\frac{\pi}{(2n\sin\theta)^3}}\sin((n-\tfrac{1}{2})\theta + \tfrac{1}{4}\pi).$$

§ 42. Die Ausdrücke im § 40 für P^n und Q^n bei wachsendem n bleiben wesentlich ungeändert, wenn auch x selbst den Buchstaben n in der Art enthält, dass es mit wachsendem n einer festen Grenze x_0 zustrebt, die von 1 verschieden ist. Die vollständigeren Gleichungen, im § 41, würden eine Modifikation erfordern, da neue Glieder hinzutreten von einer Ordnung, welche unter oder über $\frac{3}{2}$ ist, je nach der Art wie x der Grenze x_0 zustrebt. Ohne den allgemeinen Fall weiter zu verfolgen, betrachten wir den Fall $x_0 = 1$.

Auch dann noch hat $P^n(x)$ für $n = \infty$ die Grenze Null und nicht 1, wenn x sich der 1, aber nur zu solcher Ordnung nähert, dass

$$x = \cos\frac{\theta}{n^\alpha}, \quad 0 < \alpha < \tfrac{1}{4},$$

und zwar muss man für α einen Werth nehmen, der angebbar unter $\frac{1}{4}$ liegt. Die Annäherung von $P^n(x)$ an Null ist dann von der Ordnung $\frac{1}{2}(1-\alpha)$.

Convergirt x noch schneller zu 1, wenn nämlich $\alpha = 1$, also $x = \cos\frac{\theta}{n}$, so erhält man als Grenze von $P^n(x)$ und $Q^n(x)$ neue Functionen, welche in diesem Paragraphen näher untersucht werden.

Das erste Resultat ist für uns von besonderer Wichtigkeit, denn auf ihm beruht der Schluss bei dem neuen Beweise für die Möglichkeit, Functionen in Reihen von Kugelfunctionen zu entwickeln. M. vergl. § 117.

Behandelt man das Integral von Laplace für $P^n(x)$, indem man $x = \cos(n^{-\alpha}\theta)$ substituirt, nach der Methode des § 41, so hat man auf S. 177 zunächst

$$a^2 = 2\sin\frac{\theta}{n^\alpha}\left(\sin\frac{\theta}{n^\alpha} + i.\cos\frac{\theta}{n^\alpha}\right).$$

Man setzt wiederum $h = n^\varepsilon$, und nimmt $\varepsilon < \frac{1}{2}$, jedoch $\varepsilon > 2\alpha$. Dann wird die logarithmische Reihe im § 41 noch immer ein Glied a^2h enthalten, dessen reeller Theil, angenähert

$$2\theta^2 . n^{\varepsilon - 2\alpha},$$

mit n in's Unendliche wächst, während die übrigen Glieder, wie n mit den negativen Exponenten

$$2(\varepsilon - 2\alpha) - 1, \quad 3(\varepsilon - 2\alpha) - 2, \quad \ldots$$

zu Null convergiren. Es wird also noch immer, wie S. 178, $\frac{1}{2}\pi P^{(n)}(x)$ für $n = \infty$ der doppelte reelle Theil von

$$\frac{\xi^{-n}}{\sqrt{n}}\int_0^{\sqrt{h}}\left(1 - \frac{a^2u^2}{n}\right)^n \frac{du}{\sqrt{1 - \frac{u^2}{n}}}, \quad \xi = \cos\frac{\theta}{n^\alpha} - i\sin\frac{\theta}{n^\alpha}.$$

Da $u^2 : n$ selbst für die obere Grenze, $u^2 = h$, noch Null wird, so darf man den obenstehenden Ausdruck mit

$$\frac{\xi^{-n}}{\sqrt{n}} \int_0^{\sqrt{h}} e^{-a^2 u^2} du,$$

also auch mit

$$\tfrac{1}{2} \sqrt{\frac{\pi}{na}}\, \xi^{-n}$$

vertauschen. Ferner wird $\sqrt{na}$ zur Ordnung $\frac{1}{2}(1-\alpha)$ unendlich. Wir erhalten daher das Resultat, dass $P^n(x)$ für $x = \cos(n^{-\alpha}\theta)$ bis an die Ordnung $\frac{1}{2}(1-\alpha)$ Null bleibt, wenn $\alpha < \frac{1}{4}$.

Nun sei $\alpha = 1$, also $x = \cos\frac{\theta}{n}$. Da P und Q, nach den früheren Festsetzungen, einwerthige Functionen von x sind, so werden die Grenzen für $n = \infty$ solche Functionen von θ, welche durch Vertauschung von θ mit $-\theta$ ungeändert bleiben.

Als Grenze von $P^n\left(\cos\frac{\theta}{n}\right)$ für $n = \infty$ findet man die Function J auf S. 82, also

$$(30) \ldots \quad J(\theta) = 1 - \frac{\theta^2}{2^2} + \frac{\theta^4}{2^2.4^2} - \cdots = \mathrm{Gr}_{n=\infty} P^n\left(\cos\frac{\theta}{n}\right).$$

Dies Resultat leitet man (sofort) mit Herrn Mehler*) aus der Formel (b) des § 5 her

$$P^n\left(\cos\frac{\theta}{n}\right) = F\left(n+1, -n, 1, \sin^2\frac{\theta}{2n}\right).$$

Dieselbe Function ergiebt sich in anderer Form aus dem Integral von Laplace, indem man zuerst erhält

$$\pi P^n\left(\cos\frac{\theta}{n}\right) = \int_0^{\pi}\left(1 + i\frac{\theta}{n}\cos\varphi + \frac{r}{n^2}\right)^n d\varphi,$$

wo r eine endliche Grösse vorstellt. Durch Uebergang zur Grenze findet man die zweite Form von J

$$(30, a) \ldots \quad J(\theta) = \frac{1}{\pi}\int_0^{\pi} e^{i\theta\cos\varphi}\, d\varphi.$$

Das Integral zweiter Art $Q^n(x)$ nähert sich, wenn man $x = \cos\frac{\theta}{n}$ setzt, mit wachsendem n einer Grenze, die $K(\theta)$ heisse. Versteht man unter θ die complexe Zahl mit positiv ima-

*) Ueber die Vertheilung der statischen Elektricität in einem von zwei Kugelkalotten begrenzten Körper; Borchardt, Journal f. Math. Bd. 68, S. 140.

ginärem Theile, so findet man als Grenze von $Q^n(x)$

$$(30, b) \ldots \quad K(\theta) = \int_0^\infty e^{i\theta \cos iu}\, du = \mathrm{Gr}_{n=\infty} Q^n\left(\cos\frac{\theta}{n}\right).$$

Gehört x dem Querschnitt an, ist also θ reell, so wird die Grenze von Q^n, also $K(\theta)$, durch

$$(30, c) \ldots \quad 2K(\theta) = K(\theta + 0.i) + K(\theta - 0.i)$$

gegeben, eine Formel, die offenbar auch für jedes complexe θ gilt. Nach (30, b) erhält man hieraus den Ausdruck durch ein Integral für ein solches θ, welches in dem auf der Axe der reellen θ von $-\infty$ bis ∞ gezogenen Querschnitt liegt

$$(30, d) \ldots \quad K(\theta) = \int_0^\infty \cos(\theta \cos iu)\, du.$$

Fügt man die aus dem Eingange dieser Untersuchungen für beliebige θ folgenden Gleichungen

$$(30, e) \ldots \quad J(\theta) = J(-\theta), \qquad K(\theta) = K(-\theta)$$

hinzu, so sind J und K in der ganzen Ebene θ eindeutig gegeben.

Geht man ferner von (18, b) zur Grenze über, so findet man für die Differenz aus dem Werthe von K im Querschnitte und am Uferrande $\frac{1}{2}\pi i J(\theta)$, andererseits den Ausdruck dieser Differenz durch ein Integral aus 30, b und d, und so die Doppelgleichung für ein reelles positives θ

$$(30, f) \ldots \quad K(\theta \pm 0.i) - K(\theta) = \pm \tfrac{1}{2}\pi i J(\theta) = \pm i \int_0^\infty \sin(\theta \cos iu)\, du.$$

Die Functionen J und K nennen wir Cylinderfunctionen erster und zweiter Art; später müssen sie genauer als Functionen des Kreiscylinders von denen der elliptischen unterschieden werden. (M. vergl. § 3, S. 5.)

Zum Beweise des Vorstehenden setze man $\theta = c + ip$, wo c und p reelle Grössen, p eine nicht negative bezeichnet, und $\mathcal{R}\theta > 0$. Der Beweis ist geführt, wenn man zeigt:

1) Das Integral im zweiten Gliede von (30, b) bleibt endlich und continuirlich bis incl. $p = 0$, und ist

2) die Grenze für $n = \infty$ von

$$\int_0^\infty \left(\cos\frac{\theta}{n} - i \sin\frac{\theta}{n} \cos iu\right)^{-n-1} du.$$

Beweis von 1. Es wird genügen, wenn wir den Beweis des Satzes nur für den reellen Theil des Integrales führen. Indem man $c.\cos iu = z$ und cp statt p setzt, geht dieser in das Integral

$$\int e^{-pz} \cos z \frac{dz}{\sqrt{z^2 - c^2}}$$

von c bis ∞ über, dessen Continuität und Endlichkeit bis an $p = 0$ klar ist. Um sie auch bis $p = 0$ incl. nachzuweisen, zeigt man nur, dass das Integral von einem hinlänglich grossen z bis ∞ genommen, beliebig klein wird. Für beide Grenzen darf man ganze Vielfache von π setzen; sie seien $n\pi$ und $(n + \nu)\pi$. Dies Integral wird in der That für jedes ν bei einem hinlänglichen grossen n beliebig klein.

Zerlegt man es nämlich in eine Summe solcher, deren Grenzen sich um π unterscheiden, und hat eines von ihnen die Grenzen $m\pi$ und $(m + 1)\pi$, so zerlege man dies wieder in eines von $m\pi$ bis $(m + \frac{1}{2})\pi$, und eines von $(m + \frac{1}{2})\pi$ bis $(m + 1)\pi$. Das erste ist das Produkt von $\int \cos z\, dz = \sin (m + \frac{1}{2})\pi$ und einem Mittelwerth der Function

$$e^{-pz}(z^2 - c^2)^{-\frac{1}{2}}$$

zwischen $z = m\pi$ und $z = (m + \frac{1}{2})\pi$, so dass das Integral von $m\pi$ bis $(m + 1)\pi$ gleich ist $\cos m\pi$ mal der Differenz eines Mittelwerthes obiger Function zwischen $m\pi$ und $(m + \frac{1}{2})\pi$ weniger einem Mittelwerthe derselben zwischen $(m + \frac{1}{2})\pi$ und $(m + 1)\pi$. Da sowohl die Exponentialgrösse als auch die $-\frac{1}{2}$te Potenz nicht zunehmende Functionen von z sind, so wird das Integral von $m\pi$ bis $(m + 1)\pi$, absolut genommen,

$$< e^{-mp\pi}[(m^2\pi^2 - c^2)^{-\frac{1}{2}} - e^{-p\pi}((m+1)^2\pi^2 - c^2)^{-\frac{1}{2}}],$$

also das Integral von $n\pi$ bis $(n + \nu)\pi$

$$< e^{-np\pi}(n^2\pi^2 - c^2)^{-\frac{1}{2}},$$

daher gleich 0 für $n = \infty$.

Beweis von 2. Man nehme beim Beweise an, es sei $p > 0$; der Fall $p = 0$ erfordert, da der 1. Satz bewiesen ist, nur unwesentliche Modifikationen. Berücksichtigt man, dass dann (S. 40)

$$x = \cos \frac{\theta}{n}, \quad \sqrt{x^2 - 1} = -i \sin \frac{\theta}{n}, \quad \xi = 1 + \frac{i\theta}{n} + r$$

(wenn r eine Zahl vorstellt die zur zweiten Ordnung 0 wird) die gehörigen Vorzeichen besitzen, so kann man wie S. 184 verfahren und erhält

$$a^2 = 1 - \xi^2 = \frac{2}{n}(\varpi - \gamma i),$$

wo ϖ und γ mit wachsendem n sich p und c nähern. Hieraus folgt

$$(1 + a^2 z^2)^{-n} = \left[1 + \frac{2z^2}{n}(\varpi - \gamma i)\right]^{-n}$$

gleich Null sobald z, gleichgültig von wie geringer Ordnung, mit n zugleich unendlich wird, so dass man für $n = \infty$ setzen kann

$$\xi^{-n-1} Q^n\left(\cos \frac{c + ip}{n}\right) = 2\int_0^h \frac{dz}{(1 + a^2 z^2)^{n+1}\sqrt{z^2 + 1}},$$

wenn h eine Potenz von n mit einem beliebig kleinen positiven Exponenten bezeichnet. Nun ist

$$n\log(1+a^2z^2) = na^2z^2 - \frac{(na^2z^2)^2}{2n} + \frac{(na^2z^2)^3}{3n^2} - \cdots.$$

Da na^2 als Grenze $2(p-ci) = -2i\theta$ hat, so convergirt diese Reihe sehr schnell zu $-2i\theta z^2$ und man erhält als Grenze von $Q^n\left(\cos\frac{\theta}{n}\right)$

$$2e^{i\theta}\int_0^\infty e^{2i\theta zz}\frac{dz}{\sqrt{z^2+1}}.$$

Dieser Ausdruck verwandelt sich durch die Substitution $z = -i\sin\frac{1}{2}iu$ in das Integral auf der rechten Seite von (30, b).

Aus (30, f) folgt, wenn θ reell und positiv ist, für $J(\theta)$

$$(\alpha)\ \ldots\quad \tfrac{1}{2}\pi J(\theta) = \int_0^\infty \sin(\theta\cos iu)\,du,$$

was dem gleichfalls für reelle θ geltenden Ausdruck (30, d) für $K(\theta)$ entspricht. Herr Mehler fand (α) in den mathem. Annalen von 1872 direkt, indem er von der Gleich. (7, b) auf S. 44 ausging. In derselben vertauscht er θ und φ mit $\frac{\theta}{n}$ und $\frac{\varphi}{n}$. Der Uebergang zur Grenze $n = \infty$ verschafft darauf

$$\int_0^\theta \frac{\cos\varphi\,d\varphi}{\sqrt{\theta^2-\varphi^2}} = \int_\theta^\infty \frac{\sin\varphi\,d\varphi}{\sqrt{\varphi^2-\theta^2}}.$$

Setzt man links $\varphi = \theta\cos\psi$, rechts $\varphi = \theta\cos iu$, so entsteht

$$\int_0^{\frac{1}{2}\pi} \cos(\theta\cos\psi)\,d\varphi = \int_0^\infty \sin(\theta\cos iu)\,du.$$

Die linke Seite ist aber nach (30, a) gleich $\frac{1}{2}\pi J(\theta)$, so dass die vorstehende Gleichung mit (α) übereinstimmt.

Zu dieser kann man noch die folgenden hinzufügen, die für ein positives rein imaginäres θ gelten

$$(\beta)\ \ldots\quad -\tfrac{1}{2}\pi J(\theta) = \int_0^\infty \sin(\theta\sin iu)\,du,$$

$$(\gamma)\ \ldots\quad K(\theta) = \int_0^\infty \cos(\theta\sin iu)\,du.$$

Man leitet die erste ab, indem man die Gleichung

$$2x\int_0^{\frac{1}{2}\pi} \frac{d\varphi}{x^2+\cos^2\varphi} = \frac{\pi}{\sqrt{x^2+1}},$$

welche aus (4) folgt, mit $\sin\eta x\,dx$ multiplicirt und darauf von 0 bis ∞ integrirt. Hierdurch erhält man

$$\int_0^{\frac{1}{2}\pi} e^{-\eta\cos\varphi}\,d\varphi = \int_0^\infty \sin\eta x\frac{dx}{\sqrt{x^2+1}},$$

und für $\eta = -i\theta$ ist dies (β). Geht man von der Formel

$$\frac{2}{\pi}\int_0^\infty \frac{dz}{1+x^2+z^2} = \frac{1}{\sqrt{1+x^2}}$$

aus, multiplicirt dieselbe mit $\cos\eta x\,dx$ und integrirt von 0 bis ∞, so findet man (γ) für $\eta = -i\theta$.

Die Function J, welche hier durch einen Uebergang zur Grenze eingeführt wurde, aber schon auf S. 82 auftrat, kam dort mit anderen ähnlichen Functionen J_n zugleich vor und wurde mit dem untern Index 0 versehen. Sobald die J_n wieder neben ihr vorkommen, werden wir ihr auch wieder den hier bedeutungslosen Index 0 anhängen.

Die Differentialgleichung (8) der Kugelfunctionen verwandelt sich, indem man in der Form (b) derselben $\frac{\theta}{n}$ für θ setzt und n unendlich nimmt, in die Gleichung

$$(31) \ldots \quad \theta d^2z + dz d\theta + \theta z d\theta^2 = 0,$$

die also $J(\theta)$ und $K(\theta)$ zu Lösungen hat.

§ 43. Der hier hervorgehobene Zusammenhang mit der Kugelfunction dient zur Einführung der neuen Functionen; aus demselben gewinnt man erst eine wissenschaftlich begründete Einsicht in die Eigenschaften der Cylinderfunctionen. Es empfiehlt sich aber, diese Functionen auch selbständig, nicht allein als Grenzfälle der complicirteren Kugelfunctionen zu behandeln, und nur die Gesichtspunkte der Theorie der letzteren zu entnehmen. Einen werthvollen Beitrag für diese Darstellung hat Herr Carl Neumann*) in seiner „Theorie der Bessel'schen Functionen“ geliefert, die er als ein Analogon zur Theorie der Kugelfunctionen bezeichnet, und zumal durch das später zu entwickelnde Additionstheorem der Cylinderfunctionen, bereicherte. Von neueren Arbeiten benutze ich ausser dieser Schrift bei der unten folgenden Darstellung hauptsächlich meine kurze Abhandlung in Borchardt's Journal f. M.**). Aus dem grossen Reichthum von Formeln, die man in den Arbeiten über diese Functionen findet, habe ich nach den auf S. 9—10 angegebenen Gesichtspunkten eine Auswahl getroffen.

Zur Literatur der Cylinderfunctionen gebe ich, eine Tafel des Herrn

---

*) Leipzig, 1867.

**) Die Fourier-Bessel'sche Function, Bd. 69, 1868.

Carl Neumann fortsetzend, ausser den bereits citirten Werken noch folgende an:

Fourier, Théorie analytique de la chaleur. S. 369 (1822).

Poisson, Sur la distribution de la chaleur dans les corps solides. Journal de l'Ecole polyt. Cah. 19. S. 349 (1823).

Bessel, Untersuchungen des Theils der planetarischen Störungen, welcher aus der Bewegung der Sonne entsteht. Abh. der Berliner Akad. d. Wiss. aus dem Jahr 1824.

Jacobi, Formula transform. Crelle, J. f. M. Bd. 15, S. 13 (1836).

Hansen, Ermittelung der absoluten Störungen in Ellipsen etc. Schriften der Sternwarte Seeburg. Gotha (1843).

Kummer, De integralibus definitis et seriebus infinitis. Crelle, J. f. M. Bd. 17.

Kirchhoff, Ueber den inducirten Magnetismus etc. Crelle, J. f. M. Bd. 48.

Anger, Untersuchungen über die Function I_k^h, etc. (1855) und die Festschrift über das Integral etc. Danzig (1858).

Riemann, Zur Theorie der Nobili'schen Farbenringe. Pogg. Ann. 95. Bd. (1855).

Lipschitz, Ueber ein Integral der Differentialgleichung etc. Borchardt's Journal. Bd. 56.

Schloemilch, Ueber die Bessel'sche Function. Zeitschr. f. Math. u. Physik. II. Jahrgang.

Carl Neumann, Ueber die Theorie der Wärme und Elektricität. Borchardt's Journal. Bd. 62.

Lommel, Studien über die Bessel'schen Functionen. Leipzig (1868).

Carl Neumann, Ueber die Entwickelung einer Function nach Quadraten und Produkten der Fourier-Bessel'schen Functionen. Berichte der Sächs. Gesellsch. d. W. aus 1869.

Ausserdem treten diese Functionen in mehreren neueren Arbeiten auf, von denen ich die in den Mathem. Annalen erschienenen der Herren H. Weber, H. Hankel (1. Bd.), Lommel (2. u. 3. Bd.), Schläfli (3. Bd.), Mehler, Ermakoff (5. Bd.) erwähne aus Borchardt's Journal die Abhandlungen der Herren Mehler (Bd. 68) und H. Weber (Bd. 69, 75, 76).

Die Differentialgleichung

$$(31) \ldots \quad \theta d^2 z + dz\, d\theta + \theta z\, d\theta^2 = 0$$

stellen wir an die Spitze unserer Theorie der Cylinderfunctionen. Andere Formen derselben Gleichung sind

$$(31, a) \ldots \quad d^2 z + \theta^2 z (d \log \theta)^2 = 0,$$

$$(31, b) \ldots \quad 4 d^2 z + \eta z (d \log \eta)^2 = 0; \quad (\eta = \theta^2),$$

$$(31, c) \ldots \quad \eta d^2 z + dz\, d\eta + \tfrac{1}{4} z\, d\eta^2 = 0.$$

Wenn man versucht (31, a) durch Reihen zu integriren, wobei man die Gleichung

$$d(\theta^n) = n \theta^n d \log \theta$$

benutzt, so findet man eine Lösung, welche mit dem Buchstaben J bezeichnet wird, nämlich den Ausdruck (30) für $J(\theta)$, also

$$(30) \ldots \quad J(\theta) = F\left(g, g, 1, -\frac{\theta\theta}{4gg}\right) \quad \text{für} \quad g = \infty.$$

Die allgemeinen Regeln der Integralrechnung zeigen, dass ein zweites Integral sich nicht in eine Reihe entwickeln lässt, die nach Potenzen von θ aufsteigt, sondern dass es die Form hat

$$z_1 = J(\theta).\log\theta + y,$$

wo y eine nach geraden Potenzen von θ aufsteigende Reihe bezeichnet, die sich, wie Herr Carl Neumann gefunden hat, in eine einfache Form bringen lässt. Man erhält nämlich

$$(30, g) \ldots \quad z_1 = J(\theta)\log\theta + 2(\tfrac{1}{1}J_2(\theta) - \tfrac{1}{2}J_4(\theta) + \tfrac{1}{3}J_6(\theta) - \cdots),$$

wo J_2, J_4, etc. die Functionen sind, welche man aus (14, c) auf S. 82 kennt. (M. vergl. § 61, Gleich. 44, f.)

Indem man $\frac{1}{2}\log\theta^2$ für $\log\theta$ setzt, kann man die zweite partikuläre Lösung, ebenso wie die erste, als Function von $\theta^2 = \eta$ auffassen, was mehrfach geschehen wird (s. u.), wie $Q(x)$ als Function von x. Nach jener Umwandlung des Logarithmus ist der Ausdruck z, wenn man von $\theta = 0$ in das reell positiv Unendliche einen Querschnitt zieht, in der ganzen Ebene bis an den Querschnitt eindeutig und continuirlich und giebt für $-\theta$ denselben Werth wie für θ.

Unten drücken wir z_1, oder vielmehr eine Combination von z_1 und J (m. vergl. (44, f)) durch das bestimmte Integral (30, b) für K aus, welches ebenso neben (30, g) zu verwenden ist, wie der Ausdruck von Q durch ein Integral neben dem einen Logarithmus enthaltenden (20, c). Dieses Integral K verliert aber die Bedeutung, wenn θ einen negativ imaginären Theil bekommt, definirt also die Function nur auf der Seite des positiv Imaginären und ist durch die Gleichung $K(\theta) = K(-\theta)$ fortzusetzen.

Es sei θ die Quadratwurzel aus $\theta\theta = \eta$, welche einen positiven imaginären Theil besitzt oder eine positive reelle Zahl ist. Wir ziehen einen Querschnitt in der Ebene der η von $\eta = 0$ in's positiv Unendliche, die Axe des positiv Reellen, und suchen den Ausdruck der Lösungen durch Integrale, die in der Ebene bis an den Querschnitt continuirlich bleiben. Im Querschnitt selbst wird als Lösung das arithmetische Mittel aus den Werthen am Rande der Ufer genommen, d. h. wenn η einen Punkt im Querschnitt, also eine positiv reelle Zahl bezeichnet, aus den

Werthen für $\eta + 0.i$ und $\eta - 0.i$, oder $0.i + \theta$ und $0.i - \theta$. Dieses Mittel genügt der Differentialgleichung noch im Querschnitte selbst und ist ein von J verschiedenes Integral.

Die Gleichung (31) integriren wir hier durch bestimmte Integrale: Bildet man aus θ und einem Winkel φ eine Function

$$y = e^{i\theta \cos\varphi},$$

so wird offenbar

$$(a) \ldots \quad \theta^2 \frac{\partial^2 y}{\partial \theta^2} + \theta \frac{\partial y}{\partial \theta} + \theta^2 y = -\frac{\partial^2 y}{\partial \varphi^2}.$$

Setzt man $\int y \partial\varphi$ für z in die linke Seite von (31) ein, so verwandelt sich diese, abgesehen vom Factor $d\theta^2$, in $-\partial y : \partial\varphi$, d. h. in $i\theta \sin\varphi y$, ist also Null für $\varphi = 0$, ausserdem aber für $\varphi = \pi$, so dass man zunächst ein endliches Integral

$$z = \int_0^\pi y \partial\varphi$$

als Lösung von (31) erhält. Da dies für $\theta = 0$ sich in π verwandelt und als endliche Lösung dieselbe sein muss, wie die in (30) enthaltene, so ist sie $\pi J(\theta)$ und man gewinnt auf diese Art wiederum den Werth (30, a) für $J(\theta)$. Ferner wird $i\theta \sin\varphi . y$ auch dann gleich Null, wenn y selbst Null ist. Dies geschieht nur und immer, wenn φ einen solchen Werth annimmt, dass $i\theta \cos\varphi$ einen negativ reellen Theil erhält, der unendlich wird. Man findet also immer eine Lösung z der Gleichung (31), wenn man in dem Ausdruck

$$z = \int_0^\infty e^{i\theta \cos iu} du$$

u so in's Unendliche wachsen lässt, dass die Exponentialgrösse zu Null convergirt. Dies genügt schon, da y als Exponentialgrösse auch hinreichend schnell zu Null convergirt.

Gehört η nicht dem Querschnitte an, so wird y Null, wenn u in das reelle positiv Unendliche wächst, welches da, wo eine nähere Bestimmung wünschenswerth ist, nicht schlechtweg mit ∞, sondern durch g bezeichnet werden soll. In der That ist, wenn man wie oben $\theta = c + pi$ setzt,

$$\mathcal{M} e^{i\theta \cos ig} = e^{-p \cos ig} = 0.$$

War dagegen θ reell (also positiv), so darf man nicht auf diese

Weise in's Unendliche gehen, wohl aber so, dass $u = g + \frac{1}{2}\pi i$ wird, da dann

$$i\theta \cos iu = i\theta \sin ig$$

negativ unendlich ist. Das erste Mal kann man also nach u auf der Axe des Reellen von 0 bis g integriren, das zweite Mal, und da y continuirlich ist auf beliebigem Wege, bis $g + \frac{1}{2}\pi i$, z. B. indem man von 0 auf der Axe des Imaginären bis $\frac{1}{2}\pi i$ und von da parallel und gleichgerichtet der Axe des positiv Reellen in's Unendliche integrirt. Man hat also den

I. Satz. Die Differentialgleichung (31, b) hat zwei particuläre Integrale J und K, von denen das erste durch die Gleichung

$$(30, c) \ldots \quad J(\theta) = \frac{1}{\pi}\int_0^\pi e^{i\theta\cos\varphi}\,d\varphi = J(-\theta); \quad (\theta^2 = \eta)$$

ausgedrückt wird. Das andere ist, wenigstens so lange nicht η eine positiv reelle Grösse vorstellt, wenn man den imaginären Theil von θ positiv nimmt,

$$(30, b) \ldots \quad K(\theta) = \int_0^g e^{i\theta\cos iu}\,du = K(-\theta); \quad (g = \infty).$$

Für ein θ im Querschnitte selbst hat man zwar so eben gleichfalls eine Lösung gefunden, nämlich

$$\int_0^{\frac{1}{2}\pi i + g} e^{i\theta\cos iu}\,du;$$

es ist dies aber nicht eine solche, welche nach unserer Festsetzung S. 185 durch $K(\theta)$ bezeichnet werden darf; vielmehr ist dort K ein arithmetisches Mittel und man hat den

II. Satz. Ist aber η positiv reell, so wird

$$(30, d) \ldots \quad K(\theta) = \int_0^g \cos(\theta\cos iu)\,du = K(-\theta).$$

§ 44. In den Integralen für J und K können ausser den reellen auch imaginäre Substitutionen vorgenommen werden. (M. vergl. meine früher erwähnte Abhandlung im 69. Bande von Borchardt's Journal).

Im vorigen Paragraphen zeigte sich, dass man für jeden Werth von η eine Cylinderfunction zweiter Art erhält, wenn man $y\,du$ von 0 bis ∞ integrirt. An der obern Grenze trat aber (s. oben) eine Discontinuität ein, indem man im allgemeinen bis g, nur für ein reelles θ bis $g+\frac{1}{2}\pi i$ integrirte. Dieser Sprung lässt sich erklären und vermeiden durch den

III. Satz. Bezeichnet θ eine beliebige Zahl mit nicht negativem imaginärem Theile, und setzt man

$$-i\theta = a(\cos\alpha - i\sin\alpha), \quad (-\tfrac{1}{2}\pi \leqq \alpha \leqq \tfrac{1}{2}\pi),$$

so wird

$$(b) \ldots \int_0^{g+(\alpha+\chi)i} e^{i\theta\cos iu}\,du$$

eine Lösung von (31), und bleibt unverändert, welchen reellen Werth zwischen $-\frac{1}{2}\pi$ und $\frac{1}{2}\pi$, mit Ausschluss dieser Grenzen*), man auch χ beilegt.

In der That hat das Integral erstens eine Bedeutung und ist zugleich eine Lösung von (31), sobald

$$-i\theta\cos i[g+(\alpha+\chi)i] = a(\cos\alpha - i\sin\alpha)\cos(\alpha+\chi-ig)$$

einen positiven reellen Theil besitzt. Der reelle Theil ist

$$a[\cos\alpha\cos(\alpha+\chi)\cos ig - i\sin\alpha\sin(\alpha+\chi)\sin ig].$$

Setzt man für $\cos ig$ und $i\sin ig$ ihre Ausdrücke durch Exponentialgrössen, so wird der Theil, welcher mit g in's Unendliche wächst

$$\tfrac{1}{2}a\cos\chi . e^g,$$

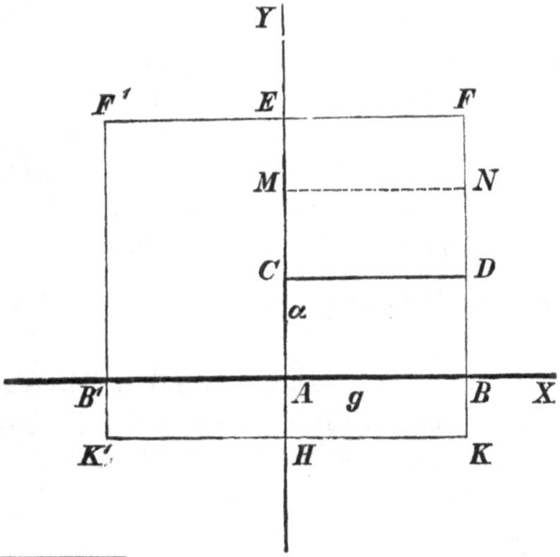

also in der That positiv, wenn $-\frac{1}{2}\pi < \chi < \frac{1}{2}\pi$.

Zweitens ist das Integral (b) von χ und von dem Integrationswege unabhängig. In der Figur sei AX die Axe des positiv Reellen, AY des positiv Imaginären, $AB=g$, $AC=\alpha$, also nicht grösser als $\frac{1}{2}\pi$. Die Figur zeigt den Fall eines θ mit positivem reellen Theile,

*) Die Untersuchung ist so geführt, dass sie noch für die allgemeineren Integrale des § 57 gilt, in welchen die nach u zu integrirende Function aus der obigen durch Multiplikation mit $\cos ivu$ entsteht. In dem hier vorliegenden Falle darf man die Grenzen $\pm\frac{1}{2}\pi$ noch einschliessen, wie sich durch eine einfache Betrachtung zeigen liesse.

CE und *CH* sind gleich $\frac{1}{2}\pi$, so dass alle Werthe, die $i(\alpha+\chi)$ bei veränderlichem χ annehmen kann, zwischen *E* und *H* liegen. In dem besonderen Falle, dass $\alpha=\frac{1}{2}\pi$, würde *H* genau in *A* fallen, während *H* für jedes andere positive α, wie in der Figur, auf der negativen Axe der *Y* liegt. *AB'* ist gleich *AB* gemacht. Die Figur wird dann in selbstverständlicher Art vollendet.

Der Punkt *D* stellt die Zahl $g+\alpha i$ vor, sämmtliche Punkte *N* auf *FK*, nur *F* und *K* ausgeschlossen, sind Zahlen $g+i(\alpha+\chi)$. Es wird nun behauptet, dass $\int y\,du$ sich weder ändert, wenn man von *A* aus auf verschiedenen Wegen bis zu demselben Punkte *N*, noch wenn man bis zu verschiedenen Punkten *N*, die sämmtlich auf *FK* liegen, integrirt. Das erste ist klar, da die verschiedenen Integrationswege einen Raum einschliessen, in welchem y endlich und einwerthig bleibt. Um das zweite zu beweisen, zeige ich, dass das Integral über *ACMN* gleich ist dem über *ACD*. Dies ergiebt sich daraus, dass das Integral über das Rechteck *CMNDC* Null ist, ebenso auch dass über *ND*, da der Weg *ND* endlich und die zu integrirende Function y im Unendlichen, also auf der Linie *FK* mit wachsendem g, Null ist.

Der soeben bewiesene III. Satz klärt die früher erwähnten Verhältnisse auf. Wir heben folgende Punkte hervor:

1) Ist θ nicht gerade reell, so wird absolut genommen $\alpha<\frac{1}{2}\pi$, und daher liegt die Axe des Reellen *AB* innerhalb des Rechtecks *KFF'K'*, — während sie im Falle eines reellen θ, also für $\alpha=\pm\frac{1}{2}\pi i$, in eine Seite des Rechtecks, nämlich in *KK'* oder *FF'* fallen würde. Das Integral stimmt also mit $\int y\,du$ über die Axe des Reellen genommen überein.

2) Ist θ reell positiv, so wird $\alpha=\frac{1}{2}\pi$ und *CD* halbirt das Rechteck *EFKH*. Das Integral über *ACD*, d. h. von 0 bis $g+\frac{1}{2}\pi i$, ist daher dasselbe, als ob man von *A* bis zu einem Punkte integrirt, der beliebig nahe an *B* auf *BD* liegt. Man findet also

$$(30, g) \ldots \int_0^{g+\frac{1}{2}\pi i} e^{i\theta\cos iu}\,du = K(\theta+0.i),$$

so dass die für ein η im Querschnitt gefundene Lösung, wie früher (S. 192) schon erwähnt wurde, nicht $K(\theta)$, sondern $K(\theta+0.i)$ ist.

3) Der Werth von *K* am negativen Uferrand lässt sich in ähn-

licher Art durch ein Integral ausdrücken, welches sich von 0 bis $g-\frac{1}{2}\pi i$ erstreckt. Denn nach (30, *d*) ist

$$K(\theta-0.i)=K(-\theta+0.i).$$

Man hat nun nach dem III. Satze zu machen

$$i(\theta-0.i)=a(\cos\alpha-i\sin\alpha)=0+i\theta,$$

so dass α nahe gleich $-\frac{1}{2}\pi$ zu setzen ist. Es ergiebt sich also

$$(30, h) \ldots \quad K(\theta-0.i)=\int_0^{g-\frac{1}{2}\pi i} e^{-i\theta\cos iu}\,du.$$

4) Die Integrale für $K(\theta\pm0.i)$ kann man in solche umwandeln, in welchen auf reellem Wege integrirt wird. Indem man den Weg von 0 bis $g\pm\frac{1}{2}\pi i$ in einen Weg von 0 bis $\pm\frac{1}{2}\pi i$ und einen zweiten von $\pm\frac{1}{2}\pi i$ bis $g\pm\frac{1}{2}\pi i$ zerlegt, und auf dem ersten $u=\pm i\varphi$, auf dem zweiten $u=\pm\frac{1}{2}\pi i+v$ setzt, erhält man

$$K(\theta\pm0.i)=\int_0^{\infty} e^{i\theta\sin iv}\,dv\pm i\int_0^{\frac{1}{2}\pi} e^{\pm i\theta\cos\varphi}\,d\varphi.$$

Hieraus erhält man sofort für die Differenz der beiden Werthe am Uferrande die Gleichung

$$K(\theta+0.i)-K(\theta-0.i)=i\pi J(\theta),$$

welche auf S. 185 direct bewiesen wurde.

Hieraus ergeben sich für die Cylinderfunctionen die Sätze über die imaginäre Substitution. Man zeigt leicht, dass eine solche in dem Integrale für J erlaubt sei, nachdem man dort die Grenzen auf $-\pi$ und π gebracht hat, und findet

$$(c) \ldots \quad J(\theta)=\frac{1}{2\pi}\int_{-\pi}^{\pi} e^{i\theta\cos(\varphi+\omega)}\,d\varphi,$$

welche reelle oder nicht reelle von φ unabhängige Grösse auch ω vorstellen möge. Aehnlich verhält es sich mit K. Indem man beide Fälle, den eines η ausserhalb oder innerhalb des Querschnitts zusammenfasst und beachtet, dass nur im Querschnitt $K(\theta+0.i)$ von $K(\theta)$ verschieden ist, hat man

$$K(\theta+0.i)=\int_0^{g+i(\alpha+\chi)} e^{i\theta\cos iu}\,du.$$

Vertauscht man u mit $-u$, so ist rechts dieselbe Function, von $-g-i(\alpha+\chi)$ bis 0, zu integriren. Man kann als untere Grenze aber auch $-g-i\alpha+i\chi$ nehmen, da das Integral sich nicht ändert, wenn man für χ irgend einen Bogen zwischen $-\frac{1}{2}\pi$ und $\frac{1}{2}\pi$ setzt. Aus diesen Betrachtungen folgt der

IV. Satz. Bezeichnet θ eine beliebige Zahl, so ist

$$(c) \ldots \quad \frac{1}{2\pi}\int_{-\pi}^{\pi} e^{i\theta\cos(\varphi+\omega)}\,d\varphi = J(\theta) = J(-\theta).$$

Hat θ einen nicht negativen imaginären Theil und setzt man

$$-i\theta = a(\cos\alpha - i\sin\alpha) \quad (-\tfrac{1}{2}\pi < \alpha < \tfrac{1}{2}\pi),$$

so wird

$$(d) \ldots \quad \tfrac{1}{2}\int_{-g-\alpha i}^{g+\alpha i} e^{i\theta\cos i(u+\omega)}\,du = K(\theta + 0.i)$$

und $K(\theta) = K(-\theta)$. Die Constante ω kann in (c) willkürlich genommen werden; in (d) muss der reelle Theil von $\cos i\omega$ positiv sein, d. i. der reelle Theil von $i\omega$ die Form haben $\chi + 2m\pi$, wo $-\frac{1}{2}\pi < \chi < \frac{1}{2}\pi$.

Der Ausdruck (d) ändert sich offenbar nicht, wenn man als obere Grenze irgend einen unendlichen Werth mit positivem, für die untere mit negativem reellen Theile setzt, für den $i\theta\cos i(u+\omega)$ einen negativ unendlichen reellen Theil erhält.

Die hier entwickelten Sätze für die imaginäre Substitution werden unten eine erhöhte Bedeutung gewinnen, während wir sie hier nur auf die Transformation der Integrale

$$\frac{1}{2\pi}\int_{-\pi}^{\pi} e^{i(a\cos\varphi + b\sin\varphi)}\,d\varphi, \quad \tfrac{1}{2}\int_{-g}^{g} e^{i(a\cos iu + b\sin iu)}\,du, \quad (g = \infty)$$

anwenden. Das erste ist gleich $J(\sqrt{a^2+b^2})$. Beim zweiten ist zunächst der Fall eines reellen a und b zu erwähnen; nimmt man $\sqrt{a^2+b^2}$ mit dem Zeichen von a, so wird das Integral gleich $K(\sqrt{a^2+b^2}+0.i)$; für $a=0$ ist das Integral unendlich. In den anderen Fällen hat es einen Werth, nämlich $K(\sqrt{a^2+b^2})$, sobald $ia+b$ und $ia-b$ einen negativen reellen Theil besitzen.

Weiteres über die allgemeineren Integrale findet man § 58 u. f. Ferner wird man im § 60 Functionen kennen lernen, die ganz ähnliche Eigenschaften besitzen wie J und K, nämlich die endliche Function $\frac{\sin\theta}{\theta}$ und die im Endlichen unendliche $\frac{\cos\theta}{\theta}$. Die Bedeutung derselben als Cylinderfunction höherer Ordnung findet man im III. Theil.

Den im § 42 entwickelten Formeln füge ich noch einige andere hinzu, die mehrfache Anwendungen finden:

Herr Lipschitz zeigt, dass man habe

$$(\delta) \ldots \quad \frac{1}{\sqrt{a^2+b^2}} = \int_0^\infty e^{-ax} J(bx)\, dx.$$

Vorausgesetzt, dass der reelle Theil von a positiv und grösser als der von bi sei, hat man nämlich

$$\frac{1}{\sqrt{a^2+b^2}} = \frac{1}{\pi}\int_0^\pi d\varphi \int_0^\infty e^{-x(a-ib\cos\varphi)} dx,$$

wenn der reelle Theil auf der Linken, der nach der obigen Voraussetzung nicht Null sein kann, positiv genommen wird. Durch Umkehrung der Integrationsordnung erhält man (δ). Für ein reelles b darf auch a gleich Null genommen werden.

Multiplicirt man (δ) mit $\cos a\theta\, da$, integrirt von 0 bis ∞ und setzt $b = 1$, so erhält man nach (γ) auf S. 187 für ein reelles θ den Ausdruck des Herrn Mehler

$$(\varepsilon) \ldots \quad K(i\theta) = \frac{1}{\pi}\int_0^\infty \frac{x\, J(x)\, dx}{x^2+\theta^2},$$

neben der früher gefundenen Formel (γ), welche hier zur Ableitung benutzt wurde.

§ 45. Es soll jetzt nachgewiesen werden, dass die Gleichung auf S. 78

$$(11) \ldots \quad \frac{1}{y-x} = \sum_{n=0}^{\nu=\infty} (2n+1) P^n(x) Q^n(y)$$

immer besteht, sobald $\mathcal{M}(x-\sqrt{x^2-1}) > \mathcal{M}(y-\sqrt{y^2-1})$, wenn x und $\sqrt{x^2-1}$, ebenso y und $\sqrt{y^2-1}$ dasselbe Vorzeichen erhalten. (M. vergl. S. 79). Den Beweis, den ich ursprünglich gegeben hatte, ersetze ich durch einen wesentlich einfacheren, welchen Herr Laurent gefunden und in der 3ten Serie des Liouville'schen Journals, 1. Band, November 1875 mitgetheilt hat.

Durch eine einfache Combination der Gleichungen (16) und (17, b)

$$(n+1)P^{n+1}(x) - (2n+1)x P^n(x) + n P^{n-1}(x) = 0,$$
$$(n+1)Q^{n+1}(y) - (2n+1)y Q^n(y) + n Q^{n-1}(y) = 0,$$

findet man mit Herrn Christoffel*),

*) Borchardt, Journal f. Math. Bd. 55, S. 72. Herr Darboux macht im Liouville'schen Journal, 2. Band, 1876, darauf aufmerksam, dass die erwähnte Combination von Herrn Christoffel schon im Jahre 1858 angegeben wurde.

$$(n+1)(Q^n(y)P^{n+1}(x)-P^n(x)Q^{n+1}(y))$$
$$=n(Q^{n-1}(y)P^n(x)-P^{n-1}(x)Q^n(y))+(2n+1)(x-y)P^n(x)Q^n(y);$$
für $n=0$ verwandelt sich diese Gleichung in
$$(Q^0(y).P^1(x)-P^0(x)Q^1(y))=1+(x-y)P^0(x)Q^0(y).$$
Hieraus ergiebt sich durch Summation nach n von $n=0$ an bis zu einem n von beliebiger Grösse
$$(y-x)\Sigma(2n+1)P^n(x)Q^n(y)=1+(n+1)(P^n(x)Q^{n+1}(y)-Q^n(y)P^{n+1}(x)).$$
Für $n=\infty$ wird das Glied, welches auf der Rechten zu 1 hinzutritt, Null. Setzt man nämlich $x-\sqrt{x^2-1}=\xi$ und $y-\sqrt{y^2-1}=\eta$, so folgt aus den Gleichungen (28), wenn weder $\mathcal{M}(\xi)$ noch $\mathcal{M}(\eta)$ gleich 1 ist, dass bei wachsendem n mit beliebiger Annäherung sei
$$nP^n(x)Q^n(x)=\frac{\eta}{\sqrt{(1-\xi^2)(1-\eta^2)}}\cdot\left(\frac{\eta}{\xi}\right)^n,$$
also Null, sobald $\mathcal{M}\eta$ angebbar unter $\mathcal{M}\xi$ liegt. Wenn $\mathcal{M}\xi=1$, so modificirt sich der vorstehende Ausdruck, wie aus (28, c) hervorgeht, zu
$$\frac{\eta^{n+1}}{\sqrt{1-\eta^2}}\,\frac{\sin(n+\frac{1}{2})\theta+\cos(n+\frac{1}{2})\theta}{\sqrt{\sin\theta}},$$
wird also gleichfalls Null, sobald $\mathcal{M}\eta<1$, d. i. wenn $\mathcal{M}\eta$ kleiner als $\mathcal{M}\xi$ genommen ist.

1. Anmerk. Neben die Entwickelung von $1:(y-x)$ in eine geometrische Reihe, welche in dem Kreise $\mathcal{M}(x)<\mathcal{M}(y)$ convergirt, und die hier vorliegenden nach Kugelfunctionen, welche in der Ellipse $\mathcal{M}\xi>\mathcal{M}\eta$ convergent ist, kann man eine andere stellen, die gleichfalls im Innern derselben Ellipse gültig ist. Man hat
$$\frac{\sqrt{y^2-1}}{y-x}=\frac{1}{1-\eta\xi}+\frac{1}{1-\eta\xi^{-1}}-1.$$
Sobald $\mathcal{M}\eta<\mathcal{M}\xi$ lassen sich die Ausdrücke auf der Rechten nach aufsteigenden Potenzen von $\eta\xi$ und $\eta\xi^{-1}$ entwickeln, und man erhält
$$\frac{1}{y-x}=\frac{2\eta}{1-\eta^2}\left(1+\sum_1^\infty\eta^n(\xi^n+\xi^{-n})\right),$$
eine Reihe, die nach auf- und absteigenden Potenzen von ξ geordnet ist. Setzt man $x=\cos\theta$, es möge θ reell oder imaginär sein, so findet man daher in der Ellipse die Entwickelung nach Cosinus der Vielfachen
$$\frac{1}{y-\cos\theta}=\frac{1}{\sqrt{y^2-1}}(1+2\Sigma(y-\sqrt{y^2-1})^n\cos n\theta).$$

Um auch eine Entwickelung nach η zu erhalten, verwandelt man auch $1:(1-\eta^2)$ in eine Reihe und sammelt die Factoren einer bestimmten Potenz von η, z. B. der $n+1^{\text{ten}}$. Diese sind

$$2(\xi^n+\xi^{-n})+2(\xi^{n-2}+\xi^{-n+2})+2(\xi^{n-4}+\xi^{-4+n})+\cdots,$$

wenn die letzte Parenthese, je nachdem n ungerade oder gerade ist, $\xi^1+\xi^{-1}$ oder 1 enthält. Summirt man diese geometrische Reihe und setzt wieder $x=\cos\theta$, so entsteht

$$\frac{1}{y-\cos\theta}=2\sum_{n=0}^{\infty}\frac{\sin(n+1)\theta}{\sin\theta}\cdot\eta^{n+1},$$

eine Entwickelung nach Differentialquotienten der Grössen $\cos n\theta$, genommen nach $\cos\theta$.

Im letzten Theile wird die Bedeutung dieser Formeln in Bezug auf die Entwickelung (11) deutlicher hervortreten, indem dort § 124 $\cos n\theta$, sein Differentialquotient nach $\cos\theta$ und P^n als Functionen derselben Art, der Ordnung 1, 3 und 2 auftreten.

2. Anmerk. Herr Carl Neumann bringt die Entwickelung (11) von $1:y-x$ mit einem bekannten Satze von Cauchy in Verbindung. Bezeichnet $f(y)$ eine Function, welche für alle Punkte einer Ellipse an deren Begrenzung $\mathfrak{M}(y+\sqrt{y^2-1})$ constant ist, continuirlich bleibt, so findet man aus (11)

$$2i\pi f(x)=\int f(y)\frac{dy}{y-x}=\Sigma(2n+1)P^n(x)\int f(y)Q^n(y)dy,$$

wenn man die Integration über den Rand der Ellipse erstreckt, so dass der Satz entsteht: Für alle Punkte im Innern der Ellipse kann man setzen

$$f(x)=\Sigma a_n P^n(x),\quad a_n=-\frac{2n+1}{2\pi}i\int f(y)Q^n(y)dy.$$

Wendet man aber den Cauchy'schen Satz auf einen ringförmigen ebenen Raum an, der durch zwei confocale Ellipsen mit dem Brennpunkt ±1 begrenzt wird, so findet man für den Werth einer in diesem Raume monodromen und monogenen Function f im Punkte z des Raumes

$$f(z)=\Sigma a_n P^n(z)+b_n Q^n(z),$$

wenn gesetzt wird

$$a_n=-\frac{(2n+1)i}{2\pi}\int_a f(z)Q^n(z)\,dz,$$

$$b_n=-\frac{(2n+1)i}{2\pi}\int_i f(z)P^n(z)\,dz$$

und die Integrationen $\int\limits_a$ und $\int\limits_i$ sich auf die äussere resp. die innere Begrenzung beziehen. Aehnliche Gleichungen erhält man offenbar für die Darstellung von f durch obige Reihen, die nach Cosinus der Vielfachen von θ oder den Differentialquotienten derselben geordnet sind.

Man bemerke noch die Formeln des Herrn Carl Neumann:

$$\int P^m(z) Q^n(z)\, dz = 0, \qquad (\mu \lesssim \nu)$$
$$= \frac{2\pi i}{2n+1} \quad (\mu = \nu),$$

wenn über die Peripherie einer Ellipse in positiver Richtung integrirt wird; und

$$\int P^m(z) P^n(z) dz = \int Q^m(z) Q^n(z) dz = 0,$$

es mögen m und n gleiche oder ungleiche ganze positive Zahlen sein.

Viertes Kapitel.

Zugeordnete Functionen.

§ 46. Aus der Darstellung von P durch das Integral von Laplace folgt unmittelbar, dass die Function $P^n(x)$ der Mittelwerth von

$$(x + \cos\varphi . \sqrt{x^2 - 1})^n$$

zwischen $\varphi = 0$ und $\varphi = \pi$ sei, d. i. das von φ unabhängige Glied in der Entwickelung jener Potenz nach Cosinus der Vielfachen von φ. In Folge von (5, a) auf S. 36 muss dasselbe, wenn x positiv und zugleich nicht rein imaginär ist, auch für die Function

$$(x + \cos\varphi . \sqrt{x^2 - 1})^{-n-1}$$

gelten. Während wir bisher nur über das von φ unabhängige Glied handelten, werden jetzt die übrigen Glieder der Entwickelung und zwar als zugeordnete Functionen erster Art eingeführt.

Die Entwickelung der positiven n^{ten} Potenz des Binoms in eine trigonometrische Reihe finde ich *) mit Hülfe der Transfor-

*) Dissertatio inauguralis 1842; § 8.

mation

$$x + \cos\varphi . \sqrt{x^2-1} = \frac{(x+z)^2-1}{2z}, \quad z = e^{i\varphi} . \sqrt{x^2-1}.$$

Entwickelt man vermittelst des Taylor'schen Lehrsatzes nach Potenzen von z, setzt auch zur Abkürzung $(x^2-1)^n = u$, so entsteht

$$2^n(x+\cos\varphi.\sqrt{x^2-1})^n = \frac{1}{\Pi(n)}\frac{d^n u}{dx^n} + \frac{z^1}{\Pi(n+1)}\frac{d^{n+1}u}{dx^{n+1}} + \dots + \frac{z^n}{\Pi(2n)}\frac{d^{2n}u}{dx^{2n}}$$
$$+ \frac{z^{-1}}{\Pi(n-1)}\frac{d^{n-1}u}{dx^{n-1}} + \dots + \frac{z^{-n}}{\Pi(0)}u.$$

Bei den untereinander stehenden ν^{ten} Gliedern $(0 < \nu \leqq n)$, welche, wenn man für z seinen Werth einsetzt, sind

$$e^{i\nu\varphi}\frac{(\sqrt{x^2-1})^\nu}{\Pi(n+\nu)}\frac{d^{n+\nu}u}{dx^{n+\nu}}, \quad e^{-i\nu\varphi}\frac{(\sqrt{x^2-1})^{-\nu}}{\Pi(n-\nu)}\frac{d^{n-\nu}u}{dx^{n-\nu}},$$

müssen der Factor von $\cos\nu\varphi + i\sin\nu\varphi$ im ersten und $\cos\nu\varphi - i\sin\nu\varphi$ im zweiten einander gleich werden, damit nicht der Cosinusreihe auf der Rechten noch eine Sinusreihe hinzutrete, welche mit φ ihr Zeichen ändert, während die linke Seite bei dieser Vertauschung ungeändert bleibt. Man hat also einen neuen Beweis der Jacobi-schen Gleichung (f) auf S. 155

$$\frac{1}{\Pi(n-\nu)}\frac{d^{n-\nu}(x^2-1)^n}{dx^{n-\nu}} = \frac{(x^2-1)^\nu}{\Pi(n+\nu)}\frac{d^{n+\nu}(x^2-1)^n}{dx^{n+\nu}}$$

und ausserdem die gesuchte Formel*)

$$(32) \dots \quad 2^{n-1}(x+\cos\varphi.\sqrt{x^2-1})^n = \sum_{}^{n}{}' \frac{(x^2-1)^{\frac{1}{2}\nu}}{\Pi(n+\nu)}\frac{d^{n+\nu}(x^2-1)^n}{dx^{n+\nu}}\cos\nu\varphi,$$

in der unter dem Summenzeichen ν auch mit $-\nu$ vertauscht werden kann.

Eine zweite Form findet man durch Einführung von P^n durch (3) auf der rechten Seite, nämlich

$$(32, a) \dots \quad (x+\cos\varphi.\sqrt{x^2-1})^n = 2\Pi n \sum_{}^{n}{}' \frac{(\sqrt{x^2-1})^\nu}{\Pi(n+\nu)}\frac{d^\nu P^n(x)}{dx^\nu}\cos\nu\varphi.$$

Endlich kann man auch die ganze Function $\mathfrak{P}$ des § 32 einführen. Dann nimmt die rechte Seite von (32) die beiden folgenden Formen an

$$(32, b) \dots \quad \Pi(2n)\sum_{}^{n}{}' \frac{(x^2-1)^{\frac{1}{2}\nu}\mathfrak{P}_\nu^{(n)}(x)}{\Pi(n+\nu)\,\Pi(n-\nu)}\cos\nu\varphi,$$

$$(32, c) \dots \quad 2^{n-}\,\Pi n \sum_{}^{n}{}' \frac{(x^2-1)^{-\frac{1}{2}\nu}\cos\nu\varphi}{\Pi(n-\nu)}\int_1 P^{(n)}(x)\,dx^\nu.$$

*) Durch Σ' bezeichne ich im Folgenden eine Summe nach ν, in der von $\nu = 0$ an summirt, das Glied, welches $\nu = 0$ entspricht, aber halb genommen wird.

Die Formeln, welche den Zusammenhang der hier vorkommenden Stücke geben, sind

$$(a) \ldots \quad \mathfrak{P}_\nu^{(n)}(x) = \frac{1.2.3\ldots(n+\nu)}{1.3.5\ldots(2n-1)} \int_1 P^{(n)}(x)\,dx^\nu,$$

$$(b) \ldots \quad \frac{\Pi(n+\nu)}{\Pi(2n)} \frac{d^{n-\nu}(x^2-1)^n}{dx^{n-\nu}} = (x^2-1)^\nu \frac{\Pi(n-\nu)}{\Pi(2n)} \frac{d^{n+\nu}(x^2-1)^n}{dx^{n+\nu}},$$

$$(c) \ldots \quad = \mathfrak{P}_\nu^{(n)}(x) = x^{n+\nu} F\left(-\frac{n+\nu}{2}, -\frac{n+\nu-1}{2}, \tfrac{1}{2}-n, \frac{1}{x^2}\right),$$

$$(d) \ldots \quad (x^2-1)^{-\frac{1}{2}\nu} \mathfrak{P}_\nu^{(n)}(x) = (x^2-1)^{\frac{1}{2}\nu} \mathfrak{P}_{-\nu}^{(n)}(x).$$

Die Formel (a) setzt ein positives ν voraus, welches aber von beliebiger Grösse, auch grösser als n sein kann; in (b), (c), (d) darf ν positiv oder negativ genommen werden, nicht aber n überschreiten.

§ 47. Es bleibt noch die Aufgabe übrig, welche Jacobi gelöst hat*), die $-(n+1)^{\text{te}}$ Potenz des Binoms in eine trigonometrische Reihe zu entwickeln. Statt einer solchen Potenz behandeln wir zunächst den Fall, dass der Exponent, der dann mit α bezeichnet werden soll, weder eine positive noch negative ganze Zahl vorstellt, übrigens beliebig ist. Die Modificationen, welche eintreten, wenn man schliesslich für α eine negative ganze Zahl setzt, werden zum Schluss betrachtet. Der letzte Fall allein ist für die Theorie der Kugelfunctionen von Wichtigkeit, während der erste bei anderen Untersuchungen, z. B. über elliptische Integrale, wo $\alpha = -\frac{1}{2}$, Interesse darbietet.

Bei dieser Untersuchung bezeichnet φ eine reelle Grösse, x eine Grösse mit positivem reellen Theile.

Wie oben wird auch hier z eingeführt, und man erhält

$$(a) \ldots \quad (x+\cos\varphi.\sqrt{x^2-1})^\alpha = (2z)^{-\alpha}[(x+z)^2-1]^\alpha, \quad (z = e^{i\varphi}.\sqrt{x^2-1}).$$

Dieser Ausdruck lässt sich in eine nach auf- und absteigenden ganzen Potenzen von z geordnete Reihe entwickeln.

Den Arbeiten von Cauchy verdankt man man den Satz von fundamentaler Wichtigkeit, nach welchem jede Function einer Grösse z, welche synektisch (d. h. continuirlich, monodrom und monogen) in einem Kreise bleibt, der mit dem Radius a um den Anfangspunkt $z=0$ beschrieben ist, sich für alle Punkte im Kreise in eine nach Potenzen von z aufsteigende Reihe entwickeln lässt. Bleibt ferner eine Function von z synektisch, so lange $\mathcal{M}(z) > b$, so kann man sie in eine nach Potenzen von z absteigende Reihe entwickeln für

*) Crelle, Journal f. M. Bd. 26: Ueber die Entwickelung etc. S. 83.

alle Punkte z, die ausserhalb dieses Kreises liegen. Bleibt endlich die Function synektisch, so lange $\mathcal{M}(z)$ zwischen a und b liegt, so lässt sie sich in diesem Falle nach auf- und absteigenden Potenzen von z entwickeln.

Eine Entwickelung nach auf- oder absteigenden ganzen Potenzen von z kann bekanntlich nur auf eine Art geschehen. Dasselbe ist noch der Fall, wenn die Reihe auf- und absteigende Potenzen von z enthält. Denn eine derartige Reihe ist nur dann Null für alle Werthe von z, deren Modulus zwischen a und b liegt, wenn alle Coefficienten Null sind. Setzt man zum Beweise

$$z = \varrho(\cos\varphi + i\sin\varphi), \quad (a < \varrho < b),$$

so wird angenommen, dass von $\varphi = 0$ bis $\varphi = 2\pi$ sei

$$0 = \Sigma(c_\nu \varrho^\nu + \varkappa_\nu \varrho^{-\nu})\cos\nu\varphi + \Sigma(c_\nu \varrho^\nu - \varkappa_\nu \varrho^{-\nu})\sin\nu\varphi,$$

also für jedes ganze ν

$$c_\nu \varrho^\nu + \varkappa_\nu \varrho^{-\nu} = 0, \quad c_\nu \varrho^\nu - \varkappa_\nu \varrho^{-\nu} = 0;$$

hieraus folgt $c_\nu = 0$, $\varkappa_\nu = 0$.

Um diese Sätze auf das vorliegende Binom anzuwenden, zerlegt man dasselbe in

$$(x + z + 1)(x + z - 1)z^{-1}.$$

Dieses wird im Endlichen unendlich für $z = 0$, und verschwindet für $z = 1 - x$ und $z = -1 - x$. Da φ hier einen reellen Winkel bezeichnet, so wird $\mathcal{M}z = \mathcal{M}\sqrt{x^2 - 1}$ und liegt zwischen den Moduln $\mathcal{M}(x - 1)$ und $\mathcal{M}(x + 1)$, von denen nach unserer Festsetzung über das Zeichen von x, der erstere der kleinere ist. Die Function, welche entwickelt werden soll, die α^{te} Potenz der obigen rationalen Function von z, kann demnach zwischen zwei Kreisen mit den Radien $a = \mathcal{M}(x - 1)$, $b = \mathcal{M}(x + 1)$ nicht verschwinden, ist auch monodrom, obgleich der Zähler und der Nenner im Kreise mit dem Radius a je einmal verschwinden, da $\alpha\log(x + z - 1)$ und $-\alpha\log z$ bei einer Umkreisung des Nullpunktes im Kreisringe, um $2\alpha\pi i$ resp. $-2\alpha\pi i$ wachsen.

Man kann demnach setzen:

$$(b) \ldots \quad [(x + z)^2 - 1]^\alpha = (2z)^\alpha \sum_{\nu = -\infty}^{\infty} c_\nu z^\nu.$$

Dividirt man (b) durch z^α und setzt für z seinen Werth aus (a), so müssen die Glieder auf der Rechten, welche Sinus der Vielfachen von φ enthalten, fortfallen, woraus sich ergiebt

$$(c) \ldots \quad c_{-\nu} = (x^2 - 1)^\nu c_\nu.$$

Ferner ist c_0 offenbar das von φ unabhängige Glied in der Entwickelung der α^{ten} Potenz von $x + \cos\varphi . \sqrt{x^2 - 1}$. Bezeichnet man dasselbe mit $P^\alpha(x)$, so hat man zunächst

$$(d) \ldots \quad c_0 = P^\alpha(x) = \frac{1}{\pi}\int_0^\pi (x + \cos\varphi . \sqrt{x^2 - 1})^\alpha d\varphi.$$

Die Methode von Jacobi zur Bestimmung der c_ν, welche Constante in Bezug auf z aber Functionen von x sind, beruht darauf.

dass der Ausdruck auf der Linken, also auch auf der Rechten von (*b*) eine Function von $x+z$ ist, daher ν mal nach x differentiirt dasselbe giebt wie ν mal nach z differentiirt. Setzt man darauf in den rechten Seiten, welche so entstanden sind, die Faktoren der α^{ten} Potenz von z einander gleich, so findet man für ein positives ν

$$(e) \ldots \quad \frac{d^\nu c_0}{dx^\nu} = (\alpha+1)(\alpha+2)\ldots(\alpha+\nu)c_\nu.$$

Es sind also die Coefficienten c der Reihe (*b*) bekannt und man erhält die Gleichung (32, *d*)

$$(x+\cos\varphi\,.\sqrt{x^2-1})^\alpha = 2\Pi(\alpha)\sum^{\infty}{}' \frac{(\sqrt{x^2-1})^\nu}{\Pi(\alpha+\nu)} \frac{d^\nu P^\alpha(x)}{dx^\nu} \cos\nu\varphi.$$

Diese Gleichung, welche (32, *a*) vollkommen entspricht, lässt sich auch auf eine Form wie (32, *b*) bringen, wo P_ν^α eine hypergeometrische Reihe ist, wie auf S. 202 unter (*c*), vorausgesetzt, dass $\mathcal{M}(x) > 1$. Es besteht auch eine solche Beziehung zwischen $\mathfrak{P}_\nu$ und $\mathfrak{P}_{-\nu}$ wie in (*d*) auf S. 202, was aus der Bemerkung einleuchten wird, die S. 155 über den Zusammenhang der dort gegebenen Gleichungen mit einer allgemeinen von Euler herrührenden gemacht wurde.

Die Differentialquotienten von P^α in (32, *d*) lassen sich in ähnlicher Art durch Integrale von P^α ausdrücken, wie es in (32, *c*) für $\alpha = n$ geschah. Da nämlich in den oben durch Differentiation nach x und z gefundenen Ausdrücken auch die Coefficienten von $z^{\alpha-\nu}$ einander gleich sind, so wird

$$(f) \ldots \quad \alpha(\alpha-1)\ldots(\alpha-\nu+1)c_0 = \frac{d^\nu c_{-\nu}}{dx^\nu}$$

und dies giebt

$$(g) \ldots \quad \Pi(\alpha-\nu).c_{-\nu} = \Pi\alpha \int_1 P^{(\alpha)}(x)\,dx^\nu,$$

womit man noch (*c*) zu verbinden hat. Jede Integration muss von $x=1$ an ausgeführt werden, weil c_{-1}, c_{-2}, etc. für $x=1$ verschwinden. Man erhält demnach

$$(32,e) \ldots \quad (x+\cos\varphi.\sqrt{x^2-1})^\alpha = 2.\Pi\alpha \sum^{\infty}{}' \frac{(x^2-1)^{-\frac{1}{2}\nu}\cos\nu\varphi}{\Pi(\alpha-\nu)} \int_1 P^{(\alpha)}(x)\,dx^\nu.$$

Durch Verbindung von (*g*) mit (*e*) entsteht

$$(h) \ldots \quad \frac{(x^2-1)^\nu}{\Pi(\alpha+\nu)} \frac{d^\nu P^{(\alpha)}(x)}{dx^\nu} = \frac{1}{\Pi(\alpha-\nu)} \int_1 P^{(\alpha)}(x)\,dx^\nu.$$

Wir gehen nun auf den Anfang dieses Paragraphen zurück,

zu dem Falle, dass α eine negative ganze Zahl $-n-1$ vorstellt. Dann wird nach (d)

$$(d') \ldots \quad c_0 = P^{\alpha}(x) = P^{n}(x).$$

Die Formel (c) behält ihre Gültigkeit, jedoch (e) und daher auch (h) nur so lange als $\nu \leqq n$. Die letzteren waren nämlich unter der Voraussetzung entwickelt, dass die νfache Differentiation von $z^{\alpha+\nu}$ auf z^{α} führt; dies geschieht aber nicht mehr, wenn $\alpha+\nu$ eine ganze positive Zahl wird, die unter ν liegt, was in unserem Falle, wo $\alpha = -n-1$, eintritt, sobald $\nu > n$. Dagegen bleiben die Formeln (f), (g) und (32, e) noch bestehen, wenn man in dieselben statt der Π mit negativem Argument die mit positivem einführt oder wenn man $-n-1$ sogleich in (f) statt α setzt, wodurch die linke Seite sich in

$$(-1)^{\nu}.(n+1)(n+2)\ldots(n+\nu)c_0$$

verwandelt. Man hat also in den beiden Hauptfällen, dass α eine ganze positive Zahl n oder eine ganze negative Zahl $-n-1$ ist, die Gleichung (32, c) auf S. 201 resp.

$$(32, f) \ldots \quad \Pi n.(x+\cos\varphi.\sqrt{x^2-1})^{-n-1}$$
$$= 2\sum_{0}^{\infty}{}'(-\sqrt{x^2-1})^{-\nu}\cos\nu\varphi.\Pi(n+\nu)\int_1 P^{(n)}(x)\,dx^{\nu}.$$

Die verschiedenen Gleichungen (32) enthalten eine Anzahl von Formeln, deren Zusammenhang aus §§ 31—33 bekannt ist, für die Coefficienten von $\cos\nu\varphi$ in der Entwickelung der n^{ten} und $-(n+1)^{\text{ten}}$ Potenz des Binoms. Die soeben hervorgehobenen Hauptformeln (32, c) und (32, f) zeigen, dass beide Reihen, abgesehen von Constanten, gleiche Coefficienten besitzen so lange $\nu \leqq 1$; sobald $\nu > n$, verschwinden die Coefficienten der ersten Reihe, während die der zweiten dieselbe Form wie die vorhergehenden bewahren.

Die Gleichungen (e) und (h) kann man in dem Falle $\alpha = -n-1$ durch andere ersetzen, welche da gelten, wo die ersteren aufhören zu bestehen, nämlich wenn $\nu > n$. Zunächst entnimmt man der Gleich. (f) in diesem Falle, für $\nu = -n-1$,

$$c_{-n-1} = \frac{\Pi(2n+1)}{\Pi n}\int_1 P^{(n)}(x)\,dx^{n+1}.$$

Aus (c) gewinnt man darauf c_{n+1}. Durch ν fache Differentiation von (b), einmal nach x und das andere Mal nach z, erhält man

$$\frac{d^{\nu}c_{n+1}}{dx^{\nu}} = \Pi\nu.c_{n+\nu+1} = \Pi\nu.(x^2-1)^{-n-\nu-1}.c_{-n-\nu-1}.$$

Diese Gleichung, mit (g) verbunden, giebt die Formel, welche (h) entspricht; sie ist keine andere als die Gleichung (g) auf S. 155.

Die im Vorhergehenden auftretenden Verbindungen von den Functionen $\mathfrak{P}$ mit Potenzen von $\sqrt{x^2-1}$ kommen im Folgenden häufig vor. Wir setzen deshalb

$$(33) \ldots \quad (\sqrt{x^2-1})^{-\nu}\,\mathfrak{P}_\nu^{(n)}(x) = (\sqrt{x^2-1})^{\nu}\,\mathfrak{P}_{-\nu}^{(n)}(x) = P_\nu^{(n)}(x) = P_{-\nu}^{(n)}(x)$$

und nennen $P_\nu^n(x)$ eine zugeordnete Function erster Art. Wenn diese Einführung hier zunächst aus einem Grunde der Zweckmässigkeit erfolgt, so zeigt sich später, dass sie eine sachgemässe sei, indem verwandte Functionen, in welchen wir dieselben Eigenschaften wiederfinden und die wir als Verallgemeinerung der hier auftretenden ansehen (m. vergl. den III. Theil), wenn man sie specialisirt, sich gerade in das Produkt der Function $\mathfrak{P}$ und der Potenz von $\sqrt{x^2-1}$ verwandeln. Die Quadratwurzel kann mit dem Zeichen von x genommen werden, wenn in einem speciellen Falle nicht anders bestimmt wird. Jede Willkür bei der Bestimmung des Zeichens lässt sich ausschliessen, wenn man die eingeführten Functionen nicht von x, sondern von ξ abhängig macht, wo wiederum $\xi+\xi^{-1}=2x$, etc. Nach Einführung des Zugeordneten verwandeln sich die Gleichungen 32, c und f in die folgenden

$$(33, a) \ldots \quad 2^{n-1}(x+\cos\varphi.\sqrt{x^2-1})^n = \Pi(2n).\sum^{n}{}' \frac{P_\nu^{(n)}(x)}{\Pi(n+\nu)\Pi(n-\nu)}\cos\nu\varphi,$$

$$(33, b) \ldots \quad 2^{n-1}\Pi n\Pi n(x+\cos\varphi.\sqrt{x^2-1})^{-n-1} = \Pi(2n)\sum^{\infty}{}'(-1)^\nu P_\nu^{(n)}(x)\cos\nu\varphi,$$

$$(33, c) \ldots \quad P_\nu^{(n)}(x) = \frac{1.2.3\ldots(n+\nu)}{1.3.5\ldots(2n-1)}\cdot(x^2-1)^{-\frac{1}{2}\nu}\int_1 P^{(n)}(x)\,dx^\nu.$$

Vorstehender Ausdruck für P_ν^n ist für jeden ganzen positiven Werth von ν und $\nu=0$ gültig; für negative ganze ν wird diese Function durch (33) bestimmt. Aus dem II. und IV. Satze im § 31 und 32 ist ersichtlich, dass man in Folge der Wahl der Constanten hat

$$x^{-n}.P_\nu^n(x) = 1 \quad \text{für} \quad x=\infty.$$

Man vergl. die Zusammenstellung der Formeln $a-d$ am Schlusse des § 46.

Aus den Gleichungen (33) erhält man den Ausdruck der Zugeordneten durch Integrale, welche dem Integrale von Laplace entsprechen, indem man den Satz über die Bestimmung der Coefficienten in trigonometrischen Reihen anwendet. Man erhält dadurch (33, d)

$$\pi P_\nu^n(x) = 2^n \frac{\Pi(n+\nu)\Pi(n-\nu)}{\Pi(2n)} \int_0^\pi (x+\cos\varphi.\sqrt{x^2-1})^n \cos\nu\varphi\, d\varphi$$

$$= (-1)^\nu 2^n \frac{\Pi n \Pi n}{\Pi(2n)} \int_0^\pi \frac{\cos\nu\varphi\, d\varphi}{(x+\cos\varphi.\sqrt{x^2-1})^{n+1}},$$

so lange die ganze Zahl $\nu \leqq n$ und x einen positiven reellen Theil besitzt. Ist $\nu > n$, so gilt zwar nicht mehr die Doppelgleichung, aber das erste Glied bleibt gleich dem dritten. Ist x beliebig und $\nu \leqq n$, so wird das erste Glied noch gleich dem zweiten.

Specielle Fälle. Setzt man $x = 1$, so wird

$$P^n(1) = 1;\; P_0^n(1) = \mathfrak{P}_0^n(1) = \frac{1.2\ldots n}{1.3\ldots(2n-1)};\quad P_\nu^n(1) = 0 \quad (\nu > 0).$$

$$\mathfrak{P}_1^n(1) = 0,\quad \mathfrak{P}_{-\nu}^n(1) = 2^{n-\nu} \frac{\Pi n\, \Pi(n+\nu)}{\Pi\nu\, \Pi(2n)}.$$

Die letzte Formel leitet man mit Hülfe der Gleichung ($\alpha \geqq \beta$)

$$\int_0^{\frac{1}{2}\pi} \cos\alpha\varphi \cos\beta\varphi\, d\varphi = \frac{\pi}{2^{\alpha+1}} \frac{\Pi\alpha}{\Pi\frac{1}{2}(\alpha+\beta)\,\Pi\frac{1}{2}(\alpha-\beta)}$$

ab, indem man das dritte, eventuell zweite Glied von (33, d) nach dem binomischen Lehrsatze entwickelt und in dem Gliede, welches $(x^2-1)^{-\frac{1}{2}\nu}$ zum Faktor hat, x gleich 1 setzt. Ferner findet man für $x = 0$, $n \geqq \nu$ leicht aus (33, d), erstens, wenn $n-\nu$ gerade ist,

$$P_\nu^n(x) = i^n \cdot \frac{1.3\ldots(n+\nu-1).\quad 1.3\ldots(n-\nu-1)}{1.3.5\ldots(2n-1)}$$

und Null, wenn $n-\nu$ ungerade ist. Dann wird zugleich

$$\frac{1}{x} \cdot P_\nu^n(x) = i^{n-1} \cdot \frac{1.3\ldots(n+\nu).\quad 1.3\ldots(n-\nu)}{1.3.5\ldots(2n-1)}.$$

Sobald aber $\nu > n$, verschwindet die Zugeordnete nicht mehr für $x = 0$; man hat vielmehr

$$\mathfrak{P}_\nu^n(0) = (-1)^\nu \frac{(\nu-n+1)(\nu-n+3)\ldots(\nu+n-1)}{1.3.5\ldots(2n-1)},\quad (\nu > n)$$

gleichviel ob $n+\nu$ gerade oder ungerade ist. Man findet dieses unmittelbar aus dem Ausdruck von $\mathfrak{P}$ auf S. 152, welcher dort den II. Satz schliesst.

Für die Zugeordnete habe ich den Buchstaben P mit zwei Indices nach Gauss *) gewählt, der ihn für den bei ihm einzig vorkommenden Fall ge-

---

*) Resultate aus den Beobachtungen des magnetischen Vereins im Jahre 1838 Leipzig 1839: Allgemeine Theorie des Erdmagnetismus § 18, oder Gauss Werke, Bd. V

braucht hat, dass $\nu \leqq n$. Um zur Abkürzung in geeigneten Fällen den einen oder anderen Index fortlassen zu können, erlaubte ich mir, sie nicht nebeneinander zu setzen, wie es ursprünglich nach Gauss geschah, sondern den einen zum obern, den andern zum untern Index zu machen. Da x hier nicht allein, wie bei Gauss, solche Werthe annimmt, die reell und kleiner als 1 sind, so war es mit Rücksicht auf das Vorzeichen von $\sqrt{x^2-1}$ in diesem Zusammenhange geboten, hier P_m^n zu nennen, was bei Gauss $(\pm i)^m P^{n,m}$ sein würde. Herr F. Neumann (Königsberg) bedient sich im 37. Bande des Crelle'schen Journals gleichfalls des Buchstaben P, nennt aber $P_{n,\nu}$ was bei uns

$$(\sqrt{1-x^2})^\nu \frac{d^\nu P^n(x)}{dx^\nu}$$

sein würde.

§ 48. In den Gleichungen 32 — 32, c oder 33, a, welche sich auf den positiven Exponenten n beziehen, ist es ohne Zweifel gestattet, eine imaginäre Substitution in der Art vorzunehmen, dass sie ungeändert bleiben, wenn auch φ irgend eine complexe Grösse vorstellt. Anders verhält es sich, wie ich jetzt zeige, mit (32, $d-f$) und (33, b), die sich auf einen Exponenten α oder auf $-n-1$ beziehen.

Die Entwickelung von (b) im § 47, S. 203, nach aufsteigenden und absteigenden ganzen Potenzen von z, bleibt bestehen, so lange $\mathcal{M}z$ zwischen $\mathcal{M}(x+1)$ und $\mathcal{M}(x-1)$ liegt. Um diese Bedingung besser auszudrücken setze man für z seinen Werth, zugleich aber $\varphi \pm iu$ statt φ, wenn φ und u nunmehr reelle Grössen bezeichnen. Des kürzeren Ausdrucks wegen sollen u und die complexe Zahl x positiv sein. Dann erhält man als Bedingung dafür, dass (b) noch besteht wenn

$$z = \sqrt{x^2-1} \,.\, e^{i(\varphi \pm iu)},$$

die folgende Ungleichheit:

$$\mathcal{M}(x-1) < e^{\mp u} \mathcal{M} \sqrt{x^2-1} < \mathcal{M}(x+1).$$

Hieraus folgt, dass, wie im vorigen Paragraphen, x einen positiven reellen Theil besitzen muss. Wäre es rein imaginär, so würde nämlich $\mathcal{M}(x-1)$ nicht kleiner, sondern gleich $\mathcal{M}(x+1)$ sein. Die vorige Ungleichheit, in die Form gebracht

$$\mathcal{M} \sqrt{\frac{x-1}{x+1}} < e^{\mp u} < \mathcal{M} \sqrt{\frac{x+1}{x-1}}$$

giebt die Bedingung

$$u < \tfrac{1}{2} \log \mathcal{M} \frac{x+1}{x-1}.$$

Wir erhalten also den

I. Satz. Die unter 32, $d-f$ und 33, b angegebenen Gleichungen bleiben bestehen, wenn man in denselben φ mit $\varphi \pm iu$ vertauscht, so lange x positiv ist und u unter $\frac{1}{2}\log_{\mathcal{M}} \frac{x+1}{x-1}$ liegt.

Ueberschreitet u diese Grenze, so lässt sich die linke Seite von (b) auf S. 203, für $\alpha = -(n+1)$, als $-(n+1)^{\text{te}}$ Potenz von

$$(x+z)^2-1 = (x+z+1)(x+z-1),$$

bei dem oberen Zeichen von u in z nach aufsteigenden, bei dem unteren nach absteigenden Potenzen von z entwickeln. Man findet also statt (b), indem man sich des Taylor'schen Lehrsatzes bedient, bei Anwendung des oberen Zeichens

$$(x+\cos(\varphi+iu).\sqrt{x^2-1})^{-n-1} = (2z)^{n+1}\sum_{\nu=0}^{\infty}\frac{z^\nu}{\Pi\nu}\,\frac{d^\nu(x^2-1)^{-n-1}}{dx^\nu}.$$

Transformirt man die rechte Seite mit Hülfe von (13) auf S. 81, so erhält man als Ergänzung des I. Satzes

II. Satz. Ist aber $u > \frac{1}{2}\log_{\mathcal{M}} \frac{x+1}{x-1}$ und sind x und u positiv, so hat man

$$(34)\ \ldots\ (-1)^{n+1}(x+\cos(iu-\varphi).\sqrt{x^2-1})^{-n-1}$$
$$= \frac{2}{\Pi n}\sum_{\nu=n+1}^{\infty}\frac{(x^2-1)^{\frac{1}{2}\nu}}{\Pi(\nu-n-1)}\,\frac{d^\nu Q^n(x)}{dx^\nu}\,e^{-\nu(u+i\varphi)}.$$

Diese Gleichung lässt sich mit Hülfe der Ausdrücke in den §§ 31—33 in ähnlicher Art umformen, wie es für die P geschah.

Solche Beziehungen, wie dort abgeleitet wurden, findet man auch durch die Methode des vorigen Paragraphen. Hätte man nämlich, statt nach dem Taylor'schen Lehrsatz zu entwickeln, die unteren Zeichen genommen, und daher gesetzt

$$z = \sqrt{x^2-1}\,.\,e^{i\varphi+u},$$

darauf nach absteigenden Potenzen von z entwickelt, so wäre entstanden

$$[2z(x+\sqrt{x^2-1}\,.\cos(\varphi-iu))]^{-n-1} = [(x+z)^2-1]^{-n-1}$$
$$= k_0 z^{-2n-2} + k_1 z^{-2n-3} + \ldots.$$

Die Differentiation zeigt, dass

$$(-1)^\nu.(2n+2)(2n+3)\ldots(2n+\nu+1)k_0 = \frac{d^\nu k_\nu}{dx^\nu}.$$

Da ferner diese Entwickelung noch gelten muss, wenn $x = 0$, so hat man für $x = 0$

$$(z^2-1)^{-n-1} = k_0 z^{-2n-2} + k_1 z^{-2n-3} + \cdots,$$

$$k_0 = 1, \quad k_2 = \frac{n+1}{1}, \quad k_4 = \frac{(n+1)(n+2)}{1.2}, \quad \ldots$$

$$k_1 = k_3 = \cdots = 0.$$

Hieraus folgt, dass k_ν eine ganze Function ν^{ten} Grades von der Form

$$k_\nu = a x^\nu + a_2 x^{\nu-2} + a_4 x^{\nu-4} + \cdots$$

ist, deren ν^{ter}, $\nu-2^{\text{ter}}$, $\nu-4^{\text{ter}}$, etc. Differentialquotient nach x sich für $x=0$ in $(-1)^\nu \Pi(2n+\nu+1)$ multiplicirt resp. mit

$$\frac{1}{\Pi(2n+1)}, \quad \frac{n+1}{1}\cdot\frac{1}{\Pi(2n+3)}, \quad \frac{(n+1)(n+2)}{1.2}\cdot\frac{1}{\Pi(2n+5)}, \quad \ldots$$

verwandelt, dass also k_ν selbst die ganze Function wird

$$k_\nu = (-1)^\nu \frac{\Pi(2n+\nu+1)}{\Pi(2n+1)\Pi\nu} x^\nu F\left(-\tfrac{1}{2}\nu, \frac{1-\nu}{2}, n+\tfrac{3}{2}, \frac{1}{x^2}\right).$$

Die so entstehende Entwickelung

$$(x+\sqrt{x^2-1}\,.\cos(\varphi-iu))^{-n-1} = 2^{n+1}\sum_{\nu=n+1}^{\infty} k_{\nu-n-1}(x^2-1)^{-\frac{1}{2}\nu} e^{-\nu(u+i\varphi)}$$

muss mit (34) übereinstimmen, und man erhält daher zwischen der ganzen Function k_ν und den Differentialquotienten von Q die Beziehung, auf welche oben hingedeutet wurde

$$\frac{d^{n+\nu+1}Q^n(x)}{dx^{n+\nu+1}} = (-1)^\nu \frac{2^n \Pi n\, \Pi\nu}{(1-x^2)^{n+\nu+1}} k_\nu.$$

Die ganze Function k_ν ist nämlich wesentlich, d. h. bis auf einen constanten Factor, das was im § 31, I. Satz mit $\mathfrak{Q}_{\nu+n+1}$ bezeichnet wurde, während die linke Seite nach § 32, III. Satz, wesentlich mit $\mathfrak{Q}^n_{-\nu-n-1}$ übereinstimmt. Die gefundene Gleichung ist daher keine andere als (a) im § 33, nämlich

$$\mathfrak{Q}^n_\nu(x) = (x^2-1)^\nu \mathfrak{Q}^n_{-\nu}(x).$$

Um die Resultate, welche in (33, b), dem I. und II. Satze dieses Paragraphen, entwickelt sind, zusammenzufassen, führe ich eine Function $Q^n_\nu(x)$ ein, welche **Zugeordnete zweiter Art** genannt werden soll. Man hatte S. 153 und 151 gesetzt

$$\mathfrak{Q}^n_{-\nu}(x) = (-1)^\nu . \frac{1.3.5\ldots(2n+1)}{\Pi(n+\nu)} \frac{d^\nu Q^n(x)}{dx^\nu},$$

$$\mathfrak{Q}^n_\nu(x) = \frac{1.3\ldots(2n+1)}{\Pi(n-\nu)} \int_x^\infty Q^n(x)\,dx^\nu, \quad (\nu \leq n),$$

$$= x^{\nu-n-1} F\left(\frac{n+1-\nu}{2}, \frac{n+2-\nu}{2}, \frac{2n+3}{2}, \frac{1}{x^2}\right), \quad (\nu > n),$$

und setzt ferner

$$(x^2-1)^{-\frac{1}{2}\nu}\mathfrak{Q}^n_\nu(x) = (x^2-1)^{\frac{1}{2}\nu}\mathfrak{Q}^n_{-\nu}(x) = Q^n_\nu(x) = Q^n_{-\nu}(x).$$

Dann wird für ein (reelles) nicht negatives u, welches unter $\frac{1}{2}\log\mathcal{M}\frac{x+1}{x-1}$ liegt, vorausgesetzt dass x positiv sei

$$(34,a)\ \ldots\ (x+\cos(\varphi \pm iu).\sqrt{x^2-1})^{-n-1}$$
$$= \frac{\Pi 2n}{2^{n-1}\Pi n \Pi n} \sum^{\infty}{}' (-1)^\nu P_\nu^n(x).\cos\nu(\varphi \pm iu),$$

wenn aber $u > \frac{1}{2}\log \mathcal{M}\, \dfrac{x+1}{x-1}$ und x nicht negativ ist

$$(34,b)\ \ldots\ (x+\cos(\varphi \mp iu).\sqrt{x^2-1})^{-n-1}$$
$$= \frac{(-2)^{n+1}}{\Pi(2n+1)} \sum_{\nu=n+1}^{\infty} (-1)^\nu \frac{\Pi(\nu+n)}{\Pi(\nu-n-1)} Q_\nu^n(x)\, e^{-\nu(u \pm i\varphi)}.$$

Für $u=0$ verwandelt (34, a) sich in die speciellere Gleich. (33, b) und giebt dann nichts neues.

§ 49. Die beiden Gleichungen 34, $a-b$ liefern zugleich das Resultat einer imaginären Substitution in den Integralen (33, d), deren Grenzen vorher von 0 und π auf 0 und 2π gebracht werden. Das erste Integral, welches das Integral einer ganzen Function von $\cos\varphi$ ist, erlaubt selbstverständlich, dass man φ durch $\varphi+\psi+iu$ ersetzt, ohne dass die Grenzen 0 und 2π der Integration nach φ zu ändern wären. Aus den Gleichungen 33, $a-b$ und 34, $a-b$ erhält man, wenn man setzt

$$(35)\ \ldots\ r = x+\cos(\varphi-\psi \mp iu).\sqrt{x^2-1}.$$

folgendes System von Gleichungen 35, $a-e$:

$$\frac{1}{2\pi}\int_0^{2\pi} r^n \cos\nu\varphi\, d\varphi = \frac{2^{-n}\Pi(2n)}{\Pi(n+\nu)\Pi(n-\nu)} \cdot P_\nu^n(x)\cos\nu(\psi \pm iu),\quad (\nu \leqq n);$$

$$\frac{1}{2\pi}\int_0^{2\pi} r^n \sin\nu\varphi\, d\varphi = \frac{2^{-n}\Pi(2n)}{\Pi(n+\nu)\Pi(n-\nu)} \cdot P_\nu^n(x).\sin\nu(\psi \pm iu),\quad (\nu \leqq n);$$

$$\frac{(-1)^\nu}{2\pi}\int_0^{2\pi} \frac{\cos\nu\varphi}{r^{n+1}}\, d\varphi = \frac{2^{-n}\Pi(2n)}{\Pi n \Pi n} P_\nu^n(x)\cos\nu(\psi \pm iu),$$
$$\left(0 \leqq u < \tfrac{1}{2}\log \mathcal{M}\, \frac{x+1}{x-1}\right);$$

$$\frac{(-1)^\nu}{2\pi}\int_0^{2\pi} \frac{\sin\nu\varphi}{r^{n+1}}\, d\varphi = \frac{2^{-n}\Pi(2n)}{\Pi n \Pi n} P_\nu^n(x)\sin\nu(\psi \pm iu),$$
$$\left(0 \leqq u < \tfrac{1}{2}\log \mathcal{M}\, \frac{x+1}{x-1}\right);$$

$$\frac{1}{2\pi}\int_0^{2\pi} \frac{\cos\nu\varphi}{r^{n+1}}\, d\varphi = \pm \frac{i}{2\pi}\int_0^{2\pi} \frac{\sin\nu\varphi}{r^{n+1}}\, d\varphi,\quad \left(u > \tfrac{1}{2}\log \mathcal{M}\, \frac{x+1}{x-1}\right);$$
$$= (-1)^{n+\nu+1}. \frac{2^n \Pi(n+\nu)}{\Pi(2n+1)\Pi(\nu-n-1)} Q_\nu^n(x)\, e^{-\nu(u \mp i\psi)}$$

wenn $\nu > n$;

$= 0$, wenn $\nu \leqq n$.

In den Fällen 35, *c—d* ist x positiv zu nehmen, im Falle (35, *e*) nicht negativ.

Diese Gleichungen geben zum Theil den Inhalt des IV. Satzes im § 8 und die daran geknüpften Folgerungen wieder, zum Theil vervollständigen sie ihn. Dies geschieht durch den Theil der Gleichung (35, *e*), welcher die Function Q auf der Rechten enthält. Man hat hier nämlich nicht nur die Reduction auf die einfacheren Integrale, sondern auch den ausgeführten Werth der letzteren.

Das System der Gleichungen (35) gestattet auch, die Integrale zu ermitteln, in welchen statt des Ausdrucks r die Grösse

$$R = A - B\cos\varphi - C\sin\varphi$$

auftritt, und dadurch die Untersuchungen auf S. 35 im § 8, dessen Bezeichnungen wir hier beibehalten, weiter zu führen. Wir stellen das Resultat der Uebertragung von r auf R, zugleich mit den Festsetzungen, zu folgender Tabelle zusammen.

$$A - B\cos\varphi - C\sin\varphi = R; \quad \nu \text{ positiv und ganz.}$$

$$A = \alpha + \alpha_1 i, \quad B = \beta + i\beta_1, \quad C = \gamma + i\gamma_1.$$

$$\beta\gamma_1 - \gamma\beta_1 \geqq 0, \quad \frac{A}{\sqrt{A^2 - B^2 - C^2}} = x; \; x \text{ nicht negativ.}$$

I. $$\frac{(-1)^\nu}{2\pi}\int_0^{2\pi} R^n(\cos\nu\varphi \pm i\sin\nu\varphi)\,d\varphi = \frac{2^{-n}\Pi(2n)}{\Pi(n+\nu)\Pi(n-\nu)} \cdot \frac{(\sqrt{A^2-B^2-C^2})^{n+\nu}}{(B \mp iC)^\nu}\,\mathfrak{P}^n_\nu(x).$$

II. Wenn $(\alpha\beta_1 - \alpha_1\beta)^2 + (\alpha\gamma_1 - \alpha_1\gamma)^2 > (\beta\gamma_1 - \beta_1\gamma)^2$,

$$\frac{1}{2\pi}\int_0^{2\pi} \frac{\cos\nu\varphi \pm i\sin\nu\varphi}{R^{n+1}}\,d\varphi = \frac{2^{-n}\Pi(2n)}{\Pi n\,\Pi n}\,\frac{(\sqrt{A^2-B^2-C^2})^{\nu-n-1}}{(B \mp iC)^\nu}\,\mathfrak{P}^n_\nu(x).$$

III. Wenn $(\alpha\beta_1 - \beta\alpha_1)^2 + (\alpha\gamma_1 - \gamma\alpha_1)^2 < (\beta\gamma_1 - \gamma\beta_1)^2$,

$$\frac{1}{\pi}\int_0^{2\pi} \frac{\cos\nu\varphi}{R^{n+1}}\,d\varphi = \frac{i}{\pi}\int_0^{2\pi} \frac{\sin\nu\varphi}{R^{n+1}}\,d\varphi$$

$$= (-2)^{n+1}\frac{\Pi(n+\nu)}{\Pi(2n+1)\Pi(\nu-n-1)}\,\frac{(B+iC)^\nu}{(\sqrt{A^2-B^2-C^2})^{\nu+n+1}}\,\mathfrak{Q}^n_{-\nu}(x).$$

$$\mathfrak{P}^n_\nu(x) = \frac{1.2.3\ldots(n+\nu)}{1.3.5\ldots(2n-1)}\int_1 P^n(x)\,dx^\nu.$$

$$\mathfrak{Q}^n_{-\nu}(x) = (-1)^\nu\frac{1.3.5\ldots(2n+1)}{1.2.3\ldots(n+\nu)}\,\frac{d^\nu Q^n(x)}{dx^\nu}.$$

$$P^n_\nu(x) = (x^2-1)^{\mp\frac{1}{2}\nu}\,\mathfrak{P}^n_{\pm\nu}(x) = P^n_{-\nu}(x); \quad Q^n_\nu(x) = (x^2-1)^{\mp\frac{1}{2}\nu}\,\mathfrak{Q}^n_{\pm\nu}(x) = Q^n_{-\nu}(x).$$

Wenn $(\alpha\beta_1 - \beta\alpha_1)^2 + (\alpha\gamma_1 - \alpha_1\gamma)^2 = (\beta\gamma_1 - \gamma\beta_1)^2$, so haben die Integrale unter II. und III. keinen Werth, mit Ausnahme des Falles dass A, B, C sich zu einander wie drei reelle Zahlen verhalten, und zugleich $\mathcal{M}(B^2+C^2)$ unter $\mathcal{M}A^2$ liegt. Sind diese Bedingungen erfüllt, so gilt noch die Gleichung unter II. Die Resultate im speciellen Falle $n=0$ wurden bereits im III. Satz des § 8 angegeben.

§ 50. Die Formel (33, d) auf S. 207, welche den Zusammenhang der beiden Integrale zeigt, die P_ν^n vorstellen, rührt in dieser Form von Jacobi her, ist aber schon *) in einer von Euler gefundenen Gleichung enthalten. Der Zusammenhang der beiden Integrale, welche diese Gleichung verbindet, hat Euler an verschiedenen Stellen beschäftigt. Er behandelt im 6. Kapitel der Institutiones calculi integralis, Sectio I., Vol. I., No. 290 zunächst die Beziehung zwischen den von φ freien Gliedern in der Entwickelung der beiden Ausdrücke $(1+n\cos\varphi)^\nu$ und $(1+n\cos\varphi)^{-\nu-1}$ nach trigonometrischen Reihen. Diese fallen allerdings nicht so einfach aus wie bei der hier behandelten Form, in der $1+n\cos\varphi$ durch $x+\cos\varphi.\sqrt{x^2-1}$ ersetzt wurde, da die Symmetrie in Bezug auf x und z, welche oben in der Form $(x+z)^2-1$ sich zeigte, die Untersuchung wesentlich vereinfacht. Indem Euler die von φ freien Glieder betrachtet, beweist er unsere Formel (33, d) für den Fall, dass in derselben $\nu=0$ gesetzt wird, also die Gleichung (6). Im vierten Supplement zum fünften Kapitel, im 4. Bande der Integralrechnung, § 21—§ 112, giebt er das von ihm errathene Theorema maxime memorabile circa formulam integralem

$$\int\frac{\cos\lambda\varphi\, d\varphi}{(1+a^2-2a\cos\varphi)^{n+1}}\begin{bmatrix} a & \varphi=0\\ ad & \varphi=180^0\end{bmatrix},$$

nach welchem dies Integral einfach mit dem Integrale

$$\int_0^\pi(1+a^2-2a\cos\varphi)^n\cos\lambda\varphi\, d\varphi$$

verbunden ist; erst im § 83 geht er an den Beweis dieses theorematis insignis per conjecturam eruti. Dass dies Integral sich nur unwesentlich von unserer Form P_λ^n unterscheidet, lehrt der Augenschein. Legendre beweist den Satz in den Exercices, T. I., p. 376; m. vergl. auch T. II, p. 274 und Traité des fonctions elliptiques T. II, Appendice, Section première. Endlich hat Jacobi in der schon erwähnten Abhandlung Formula transformationis etc., im

*) Crelle, Journal f. Math. Bd. 26, § 2, S. 85. M. vergl. die Bemerkung unter dem Text der S. 36.

15. Bande des Crelle'schen Journals S. 9, einen sehr einfachen Beweis der Euler'schen und damit auch unserer Gleichung (33, d) geliefert, der zum Zwecke einer späteren Uebertragung auf die Functionen zweiter Art hier im wesentlichen reproducirt werden soll.

Die Entwickelung der n^{ten} Potenz von $x + \cos\varphi . \sqrt{x^2-1}$, wie sie in (32) und den folgenden Formeln vorliegt, findet sich, wie schon bemerkt wurde, in meiner Inaugural-Dissertation (Berlin, 30. April 1842); die Entwickelung der $-(n+1)^{\text{ten}}$ Potenz, also die Gleichung (32, f) ist von Jacobi gefunden, dessen Arbeit im 26. Bande des Crelle'schen Journal das Datum 29. Mai 1843 trägt. Indem ich die Daten der Publikation zusammenstelle, bemerke ich, dass diese Abhandlung von Jacobi, welche die Entwickelung der n^{ten} Potenz gleichfalls enthält, ursprünglich einen Theil eines älteren, ziemlich umfangreichen und inhaltreichen Manuscripts bildete, in welchem u. a. auch das Integral von Herrn F. Neumann, § 28, Gleichung (21) vorkommt. Auf der Grundlage dieses Manuscripts ist die Abhandlung über die hypergeometrische Reihe entstanden, welche aus Jacobi's Nachlass herausgegeben wurde *). Die Entwickelung der $-(n+1)^{\text{ten}}$ Potenz für den Fall eines imaginären φ, welche in den Formeln (34) enthalten ist, und die daraus gezogenen Resultate kommen zuerst im Handbuche vor. Die Resultate, welche in der Tafel auf S. 212 unter II. und III. zusammengestellt wurden, hat Jacobi für $n=0$ gefunden, und, meist indem er $\alpha_1 = 0$ setzte, im 32. Bande des Crelle'schen Journals S. 8—13 mitgetheilt.

Wir kommen nun zum vorerwähnten, einem direkten Beweise der Formel (33, d) von Jacobi. Es sei α wiederum eine beliebige Zahl, ν eine ganze positive; ist im speciellen Falle auch α eine ganze Zahl, so muss im Folgenden $\nu \leq \mathcal{M}\alpha$ genommen werden. Wiederum ist für x eine positive und nicht rein imaginäre Zahl zu nehmen.

Jacobi ersetzt $\sin\nu\varphi$ durch einen ν^{ten} Differentialquotienten vermittelst der Formel (3, a) auf S. 21, wodurch man erhält, wenn $\cos\varphi = z$ gesetzt wird

$$\cos\nu\varphi = \frac{(-1)^\nu}{1.3\ldots(2\nu-1)} \frac{d^\nu(1-z^2)^{\nu-\frac{1}{2}}}{dz^\nu} \sin\varphi.$$

Man hat demnach die Gleichung

---

*) Borchardt, Journal f. Math. Bd. 56, S. 149—165.

$$\int_0^\pi (x+\cos\varphi.\sqrt{x^2-1})^\alpha \cos\nu\varphi\, d\varphi$$

$$= \frac{(-1)^\nu}{1.3\ldots(2\nu-1)} \int_{-1}^{1} (x+z\sqrt{x^2-1})^\alpha \frac{d^\nu(1-z^2)^{\nu-\frac{1}{2}}}{dz^\nu}\, dz;$$

integrirt man auf der Rechten ν mal durch Theile, so verwandelt sie sich in

$$\frac{\alpha(\alpha-1)\ldots(\alpha-\nu+1)}{1.3\ldots(2\nu-1)}(\sqrt{x^2-1})^\nu \int_{-1}^{1} (x+z\sqrt{x^2-1})^{\alpha-\nu}(1-z^2)^{\nu-\frac{1}{2}} dz.$$

Setzt man wieder $\cos\varphi$ statt z zurück, so findet man daher

$$(35, f) \ldots \int_0^\pi (x+\cos\varphi.\sqrt{x^2-1})^\alpha \cos\nu\varphi\, d\varphi$$

$$= \frac{\alpha(\alpha-1)\ldots(\alpha-\nu+1)}{1.3\ldots(2\nu-1)}(\sqrt{x^2-1})^\nu \int_0^\pi (x+\cos\varphi.\sqrt{x^2-1})^{\alpha-\nu} \sin^{2\nu}\varphi\, d\varphi.$$

Nach § 10, S. 41 lässt das Integral auf der rechten Seite, wenn wie hier x einen positiven reellen Theil besitzt, sich durch die Substitution

$$\cos\eta = \frac{x\cos\varphi + \sqrt{x^2-1}}{x+\cos\varphi.\sqrt{x^2-1}}$$

transformiren. Aus der so entstehenden Gleichung

$$(35, g) \ldots \int_0^\pi (x+\cos\varphi.\sqrt{x^2-1})^\alpha \cos\nu\varphi\, d\varphi$$

$$= \frac{\alpha(\alpha-1)\ldots(\alpha-\nu+1)}{1.3\ldots(2\nu-1)} \int_0^\pi \frac{\sin^{2\nu}\eta\, d\eta}{(x+\cos\eta.\sqrt{x^2-1})^{\alpha+\nu+1}}$$

erhält man durch Anwendung von (35, f), wenn man dort α mit $-\alpha-1$ vertauscht,

$$(35, h) \ldots \frac{\Pi(\alpha+\nu)\Pi(\alpha-\nu)}{\Pi(2\alpha)} \int_0^\pi (x+\cos\varphi.\sqrt{x^2-1})^\alpha \cos\nu\varphi\, d\varphi$$

$$= \frac{\Pi\alpha\,\Pi\alpha}{\Pi(2\alpha)}(-1)^\nu \int_0^\pi \frac{\cos\nu\varphi\, d\varphi}{(x+\cos\varphi.\sqrt{x^2-1})^{\alpha+1}},$$

eine Gleichung, die für $\alpha = n$ mit (33, d) übereinstimmt, und zwar ist jede der beiden Seiten gleich $= \pi 2^{-n} P_\nu^n(x)$.

Setzt man $-n-1$ statt α in (35, f) ein, so erhält man durch Vermittelung von (33, d) für jeden ganzen positiven Werth von ν und ein x mit positivem reellen Theile

$$(35, i) \ldots \pi\mathfrak{P}_{-\nu}^n(x) = 2^{n+\nu}\frac{\Pi n\,\Pi\nu\,\Pi(n+\nu)}{\Pi(2n)\Pi(2\nu)} \int_0^\pi \frac{\sin^{2\nu}\varphi\, d\varphi}{(x+\cos\varphi.\sqrt{x^2-1})^{n+\nu+1}}.$$

Dieselbe Methode lässt sich offenbar auf Integrale anwenden, die zwischen beliebigen Grenzen, nicht zwischen 0 und π, genommen werden. Man findet z. B., dass die linke und rechte Seite von (35, f), wenn man die obere Grenze π mit einer beliebigen φ vertauscht, sich nur um Grössen unterscheiden, die vor das Integral treten und keine höhere Transcendente als trigonometrische Ausdrücke enthalten. Aehnlich verhält es sich mit den Gleichungen, welche nach Einführung von η statt φ entstanden sind, man hat aber darauf zu achten, dass aus $x+\cos\varphi.\sqrt{x^2-1}$ bei dieser Einführung $x-\cos\eta.\sqrt{x^2-1}$ entsteht; oben, wo die Grenzen 0 und π sind, konnte $-\cos\eta$ sofort mit $\cos\eta$ vertauscht werden.

§ 51. Die Differentialgleichung, welcher die Zugeordneten P_ν^n und Q_ν^n genügen, trat schon am Schlusse des § 30 auf; sie ist

$$(36)\ldots\quad (1-x^2)^2 d^2y - 2x(1-x^2)dy\,dx + [n(n+1)(1-x^2)-\nu^2]y\,dx^2 = 0,$$

und ihr allgemeines Integral

$$y = aP_\nu^n(x) + bQ_\nu^n(x).$$

Man wurde dort auf sie geführt, indem man von den Integralen zweier Differentialgleichungen zu ihnen hinaufstieg, nämlich von (23) für $z^{(\nu)}$ und (23, a) für z_ν. Die allgemeinen Integrale derselben, nämlich

$$z^{(\nu)} = a\mathfrak{P}_{-\nu}^{(n)} + b\mathfrak{Q}_{-\nu}^{(n)}$$
$$z_\nu = a\mathfrak{P}_\nu^{(n)} + b\mathfrak{Q}_\nu^{(n)}$$

geben, das erste mit $(x^2-1)^{\frac{1}{2}\nu}$ multiplicirt, das zweite dadurch dividirt, das allgemeine Integral y.

Ursprünglich führten aber physikalische Untersuchungen über die Kugel ganz direkt zu der Differentialgleichung für y, die bei Laplace erscheint, und von der ein Integral, unser P_ν^n, für ein solches Argument x auftritt, welches reell und kleiner als 1 ist, während die zweite Lösung, Q_ν^n bei dem Potential des Rotationsellipsoides, daher zuerst in meiner Arbeit im 26. Bande des Crelle'schen Journals vorkommt.

Wie die Gleichung (8) im § 12, so kommt auch (36) mehrfach in anderen Formen vor, die durch Einführung neuer Veränderlichen entstehen. Setzt man $x=\cos\theta$, so geht (36) über in

$$(a)\ \ldots\quad d^2y + \operatorname{cotang}\theta.dy\,d\theta + \left(n(n+1) - \frac{\nu^2}{\sin\theta}\right)y\,d\theta^2 = 0,$$

durch die Substitution $\varrho = \sqrt{x^2-1}$ in

$$(b)\ \ldots\quad (1+\varrho^2)d^2y + \frac{1+2\varrho^2}{\varrho}dy\,d\varrho - \left(n(n+1) + \frac{\nu^2}{\varrho^2}\right)y\,d\varrho^2 = 0.$$

Ferner stellen wir die Gleich. für $z^{(\nu)}$ und z_ν auf S. 148 mit denen zusammen, welche aus ihnen entstehen, wenn man für x einführt

$x = \cos\theta$, $\varrho = \sqrt{x^2-1}$, $v = \frac{1}{2}(1-x)$, endlich ξ durch die Substitution

$$\xi = x - \sqrt{x^2-1}, \quad 2x = \xi^{-1} + \xi, \quad 2\sqrt{x^2-1} = \xi^{-1} - \xi.$$

Diese Gleichungen sind

$$(\alpha) \ldots \quad (1-x^2)\,d^2 z_\nu + 2(\nu-1)x\,dz_\nu\,dx + (n+\nu)(n-\nu+1)z_\nu\,dx^2 = 0,$$

$$(\beta) \ldots \quad d^2 z_\nu - (2\nu-1)\operatorname{cotg}\theta\,dz_\nu\,d\theta + (n+\nu)(n-\nu+1)z_\nu\,d\theta^2 = 0,$$

$$(\gamma) \ldots \quad (1+\varrho^2)\,d^2 z_\nu - \frac{2\nu-1+2(\nu-1)\varrho^2}{\varrho}\,dz\,d\varrho + (\nu+n)(\nu-n+1)z_\nu\,d\varrho^2 = 0,$$

$$(\delta) \ldots \quad v(1-v)\,d^2 z_\nu - (\nu-1)(1-2v)\,dz_\nu\,dv + (n+\nu)(n-\nu+1)z_\nu\,dv^2 = 0.$$

$$(\varepsilon) \ldots \quad \xi^2(1-\xi^2)\,d^2 z_\nu + 2\xi(\nu+(\nu-1)\xi^2)\,dz\,d\xi - (n-\nu+1)(n+\nu)(1-\xi^2)z_\nu\,d\xi^2 = 0.$$

Das System der Gleichungen für $z^{(\nu)}$ entsteht aus diesen durch Vertauschung von ν mit $-\nu$, so dass z. B. aus (α) die Gleichung erhalten wird

$$(1-x^2)\,d^2 z^{(\nu)} - 2(\nu+1)x\,dz^{(\nu)}\,dx + (n-\nu)(n+\nu+1)z^{(\nu)}\,dx^2 = 0.$$

Nach der Methode des § 26 findet man aus einem partikulären Integrale dieser Gleichungen ein zweites; so erhält man aus der Lösung $z_\nu = \mathfrak{P}_\nu^n(x)$ von (α) eine zweite

$$\mathfrak{P}_\nu^n(x)\int\frac{(x^2-1)^{\nu-1}}{(\mathfrak{P}_\nu^n(x))^2}\,dx,$$

woran sich ähnliche Schlüsse über den Gang dieser Function knüpfen, wie im § 26. Diese Ausführungen übergehen wir, und handeln von der Integration der vorstehenden Gleichungen durch Reihen, wobei nur solche Reihen ausgewählt werden, die bisher bei einer Untersuchung Anwendung fanden.

1) Entwickelung nach Potenzen von x. Man findet, wenn $\nu \leqq n$.

$$\mathfrak{P}_\nu^n(x) = x^{n+\nu} F\left(-\frac{n+\nu}{2}, -\frac{n+\nu-1}{2}, -\frac{2n-1}{2}, \frac{1}{x^2}\right)$$

und für jedes ν

$$\mathfrak{Q}_\nu^n(x) = x^{\nu-n-1} F\left(\frac{n+1-\nu}{2}, \frac{n+2-\nu}{2}, \frac{2n+3}{2}, \frac{1}{x^2}\right).$$

Wenn $\nu \geqq n$, so wird, wie man aus dem II. Satze des § 31 ersieht, $\mathfrak{P}_\nu^n$ nicht mehr die erstere Reihe sondern eine lineare Verbindung beider. So lange $\nu \leqq n$, convergirt die zweite Reihe nur unter der Voraussetzung $\mathcal{M}x \geqq 1$, so dass hier über den Werth von $\mathfrak{Q}$ im Querschnitt besondere Festsetzungen nicht erforderlich sind;

wenn aber $\nu > n$, so ist $\mathfrak{Q}$ eine ganze Function von x, welches also in den Querschnitt treten kann, ohne dass diese ganze Function $\mathfrak{Q}$ mehrwerthig wird. Was hier über die Werthe von $\mathfrak{P}_\nu^n$ für ein solches ν gesagt wurde, welches grösser als n ist, gilt auch für das Folgende. Es wird dort also nicht jedes Mal wiederholt werden.

Durch Vertauschung von ν mit $-\nu$ erhält man die Reihen, welche gleich $\mathfrak{P}_{-\nu}^n(x)$ und $\mathfrak{Q}_{-\nu}^n(x)$ sind und der Differentialgleichung für z^ν genügen.

Nach aufsteigenden Potenzen von x lässt sich, so lange $\nu \leqq n$, die Function $\mathfrak{P}$ umsetzen und $\mathfrak{Q}$ wie S. 147 entwickeln; für $\nu > n$ sind die beiden obigen Reihen ganze Functionen von x, also sowohl nach absteigenden als auch nach aufsteigenden Potenzen zu ordnen.

2) Entwickelung nach Potenzen von ϱ. Man erhält durch Integration von (γ) folgende nach absteigenden Potenzen von ϱ geordneten Reihen:

$$\mathfrak{P}_\nu^n(x) = \varrho^{n+\nu} F\left(-\frac{n+\nu}{2}, -\frac{n-\nu}{2}, -\frac{2n-1}{2}, -\varrho^{-2}\right), \quad (\nu \leqq n),$$

$$\mathfrak{Q}_\nu^n(x) = \varrho^{-n-1+\nu} F\left(\frac{n+1-\nu}{2}, \frac{n+1+\nu}{2}, \frac{2n+3}{2}, -\varrho^{-2}\right).$$

Ueber die Vertauschung von ν mit $-\nu$ gilt dasselbe wie unter No. 1.

Während $P^n(x)$ selbst und damit $\mathfrak{P}_0^n(x)$ bei Legendre und Laplace in der Form einer Reihe, die nach Potenzen von x geordnet ist, nämlich in der Form (2) auftritt, so kommt die Zugeordnete P_ν^n, wo $\nu > 0$, bei Laplace*) zunächst als Reihe, die nach Potenzen von ϱ geordnet ist, vor. Erst bei Legendre**) wird sie als Produkt von $(\sqrt{x^2-1})^\nu$ in eine nach x geordnete Reihe dargestellt. Dort erwähnt Legendre S. 432 auch einen Irrthum von Laplace, der nicht alle Zugeordneten erster Art in die Betrachtung gezogen habe, sondern nur die, für welche $n-\nu$ gerade ist. — Das was sich auf die Q bezieht habe ich hier hinzugefügt.

Nach aufsteigenden Potenzen von ϱ kann man, so lange $\nu \leqq n$, nur $\mathfrak{P}$, nicht aber $\mathfrak{Q}$ entwickeln, weil diese Function für $\varrho = 0$ logarithmisch unendlich wird. Die erste von den beiden

*) Memoiren der Pariser Akademie von 1782, S. 141.

**) Memoiren von 1789: Suite des recherches sur la figure des planètes.

Lösungen, nämlich $\mathfrak{P}_\nu^n$, giebt für ein gerades $n-\nu$, eine ganze Function, kann also nicht nur nach absteigenden sondern auch nach aufsteigenden Potenzen von ϱ geordnet werden. Für ein ungerades $n-\nu$ würde man eine nicht geschlossene Potenzreihe erhalten. Da aber durch die schon erwähnte Euler'sche Transformationsformel für die hypergeometrischen Reihen

$$F(\alpha, \beta, \gamma, x) = (1-x)^{\gamma-\alpha-\beta} F(\gamma-\alpha, \gamma-\beta, \gamma, x)$$

die erste Lösung die Form annimmt

$$\mathfrak{P}_\nu^n(x) = \varrho^{n+\nu}\sqrt{1+\varrho^2}\, F\Big(-\frac{n+\nu-1}{2}, -\frac{n-\nu-1}{2}, -\frac{2n-1}{2}, -\varrho^{-2}\Big),$$

so hat man auch in dem Falle eines ungeraden $n-\nu$ diesen geschlossenen Ausdruck, der sich daher sowohl nach absteigenden als nach aufsteigenden Potenzen von ϱ und zwar, abgesehen von dem Faktor $\sqrt{1+\varrho^2}$, in eine geschlossene Potenzreihe entwickeln lässt.

Ist $\nu > n$, so sind die beiden Lösungen, von denen die erstere allerdings dann nicht $\mathfrak{P}_\nu^n$ ist (s. o.), ganze Functionen, oder doch, nämlich wie im vorigen Falle, abgesehen von dem Faktor $\sqrt{1+\varrho^2}$, ganze Functionen von ϱ. Nach demselben Satze wie die erste lässt sich nämlich auch die zweite umgestalten, so dass man hat (für jede Grösse von ν)

$$\mathfrak{Q}_\nu^n(x) = \varrho^{-n-1+\nu}\sqrt{1+\varrho^2}\, F\Big(\frac{n-\nu}{2}, \frac{n+\nu}{2}, \frac{2n+3}{2}, -\varrho^{-2}\Big).$$

Hier zeigt sich ein wesentlicher Unterschied zwischen den Functionen P_ν^n, die, wie man aus (33) weiss, aus $\mathfrak{P}_\nu^n$ durch Division mit ϱ^ν entstehen, wenn $\nu \leqq n$ von denen, bei welchen $\nu > n$. Die ersteren werden nämlich für $\varrho = 0$ Null oder bleiben wenigstens endlich, die letzteren aber werden, ebenso wie die Q_ν^n, für $\varrho = 0$ unendlich. M. vergl. § 77.

3) Entwickelung nach Potenzen von ξ. Die Integration von (ε) giebt für z_n die beiden Lösungen

$$(2\xi)^{-(n+\nu)} F(\tfrac{1}{2}-\nu, -n-\nu, -n+\tfrac{1}{2}, \xi^2),$$
$$(2\xi)^{n+1-\nu} F(\tfrac{1}{2}-\nu, n+1-\nu, n+\tfrac{3}{2}, \xi^2).$$

Die erste von ihnen ist gleich $\mathfrak{P}_\nu^n(x)$ so lange $\nu \leqq n$; die zweite wird gleich $\mathfrak{Q}_\nu^n(x)$ zu setzen sein, so lange $\mathcal{M}\xi < 1$. Wenn $\mathcal{M}\xi = 1$, convergiren diese Reihen noch. Für $\mathfrak{Q}(x)$ hat man im Querschnitt aber zu setzen

$$2\mathfrak{Q}_\nu^n(x) = \mathfrak{Q}_\nu^n(x+0.i) + \mathfrak{Q}_\nu^n(x-0.i),$$

eine Bestimmung, die allerdings für den Fall $\nu > n$ überflüssig ist, da in diesem Falle die zweite Lösung offenbar nach ξ eine Reihe giebt, welche sich durch Vertauschung von ξ mit ξ^{-1} nicht ändert, was man auch erwarten musste, da $\mathfrak{Q}_\nu^n$ nach dem I. Satze im § 31 eine ganze Function von x ist.

Für $x = \cos\theta$ entsteht die Reihe, welche man mit (a) auf S. 17 vergleichen mag,

$$2^{n+\nu}\mathfrak{P}_\nu^n(\cos\theta) = \cos(n+\nu)\theta + \frac{(n+\nu)(2\nu-1)}{1.(2n-1)}\cos(n+\nu-2)\theta + \cdots$$

die Reihe so weit fortgesetzt, bis sie von selbst abbricht*).

Da die Vertauschung von ν mit $-\nu$ in den Reihen für $\mathfrak{P}_\nu$ und $\mathfrak{Q}_\nu$ die Functionen $\mathfrak{P}_{-\nu}$ und $\mathfrak{Q}_{-\nu}$ giebt, so erhält man z. B.

$$(x^2-1)^\nu(2\xi)^{\nu-n}F(\tfrac{1}{2}+\nu,\nu-n,\tfrac{1}{2}-n,\xi^2)=(2\xi)^{-\nu-n}F(\tfrac{1}{2}-\nu,-n-\nu,\tfrac{1}{2}-n,\xi^{-2})$$

und eine ähnliche Gleichheit für $\mathfrak{Q}$.

Für den Fall eines geraden $n-\nu$ hat Hansen**) diese Reihe, welche nach Cosinus der Vielfachen fortschreitet, angegeben; man wird bemerken, dass bei ihm $\mathscr{N}(n,\mu)$, wenn B mit $\frac{1}{2}\pi-\theta$ vertauscht und $2\mu = n-\nu$ gesetzt ist, bis auf einen constanten Faktor mit unserer Reihe übereinstimmt. Die Coefficienten von den Cosinus der Vielfachen des Bogens θ möchten hier eine etwas einfachere Form besitzen als an jener Stelle.

Die obigen Festsetzungen über $\mathfrak{Q}$ im Querschnitt stimmen durchaus mit den früheren überein. Im § 32, III. Satz ist $\mathfrak{Q}$ für jede Grösse von ν, also auch wenn $\nu \leqq n$, aus Q^n so definirt, dass man dasselbe differentiiren muss, selbstverständlich nach der Richtung des Querschnitts, wenn x im Querschnitte liegt, für den Q schon früher als $\frac{1}{2}Q(x+0.i)+\frac{1}{2}Q(x-0.i)$ definirt war. An derselben Stelle und im § 31, I. Satz, sowie im § 48 kommt $\mathfrak{Q}$ nur vor entweder als nach absteigenden Potenzen von x geordnete Reihe, die nur Bedeutung hat, wenn $\mathscr{M}x > 1$, d. h. nicht im Querschnitt oder wenn $\nu > n$, d. h. in dem Falle, in dem $\mathfrak{Q}(x+0.i)$ und $\mathfrak{Q}(x-0.i)$ einander gleich sind.

---

*) Während des Druckes erscheint das glänzende Resultat der Forschungen des Herrn Hermite über Lamé's Differentialgleich. im 85. Bde der Comptes rendus. Der Anfang der Arbeit, No. 16 v. 15. October, welcher eine Uebersicht des Inhalts giebt, den allein ich bis jetzt in Händen habe, lässt mich lebhaft ihr spätes Erscheinen bedauern, welches mir unmöglich macht, sie für diese „Theorie der Kugelfunctionen" ganz zu verwerthen; ich werde auf dieselbe bei den „Anwendungen" zurückkommen. Mit Bezug auf die Arbeit des Herrn Hermite sei hier bemerkt, dass die obigen Reihen auch für beliebige Werthe von ν noch Lösungen der Differentialgleichung geben, diese aber aufhören, periodische Functionen von θ zu sein.

**) Abhandlungen der K. Sächsischen Gesellschaft der Wissenschaften zu Leipzig, Bd. IV.: Entwickelung der negativen und ungraden Potenzen der Quadratwurzel der Function $r^2+r'^2-2rr'(\cos U\cos U'+\sin U\sin U'\cos J)$, S. 345, No. 41.

4) Entwickelung nach Potenzen von v. Entwickelt man z_ν nach aufsteigenden Potenzen von v, so findet man die partikuläre Lösung

$$F(-n-\nu, n+1-\nu, 1-\nu, v),$$

welche aber für solche ganze positive ν, die n nicht überschreiten, nicht anwendbar ist, weil die Nenner in der hypergeometrischen Reihe Null werden. Daneben erhält man noch eine zweite, die $\mathfrak{P}_\nu^n$ wird, wenn man die Constante gehörig bestimmt, nämlich

$$\mathfrak{P}_\nu^n(x) = \frac{(-2)^\nu \Pi(n+\nu)}{\Pi(\nu).1.3\ldots(2n-1)} v^\nu F(-n, n+1, \nu+1, v).$$

Diese Darstellung von $\mathfrak{P}_\nu^n$ zeichnet sich vor den früheren dadurch aus, dass sie nicht nur für jedes x sondern auch für jedes ganze positive ν, also auch noch wenn $\nu > n$, die Function darstellt. In der That hat man, in Uebereinstimmung mit (b) im § 5, für $\nu = 0$

$$P^n(x) = F(-n, n+1, 1, v).$$

Hieraus bildet man $\mathfrak{P}_\nu^n$ nach § 31, II. Satz, indem man P^n nach dx von 1 an oder nach $-2dv$ von Null an im ganzen νmal integrirt und mit $\Pi(n+\nu):1.3\ldots(2n-1)$ multiplicirt, so dass man in der That den obigen Ausdruck für $\mathfrak{P}_\nu^n(x)$ erhält, wenn $2v = 1-x$ gesetzt wird.

Um $\mathfrak{P}_{-\nu}^n(x)$ zu erhalten, kann man in der ersten Lösung ν mit $-\nu$ vertauschen, wodurch entsteht

$$2^\nu(1-v)^\nu \mathfrak{P}_{-\nu}^n(x) = \frac{\Pi(n+\nu)}{1.3\ldots(2n-1).\Pi\nu} F(\nu-n, n+\nu+1, 1+\nu, v).$$

An diese Reihen lassen sich die Formeln knüpfen, welche Legendre zur Entwickelung von

$$\frac{1}{\pi}\int_0^\pi \frac{\cos\nu\varphi\, d\varphi}{(1+a^2-2a\cos\varphi)^{n+1}}$$

benutzte. Dividirt man in dem Integrale Zähler und Nenner durch $(1-a^2)^{n+1}$ und setzt

$$\frac{1+a^2}{1-a^2} = x, \quad \frac{2a}{1-a^2} = -\sqrt{x^2-1},$$

so findet man nach (35, c) für jenes Integral

$$\frac{1.3\ldots(2n-1)}{1.2\ldots n}(2a)^{-\nu}(1-a^2)^{\nu-n-1}\mathfrak{P}_\nu^n(x).$$

Tritt für $\mathfrak{P}$ sein Werth aus der obigen Formel ein, so wird für das Integral

$$\frac{\Pi(n+\nu)}{\Pi n\,\Pi\nu}\;\frac{a^\nu}{(1-a^2)^{n+1}}\,F\left(-n, n+1, \nu+1, -\frac{a^2}{1-a^2}\right)$$

gefunden. Dies ist Legendre's Formel*), welche Jacobi durch Anwendung des Ausdrucks (3, a) für $\sin\nu\theta$ ableitet. Euler hat eine andere Reihe**) für dasselbe Integral benutzt (§ 50, S. 213), die nach Potenzen von $\frac{a}{1+a^2} = -\frac{\sqrt{x^2-1}}{x}$ fortschreitet, d. h. wenn man $x = \cos\theta$ setzt, nach Potenzen von $\tang\theta$, während die unsrige nach Potenzen von $\sin^2\frac{1}{2}\theta$. Diese Entwickelungen, von welchen man für $\nu = 0$ bereits im § 5 Proben hatte, verfolgen wir nicht und übergehen ähnliche, die sich als ganz besondere Fälle der allgemeinen von Herrn Kummer***) betrachteten Umformung der hypergeometrischen Reihe erweisen.

§ 52. Bisher war Q_ν^n nur in dem Falle durch ein bestimmtes Integral dargestellt, dass $\nu > n$, nämlich durch (35, e). Um das Gleiche zu erreichen, wenn $\nu < n+1$, verfahren wir wie im § 24, setzen nämlich die Reihen des § 51, No. 3 im Integrale um. Mit Hülfe der Gleichung (b) des § 24 findet man zunächst

$$\mathfrak{Q}^n_{-\nu}(x) = (2\xi)^{n+\nu+1}\frac{\Pi(n+\frac{1}{2})}{\Pi(\nu-\frac{1}{2})\,\Pi(n-\nu)}\int_0^1 u^{\nu-\frac{1}{2}}(1-u)^{n-\nu}(1-u\xi^2)^{-n-\nu-1}du,$$

wenn man darauf weiter wie im § 24 transformirt

$$= 4^{n+1}\frac{\Pi(n+\frac{1}{2})}{\Pi(\nu-\frac{1}{2})\,\Pi(n-\nu)}\int_1^\infty\left[\xi+\frac{1}{\xi}-v\left(\xi+\frac{1}{\xi}\right)\right]^{-n-\nu-1}(v^2-1)^{\nu-\frac{1}{2}}dv$$

und schliesslich den gesuchten Ausdruck

$$(37)\;\ldots\;\mathfrak{Q}^n_{-\nu}(x) = \frac{(-1)^\nu}{\Pi(n-\nu)}\cdot\frac{1.3.5\ldots(2n+1)}{1.3.5\ldots(2\nu-1)}\int_0^\infty\frac{\sin^{2\nu}iu\,du}{(x+\cos iu.\sqrt{x^2-1})^{n+\nu+1}}$$

$$= (x^2-1)^{-\frac{1}{2}\nu}Q_\nu^n(x) = (x^2-1)^{-\nu}\mathfrak{Q}_\nu^n(x),\quad (\mathcal{M}\xi < 1),\quad (\nu < n+1).$$

Im Querschnitt $x = \cos\theta$ ist für $\mathfrak{Q}$ das arithmetische Mittel aus den beiden Werthen am Uferrande zu nehmen, also für das vorstehende bestimmte Integral die Hälfte von

$$(37, a)\;\ldots\int_0^\infty\frac{\sin^{2\nu}iu\,du}{(\cos\theta+i\sin\theta\cos iu)^{n+\nu+1}}+\int_0^\infty\frac{\sin^{2\nu}iu\,du}{(\cos\theta-i\sin\theta\cos iu)^{n+\nu+1}}$$

zu setzen. Um festzustellen, wie $\mathfrak{Q}$ sich beim Ueberschreiten des Querschnittes ändert, beweist man, am bequemsten nach der Me-

*) Exercices T. II (no. 25), § 172.

**) Institutiones Calculi integralis Vol. IV. Suppl. ad T. I, Cap V, § 98.

***) Crelle, Journ. f. Math. Bd. XV.: Ueber die hypergeometrische Reihe etc.

thode der 2. Anmerk. zu § 38, die Formel, welche hier der Gleichung (19, d) entspricht, dass nämlich für eine beliebige Grösse des Modulus von $x = a \pm bi$, unter den daselbst angegebenen Bedingungen über die Zeichen, sei

$$(37, b) \ldots \int_0^{\infty} \frac{\sin^{2\nu} iu\, du}{(x + \cos iu . \sqrt{x^2 - 1})^{n+\nu+1}} - \int_0^{\infty} \frac{\sin^{2\nu} iu\, du}{(x - \cos iu . \sqrt{x^2-1})^{n+\nu+1}}$$
$$= \mp i \int_0^{\pi} \frac{\sin^{2\nu} \varphi\, d\varphi}{(x - \cos\varphi . \sqrt{x^2-1})^{n+\nu+1}}.$$

Die rechte Seite lässt sich nach (35, i) unmittelbar durch $\mathfrak{P}$ ausdrücken und giebt

$$\mp i\pi \cdot \frac{(1.3\ldots(2n-1)).(1.3\ldots(2\nu-1))}{1.2.3\ldots(n+\nu)} \cdot \mathfrak{P}^n_{-\nu}(x).$$

Für den Querschnitt erhält man demnach ($x = \cos\theta$, $0 < \theta < \frac{1}{2}\pi$)

$$(37, c) \ldots \quad (-1)^\nu \mathfrak{Q}^n_{-\nu}(\cos\theta \pm 0.i) - (-1)^\nu \mathfrak{Q}^n_{-\nu}(\cos\theta)$$
$$= \mp i\pi(n + \tfrac{1}{2}) \frac{(1.3.5\ldots(2n-1))^2}{\Pi(n+\nu)\,\Pi(n-\nu)} \mathfrak{P}^n_{-\nu}(x).$$

Das Integral auf der rechten Seite von (37) formt man weiter um, indem man dasselbe, mit Einschluss der ν^{ten} Potenz von -1, in

$$\int_1^{\infty} \frac{(z^2-1)^{\nu-\frac{1}{2}} dz}{(x + z\sqrt{x^2-1})^{n+\nu+1}}$$
$$= \frac{\Pi n}{\Pi(n+\nu)} (x^2-1)^{-\frac{1}{2}\nu} \int_1^{\infty} \frac{d^\nu (z^2-1)^{\nu-\frac{1}{2}}}{dz^\nu} \frac{dz}{(x + z\sqrt{x^2-1})^{n+1}}$$

verwandelt. Durch die Gleichung (3, a) von Jacobi entsteht aus (37) die neue Gleichung

$$(38) \ldots \quad Q^n_\nu(x) = \frac{1.3\ldots(2n+1).\Pi n}{\Pi(n+\nu)\,\Pi(n-\nu)} \int_0^{\infty} \frac{\cos i\nu u\, du}{(x + \cos iu . \sqrt{x^2-1})^{n+1}},$$

wenn $\nu < n+1$. Für ein x im Querschnitt versteht man unter $Q^n_\nu(x)$ das Produkt $(i \sin\theta)^\nu \mathfrak{Q}^n_\nu(x)$, wo $0 < \theta < \frac{1}{2}\pi$. Der Werth am negativen Ufer übertrifft den am positiven um

$$(-1)^\nu (2n+1)\pi i \frac{(1.3\ldots(2n-1))^2}{\Pi(n+\nu)\,\Pi(n-\nu)} P^n_\nu(\cos\theta).$$

Die Form (37) hat vor (38) den Vorzug, der Differentialgl. (23) S. 148 selbst dann zu genügen, wenn ν nicht mehr eine ganze Zahl vorstellt, also bei einer Verallgemeinerung der Kugelfunctionen auf den Fall eines gebrochenen oder imaginären Index ν seine Brauchbarkeit nicht zu verlieren.

Durch ein Verfahren wie im § 50 ergiebt sich für die Q eine

Doppelgleichung, welche ähnlich der Doppelgleichung (33, d) auf S. 207 ist, sowohl was die Form als auch was den Bereich der Gültigkeit in Betreff der Zahl ν anbelangt. Führt man in dem Integral der rechten Seite von (37) statt u, durch die Substitution der S. 159 unter 2, die Veränderliche v ein, so geht dieses nach der Bezeichnung von S. 160 in

$$\int_0^{v_0} (x - \cos iv . \sqrt{x^2-1})^{n+\nu} \sin^{2\nu} iv\, dv$$

über und man findet:

I. Satz. Unter den Voraussetzungen des I. Satzes auf S. 160 ist

$$(38, a) \ldots \quad \mathfrak{Q}^{n}_{-\nu}(x)$$
$$= \frac{(-1)^\nu}{\Pi(n-\nu)} \, \frac{1.3\ldots(2n+1)}{1.3\ldots(2\nu-1)} \int_0^{v_0} (x - \cos iv . \sqrt{x^2-1})^{n+\nu} \sin^{2\nu} iv\, dv.$$

Durch Gleichsetzung der rechten Seiten von (37) und (38, a) erhält man eine Gleichung, die wir hier übergehen, die aber vor der folgenden den Vorzug hat auch für solche ν gültig zu bleiben, die nicht ganze positive Zahlen sind. Indem ich in derselben die Potenz von $\sin iv$ nach Jacobi's Formel durch den Cosinus des Vielfachen ersetze, erhalte ich den

II. Satz. Unter den Voraussetzungen des I. Satzes S. 160 besteht die Doppelgleichung

$$(38, b) \ldots \quad 2^n \frac{\Pi n \, \Pi n}{\Pi(2n+1)} Q^n_\nu(x) = \int_0^{v_0} (x - \cos iv . \sqrt{x^2-1})^n \cos i\nu v\, dv$$
$$= \frac{\Pi n \, \Pi n}{\Pi(n+\nu)\,\Pi(n-\nu)} \int_0^{\infty} \frac{\cos i\nu u\, du}{(x + \cos iu . \sqrt{x^2-1})^{n+1}}.$$

Die Ableitung setzt voraus, dass $\nu \leqq n$; wenn $\nu > n$, so verliert das dritte Glied die Bedeutung, während, wie im § 53 bewiesen wird, das erste noch gleich dem zweiten bleibt.

In den speciellen Fällen, welche im § 36 unter 1, 3 und 4 behandelt wurden, vereinfacht sich (38, b); z. B. verwandelt sich für $x = iy$ nach S. 159 ihr zweites Glied in

$$(-i)^{n+1} \int_0^{\operatorname{arc\,cotg} y} (\sqrt{y^2+1} . \cos\chi - y)^n \cos \nu\chi\, d\chi.$$

Wird x reell und >1 oder endlich <1, so verwendet man die Ausdrücke von v_0 unter 3 und 4.

§ 53. In diesem Paragraphen zeige ich durch eine Methode, welche in meiner Inauguraldissertation § 9 angewandt wurde, dass die Integrale

$$\int_0 (x-\cos\varphi.\sqrt{x^2-1})^n \cos\nu\varphi\, d\varphi, \quad \int_0 \frac{\cos\nu\varphi\, d\varphi}{(x-\cos\varphi.\sqrt{x^2-1})^{n+1}}$$

zwischen geeigneten Grenzen genommen, der Differentialgl. (36) für die Zugeordneten genügen und fülle die oben erwähnte Lücke aus, welche im Beweise von (38, *b*) für den Fall $\nu > n$ geblieben ist.

Zum Zwecke dieser Untersuchung mache man

$$x-\cos\varphi.\sqrt{x^2-1}=r, \quad w_\nu=(-1)^\nu\int_0 r^\alpha \cos\nu\varphi\, d\varphi,$$

indem man unter φ eine reelle oder imaginäre Veränderliche versteht, unter α und ν vorläufig irgend welche reelle oder imaginäre Constante, so dass die nächsten Resultate sich auf sehr allgemeine Integrale beziehen. Man erhält dann durch Differentiation, wenn man für die obere Grenze φ in w zunächst einen von x unabhängigen Werth setzt

$$\sqrt{x^2-1}\,\frac{dw_\nu}{dx}-\alpha w_{\nu+1}$$

$$=\alpha(-1)^\nu\int_0 r^{\alpha-1}[\sqrt{x^2-1}.\sin(\nu+1)\varphi-x\sin\nu\varphi]\sin\varphi\, d\varphi.$$

Dieser Ausdruck ist die Summe zweier Integrale; das erste und dann das zweite geben nach einer Integration durch Theile resp.

$$(-1)^\nu r^\alpha\sin(\nu+1)\varphi+(\nu+1)w_{\nu+1}, \quad (-1)^\nu\frac{r^\alpha x}{\sqrt{x^2-1}}\sin\nu\varphi+\frac{\nu x}{\sqrt{x^2-1}}w_\nu,$$

und eine Zusammenstellung der Resultate verschafft die Gleichung

$$(a)\ \ldots\quad \frac{d}{dx}[(x^2-1)^{-\frac{1}{2}\nu}w_\nu]=(\alpha+\nu+1)(x^2-1)^{-\frac{\nu+1}{2}}w_{\nu+1}$$

$$+(-1)^\nu r^\alpha(x^2-1)^{-\frac{\nu+1}{2}}\left(\sin(\nu+1)\varphi+\frac{x}{\sqrt{x^2-1}}\sin\nu\varphi\right).$$

Man erkennt hieraus, dass durch fortgesetzte Differentiation des Gliedes auf der linken Seite sein Index ν, er mag ganz oder gebrochen, positiv oder negativ sein, fortwährend erhöht wird, und dass $w_{\nu+m}$, wenn m irgend eine positive ganze Zahl bezeichet, durch Differentiation von w_ν gewonnen wird, indem nur noch Glieder hinzutreten, die frei von der Integration sind, die nämlich trigonometrische Functionen von φ, algebraische von x enthalten. So erhält man z. B., indem man $\alpha = -\frac{1}{2}$, $\nu = 0$ setzt, als Resultat, dass das elliptische Integral

$$\int_0 \frac{\cos m\varphi\, d\varphi}{\sqrt{x - \cos\varphi . \sqrt{x^2-1}}}$$

durch $m$fache Differentiation nach x aus dem Integrale erster Gattung entsteht.

Die Resultate modificiren und vereinfachen sich, wenn α und ν so beschaffen sind, dass $\alpha + \nu + m$ für irgend eine positive ganze Zahl m verschwindet; dann wird der m^{te} Differentialquotient der linken Seite von (a) Null, also der $m-1^{\text{te}}$ constant, und eine neue Differentiation erhöht den Index $\nu + m - 1$ von w nicht mehr.

Da $w_\nu = w_{-\nu}$, so wird für ein ganzes positives ν durch 2νfache Differentiation aus

$$(x^2-1)^{\frac{1}{2}\nu} w_\nu$$

dieselbe Function dividirt durch $(x^2-1)^\nu$ erzeugt, — abgesehen von Gliedern, die vor dem Integrale stehen, also nur die Grenzen enthalten. Es wird also z. B. das vorstehende elliptische Integral, welches m enthält, durch $2m$fache Differentiation aus sich selbst erzeugt.

Nimmt man die Integrale w in geeigneten Grenzen, so kann man die erwähnten Glieder vor dem Integrale zum Fortfall bringen und erhält demnach lineare Beziehungen zwischen „ganzen" Integralen, wie man sie nennen kann, indem man den bekannten Ausdruck von den elliptischen Integralen entlehnt. Jeder von solchen Beziehungen zwischen den ganzen Integralen würde eine zwischen Integrale mit beliebigen Grenzen entsprechen, die wir nunmehr verlassen.

Die Gleichung (a) reducirt sich auf

$$(b) \ldots \quad \frac{d}{dx}[(x^2-1)^{-\frac{1}{2}\nu} w_\nu] = (\alpha + \nu + 1)[(x^2-1)^{-\frac{\nu+1}{2}} w_{\nu+1}],$$

wenn φ so gewählt wird, dass

$$(c) \ldots \quad r^\alpha\left(\sin(\nu+1)\varphi + \frac{x}{\sqrt{x^2-1}} \sin\nu\varphi\right) = 0.$$

Dies geschieht erstens für $\varphi = \pi$, vorausgesetzt dass ν eine ganze Zahl oder Null ist — und wir beschränken uns jetzt auf diesen Fall; zweitens wenn α negativ ist und man setzt $\varphi = iu$, für $u=\infty$, vorausgesetzt dass $\alpha+\nu+1$ noch negativ bleibt. Drittens wird (*c*) erfüllt, wenn α positiv und r Null ist. Da aber r nur dann Null ist, wenn die obere Grenze φ von x abhängt, so muss man jetzt auch diesen Fall, der noch ausgeschlossen war, berücksichtigen. Bildet man unter der Voraussetzung, dass x in der obern Grenze vorkommt $dw_\nu : dx$, so tritt zu den früheren Gliedern noch eines hinzu, nämlich

$$(x-\cos\varphi.\sqrt{x^2-1})^\alpha \cos\nu\varphi \cdot \frac{d\varphi}{dx},$$

welches aber 0 ist, da φ so bestimmt wird, dass $r=0$. In allen diesen drei Fällen besteht also die Gleichung (*b*).

Wir zeigen nunmehr, dass die Functionen w in allen drei Fällen der Differentialgleichung (36) genügen. Beim Beweise ist vorzugsweise zu beachten, dass $w_\nu = w_{-\nu}$. Setzt man zur Abkürzung

$$(x^2-1)^{-\frac{1}{2}\nu} . w_\nu = v_\nu,$$

so wird daher

$$(d) \ldots \quad (x^2-1)^\nu v_\nu = v_{-\nu}, \quad dv_\nu = (\alpha+\nu+1)v_{\nu+1}dx.$$

Hieraus zieht man

$$dv_{-\nu} = (\alpha-\nu+1)v_{1-\nu}\,dx = (\alpha-\nu+1)(x^2-1)^{\nu-1}v_{\nu-1}\,dx.$$

Nachdem man durch $(x^2-1)^{\nu-1}$ dividirt hat, kann man nach x differentiiren und (*d*) anwenden, indem man dort ν mit $\nu-1$ vertauscht. Führt man darauf für $v_{-\nu}$ und v_ν ihre Werthe in w ein, so wird erhalten

$$\frac{d}{dx}\left[(x^2-1)^{1-\nu}\frac{d}{dx}[(x^2-1)^{\frac{1}{2}\nu}w_\nu]\right] = (\alpha+\nu)(\alpha-\nu+1)(x^2-1)^{-\frac{1}{2}\nu}w_\nu,$$

auch selbst wenn einer der Zahlenfaktoren auf der Rechten verschwindet, was vorkommt wenn man n oder $-(n+1)$ für α setzt. Dies ist aber die Differentialgleichung (36).

Für $\nu=0$ ist der Werth von $w_0=v_0$ im ersten Falle $\pi P^n(x)$, in den übrigen Fällen $Q^n(x)$. Man zieht aus (*b*) oder (*d*), durch wiederholte Differentiation

$$(e) \ldots \quad \frac{d^\nu v_0}{dx^\nu} = (\alpha+1)(\alpha+2)\ldots(\alpha+\nu)v_\nu$$

eine Formel, die v_ν verschafft, so lange kein numerischer Faktor auf der Rechten 0 ist, also w_ν, so lange $\nu \leqq n$ und positiv ist, in allen drei Fällen durch w_0 ausgedrückt.

Um das Resultat zu gewinnen, welches zur Feststellung der

Gleichungen (38) noch fehlt, ist zu beachten, dass wenn $\alpha = n$, also positiv ist, für jede Grösse der positiven ganzen Zahl ν erhalten wird

$$w_\nu = \frac{\Pi n}{\Pi(n+\nu)}(x^2-1)^{\frac{1}{2}\nu}\frac{d^\nu w_0}{dx^\nu}.$$

Ist nun, wie im ersten Falle, an der Grenze $\varphi = \pi$, also $w_0 = \pi . P^n(x)$, so erhält man für jede Grösse von ν, in Uebereinstimmung mit (32, a)

$$\frac{1}{\pi}\int_0^\pi (x+\cos\varphi . \sqrt{x^2-1})^n \cos\nu\varphi\, d\varphi = \frac{\Pi n}{\Pi(n+\nu)}(x^2-1)^{\frac{1}{2}\nu}\frac{d^\nu P^n(x)}{dx^\nu}.$$

Wählt man aber, wie im dritten Falle, φ so dass $x - \cos\varphi\sqrt{x^2-1}$ verschwindet, setzt also w_0 nach S. 161 gleich $Q^n(x)$, so erhält man das gesuchte, S. 224 angegebene Resultat, dass für jede positive ganze Zahl ν sei

$$(-1)^\nu \frac{\Pi n}{\Pi(n+\nu)}(x^2-1)^{\frac{1}{2}\nu}\frac{d^\nu Q^n(x)}{dx} = \int_0^{v_0}(x-\cos iv . \sqrt{x^2-1})^n \cos i\nu v\, dv.$$

Eine Vergleichung mit dem Schluss der Tabelle auf S. 212 zeigt nämlich, dass die linke Seite mit der von (38, b) übereinstimmt.

Nachdem die Untersuchung für $\alpha = n$ erledigt ist, kann man noch die schon bekannten Resultate für $\alpha = -n-1$ ableiten.

α) Im zweiten Falle, in welchem an der obern Grenze $\varphi = i\infty$ wird, drehe man zunächst das Zeichen von $\sqrt{x^2-1}$ um, und findet dann, da ν in demselben der Natur der Sache nach kleiner als $n+1$ zu nehmen ist, nach (e)

$$(-1)^\nu \int_0^\infty \frac{\cos i\nu u\, du}{(x+\cos iu . \sqrt{x^2-1})^{n+1}} = \frac{\Pi(n-\nu)}{\Pi n}(x^2-1)^{\frac{1}{2}\nu}\frac{d^\nu Q^n(x)}{dx^\nu},$$

was mit (38) übereinstimmt.

β) Im ersten Falle, wo die obere Grenze φ gleich π ist, findet man, $w_0 = \pi P^n(x)$, daher

$$w_\nu = (-1)^\nu \pi \frac{\Pi(n-\nu)}{\Pi n}(x^2-1)^{\frac{1}{2}\nu}\frac{d^\nu P^n(x)}{dx},$$

so lange $\nu \leqq n$. Um den Uebergang von w_n zu w_{n+1} zu gewinnen, bestimmt man zunächst den Werth

$$w_{-n} = w_n = (-1)^n \pi \cdot \frac{1.3\ldots(2n-1)}{1.2\ldots n}(x^2-1)^{\frac{1}{2}n}$$

und setzt dann nach (b) für $\alpha = -n-1$, $\nu = -n-1$

$$\frac{d[(x^2-1)^{\frac{n+1}{2}} w_{n+1}]}{dx} = -(2n+1)(x^2-1)^{\frac{1}{2}n} w_n.$$

Berücksichtigt man, dass w_ν für $x = 1$ verschwindet, sobald $\nu > 0$, so findet man den schon aus (32, f) bekannten Werth

$$w_{n+1} = (-\sqrt{x^2-1})^{-n-1}\frac{1.3\ldots(2n+1).\pi}{\Pi n}\int_1 (x^2-1)^n dx.$$

Für einen noch grösseren Index ν kann man w auf doppelte Art erhalten. Dies geschieht entweder durch eine Integration, indem man von $w_\nu = w_{-\nu}$ durch Differentiation zu $w_{1-\nu}$ oder $w_{\nu-1}$, also durch Integration von $w_{\nu-1}$ zu w_ν gelangt, so dass eine μmalige Integration $w_{n+1+\mu}$ aus w_{n+1} verschafft und zwar in der Form wie diese Function in (32, f) vorkommt; oder man kommt zu den Functionen w mit höherem Index nach ganz direkter Anwendung der Formel (b), durch mehrfache Differentiation des Ausdrucks $(x^2-1)^{-\frac{n+1}{2}} w_{n+1}$. Auch dieses giebt bekannte Gleichungen.

Endlich sei noch erwähnt, dass man für $\alpha = n$, aus

$$w_{-n} = \int_0^\pi (x + \cos\varphi \,.\, \sqrt{x^2-1})^n \cos n\varphi\, d\varphi = \pi\left(\frac{\sqrt{x^2-1}}{2}\right)^n,$$

nach (b) durch n fache Differentiation, indem man $\nu = -n$ setzt, unmittelbar die bekannte Formel für $P^n(x)$ findet

$$2^n.\Pi n.w_0 = \pi\cdot\frac{d^n(x^2-1)^n}{dx^n}.$$

§ 54. Auch für die Function $Q_\nu^n(x)$ hat Herr F. Neumann ein Integral angegeben, welches dem für Q^n gefundenen (21) auf S. 141 entspricht. Zur Ableitung differentiirt man diese Gleichung ν mal nach x und erhält dann

$$(a)\ \ldots\quad (-1)^\nu\frac{d^\nu Q^n(x)}{dx^\nu} = \tfrac{1}{2}\Pi(n)\int_{-1}^{1}\frac{P^n(y)\,dy}{(x-y)^{\nu+1}},$$

woraus man nach dem III. Satz auf S. 153 findet

$$(b)\ \ldots\quad 2\mathfrak{Q}_\nu^n(x) = \frac{3.5\ldots(2n+1)}{2.4\ldots(2n)}\int_{-1}^{1}\frac{(1-y^2)^n}{(x-y)^{n+\nu+1}}dy.$$

Diese Gleichung zeigt, dass $\mathfrak{Q}_\nu^n(x)$ bei der Entwickelung nach absteigenden Potenzen von x mit der $-(n+\nu+1)^{\text{ten}}$ Potenz von x beginnt. Endlich kann man in dem zweiten Gliede von (a) die Potenz von $(x-y)$ im Nenner verringern, entweder vermittelst der Integration durch Theile oder indem man P nach dem Taylor'schen Lehrsatz in die Reihe entwickelt

$$P^n(x) + \frac{x-y}{1}\frac{dP^n(x)}{dx} + \frac{(x-y)^2}{1.2}\frac{d^2P^n(x)}{dx^2} + \cdots.$$

Hierdurch erhält man

$$\int_{-1}^{1} \frac{P^n(y)\,dy}{(x-y)^{\nu+1}} = P^n(x)\frac{(x-1)^{-\nu}-(x+1)^{-\nu}}{\nu}$$
$$+\frac{dP^n(x)}{dx}\,\frac{(x-1)^{1-\nu}-(x+1)^{1-\nu}}{1.(\nu-1)}+\cdots;$$

war $\nu > n$, so ist diese Reihe fortzusetzen, bis sie von selbst abbricht. Ist aber $\nu \leqq n$, so hat man das ν^{te} Glied mit

$$\frac{d^\nu P^n(x)}{\Pi\nu.\,dx^\nu}\int_{-1}^{1}\frac{dy}{x-y}$$

zu vertauschen. Dies Integral wird im allgemeinen $\log(x+1)-\log(x-1)$; wenn aber x dem Querschnitt angehört, ist, wie S. 143 gezeigt wurde, für dasselbe $\log(1+x)-\log(1-x)$ zu setzen.

Anmerk. Nach der Bezeichnung des Herrn F. Neumann ist

$$\Pi\nu.(-1)^\nu(1-x^2)^{\frac{1}{2}\nu}\int_{-1}^{1}\frac{P^n(y)\,dy}{(x-y)^{\nu+1}} = Q_{n,\nu}.$$

§ 55. Das Resultat einer imaginären Substitution in den Integralen, durch welche die Zugeordneten erster Art dargestellt werden, giebt § 49. Man sah, dass die Integrale nach einer solchen noch immer Zugeordnete erster Art darzustellen oder in solche zweiter Art übergingen, die besonderen Fälle ausgeschlossen, in welchen die Substitution überhaupt unstatthaft ist, in welchen nämlich die Bedingungs-Ungleichheit in eine Gleichheit überging. Bei den Integralen, welche nach (38) die Zugeordnete zweiter Art darstellen, ist etwas ähnliches der Fall, indem sie nach der Substitution entweder noch immer eine gleiche Function geben, oder um das Produkt aus einer Constanten und einer Zugeordneten erster Art zunehmen.

Die Untersuchung über dies Verhalten wird wesentlich durch den VI. Satz im § 38 und die dazu gehörenden Anmerkungen erledigt. Behält man die dortige Bezeichnung bei und stellt wiederum durch ψ einen zwischen 0 und π liegenden Bogen, durch ψ_0 einen bestimmten Bogen in diesen Grenzen vor, so erhält man, wenn $\nu \leqq n$ und $\psi < \psi_0$

$$\int_{-\infty}^{\infty}\frac{\cos i\nu(u+i\psi)}{[a+b\cos i(u+i\psi)]^{n+1}} = \int_{-\infty}^{\infty}\frac{\cos i\nu u\,du}{(a+b\cos iu)^{n+1}},$$
$$\int_{-\infty}^{\infty}\frac{\sin i\nu(u+i\psi)\,du}{[a+b\cos i(u+i\psi)]^{n+1}} = \int_{-\infty}^{\infty}\frac{\sin i\nu u\,du}{(a+b\cos iu)^{n+1}}$$

d. i. gleich Null. Die linken Seiten dieser Gleichungen haben die Form $A\cos\nu\psi + B\sin\nu\psi$ und $-A\sin\nu\psi + B\cos\nu\psi$, wo A und B bestimmte Integrale sind. Löst man noch A und B auf, so findet man

$$(39)\quad \ldots \int_{-\infty}^{\infty} \frac{\cos i\nu u\, du}{[a+b\cos(iu-\psi)]^{n+1}} = \cos\nu\psi \int_{-\infty}^{\infty} \frac{\cos i\nu u\, du}{(a+b\cos iu)^{n+1}},$$

$$\int_{-\infty}^{\infty} \frac{\sin i\nu u\, du}{[a+b\cos(iu-\psi)]^{n+1}} = \sin\nu\psi \int_{-\infty}^{\infty} \frac{\cos i\nu u\, du}{(a+b\cos iu)^{n+1}}.$$

Wenn noch immer $\nu \leqq n$ bleibt, aber $\psi_0 < \psi < \pi$ wird, so ist auf der rechten Seite der Gleichungen, von denen wir ausgingen, also auch von (39) $-b$ für b zu nehmen und dem Integral der Faktor $\cos\nu\pi$ hinzuzufügen. In diesem Falle kann man auch die rechten Seiten der Gleichungen (39) nach S. 168 mit dem Produkte aus $\cos\nu\psi$ resp. $\sin\nu\psi$ und

$$\cos\nu\pi \int_{\infty}^{\infty} \frac{\cos i\nu u\, du}{(a+b\cos iu)^{n+1}} + i\int_{\pi}^{\pi} \frac{\cos\nu\psi\, d\psi}{(a-b\cos\psi)^{n+1}}$$

vertauschen. Werthe die $> n$ sind, kann man ν nicht geben, ohne dass (39) seine Bedeutung verliert; ψ ausserhalb der Grenzen 0 und π zu nehmen, wäre überflüssig.

Wir übertragen diese Formeln auf den Fall, dass $a = x$, $b = \sqrt{x^2-1}$; wie früher (M. vergl. § 39, No. 4) sei $x = p \pm qi$. Alsdann wird ψ_0 so bestimmt, dass

$$-\frac{x+1}{\sqrt{x^2-1}} = \varrho(\cos\psi_0 + i\sin\psi_0); \quad (0 < \psi_0 < \pi).$$

Man findet hierauf, wenn $0 \leqq \psi < \psi_0$

$$(39, a) \ldots \frac{1.3\ldots(2n+1).\Pi n}{\Pi(n+\nu)\Pi(n-\nu)} \int_{-\infty}^{\infty} \frac{\cos i\nu u\, du}{[x+\cos(iu-\psi)\sqrt{x^2-1}]^{n+1}} = 2Q_\nu^n(x).\cos\nu\psi$$

$$\frac{1.3\ldots(2n+1).\Pi n}{\Pi(n+\nu)\Pi(n-\nu)} \int_{-\infty}^{\infty} \frac{\sin i\nu u\, du}{[x+\cos(iu-\psi)\sqrt{x^2-1}]^{n+1}} = 2Q_\nu^n(x).\sin\nu\psi$$

und wenn $\psi_0 < \psi < \pi$ gleich $2\cos\nu\psi$ resp. $2\sin\nu\psi$ multiplicirt mit

$$(-1)^\nu\left(Q_\nu^n(x) + i\pi\cdot\frac{\Pi(n+\nu)\Pi(n-\nu)}{\Pi n\,\Pi n}\cdot P_\nu^n(x)\right).$$

§ 56. Die Zugeordneten für unendlich grosse Werthe des obern Index n kann man durch zwei Methoden aufsuchen, von denen eine im § 40, die zweite im § 41 enthalten ist. Indem man aus § 51, No. 3 erhält

$$(1-\xi^2)^\nu Q_\nu^n(x) = (2\xi)^{n+1} F(\tfrac{1}{2}-\nu, n+1-\nu, n+\tfrac{3}{2}, \xi^2),$$

$$(1-\xi^2)^\nu P_\nu^n(x) = (2\xi)^{-n} F(\tfrac{1}{2}-\nu, -n-\nu, -n+\tfrac{1}{2}, \xi^2),$$

das Letztere, wenn $\nu \leqq n$, so findet man, wie im § 40, dass $\mathcal{M}\xi < 1$ vorausgesetzt, für $n=\infty$ sei

$$(2\xi)^{-n-1} Q_\nu^n(x) = (1-\xi^2)^{-\frac{1}{2}}, \quad (2\xi)^n P_\nu^n(x) = (1-\xi^2)^{-\frac{1}{2}},$$

also dasselbe Resultat, welches sich für $\nu = 0$ ergab. Das gleiche Resultat giebt die Methode des § 41; man ersieht zugleich aus den Untersuchungen daselbst auf S. 179—180, wie der Buchstabe ν eintritt, wenn man noch die Glieder höherer Ordnung nach n berücksichtigt. Auch der Fall eines Punktes im Querschnitt bietet nichts neues dar.

Indem ich die weitere Ausführung, namentlich den Fall, dass ν mit n zugleich unendlich wird, den Untersuchungen Anderer überlasse, erwähne ich noch, dass, wie Jacobi in der mehrfach erwähnten Abhandlung Formula transformationis etc. im 15. Bande des Crelle'schen Journals § 11 angiebt, aus Legendre's Formel (§ 51, S. 222) der Werth von

$$\frac{1}{\pi}\int_0^\pi \frac{\cos\nu\varphi\, d\varphi}{(1+a^2-2a\cos\varphi)^{n+1}}$$

für $n=\infty$ gefunden werden könne. Man erhält nach derselben nämlich für das Integral den Ausdruck

$$\frac{\Pi(n+\nu)}{\Pi n\, \Pi\nu} \cdot a^\nu (1-a^2)^{-n-1},$$

den Jacobi dort auf andere Art, vermittelst der Transformationsformel für $\cos\nu\varphi$, ableitet.

§ 57. Nach Analogie des Verfahrens im § 42 behandeln wir den Fall, dass mit wachsendem obern Index n das Argument der Zugeordneten $x = \cos\theta$ sich der 1 nähert. Die ausführliche Entwickelung im § 42 macht eine wiederholte strenge Begründung überflüssig; es handelt sich hier zuerst darum, den entstehenden „Cylinderfunctionen" ihren Platz unter den Kugelfunctionen anzuweisen *).

Die Functionen

$$\frac{2^n}{\sqrt{n\pi}} P_\nu^n\left(\cos\frac{\theta}{n}\right), \quad \frac{1}{2^{n+1}}\sqrt{\frac{\pi}{n}}\, Q_\nu^n\left(\cos\frac{\theta}{n}\right)$$

*) M. vergl. auch für die folgenden Untersuchungen meine Abhandlung über die Fourier-Bessel'sche Function im 69. Bande von Borchardt's Journal.

nähern sich mit wachsendem n den Grenzen

$$\frac{1}{\pi}\int_0^\pi e^{i\theta\cos\varphi}\cos\nu\varphi\, d\varphi, \quad \int_0^{i\infty} e^{i\theta\cos iu}\cos i\nu u\, du;$$

in Betreff dessen, was über ∞ als Grenze zu bemerken ist, vergl. man das Frühere. Der Beweis ergiebt sich aus den Ausdrücken (35, c) und (38).

Die obigen zwei Grenzwerthe sind zwei partikuläre Lösungen der Differentialgl., welche aus (36) in der Form (a) auf S. 216 entsteht, wenn man dort $\frac{\theta}{n}$ für θ setzt und die Grenze nach n aufsucht, d. h. von

$$\theta^2 d^2y + \theta\, dy\, d\theta + (\theta^2 - \nu^2) y\, d\theta^2 = 0.$$

Neben die Zugeordneten P und Q stellte ich Functionen $\mathfrak{P}$ und $\mathfrak{Q}$, die mit ihnen so zusammenhingen, dass

$$P_\nu^n = (\sqrt{x^2-1})^{\pm\nu}\mathfrak{P}_{+\nu}^n, \quad Q_\nu^n = (\sqrt{x^2-1})^{+\nu}\mathfrak{Q}_{+\nu}^n.$$

Einen Ausdruck von $\mathfrak{P}$ und $\mathfrak{Q}$ durch Integrale findet man in (35, i) S. 215 und (37) S. 222, ihre Differentialgleichung unter (β) auf S. 217. Geht man in jenen Formeln zur Grenze über, so hat man in entsprechender Weise $y = \theta^\nu z$ zu setzen, und erhält für z die Differentialgl.

$$(40) \ldots \quad \theta\, d^2z + (2\nu + 1) dz\, d\theta + \theta z\, d\theta^2 = 0$$

von der zwei partikuläre Integrale sind

$$\int_0^\pi e^{i\theta\cos\varphi}\sin^{2\nu}\varphi\, d\varphi, \quad \int_0^{i\infty} e^{i\theta\cos iu}\sin^{2\nu} iu\, du.$$

Nachdem auf diese Art die Verbindung mit den Kugelfunctionen hergestellt ist, werden die gewonnenen Resultate und Einiges, was sich daran knüpft, selbständig abgeleitet.

§ 58. Den Ausgangspunkt unserer Untersuchungen bildet die Differentialgleichung (40), die man auch, nach der Substitution $\theta^2 = \eta$, in folgende Formen bringen kann

$$(40, a) \ldots \quad \eta\, d^2z + (\nu + 1) dz\, d\eta + \tfrac{1}{4} z\, d\eta^2 = 0,$$

$$(40, b) \ldots \quad d^2z + \nu\, dz\, d\log\eta + \tfrac{1}{4}\eta z (d\log\eta)^2 = 0.$$

Zwei partikuläre Lösungen derselben werden wir durch $j_\nu(\theta)$ und $k_\nu(\theta)$ bezeichnen; eine von ihnen, die j sei, lässt sich durch eine Reihe oder ein Integral in der ganzen Ebene eindeutig und continuirlich ausdrücken. Auch hier kann man z als Function nicht von θ, sondern von η betrachten.

Ein Theil des Folgenden bleibt zwar noch bestehen, wenn ν

eine gebrochene Zahl bezeichnet; zunächst soll aber der Fall eines ganzen ν behandelt werden. Der Hauptfall für physikalische Untersuchung ist der, in welchem 2ν eine ganze Zahl ist.

Um die Lösung z eindeutig zu definiren, macht man hier, wo ν eine ganze Zahl ist, dieselben Festsetzungen wie im § 43 beim Falle $\nu = 0$, versteht also auch unter θ die $\sqrt{\theta\theta}$ mit positiv imaginärem Theile oder im speciellen Falle die positiv reelle Wurzel. Im Querschnitt, d. h. für ein positiv reelles η, soll $k_\nu(\theta)$ das arithmetische Mittel aus den beiden Werthen der Function am Uferrande also in den Punkten $\theta + 0.i$ und $\theta - 0.i$ sein.

Durch Differentiation von (40, a) nach η erkennt man, dass $dz:d\eta$ derselben Gleichung wie z genügt, wenn man in derselben nur ν mit $\nu+1$ vertauscht; für $\nu=0$ sind aus § 43, I. Satz, zwei partikuläre Integrale J und K bekannt. Indem man diesen Constante hinzufügt, die mit Rücksicht auf das später Folgende gewählt werden, erhält man also:

Die Gleichung (40) wird für jedes ganze nicht negative ν durch die beiden vielfachen Differentialquotienten

$$(41) \ldots \quad j_\nu(\theta) = (-1)^\nu \frac{\Pi(2\nu)}{\Pi\nu} \cdot \frac{d^\nu J(\theta)}{d\eta^\nu} = j_\nu(-\theta),$$

$$k_\nu(\theta) = (-1)^\nu \frac{\Pi(2\nu)}{\Pi\nu} \cdot \frac{d^\nu K(\theta)}{d\eta^\nu} = k_\nu(-\theta)$$

integrirt ($\eta = \theta^2$).

Hieraus gewinnt man als Lösung von (40) zwei bestimmte Integrale. In der That ist

$$\frac{d}{d\eta}\int e^{i\theta\cos\varphi}\sin^{2\nu}\varphi\, d\varphi = \frac{i}{2\theta}\int e^{i\theta\cos\varphi}\sin^{2\nu+1}\cos\varphi\, d\varphi,$$

und nach einer Integration durch Theile

$$= \frac{i\sin^{2\nu+1}\varphi}{2(2\nu+1)\theta}e^{i\theta\cos\varphi} - \frac{1}{2(2\nu+1)}\int e^{i\theta\cos\varphi}\sin^{2\nu+2}\varphi\, d\varphi.$$

Integrirt man zwischen Grenzen 0 und π, so folgt hieraus

$$\frac{d}{d\eta}\int_0^\pi e^{i\theta\cos\varphi}\sin^{2\nu}\varphi\, d\varphi = -\frac{1}{2(2\nu+1)}\int_0^\pi e^{i\theta\cos\varphi}\sin^{2\nu+2}\varphi\, d\varphi.$$

Aehnlich kann man mit den Integralen zwischen den Grenzen 0 und ∞ verfahren und erhält ausserhalb des Querschnitts

$$(41, a) \ldots \quad j_\nu(\theta) = \frac{1}{\pi}\int_0^\pi e^{i\theta\cos\varphi}\sin^{2\nu}\varphi\, d\varphi,$$

$$k_\nu(\theta) = \int_0^\infty e^{i\theta\cos iu}\sin^{2\nu} iu\, du,$$

im Querschnitt aber für $k(\theta)$ das arithmetische Mittel zunächst aus $k(\theta \pm 0.i)$, dann aber den nach (41) diesem gleichen Werth

$$k_\nu(\theta) = \tfrac{1}{2} k_\nu(\theta + 0.i) + \tfrac{1}{2} k_\nu(-\theta + 0.i).$$

Diese Formeln zeigen, dass es auch hier gelungen ist, was so wesentlich für die Behandlung der Kugelfunction war, die beiden Cylinderfunctionen durch dasselbe Integral darzustellen, welches endlich bleibt, wenn nur die Integration auf geeignetem Wege und zwischen geeigneten Grenzen 0 und ∞ ausgeführt wird.

Aus dem III. Satz im § 44 geht hervor, dass

$$k_\nu(\theta \pm 0.i) = \int_0^{g \pm \frac{i\pi}{2}} e^{\pm i\theta \cos iu} \sin^{2\nu} iu\, du$$

sei; wenn man zuerst bis $\pm \frac{1}{2} i\pi$ und dann parallel der Axe der Reellen in's Unendliche integrirt (wie auf S. 195), so findet man daher, wenn g wiederum das reell Unendliche bezeichnet

$$k_\nu(\theta \pm 0.i) = \int_0^{g} e^{i\theta \sin iu} \cos^{2\nu} iu\, du \pm i \int_0^{\frac{1}{2}\pi} e^{\pm i\theta \cos\varphi} \sin^{2\nu} \varphi\, d\varphi.$$

Hieraus folgt für ein θ im Querschnitt

$$(41, b) \ldots \quad k_\nu(\theta + 0.i) - k_\nu(\theta - 0.i) = i j_\nu(\theta),$$

$$(41, c) \ldots \quad k_\nu(\theta) = \int_0^{g} e^{i\theta \sin iu} \cos^{2\nu} iu\, du - \int_0^{\frac{1}{2}\pi} \sin(\theta \cos\varphi) \sin^{2\nu} \varphi\, d\varphi,$$

die Function $k_\nu(\theta)$ ist daher, wie selbstverständlich, im Querschnitt reell geworden.

Es ist für die Anwendung auf die Lösung der Riccati'schen Gleichung, die ich im § 60 gebe, von Bedeutung, dass die zwei Integrale (41, a) noch immer der Differentialgl. (40) genügen, wenn auch ν eine beliebige Grösse wird, nur vorausgesetzt, dass $2\nu + 1$ einen positiven reellen Theil besitzt. Setzt man nämlich in die linke Seite von (40) ein

$$z = \int_0 e^{i\theta \cos\varphi} \sin^{2\nu} \varphi\, d\varphi,$$

so wird im allgemeinen nicht 0 erhalten, sondern

$$\int e^{i\theta \cos\varphi} \sin^{2\nu} \varphi [-\theta \cos^2\varphi + (2\nu + 1) i \cos\varphi + \theta]\, d\varphi = i e^{i\theta \cos\varphi} \sin^{2\nu+1} \varphi,$$

ein Ausdruck, welcher für $\varphi = 0$, π, und ∞, das letztere Zeichen in dem früher angegebenen Sinne genommen, verschwindet, wenn ν die angegebene Bedingung erfüllt.

Was über die imaginäre Substitution im IV. Satze des § 44 gesagt wurde, gilt auch hier; setzt man

$$\theta = a(\sin\alpha + i\cos\alpha),\ (-\tfrac{1}{2}\pi \leqq \alpha \leqq \tfrac{1}{2}\pi),$$

so erhält man die Gleichungen

$$(41,\ d) \ldots \quad \frac{1}{2\pi}\int_{-\pi}^{\pi} e^{i\theta\cos(\varphi+\omega)}\sin^{2\nu}(\varphi+\omega)d\varphi = j_\nu(\theta),$$

$$\tfrac{1}{2}\int_{-g-\alpha i}^{g+\alpha i} e^{i\theta\cos i(u+\omega)}\sin^{2\nu} i(u+\omega)d\omega = k_\nu(\theta+0.i),$$

$$j_\nu(\theta) = j_\nu(-\theta),\ k_\nu(\theta+0.i) = k_\nu(-\theta-0.i),$$

wenn ω im ersten Integral beliebig ist, im zweiten Integrale einen zwischen $-\tfrac{1}{2}\pi i$ und $\tfrac{1}{2}\pi i$ liegenden imaginären Theil besitzt.

In eine Reihe, die nach Potenzen von θ aufsteigt, kann man eine der beiden Lösungen von (40), nämlich j, entwickeln, sowohl nach dem Verfahren auf S. 126, als auch unter der Voraussetzung eines ganzen positiven ν, mit Hülfe von (30) und (41) oder wenn man in (41, a) die Exponentialgrösse nach Potenzen von θ entwickelt. Man findet dann, sobald nur ν reell und positiv ist,

$$(41,\ e) \ldots\ j_\nu(\theta) = \frac{\Pi(\nu-\frac{1}{2})}{\Pi(\nu).\sqrt{\pi}}\left(1 - \frac{\theta^2}{2.(2\nu+2)} + \frac{\theta^4}{2.4.(2\nu+2)(2\nu+4)} - \ldots\right).$$

§ 59. Setzt man $\theta^\nu z = y$, so folgt aus (40)

$$(42) \ldots \quad \theta^2 d^2y + \theta dy\, d\theta + (\theta^2 - \nu^2)y\, d\theta^2 = 0$$

oder was dasselbe ist

$$4d^2y + (\eta - \nu^2)y(d\log\eta)^2 = 0.$$

Während S. 235 für (40) nur dann zwei partikuläre Integrale gefunden wurden, wenn $2\nu+1$ einen positiven reellen Theil besitzt, ergiebt sich für (42) eine vollständige Lösung, welchen Werth auch ν^2 annimmt. Versteht man nämlich unter ν die $\sqrt{\nu^2}$ mit nicht negativem reellen Theile, so kann man wie oben $y = \theta^\nu.z$ setzen, wo z der Gleichung (40) genügt. Diese haben wir durch (41, a), vermittelst zweier bestimmten Integrale, vollständig integrirt, so dass, wenn α und β willkürliche Constante sind, (42) für einen beliebigen Werth von ν^2 das allgemeine Integral besitzt

$$y = \theta^\nu(\alpha j_\nu(\theta) + \beta k_\nu(\theta)).$$

Indem ν wiederum eine ganze positive Zahl bezeichnet, kann man die Integrale y durch Anwendung der Transformationsformel von Jacobi umformen. Geht man nämlich von der aus (41, a) folgenden Gleichung

$$\theta^\nu j_\nu(\theta) = \frac{\theta^\nu}{\pi}\int_{-1}^{1} e^{i\theta z}(1-z^2)^{\nu-\frac{1}{2}}\,dz$$

aus und integrirt ν mal durch Theile, so entsteht

$$\theta^\nu j_\nu(\theta) = \frac{i^\nu}{\pi}\int_{-1}^{1} e^{i\theta z}\,\frac{d^\nu(1-z^2)^{\nu-\frac{1}{2}}}{dz^\nu}\,dz.$$

Führt man zwei Functionen I_ν und K_ν ein, die für $\nu = 0$ mit I und K übereinstimmen, und mit j und k durch die Gleichungen

$$(43)\ \ldots\quad I_\nu(\theta) = \frac{\theta^\nu j_\nu(\theta)}{1.3\ldots(2\nu-1)} = (-2\theta)^\nu\,\frac{d^\nu J(\theta)}{(d\theta\theta)^\nu}$$

$$K_\nu(\theta) = \frac{\theta^\nu k_\nu(\theta)}{1.3\ldots(2\nu-1)} = (-2\theta)^\nu\,\frac{d^\nu K(\theta)}{(d\theta\theta)^\nu}$$

zusammenhängen, so erhält man bei ganzzahligem ν für die Functionen I und K, die particulären Lösungen von (42), die Ausdrücke

$$(43,\ a)\ \ldots\quad I_\nu(\theta) = \frac{(-i)^\nu}{\pi}\int_0^\pi e^{i\theta\cos\varphi}\cos\nu\varphi\,d\varphi = (-1)^\nu J_\nu(-\theta),$$

$$K_\nu(\theta+0.i) = (-i)^\nu\int_0^\infty e^{i\theta\cos iu}\cos i\nu u\,du = (-1)^\nu K_\nu(-\theta-0.i),$$

$$\theta+0.i = a(\sin\alpha+i\cos\alpha),\quad (-\tfrac{1}{2}\pi<\alpha<\tfrac{1}{2}\pi),$$

wenn ∞, wie im III. Satze des § 44, irgend eine der Grenzen $g+(\alpha+\chi)i$ z. B. die reelle vorstellt, χ eine beliebige zwischen $-\frac{1}{2}\pi$ und $\frac{1}{2}\pi$ liegende Grösse, und $K_\nu(\theta+0.i)$ im allgemeinen mit $K_\nu(\theta)$ übereinstimmt. Im Querschnitt wird unter $K_\nu(\theta)$ das arithmetische Mittel von $K_\nu(\theta\pm 0.i)$ verstanden.

Aus der ersten Gleichung (43, a) findet man sofort folgende Ausdrücke von J

$$J_{2\nu}(\theta) = \frac{(-1)^\nu}{\pi}\int_0^\pi \cos(\theta\sin\varphi)\cos 2\nu\varphi\,d\varphi,$$

$$J_{2\nu+1}(\theta) = \frac{(-1)^\nu}{\pi}\int_0^\pi \sin(\theta\sin\varphi)\sin(2\nu+1)\varphi\,d\varphi.$$

Dass I und K der Differentialgleichung (42) genügen, kann man direkt zeigen, indem man in ihre linke Seite

$$y = \int e^{i\theta\cos\varphi}\cos\nu\varphi\,d\varphi$$

einsetzt; dieselbe wird dann integrabel und, abgesehen von $d\theta^2$, gleich

$$e^{i\theta\cos\varphi}(i\theta\sin\varphi\cos\nu\varphi-\nu\sin\nu\varphi).$$

Aus (41, e) erhält man für $J_\nu(\theta)$ die nach Potenzen von θ aufsteigende Reihe

$$(43, b)\ \ldots\ I_\nu(\theta)=\frac{\theta^\nu}{2.4\ldots(2\nu)}\left(1-\frac{\theta^2}{2(2\nu+2)}+\cdots\right),$$

welche schon S. 82 als (14, c) neben der dazugehörenden Gleich. (14, b) auftrat.

Die imaginäre Substitution giebt ferner Ausdrücke, welche (41, d) entsprechen, nämlich mit der Bezeichnung von (41, d),

$$(43, c)\ \ldots\ \frac{(-i)^\nu}{\pi}\int_{-\pi}^{\pi}e^{i\theta\cos(\varphi-\omega)}\cos\nu\varphi\,d\varphi=2J_\nu(\theta)\cos\nu\omega,$$

$$\frac{(-i)^\nu}{\pi}\int_{-\pi}^{\pi}e^{i\theta\cos(\varphi-\omega)}\sin\nu\varphi\,d\varphi=2J_\nu(\theta)\sin\nu\omega,$$

$$(-i)^\nu\int_{-g-\alpha i}^{g+\alpha i}e^{i\theta\cos i(u-\omega)}\cos i\nu u=2K_\nu(\theta)\cos i\nu\omega,$$

$$(-i)^\nu\int_{-g-\alpha i}^{g+\alpha i}e^{i\theta\cos i(u-\omega)}\sin i\nu u\,du=2K_\nu(\theta)\sin i\nu\omega.$$

Die Anwendung, welche diese Formeln finden, auf die im § 44 hingedeutet war, beruht darauf, dass sie das Produkt aus einer Function von θ und einer von $i\omega$ durch einen Ausdruck darstellen, welcher diese Grössen nur in einer linearen Verbindung von $\theta\cos i\omega$ und $\theta\sin i\omega$ enthält.

Die Functionen J, deren Einführung durch Fourier im § 18 erwähnt wurde, treten wieder bei Bessel auf, wo es sich darum handelt, Functionen der excentrischen Anomalie ε nach Cosinus der mittleren μ zu entwickeln. Bezeichnet e die Excentricität der Ellipse, wonach man hat

$$\mu=\varepsilon-e\sin\varepsilon,$$

so kommt es darauf an, die Coefficienten p in dem Ausdrucke

$$\cos n\varepsilon=p_0+2p_1\cos\mu+2p_2\cos2\mu+\cdots$$

zu bestimmen. Diese sind

$$p_\nu=\frac{1}{\pi}\int_0^\pi\cos n\varepsilon\cos\nu\mu\,d\mu=\frac{n}{\nu\pi}\int_0^\pi\sin n\varepsilon\sin\nu\mu\,d\varepsilon$$

$$=\frac{n}{2\nu\pi}\int_0^\pi[\cos((\nu-n)\varepsilon-\nu e\sin\varepsilon)-\cos((n+\nu)\varepsilon-\nu e\sin\varepsilon)]\,d\varepsilon.$$

Nun ist für ein positives ν

$$\frac{1}{\pi}\int_0^\pi \cos(\theta\sin\varphi - \nu\varphi)\,d\varphi = J_\nu(\theta);$$

für ein gerades ν stimmt dieser Ausdruck nämlich offenbar mit

$$\frac{1}{\pi}\int_0^\pi \cos(\theta\sin\varphi)\cos\nu\varphi\,d\varphi,$$

für ein ungerades mit

$$\frac{1}{\pi}\int_0^\pi \sin(\theta\sin\varphi)\sin\nu\varphi\,d\varphi$$

überein. Für ein negatives ν ist dieser Ausdruck gleich $-J_{-\nu}(\theta)$. Man findet also den Coefficienten p durch die Gleichung

$$p_\nu = \frac{n}{2\pi}[J_{\nu-n}(\nu e) - J_{\nu+n}(\nu e)].$$

Würde man $\sin n\varepsilon$ in die Reihe

$$\sin n\varepsilon = q_1\sin\mu + q_2\sin 2\mu + \cdots$$

entwickelt haben, so hätte man erhalten

$$q_\nu = \frac{n}{\pi}[J_{n-\nu}(\nu\varepsilon) + J_{n+\nu}(\nu\varepsilon)].$$

Die Umkehrung der Entwickelung giebt

$$\cos n\mu = \varkappa_0 - 2\varkappa_1\cos\varepsilon + 2\varkappa_2\cos 2\varepsilon + \cdots,$$

$$\sin n\mu = \lambda_1\sin\varepsilon + \lambda_2\sin 2\varepsilon + \cdots,$$

$$2\varkappa_\nu = J_{\nu-n}(-n\varepsilon) + J_{\nu+n}(n\varepsilon), \quad \lambda_\nu = J_{\nu-n}(-n\varepsilon) - J_{\nu+n}(n\varepsilon).$$

§ 60. Wenn nicht mehr ν selbst ganz ist, wohl aber $2\nu+1$, so verwandeln sich die Functionen j und k in bemerkenswerthe Ausdrücke, von denen der erstere schon S. 82—83 vorkam, wo über seine Bedeutung kurz gehandelt wurde.

Setzt man $\nu+\frac{1}{2}$ statt ν in die obigen Gleichungen, so findet man:

Die Differentialgleichung

$$(44) \ldots \quad \theta d^2\zeta + 2(\nu+1)d\zeta d\theta + \theta\zeta d\theta^2 = 0$$

oder, was damit übereinstimmt,

$$d^2\zeta + (2\nu+1)d\zeta d\log\theta + \theta^2\zeta(d\log\theta)^2 = 0$$

hat zwei Integrale

$$(44, a) \ldots \quad j_{\nu+\frac{1}{2}}(\theta) = \frac{1}{\pi}\int_0^\pi e^{i\theta\cos\varphi}\sin^{2\nu+1}\varphi\,d\varphi,$$

$$k_{\nu+\frac{1}{2}}(\theta+0.i) = -i\int_0^\infty e^{(i\theta-0)\cos iu}\sin^{2\nu+1}iu\,du,$$

von denen das letztere nur dann eine Bedeutung hat, wenn θ einen nicht negativen imaginären Theil erhält.

Beide Lösungen entstehen durch Differentiation nach θ^2 von $j_{\frac{1}{2}}$ und $k_{\frac{1}{2}}$. Man hat aber

$$j_{\frac{1}{2}}(\theta) = \frac{2\sin\theta}{\theta}, \quad k_{\frac{1}{2}}(\theta + 0.i) = \frac{e^{i\theta}}{\theta}.$$

Die Function $k_{\frac{1}{2}}(\theta)$ lässt sich in dieser Form continuirlich bis an den Querschnitt fortsetzen, also auch $k_{\nu+\frac{1}{2}}$. Es wird aber bequem sein, wenn man für ein reelles θ als Werth von k nur seinen reellen Theil betrachtet, nämlich $\frac{\cos\theta}{\theta}$. Die Lösung j bleibt im Endlichen endlich, und k wird im Unendlichen Null. Man findet demnach:

Die Gleichung (44) wird für jeden ganzen nicht negativen Werth von n durch die beiden Lösungen integrirt ($\theta^2 = \eta$)

$$(44, c) \ldots \quad j_{\nu+\frac{1}{2}}(\theta) = (-1)^\nu . 2^{2\nu+1} \Pi\nu \frac{d^\nu}{d\eta^\nu}\left(\frac{\sin\theta}{\theta}\right),$$

$$k_{\nu+\frac{1}{2}}(\theta + 0.i) = (-1)^\nu 2^{2\nu} \Pi\nu \frac{d^\nu}{d\eta^\nu}\left(\frac{e^{i\theta}}{\theta}\right).$$

Mit Rücksicht auf die Anwendungen dieser Functionen (Man vergl. S. 83) bedienen wir uns für dieselben einer besonderen Bezeichnung und setzen

$$(44, d) \ldots \quad \frac{\theta^\nu}{2^\nu \Pi\nu} j_{\nu+\frac{1}{2}}(\theta) = \psi_\nu(\theta), \quad \frac{\theta^\nu}{2^\nu \Pi n} k_{\nu+\frac{1}{2}}(\theta) = \Psi_\nu(\theta),$$

so dass nach (41, e) der Ausdruck des § 18

$$(14, a) \ldots \quad \tfrac{1}{2}\psi_\nu(\theta) = \frac{\theta^\nu}{3.5.(2\nu+1)}\left(1 - \frac{\theta^2}{2.(2\nu+3)} + \cdots\right)$$

erhalten wird.

Diese Functionen ψ und Ψ genügen der Differentialgleichung

$$(44, e) \ldots \quad \theta^2 \frac{d^2y}{d\theta^2} + 2\theta\frac{dy}{d\theta} + (\theta^2 - \nu(\nu+1))y = 0$$

und es ist

$$\psi_0(\theta) = 2\frac{\sin\theta}{\theta}, \quad \Psi_0(\theta + 0.i) = \frac{e^{i\theta}}{\theta},$$

im Querschnitt $\theta . \Psi_0(\theta) = \cos\theta$. Während ψ im Endlichen endlich bleibt, wird Ψ im Nullpunkt unendlich.

Die Verwandtschaft zwischen den trigonometrischen Functionen von Vielfachen einer Grösse φ und den Kugelfunctionen von $\cos\varphi$ offenbart sich auch hier. Indem ich die ψ und Ψ in ähnlicher Art transformire wie die I und K im § 59 durch (43, a), so erhalte ich

$$(44, e) \ldots \quad \psi_\nu(\theta) = \frac{(-i)^\nu}{\pi}\int_0^\pi e^{i\theta\cos\varphi} P^\nu(\cos\varphi)\sin\varphi\, d\varphi,$$

$$\Psi_\nu(\theta + 0.i) = (-i)^{\nu+1}\int_0^\infty e^{(i\theta - 0)\cos iu} P^\nu(\cos iu)\sin iu\, du.$$

In der ersten von diesen Gleichungen wird man (14) auf S. 82 wiederfinden; die letzte verlangt, dass θ einen nicht negativen imaginären Theil besitzt.

Wenn ν beliebig ist, so lösen wir mit Hülfe der j und k die Riccati'sche Gleichung (Vergl. S. 235). Diese lässt sich in die Form bringen*)

$$\frac{dU}{dx} + U^2 + a^2 x^\mu = 0,$$

wenn a und μ beliebige Grössen vorstellen, sie mögen reell sein oder nicht. Setzt man**) $\int U dx = \log V$, so wird

$$\frac{d^2 V}{dx^2} = V\left(U^2 + \frac{dU}{dx}\right),$$

so dass die Riccati'sche Gleichung gelöst ist, wenn man die Lösung V der Gleichung

$$d^2 V + a^2 x^\mu V dx^2 = 0$$

auffinden kann, und zwar bedarf man einer solchen $V = \alpha u + \beta v$ mit zwei willkürlichen Constanten, wenn man das allgemeine U, d. h. mit einer willkürlichen Constanten sucht, da

$$U = \frac{d\lg V}{dx} = \frac{\alpha\frac{du}{dx} + \beta\frac{dv}{dx}}{\alpha u + \beta v}$$

dann die willkürliche Constante $\alpha : \beta$ enthält.

Um V zu finden setze man

$$V = y\sqrt{x};$$

dann muss y der Gleichung

$$d^2 y + (a^2 x^{\mu+2} - \tfrac{1}{4}) y (d\log x)^2 = 0$$

---

*) Euleri Institutiones calc. integr. Vol. I, Liber I, Pars I, Sectio II, Cap. I, Probl. 57, Schol. 1. Aequatio haec $dy + yy\,dx = ax^m dx$ vocari solet Riccatiana ab Auctore Comite Riccati, qui primus casus separabiles proposuit. Hic quidem eam in forma simplicissima exhibui cum eo haec $dy + Ayy t^\mu dt = Bt^\lambda dt$, ponendo $At^\mu dt = dx$ et $At^{\mu+1} = (\mu+1)x$, statim reducatur.

**) Euleri Institutiones calc. integr. Vol. II, Lib. I, Pars II, Sect. I, Probl. 119, Schol.

genügen, d. h. der Gleichung (42), wenn man setzt

$$\theta = \frac{2a}{\mu+2} \cdot x^{\frac{\mu+2}{2}}, \quad \nu = \pm \frac{1}{\mu+2}.$$

Schliessen wir vorläufig den Fall aus, dass $\mu + 2 = 0$ und wählen die Vorzeichen so, dass die reellen Theile von ν und θ nicht negativ werden, so erhalten wir die vollständige Lösung

$$y = \theta^{\nu}(\alpha j_\nu(\theta) + \beta k_\nu(\theta)).$$

Offenbar ist, je nachdem $\nu = \pm \frac{1}{\mu+2}$, auch $\sqrt{x}.\theta^{\nu}$ gleich einer Constanten mal $x^{\frac{1\pm 1}{2}}$, also resp.

$$V = x^{\frac{1\pm 1}{2}} (\alpha j_\nu(\theta) + \beta k_\nu(\theta)).$$

Wir erhalten also das Resultat:

Um die Riccati'sche Gleichung

$$\frac{dU}{dx} + U^2 + a^2 x^{\mu} = 0$$

zu lösen, führe man die positiven Grössen θ und ν durch

$$\theta = \frac{2a}{\mu+2} x^{\frac{\mu+2}{2}}, \quad \nu = \pm \frac{1}{\mu+2}$$

ein. Alsdann wird die vollständige Lösung

$$U = \frac{d}{dx} \log[(\alpha j_\nu(\theta) + \beta k_\nu(\theta)],$$

wenn α, β willkürliche Constante, j und k die Functionen vorstellen, welche durch (41, a) definirt werden. Wenn $\mu + 2$ verschwindet, so ist die Lösung

$$U = \frac{1}{2x} + \frac{\alpha x^c - \beta x^{-c}}{\alpha x^c + \beta x^c}, \quad c = \sqrt{\tfrac{1}{4} - a^2}.$$

Ist endlich zugleich noch $a^2 = \frac{1}{4}$, so erhält man

$$U = \frac{1}{2x} + \frac{\beta}{(\alpha + \beta \log x)x}.$$

§ 61. Ueber die hier auftretenden Cylinderfunctionen füge ich einige Sätze hinzu und stelle Formeln zusammen, welche mehrfache Anwendungen finden.

A. Indem man für $J_\nu(bx)$ seinen Ausdruck durch ein Integral nach (43, a) setzt und darauf die Integrationsordnung in dem entstehenden Doppelintegral umkehrt, findet man

$$\int_0^\infty e^{-px} J_\nu(bx) x^{n-1} dx = \frac{(-i)^\nu \Gamma n}{\pi} \int_0^\pi \frac{\cos \nu\varphi \, d\varphi}{(p - ib\cos\varphi)^n}.$$

Hieraus ergiebt sich mit Hülfe von (35, c) als Werth des Integrales auf der Linken

$$i^{\nu}.1.3\ldots(2n-3).(p^2+b^2)^{\frac{1}{2}n} P_{\nu}^{(n-1)}\left(\frac{p}{\sqrt{p^2+b^2}}\right).$$

Um nicht neue Bezeichnungen einzuführen, muss man für n eine ganze Zahl setzen; es ändert sich aber nichts wesentliches, wenn n gebrochen ist. M. vergl. (32, d).

Für $n=1$ verwandelt sich die rechte Seite in

$$\frac{1}{\sqrt{b^2+p^2}}\left(\frac{b}{p+\sqrt{b^2+p^2}}\right)^{\nu};$$

integrirt man die dadurch entstehende Gleichung nach p von 0 bis p, so erhält man

$$\int_0^{\infty}\frac{1-e^{-px}}{x}J_{\nu}(bx)\,dx=\frac{b^{\nu}}{\nu}\left(\frac{1}{b^{\nu}}-\frac{1}{(p+\sqrt{b^2+p^2})^{\nu}}\right)$$

und hieraus für $p=\infty$ die einfache Gleichung

$$\int_0^{\infty}J_{\nu}(bx)\frac{dx}{x}=\frac{1}{\nu},\quad (b>0),$$

welche Herr Weber im 69. Bd. von Borchardt's Journal S. 232 entwickelt.

B. Die sehr einfachen Recursionsformeln zur successiven Berechnung der J und K lasse ich schon hier folgen, um an dieselben den Beweis von (30, g) S. 190 zu knüpfen, obgleich ihr Platz erst der § 63 sein würde, in welchem wir von den Recursionsformeln für die Zugeordneten der Kugelfunctionen handeln. Die Beziehungen, welche hier aufgestellt werden, sind ganz specielle Fälle der für hypergeometrische Reihen bestehenden Relationes inter functiones contiguas.

Aus (41) und (43) folgt, wenn θ das zu den J und K gehörende Argument ist

$$(a)\ldots\quad dJ_{\nu}=\left(\frac{\nu}{\theta}J_{\nu}-J_{\nu+1}\right)d\theta,\ dK_{\nu}=\left(\frac{\nu}{\theta}K_{\nu}-K_{\nu+1}\right)d\theta,\quad(\nu>0),$$
$$dJ_0=-J_1\,d\theta\qquad dK_0=-K_1\,d\theta.$$

Mit Hülfe der Differentialgleichung (42) für die Cylinderfunctionen zieht man hieraus zunächst

$$\nu\theta\,dJ_{\nu}-\theta d(\theta J_{\nu+1})=(\nu^2-\theta^2)J_{\nu}\,d\theta$$

und wenn man durch (a) reducirt, darauf n statt $(\nu+1)$ setzt,

$$(b)\ldots\quad 2\nu J_{\nu}=\theta(J_{\nu-1}+J_{\nu+1}).$$

Diese Gleichung mit (a) combinirt, giebt

$$(c) \ldots \quad 2dJ_\nu = (J_{\nu-1} - J_{\nu+1})d\theta.$$

Aus dem System der Gleichungen (a) erkennt man, dass auch in (b) und (c) sich J mit K vertauschen lässt.

C. Wir tragen nun den Beweis der Gleichung (30, g) nach. Setzt man in (31, a) S. 189 für z den Werth

$$z = J_0(\theta)\log\theta + v,$$

so muss v die Gleichung

$$\frac{d^2v}{(d\log\theta)^2} + \theta^2 v = -\frac{2dJ_0}{d\log\theta}$$

erfüllen. Die rechte Seite derselben ist nach (a) gleich $2\theta J_1$. Durch wiederholte Anwendung von (b) findet man

$$\begin{aligned} \theta J_1 &= 4J_2 - \theta J_3 \\ \theta J_3 &= 8J_4 - \theta J_5 \\ \theta J_5 &= 12J_6 - \theta J_7, \quad \ldots \end{aligned}$$

Ferner weiss man aus den allgemeinen Principien (S. 60, III. Satz), dass J_ν, wegen seines Ausdruckes (43, a) durch ein Integral, mit wachsendem ν zu Null convergirt, ja sogar sieht man aus denselben mit Hülfe der Integration durch Theile sofort ein, dass $\nu^p J_\nu$ für $\nu = \infty$ noch endlich bleibt, wenn p irgend eine Zahl bezeichnet. Man erhält also

$$\frac{d^2v}{(d\log\theta)^2} + \theta^2 v = 8(J_2 - 2J_4 - 3J_6 - \cdots).$$

Wenn man setzt

$$v = \alpha_1 J_2 - \alpha_2 J_4 + \alpha_3 J_6 + \cdots,$$

wodurch die linke Seite der Gleichung sich nach (42) in

$$2^2\alpha_1 J_2 - 4^2\alpha_2 J_4 + 6^2\alpha_3 J_6 - \cdots$$

verwandelt, so genügt demnach

$$\alpha_1 = 2, \quad \alpha_2 = \tfrac{2}{2}, \quad \alpha_3 = \tfrac{2}{3}, \quad \ldots$$

der vorstehenden Gleichung. Also ist

$$(30, g) \ldots \quad z = J_0 \log\theta + 2(J_2 - \tfrac{1}{2}J_4 + \tfrac{1}{3}J_6 - \cdots)$$

ein solches Integral von (31, a), welches für $\theta = 0$ unendlich wird, während das erste Integral J_0 endlich bleibt.

Andererseits ist das allgemeine Integral, also auch z in (30, g), von der Form

$$z = \alpha K(\theta) + \beta J(\theta).$$

Die Constanten α und β hat Herr H. Weber bestimmt, und erhält *)

*) Borchardt, Journal f. Math. Bd. 75, S. 85.

im Querschnitt, d. h. für ein reelles positives θ,

$$(44, f) \ldots \quad -K(\theta) = -\int_0^\infty \cos(\theta \cos iu)\,du = J_0(\theta)(\log \tfrac{1}{2}\theta + C)$$
$$+ 2(J_2(\theta) - \tfrac{1}{2}J_4(\theta) + \tfrac{1}{3}J_6(\theta) - \cdots),$$

wenn C die in der Theorie der Γ Functionen vorkommende Constante bezeichnet, die in den Institut. calc. diff. Cap. VI. No. 143 angegeben ist. Gauss theilt sie (bei ihm heisst sie $-\Psi_0$), nach einer Rechnung von Nicolai, auf 40 Decimale mit. Der angenäherte Werth von $-C$ ist 0,5772157. Bei complexem θ mit positivem imaginären Theile muss, wie sich mit Hülfe von (30, f) ergiebt, die linke Seite von (44, f) mit

$$-K(\theta) + \tfrac{1}{2}\pi i J(\theta)$$

vertauscht werden.

Durch νfache Differentiation von (44, f) nach θ^2 erhält man nach (43) sofort die Entwickelung von $K_\nu(\theta)$ nach den $J(\theta)$, welche der obigen von $K(\theta)$ ähnlich ist.

Nach der Methode des Herrn Weber findet man die Constanten α und β in der für ein reelles positives θ geltenden Gleichung

$$\alpha K(\theta) + \beta J(\theta) = J(\theta)\log\theta + 2(J_2 - \tfrac{1}{2}J_4 + \cdots)$$

auf folgende Art:

Wenn θ um $0.i$ wächst, so ist nach (30, f) rechts $\tfrac{1}{2}\alpha\pi i J(\theta)$ zu addiren. Lässt man nun θ in der positiv imaginären Ebene bis $-\theta + 0.i$ wachsen, so ändert sich die rechte Seite wegen des $\log\theta$ um $i\pi J(\theta)$; auf der linken geht $\alpha K(\theta + 0.i)$ in $\alpha K(-\theta + 0.i)$ oder $\alpha K(\theta - 0.i)$ über, welches nach (30, f) gleich

$$\alpha K(\theta + 0.i) - i\alpha\pi J(\theta)$$

ist. Man hat also $\alpha = -1$.

Um auch die zweite Constante β zu bestimmen, integrirt man die betreffende Gleichung auf beiden Seiten nach θ von 0 bis ∞. Man hat nach S. 197

$$\int_0^\infty J(\theta)\,d\theta = 1$$

und nach S. 224, weil $J_\nu(\infty) = 0$ und $J_\nu(0) = 0$ sobald $\nu > 0$,

$$\int_0^\infty (J_2 - \tfrac{1}{2}J_4 + \tfrac{1}{3}J_6 - \cdots)\,d\theta = 1 - \tfrac{1}{2} + \tfrac{1}{3} - \cdots = \log 2.$$

Ausserdem ist

$$\int_0^\infty K(\theta)\,d\theta = \int_0^\infty d\theta \int_1^\infty \frac{\cos\theta x\,dx}{\sqrt{x^2-1}}$$

und dies gleich

$$\int_1^\infty \frac{\sin\theta x\,dx}{x\sqrt{x^2-1}},$$

für $\theta = \infty$ also, nach S. 60, III. Satz, gleich 0. Somit erhält man

$$\beta = \int_0^\infty J(\theta)\log\theta\,d\theta + 2\log 2.$$

Das hier noch vorkommende Integral transformirt man, indem man für $\log\theta$ seinen bekannten Ausdruck durch ein Integral setzt, in

$$\int_0^\infty\int_0^\infty \frac{e^{-s}-e^{-s\theta}}{s} J(\theta)d\theta\,ds = \int_0^\infty \left(e^{-s} - \frac{1}{\sqrt{s^2+1}}\right)\frac{ds}{s},$$

mit Hülfe von (δ) auf S. 197. Das letzte Integral lässt sich vermittelst der Gaussischen Function Ψ durch

$$\Psi(0) + \int_0^\infty \left(\frac{1}{s+1} - \frac{1}{\sqrt{s^2+1}}\right)\frac{ds}{s}$$

ausdrücken; indem man s mit $\frac{1}{s}$ vertauscht, zeigt sich, dass das zu Ψ hinzukommende Glied

$$\int_0^\infty \left(\frac{1}{s+1} - \frac{1}{\sqrt{s^2+1}}\right)\frac{ds}{s} = \left[\log\frac{s+1}{s+\sqrt{s^2+1}}\right]_0^\infty,$$

d. h. $-\log 2$ ist. Man hat daher

$$\beta = \Psi(0) + \log 2$$

und hieraus (44, f).

D. Man hat Functionen der Veränderlichen θ auf zwei wesentlich verschiedene Arten in Reihen, die nach den Cylinderfunctionen fortschreiten, entwickelt, einmal nämlich nach Functionen $J_\nu(\theta)$, deren Index ν von Glied zu Glied sich ändert, das andere Mal nach Functionen $J_\nu(\lambda\theta)$, wobei man ν festhält und λ sich von Glied zu Glied ändert, sei es dass es die ganzen Zahlen durchlaufen soll, oder wie bei der Betrachtung des Wärmezustandes in einem Cylinder, die in unendlicher Anzahl vorhandenen Wurzeln einer gewissen transcendenten Gleichung mit reellen Wurzeln vorstellt.

Um einen Factor für die Beurtheilung des Verhaltens solcher Reihen in Bezug auf Convergenz zu gewinnen, hat man bei den ersteren, bei welchen ν wächst, in's Auge zu fassen, dass $\nu^p J_\nu(\theta)$, wie bereits S. 244 hervorgehoben wurde, für $\nu = \infty$ Null ist. Bei der zweiten Art von Reihen hat man aber $J_\nu(\theta)$, bei festgehaltenem ν, für $\theta = \infty$ zu untersuchen, wenn θ eine reelle Grösse bezeichnet.

Dazu bringt man die rechte Seite der Gleichung

$$\tfrac{1}{2}\pi i^\nu J_\nu(\theta) = \tfrac{1}{2}\int_0^\pi e^{i\theta\cos\varphi}\cos\nu\varphi\, d\varphi,$$

je nachdem ν gerade oder ungerade ist, in die Form

$$\int_0^{\frac{1}{2}\pi}\cos(\theta\cos\varphi)\cos\nu\varphi\, d\varphi, \quad i\int_0^{\frac{1}{2}\pi}\sin(\theta\cos\varphi)\sin\nu\varphi\, d\varphi.$$

Es wird genügen, an einem von den zwei Integralen, dem ersten, die weitere Behandlung durchzuführen. Macht man

$$\cos\varphi = 1-\alpha, \quad \cos\nu\varphi = f(\alpha),$$

so wird dasselbe gleich

$$(d) \ldots \quad \cos\theta\int_0^1 \frac{f(\alpha)\cos\alpha\theta}{\sqrt{\alpha(2-\alpha)}}\, d\alpha + \sin\theta\int_0^1 \frac{f(\alpha)\sin\alpha\theta}{\sqrt{\alpha(2-\alpha)}}\, d\alpha.$$

Aus der Formel des 4. Satzes auf S. 62 folgt, wenn man dort setzt

$$n = \theta, \quad \nu = \tfrac{1}{2}, \quad \varphi(\alpha) = f(\alpha)(2-\alpha)^{-\frac{1}{2}},$$

dass mit wachsendem θ jedes dieser Integrale multiplicirt mit $\sqrt{\theta}$ als Grenze hat

$$\varphi(0)\sqrt{\tfrac{1}{2}\pi} = \tfrac{1}{2}\sqrt{\pi},$$

so dass man für ein gerades ν erhält

$$(45) \ldots \quad i^\nu\sqrt{\pi\theta}\, J_\nu(\theta) = \cos\theta + \sin\theta, \quad (\theta = \infty)$$

und für ein ungerades ν

$$i^{\nu+1}\sqrt{\pi\theta}\, J_\nu(\theta) = \cos\theta - \sin\theta, \quad (\theta = \infty)$$

also der Ausdruck bei dieser ersten Annäherung nur in sofern abhängig von ν ist, als gerade und ungerade ν zu unterscheiden sind.

Dasselbe Verfahren liefert auch den Grenzwerth von $K_\nu(\theta)$ für $\theta = \infty$; im Querschnitt hat man

$$K_0(\theta) = \int_1^\infty \cos\theta\frac{dx}{\sqrt{x^2-1}} = \cos\theta\int_0^\infty \frac{\cos\alpha\theta\, d\alpha}{\sqrt{\alpha}\sqrt{2+\alpha}} - \sin\theta\int_0^\infty \frac{\sin\alpha\theta\, d\alpha}{\sqrt{\alpha}\sqrt{2+\alpha}},$$

was die Formel giebt

$$(45, a) \ldots \quad 2\sqrt{\theta}\, K(\theta) = \sqrt{\pi}(\cos\theta - \sin\theta); \quad (\theta = \infty),$$

da die Integrale von einer grossen Grenze h bis ∞ genommen für jedes θ mit wachsendem h beliebig klein werden. Derselbe Ausdruck gilt noch, wenn man K mit $i^\nu K_\nu$ vertauscht.

Stellt θ eine beliebige Zahl $a+bi$ vor und behält man die frühere Bezeichnung bei, so wird in dem vorhergehenden Ausdruck (d) der Factor von $\cos\theta$ jetzt

$$\int_0^1 \frac{f(\alpha)}{\sqrt{2-\alpha}}\left(\frac{\cos a\alpha}{\sqrt{\alpha}}\cos ib\alpha - \frac{\sin a\alpha}{\sqrt{\alpha}}\sin ib\alpha\right)d\alpha,$$

also wenn a in's Unendliche wächst, das Resultat (45) gefunden, wenn man rechts $\cos\theta + \sin\theta$ mit $\cos a + i \sin a$ vertauscht.

In dem gleichen Falle eines complexen θ, welches mit positivem imaginären Theile bi genommen wird, ist

$$i^\nu K_\nu(\theta) = \int_0^\infty e^{(-b+ia)\cos iu} \cos i\nu u\, du,$$

welches nach Einführung von $x = \cos iu$ sich in

$$\int_1^\infty e^{-bz} f(z)(\cos az + i \sin az) \frac{dz}{\sqrt{z^2-1}}$$

verwandelt, wenn $f(z)$ eine solche Function bezeichnet, dass $f(\cos iu) = \cos i\nu u$. Sucht man den Grenzwerth für $a = \infty$, so wird man wiederum statt des Integrales von 1 bis ∞ ein solches von 1 bis h setzen. Es ergiebt sich dann als Werth von $K_\nu(\theta)$, wenn $\theta = a + bi$, für $a = \infty$

$$2\sqrt{a}\, i^\nu K_\nu(a+bi) = \sqrt{\pi}(\cos a - \sin a) + i\sqrt{\pi}(\cos a + \sin a).$$

Hieraus wird für $i^\nu K_\nu$ im Querschnitt derselbe Werth erhalten, den man oben für K_0 fand.

Will man aber b unendlich werden lassen, so gelangt man zum Ziel durch folgendes Verfahren, welches ich hier nur für ein rein imaginäres Argument $i\theta$ angebe.

Dasselbe lässt sich am bequemsten auf die Functionen in der Form (m. vergl. (43) und (41, a))

$$1.3\ldots(2\nu-1)\; I_\nu(i\theta) = \frac{(i\theta)^\nu}{\pi} \int_0^\pi e^{-\theta\cos\varphi} \sin^{2\nu}\varphi\, d\varphi,$$

$$1.3\ldots(2\nu-1) K_\nu(i\theta) = (i\theta)^\nu \int_0^\infty e^{-\theta\cos iu} \sin^{2\nu} iu\, du$$

anwenden. Zunächst wird die rechte Seite der ersten Gleichung, abgesehen von einem constanten Factor

$$= e^\theta \theta^\nu \int_0^\pi e^{-2\theta\cos^2\frac{1}{2}\varphi} \sin^{2\nu}\varphi\, d\varphi = e^\theta (4\theta)^\nu \int_0^1 e^{-2\theta z} (z(1-z))^{\nu-\frac{1}{2}} dz.$$

Im Integrale setze man $2\theta z = x$ und erhält

$$\frac{2^\nu e^\theta}{\sqrt{2\theta}} \int_0^{2\theta} e^{-x} \left(1 - \frac{x}{2\theta}\right)^\nu x^{\nu-\frac{1}{2}} dx.$$

Man entnimmt Untersuchungen im § 41 über die Grenzen von P^n oder Q^n, dass die Grenze für $\theta = \infty$ des obigen Integrals sich nicht ändert, wenn es nur bis zur ε^{ten} Potenz von θ ausgedehnt wird $(0 < \varepsilon < 1)$, folglich gleich ist $\Pi(\nu - \frac{1}{2})$. Man hat demnach

$$(45, b) \ldots \quad e^{-\theta} J_\nu(i\theta) = \frac{i^\nu}{\sqrt{2\pi\theta}}, \quad e^\theta K_\nu(i\theta) = (-i)^\nu \sqrt{\frac{\pi}{2\theta}}, \quad (\theta = \infty).$$

Als Differentialgleichung von $J_0(\theta)$ für $\theta = \infty$ findet Poisson

$$(45, c) \ldots \quad d^2(z\sqrt{\theta}) + z\sqrt{\theta}\, d\theta^2 = 0,$$

da in der ursprünglichen Gleichung

$$d^2(z\sqrt{\theta}) + \left(1 + \frac{1}{4\theta^2}\right) z\sqrt{\theta}\, d\theta^2 = 0,$$

das Glied $1 : 4\theta^2$, als unendlich klein gegen 1, fortgelassen werden kann. Hieraus schliesst Poisson, dass J_0 die Form hat

$$J_0(\theta) = \frac{A\cos\theta + B\sin\theta}{\sqrt{\theta}},$$

Herr Neumann, dass auch K_0 die Form besitzt

$$K_0(\theta) = \frac{C\cos\theta + D\sin\theta}{\sqrt{\theta}}.$$

Die Constanten A und B findet Poisson gleich $\frac{1}{\sqrt{\pi}}$, in Uebereinstimmung mit unserer allgemeineren Formel (45). Herr Carl Neumann bemerkt, dass $J_\nu(\theta)$ und $K_\nu(\theta)$ dieselbe Form besitzen, wie J_0 und K_0; die Werthe selbst, welche ich für die Constanten A, B, C, D finde, sind bereits in (45) und (45, a) angegeben.

E. Herr Carl Neumann entwickelt in seiner Theorie der Bessel'schen Functionen $1:(y-x)$ in eine Reihe, welche convergirt so lange $\mathcal{M}x < \mathcal{M}y$, nämlich

$$(e) \ldots \quad \frac{1}{y-x} = \sum^{\infty} \varepsilon_\nu J_\nu(x) O_\nu(y),$$

wenn ε_ν eine numerische Constante vorstellt, nämlich die Zahl 2, so lange $\nu > 0$, aber 1 für $\nu = 0$ und $O_\nu(y)$ eine ganze Function von y^{-1} des Grades $\nu+1$ bezeichnet. Den O legt Herr N. den Namen der Bessel'schen Functionen zweiter Art bei, da sie hier neben den J, wie in (1;) die Q neben den P auftreten. Dadurch dass ich die K, welche in anderer Beziehung die Q vertreten, als Cylinderfunction zweiter Art bezeichne, wird keine Verwechselung entstehen.

Die Function O wird durch den Ausdruck dargestellt

$$(f) \ldots \quad \varepsilon_\nu O_\nu(x) = \frac{2^\nu \Pi\nu}{x^{\nu+1}}\left(1 + \frac{x^2}{2(2\nu-2)} + \frac{x^4}{2.4(2\nu-2)(2\nu-4)} + \cdots\right),$$

wenn die Reihe in der Parenthese bei geradem ν bis zu x^ν incl., bei ungeradem ν bis zu $x^{\nu-1}$ incl. fortgesetzt wird. Herr N. drückt die O ferner durch ein Integral aus, welches man auch auf die Form bringen kann

$$O_\nu(x) = \int_0^\infty e^{ix\sin iu}\left(\frac{e^{u\nu} + (-1)^\nu e^{-u\nu}}{2}\right)\cos iu\, du,$$

so dass es aus zwei Integralen von der Form resp.

$$\int_0^\infty e^{ix\sin iu}\cos i\nu u\, du,\quad \int_0^\infty e^{ix\sin iu}\sin i\nu u\, du$$

für ein ungerades oder gerades ν besteht.

Diese Formel benutzt Herr N. in ähnlicher Art wie es mit der entsprechenden für die Kugelfunctionen in der 2. Anmerkung zum § 45 geschah. Integrirt man um den Punkt $x = 0$ herum, so wird

$$\varepsilon_\nu \int J_\nu(y) O_n(y)\, dy = 2\pi i,$$

wenn $n = \nu$, sonst 0; ferner

$$\int J_\nu(y) J_n(y)\, dy = \int O_\nu(y) O_n(y)\, dy = 0,$$

es mögen n und ν gleich oder verschieden sein. Hierdurch ergiebt sich der Satz: Jede Function $f(x)$ von x, welche innerhalb eines Kreises mit dem Mittelpunkte 0 eindeutig und stetig bleibt, lässt sich innerhalb desselben in eine Reihe

$$f(x) = \sum_{\nu=0}^{\nu=\infty} \alpha_\nu J_\nu(x)$$

entwickeln, wo

$$\alpha_\nu = \frac{\varepsilon_\nu}{2\pi i} \int f(x) O^\nu(x)\, dx,$$

und die Integration positiv um den Kreis herum ausgeführt wird.

Im § 62 wird noch einmal über die Entwickelung nach J_ν und die Bestimmung der Coefficienten α hierbei gehandelt. Man vergl. dort (47, d). Nicht nur haben dort die Coefficienten α eine andere Form als hier, sondern auch der Bereich für die Gültigkeit ist verschieden, bei Herrn Neumann eine Fläche, nämlich ein Kreis, im Folgenden die Axe des Reellen.

Eine andere Entwickelung nach Cylinderfunctionen findet Herr Schloemilch im 2. Bande der von ihm herausgegebenen Zeitschrift S. 137—165 in einer Abhandlung über die Bessel'sche Function, der auch die von Bessel und Hansen berechneten Tafeln der Functionen J beigegeben sind. Er erhält

$$f(\theta) - f(0) = \frac{4}{\pi} \sum^{\infty}{}' J_0(2\nu\theta) \int_0^{\frac{1}{2}\pi} \cos 2\nu x\, dx \int_0^1 f'(xu) \frac{du}{\sqrt{1-u^2}}.$$

Dazu wird eine Function eingeführt

$$F(x) = \frac{4}{\pi} \sum^{\infty}{}' \cos 2\nu x \int_0^{\frac{1}{2}\pi} F(x) \cos 2\nu x\, dx;$$

aus dieser Gleichung folgt

$$(g) \dots \int_0^1 F(\theta x) \frac{dx}{\sqrt{1-x^2}} = 2\Sigma' J_0(2\nu\theta) \int_0^{\frac{1}{2}\pi} F(\theta) \cos 2\nu\theta \, d\theta.$$

Die linke Seite setze man gleich $\frac{1}{2}\pi f(\theta)$ und drücke F in dem Integral auf der rechten durch f aus. Eine Differentiation nach θ giebt die Gleichung

$$f'(\theta) = \frac{2}{\pi} \int_0^1 F'(\theta x) \frac{x\,dx}{\sqrt{1-x^2}};$$

ferner hat man offenbar

$$\int_0^\theta \int_0^{\sqrt{\theta^2-x^2}} \frac{F'(x)\,dx\,dy}{\sqrt{\theta^2-x^2-y^2}} = \tfrac{1}{2}\pi(F(\theta)-F(0)).$$

Führt man links Polarcoordinaten ein

$$x = r\cos\varphi, \quad y = r\sin\varphi,$$

wobei nach φ von 0 bis $\frac{1}{2}\pi$, nach r von 0 bis θ zu integriren ist, so entsteht links

$$\int_0^\theta \int_0^{\frac{1}{2}\pi} \frac{F'(r\cos\varphi) r\,dr\,d\varphi}{\sqrt{\theta^2-r^2}} = \theta \int_0^1 \frac{du}{\sqrt{1-u^2}} \int_0^1 F'(\theta u x) \frac{x\,dx}{\sqrt{1-x^2}},$$

folglich die Gleichung

$$F(\theta) - F(0) = \theta \int_0^1 f'(\theta u) \frac{du}{\sqrt{1-u^2}}.$$

Setzt man diesen Werth in den Ausdruck (g) ein und bemerkt, dass $F(0) = f(0)$, so entsteht die Formel des Herrn Schloemilch. Die Umkehrungsformel, mit Hülfe deren hier F durch f ausgedrückt wird, rührt von Abel her. Im 1. Bande des Crelle'schen Journals giebt dieser in der Abhandlung „Auflösung einer mechanischen Aufgabe" die Formel

$$f(x) = \frac{\sin n\pi}{\pi} \int_0^x \frac{da}{(x-a)^{1-n}} \int_0^a \frac{f'(z)\,dz}{(a-z)^n}$$

und wendet sie an um einen Bogen s zu finden aus der Relation

$$\varphi(a) = \int_0^a \frac{ds}{(a-x)^n}.$$

§ 62. Im 2. Kapitel wurde über die Entwickelung einer Function nach Kugelfunctionen P^n gehandelt; über die Berechtigung, solche Reihen, welche nach den Zugeordneten P_ν^n oder nach den $\mathfrak{P}_\nu^n$ fortschreiten, wenn ν festgehalten wird, durch Differentiation aus den ersteren abzuleiten, habe ich nichts zu bemerken, was für die Entwickelungen nach Kugelfunctionen specifisch und nicht in den allgemeinen Sätzen über die Differentiation von Reihen enthalten wäre. Wir wollen zunächst die Coefficienten b in einer derartigen gleichmässig convergenten Entwickelung

$$(46) \ldots \quad f(x) = \sum_{n=\nu}^{\infty} b^{(n)} P_\nu^n(x)$$

bestimmen. Hierauf werden wir in einer zweiten Entwickelung, nämlich nach den P mit veränderlichem untern Index,

$$(47) \ldots \quad f(x) = \sum_{\nu=0}^{\nu=n} c_\nu P_\nu^n(x),$$

die Coefficienten c aufsuchen.

Setzt man X_ν^n für $P_\nu^n(x)$, so wird es sich für die erste Entwickelung um eine ähnliche Aufgabe handeln wie im § **14**, nämlich um die Ermittelung des Integrales

$$\int_{-1}^{1} X_\nu^m X_\nu^n \, dx = (m, n),$$

welches man sowohl nach der ersten als nach der zweiten Methode des § 14 untersuchen kann. Wählt man die erste und setzt für die beiden Functionen X ihre Werthe aus (33), wonach

$$X_\nu^m X_\nu^n = \mathfrak{P}_\nu^n \mathfrak{P}_{-\nu}^m,$$

nimmt ferner für die $\mathfrak{P}$ ihre Ausdrücke nach S. 202 unter (b), so entsteht

$$(m, n) = \frac{\Pi(n+\nu)\Pi(m-\nu)}{\Pi(2n)\Pi(2m)} \int_{-1}^{1} \frac{d^{n-\nu}(x^2-1)^n}{dx^{n-\nu}} \cdot \frac{d^{m+\nu}(x^2-1)^m}{dx^{m+\nu}} \, dx.$$

Sollte m nicht gleich n sein, so sei n die grössere Zahl. Eine Reihe von successiven Integrationen durch Theile, bei denen man jedes Mal die Anzahl der Differentiationen des ersten Faktors erniedrigt, des zweiten erhöht, zeigt, dass das Integral auf der Rechten Null ist, wenn nicht $m = n$, da es sich nach $m - \nu$ Integrationen durch Theile in

$$(-1)^{m-\nu} \int_{-1}^{1} \frac{d^{n-m}(x^2-1)^n}{dx^{n-m}} \frac{d^{2m}(x^2-1)^m}{dx^{2m}} \, dx$$

verwandelt. Der letzte Faktor unter dem Integrale ist eine Constante, daher das Integral ausführbar und abgesehen von einer Constante, unbestimmt genommen, der $n-m-1^{te}$ Differentialquotient einer ganzen Function, die eine Anzahl n von Malen $x+1$ und $x-1$ als Faktor enthält. In den Grenzen ist das Integral daher Null. Wenn aber $m = n$, so wird es

$$= (-1)^{n-\nu} . \Pi(2n) \int_{-1}^{1} (x^2-1)^n \, dx = (-1)^\nu \frac{2}{2n+1} \cdot 4^n . \Pi n . \Pi n.$$

Hieraus ergiebt sich das Resultat, dessen Bedeutung im vollen Umfange erst im II. Theile hervortreten wird:

Setzt man

$$(46, a) \ldots \quad a_\nu^{(n)} = 2 \cdot \frac{[1.3.5\ldots(2n-1)]^2}{\Pi(n+\nu).\Pi(n-\nu)},$$

so wird

$$(46, b) \ldots \int_{-1}^{1} [P_\nu^n(x)]^2 dx = \frac{(-1)^\nu}{a_\nu^{(n)}} \frac{4}{(2n+1)}.$$

Ferner hat man die Gleichung

$$\int_{-1}^{1} P_\nu^n(x) P_\nu^m(x) dx = 0,$$

sobald m und n verschiedene ganze positive Zahlen vorstellen, die nicht unter ν liegen.

Als Coefficienten $b^{(n)}$ in (46) erhält man hieraus unmittelbar

$$(46, c) \ldots \quad b^{(n)} = (-1)^\nu \frac{2n+1}{4} \cdot a_\nu^{(n)} \int_{-1}^{1} f(x) P_\nu^n(x) dx.$$

Die Art, auf welche die Coefficienten b bestimmt werden, beweist zugleich die Einheit der Entwickelung in (46).

Bei der zweiten Entwickelung, in der Form (47), bestimmt man zunächst c_0, indem man $x = 1$ setzt, wodurch die rechte Seite sich auf c_0 reducirt. Man zeigt ferner, dass die Gleichungen bestehen

$$(47, a) \ldots \int_{-1}^{1} (X_\nu^n)^2 \frac{dx}{1-x^2} = \frac{(-1)^\nu}{\nu} \cdot \frac{2}{a_\nu^{(n)}}, \quad \nu > 0;$$

$$(47, b) \ldots \int_{-1}^{1} X_\mu^n . X_\nu^n \frac{dx}{1-x^2} = 0,$$

wenn μ und ν zwei verschiedene ganze Zahlen bezeichnen und zieht hieraus

$$(47, c) \ldots \quad f(x) = f(1) X^n + \tfrac{1}{2} \sum_{\nu=1}^{n} (-1)^\nu \nu a_\nu^{(n)} X_\nu^n \int_{-1}^{1} f(x) X_\nu^n \frac{dx}{1-x^2}.$$

Man beweist (47, b) aus der Differentialgleich. (36) der Zugeordneten nach der Methode, welche S. 68 als von Laplace herrührend bezeichnet wurde. Multiplicirt man nämlich die Gleich.

$$\left[\frac{\nu^2}{1-x^2} - n(n+1)\right] X_\nu^n dx = d\left[(1-x^2)\frac{dX_\nu^n}{dx}\right]$$

mit X_μ^n, integrirt dann nach x von -1 bis 1, so zeigt sich mit Hülfe der Integration durch Theile, dass die rechte Seite,

$$\int_{-1}^{1} X_\mu^n \, d\left[(1-x^2)\frac{dX_\nu^n}{dx}\right],$$

unverändert bleibt, wenn μ und ν unter einander vertauscht werden. Daher findet man

$$(\mu^2-\nu^2)\int_{-1}^{1} X_\mu^\nu X_\nu^n \frac{dx}{1-x^2} = 0$$

und dadurch (**47**, *b*).

Zum Beweise von (**47**, *a*) benutze ich eine Formel, die erst im II. Theile § **73** abgeleitet wird, da der Beweis sich zwar auch mit Hülfe von **33**, *a*—*b* führen lässt, jedoch dann eine etwas mühsamere Rechnung erfordert. Aus der erwähnten Formel folgt

$$P^n[x^2+(1-x^2)\cos\varphi] = \sum^{n}{}' (-1)^\nu a_\nu^{(n)} (X_\nu^n)^2 \cos\nu\varphi,$$

wo $a_\nu^{(n)}$ die Constante aus (**46**, *a*) bezeichnet, so dass das $\nu = 0$ angehörende Glied der Summe gleich $(X^n)^2$ ist. Man erhält also, wenn man auf die erzeugenden Functionen übergeht,

$$(\alpha) \ldots \int_{-x}^{x} \frac{dx}{(1-x^2)\sqrt{1-2\alpha[x^2+(1-x^2)\cos\varphi]+\alpha^2}}$$
$$-\int_{-x}^{x} \frac{dx}{(1-x^2)\sqrt{1-2\alpha x+\alpha^2}}$$
$$= \sum_{n=1}^{\infty} \alpha^n \sum_{\nu=1}^{n} (-1)^\nu a_\nu^{(n)} \cos\nu\varphi \int_{-x}^{x} (X_\nu^n)^2 \frac{dx}{1-x^2}.$$

Mit Hülfe der bekannten Formel

$$\int \frac{dx}{(1-x^2)\sqrt{a+bx^2}} = \frac{1}{\sqrt{a+b}} \log \frac{\sqrt{a+bx^2}+x\sqrt{a+b}}{\sqrt{1-x^2}}$$

findet man für das erste Integral

$$\frac{1}{1-\alpha}\log[x(1-\alpha)+\sqrt{1-2\alpha[x^2+(1-x^2)\cos\varphi]+\alpha^2}$$

weniger der Function $\frac{1}{2}\cdot\frac{1}{(1-\alpha)}\log(1-x^2)$, die von φ unabhängig ist, also ebenso wenig zur rechten Seite von (α) beiträgt, wie das zweite Integral auf der linken Seite von (α). Der Ausdruck von der Form $g+hx$, dessen Logarithmus zu nehmen ist, verwandelt sich für $-x$ statt x in $g-hx$, so dass

$$\log\frac{g+hx}{g-hx} = \log\frac{(g+hx)^2}{1-2\alpha\cos\varphi+\alpha^2} - \log(1-x^2).$$

Der letzte Theil ist unabhängig von φ; das Uebrige verwandelt sich für $x=1$ in

$$-\log(1-2\alpha\cos\varphi+\alpha^2)$$

vermehrt um einen von φ unabhängigen Theil, so dass die Entwickelung dieser Grösse nach Cosinus der Vielfachen von φ, dividirt durch $1-\alpha$, die rechte Seite von (α) liefert. Mit $\cos\nu\varphi$ ist links multiplicirt

$$\frac{2}{\nu}\cdot\frac{\alpha^\nu}{1-\alpha},$$

also $\frac{2}{\nu}$ mit $\alpha^\nu \cos\nu\varphi$. Vergleicht man hiermit den Faktor auf der Rechten von (α), so erhält man unmittelbar (47, a) und damit auch (47, c).

Durch einen Uebergang zur Grenze gelange ich von der Entwickelung einer Function nach Zugeordneten P_ν^n zu einer neuen, nämlich nach Cylinderfunctionen $J_\nu(\theta)$, in der ν, während θ festgehalten wird, alle Werthe von 0 bis ∞ durchläuft. In der That ergiebt sich aus der Gleichung (47, c)

$$(47,d)\ldots\quad f(\theta)=f(0)J_0(\theta)+\sum_{\nu=1}^{\infty}2\nu J_{2\nu}(\theta)\int_0^{\infty}(f(\theta)+f(-\theta))J_{2\nu}(\theta)\frac{d\theta}{\theta}$$
$$+\sum_{\nu=1}^{\infty}(2\nu-1)J_{2\nu-1}(\theta)\int_0^{\infty}(f(\theta)-f(-\theta))J_{2\nu-1}(\theta)\frac{d\theta}{\theta}.$$

Dieses Resultat beweist man sogleich nach den üblichen Methoden zur Bestimmung der Coefficienten, vorausgesetzt dass eine in gleichem Grade convergente Entwickelung von $f(\theta)$ nach den J möglich ist, mit Hülfe der Gleichungen

$$(47,e)\ldots\quad \int_0^{\infty}(J_\nu(\theta))^2\frac{d\theta}{\theta}=\frac{1}{2\nu},\quad (\nu>0),$$

$$(47,f)\ldots\quad \int_0^{\infty}J_\mu(\theta)J_\nu(\theta)\frac{d\theta}{\theta}=0,$$

die gelten, wenn μ und ν verschieden sind, aber $\mu-\nu$ eine gerade Zahl ist.

Für ungerade μ und ν beweist man diese beiden Formeln, und dadurch (47, d), mit Hülfe der Gleichung (14, b) auf S. 82,

$$\sin(\theta\cos\psi)=2\sum_{\nu=1}^{\infty}(-1)^{\nu-1}J_{2\nu-1}(\theta)\cos(2\nu-1)\psi.$$

Aus derselben folgt zunächst

$$(\beta)\ldots\quad 2\int_0^{\infty}\sin(\theta\cos\varphi)\sin(\theta\cos\psi)\frac{d\theta}{\theta}$$
$$=8\sum_{\mu\,\nu}^{\infty}(-1)^{\mu+\nu}\cos(2\mu-1)\varphi\cos(2\nu-1)\psi\int_0^{\infty}J_{2\mu-1}(\theta)J_{2\nu-1}(\theta)\frac{d\theta}{\theta};$$

das Integral auf der Linken transformirt man vermittelst der Formel

$$\frac{1}{\theta}=\frac{2}{\pi}\int_0^{\infty}\frac{dx}{\theta^2+x^2}$$

aus welcher folgt, wenn a und b positive reelle Zahlen bedeuten,

$$(\gamma) \dots \int_0^\infty \frac{\cos a\theta - \cos b\theta}{\theta} d\theta = \frac{2}{\pi}\int_0^\infty dx \int_0^\infty \frac{\cos a\theta - \cos b\theta}{\theta^2 + x^2} d\theta$$
$$= \int_0^\infty \frac{e^{-ax} - e^{-bx}}{x} dx.$$

Dies Integral ist bekanntlich gleich $\log b - \log a$. Um alle Bedenken wegen der Zeichen zu vermeiden, denke man sich zunächst φ und ψ kleiner als $\frac{1}{2}\pi$, ferner $\psi < \varphi$, und setze

$$a = \cos\psi - \cos\varphi \qquad b = \cos\psi + \cos\varphi.$$

Dann wird die linke Seite von (β) gleich

$$\log\frac{\cos\psi + \cos\varphi}{\cos\psi - \cos\varphi} = \log\operatorname{cotg}\tfrac{1}{2}(\varphi + \psi) + \log\operatorname{cotg}\tfrac{1}{2}(\varphi - \psi).$$

Vermittelst der bekannten Formel $(0 < x < \pi)$

$$\tfrac{1}{2}\log\operatorname{cotg}\tfrac{1}{2}x = \cos x + \frac{\cos 3x}{3} + \frac{\cos 5x}{5} + \cdots$$

verwandelt sich die linke Seite von (β) in

$$4\sum_1^\infty \frac{1}{2n-1}\cos(2n-1)\varphi\cos(2n-1)\psi.$$

Die rechte Seite von (β) ist symmetrisch nach φ und ψ; man kann daher ψ grösser als φ nehmen, darf auch φ und ψ zwischen $\frac{1}{2}\pi$ und π wählen, weil durch Vertauschung von φ mit $\pi - \varphi$ beide Seiten ihr Zeichen, nicht ihren Zahlwerth ändern. Hieraus folgt für ungerade μ und ν sofort zuerst die Gleichung (47, f), dann (47, e).

Für gerade μ und ν bedarf es eines etwas complicirteren Beweises, indem man zwar wieder eine Gleichung wie (β) durch Multiplication zweier Reihen bildet, von denen aber nur eine J_0 enthalten darf, damit in dem Produkte das Glied $J_0 . J_0$ fehle. Man betrachtet deshalb, indem

$$\cos(\theta\cos\psi) = J_0(\theta) + 2\sum_1^\infty(-1)^\nu J_{2\nu}(\theta)\cos 2\nu\psi,$$

das Integral

$$(\delta) \dots 2\int_0^\infty \cos(\theta\cos\varphi)[\cos(\theta\cos\psi) - \cos(\theta\cos\chi)]\frac{d\theta}{\theta},$$

welches man in die Summe zweier Integrale wie die linke Seite von (γ) zerlegt. In dem einen ist

$$a = \cos\varphi + \cos\psi \qquad b = \cos\varphi + \cos\chi,$$

in dem andern

$$a = \cos\varphi - \cos\psi \qquad b = \cos\varphi - \cos\chi.$$

Führt man die Integration aus, so erhält man für (δ)

$$\frac{2\cos 2\nu\varphi}{\nu}(\cos 2\nu\psi - \cos 2\nu\psi_1)$$

und dadurch unmittelbar die Gleichungen 47, e—f für gerade μ und ν.

Anmerk. Herr Neumann findet durch seine, hier im § 61, E

erwähnten, Untersuchungen folgende Entwickelungen

$$\begin{aligned}
1 &= J_0 + 2J_2 + 2J_4 + \cdots, \\
\theta^2 &= 2\Sigma \nu\nu J_\nu, \\
\theta^4 &= 2\Sigma(\nu-2)\nu\nu(\nu+2)J_\nu, \\
\theta^6 &= 2\Sigma(\nu-4)(\nu-2)\nu\nu(\nu+2)(\nu+4)J_\nu, \\
&\cdots\cdots\cdots\cdots\cdots \\
\theta &= 2\Sigma n J_n, \\
\theta^3 &= 2\Sigma(n-1)n(n+1)J_n, \\
\theta^5 &= 2\Sigma(n-3)(n-1)n(n+1)(n+3)J_n, \\
&\cdots\cdots\cdots\cdots\cdots
\end{aligned}$$

wenn nach ν über alle geraden, nach n über alle ungeraden positiven Zahlen summirt wird. Diese Formeln erhält man übrigens sehr leicht durch Differentiation nach $\cos\varphi$, die ersteren von $\cos(\theta\cos\varphi)$, welches man eine gerade Anzahl Male, die anderen von $\sin(\theta\cos\varphi)$, welches man eine ungerade Anzahl Male differentiirt, wenn man nach vollendeter Differentiation $\cos\varphi = 0$ setzt. Z. B. wird durch einmalige Differentiation von $\sin(\theta\cos\varphi)$ erhalten

$$\theta\cos(\theta\cos\varphi) = 2J_1 - 2J_3 \frac{d\cos 3\varphi}{d\cos\varphi} + 2J_5 \frac{d\cos 5\varphi}{d\cos\varphi} + \cdots$$

und setzt man $\varphi = \frac{1}{2}\pi$ die Neumann'sche Entwickelung für θ.

Will man diese Gleichungen auch aus der Formel (47, d) ableiten, so setze man

$$f(\theta) = e^{-\varepsilon\theta}\theta^n,$$

entwickele zunächst diese allgemeinere Function durch (47, d) nach den J und setze nachher $\varepsilon = 0$, da sich sehr wohl der Werth des Integrals

$$\int_0^\infty e^{-\varepsilon\theta}\theta^{n-1}J_\nu(\theta)\,d\theta$$

auf den es hierbei ankommt und seine Grenze für $\varepsilon = 0$, nicht aber das Integral, wenn man vor der Integration ε gleich Null macht, bestimmen lässt. Aus einer Formel auf S. 243 ersieht man, dass die Grenze ist

$$i^\nu 1.3\ldots(2n-3).P_\nu^{n-1}(0).$$

Von diesen Werthen haben wir für die Entwickelung nur solche zu benutzen, in denen $n-\nu$ gerade ist; diese sind aber nach S. 207 0 wenn $n-1 \geqq \nu$, und

$$(-1)^\nu.(\nu-n+2)(\nu-n+4)\ldots(\nu+n-2)$$

wenn $n-1 < \nu$, endlich 1 wenn $n=1$. Die Zusammenstellung dieser Resultate giebt sofort die obigen Formeln.

Endlich bemerke man, dass wegen (*c*) auf S. 244 unter selbstverständlichen Voraussetzungen die Entwickelung eines jeden Differentialquotienten von $f(\theta)$ nach Cylinderfunctionen bekannt ist, wenn man die von $f(\theta)$ kennt.

§ 63. Aus der Verwandtschaft der P und Q oder der $\mathfrak{P}$ und $\mathfrak{Q}$ mit den hypergeometrischen Reihen folgt, dass zwischen solchen Functionen $\mathfrak{P}_\nu^n$, etc., deren obere oder untere Indices sich um ganze Zahlen unterscheiden, Gleichungen stattfinden werden, welche den Charakter derer tragen, die Gauss als Relationes inter functiones contiguas aufgestellt hat. Von diesen theile ich einige mit; das Argument der Functionen P_ν^n oder Q_ν^n ist hier x, so dass P_ν^n mit X_ν^n übereinkommt. Man findet, wenn $\nu \leqq n$, die Recursionsformeln

$$(48) \ldots \quad xP_\nu^n = P_\nu^{n+1} + \frac{(n+\nu)(n-\nu)}{(2n+1)(2n-1)} P_\nu^{n-1},$$

$$(a) \ldots \quad (n+\nu+1)P_\nu^n = \frac{2(\nu+1)x}{\sqrt{x^2-1}} P_{\nu+1}^n + (n-\nu-1)P_{\nu+2}^n,$$

$$(b) \ldots \quad \sqrt{x^2-1}\, P_{\nu+1}^{n+1} = xP_\nu^{n+1} - \frac{(n+\nu+1)}{2n+1} P_\nu^n,$$

$$(c) \ldots \quad \frac{4m^2x^2}{x^2-1} P_\nu^n = \frac{2\nu^2(\nu^2-1-n^2-n)}{\nu^2-1} P_\nu^n$$
$$+ \frac{\nu(n-\nu)(n-\nu-1)}{\nu+1} P_{\nu+2}^n + \frac{(n+\nu)(n+\nu-1)}{\nu-1} P_{\nu-2}^n.$$

Die Gleichungen für die Q sind diesen ganz ähnlich, z. B. erhält man

$$xQ_\nu^n = Q_\nu^{n-1} + \frac{(n+1-\nu)(n+1+\nu)}{(2n+1)(2n+3)} Q_\nu^{n+1},$$

$$(n+\nu+2)Q_{\nu+2}^n = \frac{2(\nu+1)x}{\sqrt{x^2-1}} Q_{\nu+1}^n + (n-\nu)Q_\nu^n,$$

$$(n+\nu+2)\sqrt{x^2-1}\, Q_{\nu+1}^{n+1} + (n+1-\nu)xQ_\nu^{n+1} = (2n+3)Q_\nu^n.$$

Die letzte ebenso wie (*b*) verificirt man unmittelbar; die vorletzte ebenso wie (*a*) ist eine unmittelbare Folge der Differentialgleich. (23) für $z^{(\nu)}$, indem

$$d\mathfrak{P}_{-\nu}^n = (n-\nu)\mathfrak{P}_{-\nu-1}^n\, dx, \quad d\mathfrak{Q}_{-\nu}^n = -(n+\nu+1)\mathfrak{Q}_{-\nu-1}^n\, dx.$$

Die Gleichung (48) verdanke ich einer gefälligen Mittheilung des Herrn Wangerin. Zu ihrer Ableitung kann man von dem speciellen Falle $\nu = 0$ ausgehen, in welchem sie bekannt, nämlich die Gleichung (16) ist. Differentiirt man diese νmal nach x, so wird erhalten

$$(n+1)d^\nu X^{n+1} - (2n+1)x\,d^\nu X^n + n\,d^\nu X^{n-1} = \nu(2n+1)d^{\nu-1}X^n dx.$$

Die rechte Seite lässt sich nach (16, b) mit $\nu d^\nu(X^{n+1} - X^{n-1})$ vertauschen; indem man schliesslich berücksichtigt, dass

$$d^\nu X^n = \frac{1.3\ldots(2n-1)}{1.2\ldots(n-\nu)}\mathfrak{P}^n_{-\nu}\,dx^\nu,\quad \mathfrak{P}^n_\nu = (x^2-1)^{\frac{1}{2}\nu}P^n_\nu,$$

erhält man (48) und auf ganz ähnliche Art die entsprechende Gleichung für die Q.

Den Beweis der Formel (c) führt man auf folgende Art, wobei zur Vereinfachung der obere Index n überall fortgelassen wird: Durch Differentiation von P_ν und $P_{-\nu}$ findet man

$$(d)\ldots\quad \frac{dP_\nu}{dx} = \frac{n-\nu}{\sqrt{x^2-1}}P_{\nu+1} + \frac{\nu x}{x^2-1}P_\nu$$

$$\frac{dP_\nu}{dx} = \frac{n+\nu}{\sqrt{x^2-1}}P_{\nu-1} - \frac{\nu x}{x^2-1}P_\nu.$$

Hieraus folgt

$$\sqrt{x^2-1}\,\frac{dP_\nu}{dx} = (n+\nu)P_{\nu-1} + (n-\nu)P_{\nu+1}.$$

Mit Hülfe der Gleichung (a), aus der man zieht

$$(e)\ldots\quad \frac{2\nu x}{\sqrt{x^2-1}}P_\nu = (n+\nu)P_{\nu-1} - (n-\nu)P_{\nu+1},$$

findet man nach einer Multiplication mit $2x:\sqrt{x^2-1}$ die folgende:

$$4x\frac{dP_\nu}{dx} = -\frac{2n(n+1)}{\nu^2-1}P_\nu - \frac{(n-\nu)(n-\nu-1)}{\nu+1}P_{\nu+2}$$
$$+\frac{(n+\nu)(n+\nu-1)}{\nu-1}P_{\nu-2}.$$

Aus (d) zieht man einen Ausdruck für $x\frac{dP_\nu}{dx}$ durch die Grössen

$$\frac{x^2P_\nu}{x^2-1},\quad \frac{x}{\sqrt{x^2-1}}P_{\nu+1},$$

von denen man die letzte vermittelst (e) durch P_ν und $P_{\nu+2}$ ausdrückt. Auf diese Art ergiebt sich (c).

Fünftes Kapitel.

Die Kettenbrüche.

§ 64. Die Verwendung der Kettenbrüche zur genauen oder angenäherten Berechnung des Verhältnisses zweier rationalen Zahlen f_0 und f_1 führt Herr Günther *) auf Daniel Schwenter zurück, Professor zu Altdorf im ersten Viertel des 17. Jahrhunderts, und citirt dessen Deliciae Physico-Mathematicae, Nürnberg 1636, S. 111.

Man transformirt das Verhältniss der beiden Grössen f_0 und f_1, die man sich zunächst als ganze Zahlen denken mag, durch eine Reihe von Divisionen, indem man setzt

$$\frac{f_0}{f_1} = \lambda_0 + \frac{f_2}{f_1},$$
$$\frac{f_1}{f_2} = \lambda_1 + \frac{f_3}{f_2}, \quad \ldots,$$

wo die Grössen f_2, f_3, etc. ganze Zahlen bezeichnen und die Divisionen in der üblichen Art ausgeführt werden, d. h. so dass f_2, f_3, etc. die kleinsten positiven Reste bei den einzelnen Divisionen werden, die λ daher ganze, und, eventuell mit Ausnahme von λ_0 positive Zahlen. Der hierdurch entstehende Kettenbruch

$$\frac{f_0}{f_1} = \lambda_0 + \cfrac{1}{\lambda_1 + \cfrac{1}{\lambda_2 + \cdots + \cfrac{1}{\lambda_n + \cfrac{f_{n+1}}{f_n}}}},$$

besitzt erstens Eigenschaften, welche unabhängig von dieser bestimmten Art der Division sind, und die sich wieder finden, sobald ein System Grössen f, λ, μ durch lineare Gleichungen von der Form

$$(a) \ldots \quad \begin{aligned} f_0 &= \lambda_0 f_1 - \mu_1 f_2, \\ f_1 &= \lambda_1 f_2 - \mu_2 f_3, \\ f_2 &= \lambda_2 f_3 - \mu_3 f_4, \quad \ldots \end{aligned}$$

zusammenhängt, wobei es völlig gleichgültig bleibt, ob die f, λ, μ Zahlen oder irgend welche Functionen veränderlicher Grössen sind; das System (a) drückt aus, dass zwischen ihnen eine Differenzengleichung zweiter Ordnung

$$\mu_{n+1} \Delta^2 f_n + (2\mu_{n+1} - \lambda_n) \Delta f_n + (\mu_{n+1} - \lambda_n + 1) f_n = 0$$

*) Darstellung der Näherungswerthe von Kettenbrüchen in independenter Form. Erlangen 1873.

besteht. Diese Eigenschaften gehen auch dann nicht völlig verloren, wenn nicht, wie hier im Systeme (a), drei sondern eine grössere Anzahl von f durch homogene lineare Gleichungen zusammenhängen.

Zunächst stelle ich von den erwähnten formalen Beziehungen die bekannteren zusammen, die sich auf den Kettenbruch *)

$$(b) \ldots \quad \sigma = \lambda_0 - \cfrac{\mu_1}{\lambda_1 - \cfrac{\mu_2}{\lambda_2 - \cdots - \cfrac{\mu_n}{\lambda_n}}}$$

beziehen, welcher mit dem Systeme (a) zusammenhängt. Wir bezeichnen diesen Bruch durch

$$\sigma = \left| \begin{matrix} & \mu_1 & \mu_2 & \ldots & \mu_{n-1} & \mu_n \\ \lambda_0 & \lambda_1 & \lambda_2 & \ldots & \lambda_{n-1} & \lambda_n \end{matrix} \right|.$$

Das Einrichten des Bruchs. Setzt man

$$\begin{aligned} Z_0 &= \lambda_0, & N_0 &= 1, \\ Z_1 &= \lambda_1 \lambda_0, & N_1 &= \lambda_1, \\ Z_2 &= \lambda_2 Z_1 - \mu_2 Z_0, & N_2 &= \lambda_2 N_1 - \mu_2 N_0, \\ &\ldots\ldots & &\ldots\ldots \\ (c) \ldots \quad Z_\iota &= \lambda_\iota Z_{\iota-1} - \mu_\iota Z_{\iota-2}, & N_\iota &= \lambda_\iota N_{\iota-1} - \mu_\iota N_{\iota-2}, \end{aligned}$$

so lässt sich zeigen, dass für jeden Werth des Index ι die Gleichung stattfindet

$$(d) \ldots \quad \frac{Z_\iota}{N_\iota} = \left| \begin{matrix} & \mu_1 & \mu_2 & \ldots & \mu_\iota \\ \lambda_0 & \lambda_1 & \lambda_2 & \ldots & \lambda_\iota \end{matrix} \right|.$$

Dieser Ausdruck heisst Näherungsbruch von σ und ist für $\iota = n$ der Bruch σ selbst. Z_ι und N_ι heissen die ι^{ten} Näherungs-Zähler und Nenner von σ. Der Beweis der Gleichung (d) wird, wie bekannt, durch vollständige Induction geführt.

Die Näherungszähler genügen sonach einem System linearer Gleichungen welches dem Systeme (a) ähnlich ist, und zugleich der Differenzengleichung

$$\Delta^2 Z_\iota + (2 - \lambda_{\iota+2}) \Delta Z_\iota + (1 + \mu_{\iota+2} - \lambda_{\iota+2}) Z_\iota = 0;$$

der Nenner N_ι ist eine Lösung derselben Gleichung.

Den Zählern und Nennern Z und N giebt Herr Painvin **)

---

*) Wenn es sich um Entwickelungen von Functionen σ handelt, so wendet man häufig diese Form an; bei Entwickelungen von Zahlen σ vertauscht man die Partialzähler $-\mu$ in der Regel mit μ.

**) Liouville, J. d. M. Sér. II, T. III, 1858: Sur un certain système d'équations linéaires p. 41—46. Herr Günther citirt in seiner Schrift, welche übrigens reich die Form einer Determinante, welche in einigen Fällen mit Vortheil angewandt werden kann. Ich zerlege die Grössen μ auf eine ganz beliebige Art in Produkte, so dass $\mu_m = a_m b_m$; dann wird offenbar Z_ι die Determinante

$$\begin{vmatrix} \lambda_0 & b_1 & 0 & 0 & 0 & \ldots & 0 & 0 & 0 & 0 \\ a_1 & \lambda_1 & b_2 & 0 & 0 & \ldots & 0 & 0 & 0 & 0 \\ 0 & a_2 & \lambda_2 & b_3 & 0 & \ldots & 0 & 0 & 0 & 0 \\ 0 & 0 & a_3 & \lambda_3 & b_4 & \ldots & 0 & 0 & 0 & 0 \\ 0 & 0 & 0 & a_4 & \lambda_4 & \ldots & 0 & 0 & 0 & 0 \\ . & . & . & . & . & . & . & . & . & . \\ 0 & 0 & 0 & 0 & 0 & \ldots & \lambda_{\iota-3} & b_{\iota-2} & 0 & 0 \\ 0 & 0 & 0 & 0 & 0 & \ldots & a_{\iota-2} & \lambda_{\iota-2} & b_{\iota-1} & 0 \\ 0 & 0 & 0 & 0 & 0 & \ldots & 0 & a_{\iota-1} & \lambda_{\iota-1} & b_\iota \\ 0 & 0 & 0 & 0 & 0 & \ldots & 0 & 0 & a_\iota & \lambda_\iota \end{vmatrix},$$

während N_ι die Determinante vom Grade ι ist, welche durch Weglassung der ersten Horizontal- und der ersten Vertikalreihe aus der obigen erhalten wird. Diese Determinante ist so gebildet, dass wenn c_n^m das Glied der m^{ten} Horizontal- und der n^{ten} Vertikalreihe bezeichnet, c_n^m immer Null ist, sobald die Differenz der Indices m und n die Einheit überschreitet. Ein Beispiel für die Anwendung giebt Herr Painvin selbst. Ich verwende unten diese Form bei den Functionen des elliptischen Cylinders und den Lamé'schen Functionen (II. Theil, IV. Kapitel) in der Art, dass ich μ in gleiche Faktoren zerlege, also setze $a_m = b_m = \sqrt{\mu_m}$ und dadurch eine Verbindung mit Coefficienten orthogonaler Substitutionen herstelle.

Wenn man die Abhängigkeit des Näherungszählers von den Partialzählern μ und Partialnennern λ für jeden Index ι durch

$$(e) \ldots \quad Z_\iota = (\lambda_0;\ \mu_1, \lambda_1;\ \mu_2, \lambda_2;\ \ldots\ \mu_\iota, \lambda_\iota)$$

---

an historischen Nachweisen ist, S. 27 den Inhalt dieser Abhandlung des Herrn Painvin nicht ganz genau, wie es scheint nur nach einem Citat, welches er in meiner Abhandlung im 56. Bande des Borchardt'schen Journals S. 79 gefunden hat und nicht völlig richtig wiedergiebt. (Ich sage nämlich dort, die angegebene Gleichung folge aus den Formeln des Hrn. Painvin und nicht, sie sei die Formel des Hrn P.). Die Arbeit des Herrn Painvin erledigt in der That, wie mir scheint, alles wesentliche über die Darstellung der Kettenbrüche durch solche Determinanten. Herr Günther durfte nicht annehmen, dass dem Herrn Painvin oder anderen Mathematikern, die sich mit diesem Gegenstand beschäftigen, der Zusammenhang solcher linearen Gleichungen mit den Kettenbrüchen, der seit Euler ganz bekannt ist, entgangen sei, wenn sie ihn auch nicht da erwähnen, wo er keine Rolle spielt.

andeutet, so folgt mit Anwendung desselben Zeichens

$$(e') \ldots \quad N_\iota = (\lambda_1;\ \mu_2, \lambda_2;\ \ldots\ \mu_\iota, \lambda_\iota).$$

Aus dem Bildungsgesetz (c) der Zähler und Nenner Z und N folgt, dass der Kettenbruch für $Z_\iota : Z_{\iota-1}$ oder $N_\iota : N_{\iota-1}$ einfach mit dem für $Z_\iota : N_\iota$ verbunden ist. Man hat nämlich

$$(f) \ldots \quad \frac{Z_\iota}{Z_{\iota-1}} = \left|\begin{matrix} \mu_\iota & \mu_{\iota-1} & \ldots & \mu_2 & \mu_1 \\ \lambda_\iota & \lambda_{\iota-1} & \lambda_{\iota-2} & \ldots & \lambda_1 & \lambda_0 \end{matrix}\right|,$$

$$\frac{N_\iota}{N_{\iota-1}} = \left|\begin{matrix} \mu_\iota & \mu_{\iota-1} & \ldots & \mu_3 & \mu_2 \\ \lambda_\iota & \lambda_{\iota-1} & \lambda_{\iota-2} & \ldots & \lambda_2 & \lambda_1 \end{matrix}\right|.$$

Ebenso zieht man aus (c)

$$(g) \ldots \quad Z_{\iota-1} N_\iota - N_{\iota-1} Z_\iota = \mu_1 \mu_2 \ldots \mu_\iota,$$

woraus folgt, zunächst

$$\frac{Z_{\iota-1}}{N_{\iota-1}} - \frac{Z_\iota}{N_\iota} = \frac{\mu_1 \mu_2 \ldots \mu_\iota}{N_{\iota-1} N_\iota},$$

und dann allgemein

$$(h) \ldots \quad \frac{Z_\iota}{N_\iota} - \frac{Z_{\iota+\varepsilon}}{N_{\iota+\varepsilon}}$$

$$= \mu_1 \mu_2 \ldots \mu_{\iota+1} \left(\frac{1}{N_\iota N_{\iota+1}} + \frac{\mu_{\iota+2}}{N_{\iota+1} N_{\iota+2}} + \frac{\mu_{\iota+2} \ldots \mu_{\iota+3}}{N_{\iota+2} N_{\iota+3}} + \cdots + \frac{\mu_{\iota+2} \ldots \mu_{\iota+\varepsilon}}{N_{\iota+\varepsilon-1} N_{\iota+\varepsilon}} \right),$$

wenn ι und ε positive ganze Zahlen bedeuten und $\iota + \varepsilon$ ein im Kettenbruche σ noch vorkommender Index ist.

Durch das System (a) kann man (M. vergl. S. 102) eine lineare homogene Gleichung zwischen je drei Functionen f mit verschiedenen Indices herstellen. Diejenigen, welche vorzugsweise Anwendung finden, sind die Euler'schen

$$\begin{aligned} (i) \ldots \quad f_0 &= Z_{\iota-1} f_\iota - \mu_\iota Z_{\iota-2} f_{\iota+1} \\ f_1 &= N_{\iota-1} f_\iota - \mu_\iota N_{\iota-2} f_{\iota+1} \\ \mu_1 \mu_2 \ldots \mu_\iota f_{\iota+1} &= Z_{\iota-1} f_1 - N_{\iota-1} f_0, \end{aligned}$$

von denen die letzte sich aus den beiden ersten unmittelbar durch (g) ergiebt, die beiden ersten aber durch vollständige Induction bewiesen werden, indem man in ihnen f_ι durch $\lambda_\iota f_{\iota+1} - \mu_{\iota+1} f_{\iota+2}$ ersetzt.

Ist eine Grösse σ in einen Kettenbruch (b) nach irgend einem Principe entwickelt, so lässt sich eine Grösse $\sigma_{\iota+1}$ von der Beschaffenheit finden, dass der ι^{te} Näherungsbruch, wenn man in ihm λ_ι durch $\lambda_\iota - \frac{\mu_{\iota+1}}{\sigma_{\iota+1}}$ ersetzt, genau gleich σ wird. In der That braucht man nach (d) dieses $\sigma_{\iota+1}$ nur so zu bestimmen, dass

$$\sigma = \frac{\sigma_{\iota+1} . Z_\iota - \mu_{\iota+1} . Z_{\iota-1}}{\sigma_{\iota+1} . N_\iota - \mu_{\iota+1} . N_{\iota-1}}.$$

Die Auflösung dieser linearen Gleichung giebt

$$(k) \dots \quad \sigma_{\iota+1} = \mu_{\iota+1} \frac{\sigma N_{\iota-1} - Z_{\iota-1}}{\sigma N_\iota - Z_\iota}.$$

Ich stelle die folgenden hierher gehörenden leicht abzuleitenden Gleichungen zusammen:

$$\sigma = \begin{vmatrix} & \mu_1 & \dots & \mu_\iota & \mu_{\iota+1} \\ \lambda_0 & \lambda_1 & \dots & \lambda_\iota & \sigma_{\iota+1} \end{vmatrix},$$

$$Z_\iota - \sigma N_\iota = \frac{\mu_1 \mu_2 \dots \mu_{\iota+1}}{\sigma_{\iota+1} N_\iota - \mu_{\iota+1} N_{\iota+1}} = \frac{\mu_1 \mu_2 \dots \mu_{\iota+1}}{\sigma_1 \sigma_2 \dots \sigma_{\iota+1}}.$$

Ist, wie im Systeme (a), $\sigma = f_0 : f_1$, so wird $\sigma_2 = f_\iota : f_{\iota+1}$.

§ 65. Wir kommen nun zu den Eigenschaften der Kettenbrüche, welche nicht formaler Natur sind, sondern das Wesen der entwickelten Grösse σ treffen und von den Principien abhängen, nach welchen man entwickelt, also die λ und μ wählt.

Zunächst betrachten wir den Fall, dass die f oder σ feste Zahlen, nicht Functionen von Veränderlichen sind. Wir schicken ihn voraus, da die Behandlung des andern Falles diesem nachgebildet ist; dort können freilich die Sätze nicht immer mit derselben Bestimmtheit ausgesprochen werden, wie hier.

α) In diesem Falle heben wir als Hauptform des Kettenbruchs die Form

$$(a) \dots \quad \sigma = \lambda_0 + \cfrac{1}{\lambda_1 + \cfrac{1}{\lambda_2 + \dots + \cfrac{1}{\lambda_\iota + \cfrac{1}{\sigma_{\iota+1}}}}}$$

hervor, und nennen diejenige Entwickelung die wahre Entwickelung, in welcher sämmtliche λ ganze Zahlen bezeichnen, die höchstens mit Ausnahme von λ_0 positiv sind, $\sigma_{\iota+1}$ aber irgend eine positive Zahl, welche grösser als 1 ist.

Für jede Zahl σ giebt es eine und nur eine wahre Entwickelung von $\iota+1$ Gliedern. Denn liegt der Bruch (a) vor, so ist

$$\sigma_\iota = \lambda_\iota + \frac{1}{\sigma_{\iota+1}}$$

positiv und > 1, ebenso $\sigma_{\iota-1}$, etc., σ_1. Es sind ferner, sobald σ gegeben war, λ_0 und σ_1 vollständig bestimmt. In der That kann eine Zahl σ nur auf eine Art in die Summe einer ganzen Zahl und eines positiven Restes zerlegt werden, der < 1. Eine weitere Zerlegung von σ_1 zeigt, dass auch λ_1 bestimmt ist etc. Wir handeln jetzt von der wahren Entwickelung.

Der Kettenbruch heisst ein endlicher, wenn an einer Stelle die Entwickelung nach dem einmal festgestellten Bildungsgesetze nicht weiter fortgeführt werden kann, sondern abgeschlossen ist, wie hier, wenn $\sigma_{\iota+1}$ für einen Index ι eine positive ganze Zahl wird, die selbstverständlich wenigstens 2 ist.

Eine rationale Zahl kann in einen geschlossenen Kettenbruch von der Form (a) entwickelt werden, wie ein bekanntes Divisionsverfahren zeigt. Wegen der Einheit der Entwickelung zieht man hieraus:

Der Kettenbruch für eine rationale Zahl ist geschlossen, für eine irrationale Zahl unendlich.

Bei einer wahren Entwickelung bilden die Nenner eine wachsende Reihe positiver Zahlen. Aus der letzten Gleichung im vorigen Paragraphen folgt

$$\sigma - \frac{Z_\iota}{N_\iota} = \frac{(-1)^\iota}{\sigma_1 \sigma_2 \ldots \sigma_{\iota+1} . N_\iota};$$

daher nähern sich die Näherungsbrüche mit wachsendem Index ι stetig der Zahl σ und sind abwechselnd grösser und kleiner als σ. Aus § 64, h folgt bei einem unendlichen Kettenbruch, dass σ durch die convergente Reihe

$$\sigma = \lambda_0 + \frac{1}{N_1} - \frac{1}{N_1 N_2} + \frac{1}{N_2 N_3} - \cdots$$

dargestellt wird.

β) Einige Eigenschaften mit diesen Kettenbrüchen gemein haben solche in der allgemeinen Form (b) des § 64, in welchen alle λ_ι, μ_ι und $\lambda_\iota - \mu_\iota - 1$ positiv sind. Ich zeige, dass dieselben sich in Kettenbrüche mit nur positiven Gliedern verwandeln lassen.

Zur Abkürzung bezeichne man an dieser Stelle Theile jenes Kettenbruchs σ durch τ, setze nämlich

$$\tau_\iota = \frac{\mu_\iota}{\lambda_\iota - \tau_{\iota+1}},$$

so dass $\sigma = \lambda_0 - \tau_1$. Dann ist

$$\sigma = \lambda_0 - 1 + 1 - \tau_1 = \lambda_0 - 1 + \frac{\lambda_1 - \tau_2 - \mu_1}{\lambda_1 - \tau_2} = \lambda_0 - 1 + \cfrac{1}{1 + \cfrac{\mu_1}{\lambda_1 - \mu_1 - \tau_2}}.$$

Durch dasselbe Verfahren transformirt man den Nenner $\lambda_1 - \mu_1 - \tau_2$ in

$$\lambda_1 - \mu_1 - 1 + \cfrac{1}{1 + \cfrac{\mu_2}{\lambda_2 - \mu_2 - \tau_3}}$$

und fährt so fort, indem man am Schlusse des Kettenbruchs $\tau_{n+1} = 0$ setzt. Man hat also σ in der That auf die Form eines aus positiven Gliedern ω und λ bestehenden Bruches gebracht, nämlich auf die Form

$$\sigma = \left| \begin{matrix} & -1 & -\mu_1, & -1 & -\mu_2 & -1 \ldots \\ \lambda_0 - 1 & 1 & \lambda_1 - \mu_1 - 1 & 1 & \lambda_2 - \mu_2 - 1 & 1 \ldots \end{matrix} \right|.$$

War $\lambda_0 > 2$, so ist der Bruch σ noch ausserdem > 1. M. vergl. die Anwendung im § 104, 2.

Dasselbe Resultat erhält man in dem günstigeren Falle, dass die μ nur theilweise positiv sind; man hat dann nicht nöthig, bei allen Gliedern das obige Verfahren anzuwenden, erhält aber nicht eine so völlig gleichartige Endformel wie hier.

Es möge hier an die Arbeit des Herrn Seidel aus den Abhandlungen der bayr. Akademie*) erinnert werden, der im § 4 solche Kettenbrüche betrachtet, bei denen sämmtliche μ positiv und gleich 1 sind, und findet, dass der Fall, in welchem die λ nicht unter 2 liegen, eine Scheide für die „reguläre Classe" bilde. Es hängt dies unmittelbar mit unserem Satze zusammen, der dort, wo $\mu_\iota = 1$, für die Transformation verlangt, dass $\lambda_\iota - 2$ nicht negativ werde.

γ) Von den Resultaten, welche die beiden scharfsinnigen Forscher auf dem Gebiete der Kettenbrüche, die Herren Stern und Seidel, gefunden haben, sei bei dieser Zusammenstellung noch ein Satz erwähnt, welchen Herr Seidel in seiner Habilitationsschrift, München 1846, und Herr Stern im 37. Bande des Crelle'schen Journals für den Fall gefunden haben, dass sämmtliche λ positiv und sämmtliche μ negativ sind: Läuft der Bruch in's Unendliche fort, so convergiren seine Näherungsbrüche zu einer bestimmten Grenze, wenn von den beiden Reihen

---

*) II. Cl. VII. Bd. III. Abth. Bemerkungen über den Zusammenhang zwischen dem Bildungsgesetze eines Kettenbruchs und der Art des Fortgangs seiner Näherungsbrüche, München 1855.

$$(b) \ldots \quad \lambda_0 + \lambda_2 \frac{\mu_1}{\mu_2} + \lambda_4 \frac{\mu_1 \mu_3}{\mu_2 \mu_4} + \lambda_6 \frac{\mu_1 \mu_3 \mu_5}{\mu_2 \mu_4 \mu_6} + \cdots$$

$$\lambda_1 + \lambda_3 \frac{\mu_2}{\mu_3} + \lambda_5 \frac{\mu_2 \mu_4}{\mu_3 \mu_5} + \lambda_7 \frac{\mu_2 \mu_4 \mu_6}{\mu_3 \mu_5 \mu_7} + \cdots$$

wenigstens eine divergirt. Convergiren beide, so haben die Näherungsbrüche keine Grenze.

§ 66. Bei der Entwickelung einer Function σ in einen Kettenbruch kommen vorzugsweise zwei Methoden in Betracht. Die erste schliesst sich der Art an, auf welche man im § 65 unter (α) eine reelle Zahl in einen Kettenbruch entwickelt, und wird in solchen Fällen angewandt, wo σ eine Reihe giebt, die nach absteigenden Potenzen der Veränderlichen, die x heisse, geordnet ist. Man setzt dazu

$$\sigma = \lambda_0 - \frac{1}{\sigma_1}, \quad \sigma_1 = \lambda_1 - \frac{1}{\sigma_2}, \quad \sigma_2 = \lambda_2 - \frac{1}{\sigma_3}, \quad \cdots$$

wo λ_0, λ_1, λ_2, etc. ganze Functionen von x sind, und die σ mit x zugleich unendlich werden. Auf diese Art erhält man für σ einen ganz bestimmten Kettenbruch

$$(a) \ldots \quad \sigma = \left| \begin{matrix} 1 & \ldots & 1 & 1 \\ \lambda_0 & \lambda_1 & \ldots & \lambda_\iota & \sigma_{\iota+1} \end{matrix} \right|,$$

in welchem die λ ganze Functionen, wenigstens vom ersten Grade, bezeichnen, und $\sigma_{\iota+1}$ für $x = \infty$ unendlich wird. Diese Entwickelung spielt die Rolle der wahren im § 65; auch sie ist nur auf eine Art möglich. Sie ändert sich nicht wesentlich, wenn man den μ irgend welche constante Werthe ertheilt; es hört nur die Einheit der Entwickelung auf, was übrigens mehr die Form als den Inhalt der Sätze trifft, die für diese Art der Entwickelung gelten.

Die zweite Entwickelung bezieht sich auf Reihen σ, die nach aufsteigenden Potenzen einer Grösse $x - c$ geordnet sind, wenn c eine Constante bezeichnet, die bei unseren Anwendungen Null wird. Man erhält sie indem man setzt

$$\sigma = \lambda_0 - \frac{\mu_1}{\sigma_1}, \quad \sigma_1 = \lambda_1 - \frac{\mu_2}{\sigma_2}, \quad \cdots$$

und unter λ_0, λ_1, etc. Constante, unter μ ganze Functionen von x und unter den σ solche Functionen von x versteht, die für $x = 0$ einen endlichen Werth geben. Unter diesen spielen im Folgenden die Brüche eine Hauptrolle, in welchen alle λ gleich 1 sind, und die μ ganze Functionen ersten Grades bezeichnen, also die Brüche der Form

$$(b) \ldots \quad \sigma = 1 - \frac{a_1 x}{\sigma_1}, \quad \sigma_{\iota-1} = 1 - \frac{a_\iota x}{\sigma_\iota},$$

wenn die a Constante vorstellen. Auch diese Entwickelung ist nur auf eine Art möglich.

Einen Kettenbruch von der Form (b) kann man in einen anderen, welcher der Form (a) angehört, verwandeln, indem man statt x seinen reciproken Werth einführt, und setzt $x = y^{-1}$. Dadurch wird zunächst

$$\sigma = \left| \begin{matrix} & a_1 & a_2 & a_3 & a_4 & \ldots & a_{2\iota} \\ 1 & y & 1 & y & 1 & \ldots & \sigma_{2\iota} \end{matrix} \right|.$$

Macht man

$$\tau_{2\iota} = \cfrac{a_{2\iota}}{1 - \cfrac{a_{2\iota+1}}{y - \tau_{2\iota+2}}},$$

wo nur zum Schlusse des ganzen Kettenbruchs eine selbstverständliche Modification eintritt, so ist

$$\sigma = 1 - \frac{a_1}{y - \tau_2},$$

ferner

$$\tau_2 = a_2 + \frac{a_2 a_3}{y - a_3 - \tau_4}, \quad \tau_4 = a_4 + \frac{a_4 a_5}{y - a_5 - a_6}, \quad \ldots.$$

Also kann man schliesslich mit Herrn Heilermann*) dem Kettenbruch (b) auch folgende Form geben:

$$(c) \ldots \quad \sigma =$$

$$\left| \begin{matrix} & a_1 & a_2 a_3 & a_4 a_5 & & a_{2\iota-4} a_{2\iota-3} & a_{2\iota-2} a_{2\iota-1} & a_{2\iota} \\ 1 & y - a_2 & y - a_3 - a_4 & y - a_5 - a_6 & \ldots & y - a_{2\iota-3} - a_{2\iota-2} & y - a_{2\iota-1} & \sigma_{2\iota} \end{matrix} \right|.$$

§ 67. Einige von den vorhergehenden Untersuchungen wenden wir nun auf einen besonders wichtigen Kettenbruch an, den nämlich, in welchen Gauss den Quotienten zweier hypergeometrischen Reihen F entwickelt hat. Man setzt

$$f_0 = F(\alpha, \beta, \gamma, x), \quad f_1 = F(\alpha, \beta + 1, \gamma + 1, x),$$

und allgemein

---

*) Crelle, Journal f. M. 33. Bd. § 5, S. 184—185. Herr Günther beweist die folgende Form (c) in seiner Schrift S. 69—75. Sein Verfahren, die Anwendung der Zähler und Nenner von Kettenbrüchen in Form von Determinanten, scheint sich in diesem Falle nicht besonders zu empfehlen.

$$f_{2\iota-1} = F(\alpha+\iota-1, \beta+\iota, \gamma+2\iota-1, x), \quad f_{2\iota} = F(\alpha+\iota, \beta+\iota, \gamma+2\iota, x),$$
$$a_{2\iota-1} = \frac{(\alpha+\iota-1)(\gamma+\iota-\beta-1)}{(\gamma+2\iota-2)(\gamma+2\iota-1)}, \quad a_{2\iota} = \frac{(\beta+\iota)(\gamma+\iota-\alpha)}{(\gamma+2\iota-1)(\gamma+2\iota)}.$$

Indem man die Differenz $f_\iota - f_{\iota+1}$ bildet, erkennt man sofort, dass die Functionen f ein System linearer Gleichungen, wie (a) S. 260 erfüllen, worin alle λ gleich 1 sind und $\mu_\iota = a_\iota x$, nämlich das System

$$f_0 = f_1 - a_1 x f_2, \; \ldots, \; f_{\iota-1} = f_\iota - a_\iota x f_{\iota+1}, \; \ldots.$$

Man erhält daher für den Quotienten $f_0 : f_1$ den Kettenbruch, der die Form (b) des § 66 besitzt,

$$(a) \ldots \quad \frac{f_0}{f_1} = \left| \begin{matrix} a_1 x & a_2 x & \ldots \\ 1 & 1 & 1 & \ldots \end{matrix} \right|.$$

Diesen Kettenbruch, oder vielmehr den reciproken für $f_1 : f_0$ hat Gauss in den disquis. gen. circa ser. inf. etc. abgeleitet. Aus dem Vorstehenden entnimmt man, dass man ihm auch die Form geben kann

$$(b) \ldots \quad \frac{F(\alpha, \beta, \gamma, y^{-1})}{F(\alpha, \beta+1, \gamma+1, y^{-1})} = \left| \begin{matrix} & a_1 & a_2 a_3 & a_4 a_5 & \ldots \\ 1 & y-a_2 & y-a_3-a_4 & y-a_5-a_7 & \ldots \end{matrix} \right|,$$

so dass die einzelnen Partial-Zähler und Nenner, wenn man von dem ersten absieht, sämmtlich ein gleiches Gesetz befolgen, während die des ursprünglichen Gauss'schen ein alternirendes, da a_1, a_3, a_5 nach einem Gesetz, a_2, a_4, etc. nach einem andern fortschreiten.

Im I. Zusatz zu diesem Kapitel wird gezeigt, auf welche Art ich zu einfachen Ausdrücken für die Näherungs-Zähler und Nenner dieses Kettenbruchs und ebenso des allgemeineren gelangte, der sich auf solche Reihen bezieht, welche als allgemeinere hypergeometrische im Zusatze zum II. Kapitel behandelt wurden. In Folge der späteren Untersuchungen Riemann's (Meine hauptsächlichen Resultate theilte ich im Januar 1857 in Borchardt's Journal mit) über die hypergeometrischen Reihen erscheinen diese Resultate auch noch unter anderen Gesichtspunkten. M. vergl. eine Arbeit des Herrn Thomae im 70. Bande von Borchardt's Journal. Hier beschäftigen wir uns mit den besonderen Methoden zur Gewinnung solcher Näherungswerthe für die specielleren hypergeometrischen Reihen, in denen eines der beiden ersten Elemente gleich 1 ist. Zwar wäre es für die Theorie der Kugelfunctionen ausreichend allein die logarithmische Reihe zu betrachten, doch liegt die allgemeinere Auffassung in dem Interesse der Darstellung des speciellen Falles.

Aus S. 143—144 weiss man, dass diejenige Lösung der Differentialgl., welche $F(\alpha, \beta, \gamma, x)$ ist so lange $\mathcal{M} x < 1$, in der ganzen Ebene mit Ausnahme der Strecke auf der Abscissenaxe von $x = 1$ bis ∞ eindeutig und continuirlich fortgesetzt werden kann. Herr Thomé weist im 66. und 67. Bde von Borchardt's Journal nach, dass der oben erwähnte einfache Ausdruck für den ι^{ten} Näherungsbruch mit wachsendem ι sich wirklich der Grenze $f_0 : f_1$ nähert, wenn f_0 und f_1 die Reihen $F(\alpha, \beta, \gamma, x)$ und $F(\alpha, \beta+1, \gamma+1, x)$ resp. ihre Fortsetzungen vorstellen. Herr Thomé hat dort die S. 144 angewandte Grösse z eingeführt, und gründet seinen Beweis darauf, dass er zeigt, die Grenze von

$$(1+z)^{-2\iota} F(\alpha+\iota, \beta+\iota, \gamma+2\iota, x)$$

und seiner Fortsetzung, für ein wachsendes ι, sei

$$(1-z)^{\gamma-\alpha-\beta-\frac{1}{2}}(1+z)^{\alpha+\beta-\frac{1}{2}}.$$

Indem ich Herrn Thomé als den citirte, welcher die Convergenz des Kettenbruchs bewiesen habe, glaube ich dem Gebrauche zu folgen, nach welchem man einen derartigen Beweis demjenigen zuzuschreiben pflegt, der ihn nicht nur selbständig gefunden hat, sondern ihn auch fertig in einer Form vorlegt, bei der den Mathematikern eine Einsicht und Prüfung möglich ist. Mir ist wohl bekannt, dass Herr Thomae im 70. Bande des Borchardt'schen Journals mittheilt, Riemann habe das Resultat bewiesen, von dem hier gehandelt wird. Auch enthält Riemann's Nachlass (vergl. Werke S. 400) ein denselben Gegenstand betreffendes Fragment in italienischer Sprache aus dem Jahre 1863 Sullo svolgimento del quoziente di due serie ipergeometriche in frazione continua infinita. Herr Thomé führt dazu in die Differentialgleichung der hypergeometrischen Reihe jene Grösse z als unabhängige Veränderliche ein, und Riemann gebraucht in dem Fragment, zu dem gleichen Zwecke, die im § 41 erwähnten Prinzipien von Laplace für das Euler'sche Integral, welches die Reihe summirt.

Gauss wendet in seiner Methodus nova integralium valores per approx. inven. seine allgemeinen Untersuchungen über die Kettenbrüche bei hypergeometrischen Reihen auf die specielle Reihe

$$\tfrac{1}{2}\log\frac{x+1}{x-1} = \frac{1}{x} F(\tfrac{1}{2}, 1, \tfrac{3}{2}, x^{-2})$$

an. Indem man $\alpha = \frac{1}{2}$, $\beta = 0$, $\gamma = \frac{1}{2}$, und x^{-2} für x setzt, findet man aus (a) auf S. 269

$$\tfrac{1}{2}\log\frac{x+1}{x-1} = \left|\begin{matrix} & -x^{-1} & a_1 x^{-2} & a_2 x^{-2} & \dots \\ 0 & 1 & 1 & 1 & \dots \end{matrix}\right|,$$

wo die Werthe der a sind

$$(c) \dots \quad a_1 = \frac{1.1}{1.3}, \quad a_2 = \frac{2.2}{3.5}, \quad a_3 = \frac{3.3}{5.7}, \quad \dots .$$

Transformirt man den Kettenbruch durch einfache Hülfsmittel, so erhält man hieraus

$$(d) \ldots \quad \tfrac{1}{2}\log\frac{x+1}{x-1} = \left|\begin{matrix} & -1 & 1^2 & 2^2 & 3^2 & \ldots \\ 0 & x & 3x & 5x & 7x & \ldots \end{matrix}\right|.$$

Die Nenner dieses Kettenbruchs und ebenso gewisse hier vorkommende Reste sind es, deren merkwürdigen Zusammenhang mit den Kugelfunctionen Gauss entdeckte (M. vergl. die zweite Note auf S. 92); über diesen Zusammenhang soll hier gehandelt werden. Es ist aber hierbei gar nicht erforderlich, dass der Kettenbruch als bereits bekannt vorausgesetzt werde; man hat nur vorläufig vorauszusetzen, dass der Logarithmus sich überhaupt in die Form

$$\left|\begin{matrix} & -c_1 & c_2 & c_3 & \ldots \\ 0 & x+b_1 & x+b_2 & x+b_3 & \ldots \end{matrix}\right|$$

entwickeln lasse. Um die Betrachtung etwas zu vereinfachen, versuche man sogleich, dem Bruche solche Form zu geben, in der sämmtliche b Null sind; die Methode selbst würde zeigen, dass sie in der That Null sein müssen, wenn überhaupt die Entwickelung möglich sein soll.

Die Zähler und Nenner eines solchen Kettenbruchs werden nach dem Bildungsgesetz (c) auf S. 261

$$Z_1 = c_1, \quad Z_2 = c_1 x_1, \quad \ldots, \quad Z_\iota = xZ_{\iota-1} - c_\iota Z_{\iota-2}, \quad \ldots,$$
$$N_1 = x, \quad N_2 = x^2 - c_2, \quad \ldots, \quad N_\iota = xN_{\iota-1} - c_\iota N_{\iota-2}, \quad \ldots,$$

so dass $Z_{\iota+1}$ und N_ι nach x vom Grade ι sind. Wenn nun σ die Function ist, welche durch einen Kettenbruch ausgedrückt werden soll, also hier der Logarithmus, so erhält man aus (h) auf S. 263 für $\varepsilon = \infty$

$$(e) \ldots \quad N_\iota\sigma - Z_\iota = c_1 c_2 \ldots c_{\iota+1}\left[\frac{1}{N_{\iota+1}} + \frac{c_{\iota+2}N_\iota}{N_{\iota+1}N_{\iota+2}} + \cdots\right].$$

Ordnet man nach absteigenden Potenzen von x, so beginnt die rechte Seite daher mit der $-(\iota+1)^{\text{ten}}$ Potenz, und setzt man

$$N_\iota = \varkappa_0 x^\iota + \varkappa_1 x^{\iota-1} + \varkappa_2 x^{\iota-2} \cdots + \varkappa_\iota,$$

so folgt aus der linken Seite von (e), dass in dem Produkte

$$N_\iota\left(x^{-1} + \frac{x^{-3}}{3} + \frac{x^{-5}}{5} + \cdots\right)$$

die -1te, -2te, ... $-\iota^{\text{te}}$ Potenz von x (incl.) fehlen, ihre Coefficienten also Null sind. Diese Bedingung ist die charakteristische dafür, dass N_ι der ι^{te} Näherungsnenner eines Kettenbruchs für σ sein soll; sie reicht, wie sich zeigen wird, genau zur Bestimmung der sämmtlichen Constanten $\varkappa$ im Nenner N_ι aus, da $\varkappa_0 = 1$, wie das Bildungsgesetz der $\varkappa$ zeigt. Der Zähler Z_ι

ist schliesslich die ganze Function, welche bei der Multiplication von N mit σ entsteht. Es sind für die Bestimmung der $\varkappa$ nun zwei Fälle zu unterscheiden.

1) Ist ι gerade, so enthält N_ι offenbar nur gerade Potenzen von x, so dass $\varkappa_1$, $\varkappa_3$, ... Null sind. In dem Produkte von N_ι mit der Reihe fallen dann von selbst die geraden Potenzen von x fort, und zur Bestimmung der $\varkappa$ dienen die Bedingungen, dass die -1te, -3te, ... $-(\iota-1)^{\text{te}}$ fortfallen müssen. Jede von diesen Forderungen wird durch eine lineare Gleichung zwischen den $\varkappa$ ausgedrückt, so dass man $\frac{1}{2}\iota$ lineare Gleichungen erhält, ebenso viele wie es Unbekannte $\varkappa$ giebt. Diese Gleichungen sind

$$\frac{\varkappa_\iota}{1} + \frac{\varkappa_{\iota-2}}{3} + \cdots + \frac{\varkappa_0}{\iota+1} = 0$$

$$\frac{\varkappa_\iota}{3} + \frac{\varkappa_{\iota-2}}{5} + \cdots + \frac{\varkappa_0}{\iota+3} = 0$$

$$\cdot \quad \cdot \quad \cdot \quad \cdot \quad \cdot \quad \cdot \quad \cdot \quad \cdot \quad \cdot \quad \cdot \quad \cdot \quad \cdot \quad \cdot \quad \cdot$$

$$\frac{\varkappa_\iota}{\iota-1} + \frac{\varkappa_{\iota-2}}{\iota-1} + \cdots + \frac{\varkappa^0}{2\iota-1} = 0,$$

indem nämlich die Ausdrücke auf der Linken gerade die Coefficienten vorstellen von x zur Potenz -1, -3, ... $-(\iota-1)$ in dem Produkte $\frac{1}{2}N_\iota \log\frac{x+1}{x-1}$.

2) Ist ι ungerade, so hat N die Form

$$N_\iota = x(\varkappa_0 x^{\iota-1} + \varkappa_2 x^{\iota-3} + \cdots \varkappa_{\iota-1}),$$

besitzt also $\frac{1}{2}(\iota-1)$ unbekannte Coefficienten, die so zu bestimmen sind, dass im Produkte die Coefficienten von x zur Potenz -2, -4, ... $-(\iota-1)$ fortfallen. Man hat also wiederum so viele lineare Gleichungen als es Unbekannte $\varkappa$ giebt, nämlich $\frac{1}{2}(\iota-1)$. Diese Gleichungen sind

$$\frac{\varkappa_{\iota-1}}{3} + \frac{\varkappa_{\iota-3}}{5} + \cdots + \frac{\varkappa_0}{\iota+2} = 0$$

$$\frac{\varkappa_{\iota-1}}{5} + \frac{\varkappa_{\iota-3}}{7} + \cdots + \frac{\varkappa_0}{\iota+4} = 0$$

$$\cdot \quad \cdot \quad \cdot \quad \cdot \quad \cdot \quad \cdot \quad \cdot \quad \cdot \quad \cdot \quad \cdot \quad \cdot \quad \cdot \quad \cdot \quad \cdot$$

$$\frac{\varkappa_{\iota-1}}{\iota} + \frac{\varkappa_{\iota-3}}{\iota+2} + \cdots + \frac{\varkappa_0}{2\iota-1} = 0.$$

Solche Systeme von Gleichungen hat G a u s s in der erwähnten Arbeit über mechanische Quadraturen aufgestellt; er giebt im § 18 die Unbekannten x an, welche er durch ein von ihm nicht näher bezeichnetes Verfahren*) ermittelt. Darauf leitete Jacobi**) die von Gauss gefundenen Resultate auf eine neue Art ab, welche weiter unten mitgetheilt wird. Endlich habe ich die Systeme linearer Gleichungen verallgemeinert, dann durch directe Elimination der Unbekannten gelöst und dadurch die Resultate von Gauss, welche sich auf die logarithmische Reihe bezogen, auch auf alle hypergeometrischen übertragen, deren erstes oder zweites Element gleich 1 wird, später auch auf die durch ein fünftes Element q verallgemeinerte.

Das System, auf dessen Lösung es bei jener hypergeometrischen Reihe ankommt, bei welcher α und γ allgemein bleiben aber β gleich 1 wird, besteht aus ν linearen Gleichungen

$$(f) \ldots \quad k_\nu + \frac{\alpha}{\gamma} k_{\nu-1} + \frac{\alpha(\alpha+1)}{\gamma(\gamma+1)} k_{\nu-2} + \cdots + \frac{\alpha(\alpha+1)\ldots(\alpha+\nu-1)}{\gamma(\gamma+1)\ldots(\gamma+\nu-1)} k_0 = 0$$

$$k_\nu + \frac{\alpha+1}{\gamma+1} k_{\nu-1} + \frac{(\alpha+1)(\alpha+2)}{(\gamma+1)(\gamma+2)} k_{\nu-2} + \cdots + \frac{(\alpha+1)(\alpha+2)\ldots(\alpha+\nu)}{(\gamma+1)(\gamma+2)\ldots(\gamma+\nu)} k_0 = 0$$

. . . .

Man erhält sämmtliche ν Gleichungen aus der ersten, indem man α und γ zugleich successive um 1, 2, ... $\gamma-1$ Einheiten erhöht. Aus der ersten und zweiten von diesen eliminire man auf gewöhnliche Art $k_{\nu-n}$ und findet dadurch die Eliminationsgleichung

$$n k_\nu + (n-1) \frac{\alpha}{\gamma+1} k_{\nu-1} + (n-2) \frac{\alpha(\alpha+1)}{(\gamma+1)(\gamma+2)} k_{\nu-2} + \cdots$$
$$\cdots + (n-\nu) \frac{\alpha(\alpha+1)\ldots(\alpha+\nu-1)}{(\gamma+1)(\gamma+2)\ldots(\gamma+\nu)} k_0 = 0;$$

die Elimination von $k_{\nu-n}$ aus je zwei aufeinanderfolgenden Gleichungen des Systemes wird man erhalten, indem man in der vorstehenden ersten α und γ zugleich um 1, 2, ... $\nu-2$ Einheiten vermehrt. Man hat daher aus dem ersten System von ν Gleichungen ein zweites von $\nu-1$ Gleichungen abgeleitet, dessen erste Gleichung aus der ersten des ursprünglichen Systems dadurch entsteht, dass ihre Unbekannten aus k_ν, $k_{\nu-1}$, etc. allgemein aus $k_{\nu-\iota}$ werden

---

*) Facile autem animadvertimus, has functiones generaliter exprimi posse per etc.

**) Crelle, Journal f. Math. Bd. I: Ueber Gauss neue Methode, die Werthe der Integrale näherungsweise zu finden.

***) Crelle, Journal f. Math. Bd. XXXII: Schreiben an Jacobi über Verwandlung von Reihen in Kettenbrüche, und Bd. XXXIV: Untersuchungen über die Reihe

$$1 + \frac{(1-q^\alpha)(1-q^\beta)}{(1-q)(1-q^\gamma)} x + \ldots,$$

II. Abschnitt; Bd. 57: Ueber die Zähler und Nenner von Kettenbrüchen.

$$nk_\nu, \quad (n-1)k_{\nu-1}, \quad \ldots \quad (n-\iota)k_{\nu-\iota}, \quad \ldots,$$

während in den Coefficienten der ursprünglichen γ mit $\gamma+1$ vertauscht wird. Eliminirt man p Unbekannte k mit den Indices $\nu-n_1$, $\nu-n_2$, $n-\nu_3$, etc., so wird daher die erste Gleichung des neuen Systems aus der ersten des ursprünglichen erhalten, wenn man in derselben jede Unbekannte $k_{\nu-\iota}$ mit

$$(n_1-\iota)(n_2-\iota)\ldots(n_p-\iota)k_{\nu-\iota}$$

vertauscht und γ mit $\gamma+p$. Eliminirt man eine Anzahl $p=\nu-1$ mal, nämlich alle k ausser k_0 und einem k mit einem bestimmten Index, der $\nu-m$ heissen möge, so wird daher die erste Gleichung des neuen Systems, welches sich dann auf diese einzige Gleichung reducirt:

$$\sum_{\iota=0}^{\iota=\nu}(n_1-\iota)(n_2-\iota)\ldots(n_{\nu-1}-\iota)\frac{\alpha\,(\alpha+1)\ldots(\alpha+\iota-1)}{(\gamma+\nu-1)(\gamma+\nu)\ldots(\gamma+\nu+\iota-2)}k_{\nu-\iota}=0,$$

in der n_1, n_2, ... $n_{\nu-1}$ alle Zahlen 1, 2, ... ν ausser der bestimmten m bedeuten, so dass die ganze Summe aus nur zwei Gliedern besteht, und man erhält

$$k_m=(-1)^m.\frac{\nu(\nu-1)\ldots(\nu-m+1).(\alpha+\nu-1)(\alpha+\nu-2)\ldots(\alpha+\nu-m)}{1.2\ldots m\,(\gamma+2\nu-2)(\gamma+2\nu-3)\ldots(\gamma+2\nu-m-1)}k_0.$$

Löst man auf ganz ähnliche Art ein System linearer Gleichungen, dessen erste ist

$$k_\nu+\frac{1-q^\alpha}{1-q^\gamma}k_{\nu-1}+\cdots+\frac{(1-q^\alpha)(1-q^{\alpha+1})\ldots(1-q^{\alpha+\nu-1})}{(1-q^\gamma)(1-q^{\gamma+1})\ldots(1-q^{\gamma+\nu-1})}k_0=0$$

und dessen folgende entstehen, wenn man in dieser ersten α und γ zugleich für die zweite Gleichung in $\alpha+1$, $\gamma+1$ verwandelt, für die dritte in $\alpha+2$, $\gamma+2$, etc., so findet man, indem wieder $k_0=1$ gesetzt wird,

$$k_m=(-1)^m q^{\frac{1}{2}m(m-1)}\frac{(1-q^\nu)(1-q^{\nu-1})\ldots(1-q^{\nu+\iota-m})}{(1-q)(1-q^2)\ldots(1-q^m)}$$
$$\times\frac{(1-q^{\alpha+\nu-1})(1-q^{\alpha+\nu-2})\ldots(1-q^{\alpha+\nu-m})}{(1-q^{\gamma+2\nu-2})(1-q^{\gamma+2\nu-3})\ldots(1-q^{\gamma+2\nu-m-1})}.$$

Die hier gewonnenen Ausdrücke wenden wir auf die beiden vorliegenden specielleren Systeme linearer Gleichungen an, indem wir wegen des ersten setzen

$$\alpha=\tfrac{1}{2},\quad \gamma=\tfrac{3}{2},\quad \nu=\tfrac{1}{2}\iota,$$

ferner $k_0=\varkappa_0$, $k_1=\varkappa_2$, ... $k_\mu=\varkappa_{2\mu}$ und erhalten

$$k_{2m}=(-1)^m\frac{\iota(\iota-1)\ldots(\iota-2m+1)}{2.4\ldots(2m).(2\iota-1)(2\iota-3)\ldots(2\iota-2m+1)},$$

so dass man durch Einsetzung der Coefficienten findet

$$N_\iota=P_0^\iota(x).$$

Für das zweite System setzt man

$$\alpha=\tfrac{3}{2}\qquad \gamma=\tfrac{5}{2}\qquad \nu=\frac{\iota-1}{2}$$

und findet dadurch offenbar dasselbe Resultat wie im vorigen Falle:

Der ι^{te} Näherungsnenner des Kettenbruchs von der

Form

$$\begin{vmatrix} & -c_1 & c_2 & c_3 & \ldots \\ 0 & x & x & x & \ldots \end{vmatrix}$$

für $\frac{1}{2}\log(x+1)-\frac{1}{2}\log(x-1)$ ist gleich $P_0^\iota(x)$; ferner der Zähler Z_ι gleich der ganzen Function von x, welche bei der Multiplication jener logarithmischen Grösse mit $N_\iota = P_0^\iota(x)$ entsteht.

Den Kettenbruch selbst, wie er oben angegeben wurde, findet man aus den nun bekannten Nennern durch die Gleichung

$$N_\iota = xN_{\iota-1} - c_\iota N_{\iota-2};$$

setzt man für die N ihre Werthe, so erhält man also c_ι gleich dem Coefficienten von $x^{\iota-2}$ in der Differenz $xP_0^{\iota-1} - P_0^\iota$, demnach

$$c_0 = -1, \quad c_\iota = \frac{(\iota-1)(\iota-1)}{(2\iota-3)(2\iota-1)},$$

und dies ist das frühere $a_{\iota-1}$ auf S. 270.

Hätte man auf S. 271 nicht angenommen, dass alle b Null sind, so würde sich hier die Nothwendigkeit, sie sämmtlich Null zu setzen, herausgestellt haben.

Aus dem Vorhergehenden ist schon ersichtlich, dass sich ähnliche Resultate auch für die hypergeometrische Reihe $F(\alpha, 1, \gamma, x)$ herausstellen werden. Um diese zu gewinnen, setze ich

$$F(\alpha, 1, \gamma, x) = \begin{vmatrix} & -1 & a_1x & a_2x & \ldots \\ 0 & 1 & 1 & 1 & \ldots \end{vmatrix},$$

und erhalte

$$\begin{aligned} Z_1 &= 1, & Z_2 &= 1, & \ldots \quad Z_{\iota+1} &= Z_\iota - a_\iota x, \\ N_1 &= 1, & N_2 &= 1-a_1x, & \ldots \quad N_{\iota+1} &= N_\iota - a_\iota x. \end{aligned}$$

Es wird sich hierbei zeigen, dass die Constanten a dieselben sind, welche am Anfang des § 67 in dem allgemeinen Kettenbruch von Gauss vorkommen, wenn man dort $\beta = 0$ setzt und $\gamma+1$ mit γ vertauscht, wodurch f_0 in 1, f_1 in $F(\alpha, 1, \gamma, x)$ übergeht.

Aus dem Bildungsgesetze für die N geht hervor, dass $Z_{2\iota+1}$, $Z_{2\iota+2}$, $N_{2\iota}$ und $N_{2\iota+1}$ denselben Grad ι besitzen, woraus mit Rücksicht auf (h) im § 64 folgt, dass in dem Produkte $N_{2\iota}\,F(\alpha, 1, \gamma, x)$ die ι^{te} bis $2\iota-1^{\text{te}}$ Potenz von x, in $N_{2\iota+1}\,F(\alpha, 1, \gamma, x)$ die $\iota+1^{\text{te}}$ bis $2\iota^{\text{te}}$ Potenz von x, also jedes Mal ι Potenzen ausfallen. Daraus ergiebt sich zur Bestimmung von $N_{2\iota}$ genau das allgemeinere System, welches oben gelöst wurde, während $N_{2\iota+1}$ aus dem bestimmt wird, welches aus dem Systeme nach Vertauschung von α und γ mit $\alpha+1$ und $\gamma+1$ entsteht. Die Näherungsnenner des Kettenbruchs für $F(\alpha, 1, \gamma, x)$ sind demnach

$$\begin{aligned} N_{2\iota} &= F(-\iota, 1-\alpha-\iota, 2-\gamma-2\iota, x), \\ N_{2\iota+1} &= F(-\iota, \ -\alpha-\iota, 1-\gamma-2\iota, x). \end{aligned}$$

Für die a zieht man hieraus nach der Recursionsformel für die N

$$a_{2\iota}=\frac{\iota(\gamma+\iota-\alpha-1)}{(\gamma+2\iota-2)(\gamma+2\iota-1)},\quad a_{2\iota+1}=\frac{(\alpha+\iota)(\gamma+\iota-1)}{(\gamma+2\iota-1)(\gamma+2\iota)}.$$

Einen Kettenbruch, dessen Glieder das gleiche und nicht mehr ein alternirendes Gesetz befolgen, welcher bei gleicher Gliederzahl eine grössere Näherung, bis etwa auf den doppelten Grad liefert, erhält man, indem man durch Einführung von $y=\frac{1}{x}$ den Bruch auf die Form (b) der S. 269 bringt. Dadurch wird erhalten

$$(g)\ldots\; F\left(\alpha,1,\gamma,\frac{1}{y}\right)=1+\frac{a_1}{y-a_1-a_2-\cfrac{a_2a_3}{y-a_3-a_4-\cfrac{a_3a_4}{y-a_4-a_5-\cdots}}},$$

wenn die a dieselben Zahlen vorstellen, wie oben. Diese würden sich auch ergeben, wenn man aus der Form des Kettenbruchs zuerst die Nenner berechnet hat, die hier, zur Unterscheidung von den früheren, mit $\mathfrak{N}$ bezeichnet werden sollen. Hier ist der Grad von $\mathfrak{N}_\iota$ offenbar ι; daher bestimmt das System (f) auf S. 274 die Coefficienten von $\mathfrak{N}_\nu$, und man erhält

$$(h)\ldots\quad \mathfrak{N}_\iota=x^\iota F\left(-\iota,-\alpha-\iota,1-\gamma-2\iota,\frac{1}{y}\right),$$

gleichgültig ob ι gerade oder ungerade ist.

Setzt man z. B. $\alpha=\frac{1}{2}$, $\gamma=\frac{3}{2}$, so erhält man statt des früheren Kettenbruchs für die logarithmische Reihe (d) auf S. 271, dessen Partialnenner vom ersten Grade waren, jetzt solche vom zweiten, nämlich

$$\tfrac{1}{2}x\log\frac{x+1}{x-1}=\left|\begin{array}{lllll} & -\frac{1}{3} & \frac{2.2.3.3}{5.7.7.9} & \frac{4.4.5.5}{7.9.9.11} & \cdots\\ 1 & x^2-\frac{1.1}{1.3}-\frac{2.2}{3.5} & x^2-\frac{3.3}{5.7}-\frac{4.4}{7.9} & x^2-\frac{5.5}{9.11}-\frac{6.6}{11.13} & \cdots\end{array}\right.$$

und als ι^{ten} Näherungsnenner

$$\mathfrak{N}_\iota=x^{2\iota}F\left(-\iota,-\iota-\tfrac{1}{2},-2\iota-\tfrac{1}{2},\frac{1}{x^2}\right),$$

eine Function vom Grade 2ι, so dass das Produkt $\frac{1}{2}x\mathfrak{N}_\iota(\log x+1-\log x-1)$ sich vom Näherungszähler erst bei der $-2\iota-2^{\text{ten}}$ Potenz von x unterscheidet.

Jacobi löst (M. vergl. S. 273) durch folgende Methode die speciellen Systeme linearer Gleichungen auf S. 272:

1) Man sucht, um das erste System zu behandeln, die Function N_ι von der Form, die daneben angegeben wurde, für welche

$$\int_{-1}^{1}N\,dx=\int_{-1}^{1}xN\,dx=\int_{-1}^{1}x^2N\,dx=\cdots=\int_{-1}^{1}x^{\iota-1}N\,dx=0.$$

Das erste, dritte, fünfte, etc. Integral ist nämlich offenbar das Doppelte der linken Seiten der ersten, zweiten, dritten etc. Gleichung im ersten Systeme, muss daher verschwinden, wenn die $\varkappa$ gehörig bestimmt sind, während das zweite, vierte etc. Integral als

Integrale ungerader Functionen zwischen den Grenzen -1 und 1 Null sind. Hierdurch ist die Function N bis auf eine Constante (z. B. $\varkappa_0$) bestimmt.

2) Im andern Falle sucht man eine ungerade Function N vom Grade ι, für welche

$$\int_{-1}^{1} N\,dx = \int_{-1}^{1} x N\,dx = \cdots = \int_{-1}^{1} x^{\iota-1} N\,dx$$

verschwindet.

Die Bedingung, dass eine solche Reihe von Integralen verschwinden soll, lässt sich in beiden Fällen nach wiederholter Integration durch Theile in eine andere Gestalt bringen. Stellen u und v endliche Functionen von x vor, von denen die letzte für $x = -1$ verschwindet, so ist

$$\int_{-1} u\,dv = uv - \int_{-1} v\,du;$$

macht man hier $u = x^\iota$ und $dv = N dx$, indem N noch irgend eine endliche Function von x bezeichnen darf, so erhält man die Recursionsformel

$$\int_{-1} x^\iota N\,dx = x^\iota \int_{-1} N\,dx - \iota \int_{-1} x^{\iota-1}\,dx \int_{-1} N\,dx,$$

woraus für $\iota = 0, 1, 2$, etc. successive folgt

$$\int_{-1} N\,dx = \int_{-1} N\,dx,$$

$$\int_{-1} x\;N\,dx = x\int_{-1} N\,dx - \int_{-1} N\,dx^2,$$

$$\int_{-1} x^2 N\,dx = x^2 \int_{-1} N\,dx - 2\int_{-1} x\,dx \int_{-1} N\,dx.$$

Die letzte Formel transformirt man, indem man in der vorhergehenden $\int_{-1} N\,dx$ statt N setzt. Dadurch erhält man

$$\int_{-1} x^2 N\,dx = x^2 \int_{-1} N\,dx - 2x\int_{-1} N\,dx^2 + 2\int_{-1} N\,dx^3.$$

Allgemein besteht die Gleichung

$$(i) \ldots \int_{-1} x^\iota N\,dx = x^\iota \int_{-1} N\,dx - \iota x^{\iota-1} \int_{-1} N\,dx^2 + \iota(\iota-1) x^{\nu-2} \int_{-1} N\,dx^3 + \cdots,$$

wenn in den vielfachen Integralen jedesmal von -1 an integrirt wird. Der Beweis wird durch vollständige Induction durch ein ähnliches Verfahren wie bei dem Falle $\nu = 2$ geführt.

Aus der Hülfsformel (i) ist ersichtlich, dass die Bedingungen für N_ι sich in die anderen umwandeln lassen, es müssen die Integrale

$$\int_{-1} N_\iota dx, \quad \int_{-1} N_\iota dx^2, \quad \ldots, \quad \int_{-1} N_\iota dx^\iota,$$

für $x = 1$ verschwinden. Setzt man das letzte Integral gleich $\varphi(x)$, und ist nunmehr N_ι unsere ganze Function ι^{ten} Grades nach x, so muss $\varphi(x)$ eine ganze Function vom Grade 2ι sein, und mit seinen $\iota - 1$ ersten Differentialquotienten für $x = 1$ verschwinden, — selbstverständlich auch für $x = -1$, da alle Integrationen von -1 an ausgeführt wurden. Daher hat $\varphi(x)$ den Faktor $(x-1)^\iota (x+1)^\iota$, und ist also, bis auf einen constanten Faktor, dieser Function gleich, deren ι^{ter} Differentialquotient in Folge dessen, bis auf eine Constante, mit P^ι übereinstimmt. Da endlich $\varkappa_0 = 1$, so ist der genaue Werth von N_ι

$$N_\iota = P_0^{(\iota)}(x),$$

was sich auch durch die direkte Auflösung der Gleichungen S. 274 ergeben hatte.

Zum Abschluss stelle ich die für die Kugelfunctionen gewonnenen Resultate mit der Gleich. (20) auf S. 141 zusammen: Setzt man

$$N_\iota . \tfrac{1}{2} \log \frac{x+1}{x-1} = Z_\iota + R_\iota,$$

wo N_ι und Z_ι der ι^{te} Näherungs-Nenner und Zähler des Kettenbruchs für $\frac{1}{2}\log(x+1) - \frac{1}{2}\log(x-1)$ sind, R_ι der ι^{te} Rest heisst, so sind N_ι, Z_ι und R_ι gleich den Functionen

$$P_0^{(\iota)}(x), \quad \frac{1.2\ldots\iota}{1.3\ldots(2\iota-1)} Z^{(\iota)}(x), \quad \frac{1.2\ldots\iota}{1.3\ldots(2\iota-1)} Q^{(\iota)}(x).$$

§ 68. Aus den vorstehenden Formeln oder aus den wesentlich mit ihnen übereinstimmenden auf S. 141 hätte man, unabhängig von den Untersuchungen des vorigen Paragraphen, aus den allgemeinen Eigenschaften der Kettenbrüche nachweisen können, dass der Logarithmus sich in den Kettenbruch entwickeln lässt, und dass dieser in den angegebenen Fällen auch wirklich convergirt.

1) Die Gleichung (20, c), in der Form

$$\tfrac{1}{2}\log\frac{x+1}{x-1}-\frac{Z^n(x)}{P^n(x)}=\frac{Q^n(x)}{P^n(x)},$$

zeigt, dass mit wachsendem n die linke Seite unter jedem Grad der Kleinheit herabsinkt, vorausgesetzt, dass x nicht reell und zugleich kleiner als 1 sei. Denn nach S. 174 kommt die rechte Seite mit wachsendem n beliebig nahe an $\pi\xi^{2n+1}$, also an Null, d. h. $Z^n : P^n$ stellt den halben Logarithmus mit beliebiger Näherung dar.

2) Den Quotienten $Z^n : P^n$ kann man in einen Kettenbruch und zwar in der Form, von der wir auf S. 270 ausgingen, entwickeln. Denn man hat die Recursionsformel (16)

$$(n+1)P^{n+1}-(2n+1)xP^n+nP^{n-1}=0, \quad P^0=1, \quad P^1=x;$$

derselben Differenzengleichung genügen auch die Q nach (17, b), folglich auch

$$Z^n=\tfrac{1}{2}P^n\log\frac{x+1}{x-1}-Q^n.$$

Ferner, nach (20, b), wird $Z^{(1)}=1$, $Z^{(2)}=\frac{3}{2}x$; vergleicht man diese Beziehungen mit dem Systeme (c) auf S. 261, so hat man $\lambda_0=0$ zu setzen, $\mu_1=-1$, allgemein aber

$$\lambda_n=\frac{2n-1}{n}x, \qquad \mu_n=\frac{n-1}{n}$$

und findet dadurch

$$\frac{Z^n}{P^n}=\left|\begin{matrix} & -1 & \frac{1}{2} & \frac{2}{3} & \frac{3}{4} & \dots \\ 0 & \frac{1}{1}x & \frac{3}{2}x & \frac{5}{3}x & \frac{7}{4}x & \dots\end{matrix}\right|.$$

Durch Multiplikation der einzelnen Partialbrüche mit geeigneten Zahlfaktoren erhält man hieraus sogleich (vergl. den Schluss des § 67)

$$\frac{Z^n}{P_0^n}=\left|\begin{matrix} & -\frac{1}{3}\cdot\frac{1}{3} & \frac{2}{3}\cdot\frac{2}{5} & \frac{3}{5}\cdot\frac{3}{7} & \dots \\ 0 & x & x & x & \dots\end{matrix}\right|.$$

Die Auflösung des allgemeinern Systems linearer Gleichungen (f) auf S. 273 giebt Werthe k, aus denen man eine Function

$$N_\nu(x)=k_0x^\nu+k_1x^{\nu-1}+\dots+k_\nu$$

bilden kann, nämlich

$$N_\nu(x)=x^\nu F(-\nu,-\alpha-\nu+1,-\gamma-2\nu+2,x^{-1})$$
$$=(-1)^\nu\frac{\alpha(\alpha+1)\dots(\alpha+\nu-1)}{(\gamma+\nu-1)(\gamma+\nu)\dots(\gamma+2\nu-2)}\cdot F(-\nu,\nu+\gamma-1,\alpha,x),$$

die ein ähnliches Verhalten zu $F(\alpha,1,\gamma,x)$ zeigt, wie N auf S. 278 zu dem Logarithmus. Da nämlich

$$\int_0^1 N_\nu(y)\cdot y^{\alpha+\iota-1}(1-y)^{\gamma-\alpha-1}\,dy$$

für alle Werthe ι von 0 bis $\nu-1$ verschwindet, so beginnt die Entwickelung von

$$(a)\ \ldots\ \int_0^1 \frac{y^{\alpha-1}(1-y)^{\gamma-\alpha-1}}{x-y} N_\nu(y)\,dy$$

nach absteigenden Potenzen von x mit der $-(\nu+1)^{\text{ten}}$. Zerlegt man noch $N(y)$ in $(N(y)-N(x))+N(x)$ wie S. 145 und benutzt (**24**, a) auf S. 158, so erhält man:

Die Differentialgleichung

$$x(1-x)d^2y+(\alpha-\gamma x)\,dy\,dx+\nu(\nu+\gamma-1)y\,dx^2=0$$

hat als Lösung eine ganze Function ν^{ten} Grades

$$\mathfrak{p}_\nu(x)=x^\nu F\Big(-\nu,\ -\alpha-\nu+1,\ -\gamma-2\nu+2,\ \frac{1}{x}\Big)$$

und eine zweite

$$\mathfrak{q}_\nu(x)=\frac{\Pi(\nu)\Pi(\gamma-1)}{\Pi(\alpha-1)\Pi(\gamma-\alpha-1)}$$
$$\times\frac{x^{1-\alpha}(1-x)^{\alpha+1-\gamma}}{(\gamma+\nu-1)(\gamma+\nu)\ldots(\gamma+2\nu-2)}\int_0^1\frac{y^{\alpha+\nu-1}(1-y)^{\gamma+\nu-\alpha-1}}{(x-y)^{\nu+1}}\,dy.$$

Zwischen diesen Lösungen und der ganzen Function $(\nu-1)^{\text{ten}}$ Grades

$$\mathfrak{z}_\nu(x)=\frac{\Pi(\gamma-1)}{\Pi(\alpha-1)\Pi(\gamma-\alpha-1)}\int_0^1 y^{\alpha-1}(1-y)^{\gamma-\alpha-1}\frac{\mathfrak{p}(x)-\mathfrak{p}(y)}{x-y}\,dy$$

besteht eine Gleichung

$$\mathfrak{p}_\nu(x)\frac{1}{x}\cdot F\Big(\alpha,\ 1,\ \gamma,\ \frac{1}{x}\Big)=\mathfrak{z}_\nu(x)+x^{\alpha-1}(1-x)^{\gamma-\alpha-1}\mathfrak{q}_\nu(x).$$

Der Grad des letzten Gliedes beträgt $-\nu-1$.

Alsdann ist $\mathfrak{z}_\nu:\mathfrak{p}_\nu$ der ν^{te} Näherungsbruch des Kettenbruchs

$$\frac{1}{x}F(\alpha,1,\gamma,x^{-1})=\left|\begin{array}{ccccc} & -1 & a_1a_2 & a_3a_4 & \ldots\\ 0 & x-a_1 & x-a_2-a_3 & x-a_4-a_5 & \ldots\end{array}\right|,$$

wenn man wie S. 276 setzt

$$a_{2\nu}=\frac{\nu(\gamma+\nu-\alpha-1)}{(\gamma+2\nu-2)(\gamma+2\iota-1)},\qquad a_{2\nu+1}=\frac{(\alpha+\nu)(\gamma+\nu-1)}{(\gamma+2\nu-1)(\gamma+2\nu)}.$$

Zusätze zum fünften Kapitel.

A. Ueber die Kettenbrüche, auf welche Quotienten hypergeometrischer Reihen führen. (M. vergl. S. 269.)

(a) Die Näherungs-Zähler und Nenner für den allgemeinen Kettenbruch von Gauss, der am Anfange des § 67 abgeleitet und unter (a) angegeben wurde, sind, in der dort gebrauchten Bezeichnung (S. 269), durch das folgende System (1) gegeben, in dem das fortgelassene vierte Element x ist:

$$Z_{2\iota-1} = F(\alpha,\beta,\gamma)F(1-\alpha-\iota,\,-\beta-\iota,\,\iota-\gamma-2\iota)$$
$$-a_0 a_1 \dots a_{2\iota} x^{2\iota+1} F(\alpha+\iota,\,\beta+\iota+1,\,\gamma+2\iota+1)F(1-\alpha,\,1-\beta,\,2-\gamma),$$
$$N_{2\iota-1} = F(\alpha,\beta+1,\gamma+1)F(1-\alpha-\iota,\,-\beta-\iota,\,1-\gamma-2\iota)$$
$$-a_1 a_2 \dots a_{2\iota} x^{2\iota} F(\alpha+\iota,\,\beta+\iota+1,\,\gamma+2\iota+1)F(1-\alpha,\,-\beta,\,1-\gamma),$$
$$Z_{2\iota} = F(\alpha,\beta,\gamma)F(-\alpha-\iota,\,-\beta-\iota,\,-\gamma-2\iota)$$
$$-a_0 a_1 \dots a_{2\iota+1} x^{2\iota+2} F(\alpha+\iota+1,\,\beta+\iota+1,\,\gamma+2\iota+2)F(1-\alpha,\,1-\beta,\,2-\gamma)$$
$$N_{2\iota} = F(\alpha,\beta+1,\gamma+1)F(-\alpha-\iota,\,-\beta-\iota,\,-\gamma-2\iota)$$
$$-a_1 a_2 \dots a_{2\iota+1} x^{2\iota+1} F(\alpha+\iota+1,\,\beta+\iota+1,\,\gamma+2\iota+2)F(1-\alpha,\,-\beta,\,1-\gamma).$$

Um die Annäherung an den Kettenbruch auszudrücken, kann man sich für den Ausdruck des Restes der Formel (i) im § 64 bedienen, nach der man erhält

$$(2)\ \dots\ a_1 a_2 \dots a_{\iota+1} x^{\iota+1} f_{\iota+2} = Z_\iota f_1 - N_\iota f_0.$$

Da $Z_{2\iota-1}$ und $Z_{2\iota}$ sowie $N_{2\iota}$ nach x vom ι^{ten} Grade, $N_{2\iota-1}$ vom $\iota-1^{\text{ten}}$ Grade ist, so lassen sich die vier Grössen Z und N allein aus dem je ersten Gliede der betr. Gleich. erhalten, indem man in demselben, dem Produkte zweier Reihen, nur die Glieder bis zum ι^{ten} resp. $\iota-1^{\text{ten}}$ Grade beibehält.

(b) Zum Beweise der vorstehenden vier Gleichungen, die ich im 53. Bande von Borchardt's Journal ohne Beweis mittheilte, würde eine Verification ausreichen, nämlich der vermittelst der Beziehungen unter den Functiones contiguae nicht schwer zu führende Nachweis, dass unter den so gebildeten Z und N wirklich die linearen Gleichungen (c) auf S. 261 bestehen, wenn man dort $a_\iota x$ und 1 für μ_ι resp. λ_ι setzt; statt dessen soll hier aber die wirkliche Herleitung der Gleichungen folgen. Man geht dazu von den beiden ersten Formeln des Systems (i) im § 64 aus, die mit geringen Veränderungen sind

$$(a)\ \dots\ f_0 = Z_\iota f_{\iota+1} - a_{\iota+1} x Z_{\iota-1} f_{\iota+2},$$
$$f_1 = N_\iota f_{\iota+1} - a_{\iota+1} x N_{\iota-1} f_{\iota+2}.$$

Noch fehlen zwei Gleichungen für die Bestimmung von $Z_{\iota-1}$, Z_ι, $N_{\iota-1}$, N_ι. Dazu kann erstens die Gleichung (g) des § 64 dienen

$$(b)\ \dots\ N_\iota Z_{\iota-1} - Z_\iota N_{\iota-1} = a_1 a_2 \dots a_\iota x^\iota.$$

Zweitens findet man eine letzte Gleichung mit Hülfe der Bemerkung, dass der umgekehrte Kettenbruch, nämlich

$$\left|\begin{matrix} & a_{2\iota}x & a_{2\iota-1}x & \dots & a_2 x & a_1 x \\ 1 & 1 & 1 & \dots & 1 & 1 \end{matrix}\right|,$$

offenbar den Anfang des Kettenbruchs für den Quotienten $\psi_0 : \psi_1$ bildet, wenn man setzt

$$\psi_0 = F(-\iota-\beta,\,-\iota-\alpha,\,-2\iota-\gamma),\quad \psi_1 = F(-\iota-\beta,\,1-\iota-\alpha,\,1-2\iota-\gamma).$$

Man bezeichne die Näherungszähler und Nenner für diesen Bruch durch $\mathfrak{Z}$ und $\mathfrak{N}$, und zähle die Indices wie oben, so dass z. B. ist

$$1 - \frac{a_{2\iota}x}{1} = \frac{\mathfrak{Z}_1}{\mathfrak{N}_1}.$$

Was aus ψ_0 und ψ_1 wird, wenn man darin ι durch $\iota-\nu$ ersetzt, nenne man resp. $\psi_{2\nu}$ und $\psi_{2\nu+1}$, so dass also ψ_ν, $\mathfrak{Z}_\nu$, $\mathfrak{N}_\nu$ sich ebenso auf den zweiten Kettenbruch beziehen wie f_ν, Z_ν, N_ν auf den ersten. Dann finde ich durch Anwendung von (f) im § 64 die Gleichungen

$$\mathfrak{Z}_{2\iota} = Z_{2\iota}, \quad \mathfrak{N}_{2\iota} = Z_{2\iota-1},$$
$$\mathfrak{Z}_{2\iota-1} = N_{2\iota}, \quad \mathfrak{N}_{2\iota-1} = N_{2\iota-1},$$

und von (i) in demselben Paragraphen

$$\psi_1 \mathfrak{Z}_{2\iota} - \psi_0 \mathfrak{N}_{2\iota} = a_0 a_1 \ldots a_{2\iota} x^{2\iota+1} \psi_{2\iota+2}$$
$$\psi_1 \mathfrak{Z}_{2\iota-1} - \mathfrak{N}_{2\iota-1} \psi_0 = a_1 a_2 \ldots a_{2\iota} x^{2\iota} \psi_{2\iota+1}.$$

Substituirt man hier für $\mathfrak{Z}$ und $\mathfrak{N}$ ihre Werthe, so erhält man

$$(c) \ldots \quad \psi_1 Z_{2\iota} - \psi_0 N_{2\iota-1} = a_0 \ldots a_{2\iota} x^{2\iota+1} \psi_{2\iota+2},$$
$$\psi_1 N_{2\iota} - \psi_0 N_{2\iota-1} = a_1 \ldots a_{2\iota} x^{2\iota} \psi_{2\iota+1},$$

wo $\psi_{2\iota+2}$ und $\psi_{2\iota+1}$ die hypergeometrischen Reihen sind

$$F(1-\beta, 1-\alpha, 2-\gamma), \quad F(-\beta, 1-\alpha, 1-\gamma).$$

Eine von den Gleich. (c) zu den Gleich. (a) und (b) hinzugefügt, genügt zur Bestimmung der je zwei Z und N. Am bequemsten bedient man sich zu diesem Zwecke für die Z der beiden ersten Gleichungen in (a) und (c), für die N der beiden letzten. Setzt man dann die Determinante $= C$, d. h.

$$C = \psi_0 f_{2\iota+1} - a_{2\iota+1} x \psi_1 f_{2\iota+2},$$

so erhält man die vier Gleichungen des § a für die Z und N mit dem einzigen Unterschiede, dass die linken Seiten dort, — die Unbekannten der linearen Gleichungen — noch mit der Determinante C multiplicirt werden müssen. Es ist aber $C = 1$.

In der That zeigt sich leicht, dass der Ausdruck

$$(d) \ldots \quad \psi_\nu f_{2\iota+1-\nu} - a_{2\iota+1-\nu} x \psi_{\nu+1} f_{2\iota+2-\nu}$$

unverändert, also gleich C, bleibt, welche ganze Zahl man auch für ν setzt. Bestehen nämlich zwischen den f die Gleichungen (S. (a) im § 64. M. hat $\lambda = 1$, $\mu_\nu = a_\nu x$)

$$f_\nu = f_{\nu+1} - \mu_{\nu+1} f_{\nu+2},$$

so hängen die ψ durch die Gleichungen zusammen

$$\psi_\nu = \psi_{\nu+1} - \mu_{2\iota-\nu} \psi_{\nu+2}.$$

Daher wird der Ausdruck (d), von dem behauptet wurde, er sei von ν unabhängig

$$\psi_\nu f_{2\iota+1-\nu} - \mu_{2\iota+1-\nu} \psi_{\nu+1} f_{2\iota+2-\nu} = (\psi_{\nu+1} - \mu_{2\iota-\nu} \psi_{\nu+2}) f_{2\iota+1-\nu}$$
$$+ \psi_{\nu+1}(f_{2\iota-\nu} - f_{2\iota+1-\nu}),$$

und wenn man auf der rechten Seite hebt, gleich dem Ausdruck auf der linken nach Vertauschung von ν mit $\nu+1$. Die fünf Grössen ψ, f, a, welche in (d) auftreten, enthalten aber, wenigstens wenn man ν nur gerade oder nur ungerade Werthe ertheilt, ι und ν nur in der Verbindung $\iota-\nu$. Daher bleibt der Ausdruck

$$C = F(-\iota-\beta, -\iota-\alpha, -2\iota-\gamma) F(\alpha+\iota, \beta+\iota+1, \gamma+2\iota+1)$$
$$-\frac{(\alpha+\iota)(\gamma+\iota-\beta)}{(\gamma+2\iota)(\gamma+2\iota+1)} x F(-\iota-\beta, 1-\iota-\alpha, 1-2\iota-\gamma)$$
$$\cdot \times F(\alpha+\iota+1, \beta+\iota+1, \gamma+2\iota+2)$$

unverändert, wenn man ι um eine beliebige ganze Zahl verringert. Ordnet man die rechte Seite nach Potenzen von x, so bleibt auch jeder Coefficient dieser Reihe, — eine rationale Function von ι — durch diese Vertauschungen, d. h. wenn man für ι unendlich viele verschiedene ganze Zahlen setzt, unverändert, folglich auch wenn man für ι einen beliebigen Werth setzt, z. B. $\iota = -\alpha$. In diesem Falle reducirt sich C offenbar auf 1.

Anmerkung. Bei den hypergeometrischen Reihen, welche durch ein Element q verallgemeinert sind, kommt eine ähnliche Untersuchung vor, die aber dort etwas leichter als hier zu erledigen ist, ebenso wie sich bei jenen Reihen die Fragen über Convergenz vereinfachen. Dort braucht man nur auf den Fall $\iota = \infty$ überzugehen, um den Beweis zu führen, dass die betreffende Determinante 1 sei.

(c) Die Gleichung (2) zeigt, wie man mit Hülfe der Näherungswerthe eines Kettenbruchs für den Quotienten $F(\alpha,\beta,\gamma):F(\alpha,\beta+1,\gamma-1)$ oder $f_0:f_1$, eine hypergeometrische Reihe darstellen kann, deren Elemente sich von α, β, γ um ganze Zahlen ι, ι, 2ι oder ι, $\iota+1$, $2\iota+1$ unterscheiden. Hierauf bezieht sich die Bemerkung auf S. 83 über die Untersuchungen des Herrn Bauer.

(d) Es sollen nun einige specielle Fälle betrachtet werden, in welchen die Z und N einfache Werthe annehmen. Um diese zu finden, sieht man zunächst ganz von den zu subtrahirenden zweiten Gliedern auf den rechten Seiten von (1) ab, bildet die ersten durch Multiplikation der beiden Reihen, und ordnet nach Potenzen von x. Jedes von den beizubehaltenden ι oder $\iota-1$ Gliedern der so entstehenden Reihen ist selbst eine endliche Reihe. Die einfachen Fälle, die ich hier behandle, sind solche, in denen jedes von diesen Gliedern eine hypergeometrische Reihe bildet, selbstverständlich eine endliche, also von der Form $F(-\nu, b, c, 1)$, deren Summe daher gleich ist

$$\frac{(c-b)(c-b+1)\dots(c-b+\nu-1)}{c(c+1)\dots(c+\nu-1)}.$$

(e) Als erstes Beispiel wähle ich den Kettenbruch von e^{-x}, indem

$$e^x = F\left(g, 1, 1, \frac{x}{g}\right), \quad (g = \infty).$$

Man findet für e^{-x} den Näherungswerth $Z_\nu : N_\nu$, wo

$$Z_{2\iota-1} = 1 - \frac{\iota}{2\iota-1}\,\frac{x}{1} + \frac{\iota(\iota-1)}{(2\iota-1)(2\iota-2)}\,\frac{x^2}{1.2} + \cdots,$$

$$N_{2\iota-1} = 1 + \frac{\iota-1}{2\iota-1}\,\frac{x}{1} + \frac{(\iota-1)(\iota-2)}{(2\iota-1)(2\iota-2)}\,\frac{x^2}{1.2} + \cdots,$$

$$Z_{2\iota} = 1 - \frac{\iota}{2\iota}\,\frac{x}{1} + \frac{\iota(\iota-1)}{2\iota(2\iota-1)}\,\frac{x^2}{1.2} + \cdots,$$

$$N_{2\iota} = 1 + \frac{\iota}{2\iota}\,\frac{x}{1} + \frac{\iota(\iota-1)}{2\iota(2\iota-1)}\,\frac{x^2}{1.2} + \cdots$$

und aus (2) die Formeln für den Grad der Annäherung ($g = \infty$)

$$Z_{2\iota-1}e^x - N_{2\iota-1} = \frac{(-1)^\iota}{2^{2\iota-1}}\,\frac{x^{2\iota}}{(1.3.5\dots(2\iota-1))^2}\,F\left(g, \iota+1, 2\iota+1, \frac{x}{g}\right),$$

$$Z_{2\iota}e^x - N_{2\iota} = \frac{(-1)^\iota}{2^{2\iota}}\,\frac{x^{2\iota+1}}{(2\iota+1)}\cdot\frac{1}{(1.3.5\dots(2\iota-1))^2}\,F\left(g, \iota+1, 2\iota+2, \frac{x}{g}\right).$$

Man bemerkt, dass für $\iota = \infty$ sich Z und N resp. $e^{-\frac{1}{2}x}$ und $e^{\frac{1}{2}x}$ beliebig nähern.

(*f*) Als zweites Beispiel dient der Kettenbruch für

$$F\left(g, g, \gamma, \frac{x}{gg}\right) : F\left(g, g, \gamma+1, \frac{x}{gg}\right), \quad \text{wenn} \quad g = \infty.$$

Setzt man

$$(3) \ldots \quad \chi(\iota, \gamma) = 1 + \frac{\iota(\iota-1)}{\iota(\iota+\gamma)} \frac{x}{1.(\gamma+1)}$$
$$+ \frac{\iota(\iota-1)(\iota-2)(\iota-3)}{\iota(\iota-1)(\iota+\gamma)(\iota+\gamma-1)} \frac{x^2}{1.2.(\gamma+1)(\gamma+2)} + \cdots,$$

so ergeben sich, nach Ausführung der einfachen Rechnung, folgende Ausdrücke für die Z und N durch diese ganze Function, es mag ι gerade oder ungerade sein

$$Z_\iota = \chi(\iota+1, \gamma-1), \quad N_\iota = \chi(\iota, \gamma).$$

(Dass die vier Reihen, welche ich im 57. Bande des Journals gefunden hatte, sich durch die eine χ ausdrücken lassen, bemerkt Hr. Christoffel im 58. Bande von Borchardt's Journal, S. 91.) Für den Rest erhält man aus (2)

$$(3, a) \ldots \quad \frac{\gamma.(\gamma+\iota+1).(-x)^{\iota+1}}{[\gamma(\gamma+1)\ldots(\gamma+\iota+1)]^2}\Big(1 + \frac{x}{1.(\gamma+\iota+2)}$$
$$+ \frac{x^2}{1.2.(\gamma+\iota+2)(\gamma+\iota+3)} + \cdots\Big).$$

Für $\gamma = \frac{1}{2}$, $x = -\frac{1}{4}z^2$ entsteht hieraus die auf S. 83 erwähnte von Poisson gefundene Beziehung, indem dann die beiden Reihen, welche in (3, *a*) mit den χ multiplicirt sind, sich in $z^{-1}\sin z$ und $z^{-1}\cos z$ verwandeln; verglichen mit 44, *b*—*d* zeigt die Gleichung daher, dass die Function $\theta^\nu \psi_\nu(\theta)$ bis auf einen constanten Faktor durch

$$\chi(\nu, -\tfrac{1}{2}) \frac{\sin\theta}{\theta} - \chi(\nu-1, \tfrac{1}{2}) \cos\theta$$

ausgedrückt wird. Eine Gleichung ähnlicher Gestalt hat man wegen (43) zwischen J_ν, J_0 und J_1.

(*g*) Aehnliche Resultate, wie die im Vorhergehenden in Bezug auf den Gaussischen Kettenbruch entwickelten, lassen sich auch für den allgemeineren finden

$$\frac{\varphi(\alpha, \beta, \gamma, q, x)}{\varphi(\alpha, \beta+1, \gamma+1, q, x)} = 1 - \cfrac{a_1 x}{1 - \cfrac{a_2 x}{1 - \cdots}},$$

wenn φ dieselbe Function bezeichnet, wie im Zusatz zum II. Kapitel S. 98, und wenn man setzt

$$a_{2\iota} = q^{\alpha+\iota-1} \frac{(1-q^{\beta+\iota})(1-q^{\gamma-\alpha+\iota})}{(1-q^{\gamma+2\iota-1})(1-q^{\gamma+2\iota})}, \quad a_{2\iota+1} = q^{\beta+\iota} \frac{(1-q^{\alpha+\iota})(1-q^{\gamma+\beta+\iota})}{(1-q^{\gamma+2\iota})(1-q^{\gamma+2\iota+1})}.$$

Man erhält dann nach einer Rechnung, welche der früheren entspricht, und in der erwähnten Arbeit des 57. Bandes von Borchardt's J. vollständig ausgeführt wurde, während ich hier gerade die für den Gaussischen Bruch ausführte,

$$\begin{aligned}
Z_{2\iota-1} &= f_0\,\varphi(1-\iota-\alpha, -\iota-\beta, 1-2\iota-\gamma, q^{\alpha+\beta-\gamma}x) \\
&\quad - a_0 a_1 \ldots a_{2\iota} x^{2\iota+1} f_{2\iota+1}\varphi(1-\alpha, 1-\beta, 2-\gamma, q^{\alpha+\beta-\gamma}x), \\
N_{2\iota-1} &= f_1\,\varphi(1-\iota-\alpha, -\iota-\beta, 1-2\iota-\gamma, q^{\alpha+\beta-\gamma}x) \\
&\quad - a_1 a_2 \ldots a_{2\iota} x^{2\iota} f_{2\iota+1}\varphi(1-\alpha, -\beta, 1-\gamma, q^{\alpha+\beta-\gamma}x), \\
Z_{2\iota} &= f_0\,\varphi(-\iota-\alpha, -\iota-\beta, -2\iota-\gamma, q^{\alpha+\beta-\gamma}x) \\
&\quad - a_0 a_1 \ldots a_{2\iota+1} x^{2\iota+2} f_{2\iota+2}\varphi(1-\alpha, 1-\beta, 2-\gamma, q^{\alpha+\beta-\gamma}x), \\
N_{2\iota} &= f_1\,\varphi(-\iota-\alpha, -\iota-\beta, -2\iota-\gamma, q^{\alpha+\beta-\gamma}x) \\
&\quad - a_1 a_2 \ldots a_{2\iota+1} x^{2\iota+1} f_{2\iota+2}\varphi(1-\alpha, -\beta, 1-\gamma, q^{\alpha+\beta-\gamma}x), \\
Z_\iota\varphi(\alpha, \beta+1, \gamma+1) &- N_\iota\varphi(\alpha, \beta, \gamma) = a_1 a_2 \ldots a_{\iota+1} f_{\iota+2},
\end{aligned}$$

wenn gesetzt wird

$$f_{2\iota} = \varphi(\alpha+\iota, \beta+\iota, \gamma+2\iota), \qquad f_{2\iota+1} = \varphi(\alpha+\iota, \beta+\iota+1, \gamma+2\iota+1).$$

Das vierte Element heisst hier überall q, und das fünfte x, wo es nicht hinzugefügt ist. Auch hier kann man die Z und N aus dem ersten Gliede allein, wie im § a, ermitteln.

(h) Zu Beispielen wähle ich die Reihen, welche den unter (e) und (f) behandelten entsprechen. Man setzt also zuerst $f_1 = \varphi(g, 1, 1, x)$ für $g = \infty$ und entwickelt $f_0 : f_1 = 1 : f_1$, welches bekanntlich gleich ist

$$\varphi(-g, 1, 1, xq^{-g}) = 1 - \frac{x}{1-q} + \frac{qx^2}{(1-q)(1-q^2)} - \cdots \pm \frac{q^{\frac{1}{2}\iota(\iota-1)}x^\iota}{(1-q)\ldots(1-q^\iota)} \mp \cdots$$

Man findet für die Zähler und Nenner des Kettenbruchs

$$Z_{2\iota-1} = 1 - \frac{1-q^{-\iota}}{1-q^{1-2\iota}}\,\frac{(xq^{1-\iota})}{1-q} + \frac{(1-q^{-\iota})(1-q^{1-\iota})}{(1-q^{1-2\iota})(1-q^{2-2\iota})}\cdot\frac{(xq^{1-2\iota})^2 q^1}{(1-q)(1-q^2)} - \cdots$$

u. s. w. oder wenn man sich des Zeichens der hypergeometrischen Reihen und zugleich des Zeichens $\doteq$ bedient, um anzuzeigen, dass die Reihen nicht weiter als bis zur ι^{ten} Potenz von x fortgesetzt werden sollen

$$\begin{aligned}
Z_{2\iota-1} &\doteq \varphi(-\iota, 1-\iota-g, 1-2\iota, xq^g), \\
N_{2\iota-1} &\doteq \varphi(1-\iota, g, 1-2\iota, x), \\
Z_{2\iota} &\doteq \varphi(-\iota, -\iota-g, -2\iota, xq^g), \\
N_{2\iota} &\doteq \varphi(-\iota, g, -2\iota, x), \quad (g = \infty).
\end{aligned}$$

Die Darstellung des Restes übergehe ich.

(i) Schliesslich betrachten wir den Bruch für den Quotienten

$$\varphi(g, g, \gamma, x) : \varphi(k, k, \gamma+1, x),$$

wenn wieder $g = \infty$. Setzt man jetzt

$$\chi(\iota, \gamma) = 1 + \frac{(1-q^{-\iota})(1-q^{-\iota+1})}{(1-q^{-\iota})(1-q^{-\iota-\gamma})}\,\frac{x}{(1-q)(1-q^{\gamma+1})}$$

$$+ \frac{(1-q^{-\iota})\ldots\ldots\ldots(1-q^{-\iota+3})}{(1-q^{-\iota})(1-q^{1-\iota})(1-q^{-\iota-\gamma})(1-q^{-\iota-\gamma+1})}\,\frac{x^2}{(1-q)(1-q^2)(1-q^{\gamma+1})(1-q^{\gamma+2})} + \cdots,$$

so gelten dieselben Formeln $Z_\iota = \chi(\iota+1, \gamma-1)$ und $N_\iota = \chi(\iota, \gamma)$ wie im § f. Für $\iota = \infty$ erhält man

$$\chi(\infty, \gamma) = 1 + \frac{xq^{\gamma+1}}{(1-q)(1-q^{\gamma+1})} + \frac{xq^{2(\gamma+2)}}{(1-q)(1-q^2)(1-q^{\gamma+1})(1-q^{\gamma+2})} + \cdots$$

B. Die Kettenbrüche, welche allgemeinere Functionen darstellen.

Dieser Zusatz enthält Untersuchungen über Kettenbrüche, zu welchen das Studium der Arbeit von Gauss über mechanische Quadratur angeregt hat. Wenn ich auch bei der Darstellung meiner Arbeit aus dem Monatsbericht der Berliner Akademie d. W. v. Juni 1866 folge, welche die Verbindung dieses Gegenstandes mit der Theorie der Kugelfunctionen zeigt, so unterlasse ich nicht, auf die Arbeiten der Herren Christoffel und Tchebychef hinzuweisen.

(a) An verschiedenen Stellen, z. B. im § 28 bot sich Gelegenheit, über ein Integral von der Form

$$(1) \ldots \quad \sigma = \int_\alpha^\beta f(z) \frac{dz}{x-z}$$

zu handeln, wenn α und β Constante, $f(z)$ eine integrabele Function bezeichnen. Eine solche Function σ von x soll im Folgenden in einen Kettenbruch entwickelt werden. Wir dehnen hier die Betrachtung nicht auf den allgemeineren Fall aus, wenn statt des Nenners $(x-z)$ eine m^{te} Potenz desselben auftritt, obgleich Manches dann ungeändert bleibt. Bleibt der Exponent m eines solchen Nenners unter 1, so ist auch der Fall in Betracht zu ziehen, dass eine der Grenzen α, β gleich x gesetzt wird.

Im Folgenden wird nicht überall vorausgesetzt, dass der Integrationsweg z ein reeller sei, obgleich wir die präciseren Resultate da gewinnen, wo wir diese Voraussetzung machen. Integrirt man über eine Peripherie, innerhalb welcher $f(z)$ endlich und eindeutig bleibt und $\mathcal{M}x < \mathcal{M}z$, so wird $\sigma = -2\pi i f(x)$, so dass unsere Untersuchung auch Kettenbrüche für solche Functionen umfasst, z. B. für eine Quadratwurzel aus einer ganzen Function. Ebenso is der Fall eingeschlossen, dass eine hypergeometrische Reihe selbst, nicht ein Quotient solcher Reihen, oder doch diese mit Potenzen von x und $1-x$ multiplicirt in einen Kettenbruch entwickelt werden soll. Solches tritt in dem Falle ein, dass die Function $\mathfrak{q}(x)$, eine zweite Lösung der Differentialgleich. für die hypergeometrische Reihe, so dargestellt werden kann, wie durch (21, b) auf S. 145, wo man zu setzen hat

$$f(z) = z^{\gamma-1}(1-z)^{\alpha+\beta-\gamma}\mathfrak{p}(z).$$

(b) Die Function σ werde durch einen Kettenbruch

$$\sigma = \cfrac{1}{\lambda_1 - \cfrac{1}{\lambda_2 - \cdots}}$$

dargestellt. Der Grad des Partialnenners λ_ν sei g_ν, der des Näherungsnenners N_ν gleich n. Um Weitläufigkeit zu vermeiden, werden wir auch alle Functionen mit diesem Namen belegen und mit N_ν bezeichnen, die sich von der ursprünglichen nur durch einen constanten Faktor unterscheiden, da ein solcher für unsere Untersuchungen unerheblich ist. Z_ν muss dann mit demselben Faktor versehen werden. Man hat

$$n = g_1 + g_2 + \cdots + g_\nu;$$

es kann n also nur dann gleich ν sein, wenn alle λ genau den ersten Grad besitzen, während in jedem andern Falle n grösser als ν ist.

Setzt man

$$(2)\ \ldots\quad N_\nu \sigma - Z_\nu = R_\nu,$$

so wird R_ν, nach fallenden Potenzen von x geordnet, mit der $-(n+g_{\nu+1})^{\text{ten}}$ Potenz von x beginnen, woraus das System linearer Gleichungen sich ergiebt, denen die Coefficienten k von N_ν genügen. Werden die sämmtlichen Integrale von α bis β genommen, so hat man zur Bestimmung von n Coefficienten k in

$$N_\nu = k_0 x^n + k_1 x^{n-1} + \cdots + k_n,$$

nach (h) in § 64, wenn man dort $\varepsilon = \infty$ setzt, folgende Gleichungen:

$$k_n \int z^0 f(z)\,dz \quad + k_{n-1} \int z\, f(z)\,dz + \cdots + k_0 \int z^n f(z)\,dz \quad = 0,$$

$$k_n \int z^1 f(z)\,dz \quad + k_{n-1} \int z^2 f(z)\,dz + \cdots + k_0 \int z^{n+1} f(z)\,dz = 0,$$

$$\cdots\cdots\cdots\cdots\cdots\cdots\cdots\cdots$$

$$k_n \int z^{n-1} f(z)\,dz + k_{n-1} \int z^n f(z)\,dz + \cdots + k_0 \int z^{2n-1} f(z)\,dz = 0.$$

Setzt man die Werthe der k, welche sich aus diesen Gleichungen ergeben, in den Ausdruck von N_ν ein, so erhält man als Resultat (abgesehen von einem constanten Faktor) die Determinante, die aus den vorstehenden Coefficienten der k mit Hinzufügung der Horizontalreihe

$$x^n \quad x^{n-1} \quad \ldots \quad x \quad 1$$

gebildet wird. Bezeichnet man den Integrationsbuchstaben z der ersten Horizontalreihe mit z_1, der zweiten mit z_2, etc., so ist diese Determinante, also wesentlich N_ν, gleich

$$\int f(z_1) f(z_2) \ldots f(z_n)(x-z_1)\ldots(x-z_n)\, z_2 z_3^2 \ldots z_n^{n-1}\, \Pi . dz_1 \ldots dz_n,$$

worin sämmtliche n Integrationen von α bis β auszuführen sind und wo Π das Produkt aus den $\frac{1}{2}n.(n-1)$ Differenzen von je zwei z bezeichnet, also

$$\begin{aligned} \Pi = (z_1 - z_2)(z_1 - z_3) \ldots & (z_1 - z_n), \\ (z_2 - z_3) \ldots & (z_2 - z_n), \\ \cdots\cdots & \cdots \\ & (z_{n-1} - z_n). \end{aligned}$$

Dieses n fache Integral ändert nicht seinen Werth, sondern nur sein Zeichen, wenn man zwei von den Indices 1, 2, ... n mit einander vertauscht; addirt man alle Integrale, die so entstehen, mit einander, so tritt an die Stelle des unter dem Integrale befindlichen nicht symmetrischen Theiles jetzt das Quadrat von Π. Hierdurch ist das Resultat gewonnen.

Setzt man

$$\psi(x) = (x - z_1)(x - z_2) \ldots (x - z_n)$$

und bezeichnet die Discriminante von $\psi(x)$ durch Δ, so wird der ν^{te} Näherungsnenner von

$$(1)\ \ldots\quad \sigma = \int_\alpha^\beta f(z) \frac{dz}{x-z},$$

welcher von einem Grade n ist, durch das n fache Integral

$$(1, a) \ldots \quad N_\nu = \int_\alpha^\beta \psi(x) f(z_1) f(z_2) \ldots f(z_n) \Delta \, dz_1 \, dz_2 \ldots dz_n$$

ausgedrückt.

Durch die Methode des § 28 zeigt man sofort:

Aus dem ν^{ten} Nenner findet man den ν^{ten} Zähler und den durch die Gleichung

$$(2) \ldots \quad N_\nu \sigma - Z_\nu = R_\nu$$

mit ihnen verbundenen Rest R vermittelst der Formeln

$$(2, a) \ldots \quad Z_\nu = \int_\alpha^\beta \frac{N_\nu(x) - N_\nu(z)}{x - z} f(z) \, dz,$$

$$(2, b) \ldots \quad R_\nu = \int_\alpha^\beta \frac{N_\nu(z) f(z) \, dz}{x - z}.$$

Da der Rest R_ν vom Grade $-n-g_{\nu+1}$ ist, so zeigt (2, b), dass

$$\int_\alpha^\beta z^\iota N_\nu(x) f(z) \, dz = 0$$

so lange die ganze positive Zahl ι unter $n-1-g_{\nu+1}$ liegt.

Da zwischen drei aufeinanderfolgenden N eine Gleichung besteht

$$N_{\nu+1} = \lambda_{\nu+1} N_\nu + c_\nu N_{n-1},$$

wo c_ν eine Constante ist, und man in derselben sämmtliche drei N mit Z vertauschen darf, so darf man sie in dieser Recursionsformel wegen (2) auch durch R ersetzen.

(c) Die vorigen Entwickelungen setzen voraus, dass die Determinanten des Systems linearer Gleichungen nicht verschwinden. Ferner ist noch nicht gezeigt worden, dass alle k, die dem Systeme linearer Gleichungen genügen, schon darum Coefficienten eines Näherungsnenners seien. Ich beweise nun Folgendes:

Der Kettenbruch σ hat immer und nur dann einen Näherungsnenner N_ν vom n^{ten} Grade, wenn der Coefficient der höchsten Potenz von x in (1, a), d. h. wenn

$$(2, c) \ldots \quad \int_\alpha^\beta f(z_1) f(z_2) \ldots f(z_n) \Delta \, dz_1 \, dz_2 \ldots dz_n$$

nicht verschwindet. Der Nenner N_ν wird dann durch (1, a) gegeben.

Um dies nachzuweisen, schicke ich den Hülfssatz voraus: Eine Function n^{ten} Grades $\mathfrak{N}$ ist Näherungsnenner der wahren Entwickelung von σ immer und nur, wenn zugleich die beiden Bedingungen erfüllt werden, erstens dass $\mathfrak{N} . \sigma$ gleich einer ganzen Function $\mathfrak{Z}$, vermehrt um einen Rest $\mathfrak{R}$, höchstens vom Grade $-n-1$ ist, zweitens dass $\mathfrak{Z}$ und $\mathfrak{N}$ keinen gemeinsamen Theiler besitzen.

Beweis. Entwickelt man $\mathfrak{Z} : \mathfrak{N}$ in einen wahren Kettenbruch (S. 267), der ν Glieder habe

$$\frac{\mathfrak{Z}}{\mathfrak{N}} = \begin{vmatrix} & -1 & 1 & \ldots & 1 \\ 0 & l_1 & l_2 & \ldots & l_\nu \end{vmatrix},$$

so ist dieser der Anfang der wahren Entwickelung von σ. Beziehen die Buchstaben Z und N sich auf diesen Kettenbruch, so ist nicht nur $Z_\nu : N_\nu = \mathfrak{Z} : \mathfrak{N}$, sondern auch, abgesehen von einem constanten Faktor, $\mathfrak{Z} = Z_\nu$, $\mathfrak{N} = N_\nu$, da $\mathfrak{Z}$ und $\mathfrak{N}$ keinen gemeinsamen Faktor besitzen. Muss man ferner noch ζ^{-1} zu l_ν hinzufügen, um σ zu erhalten, so ist der Satz bewiesen, wenn $\zeta : x$ für $x = \infty$ unendlich wird oder endlich und von Null verschieden bleibt. Nun wird nach § 64, k auf S. 264

$$\zeta = \frac{\sigma N_{\nu-1} - Z_{\nu-1}}{\sigma N_\nu - Z_\nu}.$$

Der Zähler dieses Bruches ist

$$= N_{\nu-1}\left[\left(\sigma - \frac{Z_\nu}{N_\nu}\right) - \left(\frac{Z_\nu}{N_\nu} - \frac{Z_{\nu-1}}{N_{\nu-1}}\right)\right] = \frac{N_{\nu-1}}{N_\nu}(\sigma N_\nu - Z_\nu) - \frac{1}{N_\nu}.$$

Dividirt man ihn durch den Nenner $\sigma N_\nu - Z_\nu$ und durch x, so entsteht links $\zeta : x$; von den zwei Gliedern auf der Rechten

$$\frac{N_{\nu-1}}{x N_\nu}, \quad -\frac{1}{x N_\nu (\sigma N_\nu - Z_\nu)} = -\frac{1}{x N_\nu \mathfrak{R}}$$

ist das erste für ein unendliches x unendlich klein, das zweite, und damit $\zeta : x$ selbst dann noch von Null verschieden, wenn $\mathfrak{R}$ vom $-n-1^{\text{ten}}$ Grade war. Ist umgekehrt die erste Bedingung oder die zweite nicht erfüllt, so schliesst man aus den im 5. Kapitel entwickelten Elementen sofort, dass $\mathfrak{N}$ unmöglich ein Näherungsnenner von σ sein kann.

Nachdem nunmehr der Hülfssatz bewiesen ist, stelle ich der Reihe nach folgende drei Punkte fest: 1) Wenn ein Nenner N vom n^{ten} Grade wirklich vorhanden ist, so wird eine ganze Function n^{ten} Grades durch die erste Bedingung allein schon vollständig (d. h. bis auf einen constanten Faktor) bestimmt; diese Function ist daher zugleich der Nenner. 2) Ist umgekehrt eine ganze Function als Function n^{ten} Grades durch die erste Bedingung schon vollständig bestimmt, so genügt sie von selbst der zweiten, ist also nach dem Hülfssatz ein Nenner n^{ten} Grades. 3) Die nothwendige und hinreichende Bedingung dafür, dass durch die erste Eigenschaft allein eine ganze Function n^{ten} Grades N vollständig bestimmt sei, besteht darin, dass (2, c) nicht verschwindet.

Um den ersten Punkt zu beweisen, bezeichne N den Nenner n^{ten} Grades, dessen Existenz vorausgesetzt wird, der also beiden Bedingungen genügt, also nach dem Hülfssatz die einzige ganze Function ist, welche beiden genügt; ferner sei N^1 eine davon verschiedene Function n^{ten} Grades, wenn es solche giebt, die der ersten Bedingung allein genügt. Es mögen Z und Z^1 den Buchstaben N und N^1 entsprechen. Dann wird für jeden von Null verschiedenen Werth der willkürlichen Constante λ auch $\lambda N + N^1$ mit $\lambda Z + Z^1$ einen Theiler, also auch einen Theiler ersten Grades $x - \alpha$ gemein haben. Da $N(\alpha)$ nach der Voraussetzung nicht mit $Z(\alpha)$ zugleich verschwindet, so müssen verschiedenen λ auch verschiedene α entsprechen. Es folgt nämlich aus den zwei Gleichungen

$$\lambda N(\alpha) + N^1(\alpha) = 0, \quad \lambda Z(\alpha) + Z^1(\alpha) = 0,$$

von denen wenigstens eine nicht Null als Faktor von λ enthält, dass jedem

α ein -, verschiedenen α verschiedene λ entsprechen (höchstens einer Anzahl von je n verschiedenen α können gleiche λ entsprechen). Unendlich vielen verschiedenen λ entsprechen also unendlich viele verschiedene α, und man hat demnach für unendlich viele, daher für alle x

$$N(x)Z^1(x) - N^1(x)Z(x) = 0,$$

was wegen des gleichen Grades von N und N^1 nicht möglich ist ohne dass N^1 und Z^1 mit N und Z wenigstens bis auf eine Constante übereinstimmen.

Um auch die Umkehrung (ad 2) zu beweisen nehme man an, es sei

$$N = a_0 + a_1 x + \cdots + a_n x^n$$

durch die erste Bedingung allein vollständig bestimmt. Diese ist gleichbedeutend mit der Erfüllung eines Systems von n linearen homogenen Gleichungen, deren Unbekannte der Reihe nach $a_0, a_1, \ldots a_n$ sind. Hätte nun N mit Z den Theiler δ gemein, so würde

$$\frac{N}{\delta} = b_0 + b_1 x + \cdots + b_m x^m \quad (m < n),$$

wie aus Division von (2) durch δ erhellt, einem Systeme von noch mehr, also sicher von ebenso vielen Gleichungen genügen, dessen Unbekannte $b_0, b_1, \ldots b_m$ sind, während die $m+1$ Vertikalreihen mit den ersten $m+1$ des früheren übereinstimmen. Es würde also dem ersten System ausser $a_0, a_1, \ldots a_n$ zunächst noch ein System von n Werthen genügen, dessen erste Unbekannte $b_0, b_1, \ldots b_m$, dessen übrige sämmtlich 0 sind. Diese mit einem willkürlichen Faktor multiplicirt und dann den a hinzugefügt, geben ein neues System von Werthen $a_0^1, a_1^1, \ldots a_n^1$, in welchem $a_n^1 = a_n$ also nicht Null ist, während nicht alle a^1 gleich den entsprechenden a sind, so dass N gegen die Voraussetzung durch die erste Bedingung nicht vollständig als Function n^{ten} Grades bestimmt wäre.

Durch die erste Bedingung, also durch das vorerwähnte System linearer Gleichungen sind aber die Coefficienten einer Function n^{ten} Grades nur und immer bestimmt, wenn eine gewisse Determinante, nämlich der Ausdruck (2, c) nicht verschwindet. Es ist demnach auch der dritte Punkt erledigt.

(d) Die Formel (1, a) für N wird von Nutzen sein, wo wir von den allgemeinen Eigenschaften der Kettenbrüche handeln; bis jetzt ist es mir aber noch nicht gelungen, sie für specielle Fälle zu verwerthen, selbst nicht für die einfacheren, in welchen die Resultate anderweit bekannt sind. Den Werth der Integrale kann ich selbst in solchen Fällen nur durch Mittel ausführen, die etwa gleichbedeutend sind mit der directen Auflösung der bezüglichen linearen Gleichungen. Dies gilt schon von dem Falle $f(x) = 1$, $-\alpha = \beta = 1$, wo wir erhalten

$$\sigma = \log\frac{x+1}{x-1}, \quad N_\nu(x) = \int_{-1}^{1}(x-z_1)(x-z_2)\ldots(x-z_n)\Delta\, dz_1\, dz_2 \ldots dz_n,$$

die Nenner also die Functionen $P^\nu(x)$ sind. Ein anderes Beispiel

$$f(x) = x^{a-1}(1-x)^{c-a-1}, \quad \alpha = 0, \quad \beta = 1,$$

giebt

$$\sigma = \int_0^1 \frac{z^{a-1}(1-z)^{c-a-1}}{(x-z)}\, dz = \frac{1}{x}\, \frac{\Pi(c-1)}{\Pi(a-1)\Pi(c-a-1)} F(a, 1, c, x).$$

Der Näherungsnenner ist in diesem Falle durch den Ausdruck $\mathfrak{p}_\nu(x)$ am Schluss des § 68 bekannt.

(*e*) Im Folgenden entwickele ich Eigenschaften der hier vorkommenden Ausdrücke unter der Beschränkung, dass α und β reelle positive Grenzen sind und $f(x)$ zwischen diesen reell und positiv bleibt. In diesem Falle kann (2, *c*) für keinen Werth von n verschwinden. Es giebt also Nenner N von jedem positiven ganzzahligen Grade, und N_ν ist genau vom ν^{ten}. Der Kettenbruch für σ wird durchaus regelmässig in der Art, dass jeder Partialnenner vom ersten Grade ist. Der Rest R_ν beginnt genau mit der $-(\nu+1)^{\text{ten}}$ Potenz von x.

Man kann ferner zeigen, dass $N_\nu(x)$ keinen Faktor besitzt, der zwischen $x=\alpha$ und $x=\beta$ dasselbe Zeichen behält. Setzt man zum Beweise

$$(3) \ldots \quad i_\mu = \int_\alpha^\beta x^\mu N_\nu(x) f(x)\, dx,$$

so wird nach (2, *b*)

$$(3, a) \ldots \quad i_0 = i_1 = \cdots = i_{\nu-1} = 0,$$

eine Eigenschaft, welche allen diesen N einen bestimmten Charakter giebt, und gestattet, die N bei Entwickelungen von Functionen in ähnlicher Art zu verwenden, wie es bei den trigonometrischen Functionen der Vielfachen von x oder den Kugelfunctionen von x geschieht. So findet man z. B. hieraus durch das Verfahren, welches Jacobi bei den Kugelfunctionen anwendet (§ 67), dass N_ν die Form haben muss

$$N_\nu = \frac{1}{f(x)} \frac{d^\nu}{dx^\nu}[(x-\alpha)^\nu (x-\beta)^\nu \chi(x)],$$

wenn $\chi(x)$ eine Function bezeichnet, die für $x=\alpha$ und $x=\beta$ endlich bleibt.

Zerlegt man N in das Produkt zweier ganzen Functionen L und M, setzt man also

$$N_\nu = L.M, \quad M = a_0 + a_1 x + \cdots + a_\mu x^\mu, \quad \mu < \nu,$$

so zeigt man auf folgende Art, dass L zwischen $x=\alpha$ und $x=\beta$ sein Zeichen wechselt: Man hat

$$\int_\alpha^\beta M N f(x)\, dx = a_0 i_0 + a_1 i_1 + \cdots + a_\mu i_\mu = 0;$$

das Integral, dessen Element aus dem Produkte von L und der positiven Function $f(x).M.M$ besteht, kann aber nicht verschwinden, wenn nicht L sein Zeichen zwischen $x=\alpha$ und $x=\beta$ ändert.

Alle reelle Wurzeln von $N(x)=0$ liegen zwischen α und β. (Man denke sich $\alpha<\beta$). Da die Function $f(z)$ von z gleich α bis β sein Zeichen nicht ändert, aber $\varphi(x) = (x-z_1)\ldots(x-z_\nu)$ im Integrale (1, *c*) ein festes Zeichen erhält sobald $x>\beta$ oder $x<\alpha$, so kann N nur für ein zwischen den Grenzen liegendes x verschwinden.

Alle ν Wurzeln von $N_\nu(x)=0$ sind reell und ungleich. Wären imaginäre oder gleiche, daher wenigstens zwei gleiche, vorhanden, so gäbe es einen Faktor L von N, der sein Zeichen von $x=\alpha$ bis $x=\beta$ nicht ändert.

Nach einem bekannten Satze findet dasselbe für alle Differentialquotienten von N statt, die sich übrigens durch ähnliche Integrale wie dieses selbst ausdrücken lassen. Berücksichtigt man, dass

$$\psi'(x) = \psi(x)\left(\frac{1}{x-z_1} + \cdots + \frac{1}{x-z_\nu}\right),$$

so hat man

$$\frac{dN_\nu}{dx} = \nu\int_\alpha^\beta \frac{\psi(x)}{x-z_1} f(z_1)\ldots f(z_\nu)\,dz_1\ldots dz_\nu.$$

Da dieser Ausdruck für $x = +\infty$ dasselbe Zeichen wie für $x = \beta$, für $x = -\infty$ wie für $x = \alpha$ besitzt, so folgt hieraus, dass N_ν von $x = \beta$ bis ∞ immer zunimmt, von $x = -\infty$ bis α aber immer zu- oder abnimmt je nachdem ν ungerade oder gerade ist. Z. B. für $f(x) = 1$ wird

$$2P^2(x) = 3x^2 - 1$$

von $x = 1$ bis ∞, und von -1 bis $-\infty$ zunehmen.

(*f*) Aus den Gleichungen (3, *a*) folgt sofort, dass

$$(4) \ldots \int_\alpha^\beta N_\mu(x) N_\nu(x) f(x)\,dx = 0$$

sobald μ und ν verschiedene ganze Zahlen bezeichnen; für $\mu = \nu$ ist das Integral sicher nicht Null, sondern eine positive Constante die ω_ν heisse. Setzt man $N_0 = 1$, so ist auch der Index 0 nicht ausgeschlossen.

Lässt sich eine Function $\varphi(x)$ in eine Reihe entwickeln, welche nach solchen Functionen N fortschreitet

$$\varphi(x) = \sum a_\nu N_\nu(x),$$

so kann man daher die Constanten a durch die Gleichung bestimmen

$$(5) \ldots \frac{1}{\omega_\nu}\int_\alpha^\beta \varphi(x) N_\nu(x) f(x)\,dx = a_\nu, \quad \omega_\nu = \int_\alpha^\beta (N_\nu(x))^2 f(x)\,dx.$$

(*g*) Wenn die Function $f(x)$ vorliegt, so ist der Kettenbruch ein bestimmter, und die N_ν sind für jeden Grad ν ganz bestimmte Functionen. Daher lässt sich jede ganze Potenz x^n nach den N_ν entwickeln und daher auch jede Function $\varphi(x)$, die eine Potenzreihe giebt, freilich die Convergenz noch vorausgesetzt. Ein besonderes Interesse wird die Entwickelung von $(y-x)^{-1}$ in Anspruch nehmen, welche mit Hülfe des Satzes von Cauchy die Grundlage der Entwickelung von beliebigen Functionen bildet. Bestimmt man nach (5) mit Hülfe von (2, *b*) die Coefficienten dieser Reihe, so entsteht

$$(5, a) \ldots \frac{1}{y-x} = \sum_{\nu=0}^{\infty} \frac{1}{\omega_\nu} N_\nu(x) R_\nu(y),$$

so dass hier die R ebenso neben die N treten, wie in (11) die Q neben die P, also die Rolle der Functionen zweiter Art für die N spielen.

Man kann die Entwickelung (5, *a*) nach der Methode des § 45 untersuchen, und findet dann ein ganz ähnliches Resultat wie das, welches sich dort auf die Kugelfunctionen bezog. Es sei, um dies genau anzugeben, hier $N_\nu(x)$, der Näherungsnenner des Kettenbruchs für σ im § *b*, genau mit der Constanten versehen die ihm zukommt damit

$$N_0 = 1, \quad N_1 = \lambda_1, \quad N_\nu = \lambda_\nu N_{\nu-1} - N_{\nu-2}$$

sei. Die Functionen ersten Grades λ haben die Form $\lambda_\nu = a_\nu x + b_\nu$. Alsdann findet man durch ein Verfahren wie S. 197

$$\frac{1}{y-x} = \sum_0^\nu a_\nu N_\nu(x) R_\nu(y) - \frac{N_\nu(x) R_{\nu+1}(y) - N_\nu(y) R_{\nu+1}(x)}{y-x}.$$

Die Function N_ν ist nach x vom ν^{ten}, $R_\nu(y)$ nach y vom $-(\nu+1)^{\text{ten}}$ Grade. Sobald das abzuziehende Restglied auf der Rechten, dessen Bestandtheile N und R man mit Hülfe von (1, a) und (2, b) findet, mit wachsendem ν zu Null convergirt, gilt die Gleichung (5, a) und es ist ω_ν gleich der Constanten $1 : a_\nu$.

(h) Der Kettenbruch σ gab uns Näherungsnenner eines jeden Grades, welche der Gleichung (4) genügen. Umgekehrt, genügen ganze Functionen N_ν jeden Grades ν verbunden mit einer Function $f(x)$ der Gleichung (4), so folgt daraus zunächst das System der Gleichungen (3, a), und hieraus, dass diese ganzen Functionen die Näherungsnenner des Kettenbruchs von σ in (1) sind.

Ein erstes einfaches Beispiel zieht man aus der bekannten Gleichung (μ und ν sind verschiedene ganze positive Zahlen)

$$\int_0^\pi \cos\mu\varphi \cos\nu\varphi \, d\varphi = 0.$$

Macht man $\cos\varphi = x$ und setzt

$$\frac{2}{\nu} N_\nu(x) = \frac{(2x)^\nu}{\nu} - \frac{\nu-1}{1} \frac{(2x)^{\nu-2}}{\nu-1} + \frac{(\nu-1)(\nu-2)}{1.2} \frac{(2x)^{\nu-4}}{\nu-2} - \ldots,$$

wodurch $N_\nu(x) = \cos\nu\varphi$, so hat man daher,

$$\int_{-1}^{1} N_\mu(x) N_\nu(x) \frac{dx}{\sqrt{1-x^2}} = 0.$$

Vergleicht man dies mit (4) und setzt dazu

$$\alpha = -1, \quad \beta = 1, \quad f(x) = \frac{1}{\sqrt{1-x^2}},$$

so folgt, dass der ν^{te} Näherungsnenner des Kettenbruchs

$$\sigma = \int_{-1}^{1} \frac{dz}{(x-z)\sqrt{1-z^2}} = \frac{\pi}{\sqrt{x^2-1}}$$

gleich ist jener obenstehenden Function $N_\nu(x)$. Ferner findet man für den Rest

$$R_\nu = \int_0^\pi \frac{\cos\nu\varphi \, d\varphi}{x-\cos\varphi} = \frac{\pi}{\sqrt{x^2-1}} (x - \sqrt{x^2-1})^\nu$$

und endlich, nach (5, a) die Gleichung

$$\frac{1}{y-\cos\varphi} = \frac{2}{\sqrt{y^2-1}} \sum^{\infty}{}' \frac{\cos\nu\varphi}{(y+\sqrt{y^2-1})^\nu}.$$

Ein zweites Beispiel erhält man durch Entwickelung einer Function von u statt nach Cosinus der Vielfachen von u, d. i. nach ganzen Functionen von $x = \cos u$, nach ganzen Functionen N von $x = \sin\text{am}\, u$. Man setze

$$f(x) = \frac{1}{\sqrt{1-x^2}\sqrt{1-\varkappa^2 x^2}}, \quad \alpha = 0, \quad \beta = 1,$$

und findet geeignete ganze Functionen in den Nennern N des Kettenbruchs für

$$\sigma = \int_0^1 \frac{dz}{(x-z)\sqrt{1-z^2}\sqrt{1-\varkappa^2 z^2}};$$

sie sind bestimmt durch die Eigenschaft, dass

$$\int_0^1 N_\mu(x) N_\nu(x) \frac{dx}{\sqrt{1-x^2}\sqrt{1-\varkappa^2 x^2}} = \int_0^K N_\mu(\sin\mathrm{am}\, u) N_\nu(\sin\mathrm{am}\, u)\, du = 0.$$

(i) Diese Nenner N sollen nun näher untersucht und mit den dazu gehörenden R in ähnlicher Art verbunden werden wie die P mit den Q. Damit man das Folgende bequemer auf Abel'sche Integrale übertragen kann, handeln wir besser über den Kettenbruch für

$$\sigma = \int_0^\alpha \frac{dz}{(x-z)\sqrt{\psi(z)}}, \quad \psi(z) = z(z-\alpha)(z-\beta),$$

wo α und β reell und $0 < \alpha < \beta$ sein mögen.

Zuerst wird die Form betrachtet, die N dadurch erhält, dass es dem oft erwähnten System linearer Gleichungen genügen muss. Setzt man dazu

$$\varepsilon_\nu = \int_0^\alpha \frac{z^\nu dz}{\sqrt{\psi(z)}}, \quad \frac{\varepsilon_1}{\varepsilon_0} = q,$$

so sind sämmtliche ε_ν homogene lineare Functionen von ε_0 und ε_1 (d. h. $\varepsilon_\nu = a\varepsilon_0 + b\varepsilon_1$). Da nun Δ in (1, a) eine homogene Function von $z_1, \ldots z_\nu$ ist, so wird N_ν eine solche von ε_0, ε_1, etc. Z. B. findet man

$$N_1 = \varepsilon_0 x - \varepsilon_1,$$
$$N_2 = (\varepsilon_0\varepsilon_2 - \varepsilon_1^2)x^2 + (\varepsilon_1\varepsilon_2 - \varepsilon_0\varepsilon_3)x + \varepsilon_1\varepsilon_3 - \varepsilon_2^2.$$

Dividirt man N_ν durch $(\varepsilon_0)^\nu$ ohne jedoch für das entstehende N eine andere Bezeichnung einzuführen, so findet man:

Die Function N_ν ist eine ganze Function ν^{ten} Grades nicht nur von x, sondern auch von q, und enthält keine andere Irrationalität als diese, wenn man die Coefficienten $\alpha+\beta$ und $\alpha\beta$ als rational betrachtet, welche in den Reductionsformeln vorkommen, die ε_ν durch ε_0 und ε_1 ausdrücken.

Zweitens bringen wir N mit einer Differentialgleich. zweiter Ordnung in Verbindung. Dazu dividirt man (2) durch N_ν und erhält, wenn man zur Abkürzung die Indices fortlässt

$$(6) \ldots \quad \frac{R}{N} = \int_0^1 \frac{dz}{(x-z)\sqrt{\psi(x)}} - \frac{Z}{N}.$$

Für das ganze elliptische Integral dritter Gattung kann man ein elliptisches Integral erster und zweiter Gattung setzen, nämlich

$$\frac{1}{\sqrt{\psi(x)}} \int \frac{ax-b}{\sqrt{\psi(x)}} dx,$$

wo a und b bekannt sind ($a = \frac{1}{2}\varepsilon$, $b = \frac{1}{2}\varepsilon_1$), während ihr Werth hier nicht in Betracht kommt. Setzt man in dies (6) ein, multiplicirt mit $\sqrt{\psi(x)}$ und differentiirt nach x, so entsteht

$$\frac{ax-b}{\sqrt{\psi(x)}} - \frac{d}{dx}\left(\frac{Z\sqrt{\psi(x)}}{N}\right) = \frac{d}{dx}\left(\frac{R\sqrt{\psi(x)}}{N}\right).$$

Multiplicirt man auf beiden Seiten mit $N^2.\sqrt{\psi(x)}$, so kann die rechte Seite der dadurch entstehenden Gleichung keine höhere Potenz von x als die erste enthalten; diese kann aber auch nicht fehlen. Denn R ist genau vom Grade $-\nu-1$ und keinem niedrigeren, N vom ν^{ten} und $\sqrt{\psi}$ vom Grade $\frac{3}{2}$. Die linke Seite wird offenbar eine ganze Function, also eine solche vom ersten Grade. Bezeichnen c und γ Constante, von denen die erste nicht Null ist, so hat die rechte Seite die Form $c(x-\gamma)$ und man erhält

$$R\sqrt{\psi(x)} = cN\int\frac{(x-\gamma)\,dx}{N^2\sqrt{\psi(x)}}.$$

Da R sich durch elliptische Integrale der beiden ersten Gattungen ausdrücken lässt, also nicht logarithmisch unendlich wird, so muss bei dem Integral auf der Rechten dasselbe stattfinden. Eine von den (sämmtlich reellen und ungleichen) Wurzeln der Gleichung $N=0$ sei r; sie ist unmöglich gleich γ, weil sonst $x-\gamma : N^2$ gehoben im Nenner den einfachen Faktor $x-\gamma$ geben, das Integral also logarithmisch unendlich werden würde. Zerlegt man nun $x-\gamma : N^2$ in Partialbrüche, so wird der auf r bezügliche Theil

$$\frac{A}{(x-r)^2}+\frac{B}{(x-r)},$$

wo A und B die Werthe besitzen

$$A=\frac{r-\gamma}{(N'(r))^2},\quad B=\frac{N'(r)-(r-\gamma)N''(r)}{(N'(r))^3}.$$

Da nach bekannten Reductionsformeln erhalten wird

$$\int\frac{dx}{(x-r)^2\sqrt{\psi(x)}} = -\tfrac{1}{2}\frac{\psi'(r)}{\psi(r)}\int\frac{dx}{(x-r)\sqrt{\psi(x)}}-\tfrac{1}{2}\frac{r}{\psi(r)}\int\frac{dx}{\sqrt{\psi(x)}}$$
$$+\frac{1}{2\psi(r)}\int\frac{x\,dx}{\sqrt{\psi(x)}}-\frac{\sqrt{\psi(x)}}{(x-r)\psi(r)},$$

so muss, wenn in

$$\int\left(\frac{A}{(x-r)^2}+\frac{B}{x-r}\right)\frac{dx}{\sqrt{\psi(x)}}$$

der logarithmische Theil ausfallen soll, $B\psi(r)-\frac{1}{2}A\psi'(r)$ Null sein, oder wenn man für A und B ihre Werthe einsetzt, die Gleichung stattfinden

$$2[(r-\gamma)N''(r)-N'(r)]\psi(r)+(r-\gamma)\psi'(r)N'(r)=0.$$

Die linke Seite ist eine ganze Function von r des Grades $\nu+2$; soll sie für alle Wurzeln von $N=0$ verschwinden, so muss

$$2(x-\gamma)\psi(x)N''(x)+((x-\gamma)\psi'(x)-2\psi(x))N'(x)$$

durch $N(x)$ theilbar sein und einen Quotienten zweiten Grades geben, der offenbar die Form hat $\nu(2\nu-1)x^2-bx-a$. Die gewonnenen Resultate geben den

I. Satz: Der ν^{te} Näherungsnenner des Kettenbruchs für

$$\sigma=\int_0^\alpha\frac{dz}{(x-z)\sqrt{\psi(z)}},\quad \psi(z)=z(z-\alpha)(z-\beta)$$

ist erstens eine ganze Function von q, wo

$$\int_0^\alpha \frac{x\,dx}{\sqrt{\psi(x)}} : \int_0^\alpha \frac{dx}{\sqrt{\psi(x)}} = q : 1,$$

zweitens auch eine ganze Function ν^{ten} Grades nach x, welche der Gleichung genügt

$$(7) \ldots \quad 2x(x-\alpha)(x-\beta)(x-\gamma)\,d^2N + [(x-\gamma)\psi'(x) - 2\psi(x)]\,dN\,dx + [a + bx - \nu(2\nu-1)x^2]\,N\,dx^2 = 0,$$

wenn a, b, γ Constante bezeichnen, von denen die letzte, für x gesetzt, N nicht zu Null macht. N enthält ausser α und β keine andere Irrationalität als q.

Im 4. Kapitel des III. Theiles beweise ich einen allgemeinen Satz, nach welchem für ein festgehaltenes γ die a und b als Wurzeln von zwei algebraischen Gleichungen dadurch bestimmt sind, dass die Lösung N eine ganze Function von x sein soll, und zeige ferner, dass es im allgemeinen $\frac{1}{2}(\nu+1)(\nu+2)$ solcher ganzen Functionen giebt.

Das Produkt einer zweiten für $x = \infty$ verschwindenden Lösung von (7) und von $x^{\nu-\frac{1}{2}}$ bleibt nach bekannten Sätzen endlich; diese ergiebt sich nach Anwendung der Methode, welche im § 26 als Abel'sche bezeichnet wurde, aus der ersten N durch die Formel

$$N\int \frac{(x-\gamma)\,dx}{N^2\sqrt{\psi(x)}},$$

und man erhält daher den

II. Satz: Die zweite im Unendlichen verschwindende Lösung von (7) ist $\sqrt{\psi(x)}\,.\,R_\nu(x)$, wenn R_ν den durch (2) definirten Rest des Kettenbruchs σ vorstellt. Es verhalten sich also N und R auch in Bezug auf eine Differentialgleichung zweiter Ordnung ähnlich zu einander wie die Kugelfunctionen erster und zweiter Art.

Da man eine Lösung von (7), welche eine ganze Function vom ν^{ten} Grade und eine zweite vom Grade $\frac{1}{2} - \nu$ immer erhält, welchen Werth man auch γ ertheilt, so wird γ gewiss nicht durch die Gleichung (7) allein bestimmt. Die nothwendigen Bedingungen zur Bestimmung von γ fehlen übrigens nicht, und man kann dazu die Gleichungen (3) verwenden. Der Werth desjenigen γ, welches den Näherungsnenner verschafft, muss derartig beschaffen sein, dass, obgleich a und b Wurzeln von Gleichungen höherer Grade sind, dennoch die Lösung N nur α, β, q als Irrationalitäten enthält. Die Erforschung der näheren Umstände, welche hierbei mitwirken, würde die Theorie der Differentialgleichungen, deren eine Lösung eine ganze Function ist, bereichern.

(k) Noch bei einer andern Untersuchung spielen die Nenner N_ν eine bedeutende Rolle, nämlich wo es sich um die Berechnung eines bestimmten Integrals durch Annäherung handelt. Im zweiten Bande wird über die Methode gehandelt, welche Gauss anwendet, um ein Integral $\int_{-1}^{1} \chi(x)\,dx$ durch Annäherung für den Fall zu finden, dass $\chi(x)$ zwischen -1 und 1 endlich bleibt. Er interpolirt dazu (M. vergl. § 7 S. 22) aus ν Abscissen, welche die Wurzeln der Gleichung $P^\nu(x) = 0$ sind, oder wie man sich jetzt ausdrücken kann, die Wurzeln der Gleichung $N_\nu(x) = 0$, wenn N sich auf den Kettenbruch

$$\sigma = \int_\alpha^\beta \frac{f(z)\,dz}{x-z}$$

für $\alpha = -1$, $\beta = 1$, $f(z) = 1$ bezieht. Die vortheilhafte Verwendung für die Quadratur beruht darauf, dass

$$\int_{-1}^{1} x^\mu P^\nu(x)\,dx = 0,$$

wenn $\mu < \nu$. Die Verallgemeinerung dieser Methode, wie sie sich aus der vorstehenden Untersuchung wegen (3, *a*) ergiebt, besteht darin, dass man zur näherungsweisen Berechnung eines Integrals

$$\int_\alpha^\beta \chi(x) f(x)\,dx,$$

worin $\chi(x)$ endlich bleibt, gleichfalls die ν Abscissen verwendet, welche die Wurzeln der Gleichung $N_\nu(x) = 0$ sind, wenn ν sich aber auf den obigen allgemeinen Kettenbruch σ bezieht. Im speciellen Fall folgt aus § *h*, dass für $f(x) = (x^2-1)^{-\frac{1}{2}}$, $\alpha = -1$, $\beta = 1$ der Nenner N_ν gleich $\cos(\nu \arccos x)$ wird und dass daher, wie bereits im § 7 angegeben wurde, bei der Berechnung des Integrals als für die Interpolation vortheilhafteste Abscissen die ν Grössen

$$\cos\frac{\pi}{2\nu}, \quad \cos\frac{3\pi}{2\nu}, \quad \ldots, \quad \cos(2\nu-1)\frac{\pi}{2\nu}$$

gewählt werden müssen.

Anhang.

§ 69. Die Kugelfunctionen wurden im § 4 dadurch eingeführt, dass man die Reciproke einer Quadratwurzel nach Potenzen von α entwickelte. Zum Schluss soll hier noch kurz über den allgemeineren Ausdruck

$$(49)\ \ldots\quad (1-2\alpha x+\alpha^2)^{-n}$$

gehandelt werden.

Man kann ihn unter denselben Bedingungen wie im Falle $n = \frac{1}{2}$ in eine nach aufsteigenden Potenzen von α geordnete Reihe entwickeln, und zwar setze man, indem man sich wie im § 4 des Buchstabens T bedient,

$$(49,a)\ \ldots\quad T_n = \sum \alpha^\nu C^{(\nu)}(x),$$

und findet dann für C die endliche Reihe

$$(49,b)\ldots\ C^{(\nu)}(x) = (2x)^\nu \frac{\Pi(n+\nu-1)}{\Pi(n-1)\Pi\nu} F\left(-\frac{\nu}{2}, \frac{1-\nu}{2}, 1-n-\nu, \frac{1}{x^2}\right)$$

Diese Reihe lässt sich nach (24) durch einen vielfachen Differentialquotienten nach x darstellen. Um dies möglichst einfach zu thun, stelle man C durch eine nach Potenzen von $u = \frac{1}{2}(1-x)$ aufsteigende Reihe dar, zu welcher man leicht gelangen kann, wenn man sogleich in T die Transformation

$$T_n = \left[(1-\alpha)^2\left(1+\frac{4\alpha u}{(1-\alpha)^2}\right)\right]^{-n}$$

vornimmt, und weiter wie bei der ähnlichen Entwickelung im § 5 verfährt. Dadurch erhält man

$$(49, c) \ldots \quad C^{\nu}(x) = \frac{\Pi(2n+\nu-1)}{\Pi(2n-1)\Pi\nu} F(-\nu, \nu+2n, n+\tfrac{1}{2}, u)$$

und schliesslich nach (24)

$$(49, d) \ldots \quad (x^2-1)^{n-\frac{1}{2}} C^{(\nu)}(x)$$
$$= 2^{\nu} \frac{\Pi(n+\nu-1)\Pi(2n+\nu-1)}{\Pi\nu\, \Pi(n-1)\Pi(2\nu+2n-1)} \frac{d^{\nu}}{dx^{\nu}} (x^2-1)^{n+\nu-\frac{1}{2}}.$$

Die Gleichheit von (49, b) und C folgt übrigens auch sofort aus der Formel, die Herr Kummer im 15. Bande des Crelle'schen Journals S. 78, § 19 No. 55 angegeben hat

$$F\left(\alpha, \beta, \frac{\alpha+\beta+1}{2}, u\right) = (1-2u)^{-\alpha} F\left(\frac{\alpha}{2}, \frac{\alpha+1}{2}, \frac{\alpha+\beta+1}{2}, \frac{4u^2-4u}{4u^2-4u+1}\right),$$

woraus sich ergiebt

$$F(-\nu, \nu+2n, n+\tfrac{1}{2}, u) = x^{\nu} F\left(-\frac{\nu}{2}, \frac{1-\nu}{2}, n+\tfrac{1}{2}, 1-\frac{1}{x^2}\right).$$

Man hat dann nur noch die Formel (21) des § 11 daselbst anzuwenden, die sich in

$$F(\alpha, \beta, \gamma, x) = \frac{\Pi(\alpha-\gamma)\Pi(\beta-\gamma)}{\Pi(\alpha+\beta-\gamma)\Pi(-\gamma)} F(\alpha, \beta, \alpha+\beta+1-\gamma, 1-x)$$

verwandelt, weil darin A wegen des unendlichen $\Pi(\alpha-1)\Pi(\beta-1)$ verschwindet.

Versieht man auch das T_n entsprechende C mit dem gleichen untern Index n, so hat man

$$dT_n = 2n\alpha T_{n+1} dx, \quad \sum_{\nu=0}^{\infty} \alpha^{\nu} dC_n^{(\nu)} = 2n\, dx \sum_{\nu=0}^{\infty} \alpha^{\nu+1} C_{n+1}^{(\nu)}$$

und hieraus

$$2n C_{n+1}^{(\nu-1)} dx = dC_n^{(\nu)},$$

so dass man die zu $n+1$ gehörenden Functionen C durch Differentiation der niederen nämlich zu n gehörenden erhält.

Die C genügen einer ähnlichen Differentialgleichung wie die P nämlich

$$(1-x^2)d^2C^\nu-(2\nu+1)x\,dC^\nu dx+\nu(\nu+2n)C^\nu dx^2=0,$$

so dass man auch die Sätze für die C erhält, deren man sich zur Bestimmung der Coefficienten bei Entwickelungen nach C zu bedienen hat, nämlich dass

$$\int_{-1}^{1} C^\mu C^\nu (1-x^2)^{\nu-\frac{1}{2}}dx=0$$

u. dgl. M. vergl. die Arbeit von Jacobi im 56. Bande von Borchardt's Journal § 6.

Unter den verschiedenen Werthen, welche n erhalten kann, hebe ich im § 124 zwei besondere Fälle hervor, welche den C den Charakter von Kugelfunctionen verleihen; in dem ersten Falle ist n die Hälfte einer ungeraden Zahl $n=p+\frac{1}{2}$, im zweiten eine ganze Zahl p. Nach der obigen Bemerkung werden alle Functionen C im ersten Falle durch Differentiation der für $n=\frac{1}{2}$ auftretenden, der Kugelfunctionen gewonnen. Im zweiten Falle hat man zunächst für $p=1$

$$C_1^\nu=\frac{\sin(\nu+1)\theta}{\sin\theta},\quad (x=\cos\theta)$$

und erhält C_p durch Differentiation dieser einfachen Function. Die fertige Formel findet man aus (49, d) für $n=p+\frac{1}{2}$ oder $n=p$. Da im III. Theile nur diese beiden Fälle zu berücksichtigen sind, bedicne ich mich dort keines neuen Buchstaben C zur Bezeichnung, sondern nenne die aus der $-\frac{1}{2}(p-1)^{\text{ten}}$ Potenz entspringenden Functionen C Kugelfunctionen p^{ter} Ordnung, so dass die eigentlichen Kugelfunctionen die zweite Ordnung erhalten, und vertausche in diesem Sinne das Zeichen $C_n^{(\nu)}(x)$ mit $P^{(\nu)}(2n+1,x)$. Den Functionen, die aus der Entwickelung von $-\log(1-2\alpha x+\alpha^2)$ entstehen, welches gleich ist

$$2\sum\frac{\alpha^\nu}{\nu}\cos\nu\theta,\quad (x=\cos\theta),$$

kann man im Zusammenhange die Ordnung 1 ertheilen.

Die Function T_n entwickelt Gauss in seiner Abhandlung über die hypergeometrische Reihe nach Cosinus der Vielfachen von θ; man setzt nach Gauss

$$(a^2+b^2-2ab\cos\varphi)^{-n}=2\sum^{\infty}{}'A_\nu\cos\nu\varphi$$

und findet

$$A_\nu=\frac{\Pi(n+\nu-1)}{\Pi\nu.\Pi(n-1)}a^{-2n-\nu}b^\nu F\left(n,n+\nu,\nu+1,\frac{b^2}{a^2}\right)$$

oder auch

$$A_\nu = \frac{\Pi(n+\nu-1)}{\Pi\nu\,\Pi(n-1)}(a^2+b^2)^{-n-\nu+1}(ab)^\nu F\left(\frac{n+\nu}{2}, \frac{n+\nu+1}{2}, \nu+1, \frac{4a^2b^2}{(a^2+b^2)^2}\right),$$

schliesslich die zwei Gleichungen

$$A_\nu = \frac{\Pi(n+\nu-1)}{\Pi\nu\,\Pi(n-1)}(a\pm b)^{2n-2\nu}(ab)^\nu F\left(n+\nu, \nu+\tfrac{1}{2}, 2\nu+1, \pm\frac{4ab}{(a\pm b)^2}\right).$$

Hansen erwähnt eine Entwickelung*) von A nach Potenzen von $\frac{\alpha}{\alpha^2+1}$, die er für den Fall $\nu = \frac{1}{2}$ ausführt. Endlich vergleiche man über die numerische Berechnung der A ausser der Méc. cél. und den Exercices noch das Habilitationsprogramm des Herrn Scheibner**).

§ 70. Die Function

$$T = \frac{1}{\sqrt{1-2\alpha\cos\theta+\alpha^2}}$$

genügt nach S. 47 einer partiellen Differentialgleichung

$$\frac{1}{\sin\theta}\frac{\partial}{\partial\theta}\left(\sin\theta\frac{\partial T}{\partial\theta}\right) + \frac{\alpha\partial^2(\alpha T)}{\partial\alpha^2} = 0.$$

Setzt man in derselben

$$\alpha = e^{-\eta}, \quad T = \frac{1}{\sqrt{\alpha}}\mathfrak{T}, \quad \mathfrak{T} = \frac{1}{\sqrt{2}\sqrt{\cos i\eta - \cos\theta}},$$

so wird daher

$$(a)\ \ldots \quad \frac{1}{\sin\theta}\frac{\partial}{\partial\theta}\left(\sin\theta\frac{\partial\mathfrak{T}}{\partial\theta}\right) + \frac{\partial^2\mathfrak{T}}{\partial\eta^2} - \tfrac{1}{4}\mathfrak{T} = 0.$$

Bei Aufgaben über die Anziehung der Kugel treten die Kugelfunctionen auf; bei entsprechenden über die Kegel oder linsenförmige Körper treten an ihre Stelle die Integrale dieser Differentialgleich.; Herr Mehler***) führt sie als Kegelfunctionen ein. Sie entstehen bei der Entwickelung von $\mathfrak{T}$ durch das Fourier'sche Doppelintegral, aus dem Herr M. unmittelbar erhält

$$\mathfrak{T} = \frac{2}{\pi}\int_0^\infty d\mu\cos\mu\eta\int_0^\infty \frac{\cos\mu\alpha\, d\alpha}{\sqrt{2(\cos\alpha i - \cos\theta)}}.$$

Das innere Integral nach α ist eine Lösung v der Differentialgleichung

*) Entwickelung der negativen und ungeraden Potenzen der Quadratwurzel etc. § III., No. 43.

**) Ueber die Berechnung einer Gattung von Functionen, welche bei der Entwickelung der Störungsfunction erscheinen. Gotha, 1853.

***) Borchardt, Journal f. Math. Bd. 68: Ueber die Vertheilung der statischen Elektricität etc. und Ueber eine mit den Kugel- und Cylinderfunctionen verwandte Function etc. Programm. Elbing 1870.

$$(b) \ldots \quad d^2 v + \operatorname{cotang}\theta\, dv\, d\theta - (\mu^2 + \tfrac{1}{4}) v\, d\theta^2 = 0,$$

wie man sofort erkennt, wenn man (a) mit $\cos\mu\eta\, d\mu$ multiplicirt und nach μ von 0 bis ∞ integrirt. Da (b) sich nicht verändert, wenn man θ mit $\pi - \theta$ vertauscht, so hat man zwei Integrale der Gleichung (b), oder, wenn man $\cos\theta$ d. i. die positive $\sqrt{\cos^2\theta}$ durch x ersetzt, der Gleichung

$$(b') \ldots \quad (1-x^2) d^2 v - 2x\, dv\, dx - (\mu^2 + \tfrac{1}{4}) v\, dx^2 = 0,$$

nämlich die Kegelfunctionen

$$(c) \ldots \quad \mathfrak{K}^{(\mu)}(x) = \frac{2\cos\mu\pi i}{\pi} \int_0^\infty \frac{\cos\mu\alpha\, d\alpha}{\sqrt{2(\cos\alpha i + x)}},$$

$$\mathfrak{K}_1^{(\mu)}(x) = \frac{2\cos\mu\pi i}{\pi} \int_0^\infty \frac{\cos\mu\alpha\, d\alpha}{\sqrt{2(\cos\alpha i - x)}}.$$

Die erste für jedes x^2 endliche Function würde eine Function der ersten Art, die zweite für $x = 1$ unendliche der zweiten Art sein. Die Constante hat Herr Mehler in (c) so gewählt, dass $\mathfrak{K}(1)$ gleich 1 ist.

Derselbe giebt der Kegelfunction erster Art verschiedene Formen; er findet, dass K eine Kugelfunction mit imaginärem Stellenzeiger n sei, nämlich dass man habe

$$(d) \ldots \quad \mathfrak{K}^{\mu}(x) = P^{-\frac{1}{2}+\mu i}(x) = \frac{1}{\pi} \int_0^\pi (x + \cos\varphi \,.\, \sqrt{x^2 - 1})^{-\frac{1}{2}+\mu i}\, d\varphi.$$

Er zeigt dies direkt, durch Transformation von (c), indem er zwei Fälle unterscheidet, den Fall des reellen und des rein imaginären θ. Im ersten verwandelt er $K(\cos\theta)$ in die hypergeometriche Reihe (b) des § 5 für $n = -\frac{1}{2} + \mu i$, d. h. er transformirt sie in

$$F(\tfrac{1}{2} + \mu i, \tfrac{1}{2} - \mu i, 1, \sin^2 \tfrac{1}{2}\theta).$$

In zweiten ($x = \cos i\theta$ gesetzt) transformirt er das Integral direct in das Integral auf der rechten von (d).

Dass K und $\mathfrak{K}$ nichts anderes sind als Kugelfunctionen erster und zweiter Art P und Q für den imaginären Index $n = -\frac{1}{2} + \mu i$ zeigt sich sofort durch die Methode des § 53, indem aus der Gleichung (a) daselbst auf S. 225 hervorgeht, dass $P^{(n)}$ und $Q^{(n)}$ für diesen Werth von n, statt w in (b) gesetzt, dieser Differentialgleichung genügen. Eine Reihe von wichtigen Sätzen des II. Theiles für die Kugelfunctionen, z. B. das Additionstheorem, welches dort entwickelt wird, und ähnliche gelten deshalb auch noch für die Kegelfunctionen.

II. Theil.

Die Kugelfunctionen mit mehreren Veränderlichen.

Erstes Kapitel.

Entwickelung der Kugelfunctionen erster Art nach Laplace.

§ 71. In der Einleitung wurde gezeigt, wie Laplace, ausgehend von der Entwickelung der reciproken Entfernung T zweier Punkte im Raume mit den rechtwinkligen Coordinaten x, y, z und x_1, y_1, z_1 zu der Kugelfunction $P^n(\cos\gamma)$ gelangte, deren Argument $\cos\gamma$ nicht unmittelbar gegeben ist, sondern aus den gegebenen Stücken durch die Gleichung bestimmt wird

$$(50) \ldots \quad \cos\gamma = \cos\theta\cos\theta_1 + \sin\theta\sin\theta_1\cos(\psi - \psi_1).$$

Man führt dazu statt der rechtwinkligen Coordinaten Polarcoordinaten ein, indem man setzte

$$(50, a) \ldots \quad \begin{aligned} x &= r\cos\theta, & x_1 &= r_1\cos\theta_1, \\ y &= r\sin\theta\cos\psi, & y_1 &= r_1\sin\theta_1\cos\psi_1, \\ z &= r\sin\theta\sin\psi, & z_1 &= r_1\sin\theta_1\sin\psi_1. \end{aligned}$$

Wir erinnern an die Bedeutung der Bogen θ und θ_1, die zwischen 0 bis π, von ψ und ψ_1, die zwischen 0 bis 2π genommen werden, und von γ. Man denkt sich um den Anfangspunkt des rechtwinkligen Coordinatensystems als Mittelpunkt eine Kugel mit dem Radius 1 beschrieben. Die vom Mittelpunkt nach den beiden Punkten x, y, z und x_1, y_1, z_1 gezogenen Radii vectores schneiden die Oberfläche in Punkten $\mathfrak{p}$ und $\mathfrak{p}_1$. Um auf diese die Bezeichnungen anwenden zu können, deren man sich für die Erdkugel bedient, werde die Axe der X als Axe der Kugel betrachtet, ihre positive Seite sei die nördliche, die Ebene YZ die des Aequators, die Ebene XY der erste Meridian und die (geographische) Länge der Axe Z gleich 90°. Dann sind θ und θ_1 die sphärischen Abstände der Punkte $\mathfrak{p}$ und $\mathfrak{p}_1$ vom Nordpol, ψ und ψ_1 ihre (geographischen) Längen, während γ ihre auf dem Hauptkreise gemessene Entfernung bezeichnet.

Man hat

$$T^{-1} = \sqrt{(x-x_1)^2+(y-y_1)^2+(z-z_1)^2};$$

hieraus ergiebt sich

$$\frac{\partial T}{\partial x} = (x_1-x)T^3, \quad \frac{\partial^2 T}{\partial x^2} = -T^3+3(x_1-x)^2T^5,$$

folglich die partielle Differentialgleichung

$$(50,\, b) \ldots \quad \frac{\partial^2 T}{\partial x^2}+\frac{\partial^2 T}{\partial y^2}+\frac{\partial^2 T}{\partial z^2} = 0.$$

Durch die Einführung der Polarcoordinaten erhält man mit Laplace*) die Gleichungen, welche in der Lehre von der Anziehung fundamental sind

$$(50,\, c) \ldots \quad T^{-1} = \sqrt{r^2-2rr_1\cos\gamma+r_1^2},$$

$$(50,\, d) \ldots \quad r\frac{\partial^2(rT)}{\partial r^2}+\frac{1}{\sin\theta}\frac{\partial}{\partial\theta}\left(\sin\theta\frac{\partial T}{\partial\theta}\right)+\frac{1}{\sin^2\theta}\frac{\partial^2 T}{\partial\psi^2} = 0.$$

Man hat verschiedene Methoden um (50, *b*) in (50, *d*) zu transformiren.

1) Sollen ganz allgemein in eine partielle Differentialgleichung mit den unabhängigen Veränderlichen x, y, z, und der abhängigen V drei neue Veränderliche λ, μ, ν durch Gleichungen

$$x = f(\lambda, \mu, \nu), \quad y = \varphi(\lambda, \mu, \nu), \quad z = \chi(\lambda, \mu, \nu)$$

eingeführt werden, so sucht man zunächst die Differentialquotienten von λ, μ, ν nach x, diese so genommen, dass zu gleicher Zeit y und z constant bleiben, also so dass die drei Gleichungen

$$\partial x = f'(\lambda)\partial\lambda+f'(\mu)\partial\mu+f'(\nu)\partial\nu,$$
$$0 = \varphi'(\lambda)\partial\lambda+\varphi'(\mu)\partial\mu+\varphi'(\nu)\partial\nu,$$
$$0 = \chi'(\lambda)\partial\lambda+\chi'(\mu)\partial\mu+\chi'(\nu)\partial\nu$$

zugleich stattfinden. Durch Auflösung derselben erhält man die gesuchten Werthe für

$$\frac{\partial\lambda}{\partial x}, \quad \frac{\partial\mu}{\partial x}, \quad \frac{\partial\nu}{\partial x},$$

und durch zwei ähnliche Systeme von je drei Gleichungen die Differentialquotienten von λ, μ, ν, nach y und z, diese so genommen, dass x und z, resp. x und y constant bleiben.

In einigen Fällen ist es bequemer, diese neun Differentialquotienten dadurch aufzusuchen, dass man nach λ, μ, ν auflöst, also jede von diesen Grössen oder wenigstens Functionen von je einer derselben durch x, y, z ausdrückt. Z. B. kann man in dem hier vorliegenden speciellen Falle statt der Substitution (50) die folgende verwenden:

$$r^2 = x^2+y^2+z^2, \quad \operatorname{tang}^2\theta = \frac{y^2+z^2}{x^2}, \quad \operatorname{tang}\psi = \frac{z}{y}.$$

Aus derselben ergeben sich für die neun Differentialquotienten die Werthe

*) Memoiren der Pariser Akademie v. 1782, S. 135: il est facile de s'assurer par la différenciation etc.

$$\frac{\partial r}{\partial x} = \cos\theta, \qquad \frac{\partial \theta}{\partial x} = -\frac{\sin\theta}{r}, \qquad \frac{\partial \psi}{\partial x} = 0,$$

$$\frac{\partial r}{\partial y} = \sin\theta\cos\psi, \qquad \frac{\partial \theta}{\partial y} = \frac{\cos\theta\cos\psi}{r}, \qquad \frac{\partial \psi}{\partial y} = -\frac{\sin\psi}{r\sin\theta},$$

$$\frac{\partial r}{\partial z} = \sin\theta\sin\psi, \qquad \frac{\partial \theta}{\partial z} = \frac{\cos\theta\sin\psi}{r}, \qquad \frac{\partial \psi}{\partial z} = \frac{\cos\psi}{r\sin\theta}.$$

Um irgend eine partielle Differentialgleichung — ich beschränke mich der Kürze des Ausdrucks wegen auf den Fall einer linearen zweiter Ordnung mit drei unabhängigen Variabeln x, y, z — hat man durch eine neue Differentiation aus den neun ersten Differentialquotienten die neun zweiten nach je einer der Veränderlichen x, y, z, und die neun nach je zweien derselben zu nehmen. Schliesslich sind diese 27 Werthe einzusetzen in

$$\frac{\partial V}{\partial x} = \frac{\partial V}{\partial \lambda}\frac{\partial \lambda}{\partial x} + \frac{\partial V}{\partial \mu}\frac{\partial \mu}{\partial x} + \frac{\partial V}{\partial \nu}\frac{\partial \nu}{\partial x},$$

$$\begin{aligned}\frac{\partial^2 V}{\partial x^2} &= \frac{\partial^2 V}{\partial \lambda^2}\left(\frac{\partial \lambda}{\partial x}\right)^2 + \frac{\partial^2 V}{\partial \mu^2}\left(\frac{\partial \mu}{\partial x}\right)^2 + \frac{\partial^2 V}{\partial \nu^2}\left(\frac{\partial \nu}{\partial x}\right)^2 \\ &+ 2\frac{\partial^2 V}{\partial \mu \partial \nu}\frac{\partial \mu}{\partial x}\frac{\partial \nu}{\partial x} + 2\frac{\partial^2 V}{\partial \nu \partial \lambda}\frac{\partial \nu}{\partial x}\frac{\partial \lambda}{\partial x} + 2\frac{\partial^2 V}{\partial \lambda \partial \mu}\frac{\partial \lambda}{\partial x}\frac{\partial \mu}{\partial x} \\ &+ \frac{\partial V}{\partial \lambda}\frac{\partial^2 \lambda}{\partial x^2} + \frac{\partial V}{\partial \mu}\frac{\partial^2 \mu}{\partial x^2} + \frac{\partial V}{\partial \nu}\frac{\partial^2 \nu}{\partial x^2},\end{aligned}$$

sowie in die ähnlichen sieben Ausdrücke, welche sich auf y, z oder die Combinationen xy, yz, xz; beziehen. Dieses mühsame Verfahren wandte man auch auf die specielle Differentialgleich. an, welche hier vorliegt

$$(a) \ldots \quad \frac{\partial^2 V}{\partial x^2} + \frac{\partial^2 V}{\partial y^2} + \frac{\partial^2 V}{\partial z^2} = 0,$$

bei der es sich allerdings durch den Wegfall einiger Glieder vereinfacht, und erhielt so (50, d), wenn man darin T in V verwandelt.

2) Jacobi hat für die Transformation speciell des Ausdrucks auf der Linken von (a), aber in beliebige Coordinaten λ, μ, ν eine einfache Methode (in seiner Abhandlung: Ueber eine partikuläre Lösung der partiellen Differentialgleich. etc. Crelle's Journ. f. Math. Bd. 36, S. 113—134) angegeben, welche mit der Art zusammenhängt, auf welche man das Hamilton'sche Integral zur Transformation der Bewegungsgleichungen in die zweite Lagrange'sche Form verwendet. Die Methode von Jacobi trennt sich von der ersten da, wo die neun ersten Differentialquotienten gebildet sind, wo also der mühsamste Theil der Arbeit beginnen würde. Durch Einsetzen der Werthe für die ersten Differentialquotienten findet man

$$\begin{aligned}(b) \ldots \quad \left(\frac{\partial V}{\partial x}\right)^2 + \left(\frac{\partial V}{\partial y}\right)^2 + \left(\frac{\partial V}{\partial z}\right)^2 &= L^2\left(\frac{\partial V}{\partial \lambda}\right)^2 + M^2\left(\frac{\partial V}{\partial \mu}\right)^2 + N^2\left(\frac{\partial V}{\partial \nu}\right)^2 \\ &+ 2l\frac{\partial V}{\partial \mu}\frac{\partial V}{\partial \nu} + 2m\frac{\partial V}{\partial \nu}\frac{\partial V}{\partial \lambda} + 2n\frac{\partial V}{\partial \lambda}\frac{\partial V}{\partial \mu},\end{aligned}$$

wenn L, M, N, l, m, n bekannte Functionen von λ, μ, ν sind. In dem speciellen Falle der Gleichungen (50, a) hat man

$$L = 1, \quad M = \frac{1}{r}, \quad N = \frac{1}{r \sin\theta}, \quad l = m = n = 0.$$

Der Einfachheit halber nehme ich an, dass l, m, n, wie in dem vorliegenden Falle, Null sind, obgleich die Anwendung der Methode nicht auf diese Fälle beschränkt ist. Man sucht bei den verschiedenen Problemen, bei denen eine derartige Transformation vorgenommen wird, solche Coordinaten λ, μ, ν einzuführen, für welche l, m, n verschwinden, weil dadurch die transformirte Differentialgleichung eine geringere Anzahl von Gliedern erhält. Dies Verhalten lässt eine geometrische Deutung zu: Die Punkte x, y, z, in welchen μ einen bestimmten Werth μ_0 besitzt, bilden eine Fläche, welche eine zweite Fläche in der $\nu = \nu_0$ in einer Curve schneidet. Der Cosinus des Winkels, welchen die in einem Punkte der Durchschnittscurve errichteten Normalen der beiden Flächen, also diese Flächen selbst mit einander bilden, ist bekanntlich proportional

$$\frac{\partial \mu}{\partial x}\frac{\partial \nu}{\partial x} + \frac{\partial \mu}{\partial y}\frac{\partial \nu}{\partial y} + \frac{\partial \mu}{\partial z}\frac{\partial \nu}{\partial z},$$

so dass, wenn $l = 0$, die Flächen sich orthogonal schneiden. Ist auch $m = 0$ und $n = 0$, so schneiden sich alle drei Flächen, auf welchen λ, μ, ν constante Werthe annehmen, orthogonal, — also nach dem Satze von **Dupin** in Krümmungslinien. Die Coordinaten λ, μ, ν nennt man dann **orthogonale**.

Man zeigt leicht, dass die Functionaldeterminante

$$\Sigma \pm \frac{\partial x}{\partial \lambda}\frac{\partial y}{\partial \mu}\frac{\partial z}{\partial \nu} = \mathrm{R}$$

der Gleichung genügt

$$(c) \ldots \quad \mathrm{R} = \frac{1}{LMN}.$$

Da man nämlich, wie aus (b) folgt, gesetzt hat

$$\left(\frac{\partial \lambda}{\partial x}\right)^2 + \left(\frac{\partial \lambda}{\partial y}\right)^2 + \left(\frac{\partial \lambda}{\partial z}\right)^2 = L^2$$

und ähnliche Gleichungen für M und N bestehen, so wird

$$\frac{\partial \lambda}{\partial x} = L\alpha, \quad \frac{\partial \lambda}{\partial y} = L\beta, \quad \frac{\partial \lambda}{\partial z} = L\gamma,$$

$$\frac{\partial \mu}{\partial x} = M\alpha_1, \quad \frac{\partial \mu}{\partial y} = M\beta_1, \quad \frac{\partial \mu}{\partial z} = M\gamma_1,$$

$$\frac{\partial \nu}{\partial x} = N\alpha_2, \quad \frac{\partial \nu}{\partial y} = N\beta_2, \quad \frac{\partial \nu}{\partial z} = N\gamma_2,$$

wo die neun Grössen α, β, γ Coefficienten einer orthogonalen Substitution sein müssen, weil $l = m = n = 0$. Ihre Determinante ist daher 1, und

$$(d) \ldots \quad \Sigma \pm \frac{\partial \lambda}{\partial x}\frac{\partial \mu}{\partial y}\frac{\partial \nu}{\partial z} = LMN.$$

Diese Determinante ist aber die Reciproke von R.

Man integrire nun die linke Seite von (*b*) über einen Raum, die rechte Seite über denselben, führe hier aber statt x, y, z die Coordinaten λ, μ, ν ein. Alsdann wird

$$\iiint\left[\left(\frac{\partial V}{\partial x}\right)^2+\left(\frac{\partial V}{\partial y}\right)^2+\left(\frac{\partial V}{\partial z}\right)^2\right]\partial x\,\partial y\,\partial z$$
$$=\iiint\left[L^2\left(\frac{\partial V}{\partial \lambda}\right)^2+M^2\left(\frac{\partial V}{\partial \mu}\right)^2+N^2\left(\frac{\partial V}{\partial \nu}\right)^2\right]\mathrm{R}\,\partial\lambda\,\partial\mu\,\partial\nu.$$

Variirt man nun V so, dass δV an den Begrenzungsflächen Null ist, integrirt dann in üblicher Art durch Theile, so erhält man für jede derartige Variation δV

$$\iiint\delta V\left[\frac{\partial^2 V}{\partial x^2}+\frac{\partial^2 V}{\partial y^2}+\frac{\partial^2 V}{\partial z^2}\right]\partial x\,\partial y\,\partial z=\iiint\delta V\left[\frac{\partial}{\partial\lambda}\left(\mathrm{R}L^2\frac{\partial V}{\partial\lambda}\right)\right.$$
$$\left.+\frac{\partial}{\partial\mu}\left(\mathrm{R}M^2\frac{\partial V}{\partial\mu}\right)+\frac{\partial}{\partial\nu}\left(\mathrm{R}N^2\frac{\partial V}{\partial\nu}\right)\right]\partial\lambda\,\partial\mu\,\partial\nu.$$

Indem man auf der linken Seite für das Körperelement $\partial x\,\partial y\,\partial z$ seinen Werth $\mathrm{R}\,\partial\lambda\,\partial\mu\,\partial\nu$ setzt, erhält man auch links ein Integral nach λ, μ, ν. Da δV eine sogenannte willkürliche Variation ist, so muss der Faktor von $\delta V.\partial\lambda\,\partial\mu\,\partial\nu$ auf der Linken gleich dem auf der Rechten sein, und man erhält schliesslich

$$(e)\;\ldots\quad \frac{\partial^2 V}{\partial x^2}+\frac{\partial^2 V}{\partial y^2}+\frac{\partial^2 V}{\partial z^2}=LMN\left[\frac{\partial}{\partial\lambda}\left(\frac{L}{MN}\frac{\partial V}{\partial\lambda}\right)\right.$$
$$\left.+\frac{\partial}{\partial\mu}\left(\frac{M}{NL}\frac{\partial V}{\partial\mu}\right)+\frac{\partial}{\partial\nu}\left(\frac{N}{LM}\frac{\partial V}{\partial\nu}\right)\right],$$

und in dem vorliegenden speciellen Falle hieraus sofort die Gleichung (**50**, ***d***).

Dasselbe Verfahren lässt sich auf die Transformation des Ausdrucks

$$\frac{\partial^2 V}{\partial\xi_1^2}+\frac{\partial^2 V}{\partial\xi_2^2}+\cdots+\frac{\partial^2 V}{\partial\xi_p^2}$$

anwenden, in welchem p Veränderliche in derselben Art auftreten, wie im obigen drei. Kann man für die ξ ebensoviele Grössen λ_1, λ_2, ... λ_p einführen von der Beschaffenheit, dass

$$\left(\frac{\partial V}{\partial\xi_1}\right)^2+\left(\frac{\partial V}{\partial\xi_2}\right)^2+\cdots+\left(\frac{\partial V}{\partial\xi_p}\right)^2=L_1^2\partial\lambda_1^2+L_2^2\partial\lambda_2^2+\cdots+L_p^2\partial\lambda_p^2,$$

so wird der obige Ausdruck mit

$$R\sum_{\nu=0}^{p}\frac{\partial}{\partial\lambda_\nu}\left(\frac{L_\nu^2}{R}\frac{\partial V}{\partial\lambda_\nu}\right)$$

vertauscht werden können, wo

$$\mathrm{R}=L_1L_2\ldots L_p.$$

Man wendet diese allgemeine Formel im § **128** und **134** an.

Anmerk. Die Anwendung dieser Methode setzt erstens voraus, dass man einer Function V solche Variationen geben könne, die mit ihren ersten Differentialquotienten an den Grenzen des Körperstücks, über welches man integrirt, verschwinden. Es genügt, dies für jede Kugel zu zeigen. Hat eine solche den Radius k, und sind a, b, c die rechtwinkligen Coordinaten ihres Mittelpunkts, so ist

$$\delta V = ((x-a)^2+(y-b)^2+(z-c)^2-k^2)^4$$

offenbar eine Variation, welche alle Bedingungen erfüllt. **Zweitens** muss man zeigen, dass aus der Gleichheit der Integrale die Gleichheit der Elemente, also (e), folgt, oder dass A verschwindet, wenn $\iiint A\,\delta V\,\partial\lambda\,\partial\mu\,\partial\nu$ Null ist, wo A eine von δV unabhängige Function von λ, μ, ν vorstellt. Indem man jeden Theil eines Stückes in welchem A etwa nicht Null wäre, also dasselbe Zeichen behalten sollte, zum Innern einer Kugel macht, und für δV den obigen Werth setzt, zeigt sich, dass unter dieser Voraussetzung das Integral nicht 0 wäre, sondern das Zeichen von A hätte. Man findet Weiteres über dieses Verfahren in meinen Arbeiten im 1. und 4. Bande der Annalen von **Clebsch** und **Neumann**.

3) Ein höchst einfaches Verfahren zur Transformation, **wiederum nur der Gleich.** (a) **und nur in orthogonale Coordinaten**, findet man im § 71 und resp. § 29 der von Herrn **Hattendorff** im Jahre 1869 resp. 1876 herausgegebenen Vorlesungen von **Riemann** über partielle Differentialgleichungen etc., und über Schwere, Elektricität und Magnetismus. Dies Verfahren rührt aber nicht von **Riemann** her, sondern ist, wenn nicht früher, jedenfalls schon durch die Vorlesungen über das Potential, welche **Dirichlet** im Sommersemester 1856 hielt, bekannt geworden. Das Eigenthum an diesen Vorlesungen hat **Riemann** nie beansprucht; er hat dieselben, um mich der Worte des Herrn **Hattendorff** zu bedienen, nach **Dirichlet** übernommen; dass die Art, wie **Riemann** dieselben fortführte, ihre Bedeutung erhöht hat, wird Niemand bezweifeln. Dem Ruhme **Riemann**'s wird es aber auch nicht den geringsten Eintrag thun, dass er sich dem beherrschenden Einflusse, welchen **Dirichlet**'s Vorlesungen auf den Zuhörer ausübten, nicht entzogen hat, und dass z. B. das erste von den genannten Werken, über die partiellen Differentialgleichungen, in den ersten vier Abschnitten, bis § 73, in Form, Inhalt, selbst in der Auswahl der Beispiele — den Cylinder übergeht **Riemann** — abgesehen von ganz unwesentlichen Aenderungen, mit dem Collegienhefte übereinstimmt, welches ich im Wintersemester 1838—1839 nach den Vorlesungen von **Dirichlet** niederschrieb. Dem Herrn Herausgeber, der diese Vorlesungen von **Riemann** weiteren Kreisen zugänglich gemacht hat, sind wir darum nicht weniger zum Danke verpflichtet. Beide Werke, zumal die Vorlesungen über das Potential, welche sich von den **Dirichlet**'schen weit entfernen, geben nicht nur ein grösseres Material, sondern auch eine Fülle neuer Gedanken, die nun aufgehört haben, Besitz einiger wenigen zu sein.

Das dritte Verfahren beruht auf einem Satze von **Green**, welcher durch die Formel

$$(f) \ldots \iiint\left(\frac{\partial^2 V}{\partial x^2}+\frac{\partial^2 V}{\partial y^2}+\frac{\partial^2 V}{\partial z^2}\right)\partial x\,\partial y\,\partial z = -\iint\frac{\partial V}{\partial n}ds$$

ausgedrückt wird. Das Integral auf der Linken erstreckt sich über irgend einen Körpertheil, das auf der Rechten über alle Elemente ∂s der begrenzenden Fläche; die durch ∂n angedeutete Differentiation geschieht nach der Richtung der inneren Normalen im Elemente ds. Die Gleichung (a) wird also immer und nur erfüllt, wenn das Flächenintegral auf der Rechten für jede Begrenzung verschwindet. Indem wir orthogonale Coordinaten λ, μ, ν einführen, nehmen wir als Grenze sechs Flächen, nämlich die drei durch $\lambda=\lambda_0$, $\mu=\mu_0$, $\nu=\nu_0$ gegebenen, wenn λ_0, μ_0, ν_0 feste Werthe bezeichnen, und die drei, für welche $\lambda=\lambda_0+\varepsilon$,

$\mu = \mu_0 + \zeta$, $\nu = \nu_0 + \eta$, wenn ε, ζ, η unendlich klein sind. Die Kanten stehen also senkrecht auf einander und man hat

$$(g) \ldots \quad \partial x^2 + \partial y^2 + \partial z^2 = \mathfrak{L}^2 \partial\lambda^2 + \mathfrak{M}^2 \partial\mu^2 + \mathfrak{N}^2 \partial\nu^2,$$

wenn $\varepsilon\mathfrak{L}$, $\zeta\mathfrak{M}$, $\eta\mathfrak{N}$ die Längen der drei im Punkte λ, μ, ν zusammenstossenden sind. Errichtet man in einem Punkt der Fläche, für welche λ gleich λ_0 ist, ein Perpendikel auf dieselbe, so wird seine Länge bis zum Durchschnitt mit der Fläche $\lambda = \lambda_0 + \partial\lambda$ durch $\partial n = \mathfrak{L}\partial\lambda$ ausgedrückt, also der Theil des Flächenintegrals in (f), welcher sich auf das begrenzende Flächenstück bezieht, für welches λ gleich λ_0 ist,

$$\zeta\mathfrak{M} \cdot \eta\mathfrak{N} \cdot \frac{\partial V}{\mathfrak{L}\partial\lambda}.$$

Setzt man hierin $\lambda_0 + \varepsilon$ für λ_0, und nimmt das Glied negativ, so erhält man den Theil des Flächenintegrals, welcher sich auf die Fläche $\lambda = \lambda_0 + \varepsilon$ bezieht. Da aber, wenn f eine beliebige Function von λ bezeichnet

$$f(\lambda_0) - f(\lambda_0 + \varepsilon) = -\varepsilon f'(\lambda_0),$$

so erhält man für den Theil, welcher wegen der beiden Flächen entsteht

$$\varepsilon\zeta\eta \frac{\partial}{\partial\lambda}\left(\frac{\mathfrak{M}\mathfrak{N}}{\mathfrak{L}} \frac{\partial V}{\partial\lambda}\right).$$

Behandelt man in ähnlicher Art die beiden anderen Flächenpaare, so findet man daher: Die Differentialgleichung

$$\frac{\partial^2 V}{\partial x^2} + \frac{\partial^2 V}{\partial y^2} + \frac{\partial^2 V}{\partial z^2} = 0$$

verwandelt sich durch Einführung orthogonaler Coordinaten λ, μ, ν in

$$(g) \ldots \quad \frac{\partial}{\partial\lambda}\left(\frac{\mathfrak{M}\mathfrak{N}}{\mathfrak{L}} \frac{\partial V}{\partial\lambda}\right) + \frac{\partial}{\partial\mu}\left(\frac{\mathfrak{N}\mathfrak{L}}{\mathfrak{M}} \frac{\partial V}{\partial\mu}\right) + \frac{\partial}{\partial\nu}\left(\frac{\mathfrak{L}\mathfrak{M}}{\mathfrak{N}} \frac{\partial V}{\partial\nu}\right) = 0,$$

wenn gesetzt ist

$$\partial x^2 + \partial y^2 + \partial z^2 = \mathfrak{L}\partial\lambda^2 + \mathfrak{M}\partial\mu^2 + \mathfrak{N}\partial\nu^2.$$

Z. B. erhält man bei der Einführung von Polarcoordinaten r, θ, ψ durch (50, a)

$$\partial x^2 + \partial y^2 + \partial z^2 = \partial r^2 + r^2 \sin^2\theta \partial\psi^2 + r^2 \partial\theta^2.$$

Anmerk. Die Gleichung (g) stimmt mit der durch Jacobi's Methode gefundenen (e) überein. Denn da nach S. 305,

$$\frac{\partial\lambda}{L} = \alpha\partial x + \beta\partial y + \gamma\partial z,$$

$$\frac{\partial\mu}{M} = \alpha_1\partial x + \beta_1\partial y + \gamma_1\partial z,$$

$$\frac{\partial\nu}{N} = \alpha_2\partial x + \beta_2\partial y + \gamma_2\partial z.$$

so folgt, da

$$\alpha^2 + \alpha_1^2 + \alpha_2^2 = 1, \quad \alpha\beta + \alpha_1\beta_1 + \alpha_2\beta_2 = 0; \quad \text{etc.}$$

durch Auflösen der linearen Gleichungen

$$\partial x = \frac{\alpha}{L}\partial\lambda + \frac{\alpha_1}{M}\partial\mu + \frac{\alpha_2}{N}\partial\nu; \quad \text{etc.}$$

$$\partial x^2 + \partial y^2 + \partial z^2 = \frac{1}{L^2}\partial\lambda^2 + \frac{1}{M^2}\partial\mu^2 + \frac{1}{N^2}\partial\nu^2,$$

und endlich

$$L\mathfrak{L} = 1, \quad M\mathfrak{M} = 1, \quad N\mathfrak{N} = 1.$$

In der Einleitung wurde bereits gezeigt, wie man aus (50, d) die partielle Differentialgleichung erhält, der $P^n(\cos\gamma)$ genügt. Man entwickelt nämlich T nach absteigenden Potenzen von r, setzt die Reihe in (50, d) ein, und findet dass das n^{te} Glied $P^n(\cos\gamma)$ ein Integral der Differentialgleichung ist

$$(51) \ldots \quad \frac{\partial^2 f}{\partial\theta^2} + \operatorname{cotg}\theta\frac{\partial f}{\partial\theta} + \frac{1}{\sin^2\theta}\frac{\partial^2 f}{\partial\psi^2} + n(n+1)f = 0,$$

deren Integration uns im § 73 beschäftigen wird.

Im § 12 S. 48 wurde diese partielle Differentialgleich. aus (8) durch eine Substitution erhalten; es sollen im § 72 zunächst die Beziehungen, welche sich hierbei ergeben, zu späterem Gebrauche, verfolgt und einige weitere Umformungen der Gleichung (51) vorgenommen werden.

§ 72. Der Gleichung, welche γ mit θ, θ_1, ψ, ψ_1 verbindet, kann man noch zwei andere hinzufügen, indem man einen solchen reellen Bogen δ einführt ($0 < \gamma < \pi$, $0 < \delta < 2\pi$), dass man hat

$$(a) \ldots \quad \begin{aligned} \cos\theta\cos\theta_1 + \sin\theta\sin\theta_1\cos(\psi_1 - \psi) &= \cos\gamma, \\ \sin\theta\cos\theta_1 - \cos\theta\sin\theta_1\cos(\psi_1 - \psi) &= \sin\gamma\cos\delta, \\ \sin\theta_1\sin(\psi_1 - \psi) &= \sin\gamma\sin\delta. \end{aligned}$$

In der That ist die Summe der Quadrate der linken Seiten wie die der rechten gleich 1.

1) Aus diesen drei Gleichungen findet man

$$\sin^2\gamma = \left(\frac{\partial\cos\gamma}{\partial\theta}\right)^2 + \frac{1}{\sin^2\theta}\left(\frac{\partial\cos\gamma}{\partial\psi}\right)^2,$$

$$1 = \left(\frac{\partial\gamma}{\partial\theta}\right)^2 + \frac{1}{\sin^2\theta}\left(\frac{\partial\gamma}{\partial\psi}\right)^2.$$

Bezeichnet f irgend eine Function von γ, so wird daher

$$(b) \ldots \quad \left(\frac{\partial f}{\partial\gamma}\right)^2 = \left(\frac{\partial f}{\partial\theta}\right)^2 + \frac{1}{\sin^2\theta}\left(\frac{\partial f}{\partial\psi}\right)^2.$$

2) Aus den Gleich. (a) findet man ferner den Satz, welcher durch die Gleichung von Poisson ausgedrückt wird

$$(c) \ldots \int_0^{\pi} \sin\theta_1 d\theta_1 \int_0^{2\pi} f(\gamma)\partial\psi_1 = 2\pi\int_0^{\pi} f(\gamma)\sin\gamma\partial\gamma.$$

Man beweist dieselbe durch eine mehrfach von Dirichlet benutzte geometrische Betrachtung. In der Figur sei NAA_1 ein spherisches Dreieck auf einer Kugelfläche mit dem Radius 1, N der Nordpol. Die Länge der Punkte A resp. A_1 und ihre Entfernungen vom Pole (M. vergl. S. 302) seien ψ und θ, resp. ψ_1 und θ_1. Die sphärische Entfernung AA_1 ist dann γ, und A der Winkel δ, welcher durch (a) ausgedrückt wird, während ε für δ zu setzen wäre, wenn man θ in (a) mit θ_1 vertauscht. Wie in Bezug auf den Pol N jeder Punkt A_1 durch ψ_1 und θ_1 festgelegt wird, so kann man A_1 in Bezug auf A durch γ, welches zwischen 0 und π genommen werden mag und δ, welches von 0 bis 2π gezählt wird, festlegen.

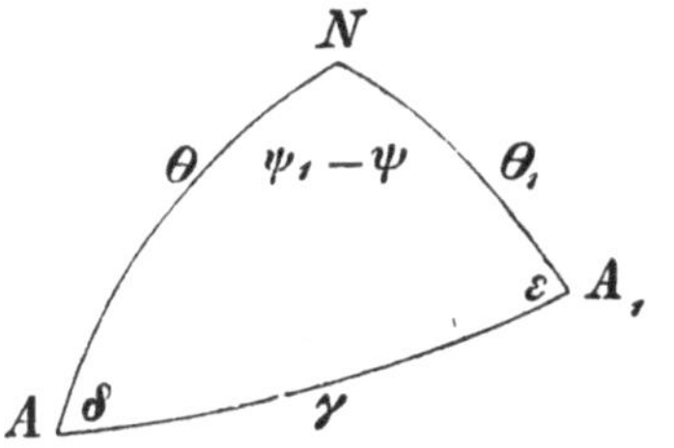

Denkt man sich die Kugel mit einer Masse belegt, deren Dichtigkeit in jedem Punkte A_1 durch $f(\gamma)$ ausgedrückt wird, so stellt die linke Seite von (c) die ganze Masse auf der Kugelfläche vor, da $\sin\theta_1\,\partial\theta_1\,\partial\psi_1$ das Element der Fläche im Punkte A_1 ist, wenn man sie von N aus durch Meridiane und Parallelkreise theilt. Theilt man sie aber von A aus, als ob A der Pol wäre, in Parallelkreise, so wird der Umfang des durch A_1 gehenden $2\pi\sin\gamma$, das Flächenstück zwischen diesem und dem zu $\gamma+\partial\gamma$ gehörenden daher $2\pi\sin\gamma\partial\gamma$ und seine Masse das Produkt aus dieser Fläche und $f(\gamma)$. Daher ist auch die rechte Seite von (c) dieselbe Masse.

Durch dieselbe Methode beweist man eine allgemeinere Gleichung. Setzt man zur Abkürzung $\psi_1-\psi=\varphi$, so wird nämlich

$$(c') \ldots \int_0^{\pi}\int_0^{\pi} f(\gamma)\sin^{\nu+1}\theta_1\sin^{\nu}\varphi\,\partial\theta_1\partial\varphi$$
$$= \sqrt{\pi}\,\frac{\Pi\frac{1}{2}(\nu-1)}{\Pi\frac{1}{2}\nu}\int_0^{\pi} f(\gamma)\sin^{\nu+1}\gamma\,d\gamma;$$

als Dichtigkeit der Kugelfläche hat man beim Beweise nicht $f(\cos\gamma)$ zu nehmen sondern dies multiplicirt mit dem Zahlwerth von

$$[\sin\theta_1\sin(\psi_1-\psi)]^{\nu}.$$

3) In die Gleichung (c') setze man das Quadrat von $f'(\gamma)$ statt

$f(\gamma)$ und benutze (b); dadurch entsteht

$$\int_0^\pi\int_0^\pi\Big[\Big(\frac{\partial f}{\partial\theta}\Big)^2+\frac{1}{\sin^2\theta}\Big(\frac{\partial f}{\partial\varphi}\Big)^2\Big]\sin^{\nu+1}\theta\sin^\nu\varphi\,\partial\theta\,\partial\varphi$$
$$=k\int_0^\pi\Big(\frac{\partial f}{\partial\gamma}\Big)^2\sin^{\nu+1}\gamma\,d\gamma,$$

wo k die Constante bezeichnet, welche das Integral auf der Rechten von (c') multiplicirt. Eine Variation auf beiden Seiten der Art, dass δf für die Grenzen Null wird, und eine darauf folgende Integration durch Theile, wie S. 306, verwandelt die Gleichung in

$$\int_0^\pi\int_0^\pi\delta f\Big[\frac{\partial^2 f}{\partial\theta^2}+(\nu+1)\mathrm{cotg}\,\theta\frac{\partial f}{\partial\theta}+\frac{1}{\sin^2\theta}\Big(\frac{\partial^2 f}{\partial\varphi^2}+\nu\,\mathrm{cotg}\,\varphi\frac{\partial f}{\partial y}\Big)\Big]\sin^{\nu+1}\gamma\,\partial\gamma$$
$$=\int_0^\pi\delta f\Big(\frac{\partial^2 f}{\partial\gamma^2}+(\nu+1)\mathrm{cotg}\,\gamma\frac{\partial f}{\partial\gamma}\Big)\sin^{\nu+1}\gamma\,\partial\gamma.$$

Dies giebt eine allgemeinere Transformationsformel, deren specieller Fall $\nu=0$ im § 12 vorkam, nämlich

$$(d)\ \ldots\ \frac{\partial^2 f}{\partial\gamma^2}+(\nu+1)\mathrm{cotg}\,\gamma\frac{\partial f}{\partial\gamma}=\frac{\partial^2 f}{\partial\theta^2}+(\nu+1)\mathrm{cotg}\,\theta\frac{\partial f}{\partial\theta}$$
$$+\frac{1}{\sin^2\theta}\Big(\frac{\partial^2 f}{\partial\varphi^2}+\nu\,\mathrm{cotg}\,\varphi\frac{\partial f}{\partial\varphi}\Big).$$

Sie wird bei den Kugelfunctionen höherer Ordnung verwendet. (M. vergl. d. III. Theil.)

4) Hier werden einige Formen zusammengestellt, welche (51) annimmt, wenn man für x eine andere Veränderliche einführt. Man setze

$$x=\cos\theta,\quad x_1=\cos\theta_1,\quad \varrho=\sqrt{x^2-1},\quad \psi_1-\psi=\varphi,$$
$$(50)\ \ldots\quad \cos\gamma=\cos\theta\cos\theta_1+\sin\theta\sin\theta_1\cos\varphi$$
$$=xx_1-\sqrt{x^2-1}\sqrt{x_1^2-1}\cos\varphi=z.$$

Alsdann genügt $P^n(\cos\gamma)=P^n(z)$ den Differentialgleichungen

$$(51)\ \ldots\quad \frac{\partial^2 f}{\partial\theta^2}+\mathrm{cotg}\,\theta\frac{\partial f}{\partial\theta}+\frac{1}{\sin^2\theta}\frac{\partial^2 f}{\partial\psi^2}+n(n+1)f=0,$$
$$(51,a)\ \ldots\quad (1-x^2)\frac{\partial^2 f}{\partial x^2}-2x\frac{\partial f}{\partial x}+\frac{1}{1-x^2}\frac{\partial^2 f}{\partial\psi^2}+n(n+1)f=0,$$
$$\varrho\sqrt{1+\varrho^2}\frac{\partial}{\partial\varrho}\Big(\varrho\sqrt{1+\varrho^2}\frac{\partial f}{\partial\varrho}\Big)+\frac{\partial^2 f}{\partial\psi^2}-n(n+1)\varrho^2 f=0,$$
$$(1-z^2)\frac{\partial^2 f}{\partial z^2}-2z\frac{\partial f}{\partial z}+n(n+1)f=0.$$

§ 73. Wir kommen nun zu der merkwürdigen Entwickelung

von $P^n(z)$ nach Cosinus der Vielfachen von φ, die Laplace in den mehrfach erwähnten Memoiren der Pariser Akademie von 1782 mitgetheilt hat, und die eines der wichtigsten Resultate aus der Theorie der Kugelfunctionen geblieben ist.

$P^n(z)$ als ganze Function n^{ten} Grades von z ist auch eine ganze Function des gleichen Grades von $\cos\varphi$, hat also die Form

$$P^n(z) = \sum_{\nu=0}^{\nu=n} u_\nu \cos\nu(\psi_1 - \psi_1),$$

wenn u eine Function bezeichnet, die ausser Constanten (und ν) nur noch x und x_1 enthalten kann. Setzt man diesen Ausdruck in (51, a) ein, so giebt die linke Seite eine Reihe, die nach Cosinus der Vielfachen von φ geordnet ist; soll sie verschwinden so muss jedes Glied für sich Null sein. Daher ist u_ν ein Integral der Gleichung

$$(1-x^2)\frac{\partial^2 u}{\partial x^2} - 2x\frac{\partial u}{\partial x} + \left(n(n+1) - \frac{\nu^2}{1-x^2}\right)u = 0,$$

die man aus § 51 kennt; ihr Integral hat die Form (S. 216)

$$\mu_\nu = g_\nu P_\nu^n(x) + h_\nu Q_\nu^n(x),$$

wenn g und h willkürliche Constante bezeichnen die kein φ und x aber wohl x_1 enthalten können, und die Summe sich von $\nu = 0$ bis n erstreckt. Für $x = 1$ wird $Q = \infty$ während doch $P(z)$ endlich bleibt, so dass die h verschwinden und $P^n(z)$ gleich

$$\sum g_\nu P_\nu^n(x) \cos\nu\varphi$$

sein muss. Aus der vollkommneren Symmetrie von $P(x)$ nach x und x_1 schliesst man, dass die rechte Seite auch die Form

$$\gamma_\nu P_\nu^n(x_1)\cos\nu\varphi$$

haben muss, wo γ eine Function von x bezeichnet. Hieraus erhält man endlich die Entwickelung

$$(52)\ \ldots\quad P^n(xx_1 - \sqrt{x^2-1}\sqrt{x_1^2-1}\cos\varphi)$$
$$= \sum^{n}{}'(-1)^\nu a_\nu^{(n)} P_\nu^n(x) P_\nu^n(x_1)\cos\nu\varphi,$$

wenn $a_\nu^{(n)}$ eine numerische Constante bezeichnet, und zwar, wie sich sogleich zeigen wird, dieselbe, welche bereits im § 62, S. 253 auftrat, nämlich

$$(46, a)\ \ldots\quad a_\nu^{(n)} = 2\cdot\frac{[1.3\ldots(2n-1)]^2}{\Pi(n+\nu)\Pi(n-\nu)},$$

von der eine für die Theorie wichtige Eigenschaft durch (46, b) ausgedrückt wird.

Um a zu bestimmen dividire man (52) durch x_1^n und setze dann $x_1 = \infty$. Dadurch reducirt sich die linke Seite auf das einzige Glied

$$\frac{1.3\ldots(2n-1)}{1.2\ldots n}(x-\sqrt{x^2-1}.\cos\varphi)^n,$$

die rechte auf

$$\sum^{n}{}'(-1)^\nu a_\nu^{(n)} P_\nu^n(x)\cos\nu\varphi.$$

Aus (33, a) auf S. 206 sieht man sofort, dass a den oben angegebenen Werth annimmt.

Man konnte auch die Anwendung von (33, a) vermeiden, wenn man noch durch x^n dividirt und auch $x = \infty$ gesetzt hätte. Dadurch entsteht

$$2^n.\frac{1.3\ldots(2n-1}{1.2\ldots n}\sin^{2n}\tfrac{1}{2}\varphi = a_0^{(n)} - a_1^{(n)}\cos\varphi + a_2^{(n)}\cos 2\varphi - \cdots,$$

während andrerseits die bekannte Formel giebt

$$(2\sin\tfrac{1}{2}\varphi)^{2n} = \frac{\Pi(2n)}{\Pi n\,\Pi n}\left(1-2\frac{n}{n+1}\cos\varphi+2\frac{n(n-1)}{(n+1)(n+2)}\cos 2\varphi-\cdots\right).$$

Die Gleichung (52) werde ich als das Additionstheorem der Kugelfunctionen erster Art bezeichnen; sie kommt in dieser schliesslichen eleganten Form nicht bei Laplace sondern bei Legendre in den Memoiren von 1789 S. 432 vor. Zunächst hatte Legendre in seiner ersten Abhandlung nur das erste von φ freie Glied der Entwickelung gefunden, also den Satz

$$\frac{1}{\pi}\int_0^\pi P^n(z)\partial\varphi = P^n(x)P^n(x_1).$$

Hierauf gab Laplace in den Memoiren von 1782 die Reihe für $P^n(z)$, welche allerdings wesentlich mit (51) übereinstimmt; jedoch sind die $P_\nu^n(x)$ dort noch nach absteigenden Potenzen von $\sqrt{1-x^2}=\sin\theta$ geordnete Reihen, welche also die Form wie im § 51, No. 2 haben. Der Fortschritt von Legendre besteht darin, dass er den Zugeordneten die bessere Form giebt, und ausserdem den schon S. 218 erwähnten Irrthum von Laplace berichtigt*).

---

*) Nous observerons que le développement de la même quantité, tel qu'il est indiqué dans l'ouvrage cité de M. de la Place article XI, n'est pas exact et qu'il ne donneroit que les termes de la valeur de Y^m dans lesquels $m+k$ est pair. L'erreur vient de ce que M. de la Place n'a pas fait attention qu'en faisant ce qu'il appelle $\cos\theta' = 0$, tous les termes où $m+k$ est impair disparoissent.

§ 74. Ausser dieser Entwickelung von $P^n(z)$, nach Cosinus der Vielfachen von φ, kommen noch andere in Betracht. Im III. Kapitel wird uns eine solche beschäftigen, welche nach gewissen ganzen Functionen von neuen, statt der drei Aggregate $\cos\theta$, $\sin\theta\cos\psi$, $\sin\theta\sin\psi$ einzuführenden Veränderlichen, den Lamé'schen Functionen, fortschreiten. Aehnliche Entwickelungen der Functionen $\mathfrak{P}_\nu^n$ findet man im III. Theile, 2. Kapitel, § 126. Hansen giebt im 4. Bande der Abhandl. der Sächsischen Gesellsch. d. W. in seiner schon erwähnten Schrift*) eine andere Reihe. Ist φ die gegenseitige Neigung der Bahnen zweier Himmelskörper, und sind θ und θ_1 die Argumente der Breiten derselben, so hat eine Entwickelung nach Cosinus der Vielfachen von φ keinen Werth für die numerische Rechnung, wohl aber eine solche nach Potenzen von $\sin\frac{1}{2}\varphi$ oder $\text{tang}\frac{1}{2}\varphi$. Diese giebt Hansen in No. 24; bei ihm ist D_n die Function $P^n(\cos\gamma)$. Die Coefficienten, die nach der Darstellung durch (52) zunächst Potenzen von $\sin\theta$ und $\cos\theta$, $\sin\theta_1$ und $\cos\theta_1$ enthalten, entwickelt er in Reihen, die nach Sinus und Cosinus der Vielfachen von θ und θ_1 geordnet sind. Man übersieht aus (52), wenn man sich $\cos m\varphi$ in eine Potenzreihe entwickelt denkt, dass jene Coefficienten linear aus den Aggregaten $P_\nu^n(\cos\theta)P_\nu^n(\cos\theta_1)$ zusammengesetzt sind, so dass es nur darauf ankommt, jedes derselben nach den trigonometrischen Functionen der Vielfachen von θ und θ_1 zu ordnen. Hülfsformeln dazu finden sich im § 51, No. 3, aus denen man erkennt, dass wohl die $\mathfrak{P}$ eine einfache Entwickelung zulassen aber nicht die P_ν^n selbst, die aus der Multiplication der ersteren mit einer Potenz von $\sin\theta$ entstehen. Hansen hat dieses vollständig durchgeführt und die Reihe, durch Hinzufügung der erforderlichen Tafeln, für die numerische Rechnung brauchbar gemacht. Da die Formeln sich nicht wesentlich zusammenziehen und die Entwickelungen jener Abhandlung ohne Hinzufügung dessen, was sich auf die numerische Rechnung bezieht, einen Theil ihres Werthes verlieren würden, so übergehen wir hier dieselben, und begnügen uns damit die Aufgabe und die Art, wie man sie mit Hülfe der hier gegebenen Formeln lösen kann, angedeutet zu haben.

---

*) Entwickelung der negativen und ungeraden Potenzen der Quadratwurzel etc. S. 285—376. M. vergl. auch das Habilitationsprogramm des Herrn Scheibner, Gotha, 1853.

In No. 37 seiner Abhandlung hebt Hansen einen besonderen Fall seiner neuen Darstellung von $P^n(\cos\gamma)$ hervor, von dem er später Anwendungen geben würde. Es ist dies ein Fall, in dem (52) leicht das Resultat liefert, nämlich die Entwickelung von $P^n(\cos\alpha\cos\beta)$ nach Cosinus der Vielfachen von β. Die Reihe, welche Hansen giebt, erhält man, indem man in (52) setzt

$$x_1 = 0, \quad x = \sin\alpha, \quad \varphi = \beta,$$

wodurch entsteht

$$P^n(\cos\alpha\cos\beta) = \Sigma'(-1)^\nu a_\nu^{(n)} P_\nu^n(\sin\alpha) P_\nu^n(0)\cos\nu\beta,$$

und wenn man für $P(C)$ seinen Werth aus S. 207 setzt,

$$\frac{\sqrt{\pi}}{\Pi(n-\frac{1}{2})} P^n(\cos\alpha\cos\beta) = 2\Sigma \frac{(-1)^{\frac{1}{2}(n-\nu)}}{\Pi\frac{1}{2}(n+\nu)\Pi\frac{1}{2}(n-\nu)} \cos^\nu\alpha \mathfrak{P}_{-\nu}^n(\sin\alpha)\cos\nu\beta,$$

wenn die Summe sich über alle ν von 0 bis n erstreckt, die $n-\nu$ zu einer geraden Zahl machen, und für $\nu = 0$ die Hälfte genommen wird. Für $\mathfrak{P}_{-\nu}^n(\sin\alpha)$ ist eine der beiden Reihen

$$\sin^{n-\nu}\alpha - \frac{(n-\nu)(n-\nu-1)}{2(2n-1)}\sin^{n-\nu-2}\alpha + \cdots,$$

$$\left(\frac{i}{2}\right)^{n-\nu}\left(\cos(n-\nu)\alpha - \frac{(n-\nu)(2\nu+1)}{1.(2n-1)}\cos(n-\nu-2)\alpha + \cdots\right)$$

aus § 51, No. 1 und 3 zu nehmen.

Dieselbe Function kann man vermittelst (52) noch in eine andere Form bringen, wenn man setzt

$$x = \cos\alpha, \quad x_1 = \cos\beta, \quad \varphi = \tfrac{1}{2}\pi.$$

Dadurch entsteht

$$P^n(\cos\alpha\cos\beta) = \Sigma i^\nu a_\nu^{(n)} P_\nu^n(\cos\alpha) P_\nu^n(\cos\beta),$$

die Summe über alle geraden ν von 0 bis n genommen.

Diese Formel lässt sich auf eine Art verallgemeinern, welche im III. Theile weiter verfolgt wird, während es hier nur darauf ankommt das Resultat zu gewinnen. Differentiirt man nämlich (51) ν mal nach $\cos\varphi$ und setzt dann $\varphi = \frac{1}{2}\pi$, so wird die linke Seite (für $\varphi = \frac{1}{2}\pi$)

$$= (\sin\theta\sin\theta_1)^\nu \frac{\partial^\nu P^n(z)}{\partial z^\nu} = \frac{1.3\ldots(2n-1)}{\Pi(n-\nu)}(\sin\theta\sin\theta_1)^\nu \mathfrak{P}_{-\nu}^n(\cos\theta\cos\theta_1).$$

Für die rechte Seite ist zu beachten, dass

$$\frac{d^\nu\cos(\nu+2p)\varphi}{d\cos\varphi^\nu} = (-1)^p 2^{\nu-1}\frac{(\nu+2p)\Pi(\nu+p-1)}{\Pi p},$$

wie sich zeigt, wenn man die Gleichung

$$-\log(1-2\alpha\cos\varphi+\alpha^2)=2\sum\frac{\alpha^n}{n}\cos n\varphi$$

ν mal nach $\cos\varphi$ differentiirt und dann $\varphi=\frac{1}{2}\pi$ setzt. Fasst man Alles zusammen, so entsteht

$$(a)\ldots\ \frac{2^{-\nu}}{1.3\ldots(2n-1)}\frac{\Pi(n+\nu)}{\Pi(\nu-1)}\mathfrak{P}_\nu^n(\cos\alpha\cos\beta)=\nu\mathfrak{P}_\nu^n(\cos\alpha)\mathfrak{P}_\nu^n(\cos\beta)$$

$$-(\nu+2)\cdot\frac{\nu}{1}\cdot\frac{(n-\nu).(n-\nu-1)}{(n+\nu+1)(n+\nu+2)}\frac{\mathfrak{P}_{\nu+2}^n(\cos\alpha)\mathfrak{P}_{\nu+2}^n(\cos\beta)}{\sin^2\alpha\sin^2\beta}$$

$$+(\nu+4)\frac{\nu(\nu+1)}{1.2}\frac{(n-\nu)\ldots(n-\nu-3)}{(n+\nu+1)\ldots(n+\nu+4)}\frac{\mathfrak{P}_{\nu+4}^n(\cos\alpha)\mathfrak{P}_{\nu+4}^n(\cos\beta)}{\sin^4\alpha\sin^4\beta}-\ldots.$$

Man kann bemerken, dass hierdurch auch eine Entwickelung der im Anhange vorübergehend mit C bezeichneten und durch (49, a) definirten Function für das Argument $\cos\alpha\cos\beta$ geliefert ist.

Die vorstehende Formel gestattet auch eine Umkehrung; sie giebt nämlich

$$(b)\ldots\ \frac{2^\nu\Pi(n-\nu)}{\Pi(n+\nu)}\frac{d^\nu P^n(x)}{dx^\nu}\frac{d^\nu P^n(x_1)}{dx_1^\nu}=\frac{d^\nu P^n(xx_1)}{d(xx_1)^\nu}$$

$$+\frac{(x^2-1)(x_1^2-1)}{2(2\nu+2)}\frac{d^{\nu+2}P^n(xx_1)}{d(xx_1)^{\nu+2}}+\frac{(x^2-1)^2(x_1-1)^2}{2.4.(2\nu+2)(2\nu+4)}\frac{d^{\nu+4}P^n(xx_1)}{d(xx_1)^{\nu+4}}+\ldots.$$

Die Ausdrücke (a) und (b) findet man in einer Abhandlung von Hansen*), in welcher er die Gleichung (51) dadurch ableitet, dass er das Argument z in zwei Theile theilt, nämlich in

$$a=xx_1,\quad h=-\sqrt{x^2-1}\sqrt{x_1^2-1}\cos\varphi$$

und $P^n(a+h)$ mit Hülfe des Taylor'schen Satzes nach Potenzen von h entwickelt. Die Potenzen von $\cos\varphi$ setzt er dann in Reihen um, die nach den Cosinus der Vielfachen von φ geordnet sind, sammelt die Glieder, welche $\cos\nu\varphi$ zum Faktor haben, und findet eine Reihe von der Form wie die rechte Seite von (b), welche er durch die linke Seite summirt; dadurch ergiebt sich schliesslich (52). Die Hülfsgleichung (b) und ebenso (a) entwickelt Hansen in No. 2 nicht auf dem hier angegebenen Wege, auf welchem die Formel (52) schon als bekannt vorausgesetzt war, sondern auf andere Art, wobei er nur voraussetzt, dass der Ausdruck von $P^n(z)$ durch einen n^{ten} Differentialquotienten gegeben sei.

*) Abhandl. der Sächs. Gesellsch. d. W. I. Bd. 1852, S. 123—130: Ueber die Entwickelung der Grösse $(1-2\alpha H+\alpha^2)^{-\frac{1}{2}}$ nach den Potenzen von α

§ 75. Jacobi hat in der mehrerwähnten Arbeit im 26. Bande des Crelle'schen Journals das Additionstheorem auf eine Art abgeleitet, welche einen wesentlichen Fortschritt in der Theorie der Kugelfunctionen bezeichnet. Er bedient sich dazu der Gleichung auf S. 27

$$(4, b) \ldots \int_0^{2\pi} \frac{d\eta}{A+B\cos\eta+C\sin\eta} = \frac{2\pi}{\sqrt{A^2-B^2-C^2}},$$

und zwar genügt es, sie in dem einfachsten Falle anzuwenden, in welchem A, B, C, $\sqrt{A^2-B^2-C^2}$ reelle Grössen bezeichnen, von denen die erste und letzte positiv sind. Dieses stammt nämlich aus dem Umstande, dass die Additionsformel eine identische Gleichung zwischen ganzen Functionen von x, $\sqrt{x^2-1}$, $\cos\varphi$, x_1, $\sqrt{x_1^2-1}$ ist, also für alle Werthe der Veränderlichen gilt, wenn sie für die reellen Werthe bewiesen ist. Es genügt ferner, wenn man x positiv und $\leqq x_1$ annimmt, welches mit ihm symmetrisch verbunden ist. Alle diese Annahmen sind zwar unwesentlich; ich hebe sie aber hervor, um darauf aufmerksam zu machen, mit wie einfachen Mitteln die Ableitung gelingt.

Man hat identisch

$$(x-\alpha x_1)^2-(\sqrt{x^2-1}\cos\psi-\sqrt{x_1^2-1}\cos\psi_1)^2$$
$$-(\sqrt{x^2-1}\sin\psi-\sqrt{x_1^2-1}\sin\psi_1)^2 = 1-2\alpha z+\alpha^2,$$

also vermittelst (4, b), wenn $\alpha < 1$,

$$\frac{1}{\sqrt{1-2\alpha z+\alpha^2}}$$
$$= \frac{1}{2\pi}\int_0^{2\pi} \frac{d\eta}{(x+\cos(\psi-\eta).\sqrt{x^2-1})-\alpha(x_1+\cos(\psi_1-\eta).\sqrt{x_1^2-1})}.$$

Entwickelt man auf beiden Seiten nach aufsteigenden Potenzen von α, so entsteht für jedes ganze positive n die Gleichung

$$(53) \ldots \quad P^n(z) = \frac{1}{2\pi}\int_0^{2\pi} \frac{(x_1+\cos(\psi_1-\eta).\sqrt{x_1^2-1})^n}{(x+\cos(\psi-\eta).\sqrt{x^2-1})^{n+1}}\, d\eta.$$

Der Zähler des Ausdrucks unter dem Integrale, nach Cosinus der Vielfachen von $(\psi_1-\eta)$ entwickelt, giebt die aus (33, a) bekannte endliche Reihe

$$\sum^{n}{}' \frac{2^{1-n}\Pi(2n)}{\Pi(n+\nu)\Pi(n-\nu)} \cdot P_\nu^n(x_1)\cos\nu(\psi_1-\eta),$$

während die $-(n+1)^{te}$ Potenz, nach (33, b), gleich der unendlichen

Reihe wird

$$\frac{2^{1-n}\Pi(2n)}{\Pi n\,\Pi n}\sum^{\infty}{}' P_\nu^n \cos\nu(\psi-\eta).$$

Da bekanntlich das Produkt der beiden Reihen

$$b_0+2b_1\cos(\psi_1-\eta)+\cdots+2b_n\cos n(\psi_1-\eta),$$
$$c_0+2c_1\cos(\psi-\eta)+\cdots \text{ in infin.},$$

nach η von 0 bis 2π integrirt das 2πfache von

$$b_0c_0+2b_1c_1\cos(\psi_1-\psi)+\cdots+2b_nc_n\cos n(\psi_1-\psi)$$

giebt, so erhält man unmittelbar aus (53) die zu beweisende Additionsformel (52).

Diese Methode lässt sich auch dann noch anwenden, wenn man nur die Entwickelung des Zählers also (33, a), aber nicht die Gleichung (33, b) kennt, deren Ableitung im § 47 viel schwieriger war als die der ersteren. In der That erkennt man dann sofort, dass $P^n(z)$ die Form hat

$$\sum_{\nu=0}^{n} k_\nu P_\nu^n(x_1)\cos\nu(\psi_1-\psi),$$

wenn k_ν von x_1, ψ, ψ_1, nicht aber von x unabhängig ist. Die Symmetrie von z in Bezug auf x und x_1 lehrt dann, dass $P^n(z)$ die Form der rechten Seite von (52) haben muss, und die Constante $a_\nu^{(n)}$ bestimmt man wie auf S. 313.

§ 76. Wenn man in (53) die Function P auf der Linken durch das ihr gleiche Integral von Laplace ersetzt, so erhält man

$$(53, a)\ldots\int_0^{2\pi}\frac{(x_1+\cos(\psi_1-\eta).\sqrt{x_1^2-1})^n}{(x+\cos(\psi-\eta).\sqrt{x^2-1})^{n+1}}d\eta=\int_0^{2\pi}(z+\sqrt{z^2-1}.\cos\eta)^n d\eta.$$

Diese Gleichung habe ich in einer Arbeit, welche den 50. Band von Crelle's Journal beschliesst, direkt, ohne auf die erzeugenden Functionen zurückzugehen, durch eine Substitution bewiesen. Es wird zum Beweise vorausgesetzt, dass ψ und ψ_1 reell sind; mit der Ausnahme, dass x einen positiven reellen Theil erhalten soll, kann man x und x_1 beliebige Werthe ertheilen. Die linke Seite von (53, a) verwandelt man durch die Substitution $\psi-\eta=\chi$ in

$$\int_0^{2\pi}\frac{(x_1+\cos(\varphi+\chi).\sqrt{x_1^2-1})^n}{(x+\cos\chi.\sqrt{x^2-1})^{n+1}}d\chi,$$

zerlegt darauf das Integral von 0 bis 2π in eines von 0 bis π und eines von π bis 2π, welches man durch die Substitution $\chi=2\pi-\chi_1$ auf die Grenzen 0 und π bringt. Dadurch wird die linke Seite in die Summe der beiden Integrale

$$\int_0^{\pi} \frac{(x_1 + \cos(\varphi \pm \chi).\sqrt{x_1^2 - 1})^n}{(x + \cos\chi.\sqrt{x^2 - 1})^{n+1}}\, d\chi$$

zerlegt. Die oft angewandte Substitution des § 10, S. 39

$$\cos\chi = \frac{x\cos\eta - \sqrt{x^2-1}}{x - \cos\eta.\sqrt{x^2-1}}, \quad \ldots$$

verwandelt dieselben in

$$\int_0^{\pi} (a - b\cos\eta \mp c\sin\eta)^n\, d\eta,$$

wenn man setzt

$$a = xx_1 - \cos\varphi.\sqrt{x^2-1}\sqrt{x_1^2-1},$$
$$b = x_1\sqrt{x^2-1} - \cos\varphi.x\sqrt{x_1^2-1},$$
$$c = \sin\varphi.\sqrt{x_1^2-1}.$$

Da $a^2 - b^2 - c^2 = 1$ und $a = z$, so wird

$$b = \cos\delta.\sqrt{z^2-1},$$
$$c = \sin\delta.\sqrt{z^2-1},$$

wenn δ einen reellen oder imaginären Bogen bezeichnet; die linke Seite von (53, a) verwandelt sich dadurch in die Summe der beiden Integrale

$$\int_0^{\pi} (z - \cos(\eta \mp \delta).\sqrt{z^2-1})^n\, d\eta,$$

d. h. in das Integral

$$\int_0^{2\pi} (z - \cos(\eta - \delta).\sqrt{z^2-1})^n\, d\eta.$$

Da unter dem Integrale sich eine ganze Function von $\cos(\eta - \delta)$ befindet, so kann man auch δ gleich Null setzen und erhält dadurch die Gleich. (53).

Dieselbe Gleichung besteht nach dieser Ableitung auch für ganz beliebige reelle oder imaginäre Werthe von n wenigstens dann, wenn x, $\sqrt{x^2-1}$, x_1, $\sqrt{x_1^2-1}$ reelle Grössen bezeichnen, so dass also nicht nur für die Functionen der Kugel das Additionstheorem, sondern eine ganz ähnliche Gleichung wie (52) z. B. auch für die Functionen des Kegels gilt. Denn die n^{ten} und $-(n+1)^{\text{ten}}$ Potenzen unter den Integralen lassen sich nach (32, d) auf S. 204 auch für solche n durch trigonometrische Reihen von ähnlicher Form wie die für ganze n geltenden darstellen, und die Function P^n kann, nach den Erörterungen über (6) im § 10, noch immer gleich P^{-n-1} gesetzt werden.

Ein ähnliches Resultat erhält man für jedes n, wenn das Integral auf der linken Seite von (53, a) nach η nicht zwischen 0 und 2π, sondern bis zu einer beliebigen Grenze genommen wird.

Die Anwendung der Substitution zeigt ferner, dass sich

$$(a) \ldots \int\limits_0 \frac{(\alpha+\beta\cos\eta+\gamma\sin\eta)^n\,d\eta}{(a+b\cos\eta+c\sin\eta)^{n+1}\,d\eta}$$

in einen Ausdruck

$$\frac{(\alpha^2-\beta^2-\gamma^2)^{\frac{n}{2}}}{(a^2-b^2-c^2)^{\frac{n+1}{2}}}\int\limits_0(z-\sqrt{z^2-1}\cos(\zeta\ \ \delta))^n\,d\zeta$$

verwandeln lässt. Dieses ist für das elliptische Integral bekannt, in welches der obige Ausdruck übergeht, wenn man $n=-\frac{1}{2}$ setzt. Verwandelt man nämlich (a) zunächst in ein Integral von der Form der linken Seite in (53, a) und wendet auf dieses die Substitution an, so findet man, wenn man zur Abkürzung setzt

$$k^2=(a\beta-b\alpha)^2+(a\gamma-c\alpha)^2-(b\gamma-c\beta)^2,$$

zunächst für die Bestimmung von z

$$z=\frac{a\alpha-b\beta-c\gamma}{\sqrt{\alpha^2-\beta^2-\gamma^2}\sqrt{a^2-b^2-c^2}},\quad \sqrt{z^2-1}=\frac{k}{\sqrt{\alpha^2-\beta^2-\gamma^2}\sqrt{a^2-b^2-c^2}}.$$

Ferner erhält man zur Bestimmung der Constanten δ und der mit η veränderlichen Grösse ζ

$$\sin\delta=\frac{c\beta-b\gamma}{\sqrt{b^2+c^2}}\cdot\frac{\sqrt{a^2-b^2-c^2}}{k},$$

$$\cos\delta=\frac{\alpha(b^2+c^2)-a(b\beta+c\gamma)}{k\sqrt{b^2+c^2}},$$

$$\sin\zeta=\frac{\sqrt{a^2-b^2-c^2}}{b^2+c^2}\ \frac{b\sin\eta-c\cos\eta}{a+b\cos\eta+c\sin\eta},$$

$$\cos\zeta=\frac{1}{\sqrt{b^2+c^2}}\ \frac{b^2+c^2+ab\cos\eta+ac\sin\eta}{a+b\cos\eta+c\sin\eta}.$$

§ 77. Wenn es sich um Kugelfunctionen mit zwei Veränderlichen handelt, sind es nicht sowohl die Zugeordneten selbst, welche in unseren Formeln vorkommen, sondern ihre Verbindungen mit dem Cosinus oder Sinus einer Veränderlichen. Wir setzen zur Abkürzung

$$(54) \ldots\ P_\nu^n(\cos\theta).\cos\nu\psi=C_\nu^n(\theta,\psi),\ P_\nu^n(\cos\theta).\sin\nu\psi=S_\nu^n(\theta,\psi),$$

wobei das Fortlassen von Indices, da wo sie selbstverständlich sind, gestattet sein soll. Ueber diese Functionen ist Folgendes zu bemerken:

α) Die C und S sind rationale Functionen der drei Verbindungen $\cos\theta$, $\sin\theta\cos\psi$, $\sin\theta\sin\psi$.

Man hat nämlich wegen S. 206

$$(a) \ldots \quad C_\nu^n \pm i S_\nu^n = i^\nu (\sin\theta\cos\psi \pm i \sin\theta\sin\psi)^\nu \mathfrak{P}_{-\nu}^n(\cos\theta);$$

$\mathfrak{P}_{-\nu}^n$ ist aber das Produkt von $(-\sin^2\theta)^{-\nu}$ und $\mathfrak{P}_\nu^n$, letzteres nach S. 152, II. Satz eine ganze Function von $\cos\theta$.

Von besonderem Nutzen wurde die Darstellung der C und S durch bestimmte Integrale, welche im 29. Bande des Crelle'schen Journals bei der Lösung der Aufgabe über das Gleichgewicht der Wärme in einem dreiaxigen Ellipsoid gegeben und angewandt ist. Aus (35, b—c) folgt dieselbe unmittelbar; man findet nämlich wenn man dort $u = 0$ setzt, so lange $\nu \leqq n$,

$$(54, a) \ldots \quad C_\nu^n \cos\nu\eta \pm S_\nu^n \sin\nu\eta$$
$$= \frac{2^{n-1}\Pi(n+\nu)\Pi(n-\nu)}{\pi\Pi(2n)} \int_0^{2\pi} u^n \cos\nu(\zeta\mp\eta)\, d\zeta,$$

und für ein beliebig grosses ν

$$= (-1)^\nu \frac{2^{n-1}\Pi n\,\Pi n}{\pi\Pi(2n)} \int_0^{2\pi} \frac{\cos\nu(\zeta\mp\eta)}{u^{n+1}}\, d\zeta,$$

wenn gesetzt wird

$$u = \cos\theta + i\sin\theta\cos\psi.\cos\zeta + i\sin\theta\sin\psi.\sin\zeta.$$

Diese Formeln verwendet man da, wo statt der Coordinaten θ und ψ andere eingeführt werden, durch welche sich die drei Aggregate $\cos\theta$, $\sin\theta\cos\psi$, $\sin\theta\sin\psi$ rational ausdrücken lassen. (M. vergl. § 88.)

β) Wesentlich unterscheiden sich diejenigen C_n^ν und S_n^ν, bei welchen $\nu \leqq n$ ist von den anderen. Die Functionen C_n^ν und S_n^ν sind ganze Functionen von $\cos\theta$, $\sin\theta\cos\psi$, $\sin\theta\sin\psi$, so lange $\nu \leqq n$, sie sind nicht mehr ganze Functionen wenn $\nu > n$. Im ersteren Falle lassen sie sich als ganze Functionen vom n^{ten} Grade und keinem geringern darstellen. (Von einem höhern selbstverständlich.)

Der positive Theil des Satzes, welcher den Fall $\nu \leqq n$ betrifft, ist aus (a) sofort klar, da $\mathfrak{P}_{-\nu}^n$ in demselben eine ganze Function von $\cos\theta$ wird; der zweite folgt aus S. 219 indem wenn $\nu > n$, wie dort nachgewiesen ist, P_ν für $\theta = 0$ unendlich wird.

γ) Durch solche C und S, deren oberer Index nicht grösser als der untere ist, lässt sich $P^n(\cos\gamma)$ linear darstellen. In der That folgt aus (52)

$$(54, b) \ldots \quad P^{(n)}(\cos\gamma)$$
$$= \sum^{n}{}'(-1)^{\nu} a_{\nu}^{(n)} [C_{\nu}^{n}(\theta, \psi) C_{\nu}^{n}(\theta_1, \psi_1) + S_{\nu}^{n}(\theta, \psi) S_{\nu}^{n}(\theta_1, \psi_1)].$$

δ) Die Functionen C_{ν}^{n} und S_{ν}^{n}, in welchen $\nu \leqq n$, sind keine neuen Functionen sondern lassen sich durch Addition von $(2n+1)$ Functionen $P^{n}(\cos\gamma_{\iota})$ darstellen (m. vergl. die Einleitung S. 4), deren Argumente durch die Gleichungen

$$\cos\gamma_{\iota} = \cos\theta\cos\theta_{\iota} + \sin\theta\sin\theta_{\iota}\cos(\psi - \psi_{\iota})$$

bestimmt werden, wenn man ψ_{ι} der Reihe nach die Werthe 0, $\pm\frac{\pi}{n+1}$, $\pm\frac{2\pi}{n+1}$, $\ldots$, $\pm\frac{n\pi}{n+1}$ ertheilt. In der That, wenn eine Function von η, zwischen $\eta = -\pi$ und $\eta = \pi$, in eine endliche trigonometrische Reihe entwickelt ist

$$f(\eta) = a_0 + a_1\cos\eta + \cdots + a_n\cos n\eta$$
$$+ b_1\sin\eta + \cdots + b_n\sin n\eta,$$

so lässt sich, wie bekannt, jeder Coefficient a oder b als lineare Function der Functionen

$$f(0), \quad f\left(\pm\frac{\pi}{n+1}\right), \quad f\left(\pm\frac{2\pi}{n+1}\right), \quad \ldots,$$

ausdrücken. Dies auf (54, b) angewandt, beweist, dass man für jeden Index ν das Aggregat

$$(-1)^{\nu} a_{\nu}^{(n)} C_{\nu}^{n}(\theta, \psi) P_{\nu}^{n}(\cos\theta_1), \quad (-1)^{\nu} a_{\nu}^{(n)} S_{\nu}(\theta, \psi) P_{\nu}^{n}(\cos\theta_1),$$

also $C_{\nu}^{n}(\theta, \psi)$ und $S_{\nu}^{n}(\theta, \psi)$ selbst als lineare Function der $(2n+1)$ Functionen $P^{n}(\cos\gamma_{\iota})$ darstellen kann.

Im ganzen giebt es $2n+1$ Grössen C^{n} und S^{n}; sammelt man alle mit demselben obere Index n zu einem Gliede $X^{n}(\theta, \psi)$ oder kürzer X^{n}, so hat man das Resultat:

Jede Function X von der Form

$$(b) \ldots \quad X^{(n)} = \sum_{\nu=0}^{n} (c_{\nu} C_{\nu}^{n}(\theta, \psi) + k_{\nu} S_{\nu}^{n}(\theta, \psi)$$

mit im ganzen $2n+1$ willkürlichen Constanten c und k lässt sich durch einen Ausdruck

$$(c) \ldots \quad X^{(n)} = \sum_{\iota=1}^{2n+1} k_{\iota} P^{n}(\cos\gamma_{\iota})$$

mit eben so vielen willkürlichen Constanten k darstellen, wenn γ_{ι} die sphärische Entfernung des Punktes θ, φ von $2n+1$ Punkten eines beliebigen Parallelkreises bedeutet. $X^{(n)}$ ist von keinem geringeren Grade als n in Bezug auf die drei Grössen $\cos\theta$, $\sin\theta\cos\psi$, $\sin\theta\sin\psi$. M. vergl. den Zusatz zu diesem Kapitel.

ε) Ebenso wie $P^n(\cos\gamma_\iota)$ so wird daher jede Function $X^{(n)}$ von der Form (b) der Differentialgl. (51) genügen. Entwickelt man das allgemeinste Integral von (51) nach Cosinus und Sinus der Vielfachen von ψ, so erhält man:

Jede ganze Function von $\cos\theta$, $\sin\theta\cos\psi$, $\sin\theta\sin\psi$, welche der partiellen Differentialgl. der Kugelfunctionen

$$(51) \ldots \quad \frac{\partial^2 f}{\partial\theta^2} + \operatorname{cotg}\theta\,\frac{\partial f}{\partial\theta} + \frac{1}{\sin^2\theta}\,\frac{\partial^2 f}{\partial\psi^2} + n(n+1)f = 0$$

genügt, hat die Form

$$(b) \ldots \quad X^{(n)} = \sum_{\nu=0}^{n} c_\nu C_\nu^n(\theta,\psi) + k_\nu S_\nu^n(\theta,\psi)$$

oder (c). Dies ist also die allgemeine Kugelfunction (Einleit. S. 4) n^{ten} Grades mit den beiden Veränderlichen θ, ψ — erster Art, wie man jetzt hinzufügen muss.

ζ) Multiplicirt man $X^{(n)}$ mit r^n, und führt wieder die rechtwinkligen Coordinaten x, y, z durch (50, a) ein, so wird $r^n X^{(n)}$ eine homogene ganze Function n^{ten} Grades von x, y, z, wie man durch Multiplication von (54, a) mit r^n erkennt, da $u = x + iy\cos\zeta + iz\sin\zeta$. Bezeichnet man diese Verbindung durch V, so erfüllt V die Gleichung (a) auf S. 304

$$(d) \ldots \quad \frac{\partial^2 V}{\partial x^2} + \frac{\partial^2 V}{\partial y^2} + \frac{\partial^2 V}{\partial z^2} = 0.$$

Umgekehrt muss aber jede homogene Function n^{ten} Grades von x, y, z, welche (d) genügt, in Polarcoordinaten umgesetzt, r^nmal eine ganze Function der drei Grössen $\cos\theta$, etc. geben, die (51) genügt, also gleich $r^n X^{(n)}$ sein. Daher ist die allgemeine Kugelfunction vom n^{ten} Grade (erster Art) gleichbedeutend mit der allgemeinsten homogenen Function n^{ten} Grades von x, y, z, die (d) genügt, — wenn man $x^2 + y^2 + z^2 = 1$ setzt. Dieser Satz findet auch für den Fall sein Analogon, dass statt der drei Veränderlichen in (d) beliebig viele vorkommen.

Anmerkung. In dem Werke von Thomson und Tait heissen jene Functionen von x, y, z räumliche Kugelfunctionen und für $r = 1$ Kugelflächenfunctionen.

§ 78. Schon an dieser Stelle kann man zeigen, dass wenigstens jede ganze Function von $\cos\theta$, $\sin\theta\cos\psi$, $\sin\theta\sin\psi$ sich nach Kugelfunctionen, also nach Functionen C_ν^m und S_ν^m entwickeln lasse, bei denen ν nicht grösser als m ist. Eine solche Function f besteht aus Gliedern der Form

$$\cos^\alpha\theta\sin^{\varkappa+\mu}\theta\cos^\varkappa\psi\sin^\mu\psi;$$

entwickelt man ein solches zuerst nach Sinus und Cosinus der Vielfachen des Bogens ψ, so erhält man Glieder von der Form $\cos(\varkappa+\mu-2p)\psi$ für ein gerades μ, und $\sin(\varkappa+\mu-2p)\psi$ für ein ungerades μ, wo $2p$ die Zahl $\varkappa+\mu$ nicht überschreitet. Ein jeder solcher Sinus oder Cosinus ist mit der $(\varkappa+\mu)^{\text{ten}}$ Potenz von $\sin\theta$ multiplicirt. Hierdurch enthält allgemein $\sin q\psi$ oder $\cos q\psi$ als Faktor eine solche Potenz von $\sin\theta$, deren Exponent um eine gerade Zahl höher ist. Daher hat die ganze Function f die Form

$$f = F_0 + F_1\sin\theta\cos\psi + F_2\sin^2\theta\cos 2\psi + \cdots$$
$$+ G_1\sin\theta\sin\psi + G_2\sin^2\theta\sin 2\psi + \cdots$$

wenn die F und G, welche in endlicher Anzahl vorhanden sind, ganze Functionen von $\cos\theta$ vorstellen. Jede von ihnen lässt sich durch eine endliche Reihe, die nach Functionen $\mathfrak{P}(\cos\theta)$ geordnet ist, darstellen, z. B. F_ι oder G_ι durch die Form

$$\alpha\mathfrak{P}^\iota_{-\iota} + \beta\mathfrak{P}^{\iota+1}_{-\iota} + \gamma\mathfrak{P}^{\iota+2}_{-\iota} + \cdots.$$

Dadurch erhält man

$$F_\iota\sin^\iota\theta\cos\iota\psi = \alpha C^\iota_\iota + \beta C^{\iota+1}_\iota + \gamma C^{\iota+2}_\iota + \cdots$$

und einen ähnlichen Ausdruck vermittelst der S für jedes Glied, welches G enthält.

Hierdurch ist also nachgewiesen, dass jede ganze Function $f(\theta, \psi)$ der drei Verbindungen $\cos\theta$, $\sin\theta\cos\psi$, $\sin\theta\sin\psi$ sich in eine nach Kugelfunctionen von θ, ψ fortschreitende Reihe $X^0 + X' + X'' + \cdots$ verwandeln lässt.

Im V. Bande von Gauss Werken S. 630—631 wird aus dem Nachlass ein Verfahren kurz mitgetheilt, um eine ganze homogene Function $\varphi(x, y, z)$ vom Grade n in reine Kugelfunctionen, wie es dort heisst, zu zerlegen, d. i. in eine Summe die für $r = 1$ sich in eine Reihe $X^0 + X^1 + \cdots$ verwandelt. Wegen des Grades von φ muss, nach Einführung von Polarcoordinaten, φ gleich dem Produkte von r^n und einer Reihe

$$X^{(n)} + X^{(n-1)} + \cdots + X^{(1)} + X^{(0)}$$

sein; in eine solche lässt sich nach dem, was soeben bewiesen ist, $r^{-n}\varphi$ entwickeln. Berücksichtigt man, dass $r^\iota X^\iota$ nach § 77, ζ eine homogene ganze Function von x, y, z vom Grade ι ist, — die $Y^{(\iota)}$ heissen mag —, so wird offenbar φ die Form der bei $Y^{(1)}$ oder $Y^{(0)}$ abbrechenden Reihe

$$(a)\ \ldots\quad \varphi(x, y, z) = Y^{(n)} + r^2 Y^{(n-2)} + r^4 Y^{(n-4)} + \cdots$$

annehmen. Setzt man, was auch f bedeute, zur Abkürzung

$$\frac{\partial^2 f}{\partial x^2} + \frac{\partial^2 f}{\partial y^2} + \frac{\partial^2 f}{\partial z^2} = \varDelta f,$$

so besteht nach § 77, ζ die Aufgabe darin, die gegebene Function φ durch die Gleichung (a) so darzustellen, dass die homogenen Functionen Y zugleich der Gleichung $\varDelta Y = 0$ genügen.

Um sie zu lösen, geht man von der Gleichung aus

$$(b) \ldots \quad \varDelta(r^{2\nu} Y^{(n-2\nu)}) = 2\nu(2n-2\nu+1) r^{2\nu-2} Y^{(n-2\nu)},$$

die man erhält, da

$$\varDelta(r^{2\nu} Y) = r^{2\nu} \varDelta Y + 4\nu r^{2\nu-2}\left(x\frac{\partial Y}{\partial x} + y\frac{\partial Y}{\partial y} + z\frac{\partial Y}{\partial z}\right) + 2\nu(2\nu+1) r^{2\nu-2} Y,$$

da ferner $\varDelta Y = 0$ und wegen des Euler'schen Satzes von den homogenen Functionen.

Wendet man die Operation $\varDelta$ auf (a) an, und bezeichnet durch $\varDelta^\iota$ die ιfache Anwendung derselben, so entsteht neben der ursprünglichen Gleichung

$$\varphi = Y^{(n)} + r^2 Y^{(n-2)} + r^4 Y^{(n-4)} + \cdots$$

folgendes System

$$\varDelta^1 \varphi = 2(2n-1) Y^{(n-2)} + 4(2n-3) r^2 Y^{(n-4)} + 6(2n-5) r^4 Y^{(n-6)} + \cdots,$$

$$\varDelta^2 \varphi = 2.4(2n-3)(2n-5) Y^{(n-4)} + 4.6(2n-5)(2n-7) r^2 Y^{(n-6)} + \cdots,$$

$$\varDelta^3 \varphi = 2.4.6(2n-5)(2n-7)(2n-9) Y^{(n-6)} + \cdots$$

etc. etc. Hieraus findet man zunächst, je nachdem n gerade oder ungerade ist, $Y^{(0)}$ oder $Y^{(1)}$, darauf $Y^{(2)}$ oder $Y^{(3)}$ u. s. f.

Beispiel. Es sei

$$\varphi(x, y, z) = x^5 + y^5 + z^5 + 4x^3(y^2+z^2) + 4y^3(x^2+z^2) + 4z^3(y^2+x^2).$$

Man hat dann $n = 5$ und

$$\varDelta^1 \varphi = 12(x^3+y^3+z^3) + 24(x+y+z)(x^2+y^2+z^2),$$

$$\varDelta^2 \varphi = 312(x+y+z);$$

andererseits auch aus den obigen Gleichungen für $n = 5$

$$\varDelta^2 \varphi = 2.4.5.7\, Y^{(1)},$$

$$\varDelta^1 \varphi = 4.7 r^2 Y^{(1)} + 2.9\, Y^{(3)},$$

$$\varphi = r^4 Y^{(1)} + r^2 Y^{(3)} + Y^{(5)}.$$

Dies giebt die Auflösung

$$Y^{(1)} = \tfrac{39}{35}(x+y+z),$$

$$Y^{(3)} = \tfrac{2}{3}(x^3+y^3+z^3) - \tfrac{2}{5} r^2 (x+y+z),$$

$$Y^{(5)} = -3(x^5+y^5+z^5) + \tfrac{10}{3} r^2 (x^3+y^3+z^3) - \tfrac{5}{7} r^4 (x+y+z),$$

$$\varphi(x, y, z) = Y^{(5)} + r^2 Y^{(3)} + r^4 Y^{(1)}.$$

Führt man endlich Polarcoordinaten ein, so wird z. B.

$$r^{-1} Y^{(1)} = \tfrac{39}{35}(\cos\theta + \sin\theta\cos\psi + \sin\theta\sin\psi),$$

$$r^{-3} Y^{(3)} = \tfrac{2}{3}(\cos^3\theta - \tfrac{3}{5}\cos\theta) - \tfrac{1}{2}\sin\theta(\cos^2\theta - \tfrac{1}{5})(\cos\varphi + \sin\varphi)$$
$$+ \tfrac{1}{6}\sin^3\theta(\cos 3\varphi - \sin 3\varphi).$$

Ueber die Möglichkeit, **eine beliebige Function** von θ und ψ in eine Reihe von Kugelfunctionen zu entwickeln, wird im 5. Kapitel gehandelt; eine Function die für $\theta = 0$ nicht unabhängig von ψ wird, z. B. $\theta + \psi$, wird man sicher nicht im ganzen Intervalle durch eine solche Reihe darstellen können, da die C und S ganze Functionen der drei Aggregate $\cos\theta$, $\sin\theta\cos\psi$, $\sin\theta\sin\psi$ sind. Nach der Methode des § 14 und 15 zeigt man aber sogleich: Wenn $f(\theta, \psi)$ in eine Reihe von Kugelfunctionen der beiden Veränderlichen θ und ψ, von $\theta = 0$ bis π und $\psi = 0$ bis 2π, die in gleichem Grade convergirt,

$$(c) \ldots \quad f(\theta, \psi) = \sum_{n=0}^{\infty} X^n, \quad X^n = \sum_{\nu=0}^{n} c_\nu^n C_\nu^n(\theta, \psi) + k_\nu^n S_\nu^n(\theta, \psi),$$

entwickelt werden kann, so kann dies nur auf **eine** Art geschehen, oder was dasselbe ist, 0 kann nur auf **eine** Art in eine solche Reihe entwickelt werden.

Zum Beweise untersucht man nach der Methode des § 14 die drei Integrale

$$A = \int_0^\pi \sin\theta\,\partial\theta \int_0^{2\pi} C_m^n(\theta, \psi) C_\mu^\nu(\theta, \psi)\,\partial\psi,$$

$$B = \int_0^\pi \sin\theta\,\partial\theta \int_0^{2\pi} C_m^n(\theta, \psi) S_\mu^\nu(\theta, \psi)\,\partial\psi,$$

$$D = \int_0^\pi \sin\theta\,\partial\theta \int_0^{2\pi} S_m^n(\theta, \psi) S_\mu^\nu(\theta, \psi)\,\partial\psi,$$

in denen m, n, μ, ν positive ganze Zahlen bedeuten und $m \leqq n$, $\mu \leqq \nu$. Es zeigt sich, dass B immer Null ist, A und D aber nur dann von Null verschieden sind, wenn zu gleicher Zeit $\mu = m$ und $\nu = n$. Da nämlich C_m und S_m das Produkt einer Zugeordneten von $\cos\theta$ und aus $\cos m\psi$ resp. $\sin m\psi$ bezeichnet, so enthalten die drei inneren Integrale ψ nur in der Verbindung resp.

$$\cos m\psi \cos\mu\psi, \quad \cos m\psi \sin\mu\psi, \quad \sin m\psi \sin\mu\psi.$$

Daher ist B immer Null, ferner $A = 0$ und $D = 0$ wenn nicht $\mu = m$. Setzt man aber $\mu = m$, so reduciren sich A und D im allgemeinen auf

$$\pi \int_0^\pi P_m^n P_m^\nu \sin\theta\, d\theta;$$

für $m = 0$ giebt A das Doppelte, D aber 0. Nach § 62 ist das Integral 0 sobald n und ν verschieden sind, ferner nach (46, b) gleich

$$(-1)^m \cdot \frac{4}{(2n+1)} \cdot \frac{1}{a_m^{(n)}}.$$

Hiermit ist der Satz bewiesen und noch ausserdem das Resultat gewonnen, welches bald Anwendung finden wird, dass für $\mu = m$ und $\nu = n$ sei

$$(d) \ldots \quad A = D = (-1)^m \cdot \frac{4\pi}{2n+1} \cdot \frac{1}{a_m^{(n)}};$$

nur für $m = 0$ hat man $D = 0$ zu setzen.

Hieraus folgt unmittelbar, dass die Constanten c und k bei der Entwickelung von 0 in die Form (c) selbst gleich Null werden. Multiplicirt man nämlich (c), nachdem f gleich Null gesetzt ist, mit $C_m^n \sin\theta \,\partial\theta \,\partial\psi$ und integrirt zwischen den Grenzen 0 und 2π resp. π, so entsteht

$$(-1)^m \cdot \frac{4\pi}{(2n+1)} \cdot c_m^n = 0.$$

In ähnlicher Art zeigt man, dass $k_m^n = 0$.

Sammelt man alle Kugelfunctionen C und S des gleichen Grades zu je einem Gliede X^n, so folgert man aus dem Umstande dass A, B, D verschwinden, wenn die Indices n und ν, und andererseits m und μ verschieden sind, die Gleichung

$$(e) \ldots \quad \int_0^\pi \sin\theta \,\partial\theta \int_0^{2\pi} X^n(\theta, \psi) X^\nu(\theta, \psi) \partial\psi = 0,$$

wenn nicht $n = \nu$.

Laplace beweist (e) aus der Differentialgleichung (51), der $f = X^n$ genügt, indem er dieselbe mit $X^\nu \sin\theta \,\partial\theta \,\partial\psi$ multiplicirt und zwischen den angegebenen Grenzen integrirt. Dadurch entsteht zunächst

$$-n(n+1) \int_0^\pi \int_0^{2\pi} X^n X^\nu \sin\theta \,\partial\theta \,\partial\psi$$

$$= \int_0^{2\pi} \partial\psi \int_0^\pi X^\nu \frac{\partial}{\partial\theta}\left(\sin\theta \frac{\partial X^n}{\partial\theta}\right) \partial\theta + \int_0^\pi \frac{\partial\theta}{\sin\theta} \int_0^{2\pi} X^\nu \frac{\partial^2 X^n}{\partial\psi^2} \partial\psi.$$

Eine zweimalige Integration von jedem der beiden Glieder auf der rechten Seite zeigt, dass man auf derselben, also auch auf der linken, die Indices n und ν umtauschen kann, dass daher das Integral auf der Linken mit $n(n+1)$ multiplicirt, gleich seinem Produkte mit $\nu(\nu+1)$, dass es selbst also Null sei.

Die bisher gewonnenen Resultate dienen dazu, eine Function $f(\theta, \psi)$ in eine solche Reihe (c) von Kugelfunctionen zu entwickeln,

$$(c) \ldots \quad f(\theta, \psi) = X^0 + X^1 + \cdots + X^n + \cdots$$

wobei die Möglichkeit der Entwickelung noch vorausgesetzt wird, (über welche wir im 5. Kapitel handeln). Wendet man den Ausdruck von X in (c) an, so erhält man durch Vertauschung von θ, ψ mit θ_1, ψ_1,

$$f(\theta_1, \psi_1) = \Sigma X_1^n, \quad X_1^n = \sum_\nu c_\nu^n C_\nu^n(\theta_1, \psi_1) + k_\nu^n S_\nu^n(\theta_1, \psi_1).$$

Eine von den Kugelfunctionen ist auch

$$P^n(\cos\gamma) = \sum^n{}'(-1)^\nu a_\nu^n (C_\nu^n(\theta, \psi) C_\nu^n(\theta_1, \psi_1) + S_\nu^n(\theta, \psi) S_\nu^n(\theta_1, \psi_1));$$

bildet man nun

$$\int_0^\pi \sin\theta_1 \partial\theta_1 \int_0^{2\pi} P^n(\cos\gamma) f(\theta_1, \psi_1) \partial\psi_1,$$

so bleibt dies, wegen (e), unverändert, wenn man f mit dem einen Gliede X_1^n vertauscht. Wendet man (d) an, so wird das Integral daher

$$= \frac{4\pi}{2n+1}(c_\nu^n C_\nu^n(\theta, \psi) + k_\nu^n S_\nu^n(\theta, \psi)),$$

d. h. gleich $4\pi X^n$ getheilt durch $2n+1$. Dies giebt den Satz: Lässt sich $f(\theta, \psi)$ in eine Reihe (c) entwickeln, welche in gleichem Grade convergirt, so ist

$$(f) \ldots \quad X^n = \frac{2n+1}{4\pi} \int_0^\pi \sin\theta_1 \partial\theta_1 \int_0^{2\pi} f(\theta_1, \psi_1) P^n(\cos\gamma) \partial\psi_1.$$

1. Anmerkung. Will man X in seine Bestandtheile C und S zerlegen, so findet man zur Bestimmung der Constanten c

$$c_m^n = (-1)^m a_m^n \frac{2n+1}{4\pi} \int_0^\pi P_m^n(\cos\theta) \sin\theta \, \partial\theta \int_0^{2\pi} f(\theta, \psi) \cos m\psi \, \partial\psi.$$

Durch Vertauschung von $\cos m\psi$ mit $\sin m\psi$ erhält man k_m^n.

2. Anmerkung. Das Integral von $\cos m\psi \cos\mu\psi \, d\psi$ und $\sin m\psi \sin\mu\psi \, d\psi$ ist für jedes ganze m und μ gleich Null, wenn m und μ verschieden sind und von 0 bis π integrirt wird. Integrirt man nur bis $\frac{1}{2}\pi$, so findet dasselbe statt, sobald m und μ gleichartige Zahlen vorstellen, d. h. $m-\mu$ gerade ist. Aehnlich verhält es sich mit

$$\int_0 P_m^n(\cos\theta) P_m^\nu(\cos\theta) \sin\theta \, d\theta.$$

Sind n und ν gleichartig so lässt sich das Produkt der beiden Zugeordneten nach Cosinus der geraden Vielfachen von θ entwickeln; das Integral hat also die Form

$$b_0 \sin\theta + b_1 \sin 3\theta + b_2 \sin 5\theta + \cdots$$

und giebt demnach zwischen 0 und $\frac{1}{2}\pi$ integrirt die Hälfte des Werthes, den man durch Integration bis π erreichen würde, — also Null, wenn n und ν verschieden sind. Man findet daher den Satz, dessen wir uns im § 98 bedienen werden: Wenn $f(\theta, \psi)$ bei der Entwickelung nach Kugelfunctionen nur C oder nur S enthält, und zwar solche, deren oberer Index mit einer Zahl n, deren unterer mit einer Zahl m gleichartig ist, so geben $(m \leqq n)$ resp.

$$\int_0 \sin\theta\,\partial\theta \int_0 f(\theta, \psi) C_m^n\, d\psi, \quad \int_0 \sin\theta\, d\theta \int_0 f(\theta, \psi) S_m^n\, d\psi,$$

nach θ bis π nach ψ bis 2π integrirt das 8fache von dem Werthe, den man erhält, wenn man beide Male bis $\frac{1}{2}\pi$ integrirt. Ist z. B. $f(\theta, \psi)$ eine ganze Function von $\cos\theta$, $\sin\theta\cos\psi$, $\sin\theta\sin\psi$ höchstens vom Grade $n-2$, so werden beide Integrale gleich 0; die Bedingung für f wird erfüllt, wenn nur solche Potenzen von $\cos\theta$ darin auftreten, welche mit n gleichartig sind, zugleich von $\sin\theta$, die mit m gleichartig sind und von $\sin\psi$ nur gerade (beim ersten Integrale) oder nur ungerade (beim zweiten). Die Sätze über das Verschwinden jener beiden Integrale lassen sich als die Verallgemeinerung des Fundamentalsatzes von Legendre*) betrachten, nach welchem

$$\int_0^1 (\alpha + \beta x^2 + \gamma x^4 + \cdots + \varkappa x^{2n-2}) P^{2n}(x)\, dx = 0.$$

Man vergl. über denselben S. 73.

Zusatz zum ersten Kapitel.

Geometrische Bedeutung der Kugelfunctionen. (M. vergl. S. 322.)

Die zweite Hälfte der 631. Seite im 5. Bande von Gauss Werken enthält unter dieser Ueberschrift einige Aufzeichnungen, welche ich im 68. Bd. von Borchardt's Journal, S. 386—389 in der folgenden Art durch Betrachtung der Analogie zwischen den Kreis- und Kugelfunctionen zu erläutern versuchte.

(*a*) Auf der Peripherie eines mit dem Radius 1 beschriebenen Kreises K

*) Memoiren von 1784, S. 372.

nehme man n feste Punkte A_1, A_2, ... A_n. Die Bogenentfernung eines jeden

Fig. 1.

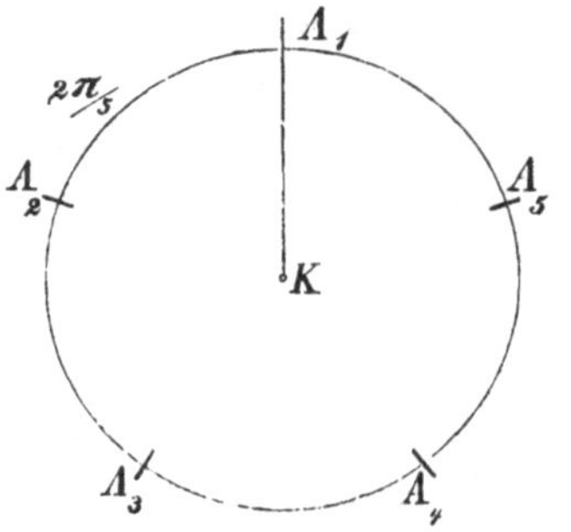

Fig. 2.

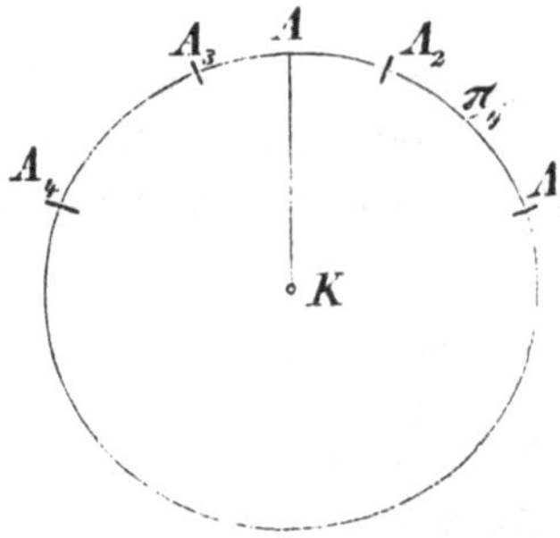

von dem vorhergehenden soll $\frac{2\pi}{n}$ bei ungeradem n, bei geradem n aber $\frac{\pi}{n}$ betragen. (In Fig. 1 ist $n = 5$, in Fig. 2 ist $n = 4$.) In dem letztern Falle halbire man den Bogen $A_1 A_n$ (hier $A_1 A_4$), welcher kleiner als π ist in A.

Bezeichnet man durch P einen unbestimmten Punkt auf der Peripherie des Kreises und sind PA, PA_1, etc. seine Bogenentfernungen von A, A_1, etc., so wird das Produkt

$$\Pi = 2^{n-1} \cos PA_1 \, . \cos PA_2 \ldots \cos PA_n$$

für ein ungerades n gleich $\cos(n.PA_1)$ oder, was dasselbe ist, gleich $\cos n.PA_2 = \cos n.PA_3$, etc., bei geraden n aber $\cos(n.PA)$. Dies ist nämlich der Satz, welcher in den beiden bekannten Formeln

$$\cos n\theta = 2^{n-1} \cos\theta \cos\left(\theta + \frac{2\pi}{n}\right) \cos\left(\theta + \frac{4\pi}{n}\right) \cdots \cos\left(\theta + \frac{n-1}{n} 2\pi\right),$$

$$\cos n\theta = 2^{n-1} \cos\left(\theta + \frac{\pi}{2n}\right) \cos\left(\theta + \frac{3\pi}{2n}\right) \cdots \cos\left(\theta + \frac{n-1}{2n}\pi\right)$$
$$\times \cos\left(\theta - \frac{\pi}{2n}\right) \cos\left(\theta - \frac{3\pi}{2n}\right) \cdots \cos\left(\theta - \frac{n-1}{2n}\pi\right)$$

enthalten ist, von denen die erste für ungerade, die zweite für gerade n gilt. Im ersten Falle bezeichnet man PA_1, im zweiten PA mit θ.

(b) Indem man von einem Punkt P des Kreises zu einem Punkt P der Kugel übergeht, gelangt man von dem Cosinus des n fachen Bogens zur Kugelfunction n^{ten} Grades.

Man drehe den Kreis K um seinen Durchmesser, der im ersten Falle (wenn n ungerade ist) von A_1, im zweiten von A aus gezogen wird. PA, PA_1, etc. seien die sphärischen Entfernungen eines Punktes P der Kugeloberfläche von A, A_1, etc. Setzt man im ersten Falle PA_1, im zweiten PA gleich θ, und nennt den Winkel, den K mit der ursprünglichen Lage von K bildet (die Länge), φ, so wird resp.

$$\cos PA_{\nu+1} = \cos\theta\cos\frac{2\nu\pi}{n} + \sin\theta\sin\frac{2\nu\pi}{n}\cdot\cos\varphi,$$

$$\cos PA_\nu = \cos\theta\cos\frac{(n-2\nu+1)\pi}{n} + \sin\theta\sin\frac{(n-2\nu+1)\pi}{n}\cdot\cos\varphi.$$

Man setzt nun

$$\cos\theta = M\cos\psi, \quad \sin\theta\cos\varphi = M\sin\psi$$

und erhält dann resp.

$$\cos PA_{\nu+1} = M\cos\left(\psi - \frac{2\nu\pi}{n}\right), \qquad \cos PA_\nu = M\cos\left(\psi - \frac{n-2\nu+1}{2n}\pi\right),$$

in beiden Fällen also

$$\Pi = 2^{n-1}\cos PA_1 . \cos PA_2 \ldots \cos PA_n = M^n\cos n\psi.$$

Setzt man für M und ψ ihre Werthe in θ und φ zurück, so erhält man

$$2\Pi = (\cos\theta + i\sin\theta\cos\varphi)^n + (\cos\theta - i\sin\theta\cos\varphi)^n.$$

Die Kugelfunction n^{ten} Grades

$$\frac{1}{\pi}\int_0^\pi (\cos\theta + i\sin\theta\cos\varphi)^n\, d\varphi,$$

ist daher das Mittel unter allen Werthen, die Π annimmt, wenn der Punkt P festgehalten wird, während der Kreis K sich um seinen in A_1 resp. A mündenden Durchmesser dreht. Dies ist die geometrische Bedeutung der Kugelfunction.

(c) Das Aufsuchen des Mittelwerthes einer Function $f(\varphi)$, welche in eine endliche nach Cosinus der ganzen Vielfachen von φ geordnete Reihe entwickelt werden kann und mit $\cos(n-1)\varphi$ schliesst, erfordert nicht die Ausführung einer Integration. Er lässt sich auffinden, wenn $f(\varphi)$ für n Abscissen φ von 0 bis π gegeben ist; man kann aber diesen mittleren Werth durch geeignete Wahl der Abscissen, etwa aus der Hälfte, aus $\frac{1}{2}n$ oder $\frac{1}{2}(n+1)$ Ordinaten, bestimmen. Ist nämlich

$$f(\varphi) = a_0 + a_1\cos\varphi + a_2\cos 2\varphi + \cdots,$$

so wird für jedes gerade n

$$f\frac{\pi}{n} + f\frac{3\pi}{n} + \cdots + f\frac{(n-1)\pi}{n} = \tfrac{1}{2}n(a_0 - a_n + a_{2n} - \cdots),$$

$$f(0) + f(\pi) + 2f\frac{2\pi}{n} + 2f\frac{4\pi}{n} + \cdots + 2f\frac{n-2}{n}\pi = n(a_0 + a_n + a_{2n} + \cdots),$$

so dass

$$\frac{1}{\pi}\int_0^\pi f(\varphi)\,d\varphi$$

gleich der linken Seite der ersten Gleichung mal $\frac{2}{n}$ oder der zweiten mal $\frac{1}{n}$ wird, sobald f kein höheres Glied als das ν^{te} enthält. Hierdurch ist zugleich bewiesen, dass

$$\int_{-1}^{1}\chi(x)\frac{dx}{\sqrt{1-x^2}},$$

wenn $\chi(x)$ eine ganze Function von x, höchstens des Grades $n-1$, bezeichnet und n gerade ist, durch Interpolation aus den Ordinaten von nur $\frac{1}{2}n$ Abscissen, nämlich

$$x = \cos\frac{\pi}{n}, \quad \cos\frac{3\pi}{n}, \quad \cdots, \quad \cos(n-1)\frac{\pi}{n}$$

berechnet werden kann. M. vergl. S. 22.

Zweites Kapitel.

Entwickelung der Kugelfunction zweiter Art und der Cylinderfunction nach denselben Methoden.

§ 79. Ein ähnliches Additionstheorem, wie das von **Laplace** für die Kugelfunction erster Art, habe ich auch für die Functionen zweiter Art entwickelt und zwar auf zwei Arten, von denen die erste dem Verfahren von **Laplace** (§. 73) entspricht, die zweite demjenigen, welches im § 76 angewandt wurde.

Bei der ersten Methode geht man davon aus, dass $Q(z)$ derselben Differentialgleichung (51) oder (51, a) genügt wie $P(z)$. Um sie möglichst einfach darzustellen, wird hier angenommen, es sei x und x_1 positiv reell, $x_1 < 1$, und x so gross, dass $xx_1 > 1$. In diesem Falle wird nämlich

$$z = xx_1 - \sqrt{x^2-1}\sqrt{x_1^2-1}\,.\cos(\psi_1 - \psi)$$

nie zugleich reell und $\leqq 1$, ist also z sicher kein Punkt im Querschnitt, welchen reellen Winkel auch $\varphi = \psi_1 - \psi$ vorstellt.

Setzt man, dem Gange des § 73 folgend,

$$Q^n(z) = \sum_{\nu=0}^{\infty} u_\nu \cos\nu\varphi,$$

so wird u die Form haben

$$u_\nu = g_\nu P_\nu^n(x) + h_\nu Q_\nu^n(x),$$

und zwar ist g gleich Null zu setzen, da Q endlich bleibt wenn auch $x = \infty$ wird, also

$$u_\nu = h_\nu Q_\nu^n(x),$$

wo h nur noch die Veränderliche x_1 enthalten kann. Da in z die Buchstaben x und x_1 mit einander vertauscht werden dürfen und $u_\nu \cos\nu\varphi$, daher auch $h_\nu Q_\nu^n(x)\cos\nu\varphi$, also $h_\nu \cos\nu\varphi$ der partiellen Differentialgleichung (51, a) genügt, wenn man in derselben x mit

x_1 vertauscht hat, so muss h die Form haben

$$h_\nu = \gamma_\nu P_\nu^n(x_1) + \delta_\nu Q_\nu^n(x_1).$$

Hierin ist δ Null zu setzen, da $Q(x_1)$, nicht aber $Q^n(z)$, für $x_1 = 1$ unendlich wird, so dass man findet

$$Q^n(z) = \sum_{\nu=0}^{\infty} \gamma_\nu P_\nu^n(x_1) Q_\nu^n(x) \cos\nu\varphi.$$

Um die Constante γ zu bestimmen, multiplicirt man diese Gleichung mit x^{n+1} und setzt $x = \infty$. Nach (12) und (33, b) geht dann die linke Seite in

$$\frac{\Pi n}{3.5\ldots(2n+1)}(x_1 - \cos\varphi . \sqrt{x_1^2-1})^{-n-1} = \frac{2}{2n+1} \sum^{\infty}{}' P_\nu^n(x_1)\cos\nu\varphi$$

über, während die rechte sich in

$$\sum \gamma_\nu P_\nu^n(x_1)\cos\nu\varphi$$

verwandelt. Bestimmt man hieraus γ und setzt seinen Werth ein, so erhält man das gesuchte Additionstheorem für die Kugelfunction zweiter Art, welches (52) entspricht

$$(55)\ldots\ (n+\tfrac{1}{2})Q^n(xx_1 - \sqrt{x^2-1}\sqrt{x_1^2-1}.\cos\varphi) = \sum^{\infty}{}' P_\nu^n(x_1)Q_\nu^n(x)\cos\nu\varphi.$$

Dieses Verfahren beruht, ausser der Voraussetzung über x und x_1, noch auf mancherlei anderen, die man für die Kugelfunction erster Art machen durfte, da sie eine ganze Function von z ist. Die Ableitung und Vervollständigung erfolgt deshalb noch durch eine zweite Methode, die zugleich den Charakter der Verifikation besitzt. Die Reihe auf der Rechten in (55) wird nämlich, mit Hülfe des Ausdrucks der Kugelfunctionen durch bestimmte Integrale, summirt und der Summenausdruck durch eine Substitution, nach Art der im § 76, transformirt, wodurch sie in $(n+\frac{1}{2})Q^n(z)$ oder, bei anderen Voraussetzungen über x und x_1, in einen verwandten Werth übergeht.

§ 80. Es soll die Function $Q^n(z)$, bei festgehaltenen x und x_1, für alle reellen Bogen ψ und ψ_1 in eine nach Cosinus der Vielfachen von $\psi_1 - \psi = \varphi$ fortschreitende Reihe entwickelt werden.

Damit Q endlich bleibe, darf z nicht gleich 1 werden; hieraus folgt, dass x und x_1 nicht beide rein imaginär sein können. Wäre nämlich $x = iy$, $x_1 = iy_1$, so würde z für $\varphi = \pi$ gleich

$$yy_1 + \sqrt{y^2+1}\sqrt{y_1^2+1}$$

sein, also positiv und > 1, während es für

$$\cos\varphi = \frac{y}{\sqrt{y^2+1}} \cdot \frac{y_1}{\sqrt{y_1^2+1}}$$

zu Null herabsinkt, also für einen Werth von φ zu 1 wird. Es wird nun festgesetzt:

1) x und x_1 sind nicht negativ.

2) Man hat $\mathcal{M}\,\frac{x+1}{x-1} < \mathcal{M}\,\frac{x_1+1}{x_1-1}$.

Hierin ist schon die Bestimmung enthalten, dass x und x_1 nicht zugleich rein imaginär sein sollen, und wenn eine von den beiden Zahlen rein imaginär ist, dass dieses x sei. Denn keiner der Moduln sinkt unter 1; er erreicht nur dann 1, wenn das Argument x oder x_1 rein imaginär ist.

Man betrachte die beiden Integrale, welche in dem Ausdrucke

$$(a)\ \ldots \int_0^{v_0} \frac{(x-\sqrt{x^2-1}\,.\cos iv)^n\,dv}{(x_1-\sqrt{x_1^2-1}\,.\cos(\varphi\pm iv))^{n+1}}$$

enthalten sind, wenn v_0 dieselbe Bedeutung hat wie im § 36, nämlich der gehörig definirte Logarithmus ist $\frac{1}{2}\log(x+1)-\frac{1}{2}\log(x-1)$. (M. vergl. S. 160.) Der Integrationsweg für v ist derselbe wie im § 36, S. 159; beginnt also bei $v=0$ und sein reeller sowie sein imaginärer Theil gehen ohne Maximum oder Minimum in den reellen und imaginären Theil von v_0 über. Das arithmetische Mittel s aus den beiden Integralen (a) wird auf doppelte Art umgestaltet:

a) Zuerst entwickelt man s in eine trigonometrische Reihe. Zu dieser führt die Gleichung (34, a). Da in dem vorliegenden Falle die Ungleichheiten bestehen

$$\mathcal{M}v < \mathcal{M}v_0 < \tfrac{1}{2}\mathcal{M}\log\frac{x+1}{x-1} < \tfrac{1}{2}\mathcal{M}\log\frac{x_1+1}{x_1-1},$$

letztere wegen der 2. Festsetzung, so darf man sich dieser Formel bedienen und erhält

$$(x_1-\sqrt{x_1^2-1}.\cos(\varphi\pm iv))^{-n-1} = \frac{1}{2^{n-1}}\,\frac{\Pi(2n)}{\Pi(n)\,\Pi(n)}\sum^{\infty}{}' P_\nu^n(x_1)\cos\nu(\varphi\pm iv).$$

Diese Reihe convergirt, wie ihre Herleitung zeigt, in gleichem Grade; setzt man sie in (a) ein, so wird s, der Werth des arithmetischen Mittels, sich in Bezug auf φ auf eine Cosinusreihe allein reduciren und man erhält

$$(b) \ldots \quad s = \frac{1}{2^{n-1}} \frac{\Pi(2n)}{\Pi(n)\Pi(n)}$$
$$\times \sum_{}^{\infty}{}' P_\nu^n(x_1) \cos \nu\varphi \int_0^{v_0} (x - \sqrt{x^2-1}.\cos iv)^n \cos \nu iv \, dv.$$

Das hier in (b) auftretende Integral, mit dem vor der Parenthese befindlichen numerischen Faktor, ist aber nach (38, b) überall ausserhalb des Querschnitts gleich

$$\frac{2}{2n+1} Q_\nu^n(x).$$

b) Zweitens vergleicht man s als arithmetisches Mittel aus den Integralen mit dem Integrale, welches gleich $Q(z)$ ist. Dazu dient die Substitution des § 36 unter 2), durch welche sich (a) sofort in

$$\int_0^\infty \frac{du}{(a + b \cos iu \pm c \sin iu)^{n+1}}$$

verwandelt, wo a, b, c genau dieselben Grössen vorstellen, welche im § 76, S. 319 durch diese Buchstaben bezeichnet wurden, so dass, wenn man auch hier den Bogen δ einführt, sich ergiebt: Sind die gegebenen Grössen x und x_1 positiv, ist ferner

$$\mathcal{M} \frac{x+1}{x-1} < \mathcal{M} \frac{x_1+1}{x_1-1},$$

setzt man endlich

$$xx_1 - \cos\varphi . \sqrt{x^2-1}\sqrt{x_1^2-1} = z,$$
$$x_1\sqrt{x^2-1} - \cos\varphi . x\sqrt{x_1^2-1} = \sqrt{z^2-1}\cos\delta,$$
$$\sin\varphi . \sqrt{x_1^2-1} = \sqrt{z^2-1}\sin\delta,$$

so besteht ausserhalb des Querschnitts die Gleichung

$$(55, a) \ldots \quad \tfrac{1}{2}\int_{-\infty}^{\infty} \frac{du}{(z + \sqrt{z^2-1}.\cos(iu - \delta))^{n+1}}$$
$$= \frac{2}{2n+1} \sum_{}^{\infty}{}' P_\nu^n(x_1) Q_\nu^n(x) \cos \nu\varphi.$$

Die auf der rechten Seite befindliche Reihe stimmt mit dem $(n+\frac{1}{2})^{\text{ten}}$ Theile der rechten Seite von (55) überein; die linke Seite giebt, was am Schluss des § 79 in Aussicht gestellt war, den Ausdruck für die Summe der Reihe durch ein bestimmtes Integral. Man darf aber nicht übersehen, dass die Gleichung nicht gestattet für x den Werth im Querschnitt, $\cos\theta$, zu setzen, sondern nur den Werth am Rande, also $\cos\theta + 0.i$. Da man aus (37, c) weiss, dass

$Q_\nu^n(\cos\theta+0.i)$ gleich der Summe von $Q_\nu^n(\cos\theta)$ und

$$(-1)^{\nu+1}\tfrac{1}{4}i\pi(2n+1)a_\nu^{(n)}P_\nu^{(n)}(\cos\theta)$$

ist, so findet man hierdurch:

Für $x=\cos\theta$, $0<\theta<\frac{1}{2}\pi$ ist die rechte Seite von (55, a) abzuändern in

$$\frac{2}{2n+1}\sum^{\infty}{}' P_\nu^n(x_1)Q_\nu^n(\cos\theta)\cos\nu\varphi-\tfrac{1}{2}\pi i P^n(z).$$

Das Integral auf der Linken von (55, a) lässt sich nach S. 169 durch $Q^n(z)$ und $P^n(z)$ ausdrücken. Es sei z positiv und von der Form $p\pm iq$; x und x_1 genügen den beiden Festsetzungen auf S. 334. Je nachdem der reelle Theil von δ den kritischen Winkel ψ_0, dessen Werth man S. 169 unter 1—4 findet, nicht überschreitet oder überschreitet, ist jenes halbe Integral resp.

$$Q^n(z+0.i),\quad Q^n(z+0.i)\pm i\pi P^n(z).$$

Das Resultat für ein negatives z ergiebt sich hieraus von selbst.

§ 81. In den Fällen, dass (die positiven Grössen) x und x_1 nicht complex sondern reell oder rein imaginär sind, wollen wir die fertigen Formeln angeben.

1. Fall: x und x_1 sind reell und kleiner als 1. Wir setzen

$$x=\cos\theta,\quad x_1=\cos\theta_1,\quad 0<\theta<\tfrac{1}{2}\pi,\quad 0<\theta_1<\tfrac{1}{2}\pi.$$

Ferner hat man

$$z=\cos\theta\cos\theta_1+\sin\theta\sin\theta_1\cos\varphi=\cos\gamma,\quad \theta>\theta_1,$$

die letztere Ungleichheit wegen der 2. Festsetzung der S. 334. Alsdann erhält man, so lange $\cos\gamma$ positiv ist, dieselbe Form wie (55), nämlich

$$(n+\tfrac{1}{2})Q^n(\cos\gamma)=\sum^{\infty}{}' P_\nu^n(\cos\theta_1)Q_\nu^n(\cos\theta)\cos\nu\varphi.$$

Eine Rechnung wegen δ hier anzustellen wäre überflüssig, da beide Seiten reell sind, sich also nicht um Vielfache von $\frac{1}{2}\pi i P^n(\cos\gamma)$ unterscheiden können. Wenn $\cos\gamma$ negativ wird, während φ von 0 bis 2π wächst, so entsteht keine Diskontinuität indem $Q^n(\cos\gamma)$, wo γ durch $\frac{1}{2}\pi$ geht, für ein gerades n verschwindet, für ein ungerades n sich unendlich wenig ändert.

2. Fall: x und x_1 sind reell, $x>1$, $x_1<1$. Die 2. Festsetzung der S. 334 verlangt, dass sei

$$\frac{x+1}{x-1}<\frac{1+x_1}{1-x_1},$$

oder wenn man auflöst, $xx_1>1$. Wir haben also den Fall des

§ 79, in welchem wir nur die Bestätigung der früher gewonnenen Formel (55) erlangen. Denn z ist nun von der Form $p \mp qi$, wo p und q positive Werthe bezeichnen, und q das Zeichen von $\cos\varphi . \sqrt{x^2-1}$ besitzt. Ferner hat $\sqrt{z^2-1}$ nach § 10, S. 40 die Form $p_1 \mp q_1 i$, endlich $x_1\sqrt{x^2-1} - \cos\varphi . x\sqrt{x^2-1}$, also auch $\sqrt{z^2-1}\cos\delta$, die Form $p_2 \mp q_2 i$. Hieraus folgt, dass der reelle Theil von

$$\cos\delta = \frac{p_2 \mp q_2 i}{p_1 \mp q_1 i}$$

das positive Zeichen hat. Bringt man δ in die Form $\alpha + \beta i$, so ist also $\alpha < \frac{1}{2}\pi$, während der kritische Winkel ψ_0 des § 39 nie unter $\frac{1}{2}\pi$ herabsinkt. Dem Querschnitt kann z nicht angehören, da es nur für $\cos\varphi = 0$ reell, dann gleich xx_1, also grösser als 1 wird. Die früher für diesen Fall gewonnene Gleichung (55) ist jetzt also bewiesen.

3. Fall: Es seien wieder x und x_1 reell, aber $x_1 > 1$, $x < 1$. Wir machen $x = \cos\theta$. Dieser Fall ergänzt den vorigen, da aus der 2. Festsetzung folgt $xx_1 < 1$. Wir nehmen zuerst $\frac{1}{2}\pi < \varphi < \frac{3}{2}\pi$, so dass z, also auch $\sqrt{z^2-1}$, endlich auch $\sqrt{z^2-1} . \cos\delta$ die Form besitzt $p + qi$, und dass $\cos\delta$ von der Form ist $(p+qi) : (p_1 + q_1 i)$, δ also wiederum einen reellen Theil unter $\frac{1}{2}\pi$ hat, so dass δ durch 0 ersetzt werden darf. Da $x < 1$, so ist die modificirte Gleich. (55, a) anzuwenden.

Indem man in diesem Falle hat

$$z = x_1 \cos\theta - i\sqrt{x_1^2-1} . \sin\theta\cos\varphi,$$

tritt an die Stelle von (55), so lange $-\frac{1}{2}\pi < \varphi < \frac{1}{2}\pi$ die Gleichung

$$Q^n(z) - \tfrac{1}{2} i\pi P^n(z) = \frac{2}{2n+1} \sum^{\infty}{}' P_\nu^n(x_1) Q_\nu^n(\cos\theta)\cos\nu\varphi.$$

Das Resultat in dem Falle $-\frac{1}{2}\pi < \varphi < \frac{1}{2}\pi$, gewinnt man durch Vertauschung von i mit $-i$, wobei man nicht vergessen darf, dass i auch in $Q_\nu^n(\cos\theta)$ vorkommt. Setzt man $\varphi = \frac{1}{2}\pi \pm 0i$ und nimmt das arithmetische Mittel aus den Functionswerthen in diesen beiden Fällen, so entsteht

$$(n + \tfrac{1}{2}) Q^n(x_1 \cos\theta) = \sum^{\infty}{}' P_\nu^n(x_1) Q_\nu^n(\cos\theta)\cos\tfrac{1}{2}\nu\pi.$$

4. Fall: Es sei x rein imaginär, x_1 reell und kleiner als 1. Man setze

$$x_1 = \cos\theta, \quad 0 < \theta < \tfrac{1}{2}\pi, \quad x = iy.$$

Die 2. Festsetzung ist dann von selbst erfüllt. Indem man hat

$$z = \sin\theta . \cos\varphi . \sqrt{y^2+1} + iy\cos\theta,$$

so sind z, $\sqrt{z^2-1}$, $\sqrt{z^2-1}.\cos\delta$ von der Form $\pm p + qi$, woraus folgt, dass auch hier der reelle Theil von δ unter $\frac{1}{2}\pi$ liege und 0 für δ gesetzt werden darf. Auch in diesem Falle gilt (55).

5. Fall: Es seien x und x_1 reell und $x > x_1 > 1$. Dann ist

$$z = xx_1 - \cos\varphi . \sqrt{x^2-1}\sqrt{x_1^2-1}$$

immer positiv und > 1, während der kritische Werth ψ_0 in diesem Falle π wäre. Daher gilt (55).

6. Fall: Es sei x rein imaginär, x_1 reell und grösser als 1. Setzt man $x = iy$, so wird

$$z = i(yx_1 - \cos\varphi\sqrt{y^2+1}\sqrt{x_1^2-1}).$$

Da z rein imaginär ist, so hat man $\psi_0 = \frac{1}{2}\pi$; ferner ist

$$\sqrt{z^2-1}.\cos\delta = i(x_1\sqrt{y^2+1} - y\sqrt{x_1^2-1}.\cos\varphi)$$

rein imaginär und offenbar, selbst noch für $\varphi = 0$, positiv. So lange nun

a) z positiv bleibt, ist $\cos\delta$ reell und positiv, also $\delta < \psi_0$ und (55) gilt. Wenn

b) z negativ wird, so ist die Reihe in (55) gleich

$$(n+\tfrac{1}{2})(Q^n(z) - i\pi P^n(z)).$$

Bei dem Uebergange von einem positiven zu einem negativen z, an der Stelle $z = 0.i$ tritt kein Sprung ein, indem $Q^n(0)$ für ein gerades n denselben Zahlwerth wie $\pi P^n(0)$ hat (S. 12); für ein ungerades n wird $P^n(0) = 0$ und $Q^n(0.i) = Q^n(-0.i)$.

§ 82. In den §§ 80—81 wurde für φ eine reelle Grösse gesetzt. Die Gleichung (34, *a*) verschafft aber noch immer den Ausdruck (*b*) des § 80 für s, wenn selbst φ einen imaginären Theil $i\omega$ enthält, der aber so beschaffen ist, dass ω vermehrt um den reellen Theil von $\frac{1}{2}\log(x_1+1) - \frac{1}{2}\log(x_1-1)$ unter v_0 liegt. Ist dies nicht der Fall, so muss man (34, *b*) statt (*a*) zur Reihenentwickelung verwenden. Hier soll nur der Fall eines rein imaginären x und x_1 behandelt werden, welcher im II. Bande, bei dem Potential des Kreises von Wichtigkeit ist. Es sei $x = iy$, $x_1 = iy_1$, wenn y und y_1 positive Grössen bezeichnen.

Man betrachte das arithmetische Mittel s der beiden Integrale, welche in dem Ausdrucke

$$(a) \ldots \int_0^{\operatorname{arc\,cotg} r} \frac{(x - \cos\chi . \sqrt{x^2-1})^n \, d\chi}{(x_1 + \cos(\chi \mp iv) . \sqrt{x_1^2-1})^{n+1}}$$

enthalten sind. Nach (34, b) verwandelt sich dieser in die Reihe, deren allgemeines Glied, abgesehen von einem numerischen Faktor, bei positivem v ist

$$Q_\nu^n(x_1) \int_0^{\operatorname{arc\,cotg} y} (x - \cos\chi . \sqrt{x^2-1})^n e^{-\nu(v \pm i\chi)} d\chi.$$

Mit Hülfe der Gleichung (38, b) ergiebt sich hieraus für das arithmetische Mittel s

$$(b) \ldots \quad s = 2^{2n+1} \left(\frac{\Pi n}{\Pi(2n+1)} \right)^2 i$$

$$\times \sum_{\nu=n+1}^{\infty} (-1)^{n+\nu+1} \frac{\Pi \nu + n}{\Pi \nu - n - 1} Q_\nu^n(x) Q_\nu^n(x_1) e^{-\nu v}.$$

Andererseits bringt man an die Integrale (a) die Substitution der S. 159, No. 1 an und findet

$$2s = (-1)^{\nu+1} i \int_{-\infty}^{\infty} \frac{du}{(\zeta + b \cos iu + c \sin iu)^{n+1}},$$

wo gesetzt ist

$$\zeta = yy_1 + \cos iv . \sqrt{y^2+1} \sqrt{y_1^2+1},$$
$$b = y_1 \sqrt{y^2+1} + \cos iv . y \sqrt{y_1^2+1},$$
$$c = i \sin iv . \sqrt{y_1^2+1},$$

also ζ, b, c reell sind, ferner $\zeta^2 - b^2 - c^2$ gleich 1, also ζ grösser als 1 ist. Setzt man

$$b = \sqrt{\zeta^2-1} . \cos\delta, \quad c = \sqrt{\zeta^2-1} . \sin\delta,$$

so wird δ ein reeller Bogen im ersten Quadranten und $2s$ hat daher den Werth

$$(-1)^{n+1} i \int_{-\infty}^{\infty} \frac{du}{(\zeta + \cos(iu + \delta) . \sqrt{\zeta^2-1})^{n+1}}.$$

Da wie S. 169, 2. Fall der kritische Winkel ψ_0 hier π ist, so wird der vorstehende Ausdruck gleich $\pm i Q^n(\zeta)$ und man findet schliesslich die Gleichung

$$Q^n(\zeta) = \frac{2}{(1.3\ldots(2n+1))^2} \sum_{\nu=n+1}^{\infty} \frac{\Pi(\nu+n)}{\Pi(\nu-n-1)} Q_\nu^n(y) Q_\nu^n(y_1) e^{-\nu v},$$

die für $y = y_1 = 0$ in (18) übergeht. Hier sind also v, y, y_1 positiv reell, und es ist $\zeta = yy_1 + \cos iv . \sqrt{y^2+1} \sqrt{y_1^2+1}$.

§ 83. Durch einen Uebergang zur Grenze wie in den §§ 42 und 57 gelangt man zu entsprechenden Ausdrücken für die Cylinderfunctionen. Setzt man $x = \cos\frac{\theta}{n}$ und $x_1 = \cos\frac{\theta_1}{n}$, so verwandelt sich z in

$$\cos\frac{\theta}{n}\cos\frac{\theta_1}{n} + \sin\frac{\theta}{n}\sin\frac{\theta_1}{n}\cos\varphi = 1 - \frac{\theta^2 - 2\theta\theta_1\cos\varphi + \theta_1^2}{2n^2}$$

und aus (52) entsteht für $n = \infty$ das Additionstheorem für die Cylinderfunction erster Art

$$(56) \ldots \quad J(\theta_2) = 2\sum^{\infty}{}' J_\nu(\theta) J_\nu(\theta_1)\cos\nu\varphi,$$

wenn zur Abkürzung gesetzt wird

$$\theta_2 = \sqrt{\theta^2 - 2\theta\theta_1\cos\varphi + \theta_1^2}.$$

Ebenso erhält man aus (55) als Additionstheorem für die Cylinderfunction zweiter Art, wenigstens so lange θ und θ_1 reell sind und $\theta > \theta_1$,

$$(56, a) \ldots \quad K(\theta_2) = 2\sum^{\infty}{}' K_\nu(\theta) J_\nu(\theta_1)\cos\nu\varphi.$$

Diese beiden Additionstheoreme verdanken wir Herrn Carl Neumann. Man kann dieselben direkt sowohl nach der Methode der §§ 73 u. 79, durch Lösung einer partiellen Differentialgl., als auch nach der Methode der §§ 76 u. 80, durch die Integralausdrücke, ableiten. Ersteres geschieht hier, Letzteres im § 84.

Die Axe eines geraden Kreiscylinders sei zugleich die Axe der Z bei rechtwinkligen Coordinaten, die Entfernung eines Punktes x, y, z von der Axe gleich θ; die Linie, welche diese Entfernung misst, bilde mit der Axe der X den Winkel ψ, wo $0 \leqq \psi \leqq 2\pi$. Dann ist $x = \theta\cos\psi$, $y = \theta\sin\psi$. Man transformire in diese Coordinaten nach einer der Methoden des § 71 die Gleichung

$$\Delta V = \frac{\partial^2 V}{\partial x^2} + \frac{\partial^2 V}{\partial y^2} + \frac{\partial^2 V}{\partial z^2} = 0.$$

Will man sich z. B. der Formel (g) S. 308 bedienen, so geht man, indem man ψ, θ, z resp. für λ, μ, ν setzt, von der Gleichung aus

$$\partial x^2 + \partial y^2 + \partial z^2 = \theta^2\partial\psi^2 + \partial\theta^2 + \partial z^2,$$

wodurch man erhält $\mathfrak{L}$, $\mathfrak{M}$, $\mathfrak{N}$ resp. gleich θ, 1, 1. Hierdurch verwandelt sich (g) in

$$\frac{\partial^2 V}{\partial z^2} + \frac{1}{\theta^2}\frac{\partial^2 V}{\partial\psi^2} + \frac{\partial^2 V}{\partial\theta^2} + \frac{1}{\theta}\frac{\partial V}{\partial\theta} = 0.$$

Die Function V denkt man sich, wie in der Einleitung S. 4 die Function T nach Potenzen von r, hier nach Sinus und Cosinus ganzer oder gebrochener Vielfachen von z entwickelt, allgemein als Summe

$$V = \sum U . e^{\lambda z},$$

wo λ eine Constante, nach der summirt wird, U eine Function bezeichnet, welche zwar die Constante λ aber kein z enthält. Alsdann muss U der Differentialgl. genügen

$$(a) \ldots \quad \frac{\partial^2 U}{\partial x^2} + \frac{\partial^2 U}{\partial y^2} + \lambda^2 U = 0,$$

und in unseren Polarcoordinaten

$$(b) \ldots \quad \frac{\partial^2 U}{\partial \theta^2} + \frac{1}{\theta}\frac{\partial U}{\partial \theta} + \frac{1}{\theta^2}\frac{\partial^2 U}{\partial \psi^2} + \lambda^2 U = 0.$$

Die Entfernung eines beweglichen Punktes x, y in der Ebene XY von einem festzuhaltenden derselben Ebene x_1, y_1 heisse θ_2. Man kann dann (a) durch eine Function von θ_2 genügen. Setzt man nämlich $U = f(\theta_2)$ in (a) ein, so erhält man

$$\frac{\partial^2 U}{\partial x^2} + \frac{\partial^2 U}{\partial y^2} + \lambda^2 U = f''(\theta_2) + \frac{1}{\theta_2} f'(\theta_2) + \lambda^2 f(\theta_2).$$

Indem man f gleich $J(\lambda\theta_2)$ oder $K(\lambda\theta_2)$ macht, wird nach (31) die rechte Seite dieser Gleichung Null, und man findet als Resultat, indem man für x, y und x_1, y_1 Polarcoordinaten θ, ψ und θ_1, ψ_1 einführt:

S e t z t m a n $\psi_1 - \psi = \varphi$ und

$$\theta_2 = \sqrt{\theta^2 - 2\theta\theta_1 \cos\varphi + \theta_1^2},$$

s o g e n ü g e n $J(\lambda\theta_2)$ u n d $K(\lambda\theta_2)$ d e r G l e i c h u n g (b).

Diese Functionen, in denen jetzt $\lambda = 1$ gesetzt werden mag, entwickelt Herr N e u m a n n nach Cosinus der ganzen Vielfachen von φ, setzt also $J(\theta_2)$ oder $K(\theta_2)$ gleich

$$\sum u_\nu \cos\nu\varphi,$$

und diese Reihe in die Differentialgl. (b) ein, woraus sich ergiebt, dass u_ν der Gleich. (42) genügen muss, daher von der Form ist

$$u_\nu = g_\nu J_\nu(\theta) + h_\nu K_\nu(\theta).$$

Da $J(\theta_2)$ für $\theta = 0$ nicht unendlich werden, also nicht $K_\nu(\theta)$ enthalten darf, so muss in der Entwickelung von $J(\theta_2)$ die Constante h gleich Null gesetzt werden, wodurch u_ν sich auf das Glied $g_\nu J_\nu(\theta)$ reducirt. Wie im § 73 schliesst man dann, dass g von der Form $\gamma_\nu J_\nu(\theta_1)$ ist, während bei der Entwickelung von $K(\theta_2)$, wie das folgende Verfahren zur Bestimmung der Constanten zeigt, g Null sein muss, und h_ν die Form $\delta_\nu J_\nu(\theta_1)$ hat. Auf diese Art gewinnt man die Gleichungen

$$J(\theta_2) = \Sigma \gamma_\nu J_\nu(\theta) J_\nu(\theta_1) \cos\nu\varphi,$$
$$K(\theta_2) = \Sigma \delta_\nu K_\nu(\theta) J_\nu(\theta_1) \cos\nu\varphi.$$

Es bleibt noch übrig zu beweisen, dass die Constanten γ_ν und δ_ν, wie es nach (56) und (56, a) sein müsste, im allgemeinen den Werth 2, für $\nu = 0$ aber 1 besitzen. Das Letztere ist sofort klar, wenn man $\theta_1 = 0$ setzt, wodurch sich θ_2 in θ verwandelt. Um auch das Erste zu beweisen, differentiirt man jede Gleichung ν mal nach $\cos\varphi$, und zwar so, dass man die linke Seite jedesmal nach θ_2^2 differentiirt und mit

$$\frac{\partial\theta_2^2}{\partial\cos\varphi} = -2\theta\theta_1$$

multiplicirt. Da nach (43)

$$J_\nu = (-2\theta)^\nu \frac{d^\nu J(\theta)}{(d\theta\theta)^\nu}, \quad K_\nu = (-2\theta)^\nu \frac{d^\nu K(\theta)}{(d\theta\theta)^\nu},$$

so erhält man nach der νfachen Differentiation, wenn man durch θ_1^ν differentiirt und dann θ_1 gleich Null setzt, die Gleichung

$$(-2\theta)^\nu \frac{d^\nu J(\theta)}{(d\theta\theta)^\nu} = \frac{\gamma_\nu J_\nu(\theta)}{2.4\ldots(2\nu)} \frac{d^\nu \cos\nu\varphi}{d\cos\varphi^\nu},$$

in welcher man auch J mit K und zugleich γ mit δ vertauschen darf. Hieraus zieht man

$$\gamma_\nu \frac{d^\nu \cos\nu\varphi}{d\cos\varphi^\nu} = 2.4\ldots(2\nu),$$

d. h. $\gamma_\nu = 2$ und denselben Werth für δ_ν.

§ 84. Dieselben Additionsformeln leite ich durch folgendes Verfahren ab:

Die Gleichung (43, c) S. 238

$$\frac{1}{2\pi}\int_{-\pi}^{\pi} e^{i\theta\cos(\varphi-\omega)} \cos\nu\varphi\, d\varphi = i^\nu J_\nu(\theta)\cos\nu\omega,$$

multiplicire man mit

$$\frac{1}{\pi} e^{-i\theta_1\cos\omega} d\omega$$

und integrire nach ω von $-\pi$ bis π. Kehrt man links die Integrationsfolge um, beachtet ferner, dass nach (43, a) die rechte Seite sich in $2J_\nu(\theta)J_\nu(\theta_1)$ verwandelt, so erhält man

$$\frac{1}{2\pi^2}\int_{-\pi}^{\pi} \cos\nu\varphi\partial\varphi \int_{-\pi}^{\pi} e^{i[\theta\cos(\varphi-\omega)-\theta_1\cos\omega]}\, \partial\omega = 2J_\nu(\theta)J_\nu(\theta_1).$$

Der Exponent im innern Integrale ist

$$i[(\theta\cos\varphi-\theta_1)\cos\omega+\theta\sin\varphi\sin\omega],$$

also das Integral selbst, nach S. 196, gleich $2\pi J(\theta_2)$; man findet daher die Gleichung

$$J_\nu(\theta)J_\nu(\theta_1)=\frac{1}{2\pi}\int_{-\pi}^{\pi}J(\theta_2)\cos\nu\varphi\,d\varphi,$$

welche nichts anders besagt als (56).

Um (56, a) zu erhalten, setzen wir fest, es sei

$$(a)\ \ldots\quad \mathcal{M}\theta>\mathcal{M}\theta_1.$$

Des kürzeren Ausdrucks halber denken wir uns unter θ eine nicht reelle Zahl und setzen, wie S. 190 und 193, fest, es sei

$$(b)\ \ldots\quad \theta=\sqrt{\theta^2}=a(\sin\alpha+i\cos\alpha),\quad (-\tfrac{1}{2}\pi<\alpha<\tfrac{1}{2}\pi).$$

Will man schliesslich auf einen reellen Werth r von θ übergehen, so setzt man in der Endformel $r+0.i$ für θ und führt $K(r+0.i)$ durch Gleich. (30, f) S. 185 auf $K(r)$ zurück. Endlich macht man

$$(c)\ \ldots\quad \theta_2=\sqrt{\theta^2-2\theta\theta_1\cos\varphi+\theta_1^2},$$

und nimmt die Wurzel so, dass

$$\theta_2=b(\sin\beta+i\cos\beta),\quad (-\tfrac{1}{2}\pi<\beta<\tfrac{1}{2}\pi).$$

Wir gehen nun beim Beweise der Additionsformel für die Cylinderfunction zweiter Art von derselben Gleichung (43, c) aus wie oben, vertauschen aber θ und ω mit $-\theta_1$ und $i\omega$, multipliciren darauf die erwähnte Gleichung mit

$$e^{i\theta\cos i\omega}d\omega$$

und integriren nach ω von $-g-\alpha i$ bis $g+\alpha i$, wenn g das reell Unendliche vorstellt. Nach S. 237 wird dadurch die rechte Seite $2J_\nu(\theta_1)K_\nu(\theta)$; kehrt man die Integrationsfolge auf der linken um, so erhält man

$$2J_\nu(\theta_1)K_\nu(\theta)=\frac{1}{2\pi}\int_{-\pi}^{\pi}\cos\nu\varphi\,\partial\varphi\int_{-g-\alpha i}^{g+\alpha i}e^{i[\theta\cos i\omega-\theta_1\cos(\varphi-i\omega)]}\,\partial\omega.$$

Der Exponent von e im innern Integral ist

$$i\theta\cos i\omega-i\theta_1\cos(\varphi-i\omega)=i(\theta-\theta_1\cos\varphi)\cos i\omega-i\theta_1\sin\varphi.\sin i\omega,$$

so dass sein reeller Theil sowohl an der oberen als an der unteren Grenze von ω negativ unendlich wird. Setzt man zum Beweise $\theta_1=a_1(\sin\alpha_1+i\cos\alpha_1)$, wobei es gleichgültig bleibt, in welchem Quadranten α_1 liegt, so wird der vorstehende Ausdruck an den Grenzen

$$-a(\cos\alpha-i\sin\alpha)\cos(ig-\alpha)+a_1(\cos\alpha_1-i\sin\alpha_1)\cos(ig-\alpha\mp\varphi).$$

Der unendliche Theil hiervon ist

$$\frac{e^{g}}{2}[-a + a_1(\cos(\alpha - \alpha_1 \pm \varphi) + i\sin(\alpha - \alpha_1 \pm \varphi)].$$

Da aber $\mathcal{M}\theta_1 < \mathcal{M}\theta$ genommen wurde, also $a_1 < a$, so ist der reelle Theil dieses Exponenten negativ. Setzt man

$$(\theta - \theta_1 \cos\varphi) = \theta_2 \cos\delta, \quad \theta_1 \sin\varphi = \theta_2 \sin\delta,$$

wo θ_2 und δ unabhängig von ω sind, so wird der Exponent gleich $i\theta_2 \cos(i\omega + \delta)$, wo an den Grenzen der reelle Theil von $i\omega + \delta$ zwischen $\pm\frac{1}{2}\pi$ liegt. Das innere Integral lässt sich daher durch

$$\int_{-g}^{g} e^{i\theta_2 \cos iu}\, du = 2K(\theta_2)$$

ersetzen und man hat die Gleichung

$$K_\nu(\theta) J_\nu(\theta_1) = \frac{1}{2\pi} \int_{-\pi}^{\pi} K(\theta_2) \cos\nu\varphi\, d\varphi,$$

welche dasselbe besagt wie die zu beweisende Gleich. (56, a). Es sei noch bemerkt, dass sie sich nach (43) auch in die Form

$$(56, b) \ldots \quad K(\theta_2) = 2\sum^{\infty}{}'(4\theta\theta_1)^\nu \frac{d^\nu K(\theta)}{(d\theta\theta)^\nu} \frac{d^\nu J(\theta_1)}{(d\theta_1\theta_1)^\nu} \cos\nu\varphi$$

bringen lässt, in der noch, überall zugleich, $K(\theta)$ mit $J(\theta)$ vertauscht werden kann, wodurch also $J(\theta_2)$ die entsprechende Form annimmt

$$(56, c) \ldots \quad J(\theta_2) = 2\sum^{\infty}{}'(4\theta\theta_1)^\nu \frac{d^\nu J(\theta)}{(d\theta\theta)^\nu} \frac{d^\nu J(\theta_1)}{(d\theta_1\theta_1)^\nu} \cos\nu\varphi.$$

§ 85. Für die Functionen ψ und Ψ, über welche im § 60 gehandelt wurde, habe ich ähnliche Reihen durch die gleichen Methoden aufgestellt. Diese Functionen treten ausser in den Untersuchungen von Poisson (M. vergl. S. 83) auch in der „Theorie der Luftschwingungen in Röhren mit offenen Enden" auf, welche Herr Helmholtz im 57. Bande von Borchardt's Journal gegeben hat.

Die Anwendung der ersten Methode, derselben welche im § 83 angewandt wurde, beruht auf der Transformation des Ausdrucks

$$\frac{\partial^2 U}{\partial x^2} + \frac{\partial^2 U}{\partial y^2} + \frac{\partial^2 U}{\partial z^2} + \cdots$$

mit $n+1$ Veränderlichen x, y, z, etc. Fügt man diesen noch ebenso viele Constante x_1, y_1, z_1, etc. hinzu und setzt

$$\varrho^2 = (x - x_1)^2 + (y - y_1)^2 + (z - z_1)^2 + \cdots,$$

nimmt ferner für U irgend eine Function von ϱ, so wird der obige Ausdruck gleich

$$\frac{d^2 U}{d\varrho^2} + \frac{n}{\varrho} \frac{dU}{d\varrho}.$$

Beschränkt man sich auf drei Veränderliche x, y, z, so wird, wenn U eine Function der Entfernung ϱ zwischen den Punkten x, y, z und x_1, y_1, z_1 bezeichnet, welche der, (a) auf S. 341 entsprechenden Gleichung

$$(a) \ldots \quad \frac{\partial^2 U}{\partial x^2}+\frac{\partial^2 U}{\partial y^2}+\frac{\partial^2 U}{\partial z^2}+U=0$$

genügt, U auch die Gleichung

$$\frac{d^2 U}{d\varrho^2}+\frac{2}{\varrho}\frac{dU}{d\varrho}+U=0$$

erfüllen. Ihre Integrale, also zugleich die von der vorstehenden (a), sind, wie man aus S. 240 weiss,

$$\psi_0(\varrho)=2\frac{\sin\varrho}{\varrho}, \quad \Psi_0(\varrho)=\frac{e^{i\varrho}}{\varrho},$$

so dass man hier Additionstheoreme für die im Endlichen endliche Function $\frac{\sin\varrho}{\varrho}$ und die in $\varrho=0$ unendliche $\frac{\cos\varrho}{\varrho}$ aufsucht.

Dem § 71 entnimmt man das Resultat der Transformation der Gleichung (a) in Polarcoordinaten r, θ, ψ. Man findet nämlich, dass $\psi_0(\varrho)$ und $\Psi_0(\varrho)$ Lösungen der partiellen Differentialgleichung sind

$$r\frac{\partial^2(rU)}{\partial r^2}+\frac{\partial^2 U}{\partial\theta^2}+\operatorname{cotang}\theta\frac{\partial U}{\partial\theta}+\frac{1}{\sin^2\theta}\frac{\partial^2 U}{\partial\psi^2}+r^2 U=0,$$

während ϱ, wenn man auch für die Constanten x_1, y_1, z_1 Polarcoordinaten r_1, θ_1, ψ_1 einführt, durch

$$\varrho^2=r^2-2rr_1\cos\gamma+r_1^2$$

ausgedrückt wird, wo γ dasselbe vorstellt wie früher in der Gleichung (50), also, geometrisch gedeutet, den Winkel, welchen die Linien r und r_1 mit einander bilden. (Zu beachten ist, dass θ hier eine andere Bedeutung hat als im vorigen Paragraphen, und dass r, r_1, ϱ die Rolle der früheren θ, θ_1, θ_2 spielen.)

Man entwickele U, es möge ψ oder Ψ vorstellen, nach Kugelfunctionen von $\cos\gamma$ in die Reihe

$$U=\sum u_\nu P^\nu(\cos\gamma)$$

und findet, durch Einsetzen in die obige partielle Differentialgl., dass u_ν der Gleich. (44, e) S. 240 genügt, wenn man dort θ mit r vertauscht, dass u also in Bezug auf r die Form hat

$$u_\nu=g_\nu\psi_\nu(r)+h_\nu\Psi_\nu(r).$$

Indem man fortfährt wie im § 83, erhält man als nächstes Resultat

$$\psi(\varrho) = \sum_{\nu=0}^{\infty} \gamma_\nu \psi_\nu(r) \psi_\nu(r_1) P^\nu(\cos\gamma),$$

$$\Psi(\varrho) = \sum (\delta_\nu \psi_\nu(r) + \varepsilon_\nu \Psi_\nu(r)) \psi_\nu(r_1) P^\nu(\cos\gamma),$$

wenn $\mathcal{M} r > \mathcal{M} r_1$. Zur Bestimmung der Constanten differentiirt man νmal nach $\cos\gamma$, dividirt durch r_1^ν und setzt dann $\cos\gamma$ und r_1 gleich Null. Dadurch findet man die gesuchten Gleichungen; vertauscht man schliesslich die Buchstaben r, r_1, ϱ, γ mit θ, θ_1, θ_2, φ um Ausdrücke zu erhalten, die auch äusserlich (56) entsprechen, so entstehen die beiden Additionsformeln

$$(57) \ldots \quad \psi(\theta_2) = \sum_{\nu=0}^{\infty} (\nu + \tfrac{1}{2}) \psi_\nu(\theta) \psi_\nu(\theta_1) P^\nu(\cos\varphi),$$

$$\Psi(\theta_2) = \sum_{\nu=0}^{\infty} (\nu + \tfrac{1}{2}) \psi_\nu(\theta_1) \Psi_\nu(\theta) P^\nu(\cos\varphi),$$

$$\theta_2^2 = \theta^2 - 2\theta\theta_1 \cos\varphi + \theta_1^2, \quad (\mathcal{M}\theta > \mathcal{M}\theta_1).$$

Die Verification dieser Formeln geschieht nach der Methode des § 84. Man hat nach (14)

$$2e^{-ir_1\cos\gamma} = \sum_0^\infty (2\nu+1) . \psi_\nu(r_1) . (-i)^\nu P^\nu(\cos\gamma).$$

Eine Integration nach φ von 0 bis 2π giebt

$$\int_0^{2\pi} e^{-ir_1\cos\gamma} d\varphi = \pi \sum (-i)^\nu (2\nu+1) \psi_\nu(r_1) P^\nu(\cos\theta) P^\nu(\cos\theta_1),$$

folglich, wenn man mit $P^n(\cos\theta)\sin\theta\, d\theta$ multiplicirt und von 0 bis π integrirt

$$(-i)^\nu 2\pi . \psi_\nu(r_1) P^\nu(\cos\theta_1) = \int_0^\pi P^\nu(\cos\theta)\sin\theta\,\partial\theta \int_0^{2\pi} e^{-ir_1\cos\gamma}\,\partial\varphi.$$

Durch Multiplication mit $e^{ir\cos\theta_1}\sin\theta_1\,\partial\theta_1$ und Integration von 0 bis π entsteht hieraus nach S. 241

$$2\pi^2 \psi_\nu(r)\psi_\nu(r_1) = \int_0^\pi P^\nu(\cos\theta)\sin\theta\,\partial\theta \int_0^{2\pi}\partial\varphi \int_0^\pi e^{i(r\cos\theta_1 - r_1\cos\gamma)}\sin\theta_1\,\partial\theta_1.$$

Der Faktor von i im Exponenten ist gleich

$$\cos\theta_1 . (r - r_1\cos\theta) - \sin\theta_1 . r_1 \sin\theta\cos\varphi,$$

hat also die Form $\sigma(\cos\theta_1\cos\alpha + \sin\theta_1\sin\alpha\cos\varphi)$, wenn σ^2 gleich $r^2 - 2rr_1\cos\theta + r^2$ gesetzt wird, so dass das innere Doppelintegral nach θ_1 und φ durch den Satz von Poisson auf S. 309 in das einfache

$$2\pi \int_0^\pi e^{i\sigma\cos\gamma}\sin\gamma\, d\gamma = 2\pi^2 \psi(\sigma)$$

übergeht. Man hat also

$$\psi_\nu(r)\psi_\nu(r_1) = \int_0^\pi P^\nu(\cos\theta)\psi(\sigma)\sin\theta\, d\theta,$$

was nach S. 67 nichts anders ist als die erste der Gleichungen (57).

Zum Beweise der zweiten Formel geht man von

$$(-i)^\nu . 2\pi . \psi_\nu(r_1) P^\nu(\cos i\theta_1) = \int_0^\pi P^\nu(\cos\theta)\sin\theta\partial\theta \int_0^{2\pi} e^{-ir_1\cos\delta} d\varphi$$

aus, wenn $\cos\delta = \cos\theta\cos i\theta_1 + \sin\theta\sin i\theta_1 \cos\varphi$. Eine Multiplication mit $e^{ir\cos i\theta_1}\sin i\theta_1 \partial\theta_1$ und Integration von 0 bis ∞ giebt

$$2\pi\psi_\nu(r_1)\Psi_\nu(r) = \int_0^\pi P^\nu(\cos\theta)\sin\theta\,\partial\theta \int_0^{2\pi} d\varphi \int_0^\infty e^{i(r\cos i\theta_1 - r_1\cos\delta)}\sin i\theta_1\,\partial\theta_1.$$

Man nehme an es sei $\mathcal{M}r > \mathcal{M}r_1$ und mache über das Zeichen von r dieselben Annahmen wie früher über θ. Formt man dann den Faktor von i im Exponenten von e in

$$\sigma(\cos i\theta_1 \cos\alpha + \sin i\theta_1 \sin\alpha\cos\varphi)$$

um und wendet den Satz von Poisson an, so wird

$$\psi_\nu(r_1)\Psi_\nu(r) = \int_0^\pi P^\nu(\cos\theta)\Psi_0(\sigma)\sin\theta\, d\theta$$

und damit die zweite Formel von (57) bewiesen. Um die Bedeutung der Formeln (57) klarer zu zeigen, setzt man für die ψ und Ψ ihre Werthe durch θ_1, $\sin\theta_1$, $\cos\theta$. Macht man

$$\theta_2^2 = \theta^2 - 2\theta\theta_1\cos\varphi + \theta_1^2,$$

$$\theta^2 = \eta, \quad \theta_1^2 = \eta_1, \quad \mathcal{M}\eta > \mathcal{M}\eta_1,$$

so erhält man die Additionstheoreme

$$\frac{\sin\theta_2}{\theta_2} = \sum_{\nu=0}^\infty (2\nu+1)(4\theta\theta_1)^\nu \frac{d^\nu}{d\eta^\nu}\left(\frac{\sin\theta}{\theta}\right)\frac{d^\nu}{d\eta_1^\nu}\left(\frac{\sin\theta_1}{\theta_1}\right)\cos\nu\varphi,$$

$$\frac{\cos\theta_2}{\theta_2} = \sum_{\nu=0}^\infty (2\nu+1)(4\theta\theta_1)^\nu \frac{d^\nu}{d\eta^\nu}\left(\frac{\cos\theta}{\theta}\right)\frac{d^\nu}{d\eta_1^\nu}\left(\frac{\sin\theta_1}{\theta_1}\right)\cos\nu\varphi.$$

Drittes Kapitel.

Einführung und Eigenschaften der Lamé'schen Functionen. Functionen des elliptischen Cylinders.

§ 86. In der Einleitung wurde die partielle Differentialgleichung

$$\frac{\partial^2 V}{\partial x^2} + \frac{\partial^2 V}{\partial y^2} + \frac{\partial^2 V}{\partial z^2} = 0,$$

deren linke Seite abgekürzt mit ΔV bezeichnet wird (S. 325), mit dem Potential in Verbindung gebracht und gezeigt, wie die Integration dieser Gleichung, nach Einführung der Polarcoordinaten, auf die Kugelfunctionen führt. Derselben Gleichung $\Delta V = 0$ genügt, nach den Untersuchungen über die Mittheilung der Wärme in der von Fourier gegründeten Theorie*), die Function V von x, y, z, welche die Grenze darstellt, der sich mit wachsender Zeit die Temperatur in dem Punkte x, y, z eines Körpers nähert, wenn seine Begrenzung in einer festen, d. h. mit der Zeit nicht veränderlichen Temperatur, erhalten wird. Diese Grenze heisst der stationäre Zustand.

In ein unendlich kleines Parallelepipedum, dessen Kanten den rechtwinkligen Axen parallel laufen und welchem der Punkt x, y, z angehört, dringt in der unendlich kleinen Zeit ∂t eine Wärmemenge, die nach den zu Grunde liegenden physikalischen Annahmen durch $k \Delta V . \partial x \partial y \partial z \partial t$ ausgedrückt wird, wenn V die Temperatur im Punkte x, y, z, und k die innere Leitbarkeit des Körpers bezeichnet. Diese Wärmemenge, dividirt durch das Produkt aus der Masse und specifischen Wärme, $\varrho \partial x \partial y \partial z \; C$ (wo C die letztere, ϱ die Dichtigkeit vorstellt) giebt den Zuwachs der Temperatur ∂V im Punkte x, y, z, nach der Zeit ∂t. Bezeichnet man $k : \varrho C$ durch a^2, so entsteht dadurch die Gleichung, welche für das Innere des Körpers gilt

$$a^2 \Delta V = \frac{\partial V}{\partial t}.$$

Dieser sogenannten Hauptbedingung hat man zur völligen Bestimmung des bestehenden Wärmezustandes in einem Körper noch solche Nebenbedingungen hinzuzufügen, welche sich auf die Begrenzung des Körpers und seine Anfangstemperatur beziehen. Aber nicht nur nach unseren physikalischen Vorstellungen wird durch diese Bedingungen ein Wärmezustand bestimmt; nach der von Dirichlet für das Potential, in dem Dirichlet'schen Satze, eingeführten Methode der Variation wird gezeigt, dass nur eine Function V das mathematische Problem löst, welches durch die Bedingungen gestellt ist.

Wird die Begrenzung eines Körpers, sie möge durch eine zusammenhängende Fläche oder durch mehrere gebildet werden (Letzteres ist z. B. bei einer durch zwei concentrische Kugelflächen begrenzten Schale der Fall), in einer beliebigen, von der Zeit unabhängigen Temperatur erhalten, so tritt, nach unseren physikalischen Vorstellungen, endlich ein Zustand des Gleichgewichts der Wärme ein, in dem zwar noch immer Bewegung der Wärme stattfindet, aber nicht mehr eine solche, welche die Temperatur verändert, so dass also die gesammte Wärmemenge, die irgend ein Parallelepipedum im Innern erhält, Null ist; die mathematische Forderung für die Existenz eines solchen Zustandes besteht daher darin, dass die Temperatur im Innern des Körpers von der Zeit unabhängig wird, also der Hauptbedingung $\Delta V = 0$ genüge.

Streng genommen tritt dieser stationäre Zustand nur dann und zwar

*) Théorie analytique de la chaleur. Paris, 1822.

zu jeder Zeit ein, wenn die ursprüngliche Erwärmung des Körpers bereits dieselbe war, wie die für den Finalzustand; das was die Lösung von $\Delta V = 0$ mit den Nebenbedingungen liefert, ist die Grenze für wachsendes t, der jener Wärmezustand, also jene Function V zustrebt, welche der Gleichung

$$a^2 \Delta V \partial t = \partial V$$

und denselben Nebenbedingungen genügt. Man kann zeigen, dass durch die Bedingung, es sei für alle Punkte im Innern ΔV Null und V an der Begrenzung eine gegebene continuirliche und einwerthige Function des Ortes, nur eine Function definirt ist. Dagegen lässt sich die Existenz einer solchen Function V im Innern für jeden beliebigen derartigen Werth an der Oberfläche noch nicht mit völliger Strenge nachweisen, wenigstens nicht so lange die Gestalt der Begrenzung allgemein bleibt: in dem Beweise des Dirichlet'-schen Prinzipes, welches die Existenz einer solchen Function V feststellen soll, ist noch immer eine Lücke geblieben. M. vergl. darüber u. a. meine Arbeit „Ueber einige Voraussetzungen beim Beweise des Dirichlet'schen Prinzipes" im 4. Bd. der mathematischen Annalen v. Clebsch u. Neumann.

Fourier selbst hat schon den Wärmezustand ausser in anderen Körpern auch in einer Kugel betrachtet, und zwar nicht nur den stationären, für welchen $\Delta V = 0$, sondern auch den mit der Zeit veränderlichen. Poisson*) befreite die Untersuchung von beschränkenden Voraussetzungen über die anfängliche Erwärmung und die Temperatur an der begrenzenden Fläche. Die Aufgabe, auch den Wärmezustand eines Ellipsoides zu ermitteln, dessen Oberfläche in einer gegebenen Temperatur erhalten wird, spottete lange den Anstrengungen der Mathematiker bis sie endlich Lamé, wenigstens für den stationären Zustand, in einer Arbeit**) löste, welche für derartige Untersuchungen epochemachend gewesen ist.

Bei der Lösung solcher Aufgabe kommt eine Hauptrolle der Einführung passender Coordinaten zu, durch welche sich einfach ausdrücken lässt, dass ein Punkt an der Begrenzung liegt, und in die transformirt, ΔV noch immer eine einfache Gestalt behält. Bei der Aufsuchung des Wärmezustandes einer Kugel sind die gewöhnlichen Polarcoordinaten (r, θ, ψ) dieser Art, indem an der Begrenzung r constant wird, der Ausdruck ΔV aber ein einfacher bleibt. Dies beruht, wie man aus den beiden letzten Methoden zur Transformation im § 71 erkennt, wesentlich auf dem Umstande, dass der Durchschnitt von je zwei Flächen, auf denen je eine von den

*) Théorie mathématique de la chaleur. Paris, 1835.

**) Mémoire sur l'équilibre des Températures dans un ellipsoide à trois axes inégaux (Note lue à l'Académie des Sciences) in Liouville, Journal de Mathématiques, 4. Theil, 1839, S. 126—163.

drei Coordinaten (z. B. θ oder φ) constant bleibt, auf der Fläche senkrecht steht, auf welcher die dritte Coordinate (hier r) constant bleibt. Lamé führte die zur Behandlung der Aufgabe vom stationären Zustande des Ellipsoides geeigneten Coordinaten, die elliptischen Coordinaten ein, zu denen er von den isothermen Flächen ausgehend gelangte.

Wenn in einem Körper, der durch zwei geschlossene Flächen begrenzt wird, die eine dieser Flächen fortwährend in der Temperatur 0, die andere in der Temperatur 1 erhalten wird, und der stationäre Zustand eingetreten ist, so wachsen im Innern die Temperaturen von 0 bis 1. Eine Fläche, auf welcher in jedem Punkte die gleiche Temperatur herrscht, heisst isotherm. Z. B. sind die Isothermen in einem homogenen in der Richtung der Axe unendlichen Kreiscylinder, aus dem ein ähnlicher mit derselben Axe und kleinerer Basis herausgeschnitten ist, wiederum ähnliche Cylinderflächen mit gleicher Axe. Unter Punkten derselben Isotherme findet ein Wärmefluss nicht statt, da man annimmt, der Wärmeaustausch zwischen zwei Punkten sei proportional ihrer Temperaturdifferenz.

Lamé stellt die Frage*): Ist ein Körper durch zwei Flächen zweiten Grades mit gleichem Mittelpunkte und gleich gerichteten Axen begrenzt, deren Gleichungen also die Form haben

$$mx^2 + ny^2 + pz^2 = 1,$$

wie müssen m, n, p von einem Parameter λ abhängen, damit die Isothermen durch Gleichungen derselben Form ausgedrückt werden, in denen nur λ verschiedene Werthe annimmt? Es zeigt sich, dass drei Systeme solcher Flächen existiren, indem man für m, n, p findet

$$m = \frac{1}{\lambda^2}, \quad n = \frac{1}{\lambda^2 - b^2}, \quad p = \frac{1}{\lambda^2 - c^2}.$$

In der obigen Gleichung sind also drei Gattungen von Flächen enthalten, je nach der Grösse des Parameter λ. Denkt man sich unter b und c reelle positive Constante, ferner $c > b$, und bedient sich statt des Buchstabens λ der Buchstaben ϱ, μ, ν je nachdem resp.

$$\lambda > c, \quad c > \lambda > b, \quad b > \lambda > 0,$$

so enthält die obige Gleichung die drei

*) Mémoire sur les surfaces isothermes dans les corps solides homogènes en équilibre de température, in Liouville, Journal de Math. 2. Bd., S. 147—183.

$$(a) \ldots \quad \frac{x^2}{\varrho^2} + \frac{y^2}{\varrho^2-b^2} + \frac{z^2}{\varrho^2-c^2} = 1,$$
$$\frac{x^2}{\mu^2} + \frac{y^2}{\mu^2-b^2} - \frac{z^2}{c^2-\mu^2} = 1,$$
$$\frac{x^2}{\nu^2} - \frac{y^2}{b^2-\nu^2} - \frac{z^2}{c^2-\nu^2} = 1.$$

Die erste stellt Ellipsoide, die zweite Hyperboloide mit einem Mantel, die dritte solche mit zwei Mänteln vor, und zwar haben die Hauptschnitte aller dieser Flächen die gleichen Brennpunkte. Die Flächen werden in deutschen Werken gewöhnlich als confokal bezeichnet, während Lamé sie bei der Einführung S. 156 homofokal nannte*).

Diese Flächengattungen sind also isotherm. Erhält man jede von zwei gleichartigen, z. B. die Oberflächen zweier confokalen Ellipsoide, in einer festen Temperatur, alle Punkte ein und derselben Fläche in der gleichen, so wird im stationären Zustand jede ihnen confokale ellipsoidische Fläche ein Ort von Punkten gleicher Temperatur.

Durch jeden Punkt des Raumes x, y, z kann man drei confokale Flächen, ein Ellipsoid und zwei Hyperboloide legen und zwar können die Brennpunkte, also b und c, willkürlich gegeben sein. Hieraus folgt unmittelbar, dass die Längen der Halbaxen ϱ, μ, ν ebenfalls, wie die Linien x, y, z selbst, Coordinaten des Punktes x, y, z sind. Diese Grössen ϱ, μ, ν nennt Lamé Coordinées elliptiques (S. 156). Eine Verwechselung wird dadurch nicht entstehen, dass die im § 5 eingeführten Coordinaten gleichfalls elliptische heissen. Die letzteren bestimmen Punkte in der Ebene, die ersteren, gewissermaassen ellipsoidischen oder hyperboloidischen, Punkte im Raume.

Sind x, y, z, b, c gegeben, so findet man, nach S. 17, drei reelle Werthe für λ^2, welche der kubischen Gleichung

$$1 - \frac{x^2}{\lambda^2} - \frac{y^2}{\lambda^2-b^2} - \frac{z^2}{\lambda^2-c^2} = 0$$

genügen. Schafft man den Nenner fort, so entsteht nämlich auf der Linken die Function

$$\lambda^2(\lambda^2-b^2)(\lambda^2-c^2) - x^2(\lambda^2-b^2)(\lambda^2-c^2)$$
$$- y^2\lambda^2(\lambda-c^2) - z^2\lambda^2(\lambda^2-b^2),$$

---

*) j'appelerai surfaces homofocales celles qui sont réprésentées par les équations (5). Die Gleichungen (5) sind gerade die obigen (a).

welche für $\lambda = \infty$, c, b, 0 offenbar die Zeichen besitzt resp. $+ - + -$, so dass der Ausdruck für einen Werth von λ verschwindet, der wie ϱ zwischen ∞ und c liegt, einen anderen wie μ zwischen c und b, einen dritten wie ν zwischen b und 0.

Jedem positiven x, y, z im Raume entspricht eine und nur eine Combination ϱ, μ, ν wenn

$$\infty > \varrho > c, \quad c > \mu > b, \quad b > \nu > 0;$$

auch jeder Combination von Werthen ϱ, μ, ν, die in den bezeichneten Grenzen liegen, eine und nur eine Combination positiver Grössen x, y, z. Die Auflösung der Gleichungen (a), welche linear nach x^2, y^2, z^2 sind, giebt nämlich deren Werthe ausgedrückt durch ϱ, μ, ν; durch Wurzelausziehung findet man dann (mit Lamé)

$$(58) \ldots \quad x = \frac{\varrho\mu\nu}{bc},$$

$$y = \frac{\sqrt{\varrho^2-b^2}\sqrt{\mu^2-b^2}\sqrt{b^2-\nu^2}}{b\sqrt{c^2-b^2}},$$

$$z = \frac{\sqrt{\varrho^2-c^2}\sqrt{c^2-\mu^2}\sqrt{c^2-\nu^2}}{c\sqrt{c^2-b^2}}.$$

Indem man ν die Werthe von $-b$ bis b und zurück, μ von b bis c und zurück, ϱ von c bis ∞ durchlaufen und dabei die Quadratwurzeln nur da, wo sie durch Null gehen, in die negativen Werthe übergehen lässt, erhält man auch die Coordinaten x, y, z der Punkte, welche in den übrigen sieben Octanten liegen.

Die rechtwinkligen Coordinaten eines Punktes x, y, z auf der Oberfläche eines Ellipsoides mit den Axen ϱ, $\sqrt{\varrho^2-b^2}$, $\sqrt{\varrho^2-c^2}$ sind auch durch

$$(58, a) \ldots \quad \begin{aligned} x &= \varrho\cos\theta, \\ y &= \sqrt{\varrho^2-b^2}\sin\theta\cos\psi, \\ z &= \sqrt{\varrho^2-c^2}\sin\theta\sin\psi, \end{aligned} \qquad \begin{matrix} (0 < \theta < \pi) \\ (0 < \psi < 2\pi) \end{matrix}$$

auszudrücken. Man kann demnach für die drei Aggregate $\cos\theta$, $\sin\theta\cos\psi$, $\sin\theta\sin\psi$ die elliptischen Coordinaten einführen durch die Gleichungen

$$(58, b) \ldots \quad \cos\theta = \frac{\mu\nu}{bc},$$

$$\sin\theta\cos\psi = \frac{\sqrt{\mu^2-b^2}\sqrt{b^2-\nu^2}}{b\sqrt{c^2-b^2}},$$

$$\sin\theta\sin\psi = \frac{\sqrt{c^2-\mu^2}\sqrt{c^2-\nu^2}}{c\sqrt{c^2-b^2}}.$$

Wir erinnern hier an einige Eigenschaften der confokalen Flächen, von denen die erste, auf die wir bei den Anwendungen zurückkommen, sich sehr leicht beweisen lässt, dass nämlich die drei confokalen Flächen, welche durch einen Punkt gelegt werden, sich rechtwinklig schneiden. Nach einem Satze von Dupin sind diese Durchschnitte je einer Fläche mit jeder aus den beiden Scharen der anderen Flächenarten daher Krümmungslinien. Werden zwei Flächen derselben Gattung, z. B. zwei Oberflächen von Ellipsoiden, in constanten Temperaten erhalten, so fliesst die Wärme daher in jedem Punkte auf der durch den Punkt hindurchgehenden Krümmungslinie der anderen Gattung, also hier der Hyperboloide ab. Von besonderem Interesse ist der Satz von Michael Roberts: Die kürzesten Linien auf dem Ellipsoide, welche von zwei Nabelpunkten nach irgend einem Punkte einer festgehaltenen Krümmungslinie des Ellipsoides gezogen werden, haben nämlich eine constante Summe oder Differenz je nachdem die beiden Nabelpunkte gleichartig innere sind, oder der eine ein äusserer, der andere ein innerer ist. M. vergl. hierüber den Bericht des Herrn Liouville in den Comptes rendus, T. XXI, S. 1410; abgedruckt in Liouville's Journal, 10. Bd., S. 466, ferner die eigene Arbeit des Herrn Roberts in Liouville's Journal, 11. Bd., S. 1—4, so wie die Arbeiten des Herrn Chasles im 22. Bde der Comptes rendus vom 12. und 19. Januar 1846 und des Herrn Liouville ebendaselbst vom 19. Januar; beide Abhandlungen sind abgedruckt in Liouville's Journal, 11. Bd., die erste S. 5—20, die zweite S. 21—24.

Die Arbeiten von Lamé, welche hier vorzugsweise in Betracht kommen, finden sich in den sechs ersten Bänden von Liouville's Journal und in dem 8. Bande; die erste Einführung der Isothermen und dadurch der elliptischen Coordinaten geschieht in dem Mémoire sur les surfaces isothermes in den Abhandlungen der Savans étrangers, 5. Th. Ausserdem hat man im 23. Cahier des Journal de l'École polytechnique das Mémoire sur les surfaces orthogonales conjuguées zu vergleichen. Selbständige Werke von Lamé über die betreffenden Theorien sind: Leçons sur les fonctions inverses des transcendantes et les surfaces isothermes, Paris 1857. Leçons sur les coordinées curvilignes et leurs diverses applications, Paris, 1859. Leçons sur la théorie analytique de la chaleur, Paris, 1861.

§ 87. Es scheint zweckmässig einige Festsetzungen und Formeln vorauszuschicken die, ebenso wie die drei Gruppen (58) von je drei Gleichungen im § 86, den folgenden Untersuchungen zur Grundlage dienen.

a) Grössen die von μ_1 und ν_1 abhängen wie θ und ψ von μ und ν heissen θ_1 und ψ_1.

b) Man bezeichnet durch ε, ζ und ξ die folgenden elliptischen Integrale, die auf reellem Wege bis zu den reellen oberen Grenzen genommen werden

$$\varepsilon = \int_b^\mu \frac{d\mu}{\sqrt{\mu^2 - b^2}\sqrt{c^2 - \mu^2}}, \quad \zeta = \int_0^\nu \frac{d\nu}{\sqrt{b^2 - \nu^2}\sqrt{c^2 - \nu^2}},$$

$$\xi = \int_c^{\varrho} \frac{d\varrho}{\sqrt{\varrho^2 - b^2}\sqrt{\varrho^2 - c^2}};$$

werden μ, ν, ϱ mit μ_1, ν_1, ϱ_1 vertauscht, so bezeichne man die Integrale mit ε_1, ζ_1 ξ_1. Die ganzen Integrale ε und ζ, d. h. bis $\mu = c$ oder $\nu = b$ genommen, mögen ω resp. ϖ heissen. Wir setzen noch $b^2 + c^2 = p$, $b^2c^2 = q$.

Um die oberen Grenzen μ, ν, ϱ als elliptische Functionen auszudrücken, setzen wir mit Jacobi*)

$$c\varepsilon = K - \mathrm{u}, \quad c\zeta = \mathrm{v}, \quad c\xi = \mathrm{w}, \quad k^2 = \frac{c^2 - b^2}{c^2},$$

und erhalten

$$\mu = c\Delta \mathrm{am\,u}, \quad \nu = b \sin \mathrm{am}(\mathrm{v}, k'), \quad \varrho = c\Delta \mathrm{am}\, i\mathrm{w}.$$

Die unten im § 88 und 96 auftretenden Winkel sind

$$\chi = \tfrac{1}{2}\pi - \mathrm{coam\,u}, \quad \varphi = \mathrm{am\,u}.$$

c) Die partielle Differentialgleichung (51) der Kugelfunctionen $C(\theta, \psi)$ und $S(\theta, \psi)$

$$\frac{\partial^2 f}{\partial \theta^2} + \mathrm{cotg}\,\theta \frac{\partial f}{\partial \theta} + \frac{1}{\sin^2\theta}\frac{\partial^2 f}{\partial \psi^2} + n(n+1)f = 0$$

nimmt durch Einführung der neuen Coordinaten, also in Folge von (58, *b*), die Form an

$$(58, c) \ldots \quad \frac{\partial^2 f}{\partial \varepsilon^2} + \frac{\partial^2 f}{\partial \zeta^2} + n(n+1)(\mu^2 - \nu^2)f = 0.$$

Um dieselbe abzuleiten, transformire man ΔV durch Einsetzen der Coordinaten r, μ ν aus (58, *a*—*b*) nach der letzten im § 71 auf S. 308 angegebenen Methode; es ergiebt sich zunächst

$$\partial x^2 + \partial y^2 + \partial z^2 = \partial r^2 + (\mu^2 - \nu^2) r^2 \left[\frac{\partial \mu^2}{(\mu^2 - b^2)(c^2 - \mu^2)} + \frac{\partial \nu^2}{(b^2 - \nu^2)(c^2 - \nu^2)} \right].$$

Setzt man in (*g*) an der erwähnten Stelle für die Quadrate von $\mathfrak{L}$, $\mathfrak{M}$, $\mathfrak{N}$ die Faktoren von ∂r^2, $\partial \mu^2$, $\partial \nu^2$ ein, so verwandelt sich die Gleich. $\Delta f = 0$ in die folgende

$$(\mu^2 - \nu^2)\frac{\partial}{\partial r}\left(r^2 \frac{\partial V}{\partial r}\right) + \frac{\partial^2 V}{\partial \varepsilon^2} + \frac{\partial^2 V}{\partial \zeta^2} = 0.$$

Aus der Gleich. $\Delta V = 0$ erhielt man auf S. 309 die zu transformirende (51), indem man $r^n f$ für V substituirte. Geschieht dies ebenso in der vorstehenden, so erhält man sofort (58, *c*).

Aus dem Ausdruck des Linear-Elementes findet man für das Raumelement

$$\partial x \partial y \partial z = r^2 (\mu^2 - \nu^2) \partial r \partial \varepsilon \partial \zeta.$$

---

*) Crelle, J. f. Math. Bd. 42. Auszug eines Schreibens des Prof. C. G. J. Jacobi an Prof. Heine; Gotha, den 10. Januar 1851.

Den Inhalt dieses Paragraphen habe ich wesentlich Lamé's Arbeiten entnommen.

§ 88. Die Kugelfunctionen

$$C_m^n(\theta, \psi) = P_m^n(\cos\theta)\cos\nu\psi, \quad S_m^n(,\theta\,\psi) = P_m^n(\cos\theta)\sin\nu\psi$$

sind, was im § 77, unter α, hervorgehoben wurde rationale Functionen der drei Aggregate $\cos\theta$, $\sin\theta\cos\psi$, $\sin\theta\sin\psi$; sie lassen sich also durch (58, b) in rationale Functionen der drei Aggregate $\mu\nu$, $\sqrt{\mu^2-b^2}\sqrt{b^2-\nu^2}$, $\sqrt{c^2-\mu^2}\sqrt{c^2-\nu^2}$ umwandeln. Die so entstehenden Functionen, die den früheren mit Hülfe der Beziehung in (58, b) identisch gleich sind, können noch immer mit den Buchstaben C und S bezeichnet werden, wenn man da, wo die Deutlichkeit es fordert, die Argumente in eckigen Parenthesen hinzufügt, so dass z. B. $C[\mu, \nu]$ identisch gleich ist $C(\theta, \psi)$.

Um die Functionen C und S durch μ, ν auszudrücken, kann man sich zunächst der ersten Formel in § 77, α bedienen und findet, wenn man der Kürze halber die beiden Functionen durch Verbindung mit $\pm i$ in eine zusammenzieht

$$C_m^n[\mu, \nu] \pm i S_m^n[\mu, \nu]$$
$$= \left(\frac{i}{\sqrt{c^2-b^2}}\right)^m \mathfrak{P}_{-m}^n\left(\frac{\mu\nu}{bc}\right)\left(\frac{1}{b}\sqrt{\mu^2-b^2}\sqrt{b^2-\nu^2} \pm \frac{i}{c}\sqrt{c^2-\mu^2}\sqrt{c^2-\nu^2}\right)^m,$$

wo wie S. 154 gesetzt ist

$$\mathfrak{P}_{-m}^n(x) = x^{n-m} - \frac{(n-m)(n-m-1)}{2.(2n-1)} x^{n-m-2} + \cdots.$$

Ferner entstehen durch Einsetzen der neuen Coordinaten in (54, a) (wenn ζ einen Integrationsbuchstaben vorstellt) die Gleichungen

$$(58, d) \ldots \; A = \frac{\mu\nu}{bc} + i\frac{\sqrt{\mu^2-b^2}\sqrt{b^2-\nu^2}}{b\sqrt{c^2-b^2}}\cos\zeta + i\frac{\sqrt{c^2-\mu^2}\sqrt{c^2-\nu^2}}{c\sqrt{c^2-b^2}}\sin\zeta,$$

$$\pi(C_m^n[\mu, \nu] \pm i S_m^n[\mu, \nu]) = 2^{n-1}\frac{\Pi(n+m)\Pi(n-m)}{\Pi 2n}\int_0^{2\pi} A^n e^{\pm im\zeta} d\zeta$$
$$= (-1)^m 2^n \frac{\Pi n\, \Pi n}{\Pi 2n}\int_0^{2\pi} \frac{e^{\pm im\zeta}}{A^{n+1}} d\zeta.$$

Das erste Glied dieser Gleichung ist gleich dem zweiten und gleich dem dritten so lange $m \leq n$, während das erste Glied wenn $m > n$ nur noch gleich ist dem dritten. Es giebt $(2n+1)$ Functionen C_m und S_m für welche $m \leq n$.

Während der hier angegebene Weg, auf dem ich den obigen Ausdruck der C und S durch bestimmte Integrale gefunden hatte, leicht zum Ziele führt, so macht es Schwierigkeiten nachträglich durch direkte Differentiation nachzuweisen, dass diese Integrale wirklich der partiellen Differentialgleichung (58, c) genügen. Jacobi hat gezeigt*) wie man, mit Hülfe der Formel für die Addition der elliptischen Integrale, zu den obigen Integralen gelangen kann, wenn man eine Lösung aufsucht, welche die n^{te} Potenz einer von n unabhängigen Function sein soll.

Aus den vorstehenden Formeln ist klar, dass, so lange $m \leqq n$, die C_m^n und S_m^n ganze Functionen des Grades n sowohl von μ, $\sqrt{\mu^2-b^2}$, $\sqrt{c^2-\mu^2}$, als auch von ν, $\sqrt{b^2-\nu^2}$, $\sqrt{c^2-\nu^2}$ sind. Man theilt diese zunächst in vier Klassen, in C_m mit geradem und solche mit ungeradem m, in S_m mit geradem und mit ungeradem m. Bezeichnet man durch $[p]$ ganze Functionen p^{ten} Grades nach μ und zugleich auch p^{ten} Grades nach ν, so ist

$$C_{2m}^n = [n]; \quad C_{2m+1}^n = \sqrt{\mu^2-b^2}\sqrt{b^2-\nu^2} \quad [n-1];$$
$$S_{2m}^n = \sqrt{\mu^2-b^2}\sqrt{c^2-\mu^2}\sqrt{b^2-\nu^2}\sqrt{c^2-\nu^2} \quad [n-2];$$
$$S_{2m+1}^n = \sqrt{c^2-\mu^2}\sqrt{c^2-\nu^2} \quad [n-1].$$

Jede dieser Klassen könnte man noch in zwei andere theilen, von denen die eine nur gerade, die andere nur ungerade Potenzen von μ und ν enthält.

Wir betrachten die C und S für specielle Werthe eines der beiden Argumente μ, ν.

Setzt man zuerst $\mu = b$, so wird in (58, d)

$$cA = \nu + i\sqrt{c^2-\nu^2}.\sin\zeta;$$

man hat daher

$$\pi C_m^n[b, \nu]$$
$$= 2^{n-1}\frac{\Pi(n+m)\Pi(n-m)}{\Pi 2n}\cos\tfrac{1}{2}m\pi\int_0^{2\pi}\left(\frac{\nu}{c}+\sqrt{\frac{\nu^2}{c^2}-1}.\cos\eta\right)^n\cos m\zeta\, d\zeta$$

und einen ähnlichen Ausdruck für S. Hieraus ergeben sich die Gleichungen

$$(a) \ldots \; C_{2m}^n[b, \nu] = (-1)^m P_{2m}^n\left(\frac{\nu}{c}\right), \quad S_{2m}^n[b, \nu] = 0,$$

$$C_{2m+1}^n[b, \nu] = 0, \qquad S_{2m+1}^n[b, \nu] = (-1)^m P_{2m+1}^n\left(\frac{\nu}{c}\right).$$

Ferner hat man

---

*) M. vergl. das S. 354 citirte Schreiben von Jacobi im 42. Bd. von Crelle's J. f. M.

$$(b) \ldots \quad C_m^n[c, \nu] = P_m^n\left(\frac{\nu}{b}\right), \quad S_m^n[c, \nu] = 0.$$

Für diese besonderen Werthe von μ verschwindet S_{2m}, während diese Function durch $\sqrt{\mu^2 - b^2}$ dividirt für $\mu = b$ von Null verschieden bleibt. Man hat nämlich für $\mu = b$

$$(c) \ldots \quad \frac{S_{2m}^n[\mu, \nu]}{\sqrt{\mu^2 - b^2}} = (-1)^{m+1} \frac{2mc}{b\sqrt{c^2 - b^2}} \sqrt{\frac{b^2 - \nu^2}{c^2 - \nu^2}}\, P_{2m}\left(\frac{\nu}{c}\right).$$

Für $m = 0$ verschwindet S_m, welche Werthe man auch μ und ν ertheilt.

Setzt man, während μ allgemein bleibt, $\nu = \infty$, so erhält man gleichfalls einfache Ausdrücke. Führt man den Bogen χ durch die Gleichungen ein

$$\cos\chi = \frac{c\sqrt{\mu^2 - b^2}}{\mu\sqrt{c^2 - b^2}}, \quad \sin\chi = \frac{b\sqrt{c^2 - \mu^2}}{\mu\sqrt{c^2 - b^2}},$$

setzt also $\chi = \frac{1}{2}\pi - \mathrm{am}(c\varepsilon)$, so erhält man für $\nu = \infty$

$$C_m^n . \nu^{-n} = \cos m\chi \left(\frac{\mu}{bc}\right)^n, \quad S_m^n . \nu^{-n} = \sin m\chi \left(\frac{\mu}{bc}\right)^n,$$

so dass diese Grenzwerthe der C und S gleich Zugeordneten oder trigonometrischen Functionen werden.

In einer Abhandlung über die Theorie der Anziehung eines dreiaxigen Ellipsoides im 42. Bande des Crelle'schen Journals habe ich neben die in (58, d) enthaltenen $2n+1$ Integrale der partiellen Differentialgleich. (58, c), die im Endlichen immer endlich sind, nämlich neben die Integrale

$$\int_0^{2\pi} A^n \cos m\zeta\, d\zeta, \quad \int_0^{2\pi} A^n \sin m\zeta\, d\zeta,$$

auch solche gestellt, welche verschwinden wenn man μ und ν aus den Grenzen die ihnen angewiesen wurden heraustreten und unendlich werden lässt, die aber für $\mu\nu = bc$ unendlich werden. Man findet sie, indem man die Produkte von Q_m^n mit $\cos m\psi$ oder $\sin m\psi$ in elliptische Coordinaten transformirt, wenn $m \leqq n$. Hierbei soll, um Weitläufigkeiten zu vermeiden, der Fall eines Argumentes x im Querschnitt nicht mehr, wie bisher, ausdrücklich berücksichtigt werden.

Zur Transformation bedienen wir uns der Formeln (39, a), welche durch imaginäre Substitution gewonnen wurden. Den dort vorkommenden Bogen ψ kann man jedenfalls bis $\frac{1}{2}\pi$ wachsen lassen, da der kritische Winkel ψ_0 nie unter $\frac{1}{2}\pi$ liegt, diesem sogar nur im Falle eines x im Querschnitt gleich ist. Man erhält demnach das Resultat:

Setzt man

$$B = \frac{\mu\nu}{bc} + \frac{\sqrt{\mu^2 - b^2}\sqrt{\nu^2 - b^2}}{b\sqrt{c^2 - b^2}} \cos iu + \frac{\sqrt{c^2 - \mu^2}\sqrt{\nu^2 - c^2}}{c\sqrt{c^2 - b^2}} \sin iu,$$

so hat man für $m \leqq n$ die Gleichung

$$(58, c) \ldots \quad 2Q_m^n(\cos\theta)\cos m\psi = \frac{1.3\ldots(2n+1)\Pi n}{\Pi(n+m)\Pi(n-m)} \int_{-\infty}^{\infty} \frac{\cos imu\, du}{B^{n+1}}$$

und eine zweite, welche aus dieser durch gleichzeitige Vertauschung von $\cos m\psi$ und $\cos imu$ mit $\sin m\psi$ und $\sin imu$ entsteht. Beide Integrale sind Lösungen von (58, c).

§ 89. Aus § 78 unter (ε) weiss man, dass die allgemeinste ganze Function der drei Aggregate $\cos\theta$, $\sin\theta\cos\psi$, etc., welche (51) genügt, von der Form

$$\sum_{m=0}^{n} c_m C_m^n(\theta, \psi) + k_m S_m^n(\theta, \psi)$$

sei und $2n+1$ willkürliche Constante c und k enthalte. Es zeigt sich sofort, dass die allgemeinste ganze Function der sechs Grössen μ, ν, $\sqrt{\mu^2 - b^2}$, $\sqrt{b^2 - \nu^2}$, $\sqrt{c^2 - \mu^2}$, $\sqrt{c^2 - \nu^2}$, welche (58, c) genügt, die Form haben muss ($m \leqq n$)

$$(a) \ldots \quad \sum_{m=0}^{n} c_m C_m^n[\mu, \nu] + k_m S_m^n[\mu, \nu].$$

Denn das allgemeinste Integral von (51) enthält zwar ausser solchen P_m^n und Q_m^n, deren unterer Index nicht grösser als der obere n ist, auch noch solche, bei denen $n < m$, die aber nach § 51, 2 sämmtlich für $\cos\theta = 1$ unendlich werden. Setzt man diese in μ und ν um, so wird das allgemeinere Integral, welches sie enthielte, daher für $\mu = c$, $\nu = b$ unendlich, könnte also keine ganze Function sein. M. vergl. S. 321, β.

Lamé hat für jeden Werth von n genau $2n+1$ ganze Functionen $E_s(\mu)$ von μ, $\sqrt{\mu^2 - b^2}$, $\sqrt{c^2 - \mu^2}$ vom Grade n aufgefunden, die Lamé'schen Functionen, von solcher Beschaffenheit, dass die $(2n+1)$ einzelnen Produkte $E_s(\mu)E_s(\nu)$ Lösungen von (58, c) sind. Bedeuten die Buchstaben g Constante, so zeigt er ferner, dass der Ausdruck

$$(b) \ldots \quad \sum_{s=0}^{2n} g_s E_s(\mu) E_s(\nu)$$

nicht für alle μ und ν Null sein kann, ohne dass alle g verschwinden (kurz ausgedrückt, dass die Lamé'schen Produkte von einander unabhängig sind). Dies, mit dem Vorhergehenden zusammengestellt, beweist, dass der Ausdruck (b) mit $2n+1$ willkürlichen Constanten g ein ebenso allgemeines Integral von (58, c) ist wie (a), dass also (b) jede ganze Function von μ, etc. darstellt, welche (58, c) genügt, z. B. auch die Kugelfunction $C_\nu^n(\theta, \psi)$, $C_\nu^n[\mu, \nu]$, $P^n(\cos\gamma)$ u. dgl.

Diese Lamé'schen Functionen der ersten Art haben wir im Folgenden näher zu untersuchen. Einen oberen Index n wird man nur dann hinzufügen, wenn es die Deutlichkeit verlangt.

§ 90. Zunächst sind solche Functionen E aufzusuchen, welche die Eigenschaft haben, erstens dass das Produkt $E(\mu)E(\nu)$, für f gesetzt, (58, c) genügt, zweitens dass $E(\mu)$ ganz und vom Grade n nach μ, $\sqrt{\mu^2-b^2}$, $\sqrt{c^2-\mu^2}$ ist.

Soll das Erste eintreten, so muss die Gleichung

$$E(\nu)\left[\frac{\partial^2 E(\mu)}{\partial \varepsilon^2}+n(n+1)\mu^2 E(\mu)\right] = -E(\mu)\left[\frac{\partial^2 E(\nu)}{\partial \zeta^2}-n(n+1)\nu^2 E(\nu)\right]$$

stattfinden. Dividirt man auf beiden Seiten mit $E(\mu)E(\nu)$, so steht links eine Function von μ allein, auf der Rechten eine Function von ν allein, die nur dann gleich sein können, wenn jede Seite eine Constante ist, die wir gleich dem Produkt von b^2+c^2 und einer neuen Constanten v setzen. Es müssen demnach $E(\mu)$ und $E(\nu)$ der Differentialgleichung

$$(59)\ \ldots\quad \frac{d^2 E(\mu)}{d\varepsilon^2}+[n(n+1)\mu^2-(b^2+c^2)v]E(\mu) = 0,$$

$$\frac{d^2 E(\nu)}{d\zeta^2}-[n(n+1)\nu^2-(b^2+c^2)v]E(\nu) = 0$$

genügen, die auch wirklich dieselbe Function definiren. Setzt man nämlich für ε und ζ ihre Werthe, so entsteht aus der ersten

$$(59, a)\ \ldots\quad (\mu^2-b^2)(\mu^2-c^2)d^2E(\mu)+\mu(2\mu^2-b^2-c^2)dE(\mu)\,d\mu$$
$$+[(b^2+c^2)v-n(n+1)\mu^2]E(\mu)\,d\mu^2 = 0,$$

und aus der zweiten, das was aus der Vorstehenden durch Vertauschung von μ mit ν entsteht. Umgekehrt, wenn $E(\mu)$ der Gl. (59, a) genügt, so genügt $E(\mu)E(\nu)$ auch (58, c). Die erste Untersuchung giebt also das Resultat, dass man unendlich viele Functionen E finden kann, welche die Zerlegung erlauben: wenn man nämlich v willkürlich gewählt hat, so genügen immer die beiden Integrale von (59) der Forderung.

Die zweite Forderung besteht darin, dass E eine ganze

Function von μ, etc. ist. Die einfachsten Regeln für die Integration durch Reihen zeigen, dass keine andere ganze Function als eine Function n^{ten} Grades der Gleich. (59, *a*) genügen kann.

Wenn wirklich $(2n+1)$ Functionen E dieser Art existiren, so lässt sich (s. o.) jede Function C oder S, also jede ganze Function n^{ten} Grades der drei Aggregate (58, *b*), welche (58, *c*) genügt, durch Lamé'sche Produkte darstellen. Man kann, von dieser Betrachtung ausgehend, untersuchen ob auch die E in verschiedene Klassen zerfallen, welche der Klasseneintheilung im § 88, S. 356 entsprechen, so dass die eine Klasse die nach μ ganzen C, eine zweite diejenigen C darstellt, welche aus dem Produkte von $\sqrt{\mu^2-b^2}$ und einer ganzen Function von μ entstehen, während eine dritte und vierte Klasse die verschiedenen S darstellt. Unten wird sich dies Verhalten von selbst ergeben, ebenso dass jedes E nur gerade oder nur ungerade Potenzen von μ enthält. Wir theilen gleich hier die $2n+1$ verschiedenen Functionen E in vier Klassen, deren Individuen, in diesem Zusammenhang, d. h. wo über die E gehandelt wird, mit besonderen Buchstaben K, L, M, N bezeichnet werden. (Eine Verwechselung der Function K mit der Cylinderfunction zweiter Art, für welche dasselbe Functionszeichen genommen war, wird nicht eintreten können.) Die Angabe ihrer Form lasse ich hier folgen, wobei die a Constante bezeichnen, und man a_0 willkürlich nehmen kann; wir setzen es hier gleich 1. Die in Parenthese auf jeder Zeile beigefügte Zahl giebt die Anzahl der Individuen in einer jeden Klasse an, wobei zur Abkürzung σ entweder $\frac{1}{2}n$ oder $\frac{1}{2}(n-1)$ vorstellt, je nachdem n gerade oder ungerade ist:

$$K(\mu) = a_0\mu^n + a_1\mu^{n-2} + a_2\mu^{n-4} + \cdots; \quad (\sigma+1);$$

$$L(\mu) = \sqrt{\mu^2-b^2}\,(a_0\mu^{n-1} + a_1\mu^{n-3} + \cdots); \quad (n-\sigma);$$

$$M(\mu) = \sqrt{\mu^2-c^2}\,(a_0\mu^{n-1} + a_1\mu^{n-3} + \cdots); \quad (n-\sigma);$$

$$N(\nu) = \sqrt{\mu^2-b^2}\sqrt{\mu^2-c^2}(a_0\mu^{n-2} + a_1\mu^{n-4} + \cdots); \quad (\sigma).$$

1. Anmerk. Setzt man

$$\mathfrak{p} = E(\varrho)E(\mu)E(\nu),$$

so findet man leicht eine partielle Differentialgleichung, der das Produkt genügt, indem man nämlich die zwei Differentialgleichungen (59), welchen p als Function von μ oder von ν erfüllen muss, mit der dritten

$$\frac{d^2\mathfrak{p}}{d\xi^2} - [n(n+1)\varrho^2 - (b^2 + c^2)v]\mathfrak{p} = 0$$

combinirt. Multiplicirt man dazu die drei Gleichungen der Reihe nach mit

$$\varrho^2 - \nu^2, \quad \varrho^2 - \mu^2, \quad \mu^2 - \nu^2$$

und addirt, so ergiebt sich

$$(\varrho^2 - \nu^2)\frac{\partial^2\mathfrak{p}}{\partial\varepsilon^2} + (\varrho^2 - \mu^2)\frac{\partial^2\mathfrak{p}}{\partial\zeta^2} + (\mu^2 - \nu^2)\frac{\partial^2\mathfrak{p}}{\partial\xi^2} = 0.$$

Hätte man das Produkt $\mathfrak{p}$, statt aus den drei Functionen E, aus irgend welchen drei Lösungen der Gleich. (59) gebildet, von denen sich je eine auf resp. ϱ, μ, ν bezieht, so würde $\mathfrak{p}$ auch dann noch der vorstehenden Gleichung genügen.

2. Anmerk. Führt man in die Differentialgleichungen (59) statt μ, ν, ϱ die Grössen u, v, w aus S. 354 ein, so erhält man

$$\frac{d^2E(\mu)}{d\mathrm{u}^2} = [n(n+1)k^2\sin^2\mathrm{am\,u} + h]E(\mu),$$

$$\frac{d^2E(\nu)}{d\mathrm{v}^2} = [n(n+1)k'^2\sin^2\mathrm{am}(\mathrm{v}, k') - h']E(\nu),$$

$$\frac{d^2E(\varrho)}{d(i\mathrm{w})^2} = [n(n+1)k^2\sin^2\mathrm{am}\,i\mathrm{w} + h]E(\varrho);$$

$$h = v(1 + k'^2) - n(n+1), \quad h' = v(1 + k'^2).$$

§ 91. Die Gleichung (59, a) gehört nicht zu der einfachen Art von Differentialgleichungen zweiter Ordnung welche bisher durch Potenzreihen integrirt wurden, sondern zu der Klasse welche Euler am Schlusse des VIII. Kapitels, Vol. II., Sect. I., No. 992 seiner Integralrechnung behandelt, in denen jedes Glied durch zwei vorhergehende bestimmt wird *), oder, was dasselbe ist, in welchem eine lineare Differenzengleichung zweiter Ordnung an die Stelle einer Auflösung der Differentialgleichung tritt. In solchen Fällen gewinnt man nur ausnahmsweise ein übersichtliches Gesetz, nach dem die Coefficienten der Reihe independent berechnet werden und muss sich in der Regel mit der Aufstellung jener Differenzengleichung zwischen den Coefficienten begnügen, deren Lösung durch die Zähler und Nenner eines Kettenbruchs gegeben wird. Die Glieder desselben bestehen aus den Coefficienten der erwähnten Differenzengleichung. Euler hat, um zu einem übersichtlichen Re-

*) Unten wird gezeigt, wie Herr Hermite vor kurzem diese Gleichung mit Hülfe der Jacobi'schen Function Θ, für ganze Zahlen n, integrirt hat.

sultate zu gelangen, im IX. Kapitel Mittel zur Transformation solcher Differentialgleichungen angegeben, die zwar in ziemlich allgemeinen Fällen ausreichen um sie in andere zu verwandeln welche durch einfachere Reihen integrirt werden können, hier aber nicht zum Ziele führen so lange b und c allgemein bleiben. Wir heben aber zwei specielle Fälle hervor, die ein einfaches Resultat liefern.

1) Setzt man $b=0$, so verwandelt sich die Gleichung (59) in
$$\mu^2(\mu^2-c^2)d^2E+\mu(2\mu^2-c^2)dE\,d\mu+[c^2v-n(n+1)\mu^2]E\,d\mu^2=0.$$
Würde man hier v successiv $=0, 1^2, 2^2, \ldots n^2$ machen, und $\mu=ic\varrho$ setzen, so würde sie in (*b*) des § 51 übergehen, also durch die $(n+1)$ Functionen $P_m^n\left(\frac{\sqrt{c^2-\mu^2}}{c}\right)$ integrirt werden, d. h. für ein gerades n durch $\sigma+1$ Functionen P_0, P_2, P_4, etc. mit dem angegebenen Argument, die sämmtlich von der Form K sind, und durch $n-\sigma$ Functionen P_1, P_3, etc. von der Form M. Die L werden ganze Functionen von μ, aber durch μ^2 theilbar; ihre Anzahl ist σ. Daher verwandeln sich die L in P_2, P_4, ... P_n, endlich die N in P_1, P_3, ... P_{n-1}. Die v sind jedesmal die Quadrate der Indices, also z. B. im letzten Falle 1^2, 3^2, etc. Ist n ungerade, so sind die $\sigma+1$ Ausdrücke P_1, P_3, etc. von der Form K, die $n-\sigma$ übrigen P_0, P_2, etc. aber von der Form M.

2) Macht man $b=c$, und $\mu=cx$, so heisst die Gleichung
$$(x^2-1)^2d^2E+2x(x^2-1)dE\,dx+[2v-n(n+1)x^2]E\,dx^2=0,$$
stimmt also für
$$2v=n(n+1),\quad n(n+1)-1^2,\quad n(n+1)-2^2,\text{ etc.}$$
mit (36) überein, wird daher $n+1$ Integrale $P_m^n\left(\frac{\mu}{c}\right)$ oder was dasselbe ist $P_m^n\left(\frac{\mu}{b}\right)$ enthalten; sie sind für $m=0$, 2, etc. von der Klasse K oder N (denn $\sqrt{\mu^2-b^2}\sqrt{\mu^2-c^2}$ wird μ^2-b^2), an der Zahl $\sigma+1$; sie sind für $m=1$, 3, etc., genau $n-\sigma$, von der Klasse L oder M.

§ 92. Wir gehen jetzt auf die allgemeine Gleichung (59) zurück, und suchen zunächst ihre Integrale von der Klasse K auf, d. h. die ganzen Functionen von μ, welche ihr genügen. Setzt man in derselben statt E und v die Buchstaben K und $\mathfrak{K}$, und für K eine mit μ^α beginnende Reihe ein die nach μ absteigt, so würde das Glied höchster Potenz von μ auf der Linken sein

$$[\alpha(\alpha+1)-n(n+1)]\mu^{\alpha+2}.$$

Da dieses für sich verschwinden muss, so wird $\alpha = n$; der Werth $\alpha = -n-1$ würde eine zweite Lösung verschaffen, die aber nicht hierher gehört, weil sie nicht eine ganze Function ist.

Man setze nun in die Gleichung (59) statt E den Ausdruck aus § 90

$$K(\mu) = a_0\mu^\nu + a_1\mu^{\nu-2} + \cdots,$$

ferner, wie S. 354, b bestimmt war, $b^2+c^2 = p$ und $b^2c^2 = q$, und findet dann zwischen je drei Coefficienten a die Relation *)

$$2m(2n+1-2m)a_m$$
$$= p[\mathfrak{K}-(n+2-2m)^2]a_{m-1} + q(n+4-2m)(n+3-2m)a_{m-2},$$

erhält also zur Bestimmung der K das System

$$\begin{aligned}
2(2n-1)a_1 &= p[\mathfrak{K}-n^2]a_0,\\
4(2n-3)a_2 &= p[\mathfrak{K}-(n-2)^2]a_1 + qn(n-1)a_0,\\
6(2n-5)a_3 &= p[\mathfrak{K}-(n-4)^2]a_2 + q(n-2)(n-3)a_1,\\
&\ldots\ldots\ldots\ldots\ldots\\
2\sigma(2n+1-2\sigma)a_\sigma &= p[\mathfrak{K}-(n+2-2\sigma)^2]a_{\sigma-1}\\
&\quad + q(n+4-2\sigma)(n+3-2\sigma)a_{\sigma-2},\\
(2\sigma+2)(2n-1-2\sigma)a_{\sigma+1} &= p[\mathfrak{K}-(n-2\sigma)]^2a_\sigma\\
&\quad + q(n+2-2\sigma)(n+1-2\sigma)a_{\sigma-1},\\
(2\sigma+3)(2n-3-2\sigma)a_{\sigma+2} &= p[\mathfrak{K}-(n-2\sigma-2)^2]a_{\sigma+1},\\
&\ldots\ldots\ldots\ldots\ldots
\end{aligned}$$

Bei der letzten von den obigen Gleichungen fehlt der Coefficient a_σ, weil sein Faktor $q(n-2\sigma)(n-2\sigma-1)$ Null ist.

Soll K eine ganze Function sein, so ist erforderlich und hinreichend, dass die a mit den Indices $\sigma+1$, $\sigma+2$, etc. verschwinden. Hierzu genügt dass $a_{\sigma+1} = 0$, weil die Recursionsformeln zeigen, dass dann

$$0 = a_{\sigma+1} = a_{\sigma+2} = \cdots$$

Man hat also a_1, a_2, ... a_σ aus den ersten σ linearen Gleichungen durch die Constanten und $\mathfrak{K}$ auszudrücken. Damit K eine ganze Function von μ sei, ist erforderlich und hinreichend, dass für $\mathfrak{K}$ eine Wurzel der Gleichung $a_{\sigma+1} = 0$ genommen wird.

---

*) Die Integration ist in Lamé's Leçons sur les fonctions inverses etc. § 195—197 ausführlicher behandelt als an der Stelle, an welcher Lamé sie zuerst ausführte (Liouville, J. d. M. 4. Bd.).

Diese Gleichung ist, in Bezug auf $\mathfrak{K}$, offenbar genau vom Grade $\sigma+1$.

Durch die Sturm'sche Methode liesse sich leicht zeigen, dass die Wurzeln $\mathfrak{K}$ verschieden und ungleich sind wenn für q etwas negatives gesetzt wird, während q hier, der Natur der Sache nach, etwas positives vorstellt. Man wird aber noch einmal (§ 96) auf eine Gleichung kommen, welche die $\mathfrak{K}$ als Wurzeln giebt, wenn die Entwickelung von K nicht, wie bei Lamé, nach Potenzen von μ sondern von

$$\sqrt{\mu^2-b^2}+i\sqrt{c^2-\mu^2}$$

vorgenommen wird. Auf diese später auftretende Gleichung lässt sich Sturm's Methode bequemer anwenden. Dass die Wurzeln aber, so lange b und c allgemein bleiben, d. h. also so lange zwischen p und q nicht bestimmte Gleichungen bestehen, verschieden sein müssen, kann man schon hier zeigen. Denn nach § 91 unter (1) sind selbst für $b=0$, also für $q=0$, die $\mathfrak{K}$ noch verschieden, nämlich 0, 2^2, 4^2, 6^2, etc. Dass zwischen b und c wirklich solche Relationen gesetzt werden können, durch welche Wurzeln $\mathfrak{K}$ gleich werden, ersieht man aus dem am Ende dieses Paragraphen befindlichen Beispiele. Hier, wo b und c reell sind, tritt aber eine solche Gleichheit nicht ein.

Dass die Wurzeln für reelle b und c reell sind, hat bereits Lamé nachgewiesen, und zwar durch ein Verfahren, welches im § 95 mitgetheilt wird. Die Verschiedenheit der Wurzeln wird von Herrn Liouville hervorgehoben*). Dass ferner die K selbst verschieden, dass also nicht zwei von ihnen identisch werden, die zu verschiedenen $\mathfrak{K}$ gehören, erkennt man schon aus dem Werthe von a_1. Setzt man $a_0=1$, so hat man nämlich

$$2.(2n-1)a_1=p(\mathfrak{K}-n^2),$$

einen Ausdruck, der bei jeder Aenderung von $\mathfrak{K}$ einen verschiedenen Werth für a_1 giebt.

Hierdurch ist bewiesen was bereits S. 360 angegeben wurde: Für jeden Werth von n giebt es genau $\sigma+1$ verschiedene Functionen K.

Beispiele: Für $n=0$ existirt nur ein K, und zwar $K=1$;

*) Lettres sur diverses questions d'analyse etc. adressées à M. P. H. Blanchet. Première lettre. In Liouville, Journal d. M. 11. Bd. S. 221.

für $n = 1$ wird $K = \mu$. Für $n = 2$ also $\sigma = 1$ muss K von der Form sein:

$$K = \mu^2 + a_1,$$

und unsere Gleichungen gehen in die beiden

$$2.3a_1 = p(\mathfrak{K} - 4),$$
$$0 = p\mathfrak{K}a_1 + 1.2.q$$

über. Dies giebt für $\mathfrak{K}$

$$p^2\mathfrak{K}(\mathfrak{K} - 4) + 12q = 0,$$

also zwei Werthe

$$p\mathfrak{K}_0 = 2(p + \sqrt{p^2 - 3q}), \quad p\mathfrak{K}_1 = 2(p - \sqrt{p^2 - 3q}),$$

und entsprechend

$$K_0 = \mu^2 + \tfrac{1}{6}(\mathfrak{K}_0 - 4)p,$$
$$K_1 = \mu^2 + \tfrac{1}{6}(\mathfrak{K}_1 - 4)p.$$

Für $n = 3$ wird $\sigma = 1$, ferner

$$K = \mu^3 + a_1\mu,$$
$$10a_1 = p(\mathfrak{K} - 9),$$
$$0 = p(\mathfrak{K} - 1)a_1 + 6q,$$

daher

$$K = \mu^3 + \tfrac{1}{10}(\mathfrak{K} - 9)p\mu,$$
$$0 = p^2(\mathfrak{K} - 1)(\mathfrak{K} - 9) + 60q.$$

Für $n = 4$ oder $\sigma = 2$ ist

$$K = \mu^4 + a_1\mu^2 + a_2,$$
$$14a_1 = p(\mathfrak{K} - 16),$$
$$20a_2 = p(\mathfrak{K} - 4)a_1 + 12q,$$
$$0 = p\mathfrak{K}a_2 + 2qa_1,$$

folglich

$$14a_1 = p(\mathfrak{K} - 16),$$
$$280a_2 = p^2(\mathfrak{K} - 4)(\mathfrak{K} - 16) + 168q,$$
$$p^2\mathfrak{K}(\mathfrak{K} - 4)(\mathfrak{K} - 16) + 168q\mathfrak{K} + 40q(\mathfrak{K} - 16) = 0.$$

Für $b = c$ d. h. $p = 2b^2$, $q = b^4$ verwandelt sich die letzte Formel in $\mathfrak{K}^3 - 20\mathfrak{K}^2 + 116\mathfrak{K} - 160 = 0$, hat demnach die Wurzeln 10, 8, 2, wie es nach S. 362, No. 2 sein muss.

Wird z. B. im Falle $n = 2$ für b und c ein solcher besonderer Werth gesetzt, dass $3q = p^2$, so hat die Gleichung wirklich zwei gleiche Wurzeln $\mathfrak{K}_0 = \mathfrak{K}_1 = 2$. Die Bedingung sagt, dass dann $b^4 + c^4 - b^2c^2 = 0$ sein muss. M. vergl. S. 364.

§ 93. Nachdem über die K gehandelt worden ist, besteht die zweite Aufgabe in dem Aufsuchen von $(n - \sigma)$ Functionen L; mit Rücksicht auf die S. 360 angegebene Form derselben mache man

$L = z\sqrt{\mu^2 - b^2}$, wo z eine ganze Function $(n-1)^{\text{ten}}$ Grades von μ werden muss, und stelle durch Einsetzen dieses Ausdrucks in (59) die Gleichung für z her. Diese wird

$$(\mu^2 - b^2)(\mu^2 - c^2)d^2z + \mu(4\mu^2 - p - 2c^2)dz\,d\mu$$
$$+ [p\mathfrak{L} - c^2 - (n-1)(n+2)\mu^2]z\,d\mu^2 = 0;$$

wie im vorigen Paragraphen behandelt giebt sie

$$2m(2n - 2m + 1)a_m = [p(\mathfrak{L} - (n+1-2m)^2) - c^2(2n+3-4m)]a_{m-1}$$
$$+ q(n+2-2m)(n+3-2m)a_{m-2},$$

also

$$2(2n-1)a_1 = [p(\mathfrak{L} - (n-1)^2) - (2n-1)c^2]a,$$
$$4(2n-3)a_2 = [p(\mathfrak{L} - (n-3)^2) - (2n-3)c^2]a_1 + q(n-1)(n-2)a,$$

. . . .

$$2(n-\sigma-1)(2\sigma+3)a_{n-\sigma-1} = [p(\mathfrak{L} - (2\sigma+3-n)^2) - (4\sigma+7-2n)c^2]a_{n-\sigma-2}$$
$$+ q(2\sigma+4-n)(2\sigma+5-n)a_{n-\sigma-3},$$
$$0 = [p(\mathfrak{L} - (2\sigma+1-n)^2) - (4\sigma+3-2n)c^2]a_{n-\sigma-1}$$
$$+ q(2\sigma+2-n)(2\sigma+3-n)a_{n-\sigma-2}.$$

Benutzt man diese Gleichungen wie die entsprechenden des vorigen Paragraphen, so findet man alle $n-\sigma$ Grössen a durch $\mathfrak{L}$, und schliesslich $\mathfrak{L}$ durch eine Gleichung vom Grade $n-\sigma$. Dass diese nur verschiedene Wurzeln $\mathfrak{L}_1$, $\mathfrak{L}_2$, etc. haben muss, dass also $n-\sigma$ verschiedene $\mathfrak{L}$ entstehen, sieht man ein, indem man auf den besonderen Fall $b = c$ zurückgeht, da in diesem die Differentialgleichung der E sich in die der Zugeordneten P_m^n verwandelt. Die eben integrirte Gleichung für z stimmt dann mit derjenigen überein, welcher die Grössen

$$\frac{1}{\sqrt{\mu^2 - b^2}} \cdot P_m^n\left(\frac{\mu}{b}\right)$$

genügen. Würde man diese Differentialgleichung, welche nur und immer für die $n-\sigma$ ungeraden Werthe $m = 1, 3$, etc. ganze Functionen von μ liefert, nach der allgemeinen Methode behandelt haben, so hätte der entsprechende specielle Fall der Gleichung für die $\mathfrak{L}$ entstehen müssen; diese giebt als doppelte Werthe der Wurzeln $\mathfrak{L}$

$$2\mathfrak{L} = n(n+1) - 1, \quad n(n+1) - 3^2, \quad n(n+1) - 5^2, \quad \ldots$$

Man wird ohne weiteres die angestellten Betrachtungen auf die M übertragen, wenn man überall b mit c, $\mathfrak{L}$ und L mit $\mathfrak{M}$ und M vertauscht.

Beispiele: Für $n = 0$ existirt weder eine Function L noch M.

Für $n = 1$ ist $L = \sqrt{\mu^2 - b^2}$, $M = \sqrt{\mu^2 - c^2}$.
Für $n = 2$ ist $L = \mu\sqrt{\mu^2 - b^2}$, $M = \mu\sqrt{\mu^2 - c^2}$.
Für $n = 3$, also $\sigma = 1$ wird

$$L = \sqrt{\mu^2 - b^2}(\mu^2 + a_1),$$
$$M = \sqrt{\mu^2 - c^2}(\mu^2 + a_1),$$

wenn a in der oberen Reihe eine andere Constante als in der unteren bezeichnet. Um die obere zu bestimmen, benutzt man unser System von Gleichungen und findet

$$10 a_1 = (p(\mathfrak{L} - 4) - 5c),$$
$$(p\mathfrak{L} - c^2)(p(\mathfrak{L} - 4) - 5c^2) + 20q = 0;$$

für das a der unteren Gleichung und die $\mathfrak{M}$ daher

$$10 a_1 = (p(\mathfrak{M} - 4) - 5b^2),$$
$$(p\mathfrak{M} - b^2)(p(\mathfrak{M} - 4) - 5b^2) - 20q = 0.$$

Für $n = 4$ oder $\sigma = 2$ wird

$$L = \sqrt{\mu^2 - b^2}(\mu^3 + a_1\mu),$$
$$14 a_1 = (p(\mathfrak{L} - 9) - 7c^2),$$
$$(p(\mathfrak{L} - 1) - 3c^2)(p(\mathfrak{L} - 9) - 7c^2) + 84q = 0.$$

Für $b = c$ geht diese Gleichung in

$$\mathfrak{L}^2 - 15\mathfrak{L} + \tfrac{209}{4} = 0$$

über, hat also, wie es sein muss, die Wurzeln $\frac{11}{2}$ und $\frac{19}{2}$.

§ 94. Noch bleibt der vierte Fall zu behandeln, d. h. man muss die N aufsuchen, welche in (59) enthalten sind; zu diesem Zwecke setze man in die Gleichung für E

$$z \,.\, \sqrt{\mu^2 - b^2}\sqrt{\mu^2 - c^2},$$

und hat dann die ganze Function z aufzusuchen, welche eine Lösung ist von

$$(\mu^2 - b^2)(\mu^2 - c^2)\, d^2 z$$
$$+ \mu(6\mu^2 - 3p)\, dz\, d\mu + [p(\mathfrak{N} - 1) - (n - 2)(n + 3)\mu^2]\, z\, d\mu^2 = 0.$$

Wenn $b = c$ gesetzt wird, so gehen alle Integrale der Gleichung für E welche Functionen von dem Charakter N liefern in ganze Functionen von μ also in Ausdrücke $P^n_m\left(\frac{\mu}{b}\right)$ mit geradem m über, aber nur in solche, welche durch $\mu^2 - b^2$ getheilt noch ganze Functionen von μ bleiben. Alle Integrale der vorstehenden Gleichung welche ganze Functionen von z sind reduciren sich also für $b = c$ auf die Functionen $P^n_m : (\mu^2 - b^2)$. Die Wurzeln $\mathfrak{N}$ werden also für $b = c$ durch die Gleichungen gefunden

$$2\mathfrak{N} = n(n+1) - 2^2, \quad n(n+1) - 4^2, \quad \ldots.$$

Die Integration der Gleichung, wenn b und c allgemein bleiben, giebt

$$2m(2n+1-2m)a_m = [\mathfrak{N} - (n-2m+1)^2]p\,a_{m-1}$$
$$+ q(n+1-2m)(n+2-2m)a_{m-2},$$

also das System

$$2(2n-1)a_1 = [\mathfrak{N} - (n+1)^2]p,$$
$$4(2n-3)a_2 = [\mathfrak{N} - (n-3)^2]pa_1 + q(n-2)(n-3),$$
$$6(2n-5)a_3 = [\mathfrak{N} - (n-5)^2]pa_2 + q(n-4)(n-5)a_1,$$
$$\cdots\cdots\cdots\cdots\cdots\cdots$$
$$(2\sigma-2)(2n+3-2\sigma)a_{\sigma-1} = [\mathfrak{N} - (n-2\sigma+3)^2]pa_{\sigma-2}$$
$$+ q(n+4-2\sigma)(n+3-2\sigma)a_{\sigma-3},$$
$$0 = [\mathfrak{N} - (n-2\sigma+1)^2]pa_{\sigma-1}$$
$$+ q(n+2-2\sigma)(n+1-2\sigma)a_{\sigma-2}.$$

Diesen Gleichungen ist nach den früheren Erörterungen nichts weiter hinzuzufügen.

Beispiele. Für $n = 0$ und $n = 1$ existirt kein N.

Für $n = 2$ ist

$$N = \sqrt{\mu^2 - b^2}\sqrt{\mu^2 - c^2}.$$

Für $n = 3$ wird

$$N = \mu\sqrt{\mu^2 - b^2}\sqrt{\mu^2 - c^2}.$$

Für $n = 4$ endlich hat man $\sigma = 2$, also

$$N = \sqrt{\mu^2 - b^2}\sqrt{\mu^2 - c^2}(\mu^2 + a_1),$$
$$14a_1 = p(\mathfrak{N} - 9),$$
$$p^2(\mathfrak{N} - 1)(\mathfrak{N} - 9) + 28q = 0.$$

Für $b = c$ entsteht

$$\mathfrak{N}^2 - 10\mathfrak{N} + 16 = 0.$$

Diese Gleichung giebt die Wurzeln 2, 8.

§ 95. Es ist jetzt bewiesen, dass die $(2n+1)$ Functionen E, so eingetheilt wie § 90, S. 360 es angiebt, wirklich existiren, und § 92 — 94 enthalten die Methoden, durch welche man alle zu demselben n gehörenden nach Auflösung von vier Gleichungen wirklich auffindet. Man sah, dass die E verschieden sind, dass nämlich zwei weder identisch sein noch sich nur durch einen constanten Faktor unterscheiden können. Sollen dieselben aber zu den im § 89 angegebenen Zwecken dienen, so darf auch keine lineare Verbindung von Producten $\sum gE(\mu)E(\nu)$ für alle μ und ν verschwinden, wenn sich die Summation auf die verschiedenen zu demselben n gehörenden E und willkürlich gegebene Constante g, die von einem Produkte zum andern wechseln können, bezieht. Man bemerke, dass nur $2n+1$ Produkte in der Summe vorkommen; es war nämlich jedes Produkt $E(\mu)E(\nu)$ so zu verstehen, dass $E(\nu)$ genau dieselbe Function ist, wie $E(\mu)$, dass also nur Glieder wie

$$gK_s(\mu)K_s(\nu), \quad gL_s(\mu)L_s(\nu), \quad \ldots$$

nicht aber

$$gK_s(\mu)K_\tau(\nu), \quad gK_s(\mu)L_s(\mu), \quad gK_s(\mu)L_\tau(\mu), \quad \ldots$$

auftreten, in welchen s sich von τ unterscheidet.

Soll eine Summe wie $\Sigma gE(\mu)E(\nu)$ für alle μ und ν verschwinden, so muss jede von den vier Reihen

$$\Sigma g_s K_s(\mu), \quad \Sigma g_s L_s(\mu), \quad \Sigma g_s M_s(\mu), \quad \Sigma g_s N_s(\mu)$$

für sich verschwinden.

Zum Beweise dividire man durch ν^n und setze $\nu = \infty$; da $\nu^{-n}E(\nu)$ sich dadurch in 1 verwandelt, also die Summe die Form $\Sigma gE(\mu)$ erhält, so muss $\Sigma gE(\mu)$ für alle μ gleichfalls verschwinden. Dieser Ausdruck zerfällt zunächst in die Summe zweier Theile $U + V\sqrt{\mu^2-c^2}$, wo U und V ganze Functionen von μ und $\sqrt{\mu^2-b^2}$ sind; er kann nicht verschwinden, wenn nicht U und V für sich verschwinden, weil sonst $\sqrt{\mu^2-c^2}$ eine rationale Function von μ und $\sqrt{\mu^2-b^2}$ wäre. U und V haben ferner die Form $G + H\sqrt{\mu^2-b^2}$, wenn G und H ganze Functionen von μ bezeichnen; sie können folglich nur dann verschwinden, wenn $G = H = 0$.

Es wird nun nach Lamé durch eine Methode, welche der Art entspricht, auf die bei früheren Gelegenheiten, z. B. S. 69, die Coefficienten in gewissen Entwickelungen bestimmt wurden, gezeigt, dass diese Ausdrücke nicht verschwinden können, ohne dass alle g gleich 0 sind. Um alle vier Fälle gemeinsam zu behandeln, beziehen wir die Untersuchungen auf den Buchstaben E und werden an dieser Stelle unter E_s und E_τ gleichartige E verstehen, d. h. solche, die beide zugleich zu den K, oder zugleich zu den L, etc. gehören.

Man multiplicire die erste Gleich. (59), die man auf E_s beziehe, mit E_τ, ferner mit $d\varepsilon$ und integrire nach μ von b bis c, oder was dasselbe ist nach ε von 0 bis ω (cf. S. 353). Dann wird, da $b^2 + c^2 = p$,

$$(a) \ldots \; p\nu_s \int_0^\omega E_s E_\tau \, d\varepsilon - n(n+1) \int_0^\omega \mu^2 E_s E_\tau \, d\varepsilon = \int_0^\omega E_\tau \frac{d^2 E_s}{d\varepsilon^2} \, d\varepsilon;$$

nach zweimaliger Integration durch Theile verwandelt sich die rechte Seite in

$$\int_0^\omega E_s \frac{d^2 E_\tau}{d\varepsilon^2}\, d\varepsilon + \left[E_\tau \frac{dE_s}{d\varepsilon} - E_s \frac{dE_\tau}{d\varepsilon} \right]_0^\omega.$$

Das letzte Glied ist aber $= 0$, wie man einsieht, wenn man anstatt nach ε nach μ differentiirt und dafür mit $\sqrt{\mu^2 - b^2}\sqrt{c^2 - \mu^2}$ multiplicirt, da

$$E_\tau \frac{dE_s}{d\mu} - E_s \frac{dE_\tau}{d\mu}$$

eine ganze Function von μ ist. In der That, bezeichnet man durch G ganze, unter sich verschiedene Functionen von μ, so ist

$$\begin{aligned}
K_\tau &= G, & dK_s &= G\,d\mu,\\
L_\tau &= \sqrt{\mu^2 - b^2}\,G, & \sqrt{\mu^2 - b^2}\,dL_s &= G\,d\mu,\\
M_\tau &= \sqrt{\mu^2 - c^2}\,G, & \sqrt{\mu^2 - c^2}\,dM_s &= G\,d\mu.\\
N_\tau &= \sqrt{\mu^2 - b^2}\sqrt{\mu^2 - c^2}\,G, & \sqrt{\mu^2 - b^2}\sqrt{\mu^2 - c^2}\,dN_s &= G\,d\mu.
\end{aligned}$$

Da die nach ε differentiirte, in den eckigen Parenthesen eingeschlossene Grösse verschwindet und die linke Seite von (a) gleich

$$\int_0^\omega E_s \frac{d^2 E_\tau}{d\varepsilon^2}\, d\varepsilon$$

wird, so ändert sie sich nicht durch Vertauschung von s mit τ. Es folgt hieraus dass

$$(v_s - v_\tau)\int^\omega E_s E_\tau\, d\varepsilon = 0,$$

dass also das Integral selbst verschwindet, wenn s und τ verschieden sind. Das Integral verschwindet nicht, wie man sogleich sehen wird, wenn $s = \tau$. War nämlich E_s reell oder rein imaginär, so ist das Integral des Quadrates, einer Grösse die ihr Zeichen nicht wechselt,

$$\int_0^\omega E_s E_s\, d\varepsilon$$

sicher nicht 0; wir zeigen also nur noch, dass E nicht complex sein kann. Hierzu wird nachgewiesen dass die Wurzeln v sämmtlich reell sind; aus der Art, wie die Coefficienten a der E, vermittelst der linearen Gleichungen, gebildet werden, folgt dann, dass auch diese reell sein müssen.

Sollte v_s imaginär sein, so nehme man für v_τ die conjugirte Wurzel; war $E_s = p + qi$, so wäre $E_\tau = p - qi$, also

$$\int_0^\omega E_s E_\tau \, d\varepsilon = \int_0^\omega (p^2 + q^2) d\varepsilon$$

gleich 0, was unmöglich ist. Man hat daher folgende Punkte festgestellt:

1) Sämmtliche v sind reell.

2) $\int_0^\omega E_s E_\tau \, d\varepsilon$, wenn E_s und E_τ gleichartige E bezeichnen, verschwindet sobald s nicht gleich τ genommen war.

3) Das Integral verschwindet nicht für $s = \tau$.

Hieraus folgt nach der Methode des § 15 unmittelbar der Satz: Ist eine Function $f(\mu)$ in eine Reihe von gleichartigen E (mit demselben obern Index n) entwickelbar

$$f(\mu) = \Sigma g_s E_s(\mu),$$

so kann die Entwickelung nur auf eine Art geschehen, und die g sind bestimmt durch die Gleichung

$$g_s \int_0^\omega E_s(\mu) E_s(\mu) d\varepsilon = \int_0^\omega f(\mu) E_s(\mu) d\varepsilon,$$

aus der sich jedes g finden lässt, da das Integral auf der Linken nicht verschwindet. Man zieht endlich hieraus den Zusatz, auf dessen Beweis es in diesem Paragraphen eben ankam: Soll $\Sigma g_s E_s(\mu)$ gleich Null sein, so ist jedes g gleich Null.

Als Erweiterung des Satzes kann man hinzufügen, dass auch die Entwickelung von $f(\mu)$ bestimmt ist, wenn f nur überhaupt nach E (mit gleichen n) geordnet werden darf. Zerlegt man nämlich, wie am Anfange dieses Paragraphen $f(\mu)$ in vier Theile, so ist der eine Theil nach den K entwickelbar etc. etc.

§ 96. In ähnlicher Art wie die Kugelfunctionen von x nach Potenzen von $\xi = x - \sqrt{x^2 - 1}$ entwickelt wurden, stelle ich neben die vorhergehenden von Lamé vorgenommenen Entwickelungen nach Potenzen von μ eine solche nach Potenzen von

$$\eta = \frac{\sqrt{\mu^2 - b^2} - i\sqrt{c^2 - \mu^2}}{\sqrt{c^2 - b^2}}.$$

So lange μ innerhalb der ihm S. 352 vorgeschriebenen Grenzen liegt, ist $\mathcal{M}\eta = 1$; liegt μ in anderen Grenzen, ist es z. B. (wie oben ϱ) grösser als c, so nehme man $\mathcal{M}\eta < 1$, was geschehen kann, da offenbar η^{-1} entsteht, wenn man die Differenz der Wurzeln im Zähler von η mit ihrer Summe vertauscht.

Hieraus ergeben sich die Gleichungen

$$2\sqrt{\mu^2-b^2}=\sqrt{c^2-b^2}(\eta^{-1}+\eta),\quad 2\sqrt{\mu^2-c^2}=\sqrt{c^2-b^2}(\eta^{-1}-\eta).$$

Man kann daher die E, deren Form S. 360 angegeben wurde, in endliche Reihen umsetzen, welche ganze positive und negative Potenzen von η enthalten, und zwar sind die Functionen E zum Theil genau gleich solchen Reihen, zum Theil gleich dem μfachen derselben. In beiden Fällen wird aber der Faktor von η^m nothwendig gleich oder entgegengesetzt dem von η^{-m}. Man führt nun einen Bogen $\varphi = am\,u$ ein (m. vergl. S. 354), der mit dem früheren, in $\cos\gamma$ vorkommenden keinerlei Beziehung hat, indem man setzt

$$\sqrt{\mu^2-b^2}=\sqrt{c^2-b^2}.\cos\varphi,\ \sqrt{c^2-\mu^2}=\sqrt{c^2-b^2}.\sin\varphi;\ \eta=\cos\varphi-i\sin\varphi.$$

Die Functionen E nehmen dann folgende Formen an, in denen die α noch zu bestimmende Constante bezeichnen; und 2σ, wie S. 360 n oder $n-1$ bezeichnet:

1) Wenn n gerade ist

$$\begin{aligned}
K(\mu) &= \alpha_0\cos n\varphi+\alpha_1\cos(n-2)\varphi+\cdots+\alpha_{\sigma-1}\cos 2\varphi+\tfrac{1}{2}\alpha_\sigma,\\
N(\mu) &= \alpha_0\sin n\varphi+\alpha_1\sin(n-2)\varphi+\cdots+\alpha_{\sigma-1}\sin 2\varphi,\\
L(\mu) &= \mu[\alpha_0\cos(n-1)\varphi+\alpha_1\cos(n-3)\varphi+\cdots+\alpha_{\sigma-1}\cos\varphi],\\
M(\mu) &= \mu[\alpha_0\sin(n-1)\varphi+\alpha_1\sin(n-3)\varphi+\cdots+\alpha_{\sigma-1}\sin\varphi].
\end{aligned}$$

2) Wenn n ungerade ist

$$\begin{aligned}
K(\mu) &= \mu[\alpha_0\cos(n-1)\varphi+\alpha_1\cos(n-3)\varphi+\cdots+\alpha_{\sigma-1}\cos 2\varphi+\tfrac{1}{2}\alpha_\sigma,\\
N(\mu) &= \mu[\alpha_0\sin(n-1)\varphi+\alpha_1\sin(n-3)\varphi+\cdots+\alpha_{\sigma-1}\sin 2\varphi],\\
L(\mu) &= \alpha_0\cos n\varphi+\alpha_1\cos(n-2)\varphi+\cdots+\alpha_\sigma\cos\varphi,\\
M(\mu) &= \alpha_0\sin n\varphi+\alpha_1\sin(n-2)\varphi+\cdots+\alpha_\sigma\sin\varphi.
\end{aligned}$$

Wir kommen nun zur Bestimmung der Coefficienten α. Zur Abkürzung wird hierbei gemacht

$$2v-n(n+1)=z,\quad \frac{c^2+b^2}{c^2-b^2}=\varkappa.$$

I. Fall. Wir suchen die Coefficienten α in den vier Formen auf, in welchen E nicht den Faktor μ enthält. Dazu setzen wir für $2E$ in (59, a)

$$\alpha_0\eta^n+\alpha_1\eta^{n-2}+\alpha_2\eta^{n-4}+\cdots$$

ein, und beachten dass sich durch zweimalige Differentiation nach ε ergiebt

$$-4\frac{d^2\eta^m}{d\varepsilon^2} = 2m^2(c^2+b^2)\eta^m + m(m+1)(c^2-b^2)\eta^{m+2}$$
$$+ m(m-1)(c^2-b^2)\eta^{m-2},$$

wodurch das folgende System (*a*) von Gleichungen entsteht

$$1.(2n-1)\alpha_1 = [n^2+z]\varkappa\alpha_0,$$
$$2.(2n-3)\alpha_2 = [(n-2)^2+z]\varkappa\alpha_1 - n.1.\alpha_0,$$
$$3.(2n-5)\alpha_3 = [(n-4)^2+z]\varkappa\alpha_2 - (n-1)3.\alpha_1,$$
$$\cdots\cdots\cdots\cdots\cdots\cdots$$
$$(m+1)(2n-2m-1)\alpha_{m+1} = [(n-2m)^2+z]\varkappa\alpha_m - (n+1-m)(2m-1)\alpha_{m-1}$$
$$\cdots\cdots\cdots\cdots\cdots\cdots\cdots\cdots$$

In sämmtlichen vier Formen ist die Bedingung hinzuzufügen, dass α_{n+1}, α_{n+2}, etc. verschwinden sollen; nach dem Bildungsgesetze geschieht dies offenbar sobald nur der eine Coefficient α_{n+1} Null wird. Diese Forderung giebt zur Bestimmung von z eine Gleichung vom Grade $n+1$, von der sich nach Sturm's Methode (s. u.) zeigt, dass sie nur ungleiche und reelle Wurzeln z besitzt (M. vergl. § 92).

Indem man in der linearen Gleichung zwischen α mit den Indices $m-1$, m, $m+1$, überall statt m setzt $n-m$, erhält man, dass genau dieselbe Gleichung zwischen drei α mit den Indices $n-m+1$, $n-m$, $n-m-1$ besteht. Dieser Umstand bewirkt, dass die Gleichung zur Bestimmung von z in zwei zerfällt, eine vom Grade σ und eine vom Grade $\sigma+1$ wenn n gerade, beide vom Grade $n-\sigma$ wenn n ungerade ist. In der That, wenn

zuerst n gerade ist und man die K gewinnen will, hat man zu setzen

$$\alpha_{\sigma-1} = \alpha_{\sigma+1}, \quad \alpha_{\sigma-2} = \alpha_{\sigma+2}, \quad \ldots, \quad \alpha_{\sigma-m} = \alpha_{\sigma+m};$$

will man ferner die N gewinnen, so setzt man

$$\alpha_\sigma = 0, \quad \alpha_{\sigma+1} = -\alpha_{\sigma-1}, \quad \alpha_{\sigma+2} = -\alpha_{\sigma-2}, \quad \ldots.$$

Für die Bestimmung der K reicht es aber aus, wenn man z so wählt, dass allein $\alpha_{\sigma-1} = \alpha_{\sigma+1}$, für die N, wenn man $\alpha_\sigma = 0$ setzt; aus der oben erwähnten Beschaffenheit des Systems von Gleichungen folgt dann von selbst, dass die übrigen Gleichungen erfüllt sind. Für die K gestaltet die weitere Bestimmung der α sich so, dass man das System (*a*) zunächst bis $m = \sigma - 1$, also bis

$$(b) \ldots \quad \sigma(n+1)\alpha_\sigma = (2^2+z)\varkappa\alpha_{\sigma-1} - (\sigma+2)(n-3)\alpha_{\sigma-2}$$

fortsetzt; für $m = \sigma$ erhält man den Ausdruck $\alpha_{\sigma+1}$ durch die Rekursionsformel und setzt diesen gleich $\alpha_{\sigma-1}$, erhält also zur Bestimmung der z die Gleichung vom Grade $\sigma+1$

$$(\sigma+1)(n-1)\alpha_{\sigma+1} = z\varkappa\alpha_\sigma - (\sigma+1)(n-1)\alpha_{\sigma-1},$$

oder wegen der Gleichheit von $\alpha_{\sigma-1}$ und $\alpha_{\sigma+1}$

$$(c) \ldots \quad z\varkappa\alpha_\sigma = (n+2)(n-1)\alpha_{\sigma-1}.$$

Wir haben also, zur Bestimmung der α in den K, das System linearer Gleichungen (a) mit (b) zu beschliessen; dann ist noch (c) zur Bestimmung von z hinzuzufügen.

Zur Bestimmung der α in den N beschliesst man das System (a) mit

$$(b') \ldots \quad (\sigma-1)(n+3)\alpha_{\sigma-1} = (4^2+z)\varkappa\alpha_{\sigma-2} - (\sigma+3)(n-5)\alpha_{\sigma-3}$$

und hat zur Bestimmung der z noch $\alpha_\sigma = 0$, d. h.

$$(c') \ldots \quad (2^2+z)\varkappa\alpha_{\sigma-1} = (\sigma+2)(n-3)\alpha_{\sigma-2}.$$

Man bemerkt, dass dann von selbst wird $\alpha_{\sigma+1} = -\alpha_{\sigma-1}, \ldots.$

Bei einem ungeraden n hat man für L und M das System (a) zu beschliessen mit

$$(b'') \ldots \quad \sigma(n+2)\alpha_\sigma = (3^2+z)\varkappa\alpha_{\sigma-1} - (\sigma+3)(n-4)\alpha_{\sigma-2}$$

und zur Bestimmung von z für die L noch, dass $\alpha_{\sigma+1} = \alpha_\sigma$ sei, d. h.

$$(c'') \ldots \quad \alpha_\sigma[(1+z)\varkappa - n(\sigma+1)] = (\sigma+2)(n-2)\alpha_{\sigma-1},$$

woraus folgt $\alpha_{\sigma+2} = \alpha_{\sigma-2}$, etc. Zur Bestimmung von z für die M erhält man aber $\alpha_{\sigma+1} = 0$ oder

$$(c''') \ldots \quad (1+z)\varkappa\alpha_\sigma = (\sigma+2)(n-2)\alpha_{\sigma-1},$$

so dass die Coefficienten α in allen vier Fällen bestimmt sind.

Irgend eine von den Gleichungen für z, z. B. die zweite für N geltende vom Grade σ auf die sich a, b', c' beziehen, soll jetzt nach Sturm's Principien in Bezug auf die Anzahl und Realität ihrer Wurzeln z untersucht werden. Man setze 1 für α_0 und bemerkt

a) dass die Ausdrücke $\alpha_0, \alpha_1, \ldots, \alpha_\sigma$ Functionen von z vom Grade resp. 0, 1, ..., σ sind, welche für $z = -\infty$ abwechselnde Vorzeichen besitzen, für $z = \infty$ gleiche.

b) Für dasselbe z können nicht zwei benachbarte α verschwinden, weil sonst zugleich alle α, also auch die Constante α_0, verschwinden müssten.

c) Geht α_m durch 0, wo $m < \sigma$, so wird kein Zeichenwechsel verloren; statt eines solchen kann also nur dadurch eine Folge entstehen, dass α_σ selbst durch Null geht. Da die Anzahl der verlorenen Wechsel σ ist, so geht also α_σ nicht weniger als σ Male, also genau so oft durch Null. Hierdurch ist bewiesen, dass es σ reelle und verschiedene Wurzeln z giebt, welche Functionen N liefern.

Ganz ähnlich verhält es sich mit dem Beweise für die Realität und Ungleichheit der Wurzeln z, welche K, L, M liefern.

II. Fall. Wir suchen die Coefficienten α in den vier Formen auf, in welchen E den Faktor μ enthält. Dazu dient die Gleichung

$$-\frac{4}{\mu}\frac{d^2(\mu\eta^m)}{d\varepsilon^2} = 2m^2(c^2+b^2)\eta^m + (c^2-b^2)(m+1)(m+2)\eta^{m+2}$$
$$+(c^2-b^2)(m-1)(m-2)\eta^{m-2},$$

welche zur Bestimmung der α das System Gleichungen liefert

$$1.(2n-1)\alpha_1 = [(n-1)^2+z]\varkappa\alpha_0,$$
$$2.(2n-3)\alpha_2 = [(n-3)^2+z]\varkappa\alpha_1-(n-1)3\alpha_0,$$
$$3.(2n-5)\alpha_3 = [(n-5)^2+z]\varkappa\alpha_2-(n-2)5\alpha_1,$$
$$\dots\dots\dots\dots\dots$$
$$(m+1)(2n-2m-1)\alpha_{m+1} = [(n-1-2m)^2+z]\varkappa\alpha_m-(n-m)(2m+1)\alpha_{m-1}$$
$$\dots\dots\dots\dots\dots\dots\dots\dots$$

Bei einem geraden n wird diese Gleichung zur Bestimmung von L und M bis $m=\sigma-1$ fortgesetzt, bei einem ungeraden n für die K bis $m=\sigma-1$ und für die N bis $m=\sigma-2$. Die weitere Ausführung erfolgt genau nach dem Muster des I. Falles.

§ 97. Wir knüpfen beim § 89 und dem Anfang des § 95 wieder an. Es ist festgestellt, dass für jeden festen Werth von n die lineare Verbindung der Kugelfunctionen C und S in Bezug auf die Bogen θ und ψ oder die elliptischen Coordinaten μ und ν mit $2n+1$ willkürlichen Constanten dieselbe Lösung der partiellen Differentialgleichung (51) oder (58, c) giebt, wie die lineare Verbindung der $2n+1$ Lamé'schen Produkte $E(\mu)E(\nu)$ mit ebenso vielen Constanten. Der Eintheilung der Kugelfunctionen C und S in vier Klassen, nach den Irrationalitäten welche in ihnen enthalten sind, entspricht die Eintheilung der E in Functionen K, L, M, N. Demnach können die C_m mit geradem Index m nur durch Produkte von je zwei K dargestellt werden, nicht von L, etc. Aehnliches folgt für die übrigen C und die S. Dieses Verhalten zeigen wir unten durch ein Schema. Der obere Index n wird fortgelassen, da sich das Folgende auf ein festes n bezieht; die Indices π und ι bezeichnen die geraden und ungeraden Zahlen bis n mit Einschluss von 0 und n, die g oder h in den verschiedenen Reihen verschiedene Constanten. In Parenthese ist auf jeder Zeile die Anzahl der Werthe s angegeben, auf welche sich die Summation bezieht. C und S haben die Argumente μ, ν.

Schema A.

$$C_\pi = \Sigma g_s^{(\pi)} K_s(\mu) K_s(\nu); \quad (\sigma+1);$$
$$C_\iota = \Sigma g_s^{(\iota)} L_s(\mu) L_s(\nu); \quad (n-\sigma);$$
$$S_\iota = \Sigma g_s^{(\iota)} M_s(\mu) M_s(\nu); \quad n-\sigma;$$
$$S_\pi = \Sigma g_s^{(\pi)} N_s(\mu) N_s(\nu); \quad \sigma.$$

Da die Lamé'schen Produkte sich auch umgekehrt linear durch die Kugelfunctionen ausdrücken lassen, so erhält man auch

Schema B.

$$K_s(\mu) K_s(\nu) = \Sigma h_\pi^{(s)} C_\pi; \quad (\sigma+1);$$
$$L_s(\mu) L_s(\nu) = \Sigma h_\iota^{(s)} C_\iota; \quad (n-\sigma);$$
$$M_s(\mu) M_s(\nu) = \Sigma h_\iota^{(s)} S_\iota; \quad (n-\sigma);$$
$$N_s(\mu) N_s(\nu) = \Sigma h_\pi^{(s)} S_\pi; \quad (\sigma).$$

Nach dem zweiten Schema kann man jede Lamé'sche Function selbst (im Gegensatz zum Produkte) in eine nach den P_m^n mit festgehaltenem n geordnete Reihe entwickeln.

Hierzu zeigt man zunächst, dass

$$K; \quad (\mu^2-b^2)^{-\frac{1}{2}} L; \quad (\mu^2-c^2)^{-\frac{1}{2}} M; \quad [(\mu^2-b^2)(\mu^2-c^2)]^{-\frac{1}{2}} N$$

weder für $\mu = b$ noch für $\mu = c$ verschwinden. Für K folgt dies aus (59, a); wenn die ganze Function $E = K$, deren Differentialquotient nach μ im Endlichen nicht unendlich werden kann, für $\mu = b$ verschwindet, so wäre auch $E'(b) = 0$. Eine Differentiation von (59, a) nach μ zeigt, dass dann auch $E''(b)$ Null ist; aus weitern Differentiationen von (59, a) folgt, dass alle Differentialquotienten von E nach μ für $\mu = b$ und ebenso dass sie für $\mu = c$ Null wären, was offenbar unmöglich ist. Eine ähnliche Unmöglichkeit würde sich bei der Voraussetzung ergeben haben, dass eine der anderen drei Functionen für μ gleich b oder c verschwindet, indem man statt von der Differentialgleichung (59, a) von den drei für sie im § 93 und 94 vorkommenden — die, welche M betrifft, ist dort allerdings nicht fertig angegeben — ausgeht.

Setzt man $\mu = c$ oder b, so erhält man aus dem Schema B. mit Hülfe der Gleichungen (a) bis (c) auf S. 356 u. f. als Entwickelung der E nach Zugeordneten

$$(60) \ldots \quad A.\, K_s(\nu) = \Sigma h_\pi^{(s)} P_\pi^n\left(\frac{\nu}{b}\right);$$
$$A.\, L_s(\nu) = \Sigma h_\iota^{(s)} P_\iota^n\left(\frac{\nu}{b}\right),$$
$$A.\, M_s(\nu) = \Sigma (-1)^{\frac{\iota-1}{2}} h_\iota^{(s)} P_\iota^n\left(\frac{\nu}{c}\right),$$
$$A.\, N_s(\nu) = \Sigma (-1)^{\frac{1}{2}\pi} \sqrt{\frac{b^2-\nu^2}{c^2-\nu^2}}\, h_\pi^{(s)} P_\pi^n\left(\frac{\nu}{c}\right),$$

wenn A in jeder Gleichung eine gewisse Constante bezeichnet.

Eine zweite Entwickelung nach Cosinus oder Sinus der ganzen Vielfachen des im § 88 eingeführten Winkels $\chi = \frac{1}{2}\pi - \operatorname{coam} u$ ist gleichfalls von Interesse. Dividirt man die Gleichungen im Schema B. durch ν^n und setzt $\nu = \infty$, so entsteht diese Entwickelung nach Sinus und Cosinus der Vielfachen von χ:

$$(60, a) \ldots \left(\frac{bc}{\mu}\right)^n K_s(\mu) = \Sigma h_\pi^{(s)} \cos \pi\chi,$$

$$\left(\frac{bc}{\mu}\right)^n L_s(\mu) = \Sigma h_\iota^{(s)} \cos \iota\chi,$$

$$\left(\frac{bc}{\mu}\right)^n M_s(\mu) = \Sigma h_\iota^{(s)} \sin \iota\chi,$$

$$\left(\frac{bc}{\mu}\right)^n N_s(\mu) = \Sigma h_\pi^{(s)} \sin \pi\chi.$$

Ueber die Bestimmung der Constanten h, derselben welche das Schema B. enthält und welche oben in (60) zur Entwickelung der E nach P_m^n dienten, wird im folgenden Kapitel gehandelt. Dass sämmtliche E sich auch nach Cosinus und Sinus der Vielfachen von $\operatorname{am} u$ in endliche Reihen entwickeln lassen, ersah man aus S. 372.

§ 98. Bisher bezogen sich unsere Untersuchungen auf solche Lamé'schen Functionen, die zu demselben Werthe n gehörten; indem es sich jetzt um die Entwickelung einer Function von μ und ν nach den transformirten Kugelfunctionen $C^n[\mu, \nu]$ $S^n(\mu, \nu)$ und nach den Lamé'schen Produkten handelt, wird den Functionen E bei der Bezeichnung noch der obere Index n hinzugefügt.

Nach Lamé's Vorgang zerlegt man eine Function, die so entwickelt werden kann, in acht Theile, die dem Charakter der verschiedenen E^n entsprechen, nämlich in die Form

$$(A + A_1\,\mu\nu) + (B + B_1\,\mu\nu)\sqrt{\mu^2 - b^2}\sqrt{b^2 - \nu^2} + (C + C_1\,\mu\nu)\sqrt{c^2 - \mu^2}\sqrt{c^2 - \nu^2}$$
$$+ (D + D_1\,\mu\nu)\sqrt{\mu^2 - b^2}\sqrt{b^2 - \nu^2}\sqrt{c^2 - \mu^2}\sqrt{c^2 - \nu^2},$$

wo A, A_1, etc. ganze Function von μ und ν bezeichnen, die weder ihren Werth noch das Zeichen ändern, wenn man μ, ν oder den Quadratwurzeln $\sqrt{\mu^2 - b^2}$, etc. das entgegengesetzte Zeichen giebt. Jedes von den vier Gliedern dieses Ausdrucks wird für sich in Lamé'sche Produkte einer Klasse entwickelt, das erste in Produkte aus den K allein, das zweite aus den L allein, etc. Ferner werden in jedem Theile eines Gliedes der keinen Index enthält, wie A, ebenso in jedem Theile der mit einem Index versehen ist, wie $\mu\nu A_1$, solche E^n vorkommen, die nur gerade oder nur ungerade Potenzen von μ und ν enthalten. Es kommt darauf an, jeden von diesen acht Theilen für sich zu entwickeln.

Man gelangt zu der Entwickelung durch eine Uebertragung der Formeln des § 78 von Coordinaten θ, ψ auf μ, ν. Die Function $F(\mu, \nu)$, deren Entwickelung aufgesucht wird, also hier einer der acht Theile der ursprünglich gegebenen Function, verwandle sich durch Einführung der Coordinaten θ, ψ in $f(\theta, \psi)$. Dann ist f so beschaffen, dass diese Function nicht ihren Werth, sondern höchstens ihr Zeichen ändert, wenn man $\cos\theta$ oder $\sin\theta\cos\psi$ oder $\sin\theta\sin\psi$ mit ihren negativen Werthen vertauscht. Sie befindet sich also in demselben Falle wie die am Schlusse des § 78 betrachteten, bei denen die zur Bestimmung der Coefficienten dienenden Integrale nach θ und ψ von 0 nur bis $\frac{1}{2}\pi$ genommen wurden. Setzt man wieder

$$\cos\gamma = \cos\theta\cos\theta_1 + \sin\theta\sin\theta_1\cos(\psi_1 - \psi),$$

so werde der Theil von $P^n(\cos\gamma)$, welcher dieser Function gleichartig ist, durch $\mathfrak{P}^n(\cos\gamma)$ bezeichnet; d. h. es enthalte $\mathfrak{P}^n$ alle Glieder der rechten Seite von (52), die sich in Bezug auf die Vertauschung von $\cos\theta$, etc. mit $-\cos\theta$, etc. ebenso verhalten wie $f(\theta, \psi)$, so dass $\mathfrak{P}$ also entweder für jedes gerade oder für jedes ungerade n Null ist. Mit Hülfe von § 78, f hat man dann

$$(a) \ldots \quad f(\theta, \psi) = \sum_{n=0}^{n=\infty} X^n,$$

$$X^n = \frac{2(2n+1)}{\pi}\int_0^{\frac{1}{2}\pi}\sin\theta_1\partial\theta_1\int_0^{\frac{1}{2}\pi} f(\theta_1, \psi_1)\mathfrak{P}^n(\cos\gamma)\partial\psi_1.$$

Um die Entwickelung von $F(\mu, \nu)$ zu erhalten, hat man nur μ und ν für θ und ψ einzusetzen. Da aber nicht f, sondern F gegeben ist, so muss man zugleich in dem Integrale auch statt θ_1 und ψ_1 die Coordinaten μ_1, ν_1 einführen (§ 87, a). Durch die ursprünglichen Polarcoordinaten r, θ, ψ erhält man als Ausdruck des Raumelements bekanntlich $r^2\sin\theta\partial\theta\partial\psi$, nach § 87 in Coordinaten r, μ, ν aber $r^2(\mu^2 - \nu^2)\partial r\partial\varepsilon\partial\zeta$, woraus sich ergiebt

$$\sin\theta\,\partial\theta\partial\psi = (\mu^2 - \nu^2)\partial\varepsilon\partial\zeta.$$

Setzt man dieses in X^n ein, indem man vorher θ und ψ mit θ_1 und ψ_1, also μ, ν, ε, ζ mit μ_1, ν_1, ε_1, ζ_1 vertauscht hat, so erhält man folgendes Resultat:

Macht man

$$\cos\gamma = \frac{\mu\nu\mu_1\nu_1}{b^2c^2} + \frac{\sqrt{(\mu^2-b^2)(b^2-\nu^2)(\mu_1^2-b^2)(b^2-\nu_1^2)}}{b^2(c^2-b^2)} + \frac{\sqrt{(c^2-\mu^2)(c^2-\nu^2)(c^2-\mu_1^2)(c^2-\nu_1^2)}}{c^2(c^2-b^2)},$$

und ist eine gleichartige Function $F(\mu, \nu)$ in eine Reihe von Kugelfunctionen entwickelbar, so ist die Entwickelung nach transformirten Kugelfunctionen $C[\mu, \nu]$ und $S[\mu, \nu]$

$$(61) \ldots \quad F(\mu, \nu) = \sum_{n=0}^{\infty} X^n,$$

$$X^n = \frac{2(2n+1)}{\pi} \int_0^{\varpi} \partial\zeta_1 \int_0^{\omega} F(\mu_1 \nu_1) \mathfrak{P}^n(\cos\gamma)(\mu_1^2 - \nu_1^2) \partial\varepsilon_1.$$

Im § 115 findet man die Entwickelung von P^n nach Lamé'schen Produkten; setzt man diese in (61) ein, so erhält man eine Entwickelung von $F(\mu, \nu)$ nach diesen Produkten.

Eine solche findet Lamé direkt mit Hülfe von Untersuchungen, die bereits im § 95 auftraten. Um eine im obigen Sinne gleichartige Function $F(\mu, \nu)$ nach den gleichartigen Lamé'schen Produkten zu entwickeln, betrachte man, nach Analogie der in ähnlichen Fällen z. B. im § 78 angewandten Methode, zunächst das Integral

$$\int_0^{\varpi} \partial\zeta \int_0^{\omega} (\mu^2 - \nu^2) E_s^m(\mu) E_s^m(\nu) E_\tau^n(\mu) E_\tau^n(\nu) \partial\varepsilon,$$

welches hier S heisse, wo $p-n$ nicht ungerade ist und E_s und E_τ zu derselben Klasse gehören. Wir zeigen, dass $S = 0$, wenn nicht zu gleicher Zeit $m = n$ und $s = \tau$ sind. Zum Beweise leitet man aus (59) ab

$$E_s^m d^2 E_\tau^n - E_\tau^n d^2 E_s^m = [p(v_\tau^n - v_s^m) - (n(n+1) - m(m+1))\mu^2] E_s^m E_\tau^n d\varepsilon^2.$$

Eine Integration nach ε macht die linke Seite zu 0, also

$$p(v_\tau^n - v_s^m) \int_0^{\omega} E_s^m(\mu) E_\tau^n(\mu) d\varepsilon = (n-m)(n+m+1) \int_0^{\omega} \mu^2 E_s^m(\mu) E_p^n(\mu) d\varepsilon.$$

Hätte man auf gleiche Art die zweite Gleichung in (59) behandelt, so würde man gefunden haben

$$(n-m)(n+m+1)\int_0^{\varpi} \nu^2 E_s^{m}(\nu) E_t^{n}(\nu)\, d\zeta = p(v_\tau^n - v_s^{m})\int_0^{\varpi} E_s^{m}(\nu) E_\tau^{n}(\nu)\, d\zeta.$$

Die Multiplikation der beiden unter einander stehenden Gleichungen giebt eine neue; bringt man die linke Seite der letzteren mit umgekehrtem Zeichen auf die rechte, so entsteht

$$(n-m)(n+m+1)(v_\tau^n - v_s^m) S = 0.$$

Hieraus folgt, dass S gleich Null sei. Eine Ausnahme kann nur stattfinden, erstens wenn $m = n$, zweitens wenn die beiden v einander gleich sind, drittens wenn beide Gleichungen stattfinden. Es ist klar, dass S in dem letzten Falle sicher von 0 verschieden ist; in den beiden anderen Fällen wird aber s noch Null. Denn aus den vorstehenden Gleichungen findet man in dem ersten oder zweiten Falle die erste resp. zweite von den folgenden Gleichungen:

$$\int_0^{\omega} E_s^{m}(\mu) E_t^{m}(\mu)\, d\varepsilon = \int_0^{\varpi} E_s^{m}(\nu) E_t^{m}(\nu)\, d\zeta = 0.$$

$$\int_0^{\omega} \mu^2 E_s^{m}(\mu) E_\tau^{n}(\mu)\, d\varepsilon = \int_0^{\varpi} \nu^2 E_s^{m}(\nu) E_\tau^{n}(\nu)\, d\zeta = 0.$$

Löst man S in eine Differenz zweier Glieder auf, deren erstes ist

$$\int_0^{\omega} \mu^2 E_s^{m}(\mu) E_\tau^{n}(\nu)\, d\varepsilon \int_0^{\varpi} E_s^{m}(\nu) E_\tau^{n}(\nu)\, d\zeta,$$

so wird jedes von denselben für sich Null, also $S = 0$.

Dies ist der Satz, der zur Bestimmung der Coefficienten bei Entwickelungen von Functionen zweier Veränderlichen nach Lamé'schen Produkten dient. Der specielle Satz, welcher sich auf den Fall $m = n$ bezieht, lässt sich ebenso bei Entwickelungen von Functionen einer Veränderlichen nach gleichartigen Lamé'schen Functionen verwenden.

Soll die Function F in eine Reihe gleichartiger Produkte zerlegt werden, so setzen wir, ähnlich wie im § 89,

$$F(\mu, \nu) = \sum g_s^n E_s^n(\mu) E_s^n(\nu),$$

wenn die Summe nach n über alle geraden oder über alle ungeraden n genommen und nach s über die Klasse der E summirt wird, welche der Function F gleichartig ist. Macht man zur Abkürzung

$$\int_0^{\varpi} d\zeta \int_0^{\omega} (\mu^2 - \nu^2)(E_s^n(\mu) E_s^n(\nu))^2\, d\varepsilon = \gamma_s^n,$$

so findet man g durch die Gleichung

$$g_s^n \gamma_s^n = \int_0^{\varpi} d\zeta \int_0^{\omega} F(\mu, \nu) E_s^n(\mu) E_s^n(\nu)(\mu^2 - \nu^2)\, d\varepsilon.$$

Die Constante γ ist bekannt; sie hängt offenbar von dem Coefficienten ab, mit dem man die höchste Potenz von μ in $E(\mu)$ versehen hat und ist durch denselben völlig bestimmt. Da dieser bisher nur die Rolle einer willkürlichen Constante spielte, so kann er gleich 1 genommen werden; setzt man ihn gleich a, so erhält γ dadurch das a^2 fache des ursprünglichen Werthes. Es wird in manchen Fällen von Vortheil sein, die Constante so zu bestimmen, dass $\gamma = 1$, z. B. im § 115.

Lamé beweist, dass γ keine höhere Transcendente enthält als π, den Kreisumfang beim Durchmesser 1. In der That zeigen bekannte Reduktionsformeln, dass man hat

$$\int_0^{\omega} (E(\mu))^2 d\varepsilon = \int_0^{\omega} (\alpha - \beta\mu^2)\, d\varepsilon, \quad \int_0^{\varpi} (E(\nu))^2 d\zeta = \int_0^{\varpi} (\alpha - \beta\nu^2)\, d\zeta,$$

$$\int_0^{\omega} \mu^2 (E(\mu))^2 d\varepsilon = \int_0^{\omega} (\mathfrak{a} - \mathfrak{b}\mu^2)\, d\varepsilon, \quad \int_0^{\varpi} \nu^2 (E(\nu))^2 d\zeta = \int_0^{\varpi} (\mathfrak{a} - \mathfrak{b}\nu^2)\, d\zeta,$$

wenn α und β und ebenso $\mathfrak{a}$ und $\mathfrak{b}$ in je zwei Integralen dieselben Constanten bezeichnen, die rational aus den Coefficienten der E zusammengesetzt sind. Hieraus ergiebt sich

$$\gamma = (\mathfrak{a}\beta - \alpha\mathfrak{b}) \int_0^{\varpi} d\zeta \int_0^{\omega} (\mu^2 - \nu^2)\, d\varepsilon;$$

das Integral ist bekanntlich gleich $\frac{1}{2}\pi$, also

$$\gamma = \tfrac{1}{2}(\mathfrak{a}\beta - \alpha\mathfrak{b})\pi.$$

§ 99. Mit diesem Resultate schliesst Lamé seine Untersuchungen über die von ihm eingeführten Functionen. Es liessen sich dieselben in folgender Art weiter fortführen:

Herr Liouville beweist*), dass die Wurzeln der Gleichung $E(\mu) = 0$, oder um alle Klassen der E einzuschliessen, von

$$(\mu^2 - c)^{-\frac{1}{2}} E(\mu) = 0,$$

in sofern sie reell sind, kleiner als c sein müssen; er entwickelt dazu die Auflösung v der Differentialgleichung

$$\frac{d^2 v}{d\varepsilon^2} = pv,$$

---

*) Liouville, Journ. de Math. T. XI: Lettres sur diverses questions d'analyse et de physique mathématique concernant l'ellipsoïde, adressées à M. P. H. Blanchet, Deuxième lettre, p. 261.

wenn p eine Function von ε bezeichnet, in eine nach vielfachen Integralen fortschreitende Reihe, und untersucht in dieser Form die Eigenschaften von v, wenn p positiv bleibt. Der angeführte Satz lässt sich auch auf folgende Art, die sich unmittelbar den früher gebrauchten Methoden anschliesst, beweisen und in Beziehung auf einige Punkte vervollständigen:

Aus § 97 weiss man bereits, dass

$$(\mu^2-b^2)^{-\frac{1}{2}}(\mu^2-c^2)^{-\frac{1}{2}}E(\mu)$$

für $\mu=b$ oder $\mu=c$ nicht verschwindet. Ferner lässt sich auf ähnliche Art, wie dieses bewiesen wurde, zeigen, dass gleiche Wurzeln nicht vorkommen können. Es ist allerdings nicht nothwendig, diesen Satz, der sich von selbst ergiebt, wenn unten die Realität der Wurzeln nachgewiesen wird, gesondert zu behandeln; er wird deshalb abgetrennt, weil er nur einen sehr einfachen Beweis erfordert. Der Kürze halber sollen nur die K betrachtet werden, indem die anderen Classen von E sich durch Anwendung der Differentialgleichungen in § 93 und 94 behandeln lassen, wie die K vermittelst (59, a).

Hätte K gleiche Wurzeln, und zwar genau r die gleich α sind, während α sicher nicht b oder c wird indem für diese Werthe nicht einmal eine einfache Wurzel existirt, so setze man

$$K=(\mu-\alpha)^r z; \quad r>1$$

und findet dass auch dK für $\mu=\alpha$ verschwindet; aus (59, a) folgt dann dass d^2K, und wenn man die Differentialgleichung wiederholt differentiirt, dass jeder Differentialquotient von K nach μ für $\mu=\alpha$ Null sein muss. Der r^{te} Differentialquotient muss sich demnach für $\mu=\alpha$ gleichfalls in 0 verwandeln, was unmöglich ist.

Alle Wurzeln der Gleichung $E(\mu)=0$ sind reell und nicht grösser als c. Der Beweis dieses Satzes wird mit Hülfe einer Methode geführt, die Legendre anwendet um zu zeigen, dass sämmtliche Wurzeln der Gleichung $P^n(x)=0$ reell sind, und die wir bereits am Schlusse des § 7 erwähnten. Man überträgt zum Beweise die Sätze am Schluss des § 78 über das Verschwinden gewisser Doppelintegrale, welche bei der Bestimmung von Coefficienten in Reihenentwickelungen auftreten, von den Veränderlichen θ, ψ auf μ, ν und erhält dadurch sofort den

Hülfsatz. Bezeichnet G eine ganze Function von $\mu\nu$, $\sqrt{\mu^2-b^2}\sqrt{b^2-\nu^2}$, $\sqrt{c^2-\mu^2}\sqrt{c^2-\nu^2}$ von geringerem Grade als dem

p^{ten} nach diesen Grössen, und ist G einem Lamé'schen Produkte $E^p(\mu)E^p(\nu)$ gleichartig, so wird

$$\int_0^{\varpi} d\zeta \int_0^{\omega} (\mu^2 - \nu^2) G . E^p(\mu) E^p(\nu) d\varepsilon = 0.$$

Um den Beweis unseres Satzes über die Wurzeln von E möglichst einfach darstellen zu können, betrachten wir einen bestimmten von den acht Fällen für sich: es sei p gerade, $= g$ und die E mögen zur Klasse der K gehören, so dass für G eine ganze rationale und gerade Function in Bezug auf μ und ν zu setzen ist. Macht man zuerst $G = 1$, so entsteht

$$\int_0^{\varpi} \int_0^{\omega} (\mu^2 - \nu^2) K^g(\mu) K^g(\nu) d\varepsilon d\zeta = 0.$$

Da $\mu^2 - \nu^2$ positiv bleibt, so folgt, dass $K(\mu)K(\nu)$ wenigstens einmal in den Grenzen, also zwischen $\mu = b$ und $\mu = c$, $\nu = 0$ und $\nu = b$, sein Zeichen ändert, also durch 0 geht: dies mag für $\mu = \alpha$ geschehen, wo α nothwendig eine reelle Grösse bezeichnet. (Würde dies für $\nu = \alpha$ eintreten, so ändert sich nichts Wesentliches.) Es wird dann auch $\mu = -\alpha$ eine Wurzel, also $K(\mu)$ durch $\mu^2 - \alpha^2$ theilbar sein, woraus folgt, dass $K(\nu)$ durch $\nu^2 - \alpha^2$ getheilt werden kann, also $K(\mu)K(\nu)$ durch $(\mu^2 - \alpha^2)(\nu^2 - \alpha^2)$. Dies Produkt

$$= \mu^2 \nu^2 - \alpha^2 (\mu^2 + \nu^2) + \alpha^4$$

ist wiederum eine Function der drei Grössen $\mu\nu$, etc. und gleichartig den K, denn $\mu^2\nu^2$ ist die zweite Potenz von $\mu\nu$ selbst, und

$$(\mu^2 - b^2)(\nu^2 - b^2) - \mu^2\nu^2 - b^4 = -b^2(\mu^2 + \nu^2),$$

also $\mu^2 + \nu^2$ eine Function zweiten Grades von $\sqrt{\mu^2 - b^2}\sqrt{b^2 - \nu^2}$ und $\mu\nu$. Man darf daher jetzt

$$G = (\mu^2 - \alpha^2)(\nu^2 - \alpha^2)$$

machen, und findet nach dem Hülfsatze

$$\iint (\mu^2 - \nu^2) K^g(\mu) K^g(\nu) G \, d\varepsilon \, d\zeta = 0.$$

$GK(\mu)K(\nu)$ ändert sein Zeichen nicht bei $\mu = \alpha$, da $(\mu^2 - \alpha^2)K(\mu)$ es nicht ändert und ν nicht α erreicht, indem μ, also auch α, zwischen b und c liegt, ν zwischen 0 und b. (Hätte man angenommen, dass $K(\nu)$ für $\nu = \alpha$ verschwindet, so verhielte es sich umgekehrt.) Es muss also $K(\mu)K(\nu)$ sein Zeichen bei $\mu = \beta$ oder $\nu = \beta$ wechseln, wenn auch β eine reelle Grösse vorstellt, und dies Produkt daher auch noch durch $(\mu^2 - \beta^2)(\nu^2 - \beta^2)$ theilbar sein. Setzt man dann

$$G = (\mu^2 - \alpha^2)(\mu^2 - \beta^2)(\nu^2 - \alpha^2)(\nu^2 - \beta^2)$$

und fährt so $\frac{1}{2}g$ Mal fort, so findet man dass $K(\mu)K(\nu)$ in ein Produkt wie das vorstehende mit g Faktoren zerlegbar ist, also dass $K(\mu)$ selbst die Form annimmt

$$K^g(\mu) = a(\mu^2 - \alpha^2)(\mu^2 - \beta^2)(\mu^2 - \gamma^2) \ldots,$$

wenn a eine Constante bezeichnet. Es hat demnach $K(\mu) = 0$ nur reelle Wurzeln $\pm\alpha$, $\pm\beta$, $\pm\gamma$, etc., die zwischen 0 und c liegen.

Wäre p eine ungerade Zahl u gewesen, so würde $K^u(\mu)$ durch μ theilbar sein, und man hätte im Anfange G nicht $= 1$, sondern $= \mu\nu$ gesetzt; bei Betrachtung der L hätte man, je nachdem $p = g$ oder $p = u$ ist, am Anfange resp.

$$G = \sqrt{\mu^2 - b^2}\sqrt{b^2 - \nu^2},$$
$$G = \mu\nu\sqrt{\mu^2 - b^2}\sqrt{b^2 - \nu^2}$$

gemacht, und ähnlich verfährt man in den übrigen Fällen; eine weitere Verfolgung derselben würde einer Wiederholung gleich zu achten sein.

Es ist daher bewiesen, dass die Wurzeln der Gleichung

$$E(\mu) = 0$$

sämmtlich verschieden, reell, nicht grösser als c, und weder c noch b selbst sind.

§ 100. Die Aufgaben der Wärmetheorie, mit denen Lamé sich beschäftigte, gaben ihm nicht Veranlassung ein zweites Integral der Differentialgleichung (58) für die E zu betrachten, während man nothwendig auf ein solches geführt wird, wenn man Lamé's Untersuchungen auf die Theorie der Anziehung überträgt. Liouville's Arbeit und meine eigene, durch welche die zweite Lösung eingeführt wurde, erschienen beinahe gleichzeitig *). Ich habe diese Lösung als Lamé'sche Function zweiter Art bezeichnet, da sie sich zu den E verhält wie Q zu der Function erster Art P. Sie soll hier nicht mit derselben Ausführlichkeit behandelt werden wie Q; wir werden, zur Abkürzung, nur den Fall eines reellen

*) Liouville's Arbeit findet sich in den Comptes rendus T. XX, und ist abgedruckt im Liouville'schen Journal T. X, p. 222—228: Sur diverses questions d'analyse et de physique mathématique. Sie wurde den 12. Mai und 2. Juni 1845 gelesen. Meine Arbeit, Beitrag zur Theorie der Anziehung und der Wärme, übergab ich, wie die Unterschrift zeigt, am 19. April 1844 dem Gründer und damaligen Herausgeber des Crelle'schen Journals. Sie erschien 1845 im 3. Heft des 29. Bd. dieses Journals (dessen Versendung, wie ich erfahre, spätestens am 20. Mai desselben Jahres erfolgte).

Arguments in's Auge fassen, welches man sich mit Rücksicht auf die Anwendungen grösser als c denke; nur wenn man statt reeller Grössen b und c rein imaginäre einführt, nehme man das Argument zwischen 0 und ∞. Das Argument heisse ϱ; die Veranlassung zu dieser Bezeichnung wird man in den Gleichungen (58) und im § 87 entdecken.

Wenn man die Differentialgleichung, welcher $E(\varrho)$ genügt, nämlich (59)

$$\frac{d^2 z}{d\xi^2} - [n(n+1)\varrho^2 - pv]z = 0,$$

durch Reihen integrirt, die nach Potenzen von ϱ absteigen, so zeigt sich, dass eine Lösung mit der $-(n+1)^{\text{ten}}$ Potenz von ϱ beginnt, also im Unendlichen verschwindet. Eine andere Entwickelung derselben Function, welche der im § 96 für E vorkommenden entspricht, würde man erhalten, wenn man (S. 354) nach aufsteigenden Potenzen von

$$\eta = \frac{\sqrt{\varrho^2 - b^2} - \sqrt{\varrho^2 - c^2}}{\sqrt{c^2 - b^2}} = \cos\operatorname{am} iw + i \sin\operatorname{am} iw$$

ordnet; die Reihe beginnt mit der $(n+1)^{\text{ten}}$ Potenz von η. Diese Lösung heisse Lamé'sche Function zweiter Art und werde durch $F(\varrho)$ bezeichnet. Sie ist dadurch charakterisirt, dass $\varrho^{n+1} F^n(\varrho)$ für $\varrho = \infty$ eine von Null verschiedene endliche Constante ist.

An dieser Stelle geben wir den Ausdruck von F durch ein Integral nach der Methode des § 26. Nach derselben folgt aus der Differentialgleichung (59):

$$F(\varrho) dE(\varrho) - E(\varrho) dF(\varrho) = \text{const.}\, d\xi.$$

Denkt man sich die Constante in E und F so gewählt, dass

$$\varrho^{-n} E(\varrho), \quad \varrho^{n+1} F(\varrho)$$

für $\varrho = \infty$ sich in 1 verwandele, so ist die Constante auf den Rechten $= 2n+1$ und daher

$$(62) \ldots \quad F^n(\varrho) = (2n+1) E^n(\varrho) \int_\varrho^\infty \frac{d\varrho}{(E^n(\varrho))^2 \sqrt{\varrho^2 - b^2} \sqrt{\varrho^2 - c^2}}.$$

Beispiele. Für $n = 0$ existirt nur eine Function F, nämlich

$$F^0(\varrho) = \int_\varrho^\infty \frac{d\varrho}{\sqrt{\varrho^2 - b^2}\sqrt{\varrho^2 - c^2}} = \frac{1}{c}(K' - w).$$

Für $n = 1$ entsprechen den drei Functionen erster Art E

$$\varrho, \quad \sqrt{\varrho^2-b^2}, \quad \sqrt{\varrho^2-c^2},$$

die drei Functionen F

$$3\varrho\int_\varrho^\infty \frac{d\varrho}{\varrho^2\sqrt{\varrho^2-b^2}\sqrt{\varrho^2-c^2}}, \quad 3\sqrt{(\varrho^2-b^2)}\int_\varrho^\infty \frac{d\varrho}{(\varrho^2-b^2)^{\frac{3}{2}}\sqrt{\varrho^2-c^2}},$$

$$3\sqrt{(\varrho^2-c^2)}\int_\varrho^\infty \frac{d\varrho}{\sqrt{\varrho^2-b^2}(\varrho^2-c^2)^{\frac{3}{2}}}.$$

Alle drei sind elliptische Integrale der ersten und zweiten Art. Nimmt man die Function Z mit Herrn Hermite so, dass $Z(x)$ oder

$$Z(x, k) = \int_0^x k^2 \sin^2 \operatorname{am} x\, dx,$$

so ist, da wir $\varrho = c\Delta \operatorname{am}(iw, k)$ setzten,

$$\int_0^\infty \frac{d\varrho}{\varrho^2\sqrt{\varrho^2-b^2}\sqrt{\varrho^2-c^2}} = \frac{1}{b^2c} Z(K'-w, k'),$$

während die anderen Integrale, welche in den Ausdrücken für F vorkommen, sich hierauf durch die Gleichung reduciren

$$(c^2-b^2)\int_\varrho^\infty \frac{d\xi}{(\varrho^2-b^2)^{\frac{3}{2}}\sqrt{\varrho^2-c^2}} = -\frac{1}{\varrho}\sqrt{\frac{\varrho^2-c^2}{\varrho^2-b^2}}$$

$$+\int_\varrho^\infty \frac{d\varrho}{\sqrt{\varrho^2-b^2}\sqrt{\varrho^2-c^2}} - c^2\int_\varrho^\infty \frac{d\varrho}{\varrho^2\sqrt{\varrho^2-b^2}\sqrt{\varrho^2-c^2}}.$$

Aus der (62) entsprechenden Form, die sich auf die Kugelfunctionen bezieht, konnte ich im § 26 nachweisen, dass Q keine andere Transcendente enthält als $\log(x+1)-\log(x-1)$; aus der vorstehenden Gleichung gewinne ich nach derselben Methode (vergl. S. 138) das Resultat, dass diese Lamé'sche Function zweiter Art $F(\varrho)$ elliptische Integrale nur der ersten und zweiten, nicht aber der dritten Gattung enthält. Wie ferner (S. 141) sich $Q^n(x)$ in die Summe einer ganzen Function von x und des Produktes $P^n(\log(x+1)-\log(x-1))$ zerlegen liess, so finde ich F gleich der Summe einer ganzen Function von ϱ, $\sqrt{\varrho^2-b^2}$, $\sqrt{\varrho^2-c^2}$ und des Produktes $E\int(\mathfrak{a}-\mathfrak{b}\varrho^2)dw$, wo $\mathfrak{a}$ und $\mathfrak{b}$ Constante sind, und ϱ, nach S. 354, gleich $c.\Delta \operatorname{am} iw$. (Vergl. (62, a)).

Der Kürze halber weise ich dies Resultat, auf welches auch § 101—102 führen, hier nur für eine Klasse der E, nämlich die K nach.

Man zerlege F in die Form

$$(a) \ldots \quad F(\varrho) = E(\varrho)(\chi(\infty)-\chi(\varrho)),$$

indem man setzt

$$\chi(\varrho) = (2n+1)\int_c^{\varrho} \frac{d\varrho}{(E^n(\varrho))^2 \sqrt{\varrho^2 - b^2}\sqrt{\varrho^2 - c^2}}.$$

Sind α_1, α_2, etc. die sämmtlichen, also zugleich die verschiedenen Wurzeln der Gleichung $K(\varrho) = 0$, wenn K eine bestimmte von den Functionen n^{ten} Grades K vorstellt, und bezeichnet man eine Summation über alle n Wurzeln α durch $\mathfrak{S}$, so giebt eine Zerlegung in Partialbrüche

$$\left(\frac{1}{K(\varrho)}\right)^2 = \mathfrak{S}\frac{A}{(\varrho - \alpha)^2} + \mathfrak{S}\frac{B}{\varrho - \alpha},$$

wenn man setzt

$$\varphi(\varrho) = \left(\frac{\varrho - \alpha}{K(\varrho)}\right)^2, \qquad A = \left(\frac{1}{K'(\alpha)}\right)^2, \qquad B = \varphi'(\alpha),$$

und der Index $'$ in üblicher Art eine Differentiation andeutet. Durch Differentiation von $\log\varphi$ ergiebt sich

$$\frac{\varphi'}{2\varphi} = \frac{1}{\varrho - \alpha} - \frac{K'(\varrho)}{K(\varrho)} = \frac{K - (\varrho - \alpha)K'}{(\varrho - \alpha)K},$$

und für $\varrho = \alpha$ der sogenannte wahre Werth von $\frac{0}{0}$

$$\frac{\varphi'}{2\varphi} = -\frac{(\varrho - \alpha)K''}{(\varrho - \alpha)K' + K} = -\frac{K''(\alpha)}{2K'(\alpha)},$$

und hieraus endlich B, nämlich

$$B = \varphi'(\alpha) = -\frac{K''(\alpha)}{[K'(\alpha)]^3}.$$

Der Wegfall der Integrale dritter Gattung erfolgt dadurch, dass in Folge der Differentialgleichung (59) sich dieser Ausdruck vereinfacht, indem

$$-\frac{K''(\alpha)}{K'(\alpha)} = \frac{\alpha(2\alpha^2 - b^2 - c^2)}{(\alpha^2 - b^2)(\alpha^2 - c^2)};$$

man findet daher

$$\chi(\varrho) = \mathfrak{S}\frac{2n+1}{(K'(\alpha))^2}\left[\int_0^{\xi} \frac{d\xi}{(\varrho - \alpha)^2} + \frac{\alpha(2\alpha^2 - b^2 - c^2)}{(\alpha^2 - b^2)(\alpha^2 - c^2)}\int_0^{\xi}\frac{d\xi}{(\varrho - \alpha)}\right]$$

Eine bekannte Transformationsformel für elliptische Integrale, die man z. B. in Abel, oeuvres complètes 1839; T. II, Chap. I, p. 104, No. 15 findet und sofort durch Differentiation nach ϱ verificiren kann, giebt

$$(b) \ldots \quad -\chi(\varrho) = (2n+1) \mathsf{S} \frac{1}{(\alpha^2-b^2)(\alpha^2-c^2)(K'(\alpha))^2}$$
$$\cdot \left[\frac{\sqrt{\varrho^2-b^2}\sqrt{\varrho^2-c^2}}{\varrho-\alpha} + \alpha^2 \xi - \int_0^{\xi} \varrho^2 d\xi \right].$$

Bezeichnet man durch $G(x)$ eine ganze Function $(n-1)^{\text{ten}}$ Grades, durch $\mathfrak{a}$ und $\mathfrak{b}$ Constante, setzt nämlich

$$(2n+1) \mathsf{S} \frac{K(\varrho)-K(\alpha)}{\varrho-\alpha} \cdot \frac{1}{(\alpha^2-b^2)(\alpha^2-c^2)(K'(\alpha))^2} = G(\varrho),$$
$$(2n+1) \mathsf{S} \frac{\alpha^2}{(\alpha^2-b^2)(\alpha^2-c^2)(K'(\alpha))^2} = \mathfrak{a},$$
$$(2n+1) \mathsf{S} \frac{1}{(\alpha^2-b^2)(\alpha^2-c^2)(K'(\alpha))^2} = \mathfrak{b},$$

so ergiebt sich hieraus für $\chi(\varrho)$ die Gleichung

$$(62, a) \ldots \quad -K(\varrho)\chi(\varrho) = \sqrt{\varrho^2-b^2}\sqrt{\varrho^2-c^2} . G(\varrho) + K(\varrho) \int_0^{\xi} (\mathfrak{a}-\mathfrak{b}\varrho^2) d\xi$$

und F selbst, nach (α), indem man noch $\chi(\infty).K(\varrho)$ addirt.

Diese Constante $\chi(\infty)$ lässt sich leicht durch ganze elliptische Integrale ausdrücken. Da nämlich

$$\int_0 \varrho^2 d\xi = \frac{\sqrt{\varrho^2-b^2}\sqrt{\varrho^2-c^2}}{\varrho} + bk' \int_{\frac{c}{\varrho}}^{1} \frac{z^2 dz}{\sqrt{1-z^2}\sqrt{1-k'^2 z^2}},$$

wo übrigens die Grenze $c:\varrho$ gleich $\sin\operatorname{coam}(w, k')$ ist, so wird der in den eckigen Parenthesen befindliche Theil von (b) gleich

$$\sqrt{\varrho^2-b^2}\sqrt{\varrho^2-c^2}\left(\frac{1}{\varrho-\alpha} - \frac{1}{\varrho}\right) + \alpha^2 \xi - bk' \int_{\frac{c}{\varrho}}^{1} \frac{z^2 dz}{\sqrt{1-z^2}\sqrt{1-k'^2 z^2}}.$$

Vereinigt man hiermit das Glied aus der Summe, welches zu der Wurzel $-\alpha$ gehört, so fällt für $\varrho = \infty$ der algebraische Theil heraus und man findet (S. 354)

$$(62, b) \ldots \quad \chi(\infty) = -\frac{\mathfrak{a}}{c} K' + \mathfrak{b} bk' \int_0^1 \frac{x^2 dx}{\sqrt{1-x^2}\sqrt{1-k'^2 x^2}}.$$

§ 101. Dieser Ausdruck von F gestattet, ebenso die Lamé'schen Functionen E und F mit dem Kettenbruche für ein ganzes elliptisches Integral dritter Gattung in Verbindung zu bringen, wie P und Q in Beziehung zu dem Kettenbruch für den besonderen Fall eines solchen Integrals, für den

$$\log(x+1) - \log(x-1)$$

traten. Ueber diesen Zusammenhang, den ich nach der ersten Herausgabe des Handbuchs bemerkte, wird in meinen allgemeinen

Untersuchungen über die Lamé'schen Functionen verschiedener Ordnungen, im 60. Bd. des Borchardt'schen Journals ausführlich gehandelt. Hier bediene ich mich, um den Zusammenhang zu zeigen, zum Theil mit Rücksicht auf den III. Theil, der dort zu benutzenden Methode, anstatt von (62, a) auszugehen.

Wir betrachten die Differentialgleichung

$$(a) \ldots \quad \psi(x)\frac{d^2w}{dx^2}+\chi(x)\frac{dw}{dx}+\vartheta(x)w=0,$$

in welcher ψ, χ, ϑ ganze Functionen von x bezeichnen; eine Lösung derselben heisse $f(x)$. Setzt man

$$(x-z)^{-1}=v,$$

so genügt v der partiellen Differentialgleichung

$$\psi(x)\frac{\partial^2 v}{\partial x^2}+\chi(x)\frac{\partial v}{\partial x}+\vartheta(x)v=\psi(x)\frac{\partial^2 v}{\partial z^2}-\chi(x)\frac{\partial v}{\partial z}+\vartheta(x)v,$$

so dass

$$(b) \ldots \quad V=\int\frac{f(z)\partial z}{x-z},$$

das Integral zwischen constanten Grenzen genommen, giebt

$$\psi(x)\frac{\partial^2 V}{\partial x^2}+\chi(x)\frac{\partial V}{\partial x}+\vartheta(x)V=\psi(x)\left[f(z)\frac{\partial v}{\partial z}-vf'(z)\right]$$

$$-\chi(x)f(z)v+\int[\psi(x)f''(z)+\chi(x)f'(z)+\vartheta(x)f(z)]v\,\partial z.$$

Setzt man unter dem Integrale $\psi(x)-\psi(z)+\psi(z)$ statt $\psi(x)$, verfährt ähnlich mit $\chi(x)$ und $\vartheta(x)$, und beachtet dass $f(x)$ eine Lösung von (a) ist, so erhält man: Die Function V genügt der Gleichung

$$(c) \ldots \quad \psi(x)\frac{d^2V}{dx^2}+\chi(x)\frac{dV}{dx}+\vartheta(x)V=\Phi+\int\Psi f(z)\partial z,$$

wenn man setzt

$$\Psi=\frac{\partial^2}{\partial z^2}\left[\frac{\psi(x)-\psi(z)}{x-z}\right]-\frac{\partial}{\partial z}\left[\frac{\chi(x)-\chi(z)}{x-z}\right]+\frac{\vartheta(x)-\vartheta(z)}{x-z},$$

$$\Phi=\frac{f(z)\psi(z)}{(x-z)^2}+\frac{f(z)[\psi'(z)-\chi(z)]-\psi(z)f'(z)}{x-z}.$$

Das Glied Φ in (c) lässt sich durch passende Wahl der Integrationsgrenzen z zum Verschwinden bringen. Dazu muss offenbar $f(z)\psi(z)$ Null sein, und wenn nur f und nicht ψ Null ist, auch $f'(z)$. Dann müsste, wegen (a), auch $f''(z)$ und jeder folgende Differentialquotient für das gleiche z verschwinden, so dass $f(z)$

eine ganze Potenz einer linearen Function wäre. Diesen einfachen Fall verfolgen wir, als für uns überflüssig nicht weiter.

Wir setzen also für z solche Werthe, die $\psi(z)$ zu Null machen. Es möge $\psi(z)$, welches nur ungleiche lineare Faktoren besitzen soll, in ein Produkt $\psi = \psi_1 \psi_2 \psi_3$ von drei solchen ganzen Functionen zerfallen (von denen einige auch vom 0ten Grade sein können), dass für $\psi_1 = 0$, $\psi_2 = 0$, $\psi_3 = 0$ die Lösung f resp. ∞, 0, endlich und von Null verschieden wird. Dies soll aber nur in der Art geschehen, dass

$$f(z)(z-p)^m, \quad f(z)(z-q)^{-n}$$

für $z = p$ und $z = q$ endlich und von Null verschieden bleiben, wenn $z-p$ und $z-q$ Faktoren von $\psi_1(z)$ resp. $\psi_2(z)$ sind. Das Einsetzen von Formen $F(z)(z-p)^{-m}$, $F(z)(z-q)^n$ für $f(z)$ in die Differentialgleich. (a) zeigt, dass dann $\chi(p) = (1+m)\psi'(p)$ und $\chi(q) = (1-n)\psi'(q)$ sein müsse; das Einsetzen in den Ausdruck Φ selbst zeigt, dass derselbe mit $z = p$ oder q wirklich Null wird, ebenso mit jedem Faktor $z-r$ von $\psi_3(z)$ wenn $\chi(r) = \psi'(r)$ und $n < 1$. Daher hat $\chi(z)$, wenn es von niedrigerem Grade als ψ sein soll, damit $\Phi(z)$ mit $\psi(z)$ zugleich Null werde, die Form

$$\chi(z) = \psi_1 \psi_2 \psi_3' + \psi_1 \psi_2 \psi_3 \,\mathsf{S}\, \frac{1+m}{z-p} + \psi_1 \psi_2 \psi_3 \,\mathsf{S}\, \frac{1-n}{z-q},$$

wo die Summen sich über alle p und m resp. alle q und n erstrecken. Die beiden letzten Glieder reduciren sich, wenn alle m und ebenso alle n einander gleich werden, auf $(1+m)\psi_2 \psi_3 \psi_1'$ resp. $(1-n)\psi_1 \psi_3 \psi_2'$. Bei allen Anwendungen, die hier folgen, ist $m = n = \frac{1}{2}$. Für diesen speciellen Fall lautet das Resultat:

Genügt der Gleich. (a), in welcher gesetzt wird

$$\chi(x) = \psi(x) \frac{d}{dx} \log[\psi_3(x) \sqrt{\psi_2(x)} (\sqrt{\psi_1(x)})^3], \quad \psi(x) = \psi_1(x) \psi_2(x) \psi_3(x),$$

eine Function $f(x)$ von der Beschaffenheit, dass

$$f(x)\sqrt{\psi_1(x)}, \quad f(x)(\psi_2(x))^{-\frac{1}{2}}$$

für alle Werthe x, welche $\psi(x)$ zu Null machen, endlich und von Null verschieden sind, so genügt das für $x = \infty$ verschwindende Integral (b)

$$V = \int_\gamma^\delta \frac{f(z)\,dz}{x-z}$$

der Gleichung (c')

$$\psi(x) \frac{d^2 V}{dx^2} + \chi(x) \frac{dV}{dx} + \vartheta(x) V = \int_\gamma^\delta \Psi(z)\,dz,$$

wo γ und δ irgend zwei Werthe bezeichnen, die, für z gesetzt, $\psi(z)$ zu Null machen.

Wenden wir uns zu speciellen Fällen während wir im III. Theil zu dem allgemeinen Falle zurückkehren, und setzen

$$\psi(x) = x(x-b^2)(x-c^2),$$

ferner für $\vartheta(x)$ eine Function des ersten Grades, so wird Ψ eine Constante, die α heisse. Je nachdem man in (c') für V die erste oder die zweite der beiden Functionen

$$V_1 = \int_0^{bb} \frac{f(z)dz}{x-z}, \quad V_2 = \int_{bb}^{cc} \frac{f(z)\partial z}{x-z}$$

einsetzt, erhält man die erste oder zweite Gleichung

$$\psi(x)\frac{d^2V_1}{dx^2} + \chi(x)\frac{dV_1}{dx} + \vartheta(x)V_1 = \alpha\int_0^{bb} f(z)dz,$$

$$\psi(x)\frac{d^2V_2}{dx^2} + \chi(x)\frac{dV_2}{dx} + \vartheta(x)V_2 = \alpha\int_{bb}^{cc} f(z)dz.$$

Multiplicirt man die obere resp. untere Gleichung mit der untern resp. obern rechten Seite, so findet man durch Subtraction, wenn die Voraussetzungen über f erfüllt sind:

Ist $f(x)$ eine Lösung der Gleichung (a), so giebt der Ausdruck (d)

$$w = \int_0^{bb} f(z)\partial z\int_{bb}^{cc} \frac{f(z)\partial z}{x-z} - \int_{bb}^{cc} f(z)\partial z\int_0^{bb} \frac{f(z)\partial z}{x-z}$$

eine zweite Lösung, die für $x = \infty$ verschwindet.

Dieses wende man auf die Integration der Gleichung für die Lamé'schen Functionen an, nachdem man vorher gesetzt hat $\varrho^2 = x$ also

$$d\xi = \tfrac{1}{2}\frac{dx}{\sqrt{x(x-bb)(x-cc)}}.$$

Die vier Classen der E (m. vergl. § 90) verhalten sich in Bezug auf die Werthe $x = 0$, bb, cc, so dass für $x = 0$ sämmtliche K und N mit ungeraden oberen Indices n, die L und M mit geraden verschwinden, für $x = b^2$ die L und N, für $x = c^2$ die M und N, und zwar bleiben hier die verschwindenden Functionen durch die Quadratwurzeln resp. aus x, $x-bb$, $x-cc$ getheilt endlich und werden nicht Null. Man zerlege nun $\psi(x)$ für jede der acht Arten von E in $\psi_1(x)\psi_2(x)$, wo ψ_2 die Faktoren von ψ enthält, durch deren

Quadratwurzel das betreffende E theilbar ist, so dass man für die Classe K mit geradem n hat $\psi_2 = 1$ und $\psi_1 = \psi$, für die L mit geradem n ferner $\psi_2 = x(x-b^2)$, und $\psi_1 = x - c^2$; etc. Setzt man

$$E(\varrho) = \sqrt{\psi_1(x)}.f(x),$$

so wird (S. 376) für die Wurzeln von $\psi_1 = 0$ die Function E nicht verschwinden also $f = \infty$, für die Wurzeln von $\psi_2 = 0$ gleichfalls E nicht verschwinden und sicher f endlich bleiben. Setzt man für E in die Differentialgleichung

$$\frac{d^2E}{d\xi^2} - [n(n+1)\varrho^2 - p^2 v]E = 0$$

den Werth $w\sqrt{\psi_1(x)}$ ein, so genügt w der Gleich.

$$(e) \ldots \quad \psi(x)\frac{d^2w}{dx^2} + \tfrac{1}{2}\psi(x)\,d\log[\psi_2(x)(\psi_1(x))^3]\frac{dw}{dx} + \vartheta(x)w = 0,$$

wo zur Abkürzung gesetzt ist

$$4\vartheta(x) = [pv - n(n+1)x] + \psi_1'\psi_2' + 2\psi_2\psi_1'',$$

so dass ϑ den ersten Grad nicht überschreitet, die Differentialgleich. (e) mit (a) übereinstimmt und ihr erstes Integral $f(x)$ den Forderungen für die Anwendbarkeit der obigen Methode genügt. Man erhält demnach, durch Substitution des Werthes von $f(z)$ in (d), ein zweites für $x = \infty$ verschwindendes Integral w, welches mit $\sqrt{\psi_1(x)}$ multiplicirt die Function zweiter Gattung $F(\varrho)$ giebt, selbstverständlich wenn der constante Faktor in Uebereinstimmung mit (62) bestimmt ist. Wir haben demnach folgenden Satz: Bezeichnet $\psi_1(\varrho)$ das Produkt von 1 und denjenigen unter den drei Faktoren ϱ^2, $\varrho^2 - b^2$, $\varrho^2 - c^2$, für deren Nullwerthe 0, b, c eine gegebene Lamé'sche Function erster Art $E_s^n(\varrho)$ nicht verschwindet und $\mathfrak{k}$ eine gewisse numerische Constante, so ist die zugehörige Function zweiter Art

$$(63) \ldots \quad F_s^n(\varrho) = \mathfrak{k}\sqrt{\psi_1(\varrho)}\Big[\int_0^b \frac{\nu E_s^n(\nu)\partial\nu}{\sqrt{\psi_1(\nu)}}\int_b^c \frac{\mu E_s^n(\mu)\partial\mu}{(\varrho^2-\mu^2)\sqrt{\psi_1(\mu)}} - \int_b^c \frac{\mu E_s^n(\mu)\partial\mu}{\sqrt{\psi_1(\mu)}}\int_0^b \frac{\nu E_s^n(\nu)d\nu}{(\varrho^2-\nu^2)\sqrt{\psi_1(\nu)}}\Big].$$

Ist z. B. E eine Function der ersten Classe und n gerade, also

$$\psi_1(\varrho) = \varrho^2(\varrho^2 - b^2)(\varrho^2 - c^2),$$

so findet man (63, a)

$$F(\varrho) = \mathfrak{k}\varrho\sqrt{\varrho^2-b^2}\sqrt{\varrho^2-c^2}\Big[\int_0^\omega\int_0^\varpi \frac{K(\mu)K(\nu)}{(\varrho^2-\mu^2)}\,d\varepsilon\,d\zeta$$
$$-\int_0^\omega\int_0^\varpi \frac{K(\mu)K(\nu)}{(\varrho^2-\nu^2)}\,d\varepsilon\,d\zeta\Big].$$

Die Differenz der Doppelintegrale kann auch mit dem einen Doppelintegral

$$\int_0^\omega\int_0^\varpi \frac{K(\mu)K(\nu)(\mu^2-\nu^2)}{(\varrho^2-\mu^2)(\varrho^2-\nu^2)}\,d\varepsilon\,d\zeta$$

vertauscht werden. Nach der Bestimmung von (62) ist $\mathfrak{k}$ so zu nehmen, dass

$$\mathfrak{k}\int_0^\omega\int_0^\varpi K(\mu)K(\nu)(\mu^{n+2}-\nu^{n+2})\,d\varepsilon\,d\zeta = 1.$$

§ 102. Um im Folgenden das Wesentliche kürzer darzustellen, beschränken wir uns auf diejenigen Integrale F, welche zur ersten Classe der E, zu den K gehören, während für n eine gerade Zahl genommen und in diesem Paragraphen gleich $2m$ gesetzt wird. Bezeichnet man durch α und β gewisse Constante, so lässt sich (63, a) auch in folgender Art darstellen

$$F(\varrho)[\varrho\sqrt{\varrho^2-b^2}\sqrt{\varrho^2-c^2}]^{-1} = \alpha\int_0^\omega \frac{K(\mu)\,d\varepsilon}{\varrho^2-\mu^2} - \beta\int_0^\varpi \frac{K(\nu)\,d\zeta}{\varrho^2-\nu^2}.$$

Setzt man im ersten Integrale $K(\mu)-K(\varrho)+K(\varrho)$ für $K(\mu)$ und im zweiten einen ähnlichen Ausdruck für $K(\nu)$, so wird das erste Integral in die Summe

$$\int_0^\omega \frac{K(\mu)-K(\varrho)}{\varrho^2-\mu^2}\,d\varepsilon + K(\varrho)\int_0^\omega \frac{d\varepsilon}{\varrho^2-\mu^2}$$

verwandelt, und das zweite in eine ähnliche. Berücksichtigt man noch, dass der erste Summand eine ganze Function von ϱ ist, so erhält man das Resultat:

Bedeuten α und β gewisse Constanten, und setzt man (m. vergl. S. 142)

$$Z^n = \alpha\int_0^\omega \frac{K(\varrho)-K(\mu)}{\varrho^2-\mu^2}\,d\varepsilon - \beta\int_0^\varpi \frac{K(\varrho)-K(\nu)}{\varrho^2-\nu^2}\,d\zeta,$$

$$\sigma = \alpha\int_0^\omega \frac{d\varepsilon}{\varrho^2-\mu^2} - \beta\int_0^\varpi \frac{d\zeta}{\varrho^2-\nu^2},$$

$$R^n = F^n(\varrho).[\varrho.\sqrt{\varrho^2-b^2}\sqrt{\varrho^2-c^2}]^{-1},$$

so wird erhalten

$$(64) \ldots \quad K^n(\varrho).\sigma - Z^n = R^n.$$

Hier sind K und Z ganze Functionen von ϱ^2 des Grades m resp. $m-1$, und R vom Grade $-m-2$.

Indem man σ, die Summe von zwei ganzen Integralen dritter Gattung, mit einem Integrale erster und zweiter Gattung, also mit der Form

$$\frac{1}{\varrho\sqrt{\varrho^2-b^2}\sqrt{\varrho^2-c^2}}\int_c^\varrho \frac{\mathfrak{a}-\mathfrak{b}\varrho^2}{\sqrt{\varrho^2-b^2}\sqrt{\varrho^2-c^2}}d\varrho$$

vertauscht, erhält man wieder den Ausdruck (62, $a-b$) für F.

Aus dem Grade der in (64) vorkommenden Functionen zeigt man mit Hülfe der Untersuchung im Anhange B. zum 5. Kapitel No. b, dass die Lamé'sche Function erster Art der Näherungsnenner des ganzen elliptischen Integrales dritter Gattung σ sei, die Function zweiter Art der wesentliche Theil des Restes. Zum Beweise setze man

$$\int_0^\omega \mu^{2m} d\varepsilon = \omega_m, \quad \int_0^\varpi \nu^{2m} d\zeta = \varpi_m,$$

unter denen die bekannten Gleichungen bestehen, deren man sich bei den numerischen Rechnungen bedient,

$$(2m+1)\omega_{m+1} = 2mp\omega_m - (2m-1)q\omega_{m-1},$$

die hieraus durch Vertauschung der ω mit den ϖ entstehenden, und $\varpi_0\omega_1 - \varpi_1\omega_0 = \frac{1}{2}\pi$. Die Entwickelung von σ in eine nach Potenzen von ϱ^2 absteigende Reihe giebt

$$\sigma = \frac{\alpha\omega-\beta\varpi}{\varrho^2} + \frac{\alpha\omega_1-\beta\varpi_1}{\varrho^4} + \frac{\alpha\omega_2-\beta\varpi_2}{\varrho^6} + \cdots,$$

und K ist, nach (64), eine derartige Function m^{ten} Grades von ϱ^2, dass in dem Produkte von K mit σ die -1te, -2te, bis incl. zur $-m-1^{\text{ten}}$ Potenz von ϱ^2 fehlen. Hieraus zieht man $m+1$ lineare Gleichungen zwischen den $(m+1)$ Coefficienten a von

$$K^n = a_0\varrho^{2m} + a_1\varrho^{2m-2} + \cdots, \quad (n = 2m),$$

dem Verhältnisse der beiden Constanten $\alpha:\beta$, welches durch $-r$ bezeichnet werden möge und den ω und ϖ. Diese Gleichungen sind:

$$\begin{aligned}
(r\omega_0 + \varpi_0)a_m + (r\omega_1 + \varpi_1)a_{m-1} + \cdots + (r\omega_m + \varpi_m)a_0 &= 0,\\
(r\omega_1 + \varpi_1)a_m + (r\omega_2 + \varpi_2)a_{m-1} + \cdots + (r\omega_{m+1} + \varpi_{m+1})a_0 &= 0,\\
\cdots\cdots\cdots\cdots\cdots\cdots\cdots\cdots\cdots\cdots\cdots\cdots\cdots\cdots & \\
(r\omega_m + \varpi_m)a_m + (r\omega_{m+1} + \varpi_{m+1})a_{m-1} + \cdots + (r\omega_{2m} + \varpi_{2m})a_0 &= 0;
\end{aligned}$$

die erste, zweite, etc. besagen, dass resp. die -1te, -2te, etc. Potenz von ϱ^2 in dem Produkte σK fehle. Die ersten m Gleichungen drücken die a durch r aus, die letzte giebt eine Gleich. $m+1^{\text{ten}}$ Grades zu Bestimmung von r, nämlich die gleich Null gesetzte Determinante Δ dieses Systemes. Die Substitution der $m+1$ verschiedenen Wurzeln r in die für die a gefundenen Ausdrücke liefert die $m+1$ Functionen K, die zu ihnen gehörenden σ, R und schliesslich die F, bis auf die multiplicirende Constante, welche nach der Festsetzung auf S. 385 so gewählt wird, dass $\varrho^{n+1}F''(\varrho) = 1$ für $\varrho = \infty$.

Beispiel. Für $n = 2$, also $m = 1$, hat man zwei Functionen K von der Form $K = a_0\varrho^2 + a_1$, worin $a_0 = 1$. Die Multiplikation von K mit σ liefert die ganze Function vom Grade $m-1 = 0$

$$Z^{(0)} = \alpha\omega - \beta\varpi \qquad (\alpha = -\beta . r)$$

und die zwei Gleichungen

$$a_1(\alpha\omega - \beta\varpi) + a_0(\alpha\omega_1 - \beta\varpi_1) = 0,$$
$$a_1(\alpha\omega_1 - \beta\varpi_1) + a_0(\alpha\omega_2 - \beta\varpi_2) = 0,$$

aus denen folgt

$$-r = \frac{\alpha}{\beta} = \frac{(2p + a_1)\varpi_1 - 3q\varpi}{(2p + a_1)\omega_1 - 3q\omega} = \frac{\varpi_1 + a_1\varpi}{\omega_1 + a_1\omega}.$$

Dies giebt, mit Hülfe der unter den ω und ϖ bestehenden Relationen,

$$3a_1^2 + 2pa_1 + q = 0,$$

dieselbe Gleichung, der in dem Beispiele auf S. 365 $a_1 = \frac{1}{6}p(\mathfrak{R} - 4)$ genügt.

Wenn man in σ einsetzt

$$\alpha = \varpi_1 + a_1\varpi, \quad \beta = \omega_1 + a_1\omega,$$

so genügt das aus (64) entstehende F zwar der Lamé'schen Differentialgl., erhält aber die vorgeschriebene Constante erst, wenn man es noch durch $-\frac{\pi a_1}{15}(a_1 p + 2q)$ dividirt.

Die Determinante Δ verschwindet nicht identisch so lange r allgemein bleibt, wie unten direkt gezeigt wird, und kann auch nicht weniger als $m+1$ Wurzeln r haben, — weil sonst eine geringere Anzahl von Functionen K vorhanden wäre. Nimmt man für r nicht solche Werthe, welche Δ zu Null machen, so kann man die a zwar so bestimmen, dass sie den ersten m, nicht aber noch der $m+1^{\text{ten}}$ Gleichung genügen; es fällt also wohl noch die $-m^{\text{te}}$ Potenz von ϱ^2 fort, aber nicht mehr die $-(m+1)^{\text{te}}$. Daher ist denn der Rest R nach ϱ^2 vom Grade $-m-1$ und nicht, wie hier verlangt wird, vom Grade $-m-2$. Hieraus ist klar, dass die Entwickelung von

$$\sigma' = r\int_0^\omega \frac{d\varepsilon}{\varrho^2-\mu^2} + \int_0^\varpi \frac{d\zeta}{\varrho^2-\nu^2}$$

in einen Kettenbruch

$$\sigma' = \cfrac{1}{\lambda_1 - \cfrac{1}{\lambda_2 + \cdots}},$$

so lange r allgemein bleibt, nur Nenner λ von der Form $a+b\varrho^2$ besitzt, wo a und b Constante sind, und nicht von höherem Grade nach ϱ^2. Nimmt man aber für r eine Wurzel der Gleichung $m+1^{\text{ten}}$ Grades $\Delta = 0$, so erhält der $m+1^{\text{te}}$ Nenner die Form

$$\lambda_{m+1} = a + b\varrho^2 + c\varrho^4.$$

Bestimmt man also die $m+1$ verschiedenen Wurzeln r der Gleichung $m+1^{\text{ten}}$ Grades $\Delta = 0$ und bricht jeden der $m+1$ entsprechenden Kettenbrüche für die elliptischen Integrale σ an der m^{ten} Stelle ab, mit dem Schlusse λ_m, also unmittelbar vor dem einzigen Partialnenner zweiten Grades nach ϱ^2, so sind die m^{ten} Näherungsnenner zugleich sämmtliche Functionen K^n, während die durch (64) gegebenen Reste R^n, multiplicirt mit

$$\varrho\sqrt{\varrho^2-b^2}\sqrt{\varrho^2-c^2},$$

die Functionen zweiter Art F^n werden.

Es bleibt noch übrig zu beweisen, dass Δ eine ganze Function $m+1^{\text{ten}}$ Grades von r ist; wir zeigen dazu, dass der Factor der höchsten Potenz von r und der niedrigsten, also der $m+1^{\text{ten}}$ und der 0ten, nicht Null ist. Der erste ist die Determinante

$$\begin{vmatrix} \omega_0 & \omega_1 & \omega_2 & \dots & \omega_m \\ \omega_1 & \omega_2 & \omega_3 & \dots & \omega_{m+1} \\ \cdot & \cdot & \cdot & \cdot & \cdot \\ \omega_m & \omega_{m+1} & \omega_{m+2} & \dots & \omega_{2m} \end{vmatrix},$$

die man in ähnlicher Art behandelt wie die Determinante, welche in dem Zusatz B. zum 5. Kapitel S. 287 vorkommt. Setzt man dazu

$$d\varepsilon_\iota = \frac{d\mu_\iota}{\sqrt{\mu_\iota^2-b^2}\sqrt{\mu_\iota^2-c^2}},$$

so wird die vorstehende Determinante gleich dem $m+1$fachen Integral in dem alle Integrationen von 0 bis ω auszuführen sind

$$\int_0^\omega D.\,d\varepsilon_0\, d\varepsilon_1 \dots d\varepsilon_m,$$

wenn D die Determinante

$$\begin{vmatrix} 1 & \mu_0 & \mu_0^2 & \cdots & \mu_0^m \\ \mu_1 & \mu_1^2 & \mu_1^3 & \cdots & \mu_1^{m+1} \\ \cdot & \cdot & \cdot & \cdot & \cdot \\ \mu_m^m & \mu_m^{m+1} & \mu_m^{m+2} & \cdots & \mu_m^{2m} \end{vmatrix} = \mu_1 \mu_2^2 \ldots \mu_m^m . \Pi,$$

wo Π wie bekannt das Produkt von den $\frac{1}{2}m(m+1)$ Faktoren bezeichnet, deren jeder die Differenz von je zwei der Grössen $\mu_0, \mu_1, \ldots \mu_m$ ist. Wäre dieser Ausdruck Null, so würde er auch Null bleiben, wenn man sämmtliche μ untereinander permutirt; es würde durch Addition der so entstehenden Ausdrücke wieder Null entstehen, und man hätte die Gleichung

$$\int_0^\omega \Pi^2 d\varepsilon_0 d\varepsilon_1 \ldots d\varepsilon_m = 0,$$

während die linke Seite positiv ist. Durch dieselbe Methode lässt sich das von r freie Glied behandeln; indem man nur μ mit ν, ε mit ζ, ω mit ϖ vertauscht, ergiebt sich, dass auch dies von Null verschieden ist.

Durch die Wurzeln dieser Gleichung $\varDelta = 0$ lassen sich die Coefficienten von K, wie aus dem Systeme linearer Gleichungen auf S. 394 hervorgeht, ebensowohl rational ausdrücken wie dies früher durch die Wurzeln $\mathfrak{K}$ geschah.

§ 102, *b.**) Unser Ziel war **erstens**, alle Werthe der Constanten h zu ermitteln, welche bewirken dass die Differentialgleichung

$$\frac{d^2y}{du^2} = [n(n+1)k^2 \sin^2 \operatorname{am} u + h]y,$$

wenn n eine endliche ganze Zahl bezeichnet, eine Lösung besitzt, die eine ganze Function n^{ten} Grades von $\sin\operatorname{am} u$ ist, und **zweitens**, die Lösungen y für solche Werthe von h aufzufinden. Herr **Hermite** hat eine völlig neue Untersuchung geführt: er integrirt diese Gleichung, wenn zwar n noch immer eine endliche ganze Zahl aber h eine beliebige Constante vorstellt, in einer Abhandlung Sur quelques applications des fonctions elliptiques, die in den Comptes rendus seit dem 15. Oct. 1877 erscheint, im Augenblick **) mir aber noch nicht vollständig vorliegt (M. vergl. die Anm. auf S. 220), die ebenso merkwürdig durch die Methode wie durch das

*) Dieser Paragraph wurde während des Druckes hinzugefügt.

**) 1. März 1878.

Resultat ist. Die Lösungen y sind dann nicht mehr, wie in unserem Falle, doppelt periodische Functionen von u, sondern lassen sich durch die Form

$$y = CF(u) + C'F(-u)$$

darstellen, wenn $F(u)$ eine solche (intermediäre) Function ist, dass

$$(a) \ldots \quad F(u+2K) = \mu F(u), \quad F(u+2iK') = \mu' F(u),$$

wo man unter μ und μ' gewisse Constante zu verstehen hat.

Die Function F ist ein Aggregat aus $\frac{1}{2}n$ oder $\frac{1}{2}n+\frac{1}{2}$ einfachen Functionen. Setzt man nämlich

$$\Phi(u) = \frac{H(u+\omega)}{\Theta(u)} e^{\left[\lambda - \frac{\Theta'(\omega)}{\Theta(\omega)}\right]u},$$

und $\Phi(u+2K) = \mu\,\Phi(u)$, $\Phi(u+2iK') = \mu'\,\Phi(u)$, so wird

$$F(u) = \frac{d^{n-1}\Phi(u)}{du^{n-1}} - A_1 \frac{d^{n-3}\Phi(u)}{du^{n-3}} + A_2 \frac{d^{n-5}\Phi(u)}{du^{n-5}} - \cdots,$$

wenn $\sin^2 \operatorname{am} \omega$ und λ^2 rationale Functionen des Modulus k und von h bezeichnen, A_1, A_2, etc. aber ganze Functionen von h und k sind, welche mit den Entwickelungen der Functionen $Al(u)$ nach ganzen Potenzen von u zusammenhängen. Z. B. ist

$$A_1 = \frac{(n-1)(n-2)}{2(2n-1)}\left[h + \frac{n(n+1)(1+k^2)}{3}\right],$$

$$A_2 = \frac{(n-1)(n-2)(n-3)(n-4)}{8(2n-1)(2n-3)}\left[h^2 + \frac{2n(n+1)(1+k^2)h}{3}\right.$$
$$\left. + \frac{n^2(n+1)^2}{9}(1+k^2)^2 - \frac{2n(n+1)(2n-1)}{15}(1-k^2+k^4)\right].$$

So findet Herr Hermite z. B. für $n=1$, wenn man ω so bestimmt, dass die willkürliche Grösse h gleich $-1-k^2\cos^2\operatorname{am}\omega$ ist, als Lösungen $\Phi(u)$ und $\Phi(-u)$ für $\lambda = 0$.

Diese Resultate erhält Herr Hermite mit Hülfe der Eigenschaften doppelt periodischer Functionen. Eine solche ist offenbar, wenn $F(u)$ eine von den durch (a) definirten Functionen bezeichnet, jeder der beiden Ausdrücke

$$F(z)\,\Phi(u-z+iK'), \quad k^2\sin^2\operatorname{am} z\,.\,F(z)\,\Phi(u-z+iK')$$

in Bezug auf z, so dass das ganze Residuum einer jeden von ihnen in einem Parallelogramm der Perioden 0 giebt. Der Faktor $\Phi(u-z+iK')$ wird im Pole $z=u$ unendlich; daher sind die Residua der beiden Functionen in Bezug auf diesen Pol, abgesehen von einem constanten Faktor, resp.

$$F(u), \quad k^2\sin^2\operatorname{am} u\,.\,F(u),$$

und sind gleich der Summe der Residua in Bezug auf die anderen Pole. Ist in $z=\gamma$ irgend einer von ihnen (bei uns wird $\gamma = iK'$), so sei ferner für ein unendlich kleines ε

$$F(\gamma+\varepsilon) = C_\nu \frac{d^\nu \varepsilon^{-1}}{d\varepsilon^\nu} + C_{\nu-1} \frac{d^{\nu-1}\varepsilon^{-1}}{d\varepsilon^{\nu-1}} + \cdots + C_1 \frac{d\varepsilon^{-1}}{d\varepsilon} + C_0\, \varepsilon^{-1}$$
$$+ c_0 + c_1\varepsilon + c_2\varepsilon^2 + \cdots,$$
$$\Phi(u-\gamma-\varepsilon+iK') = \Phi(u-\gamma+iK') - \varepsilon\Phi'(u-\gamma+iK')$$
$$+ \tfrac{1}{2}\varepsilon^2\, \Phi''(u-\gamma+iK') - \cdots.$$

Dasjenige Residuum der ersten von den beiden Functionen, welches sich auf den Pol in $z=\gamma$ bezieht, wird daher ($\gamma = iK'$ gesetzt),

$$C_\nu \frac{d^\nu \Phi(u)}{du^\nu} + C_{\nu-1}\frac{d^{\nu-1}\Phi(u)}{du^{\nu-1}} + \cdots + C_0\, \Phi(u),$$

während das der zweiten mit

$$\frac{1}{(\nu+1)(\nu+2)} C_\nu \frac{d^{\nu+2}\Phi(u)}{du^{\nu+2}}$$

beginnt, im übrigen aber in ähnlicher Art fortläuft wie die vorige Function, nur statt $C_{\nu-1}$, $C_{\nu-2}$, etc. andere Constante enthält, die lineare Functionen der vorigen sind. In der That ist für den Pol in $z=\gamma$

$$k^2\sin^2\mathrm{am}(\gamma+\varepsilon) = \frac{1}{\sin^2\mathrm{am}\,\varepsilon} = \frac{Al^2(\varepsilon)}{Al^2(\varepsilon)_1}$$
$$= \frac{1}{\varepsilon^2} + \frac{1+k^2}{3} + \frac{1-k^2+k^4}{15}\varepsilon^2 + \cdots.$$

Indem man die für $F(u)$ und $n(n+1)k^2\sin^2\mathrm{am}\,u\,F(u)$ auf diese Art gefundenen Ausdrücke in die zu integrirende Differentialgleichung einsetzt, bleibt nur übrig, durch Auflösung linearer Gleichungen die Constanten C so zu bestimmen, dass die Differenz

$$\frac{d^2F(u)}{du^2} - n(n+1)k^2\sin^2\mathrm{am}\,u\,F(u)$$

gleich wird dem Produkte von h und $F(u)$.

Setzt man für h gerade die Werthe, welche ihnen bei den Lamé'schen Functionen zukommen, wodurch die Lösungen sich in periodische Functionen von u verwandeln, so lassen sich die im allgemeinen Falle geltenden Formeln nicht ohne weiteres anwenden, sondern müssen erst transformirt werden, um in diesem Falle die in den früheren Paragraphen gewonnenen Lösungen zu liefern. Diese Umformung hat Herr Hermite auch, bis jetzt für den Fall $n=1$, vorgenommen.

In einer Mittheilung, vom 15. Dec. 1877 datirt, welche 1878 in den Göttinger Nachrichten erscheinen wird und von der ich durch die Güte des Verfassers einen Abdruck in Händen habe, zeigt Herr Fuchs, wie die von H. Hermite gefundenen und in fertiger Form gegebenen Resultate sich aus seinen eigenen, in Borchardt's Journal Bd. 81 bekannt gemachten Untersuchungen ableiten lassen. Er giebt ferner den Weg an, auf dem man die Differentialgleichung

$$(b) \ldots \quad \psi(x)\frac{d^2y}{dx^2} + \tfrac{1}{2}\psi'(x)\frac{dy}{dx} + \vartheta(x)y = 0$$

durch eine entsprechende Form, mit Hülfe der Thetafunctionen von m Argumenten, integriren könne, wenn ψ und ϑ ganze Functionen von x bezeichnen, die erste, mit ungleichen linearen Faktoren, vom Grade $2m+1$ oder $2m+2$, die zweite von einem um zwei Einheiten niedrigerem Grade. Um anzudeuten, in welcher Richtung Herr Fuchs vorgeht, sei erwähnt, dass er im allgemeinen Falle (wenn nämlich h nicht gerade so gewählt wird, dass eine Lösung eine algebraische Function von x wird) eine ganze Function $G(x)$ aufsucht, für welche

$$(c) \ldots \quad y = \sqrt{G}\, e^{\int \frac{dx}{G\sqrt{\psi}}}$$

der Gleich. (b) genügt, was wesentlich darauf hinauskommt, G so zu bestimmen, dass diese Function der Gleich. genügt

$$\psi G''' + \tfrac{3}{2}\psi' G'' + [\tfrac{1}{2}\psi'' + 4\vartheta]G' + 2\vartheta' G = 0.$$

Diese Bestimmung erfordert die Auflösung eines Systemes linearer Gleichungen, dessen Unbekannte die Coefficienten der Potenzen von x in G sind.

Der Exponent von e in (c) kann, da ψ ungleiche Faktoren besitzt, nur Abel'sche oder elliptische Integrale erster und dritter Gattung enthalten, wodurch y charakterisirt wird.

Die Ausführung und die eingehendere Untersuchung des Falles, in welchem ϑ so beschaffen ist, dass die Lösungen y diejenigen Functionen sind, welche ich als Lamé'sche höherer Ordnung im 60. Bd. von Borchardt's Journal einführte (M. vergl. unten den III. Theil, 3. Kapitel), behält sich Herr Fuchs vor.

Indem man in (b) einsetzt

$$y = \psi^{-\frac{1}{4}} . z$$

verwandelt sich (b) in eine Differentialgleichung zweiter Ordnung nach z, nämlich offenbar in

$$(d) \ldots \quad \frac{d^2z}{dx^2} = Pz,$$

wo gesetzt ist

$$4P = \frac{\psi''}{\psi} - \tfrac{3}{4}\left(\frac{\psi'}{\psi}\right)^2 - \frac{4\vartheta}{\psi}$$

von der man, wegen (c), eine Lösung von der Form

$$(e) \ldots \quad z = \sqrt{\varphi(x)}\, e^{\int \frac{dx}{\varphi(x)}}$$

zu suchen hat, wenn man zur Abkürzung setzt $\varphi = G\sqrt{\psi}$. Zunächst bemerkt man, dass eine zweite Lösung von (d) sein muss

$$(f) \ldots \quad z_1 = \sqrt{\varphi(x)}\, e^{-\int \frac{dx}{\varphi(x)}},$$

indem aus (d), nach der Methode, welche ich S. 136 als Abel'sche bezeichnete, unmittelbar folgt, dass, bis auf einen constanten Faktor, sei

$$z_1 = z\int \frac{dx}{z^2} = z\int \frac{dx}{\varphi(x)}\, e^{-\int \frac{2dx}{\varphi(x)}}.$$

Diese Integration lässt sich aber ausführen und giebt $-\frac{1}{2}\varphi(x) : zz$, so dass in der That zz_1 sich in $\varphi(x)$ verwandelt.

Soll (e) eine Lösung von (d) sein, so muss man offenbar haben

$$P = \frac{1}{2}\frac{\varphi''}{\varphi} - \frac{1}{4}\left(\frac{\varphi'}{\varphi}\right)^2 + \frac{1}{\varphi^2}.$$

Wenn man für φ und P ihre Werthe substituirt, so erhält man als Bedingung dafür, dass (b) eine Lösung (c) hat

$$\psi G'G' - 4 - 2\psi G G'' - GG'\psi' - 4\vartheta GG = 0.$$

Daraus folgt zunächst, dass für jede Wurzel von $G = 0$ sei $\psi G'G' = 4$, also sicher nicht ψ oder G' gleich 0; also besitzt G nicht gleiche Faktoren. Differentiirt man endlich die vorhergehende Differentialgleich. zweiten Grades nach x und dividirt durch G, so erhält man die obige Gleichung dritter Ordnung zur Bestimmung von G.

Für die Stellung, welche die Lamé'schen Functionen in der Theorie der Differentialgleichungen und als Grenzfall unter den allgemeineren intermediären einnehmen, haben wir somit einen ganz neuen Gesichtspunkt gewonnen; eine ausführliche Darstellung noch nachträglich hier dem Handbuche einzuverleiben habe ich unterlassen, da der Gegenstand auf den Inhalt desselben vorläufig noch keine direkte Einwirkung ausüben würde.

Dagegen haben wir uns noch mit dem Falle zu beschäftigen, dass n unendlich wird.

§ 103. Wie die Lamé'schen Functionen mit den Kugelfunctionen, so hängen die jetzt einzuführenden Functionen des elliptischen Cylinders mit denjenigen zusammen, welche bisher schlechtweg als Cylinderfunctionen bezeichnet wurden.

Zu denselben gelangt man von der Entwickelung des § 83 ausgehend. Setzt man dort λi statt λ, so zieht man aus demselben, dass die dort mit (b) bezeichnete Gleichung

$$(\alpha) \ldots \quad \frac{\partial^2 U}{(\partial \log \theta)^2} + \frac{\partial^2 U}{\partial \psi^2} - \lambda^2 \theta^2 U = 0$$

als Lösungen die Cylinderfunctionen erster Art

$$(\beta) \ldots \int_{-\pi}^{\pi} e^{-\lambda\theta\cos(\psi-\eta)}(a_m\cos m\eta + b_m\sin m\eta)\,d\eta$$

und die der zweiten Art

$$(\gamma) \ldots \int_{-\infty}^{\infty} e^{-\lambda\theta\cos(iu-\psi)}(a_m\cos miu + b_m\sin miu)\,du$$

hat, wo unter m beliebige ganze Zahlen, die Null eingeschlossen, unter a_m und b_m beliebige Constanten zu verstehen sind. Im letzten Integrale waren Bestimmungen über die Vorzeichen und über die Bedeutung des Zeichens ∞ getroffen; wenn z. B. $\lambda\theta$ positiv ist, so kann ∞ als das reell Unendliche angesehen und zugleich ψ zwischen $-\frac{1}{2}\pi$ und $\frac{1}{2}\pi$ genommen werden. Hier beabsichtige ich vorzugsweise die Functionen erster Art zu behandeln und begnüge mich mit einer Hindeutung auf die zweite Art.

Man führe, wie im § 86, für θ und ψ neue Coordinaten, die für die Ebene geltenden elliptischen ein, indem man setzt

$$(\delta) \ldots \quad \theta\cos\psi = \varrho\cos\varphi, \quad \theta\sin\psi = \sqrt{\varrho^2-1}\,.\sin\varphi,$$

wo $\varrho > 1$, so dass ϱ die grosse Halbaxe einer Ellipse mit den Brennpunkten ± 1 ist, welche durch den Punkt θ, ψ geht. Die leichte Transformation der Gleichung (α) in die Coordinaten ϱ, φ, oder was auf dasselbe hinauskommt, die direkte Umformung der Gleichung

$$\frac{\partial^2 U}{\partial x^2} + \frac{\partial^2 U}{\partial y^2} - \lambda^2 U = 0,$$

aus der (α) entstanden ist, durch die Gleichungen

$$x = \varrho\cos\varphi, \quad y = \sqrt{\varrho^2-1}\,.\sin\varphi,$$

und das Einsetzen der neuen Coordinaten statt θ und ψ auch in (β) und (γ) giebt, entsprechend den Resultaten der Transformation im § 87 und 88, als Differentialgleichung, auf deren Lösung die Untersuchungen über den elliptischen Cylinder oder über elliptische Platten zurückgeführt werden

$$(65) \ldots \quad (\varrho^2-1)\frac{\partial^2 U}{\partial \varrho^2} + \varrho\frac{\partial U}{\partial \varrho} + \frac{\partial^2 U}{\partial \varphi^2} + \lambda^2(\cos^2\varphi - \varrho^2)U = 0.$$

Man findet ferner als Lösungen derselben erster und zweiter Art die im Endlichen endlichen resp. im Unendlichen verschwindenden und zugleich im Endlichen nicht überall endlichen Integrale

$$(65, a) \ldots \int_{-\pi}^{\pi} e^{-\lambda[\varrho,\varphi,\eta]}(a_m \cos m\eta + b_m \sin m\eta)\, d\eta,$$

$$(65, b) \ldots \int_{-\infty}^{\infty} e^{-\lambda[\varrho,\varphi,iu]}(a_m \cos miu + b_m \sin miu)\, du,$$

wenn man zur Abkürzung setzt

$$(65, c) \ldots \quad [\varrho, \varphi, \eta] = \varrho \cos\varphi \cos\eta + \sqrt{\varrho^2-1}\,.\sin\varphi \sin\eta.$$

Die Gleich. (65) kann man mit Anwendung der Substitution

$$\varrho = \cos iu, \quad u = \log(\varrho + \sqrt{\varrho^2-1})$$

auch in die Form bringen

$$(65, d) \ldots \quad \frac{\partial^2 U}{\partial u^2} - \frac{\partial^2 U}{\partial \varphi^2} + \lambda^2(\cos^2\varphi - \cos^2 iu)U = 0.$$

Die Formeln (65) lassen sich verificiren, indem man durch eine sehr leicht auszuführende Differentiation nachweist, dass

$$U = e^{-\lambda[\varrho,\varphi,\eta]}$$

ein partikuläres Integral von (65) ist.

Andere partikuläre Integrale, die sich bei gewissen Fragen verwerthen lassen, sind die Cylinderfunctionen erster und zweiter Art

$$J(i\lambda\sqrt{\varrho^2 - \sin^2\varphi}), \quad K(i\lambda\sqrt{\varrho^2 - \sin^2\varphi}).$$

Ist nämlich $f(r)$ irgend eine Function von

$$r = \sqrt{\varrho^2 - \sin^2\varphi},$$

so wird

$$\sqrt{\varrho^2-1}\frac{\partial}{\partial\varrho}\left(\sqrt{\varrho^2-1}\frac{\partial f}{\partial\varrho}\right) + \frac{\partial^2 f}{\partial\varphi^2} = (\varrho^2 - \cos^2\varphi)\left(f''(r) + \frac{1}{r}f'(r)\right),$$

also wenn f eine Cylinderfunction von $i\lambda r$ ist, gleich

$$\lambda^2(\varrho^2 - \cos^2\varphi)\,.\,f(r).$$

Zu den hier gewonnenen Gleichungen hätte man auch auf dieselbe Weise gelangen können wie früher zu den Cylinderfunctionen, nämlich durch einen Grenzübergang von den Gleichungen, die sich auf die Lamé'schen Functionen beziehen. Ein solcher zeigt auch an, wohin die weitere Untersuchung der neuen Functionen zu richten ist, die nicht mehr, wie die E, ganze oder wenigstens algebraische Functionen der Veränderlichen sind.

Setzt man

$$c = 1, \quad b = 1 - \frac{\lambda^2}{2n^2}, \quad \mu = 1 - \frac{\lambda^2 \sin^2\varphi}{2n^2}, \quad \nu = 1 - \frac{\lambda^2(1-\varrho^2)}{2n^2}$$

und schliesslich $n = \infty$, so wird (§ 87)

$$d\varepsilon = -\,d\varphi, \quad d\zeta = \frac{d\varrho}{\sqrt{\varrho^2-1}}, \quad n^2(\mu^2 - \nu^2) = \lambda^2(\cos^2\varphi - \varrho^2),$$

wodurch die Differentialgleichung (58, c) der Lamé'schen Produkte sich sogleich in (65) verwandelt. Ohne dabei zu verweilen, dass durch denselben Grenzübergang aus den C, etc. die Gleich. (65, a—b) gefunden werden, heben wir zum weitern Fortschritt hervor, dass die erste Gleich. (59) der Lamé'schen Functionen,

$$\frac{d^2E(\mu)}{d\varepsilon^2}+[n(n+1)\mu^2-(b^2+c^2)v]E(\mu)=0,$$

für die Grenzfunctionen, welche Functionen erster und zweiter Art des elliptischen Cylinders heissen und mit $\mathfrak{E}$ und $\mathfrak{F}$ bezeichnet werden mögen, die Gleichung giebt

$$(66)\ \ldots\ \frac{d^2\mathfrak{E}(\varphi)}{d\varphi^2}+(\lambda^2\cos^2\varphi-\mathfrak{B})\mathfrak{E}(\varphi)=0,$$

von der $\mathfrak{F}(\varphi)$ eine zweite Lösung ist. Aus der zweiten Gleichung (59) entsteht wiederum (66), wenn man in letzterer nur φ durch iu ersetzt, wo wie oben $\cos iu=\varrho$. $\mathfrak{B}$ bedeutet eine Constante.

Auf dasselbe Resultat würde der Versuch geführt haben, (65), am bequemsten in der Form (d), durch das Produkt einer Function Φ von φ und einer andern P von ϱ zu integriren. Es ergiebt sich sofort nach dem bekannten Verfahren am Anfange des § 90, dass Φ der Gleichung (66) genügen muss, P derselben nach Vertauschung von φ mit iu, welche Constante auch $\mathfrak{B}$ sei. Bei der entsprechenden Zerlegung der Gleichung (59) in Lamé'sche Produkte wird die Constante, dort v, dadurch bestimmt, dass die betreffende Function E eine ganze Function von μ, etc. sein muss, während hier eine ähnliche Beschränkung nicht zu existiren scheint, da die $\mathfrak{E}$ unendliche Reihen sind. Andrerseits zeigt aber der Uebergang von der Gleichung, von welcher die v abhängen, zur Grenze, dass die $\mathfrak{B}$ nicht willkürlich sein können, wenn auch ihre Anzahl unendlich ist. Die Auswahl der Constanten $\mathfrak{B}$ ist in der That beschränkt, nämlich dadurch, dass die Function $\mathfrak{E}(\varphi)$ eine periodische Function von φ ist, mit der Periode 2π, sich daher in eine convergente trigonometrische Reihe entwickeln lassen muss. Die Forderung, dass der unendlich entfernte Coefficient dieser Reihe Null giebt, ist offenbar die nothwendige, wie sich bald zeigen wird auch die hinreichende Bedingung zur Bestimmung der $\mathfrak{B}$.

Versuche, die Gleichung (66) zu integriren, hat Herr Emile Mathieu in seinem Mémoire sur le mouvement vibratoire d'une membrane de forme elliptique gemacht, im Liouville'schen Journal, II Série, Tome XIII, 1868; S. 137—203. Ueber diesen Versuch berichtet Herr Heinrich Weber in Königsberg in der Einleitung zu seiner Arbeit Ueber die Integration der partiellen Differentialgleichung $\frac{\partial^2 u}{\partial x^2} + \frac{\partial^2 u}{\partial y^2} + k^2 u = 0$ im 1. Bde der Annalen von Clebsch und Neumann: „Die Integration ist dort durch Reihen bewerkstelligt, von denen mit grossem Fleisse eine beträchtliche Anzahl Glieder berechnet sind, für welche aber ebenfalls kein allgemeines Gesetz angegeben ist. Diese Untersuchungen mögen daher für den Physiker immerhin von grossem Werthe sein, mathematisch scheint mir das Problem dadurch der Lösung wenig näher gebracht zu sein, als durch die Aufstellung der gewöhnlichen Differentialgleichungen selbst.“ Er erwähnt zugleich im § 9, dass er noch nicht im Stande sei, Integrale in einer auch nur einigermaassen übersichtlichen Form aufzustellen und wendet seine Untersuchungen dort deshalb nur auf Fälle an, welche sich nicht auf Ellipsen, sondern auf Parabeln beziehen und auf Gleichungen von der Form

$$\frac{d^2 X}{dx^2} + (a + bx^2)X = 0.$$

Es gehören diese sämmtlich unter die allgemeine Form

$$\frac{d^2 y}{du^2} = y[a^2 u^{2\lambda-2} + afu^{\lambda-2} + gu^{-2}],$$

welche Euler im 2. Bde der Inst. Calc. integr. Sect. I, Cap. X, No. 1043—1044 durch bestimmte Integrale gelöst hat. Zu Gleichungen derselben Art wie (66) gelangt man auch, wenn man die üblichen Methoden anwendet, um den mit der Zeit veränderlichen Wärmezustand in einem Rotationsellipsoid aufzusuchen, dessen Temperatur an der Oberfläche Null ist. Dann tritt die Gleichung auf

$$\frac{d}{d\varrho}\left[(\varrho^2-1)\frac{dP}{d\varrho}\right] - \left[n(n+1) + \alpha(\varrho^2-1) + \frac{m^2}{\varrho^2-1}\right]P = 0,$$

welche auf die Integration einer Gleichung von der Art zurückgeführt wird, wie sie hier vorliegt, nämlich von

$$(\varrho^2-1)\frac{d^2 P}{d\varrho^2} + a\varrho\frac{dP}{d\varrho} + (b + c\varrho^2)P = 0.$$

Alle diese Gleichungen gehören in das Gebiet der Gleichungen, welchen die Lamé'schen Functionen verschiedener Ordnungen genügen, mit denen wir uns im folgenden Theile beschäftigen.

Bei der Schwierigkeit, welche die Gleichung (66) bisher darbot, wird es nicht überflüssig sein, hier über dieselbe zu handeln.

§ 104. Zur Integration von (66) ist es bequem statt der Constanten $\mathfrak{B}$ und statt λ andere Werthe einzuführen, nämlich zu setzen

$$\lambda = 4\beta, \quad \beta^2 = \frac{1}{b}, \quad 8\beta^2 - \mathfrak{B} = 4z,$$

wodurch die Gleichung (66) sich in

$$\frac{d^2 \mathfrak{C}(\varphi)}{d\varphi^2} + (8\beta^2 \cos 2\varphi + 4z)\mathfrak{C}(\varphi) = 0$$

verwandelt.

Man bemerkt, dass die $\mathfrak{E}$, wie die E in vier Classen zerfallen. Die Functionen der ersten, die der Klasse K entsprechen würden, welche wir hier ausführlich behandeln, haben die Form

$$(66, a) \ldots \quad \mathfrak{E}(\varphi) = \tfrac{1}{2}\alpha_0 + \alpha_1 \cos 2\varphi + \alpha_2 \cos 4\varphi + \cdots,$$

wenn die α Constante nach φ vorstellen, welche allerdings noch die unbekannte und zu bestimmende Constante z enthalten. Die zweite Classe wird nach Cosinus der ungeraden Vielfachen von φ entwickelt, die dritte nach den Sinus der ungeraden Vielfachen, die vierte nach den Sinus der geraden Vielfachen.

Setzt man (66, a) statt $\mathfrak{E}$ in die Gleichung ein, so findet man zur Bestimmung der Coefficienten die Recursionsformeln

$$(66, b) \ldots \quad \begin{aligned} \alpha_1 &= -\tfrac{1}{2} b z \alpha_0, \\ \alpha_2 &= b(1-z)\alpha_1 - \alpha_0, \\ \alpha_3 &= b(4-z)\alpha_2 - \alpha_1, \\ &\cdots\cdots\cdots \\ \alpha_{m+1} &= b(m^2-z)\alpha_m - \alpha_{m-1}. \\ &\cdots\cdots\cdots \end{aligned}$$

Damit ferner die Reihe convergent sei, ist erforderlich, dass α_m mit wachsendem m unendlich klein werde, obgleich dies nicht genügend ist (S. u. No. 6 S. 412).

Um die Verhältnisse, die hier in Frage kommen, näher zu beleuchten, setze man zuerst eine endliche mit $\alpha_m \cos 2m\varphi$ abbrechende Reihe in die Differentialgleichung ein. Sind dann die α durch das obige System linearer Gleichungen bestimmt, so erhält man

$$\frac{d^2\mathfrak{E}}{d\varphi^2} + (8\lambda^2 \cos 2\varphi + 4z)\mathfrak{E} = 4\lambda^2 \alpha_m \cos(2m+2)\varphi - 4\lambda^2 \alpha_{m+1} \cos 2m\varphi.$$

Wenn z so gewählt wird, dass α_m und α_{m+1} beliebig klein werden, so ist auch die linke Seite beliebig nahe Null.

Man wendet nun die Principien von Sturm zur Bestimmung der Werthe von z und der Coefficienten α an.

1) Setzt man $\alpha_0 = 1$, so sind die α ganze Functionen von z, und zwar ist α_m vom Grade m. Die Functionen $\alpha_0, \alpha_1, \ldots, \alpha_m$ geben für $z = \infty$ nur Zeichenwechsel, für $z = -\infty$ nur Zeichenfolgen. Während z von $-\infty$ bis ∞ auf reellem Wege wächst, gehen daher m Zeichenfolgen verloren; wie bei den Sturm'schen Resten geht nur dann eine Folge verloren, wenn α_m, das letzte Glied der Reihe, durch Null geht, da auch hier, wenn ein mittleres Glied α_ι verschwindet, die einschliessenden Functionen $\alpha_{\iota+1}$ und $\alpha_{\iota-1}$ entgegengesetzte Zeichen besitzen. Es gehen also Zeichen-

folgen nur verloren, werden aber nicht gewonnen; die Anzahl der zwischen zwei Werthen von z verloren gegangenen Zeichenfolgen ist genau die Anzahl der reellen Wurzeln von $\alpha_m = 0$ zwischen diesen zwei Werthen, und die **Gleichung besitzt nur reelle ungleiche Wurzeln.**

Wenn $b > 1$, so werden schon für $z = -2$ nur Zeichenfolgen vorkommen, ist aber $b < 1$, so geschieht dies, wenn $z = -\frac{2}{b}$ gesetzt ist, so dass man bereits **eine untere Grenze aller Wurzeln von $\alpha_m = 0$ kennt.**

Die folgenden Entwickelungen beziehen sich sowohl auf den Fall $b < 1$ als auch $b > 1$, von denen der letztere der einfachere und bei den Aufgaben über die Wärmebewegung in sofern der wichtigere ist, als er diejenigen Glieder des Resultats liefert, welche den grössten Beitrag zu demselben geben. Um beide Fälle zugleich zu behandeln setze ich fest, dass während dieser Untersuchung m solche ganzen positiven Zahlen vorstellt, welche über 3 liegen wenn $b > 1$, welche ferner $b(m-2)$ grösser als 1 machen wenn $b < 1$.

2) **Die grösste Wurzel z der Gleichung $\alpha_m = 0$ liegt zwischen $(m-1)^2$ und m^2, und ist die einzige Wurzel in diesem Intervalle.**

Man entwickele zum Beweise $\alpha_m : \alpha_{m-1}$ in den Kettenbruch

$$\frac{\alpha_m}{\alpha_{m-1}} = b[(m-1)^2 - z]$$

$$+ \cfrac{1}{b[z-(m-2)^2] - \cfrac{1}{b[z-(m-3)^2] - \cfrac{1}{\ddots \, \cfrac{1}{b[z-1^2] - \cfrac{1}{\frac{1}{2}bz}}}}}.$$

Alle Partialnenner sind, wenn $z \geqq (m-1)^2$ gemacht wird, positiv und > 2, woraus folgt (§ 65, β), dass der zu $b[(m-1)^2 - z]$ hinzukommende Kettenbruch positiv ist und < 1; also ist $\alpha_m : \alpha_{m-1}$ positiv, d. h. α_{m-1} hat mit α_m das gleiche Zeichen. Wenn dagegen z gleich oder grösser als m^2 genommen wird, so ist

$$b[z-(m-1)^2] \geqq b(2m-1) = 2b(m-2) + 3b > 2;$$

also bleibt $\alpha_m : \alpha_{m-1}$ dann negativ. Weil aber zwei benachbarte α nicht zugleich verschwinden und kein α gleiche Faktoren hat, so kann α_m (selbstverständlich auch α_{m-1}) nicht verschwinden wenn $z > m^2$.

Um noch den letzten Theil der obigen Behauptung zu beweisen, geht man davon aus, dass $\alpha_{m-1} = 0$ keine Wurzel über $(m-1)^2$ besitzt, dass also $\alpha_0, \alpha_1, \ldots, \alpha_{m-1}$ für $z = (m-1)^2$ genau $m-1$ Zeichenwechsel geben, daher ihre Zeichen abwechseln. In Folge des Systemes (66, b) hat α_m für diesen Werth von z das Zeichen von $-\alpha_{m-2}$, also das von α_{m-1}, so dass die Zeichenreihe $\alpha_0, \alpha_1, \ldots, \alpha_m$ für $z = (m-1)^2$ genau $m-1$ Zeichenwechsel und eine Folge besitzt. Für wachsende z ändern die Functionen $\alpha_0, \ldots, \alpha_{m-1}$ nicht mehr das Zeichen, während α_m schon für $z = m^2$ das entgegengesetzte Zeichen, also die Reihe $\alpha_0, \ldots, \alpha_m$ genau m Zeichenwechsel erhält, so dass $\alpha_m = 0$ nicht nur sämmtliche Wurzeln unter m^2, sondern auch genau eine zwischen $(m-1)^2$ und m^2 hat. Man kann hinzufügen, dass von jeder Gleichung $\alpha_{m+1} = 0$, $\alpha_{m+2} = 0, \ldots$, m Wurzeln unter m^2 liegen, weil die Zeichenreihe bis zu den Functionen $\alpha_{m+1}, \alpha_{m+2}, \ldots$ so viele Wechsel anzeigt.

3) Aus dem System (66, b) folgt, dass die sämmtlichen α die Näherungsnenner des Kettenbruchs sind

$$(67) \ldots \quad \sigma = 1 - \cfrac{1}{-\frac{1}{2}bz - \cfrac{1}{b(1-z) - \cfrac{1}{b(4-z)} - \cdots}},$$

und zwar ist, nach der Bezeichnung des 5. Kapitels im 1. Theile, in Bezug auf diesen zu Grunde liegenden Kettenbruch (indem der Buchstabe N die Näherungsnenner und nicht etwa die Lamé'schen Functionen vorstellt)

$$\alpha_1 = N_1, \quad \alpha_2 = N_2, \quad \ldots, \quad \alpha_m = N_m, \quad \ldots,$$

und man hat

$$(67, a) \ldots \quad \mathfrak{C}(\varphi) = \tfrac{1}{2} + N_1 . \cos 2\varphi + N_2 . \cos 4\varphi + \cdots.$$

Welchen Werth man auch z beilegt so hat σ immer einen bestimmten Werth, und ist nicht ein oscillirender Bruch, sondern es nähert sich wenigstens einer der Werthe σ oder $1 : \sigma$ einer bestimmten Grenze, da seine sämmtlichen Partialzähler -1 sind, während die Partialnenner $b(m^2 - z)$ mit wachsendem m über 2 und dann weiter über alle Grenzen wachsen.

Bezeichnet r_ι für ein festgehaltenes m die ι^{te} Wurzel von $N_m = 0$, so haben die Gleichungen

$$N_{m+1} = 0, \quad N_{m+2} = 0, \quad \ldots$$

zwischen $z = -\infty$ und $z = r_\iota$ genau ι Wurzeln.

Wenn nämlich z von $r_\iota - 0$ bis $r_\iota + 0$ wächst, so geht in der Reihe α_0 bis α_m incl. eine Zeichenfolge verloren. Es müssen also vorher $\iota - 1$ vorhanden gewesen sein, nachher ι, und in der Reihe bis α_{m+1} incl. beide Male genau ι da, wie schon erwähnt wurde, wenn α_m verschwindet sicher α_{m-1} und α_{m+1} entgegengesetzte Zeichen besitzen. Die Zeichen sind also durch folgendes Schema gegeben, in welchem die oberen und ebenso die unteren Zeichen zusammen gehören:

	α_{m-1}	α_m	α_{m+1}
$[r_\iota - 0]$	$\pm$	$\pm$	$\mp$
$[r_\iota + 0]$	$\pm$	$\mp$	$\mp$.

Zu beweisen bleibt, dass $\alpha_{m+2}, \alpha_{m+3}, \ldots$ sämmtlich das gleiche Zeichen $\mp$ besitzen. Dazu beachte man, dass die α durch Gleichungen

$$\alpha_{\nu+2} = \lambda_{\nu+2}\alpha_{\nu+1} - \alpha_\nu$$

zusammenhängen, wo von einem gewissen Werthe m des Index ν an alle λ grösser als 2 sind. Es wird für $z = r$

$$\alpha_{m+2} = \lambda_{m+2}\alpha_{m+1} - \alpha_m = \lambda_{m+2}\alpha_{m+1} > 2\alpha_{m+1}.$$

Ferner hat dann α_{m+2} das Zeichen von α_{m+1} also $\mp$; dann erhält

$$\alpha_{m+3} = \lambda_{m+3}\alpha_{m+2} - \alpha_{m+1}$$

das Zeichen von α_{m+2}, u. s. f., wie zu zeigen war. Zugleich gewinnt man den Zusatz, den ich ausspreche, indem ich zugleich die N statt α setze:

Jede von den Gleichungen $N_{m+1} = 0$, $N_{m+2} = 0$, ... hat zwischen zwei Wurzeln $r_{\iota+1}$ und r_ι von $N_m = 0$ genau eine Wurzel — vorausgesetzt dass m gross genug genommen wird. Denn beim Beweise wurde angenommen, dass

$$\lambda_{m+2} = b[(m+2)^2 - r_\iota]$$

grösser als 2 sei. Da wir nicht darauf ausgehen, die Wurzeln einer Gleichung $N_m = 0$ für einen bestimmten Index m zu berechnen, sondern zu zeigen, dass alle Wurzeln dieser Gleichung unter einer beliebig gegebenen festen Zahl c, mit wachsendem m, bestimmten Grenzen zustreben, und diese Grenzen mit beliebiger Annäherung, also kurz die Wurzeln von $N_\infty = 0$ zu berechnen, so können wir uns trotz der obigen Voraussetzung des Satzes und Zusatzes in 3) bedienen.

4) Alle Wurzeln von $N_\infty = 0$ in diesem Sinne, bis zu einer beliebigen Grösse c, lassen sich einzeln in Grenzen einschliessen. Zunächst sucht man eine ganze Zahl m, so dass $m^2 > c$, und ist sicher dass die sämmtlichen Gleichungen $N_{m+1} = 0$, $N_{m+2} = 0, \ldots, N_\infty = 0$ nur zwischen $z = -\infty$ und $z = m^2$ solche Wurzeln besitzen, die c nicht übersteigen. Dann nimmt man m noch grösser, nämlich gleich irgend einer Zahl n, für welche

$$\lambda = b[(n+2)^2 - m^2] > 2.$$

Diese Function N_n ist es, von welcher wir ausgehen um die Wurzeln von $N_\infty = 0$, welche unter $z = c$ liegen, zu berechnen. Wir lösen nämlich die Gleichung n^{ten} Grades $N_n = 0$ nach z auf; zwischen je zwei Wurzeln r_1 und r_2, r_2 und $r_3, \ldots, r_{m-1}$ und r_m derselben liegt nach No. 3 je eine Wurzel von jeder folgenden Gleichung $N_{n+1} = 0$, etc. Eine untere Grenze aller Wurzeln ist ferner, wie aus (66, b) hervorgeht, noch kleiner als der negative Werth z, welcher bewirkt, dass $bz > 4$. Zwischen diesem Werthe und r_1 liegt die kleinste Wurzel. Sonach ist jede Wurzel von $N_\infty = 0$ zwischen 2 Grenzen eingeschlossen.

5) Nachdem nunmehr Grenzen γ und δ gefunden sind, innerhalb welcher genau einmal jede einzelne Function N_{m+1}, N_{m+2}, etc. durch Null geht, N_m nicht durch Null geht, so wird gezeigt, wie sich durch Einschieben von Zahlen zwischen γ und δ engere Grenzen γ_n und δ_n ergeben, zwischen denen sämmtliche Functionen N_n, N_{n+1}, etc. gleichfalls je einmal verschwinden (wenn n eine Zahl über m bezeichnet) und die so beschaffen sind, dass $\gamma_n - \delta_n$ für $n = \infty$ verschwindet, während γ_n sowohl wie δ_n sich einer festen Grenze nähert. Demnach existirt wirklich eine Wurzel von $N_\infty = 0$, welche zwischen γ und δ liegt.

Beweis. Für einen zwischen γ und δ liegenden Werth von z kann erstens N_{m+1} das Vorzeichen von N_m besitzen und zugleich $N_{m+1} > N_m$ sein. Da λ_n grösser als 2 ist, mit n sogar über alle Grenzen wächst, so müssen, nach der Recursionsformel

$$N_{n+2} = \lambda_{n+2} N_{n+1} - N_n,$$

N_{m+1}, N_{m+2}, etc. dasselbe Zeichen haben und eine Reihe von Gliedern bilden, welche fortwährend mit dem Index und bis in's Unendliche wachsen. Bei dem Aufsuchen der Wurzel von N_∞ lassen sich also die Grenzen γ und δ durch engere ersetzen, nämlich durch den soeben eingeschobenen Werth von z, während man als zweite Grenze γ oder δ beibehält, je nachdem die Zeichenreihe des ersten oder zweiten der für das erwähnte z erhaltenen entgegengesetzt ist.

Haben zweitens für den eingeschobenen Werth z die Functionen N_m und N_{m+1} entgegengesetzte Zeichen, so hat N_{m+2} das Zeichen von N_{m+1} und ist grösser als dieses. Man schliesst also wie beim vorigen Falle, dass N_{m+1}, N_{m+2}, etc. mit gleichen Zeichen versehen sind und das eingeschobene z zu einer neuen Grenze genommen werden kann.

Indem man so fortfährt, rückt man die Grenzen, zwischen denen eine Wurzel von $N_\infty = 0$ liegt, beliebig nahe, den einzigen Fall ausgenommen, dass man drittens ein solches z einschiebt, für welches zwar N_m und N_{m+1} gleiche Zeichen besitzen, aber $N_{m+1} < N_m$. Dann kann zunächst der Fall eintreten, dass N_{m+1}, N_{m+2}, etc. gleiche Zeichen bekommen, bis zu einem Index n abnehmen, und von dort an sich wie im ersten oder zweiten Falle verhalten, wodurch wiederum ein Zusammenziehen der Grenzen ermöglicht ist. Nehmen die N_n aber mit wachsendem n immerfort ab, so müssen sie sich der Grenze Null nähern, so dass dieses z dann N_∞ zu Null macht. Man hat nämlich für jedes n nach der Annahme

$$N_{n+2} = \lambda_{n+2} N_{n+1} - N_n < N_{n+1}$$

und hieraus

$$N_{n+1}(\lambda_{n+2} - 1) < N_n.$$

Die Functionen N nehmen also mit wachsendem n für das betreffende z nicht nur ab, sondern sogar so stark, dass für alle n wird

$$N_{n+1} < \frac{N_n}{b[(n+1)^2 - z] - 1};$$

sie nehmen also schnell zu Null ab.

Hierdurch ist der Beweis geliefert, dass die Wurzeln der Gleichung $N_\infty = 0$ existiren; es sind auch, wie No. 3 forderte, die Mittel gefunden, um sie sämmtlich, bis zu jeder beliebigen Grösse c, mit beliebiger Annäherung zu berechnen. Nachdem nämlich auf eine bestimmte Art jede Wurzel in zwei Grenzen eingeschlossen war, lernten wir Mittel kennen, diese mit Grenzen γ_n und δ_n von solcher Beschaffenheit zu vertauschen, dass N_n für $z = \gamma_n$ und $z = \delta_n$ entgegengesetzte Zeichen annimmt.

6) Es genügte noch nicht, dass α_∞ oder N_∞ Null sei, ausser-

dem soll die Reihe für $\mathfrak{E}$ convergiren (§ 104, S. 406). Dies geschieht aber nach dem Obigen. Nachdem man nämlich in Bezug auf eine Wurzel z die Function N mit einem Index n erreicht hat, von dem aus die folgenden N abnehmen, wird nach 5)

$$N_{n+\nu+1} < N_{n+\nu-1} \cdot \frac{1}{b(n^2-z)},$$

so dass die Reihe (67, a) jedenfalls convergirt, sogar noch convergirt, wenn man statt φ einen imaginären Bogen iu setzt.

7) In dem Falle, dass $b>1$, gestalten sich die Verhältnisse etwas einfacher als in dem andern (S. 407), indem die Regelmässigkeit in der Vertheilung der Wurzeln von N_∞, die sonst erst bei späteren n beginnt, hier schon bei $n=1$ eintritt. Mit Hülfe des Kettenbruchs unter No. 2 für $\alpha_m:\alpha_{m-1}$ oder $N_m:N_{m-1}$ zeigt sich sofort, dass man folgende Zeichenreihe erhält:

	N_0	N_1	N_2	N_3	...	N_{n-2}	N_{n-1}	N_n	N_{n+1}	...
[−2]	+	+	+	+	...	+	+	+	+	...
[0]	+	−	−	−	...	−	−	−	−	...
[1]	+	−	−	−	...	−	−	−	−	...
[4]	+	−	+	+	...	+	+	+	+	...
[9]	+	−	+	−	...	−	−	−	−	...
. . . .	.	.	.	.	.	.	.	.	.	.
$[(n-1)^2]$	+	−	+	−	...	$(-1)^{n-2}$	$(-1)^{n-1}$	$(-1)^{n-1}$	$(-1)^{n-1}$	...
$[n^2]$	+	−	+	−	...	$(-1)^{n-2}$	$(-1)^{n-1}$	$(-1)^n$	$(-1)^n$	...
. . . .	.	.	.	.	.	.	.	.	.	.

so dass also eine negative Wurzel z von $N_\infty=0$ zwischen -2 und 0 vorhanden ist; die übrigen liegen zwischen 1 und 4, 4 und 9, etc., allgemein zwischen $(n-1)^2$ und n^2.

§ 105. Im vorigen Paragraphen wurden die Cylinderfunctionen erster Klasse, welche den Lamé'schen Functionen der Klasse K entsprechen, aufgefunden. Ich stelle die hauptsächlichen Resultate zusammen, welche eine ähnliche Untersuchung für die drei anderen Klassen liefert.

Für die vierte Klasse, welche den Lamé'schen N entspricht, findet man

$$(67, b) \ldots \quad \mathfrak{E}(\varphi) = Z_1 \sin 2\varphi + Z_2 \sin 4\varphi + Z_3 \sin 6\varphi + \cdots,$$

wenn die Coefficienten Z die Näherungszähler des Kettenbruchs (67) bezeichnen; für z hat man die Wurzeln von Z_∞ zu nehmen.

Für die **zweite** und **dritte** Klasse (L, M) hat man

$$(67, c) \ldots \quad \mathfrak{E} = N_1 \cos\varphi + N_2 \cos 3\varphi + \cdots,$$

$$(67, d) \ldots \quad \mathfrak{E} = Z_1 \sin\varphi + Z_2 \sin 3\varphi + \cdots,$$

wenn Z und N die Näherungs-Zähler und Nenner sind des Kettenbruchs

$$(67, e) \ldots \quad \cfrac{1}{1 - \cfrac{2}{\frac{1}{4}b(1-4z)+1 - \cfrac{1}{\frac{1}{4}b(9-4z) - \cfrac{1}{\frac{1}{4}b(25-4z) - \cfrac{1}{\text{etc.}}}}}}$$

Für z sind die Wurzeln der Gleichung resp. $N_x = 0$ oder $Z_x = 0$ zu nehmen.

§ 106. Die Differentialgleichung (65, d) kann nach dem Vorhergehenden, wenigstens wenn man die im Endlichen endlichen Lösungen betrachtet, auf doppelte Art integrirt werden, einerseits durch lineare Verbindungen von Produkten $\mathfrak{E}(\varphi)\mathfrak{E}(iu)$, andererseits durch die Summe von Integralen (65, a). Wie im § 97, Schema B., hat man also Gleichungen für jede der vier Klassen von $\mathfrak{E}$, von denen die, welche sich auf die erste Klasse beziehen, die Form annehmen

$$2\pi\, \mathfrak{E}_s(\varphi)\mathfrak{E}_s(iu) = \Sigma h_\tau^s \int_{-\pi}^{\pi} e^{-\lambda(\varrho,\varphi,\eta)} \cos\tau\eta\, d\eta,$$

wenn die Summe sich auf alle geraden Zahlen τ bezieht und der Index s das Individuum der Klasse bezeichnet. Setzt man hier $\varrho = 1$, so geht u in 0 über und $\mathfrak{E}(0)$ ist eine Constante. Das Integral auf der Rechten wird aber

$$\int_{-\pi}^{\pi} e^{-\lambda \cos\varphi \cos\eta} \cos\tau\eta\, d\eta = 2\pi i^\tau J_\tau(i\lambda\cos\varphi).$$

Dies giebt eine **Entwickelung der Function** $\mathfrak{E}$ **erster Klasse nach Functionen des Kreiscylinders**

$$(68) \ldots \quad A\mathfrak{E}_s(\varphi) = \Sigma i^\tau h_\tau^s J_\tau(i\lambda\cos\varphi),$$

wenn wie in (60) auch hier A eine Constante ist.

Aehnlich verhält es sich mit den anderen Klassen.

Die E geben nach § 97 wesentlich dieselben constanten Coefficienten, wenn man sie nach Zugeordneten P_m^n vom Argumente $\frac{\mu}{b}$ oder $\frac{\mu}{c}$ ordnet, wie wenn man sie nach Cosinus der Vielfachen eines Winkels entwickelt. Hier zeigen die $\mathfrak{E}$ dasselbe Verhalten in Bezug auf die Entwickelung nach J und nach trigonometrischen Functionen der Vielfachen von φ. Um diese Bemerkung weiter zu verfolgen, setze man x für $i\lambda\cos\varphi$ und findet

$$-\frac{d^2J_\tau}{d\varphi^2} = (\lambda^2+x^2)\frac{d^2J_\tau}{dx^2}+x\frac{dJ_\tau}{dx};$$

die rechte Seite ist aber wegen der Differentialgleichung, welcher J genügt

$$= \lambda^2\frac{d^2J_\tau}{dx^2}+(\tau^2-x^2)J_\tau.$$

Die Differentialgleichung (66) der $\mathfrak{E}$ giebt dann folgende Beziehung zwischen den h, welche zu dem gleichen s gehören

$$\Sigma i^\tau h_\tau\left[\lambda^2\frac{d^2J_\tau}{dx^2}+(\mathfrak{B}+\tau^2)J_\tau\right]=0.$$

Nach § 61, c wird aber

$$4\frac{d^2J_\tau}{dx^2} = J_{\tau-2}-2J_\tau+J_{\tau+2};$$

dies in die vorige Gleichung eingesetzt, giebt die Relationen ($\tau > 2$ vorausgesetzt)

$$\begin{aligned}\lambda^2h_2 &= (4\mathfrak{B}-2\lambda^2)h_0,\\ \lambda^2h_4 &= (4.4^2+4\mathfrak{B}-2\lambda^2)h_2-2\lambda^2h_0,\\ \lambda^2h_{\tau+2} &= (4\tau^2+4\mathfrak{B}-2\lambda^2)h_\tau-\lambda^2h_{\tau-2}.\end{aligned}$$

Führt man für die Constanten λ und $\mathfrak{B}$ (S. 406) die Werthe aus § 104

$$\lambda^2=\frac{16}{b},\quad \mathfrak{B}=\frac{8}{b}-4z$$

ein, so verwandeln sich diese Gleichungen zwischen h_0, h_2, h_4, etc. in dieselben, welche nach (66, b) zwischen $2\alpha_0$, α_1, α_2, etc. bestehen, und man erhält demnach:

a) Jede Function $\mathfrak{E}(\varphi)$ der ersten Klasse lässt sich nach Cylinderfunctionen J in die Reihe

(68, a) ... $\mathfrak{E}(\varphi) = 2J_0(i\lambda\cos\varphi)-N_1J_2(i\lambda\cos\varphi)+N_2J_4(i\lambda\cos\varphi)-\cdots$

entwickeln, wenn N_1, N_2, etc. dieselbe Bedeutung haben wie S. 408 in (67, a).

Hier wie dort sind für z die Wurzeln der Gleichung $N_\infty = 0$ zu setzen. Aehnliche Resultate erhält man für die drei anderen Klassen. Aus dem obigen Verfahren und dem Umstande, dass die für die J angewandten Formeln ebenso für die Cylinderfunction zweiter Art K gelten, findet man:

b) Die Functionen des elliptischen Cylinders zweiter Art der ersten Klasse lassen sich in die Reihe

(68, *b*) ... $\mathfrak{F}(\varphi) = 2K_0(i\lambda\cos\varphi) - N_1 K_2(i\lambda\cos\varphi) + N_2 K_4(i\lambda\cos\varphi) - \cdots$

entwickeln, wenn die N dasselbe bedeuten wie unter *a*).

Hiermit schliessen wir diese Untersuchungen über die $\mathfrak{E}$ und $\mathfrak{F}$ ab. Dass auch diese Functionen sich ähnlich wie die E zur Vornahme von Entwickelungen eignen, ist klar, da für die Bestimmung der Coefficienten aus (66) der Satz folgt,

$$\int_0^{2\pi} \mathfrak{E}_m(\varphi) . \mathfrak{E}_n(\varphi) d\varphi = 0,$$

wenn m und *n* verschieden sind.

Viertes Kapitel.

Ueber orthogonale Substitutionen. Anwendung derselben auf Entwickelungen der $\mathfrak{E}$ und *E*. Entwickelung der Kugelfunctionen nach Lamé'schen Produkten.

§ 107. Die Untersuchungen, welche den Gegenstand dieses Kapitels bilden, leite ich mit der Zusammenstellung von bekannten Sätzen über orthogonale Substitutionen ein.

Eine homogene Function zweiten Grades von $n+1$ Veränderlichen $x_0, x_1, x_2, \ldots x_n$

$$V = \sum_{\varkappa=0}^{n} \sum_{\iota=0}^{n} a_{\iota\varkappa} x_\iota x_\varkappa,$$

in der $a_{\iota\varkappa} = a_{\varkappa\iota}$, kann durch eine lineare orthogonale Substitution (A)

$$\begin{aligned} x_0 &= c_{00} y_0 + c_{01} y_1 + \cdots + c_{0n} y_n, \\ x_1 &= c_{10} y_0 + c_{11} y_1 + \cdots + c_{1n} y_n, \\ &\cdots\cdots\cdots\cdots \\ x_n &= c_{n0} y_0 + c_{n1} y_1 + \cdots + c_{nn} y_n, \end{aligned}$$

in die Form

$$V = z_0 y_0^2 + z_1 y_1^2 + \cdots + z_n y_n^2$$

gebracht werden, wenn die z nicht willkürlich gegebene, sondern bestimmte nur von den a abhängige Constanten bezeichnen. Orthogonal heisst die Substitution, wenn aus den linearen Gleichungen, welche zwischen den x und y bestehen, die Identität folgt

$$x_0^2 + x_1^2 + \cdots + x_n^2 = y_0^2 + y_1^2 + \cdots + y_n^2.$$

Die Verhältnisse $c_{0\iota} : c_{1\iota} : \cdots : c_{n\iota}$ ergeben sich aus dem ι^{ten} Werthe von z und den a durch Auflösung der linearen Gleichungen (B)

$$\begin{aligned}(a_{00} - z)c_{0\iota} + a_{01}c_{1\iota} + \cdots + a_{0n}c_{n\iota} &= 0,\\ a_{10}c_{0\iota} + (a_{11} - z)c_{1\iota} + \cdots + a_{1n}c_{n\iota} &= 0,\\ \cdots\cdots\cdots\cdots\cdots\cdots &\\ a_{n0}c_{0\iota} + a_{n1}c_{1\iota} + \cdots + (a_{nn} - z)c_{n\iota} &= 0,\end{aligned}$$

und aus ihnen folgen die Werthe der c selbst, weil $c_{0\iota}^2 + c_{1\iota}^2 + \cdots + c_{n\iota}^2$ gleich 1 sein muss.

Zunächst hat man für z solche Werthe zu suchen, welche die Determinante dieses Systemes, die vom Grade $n+1$ ist, zu Null machen. Diese Determinante heisse $f(z)$; sie ist

$$f(z) = \begin{vmatrix} a_{00} - z & a_{01} & \ldots & a_{0n} \\ a_{10} & a_{11} - z & \ldots & a_{1n} \\ \cdot & \cdot & \cdot & \cdot \\ a_{n0} & a_{n1} & \ldots & a_{nn} - z \end{vmatrix}.$$

Die $n+1$ Wurzeln von $f(z) = 0$ sind die in dem Ausdrucke von V auftretenden Grössen $z_0, z_1, \ldots, z_n$.

Setzt man in das System B. der linearen Gleichungen für z diese Wurzelwerthe der Reihe nach ein, so lassen sich aus jedem der $n+1$ so entstehenden Systeme linearer Gleichungen die Coefficienten c, die zu dem betreffenden z gehören, bestimmen. Im § 108 Gleich. 69, $c - d$ zeigt sich, wie man diese c darstellen kann, wenn V in einer Gestalt auftritt, welche bei unseren Untersuchungen allein von Interesse ist, während ich hier, um zu einem Abschlusse zu gelangen, das Resultat für den allgemeinsten Fall in der üblichen Form mittheile, in einer Bezeichnung, der sich Herr Weierstrass im Monatsbericht der Berliner Akademie vom 4. März 1858 bedient.

Die Unterdeterminante, welche entsteht wenn man in $f(z)$ die α^{te} Horizontal- und die β^{te} Vertikalreihe auslässt, heisse ${}^{\alpha}f^{\beta}$, so dass ${}^{\alpha}f^{\beta}$ gleich ${}^{\beta}f^{\alpha}$ wird; ferner bezeichnen $f'(z)$ die erste derivirte Function von $f(z)$. Dann ist

$${}^{0}f^{0}(z) + {}^{1}f^{1}(z) + \cdots + {}^{n}f^{n}(z) = -f'(z).$$

Für die gesuchten Coefficienten der orthogonalen Substitution findet man die Werthe

$$(c_{\iota\varkappa})^2 = -\frac{{}^{\iota}f^{\iota}(z_\varkappa)}{f'(z_\varkappa)},$$

wenn $z_\varkappa$ wie oben eine Wurzel der Gleichung $f(z) = 0$ vorstellt. Man kennt aber nicht nur die Zahlwerthe sondern auch die Vorzeichen der $(n+1)^2$ Coefficienten c, indem unter den Determinanten die Beziehung besteht

$$^{\alpha}f^{\alpha}(z) \,.\, ^{\beta}f^{\beta}(z) = (^{\alpha}f^{\beta}(z))^2.$$

Die Zeichen von $n+1$ Grössen c bleiben selbstverständlich willkürlich.

§ 108. Die allgemeine Aufgabe der orthogonalen Transformation lösen wir nun auf andere Art, indem wir sie zunächst auf eine einfachere reduciren. In den Monatsberichten der Berliner Akademie vom 9. Nov. 1848 (im 39. Bd. des Crelle'schen Journals) hat Jacobi durch eine Arbeit „Ueber die Reduction der quadratischen Formen auf die kleinste Anzahl Glieder" ein einfaches Verfahren angegeben, durch welches man jede Form zweiten Grades V mit $n+1$ Veränderlichen in eine solche mit $2n+1$ Gliedern verwandeln kann, welche die Form hat

$$(69) \ldots \quad V = a_0 x_0^2 - 2b_1 x_0 x_1 + a_1 x_1^2 - 2b_2 x_1 x_2 + 2a_2 x_2^2 - \cdots$$
$$- 2b_n x_{n-1} x_n + a_n x_n^2,$$

also aus der allgemeinen hervorgeht indem man $a_\varkappa$ für $a_{\varkappa\varkappa}$, ferner $-b_\varkappa$ für $a_{\varkappa-1\,\varkappa}$ setzt, in allen übrigen Fällen aber $a_{\iota\varkappa}$ gleich Null. Jacobi führt diese Verwandlung sogar durch äquivalente Substitutionen*) aus, indem er sich unter den a und b ganze Zahlen denkt, und dieser Umstand allein ist es, der ihn zu ausführlicheren Betrachtungen veranlasste, welche hier nicht in Frage kommen. Selbst für die Lösung der allgemeinen Aufgabe des § 107 genügt es daher, dass ich hier zeige, wie sich die Transformation des § 107 gestaltet, wenn man sie auf die einfachere Form (69) anwendet und diese durch eine orthogonale Substitution in

$$V = z_0 y_0^2 + z_1 y_1^2 + \cdots + z_n y_n^2$$

verwandelt.

Das System linearer Gleichungen (B) des vorigen Paragraphen vereinfacht sich in diesem Falle zum System (69, a)

*) Jacobi nennt die Substitutionen äquivalent, wenn ganzzahligen x ganzzahlige y entsprechen und umgekehrt.

$$
\begin{aligned}
0 &= (a_0 - z)c_0 - b_1 c_1, \\
0 &= -b_1 c_0 + (a_1 - z)c_1 - b_2 c_2, \\
0 &= -b_2 c_1 + (a_2 - z)c_2 - b_3 c_3, \\
&\cdots\cdots\cdots\cdots \\
0 &= -b_{n-1} c_{n-2} + (a_{n-1} - z)c_{n-1} - b_n c_n, \\
0 &= -b_n c_{n-1} + (a_n - z)c_n,
\end{aligned}
$$

während die Determinante $f(z)$, zuweilen besser mit $f_n(z)$ bezeichnet, die besonders einfache Form annimmt, welche S. 262 bei der Untersuchung über Kettenbrüche auftrat

$$
f_n(z) = \begin{vmatrix}
a_0 - z & b_1 & 0 & \ldots & 0 & 0 & 0 \\
b_1 & a_1 - z & b_2 & \ldots & 0 & 0 & 0 \\
0 & b_2 & a_2 - z & \ldots & 0 & 0 & 0 \\
\cdot & \cdot & \cdot & \cdot & \cdot & \cdot & \cdot \\
0 & 0 & 0 & \ldots & b_{n-1} & a_{n-1} - z & b_n \\
0 & 0 & 0 & \ldots & 0 & b_n & a_n - z
\end{vmatrix}.
$$

Aus $f_n(z)$ erhält man $f_{n-1}(z)$ durch Weglassung der letzten Horizontal- und Vertikalreihe; auf gleiche Weise $f_{n-2}(z)$ aus $f_{n-1}(z)$, etc.

Dass die Wurzeln der Gleichung $f(z) = 0$ reell sind, wenn a und b reelle Grössen bezeichnen, ist zwar aus der allgemeinen Theorie der orthogonalen Transformation bekannt, wird sich aber unten von selbst ergeben, ebenso wie die (im allgemeinen stattfindende) Ungleichheit dieser Wurzeln $z_0, z_1, \ldots z_n$.

Für die gesuchten Substitutionscoefficienten c erhält man, nach § 107, bei der Form (69) den Ausdruck

$$
(69,\ b) \ldots \quad c_{\iota\varkappa} = \frac{\gamma_{\iota\varkappa}}{\sqrt{(\gamma_{\iota 0})^2 + (\gamma_{\iota 1})^2 + \cdots + (\gamma_{\iota n})^2}},
$$

wenn man setzt

$$
(69,\ c) \ldots \quad \gamma_{\iota\varkappa} = \frac{f_{\varkappa-1}(z_\iota)}{b_1 b_2 \ldots b_\varkappa}, \quad \gamma_{\iota 0} = 1.
$$

Die Functionen $f_\varkappa$ werden nämlich, wie aus der Beschaffenheit dieser Determinante hervorgeht, durch das System von Gleichungen gegeben

$$
\begin{aligned}
(69,\ d) \ldots \quad f_n &= (a_n - z)f_{n-1} - b_n^2 f_{n-2}, \\
f_{n-1} &= (a_{n-1} - z)f_{n-2} - b_{n-1}^2 f_{n-3}, \\
&\cdots\cdots\cdots\cdots \\
f_1 &= (a_1 - z)f_0 - b_1^2, \\
f_0 &= (a_0 - z).
\end{aligned}
$$

Setzt man für die f ihre Werthe ausgedrückt durch γ, so entsteht, indem $\gamma_{\iota\, n+1}$ Null ist, das System

$$
\begin{aligned}
0 &= (a_n - z)\gamma_{\iota n} - b_n \gamma_{\iota n-1},\\
b_n \gamma_{\iota n} &= (a_{n-1} - z)\gamma_{\iota n-1} - b_{n-1}\gamma_{\iota n-2},\\
&\dots\dots\dots\dots\\
b_2 \gamma_{\iota 2} &= (a_1 - z)\gamma_{\iota 1} - b_1 \gamma_{\iota 0},\\
b_1 \gamma_{\iota 1} &= (a_0 - z)\gamma_{\iota 0}.
\end{aligned}
$$

Da die c proportional den γ sind, so geben auch die c in der That die Lösung dieses Systems (69, a); sie sind genau die Coefficienten der orthogonalen Substitution, weil man ausserdem hat

$$c_{\iota 0}^2 + c_{\iota 1}^2 + \cdots + c_{\iota n}^2 = 1.$$

Aus den Gleichungen (69, d) folgt nach Sturm's Methode sofort die Realität und Verschiedenheit der Wurzeln, wenn die a und b reell sind. Nur wenn eine oder mehrere Constante b Null wären, könnten Wurzeln gleich sein. Diesen einfacheren Fall, in welchem f_n in ein Produkt von mehreren Functionen ähnlicher Beschaffenheit, V in eine Summe von Functionen derselben Art wie V zerfällt, deren jede eine geringere Zahl von Veränderlichen besitzt als V, — der für unsere Anwendungen kein Interesse gewährt, — verfolgen wir nicht weiter.

Indem man nach § 64 das System der linearen Gleichungen (69, d) mit einem Kettenbruch in Verbindung bringt, erhält man schliesslich für die

Aufgabe: Es soll eine Form zweiten Grades (in Jacobi's Sinne eine Form mit der kleinsten Anzahl von Gliedern)

$$V = a_0 x_0^2 - 2b_1 x_0 x_1 + a_1 x_1^2 - \cdots - 2b_n x_{n-1} x_n + a_n x_n^2$$

durch eine orthogonale Substitution (A)

$$
\begin{aligned}
x_0 &= c_{00} y_0 + c_{01} y_1 + \cdots + c_{0n} y_n\\
&\dots\dots\dots\dots\\
x_n &= c_{n0} y_0 + c_{n1} y_1 + \cdots + c_{nn} y_n
\end{aligned}
$$

in die Form

$$V = z_0 y_0^2 + z_1 y_1^2 + \cdots + z_n y_n^2$$

verwandelt werden,

folgende Lösung:

Bezeichnet man durch $\mathfrak{N}_1 = a_0 - z$, etc. schliesslich $\mathfrak{N}_{n+1}$ die Näherungsnenner des Kettenbruchs

$$\Sigma = \cfrac{1}{a_0 - z - \cfrac{b_1 b_1}{a_1 - z - \cfrac{b_2 b_2}{a_2 - z - \ddots - \cfrac{b_n b_n}{a_n - z}}}}$$

so sind $z_0, z_1, \ldots, z_n$ die Wurzeln der Gleichung $\mathfrak{N}_{n+1}(z) = 0$. Die Coefficienten c der Substitution werden durch die Gleichungen bestimmt

$$c_{\iota\varkappa} = \frac{\gamma_{\iota\varkappa}}{\sqrt{\gamma_{\iota 0}^2 + \gamma_{\iota 1}^2 + \cdots + \gamma_{\iota n}^2}}, \quad \gamma_{\iota\varkappa} = \frac{\mathfrak{N}_\varkappa(z_\iota)}{b_1 b_2 \ldots b_\varkappa}, \quad \gamma_{\iota 0} = 1.$$

Dieselben Ausdrücke erhält man auch für die Unbekannten c des Systemes (69, a) auf S. 418, wenn diese noch die Gleichung erfüllen sollen

$$c_{\iota 0}^2 + c_{\iota 1}^2 + \cdots + c_{\iota n}^2 = 1.$$

Beispiel. Um $a_0 x_0^2 - 2b_1 x_0 x_1 + a_1 x_1^2$ zu transformiren, setzt man

$$\Sigma = \cfrac{1}{a_0 - z - \cfrac{b_1 b_1}{a_1 - z}}$$

und findet

$$N_1 = a_0 - z, \quad N_2 = (a_0 - z)(a_1 - z) - b_1^2.$$

Sind z_0, z_1 die Wurzeln von $N_2 = 0$, so hat man demnach folgende orthogonale Substitution

$$x_0 = \frac{b_1 y_0 + (a_0 - z_0) y_1}{\sqrt{b_1^2 + (a_0 - z_0)^2}}, \quad x_1 = \frac{b_1 y_0 + (a_0 - z_1) y_1}{\sqrt{b_1^2 + (a_0 - z_1)^2}}.$$

§ 109. Zunächst betrachten wir die Functionen des elliptischen Cylinders, als Beispiel für das Vorhergehende, in Bezug auf ihre Verbindung mit einer orthogonalen Substitution. Wiederum behandeln wir die erste Classe ausführlicher. Hängt man in (66, a) auf S. 406 den $\mathfrak{E}$ und den Coefficienten α zugleich den Index s an, um die verschiedenen Individuen der $\mathfrak{E}$, welche zu demselben β gehören, von einander zu unterscheiden, macht also

$$\mathfrak{E}_s(\varphi) = \tfrac{1}{2} a_0^s + \sum_{n=1}^{\infty} \alpha_n^s \cos 2n\varphi,$$

so wird man haben (S. 415)

$$\frac{1}{\pi}\int_0^{2\pi} \mathfrak{E}_s(\varphi)\mathfrak{E}_\tau(\varphi) d\varphi = \tfrac{1}{2} \alpha_0^s \alpha_0^\tau + \sum \alpha_n^s \alpha_n^\tau = 0,$$

so lange s und τ verschieden sind; sind jedoch s und τ einander gleich, so verschwindet das Integral nicht mehr. Andrerseits hat man das System linearer Gleichungen (66, b), welches die α verbindet und die Form des Systemes (69, a) besitzt. Beide stimmen überein, wenn man im letzteren setzt

für	c_0,	c_n,	b_1,	b_n,	a_n,	z
resp.	$\frac{1}{\sqrt{2}}\alpha_0$,	α_n,	$\sqrt{2}$,	1,	$n^2 b$,	bz,

und man hat das Resultat: Wird die Form zweiten Grades mit unendlich vielen Veränderlichen

$$V = -2\sqrt{2}.x_0x_1 + b1^2x_1^2 - 2x_1x_2 + b(2x_2)^2 - 2x_2x_3 + b(3x_3)^2 - \text{ in infin.}$$

durch eine orthogonale Substitution in die Form

$$\frac{1}{b}V = z_0y_0^2 + z_1y_1^2 + z_2y_2^2 + \text{ in infin.}$$

transformirt, so verhalten sich die Constanten α, aus denen nach (66, a) die $\mathfrak{E}_s$ gebildet werden, zu einander wie die Coefficienten der orthogonalen Substitution auf S. 420, so dass man hat

$$\alpha_0^s : \alpha_1^s : \alpha_2^s : \cdots = \gamma_{s0}.\sqrt{2} : \gamma_{s1} : \gamma_{s2} : \text{ etc.}$$

Der Kettenbruch, aus dessen Nennern $\mathfrak{N}$ die γ gebildet werden, ist

$$(70) \ldots \quad \Sigma = \cfrac{1}{-bz - \cfrac{2}{b(1-z) - \cfrac{1}{b(4-z) - \cdots}}}$$

Für die anderen Klassen der $\mathfrak{E}$ findet man ebenso die in wenig veränderter Form schon aus § 105 bekannten Resultate.

§ 110. Unsere Untersuchungen über orthogonale Substitutionen wenden wir ferner an, um für die Lamé'schen Functionen die noch unbekannten Coefficienten g und h des § 97 zu ermitteln. Die ersteren nehmen ein besonderes Interesse für sich in Anspruch, indem sie, wie man aus den Gleichungen (60) und (60, a) weiss, zugleich in der Entwickelung der Lamé'schen Functionen nach Zugeordneten und in der nach Cosinus und Sinus der Vielfachen eines Winkels χ auftreten. Wir bestimmen die g und h zugleich, indem ihre Wechselbeziehung, welche auf ihrem Verhalten zu einer orthogonalen Substitution beruht, das Auffinden dieser Coefficienten erleichtert.

Man führt in die Differentialgleich. (59) für die Function n^{ten} Grades E die Veränderliche z durch die Gleichung

$$E = \mu^n.z$$

ein, darauf den Winkel χ für μ durch die auf S. 354 angegebene Gleichung und schliesslich die Constante $\varkappa$ des § 96, S. 372, deren Reciproke wir durch λ bezeichnen, so dass man hat

$$\cos\chi = \frac{c\sqrt{\mu^2-b^2}}{\mu\sqrt{c^2-b^2}}, \qquad \frac{c^2-b^2}{c^2+b^2} = \frac{1}{\varkappa} = \lambda,$$

$$(1-\lambda\cos 2\chi)d^2z \quad (2n-1)\lambda\cos 2\chi\, dz\, d\chi + [n(n+1) \quad 2v + n(n-1)\lambda.\cos 2\chi]z\, d\chi^2 = 0.$$

Entwickelt man z zuerst nach Cosinus der geraden oder der ungeraden Vielfachen von χ (m. vergl. (60, a) auf S. 377), so hängen die h durch die linearen Gleichungen von einander ab

$$(a) \ldots \quad (n+m+1)(n+m+2)\lambda h_{m+2} + 2[n(n+1) - m^2 - 2v]h_m + (n-m+1)(n-m+2)\lambda h_{m-2} = 0.$$

Zur Bestimmung der v dient die Forderung, dass $h_m = 0$ sobald $m > n$; es würde schon genügen, dass man h_m zu Null macht, für $m = n+1$ resp. $= n+2$, je nachdem n ungerade oder gerade ist, wenn es sich um die K, gerade oder ungerade, wenn es sich um die L handelt.

Wird ferner z nach Sinus der Vielfachen von χ entwickelt, so besteht zwar im allgemeinen dieselbe Gleich. (a) zwischen den Coefficienten h; nur für $m = 1$ resp. $m = 2$, je nachdem es sich um die M oder N handelt, ist sie mit

$$(b) \ldots \quad (n+2)(n+3)\lambda h_3 + [2n(n+1) - 4v - 2 - \lambda n(n+1)]h_1 = 0,$$

$$(c) \ldots \quad (n+3)(n+4)\lambda h_4 + 2[n(n+1) - 2v - 4]h_2 = 0$$

zu vertauschen.

Dieselben Gleichungen zwischen denselben Coefficienten h würde man erhalten haben, wenn man von den Gleichungen (60) und nicht wie so eben von (60, a) ausgegangen wäre, also die Function $E(\nu)$, statt nach den trigonometrischen Functionen, nach den Zugeordneten $P_m^n\left(\frac{\nu}{b}\right)$ mit festem n geordnet in die Differentialgleichung der E eingesetzt hätte. Aus der Differentialgleich. (36) folgt nämlich mit Hülfe der Recursionsformeln des § 63 dass

$$\frac{4}{b^2+c^2}\left[n(n+1)\nu^2 P_m^n\left(\frac{\nu}{b}\right) - \frac{d^2}{d\zeta^2} P_m^n\left(\frac{\nu}{b}\right)\right]$$

sich in den einfachen Ausdruck verwandelt

$$2[n(n+1) - m^2]P_m^n\left(\frac{\nu}{b}\right) + (n-m)(n-m-1)\lambda P_{m-2}^n\left(\frac{\nu}{b}\right)$$
$$+ (n+m)(n+m-1)\lambda P_{m+2}^n\left(\frac{\nu}{b}\right),$$

wonach die Herstellung der Gleichungen (a) auch auf diesem Wege ohne Schwierigkeit erfolgt.

Man findet die vollständige Entwickelung dieser sich auf die Zugeordneten beziehenden Formel im § 92 der ersten Auflage dieses Handbuchs. Sie lässt sich durch Anwendung der Formeln des § 65 kürzer fassen als es dort geschah.

Das Integral zweiter Gattung F kann man in ähnlicher Weise in Reihen entwickeln, die aber in's Unendliche fortlaufen, nämlich in solche, die nach den Zugeordneten zweiter Art Q_m geordnet sind, oder, wenn man $F = \mu^{-n-1}.\mathfrak{z}$ gesetzt hat, so dass $\mathfrak{z}$ nach Cosinus oder Sinus der Vielfachen von χ fortschreitet. In beiden Fällen treten statt unserer Constanten h solche auf, die $-n-1$ da enthalten, wo die unsrigen n. Wir unterlassen die weitere Ausführung und gehen zur Bestimmung der g und h zurück.

§ 111. Die h hängen nicht durch ein solches System Gleichungen zusammen, wie die c im § 108, aus dem man ganz direkt ihre Verbindung mit einer orthogonalen Substitution ableiten konnte, wohl aber die g, weshalb wir auf diese übergehen. Wir legen dazu das Schema A. des § 97 zu Grunde, und behandeln die verschiedenen Klassen der E gesondert, nur eine ausführlich, die ganz willkürlich gewählt werden kann. Wir wählen die K.

Die erste Gleichung des Schema A. (π stellt wie dort die geraden Zahlen 0, 2, 4, etc., im ganzen $\sigma+1$ Werthe, vor und s ebenso viele Indices), nämlich

$$C_\pi = \sum_s g_s^\pi K_s(\mu) K_s(\nu),$$

multiplicire man mit einer Gleichung derselben Art

$$C_p = \sum g_s^p K_s(\mu) K_s(\nu),$$

in der also p eine gerade Zahl wie π bezeichnet, ferner mit

$$\sin\theta\, d\theta\, d\psi = (\mu^2 - \nu^2)\, d\varepsilon\, d\zeta$$

und integrire nach θ und ψ von 0 bis $\frac{1}{2}\pi$, also nach ε und ζ von 0 bis ω oder ϖ. Die linke Seite wird dann (§ 78, *d.* M. beachte den Schluss des Paragraphen) Null, wenn p und π verschieden sind, aber

$$\frac{\pi}{2(2n+1)} \cdot \frac{1}{a_\pi^n},$$

wenn $p = \pi$ und a durch (46, a) gegeben ist. Um Verwechselungen zu vermeiden, wählen wir in diesem Kapitel π, um die Ludolph'sche Zahl zu bezeichnen. Die rechte Seite verwandelt sich in

$$\sum_s g_s^\pi g_s^p,$$

wenn wir uns den willkürlichen multiplicirenden constanten Faktor von K geeignet ausgewählt denken. (M. vergl. § 98; es muss dort γ in (f) zu 1 werden.) Hiermit ist nachgewiesen, dass die g zwar nicht selbst Coefficienten einer orthogonalen Substitution sind, sich aber wie solche zu einander verhalten.

Um ein Endresultat von möglichst einfacher Form zu erhalten, führe man statt der g die Buchstaben $\mathfrak{g}$ ein, die sich von ihnen nur durch eine Constante unterscheiden, indem man für jeden Index m, nicht nur wenn m eine gerade Zahl π ist, setzt

$$\mathfrak{g}_s^m = 2 g_s^m \cdot \sqrt{\frac{\pi}{(2n+1) a_m^n}}.$$

Man hat dann das Resultat: Die Zugeordnete n^{ten} Grades C_n lässt sich nach Lamé'schen Produkten erster Klasse in die Reihe

$$(71) \ldots \quad \sqrt{\frac{2n+1}{4\pi}} b_\pi^n \, C_\pi^n[\mu, \nu] = \sum_{s=0}^{\sigma} \mathfrak{g}_s^\pi K_s^n(\mu) K_s^n(\nu)$$

entwickeln, wo die $(\sigma+1)^2$ Coefficienten $\mathfrak{g}$ Coefficienten einer orthogonalen Substitution sind und gesetzt wird

$$b_m^n = 2 \cdot \frac{[1.3\ldots(2n-1)]^2}{\Pi(n+m)\Pi(n-m)},$$

für $m=0$ die Hälfte genommen, so dass im allgemeinen $b_m = a_m$, nur $b_0 = \frac{1}{2} a_0$.

Die Resultate für die übrigen Klassen der Lamé'schen Functionen erhält man aus (71) durch Vertauschungen von Buchstaben wie bei der Ansicht des Schema A. im § 97 fast selbstverständlich ist. Vertauscht man in (71) links zuerst π mit ι, dann C mit S (nicht zugleich π mit ι), drittens C mit S und zugleich π mit ι, so hat man rechts für K zu setzen resp. L, M, N und die Summation resp. über $n-\sigma$, $n-\sigma$, σ Werthe von s auszudehnen.

Um endlich die $\mathfrak{g}$ völlig zu bestimmen, bedient man sich der Untersuchung über die h im vorigen Paragraphen in der Art, welche im Eingange des § 110 angedeutet wurde. Weil die $\mathfrak{g}$ einer orthogonalen Substitution angehören, hat man aus (71)

$$(71, a) \ldots \quad K_s^n(\mu) K_s^n(\nu) = \sum_{\pi=0}^{2\sigma} \sqrt{\frac{2n+1}{4\pi}} \cdot b_\pi^n \, \mathfrak{g}_s^\pi \, C_\pi^n[\mu, \nu].$$

Diese Gleichung, mit der ersten im Schema B. des § 97 verglichen, giebt den Ausdruck der h durch die $\mathfrak{g}$, nämlich

$$(71, b) \ldots \quad h_\pi^s = \mathfrak{g}_s^\pi \sqrt{\frac{2n+1}{4\pi}} \cdot b_\pi^n.$$

Setzt man denselben in die Recursionsformel (a) des § 110 ein, so erhält man eine solche für die $\mathfrak{g}$ und hieraus für die g.

Zur besseren Uebersicht stelle ich sie hier mit einigen im Vorhergehenden vorkommenden oder noch einzuführenden Bezeichnungen und Formeln zusammen:

$$\frac{c^2-b^2}{c^2+b^2}=\lambda, \quad \lambda\varkappa=1;$$

$$4\varepsilon_m=(n-m)(n+m+1), \quad (m>0); \qquad 4\varepsilon_0=2n(n+1);$$

$\sigma=\frac{1}{2}n$ wenn n gerade, $\sigma=\frac{1}{2}(n-1)$ wenn n ungerade ist,

$$(71, c) \ldots \quad \lambda\mathfrak{g}_s^{(2)}\sqrt{\varepsilon_0\varepsilon_1}+(\varepsilon_0-v_s)\mathfrak{g}_s^{(0)}=0,$$

$$\lambda\mathfrak{g}_s^{(\pi+2)}\sqrt{\varepsilon_\pi\varepsilon_{\pi+1}}+(\varepsilon_{\pi-1}+\varepsilon_\pi-v_s)\mathfrak{g}_s^{(\pi)}+\lambda\mathfrak{g}_s^{(\pi-2)}\sqrt{\varepsilon_{\pi-2}\varepsilon_{\pi-1}}$$

wenn $\pi>0$. Dieses System von Gleichungen hat genau die Form wie das für die c in (69, a) S. 418. Wir können demnach auf die Coefficienten $\mathfrak{g}$ die Sätze anwenden, welche man am Schlusse des § 108 findet und haben als Resultat, bei dessen Ausdruck es unbedenklich sein wird auch eine Zeile oder Wurzel die 0te zu nennen:

I. Satz: Die Coefficienten $\mathfrak{g}_s^\pi$ in (71, a) sind die Coefficienten in der s^{ten} Horizontalreihe der orthogonalen Substitution, durch welche die Form

$$(71, d) \ldots \quad \varepsilon_0 x_0^2+2\lambda\varepsilon_0\varepsilon_1 x_0 x_1+(\varepsilon_1^2+\varepsilon_2^2)x_1^2+2\lambda\varepsilon_2\varepsilon_3 x_1 x_2+\cdots$$
$$\cdots+2\lambda\varepsilon_{2m-2}\varepsilon_{2m-1}x_{m-1}x_m+(\varepsilon_{2m-1}^2+\varepsilon_{2m}^2)x_m^2+\cdots+(\varepsilon_{2\sigma-1}^2+\varepsilon_{2\sigma}^2)x_\sigma^2$$

in die Form

$$v_0 y_0^2+v_1 y_1^2+\cdots+v_\sigma y_\sigma^2$$

transformirt wird.

II. Satz: Die Coefficienten der sämmtlichen Horizontalreihen ergeben sich aus dem Kettenbruch

$$(72) \ldots \quad \cfrac{1}{\varepsilon_0-v-\cfrac{\lambda^2\varepsilon_0\varepsilon_1}{\varepsilon_1+\varepsilon_2-v-\cfrac{\lambda^2\varepsilon_2\varepsilon_3}{\varepsilon_3+\varepsilon_4-v-\cdots}}}$$

der von selbst mit dem $\sigma+1^{\text{ten}}$ Partialnenner $\varepsilon_{2\sigma-1}+\varepsilon_{2\sigma}-v$ abbricht. Es findet nämlich die Proportion statt

$$(72, a) \ldots \quad \mathfrak{g}_s^0:\mathfrak{g}_s^2:\ldots:\mathfrak{g}_s^{2\sigma}=1:\frac{\varkappa^2\mathfrak{N}_1}{\varepsilon_0\varepsilon_1}:\frac{\varkappa^4\mathfrak{N}_2}{\varepsilon_0\varepsilon_1\varepsilon_2\varepsilon_3}:\cdots:\frac{\varkappa^{2\sigma}\mathfrak{N}_\sigma}{\varepsilon_0\varepsilon_1\varepsilon_2\ldots\varepsilon_{2\sigma-1}},$$

wenn $\mathfrak{N}$ die Näherungsnenner des Kettenbruchs in der Art bezeichnet dass $\varepsilon_0-v=\mathfrak{N}_1$ wird, und man für v die s^{te} Wurzel der Gleichung $\mathfrak{N}_{\sigma+1}=0$ setzt.

Diese Gleichung vom Grade $\sigma+1$ vertritt also die, welche man nach Lamé zu lösen hat um die Functionen K zu bilden. Die $\mathfrak{g}$

selbst zu finden, hat offenbar nicht die geringste Schwierigkeit. Indem man auf der rechten Seite der Proportionen (72, *a*) das π^{te} Glied mit $\sqrt{b_n^n}$ multiplicirt, oder, was auf dasselbe hinauskommt, mit dem Nenner dieser Wurzelgrösse dividirt, verwandelt sich die linke Seite nach (71, *b*) in das Verhältniss der h, so dass man durch Einsetzen der Werthe in (60, *a*) die Entwickelung nach Cosinus der Vielfachen von x und durch Einsetzen derselben Constanten in (60) zugleich die Entwickelung nach Zugeordneten findet. Die Determinante $\mathfrak{N}_{\sigma+1}$ ist eine solche von der einfachen Form wie auf S. 262; man beachte auch dass

$$2(\varepsilon_m + \varepsilon_{m-1} - v) = n(n+1) - m^2 - 2v.$$

Die g findet man nach S. 424 durch Multiplication der $\mathfrak{g}$ mit einfachen Constanten.

§ 112. Durch dieselbe Methode bildet man die g und h für die übrigen Klassen der E mit Hülfe der Constanten $\mathfrak{g}$, indem man nicht nur für einen geraden Index m, wie in (71, *b*), sondern für einen beliebigen setzt

$$h_m^s = \mathfrak{g}_m^s \sqrt{\frac{2n+1}{4\pi}} \cdot a_m^n.$$

Die Recursionsformel (71, *c*) besteht dann noch im allgemeinen, wenn die gerade Zahl π mit einer beliebigen andern positiven Zahl m vertauscht wird. Bei der vierten Klasse der E, den N, beginnt jedoch das System erst mit

$$\lambda \mathfrak{g}_s^{(4)} \sqrt{\varepsilon_2 \varepsilon_3} + (\varepsilon_1 + \varepsilon_2 - v)\mathfrak{g}_s^{(2)} = 0,$$

bei der zweiten und dritten Klasse mit

$$\lambda \mathfrak{g}_s^{(3)} \sqrt{\varepsilon_3 \varepsilon_4} + (\varepsilon_1 + \tfrac{1}{2}\varepsilon_0 \pm \frac{\lambda}{2}\varepsilon_0 - v)\mathfrak{g}_s^{(1)} = 0,$$

wo das obere Zeichen sich auf die L, das untere auf die M bezieht.

Daher hängen bei den N die Constanten $\mathfrak{g}$ vermittelst desselben Kettenbruchs (72) zusammen wie die K, aber so, dass für die N die Proportion besteht

$$\mathfrak{g}_s^2 : \mathfrak{g}_s^4 : \ldots : g_s^{2\sigma} = \mathfrak{Z}_1 : \frac{\varkappa^2 \mathfrak{Z}_2}{\varepsilon_2 \varepsilon_3} : \frac{\varkappa^4 \mathfrak{Z}_3}{\varepsilon_2 \varepsilon_3 \varepsilon_4 \varepsilon_5} : \text{etc.} : \frac{\varkappa^{2\sigma-2} \mathfrak{Z}_\sigma}{\varepsilon_2 \varepsilon_3 \ldots \varepsilon_{2\sigma-1}},$$

wenn die $\mathfrak{Z}$ die Näherungszähler des Kettenbruchs (72) in der Art vorstellen, dass $\mathfrak{Z}_1$ gleich 1 ist. Die Werthe von v ergeben sich durch Auflösung der Gleichung $\mathfrak{Z}_{\sigma+1} = 0$.

Die Coefficienten der L und M erhält man durch die Nenner und Zähler des Kettenbruchs (72, *a*)

$$1-\cfrac{\varepsilon_0\lambda}{\varepsilon_1+\frac{1}{2}\varepsilon_0+\frac{1}{2}\lambda\varepsilon_0-v-\cfrac{\lambda^2\varepsilon_1\varepsilon_2}{\varepsilon_2+\varepsilon_3-v-\cfrac{\lambda^2\varepsilon_3\varepsilon_4}{\varepsilon_4+\varepsilon_5-v-\cdots}}}$$

der gleichfalls von selbst abbricht. Die Wurzeln des letzten Näherungs-Nenners oder Zählers geben die den L oder M entsprechenden Werthe der v.

§ 113. Die vorstehenden allgemeinen Ausdrücke wenden wir auf specielle Fälle an.

Für $b=0$, also $\lambda=\varkappa=1$, kennt man bereits aus § 91 die Werthe von v, welche die Functionen K, L, M, N geben. Es sind nämlich die Wurzeln v bei einem geraden n

für die Klasse	K	0, 4, 16,	...	n^2,
" " "	L	4, 16, 36,	...	n^2,
" " "	M	1, 9, 25,	...	$(n-1)^2$,
" " "	N	1, 9, 25,	...	$(n-1)^2$

und bei einem ungeraden n

für die Klasse	K	1, 9, 25,	...	n^2,
" " "	L	1, 9, 25,	...	n^2,
" " "	M	0, 4, 16,	...	$(n-1)^2$,
" " "	N	4, 16,	...	$(n-1)^2$.

Demnach ist für ein gerades n der Kettenbruch (72) gleich

$$-\frac{(v-1)(v-9)\dots(v-(n-1)^2)}{v(v-4)(v-16)\dots(v-n^2)},$$

und der Kettenbruch (72, a) gleich

$$\frac{(v-1)(v-9)\dots(v-(n-1)^2)}{(v-4)(v-16)\dots(v-n^2)};$$

für ein ungerades n sind sie resp. gleich

$$-\frac{(v-4)(v-16)\dots(v-(n-1)^2)}{(v-1)(v-9)\dots(v-n^2)},$$

$$\frac{v(v-4)(v-16)\dots(v-(n-1)^2)}{(v-1)(v-9)\dots(v-n^2)},$$

so dass die beiden Kettenbrüche für den Fall $\varkappa=1$ summirt sind. Sie lassen sich nach (c), S. 268, noch weiter transformiren; setzt man dazu v^2 statt v, so erhält man z. B. für ein gerades n aus der ersten von den vier Formeln das eigenthümliche Resultat

$$\frac{(v+n)(v+n-2)(v+n-4)\ldots(v-n)}{(v+n-1)(v+n-3)\ldots(v-n+1)} = v - \cfrac{\varepsilon_0}{v - \cfrac{\varepsilon_1}{v - \cfrac{\varepsilon_2}{v - \cdots}}}.$$

Der Kettenbruch bricht von selbst ab, da hier wie oben gesetzt ist

$$2\varepsilon_0 = n(n+1), \quad 4\varepsilon_m = (n-m)(n+m+1).$$

Wenn man $n = \infty$ macht, so kommt man wieder auf den Kettenbruch, der bei den Functionen des elliptischen Cylinders auftrat.

§ 114. Zum Schlusse füge ich einige Zahlenbeispiele hinzu, welche sich auf ein allgemein bleibendes $\varkappa$, aber nur auf die ersten Werthe des Stellenzeigers n beziehen, und die Beispiele der §§ 92—94 vervollständigen.

Für $n = 0$ und $n = 1$ erledigt sich Alles ohne Rechnung, da für $n = 0$ nur eine Function E von der Klasse K existirt, nämlich eine Constante und man für $n = 1$ hat, abgesehen von dem constanten Faktor, der bei den Integralen solcher Differentialgleichungen gleichgültig ist

$$K^1 = \mu, \quad L^1 = \sqrt{\mu^2 - b^2}, \quad M^1 = \sqrt{\mu^2 - c^2},$$

während ein N nicht existirt.

Für die nächsten Werthe von n wird

1) für $n = 2$; $\varepsilon_0 = 3$, $\varepsilon_1 = 1$,
2) für $n = 3$; $\varepsilon_0 = 6$, $\varepsilon_1 = \frac{5}{2}$, $\varepsilon_2 = \frac{3}{2}$,
3) für $n = 4$; $\varepsilon_0 = 10$, $\varepsilon_1 = \frac{9}{2}$, $\varepsilon_2 = \frac{7}{2}$, $\varepsilon_3 = 2$,
4) für $n = 5$; $\varepsilon_0 = 15$, $\varepsilon_1 = 7$, $\varepsilon_2 = 6$, $\varepsilon_3 = \frac{9}{2}$, $\varepsilon_4 = \frac{5}{2}$,
5) für $n = 6$; $\varepsilon_0 = 21$, $\varepsilon_1 = 10$, $\varepsilon_2 = 9$, $\varepsilon_3 = \frac{15}{2}$, $\varepsilon_4 = \frac{11}{2}$, $\varepsilon_5 = 3$.

(Für jedes feste n geben ε_0, $2\varepsilon_1$, $2\varepsilon_2$, etc. die Differenzreihe -1, -2, -3, etc.)

Hiernach sind die Kettenbrüche (72) und (72, a), aus denen die Coefficienten und die Gleichung gebildet werden, deren Wurzeln für v zu nehmen sind, resp.

1) für $n = 2$

$$\cfrac{1}{3 - v - \cfrac{3\lambda\lambda}{1-v}},$$

$$1 - \frac{3\lambda}{\frac{5}{2} + \frac{3}{2}\lambda - v};$$

2) für $n = 3$

$$\cfrac{1}{6 - v - \cfrac{15\lambda\lambda}{4 - v}},$$

$$1 - \cfrac{6\lambda}{\frac{11}{2} + 3\lambda - v - \cfrac{\frac{15}{4}\lambda\lambda}{\frac{3}{2} - v}};$$

3) für $n = 4$

$$\cfrac{1}{10 - v - \cfrac{45\lambda\lambda}{8 - v - \cfrac{7\lambda\lambda}{2 - v}}},$$

$$1 - \cfrac{10\lambda}{\frac{19}{2} + 5\lambda - v - \cfrac{\frac{63}{4}\lambda\lambda}{\frac{11}{2} - v}};$$

4) für $n = 5$

$$\cfrac{1}{15 - v - \cfrac{105\lambda\lambda}{13 - v - \cfrac{27\lambda\lambda}{7 - v}}},$$

$$1 - \cfrac{15\lambda}{\frac{29}{2} + \frac{15}{2}\lambda - v - \cfrac{42\lambda\lambda}{\frac{21}{2} - v - \cfrac{\frac{45}{4}\lambda\lambda}{\frac{5}{2} - v}}};$$

5) für $n = 6$

$$\cfrac{1}{21 - v - \cfrac{210\lambda\lambda}{19 - v - \cfrac{\frac{135}{2}\lambda\lambda}{13 - v - \cfrac{\frac{33}{2}\lambda\lambda}{3 - v}}}},$$

$$1 - \cfrac{21\lambda}{\frac{41}{2} + \frac{21}{2}\lambda - v - \cfrac{90\lambda\lambda}{\frac{33}{2} - v - \cfrac{\frac{165}{4}\lambda\lambda}{\frac{17}{2} - v}}}.$$

Aus diesen Kettenbrüchen findet man die Gleichung, deren Wurzeln die v sind, indem man in jedem der fünf Fälle für die N, K, M, L den **letzten** Näherungszähler des in der betr. Nummer enthaltenen ersten Kettenbruchs, oder resp. seinen Näherungsnenner, oder den Näherungszähler des zweiten Kettenbruchs oder endlich dessen Näherungsnenner gleich Null setzt. Die beiden letzten Ausdrücke unterscheiden sich nur durch das Zeichen von λ, so dass es nur nothwendig ist, einen von ihnen hierherzusetzen; wir wählen den, welcher sich auf L bezieht, und haben folgende Gleichungen, von denen der Reihe nach die erste, zweite, dritte aus jeder Nummer sich auf die N, K, L bezieht:

1) $n = 2$

$$0 = 1 - v,$$
$$0 = 3 - 3\lambda^2 - 4v + v^2,$$
$$0 = 5 + 3\lambda - 2v,$$

2) $n = 3$

$$0 = 4 - v,$$
$$0 = 24 - 15\lambda^2 - 10v + v^2,$$
$$0 = 33 - 15\lambda^2 + 18\lambda - (28 + 12\lambda)v + 4v^2,$$

3) $n = 4$

$$0 = 16 - 7\lambda^2 - 10v + v^3,$$
$$0 = 160(1 - \lambda^2) - 116v + 52\lambda^2 v + 20v^2 - v^3$$
$$0 = 209 + 110\lambda - 63\lambda^2 - (60 + 20\lambda)v + 4v^2;$$

etc. etc. Diese Gleichungen kann man mit denen zusammenstellen, aus welchen nach Lamé die Wurzeln $\mathfrak{K}$, $\mathfrak{L}$, $\mathfrak{M}$, $\mathfrak{N}$ gefunden wurden (Vergl. § 92 u. f.). Z. B. für $n = 4$ erhält man nach Lamé

$$0 = v(v-4)(v-16)p^2 + 168qv + 40q(v-16),$$
$$0 = [p(v-1) - 3c^2][p(v-9) - 7c^2] + 84q,$$
$$0 = p^2(v-1)(v-9) + 28q.$$

Diese Gleichungen stimmen mit den obigen überein, wenn man für p und q ihre Werthe $p = b^2 + c^2$, $q = b^2c^2$ einsetzt.

§ 115. Die Function $P^n(\cos\gamma)$ selbst liefert eine einfache Entwickelung nach den Lamé'schen Produkten, wenn γ denselben sphärischen Winkel bezeichnet, wie in der Gleich. (50) des § 71, so dass also

$$\cos\gamma = \cos\theta\cos\theta_1 + \sin\theta\sin\theta_1\cos(\psi - \psi_1).$$

Nachdem man für θ, ψ die elliptischen Coordinaten μ, ν durch (58, b), für θ_1, ψ_1 ferner μ_1, ν_1 eingeführt hat, findet man nach (52)

$$(a)\ldots\quad P^n(\cos\gamma) = \sum_{m=0}^{n} (-1)^m a_m^n (C_m^n[\mu,\nu]C_m^n[\mu_1,\nu_1] + S_m^n[\mu,\nu]S_m^n[\mu_1,\nu_1]).$$

Drückt man jedes C und S mit Hülfe von § 97 durch Lamé'sche Produkte aus, die sämmtlich zu dem oberen Index n gehören, so hat P^n zunächst die Form

$$\sum_{s=0}^{2n} \alpha_s E_s(\mu) E_s(\nu),$$

wenn die α Constante nach θ, ψ bezeichnen, die aber noch θ_1 und ψ_1 oder μ_1 und ν_1 enthalten. Wegen der Symmetrie von γ nach μ, ν und μ_1, ν_1 muss aber dieselbe Grösse gleich

$$\sum \delta_s E_s(\mu_1) E_s(\nu) = \sum \varepsilon_s E_s(\mu) E_s(\nu_1)$$

sein, wenn δ eine Constante nach μ_1, ν und ε nach μ, ν_1 vorstellt. Aus § 98 folgt, dass die drei Ausdrücke, weil gleich, auch identisch sind, wodurch man hat

$$\alpha_s E_s(\mu) = \delta_s E_s(\mu_1), \quad \alpha_s E_s(\nu) = \varepsilon_s E_s(\nu_1).$$

Aus der ersten von diesen Gleichungen folgt

$$\alpha = c E(\mu_1), \quad \delta = c E(\mu),$$

wo c weder μ noch ν noch μ_1, also nur noch ν_1 enthält. Daher ist

$$c E(\mu_1) E(\nu) = \varepsilon E(\nu_1),$$

folglich $c = k . E(\nu_1)$, wo k eine numerische Constante vorstellt, so dass die Form der Entwickelung, welche aus (a) entspringt, ist

$$(b) \ \ldots \quad P^n(\cos\gamma) = \sum_{s=0}^{2n} k_s E_s(\mu) E_s(\nu) E_s(\mu_1) E_s(\nu_1),$$

und es bleibt nur noch übrig, die Werthe der Constanten k zu bestimmen. Dies geschieht nach den Prinzipien, aus denen (f) im § 78 abgeleitet war oder (61) im § 98. Setzt man in γ für θ_1 und ψ_1 Bogen θ_2 und ψ_2, denen elliptische Coordinaten μ_2 und ν_2 entsprechen mögen, multiplicirt diese Gleichung mit dem Ausdrucke, der entsteht, wenn in (b) statt θ, ψ gesetzt wird θ_2, ψ_2, dann mit

$$\frac{2n+1}{4\pi} \sin\theta_2 \, d\theta_2 \, d\psi_2,$$

und integrirt nach θ_2 und ψ_2 von 0 bis π resp. 2π, so entsteht nach (f) des § 87 genau die ursprüngliche Kugelfunction $P^n(\cos\gamma)$. Hätte man P^n in (b) in die vier mehrfach erwähnten gleichartigen Theile zerlegt, von denen irgend einer $\mathfrak{P}$ heisse, so würde $\mathfrak{P}$, nach derselben Methode behandelt, sich wieder in sich selbst verwandeln. Dann hätte es aber ausgereicht (s. d. Schluss des § 78) die Integration statt bis π resp. 2π nur bis $\frac{1}{2}\pi$ vorzunehmen; um dasselbe Resultat zu erhalten, muss man dann freilich das Integral mit 8 multipliciren. Jeder Theil $\mathfrak{P}$ giebt Lamé'sche Produkte nur von einer Klasse, so dass man erhält, wenn ζ_2 und ε_2 zu ν_2 und μ_2 dieselbe Beziehung haben, wie ζ und ε zu ν und μ,

$$\frac{2(2n+1)}{\pi}\cdot(k_s)^2 E_s(\mu)E_s(\nu)E_s(\mu_1)E_s(\nu_1)$$

$$\times\int_0^{\varpi} d\zeta_2\int_0^{\omega}(\mu_2-\nu_2)^2(E_s(\mu_2)E_s(\nu_2))^2\,d\varepsilon_2 = P^n(\cos\gamma),$$

also für die Constante k den Werth findet

$$\frac{1}{k_s} = \frac{2(2n+1)}{\pi}\int_0^{\varpi} d\zeta\int_0^{\omega}(\mu^2-\nu^2)(E(\mu)E(\nu))^2\,d\varepsilon.$$

Diese verhält sich daher ähnlich wie a_m^n im § 62, Gleich. (46, a) und § 73. Wählt man die Constante in den E so, dass das Doppelintegral (der Ausdruck γ auf S. 380) gleich 1 ist, so findet man also die einfache Entwickelung von P nach Lamé'schen Produkten

$$(73)\ \ldots\quad P^n(\cos\gamma) = \frac{\pi}{2(2n+1)}\sum_{s=0}^{2n} E_s^n(\mu)E_s^n(\nu)E_s^n(\mu_1)E_s^n(\nu_1).$$

Die Entwickelung von $Q^n(\cos\gamma)$ nach Lamé'schen Produkten verfolgen wir hier nicht weiter; nahe liegende Uebertragungen von (73) auf den Anfang der Entwickelung von $Q^n(\cos\gamma)$ wird man nach dem Früheren leicht vornehmen können.

Die Resultate, welche in diesem Kapitel abgeleitet wurden, habe ich zum grösseren Theil im 56. Bd. von Borchardt's Journal und in der ersten Auflage dieses Handbuchs mitgetheilt. Die Ableitung ist hier vereinfacht und die Resultate sind durch Anwendung auf die Functionen des elliptischen Cylinders vervollständigt, dessen Theorie die Einführung und Untersuchung einer orthogonalen Substitution für eine unendliche Menge von Veränderlichen verlangte.

Fünftes Kapitel.

Ueber die Entwickelung von Functionen zweier Veränderlichen nach Kugelfunctionen.

§ 116. Im § 78, f hatten wir eine Function $f(\theta, \psi)$ nach Kugelfunctionen entwickelt und fanden, es sei

$$(a)\ \ldots\quad f(\theta,\psi)=\sum_{n=0}^{\infty}X^n,\quad (0\leqq\theta\leqq\pi,\ 0\leqq\psi\leqq 2\pi),$$

$$(b)\ \ldots\quad X^n=\frac{2n+1}{4\pi}\int_0^{\pi}\sin\theta_1\,d\theta_1\int_0^{2\pi}f(\theta_1,\psi_1)P^n(\cos\gamma)\,d\psi_1.$$

Dieser Satz war dort durch ein Verfahren abgeleitet worden, welches sehr beschränkende Voraussetzungen über die Beschaffenheit von f und die Art der Convergenz dieser Reihe enthielt. Er gilt aber immer, wenn f eine endliche einwerthige Function vorstellt, die nur eine endliche Anzahl von Maxima und Minima besitzt, wenn ausserdem $f(\theta,0)=f(\theta,2\pi)$ und $f(0,\psi)$ sowie $f(\pi,\psi)$ von ψ unabhängig sind.

Bedeuten die Länge r und der Bogen ψ Polarcoordinaten in einer Ebene, so wird eine einwerthige Function $\varphi(r,\psi)$ nur dann auch eine einwerthige Function des Ortes in der Ebene sein, wenn sie nach ψ die Periode 2π besitzt, und im Anfangspunkte, für $r=0$, von ψ unabhängig ist. Ebenso sind die drei letzten Bedingungen, welche $f(\theta,\psi)$ erfüllen soll, der analytische Ausdruck dafür, dass diese Function sich durch das System der Meridiane und Parallelkreise (M. vergl. S. 302) als Function des Ortes auf der Kugel mit dem Radius 1 darstellen lasse, da dem Nordpol und Südpol jede Länge zukommt.

In der berühmten Abhandlung: Sur les séries dont le terme général dépend de deux angles etc. *) hat Dirichlet die Summe der Reihe nicht nur aufgefunden, wenn f den angegebenen Bedingungen genügt, sondern auch noch in anderen Fällen gezeigt, dass

$$S^n=X^0+X^1+X^{11}+\cdots+X^n$$

eine Grenze für $n=\infty$ besitze, und dieselbe ermittelt. Wir werden in diesem Kapitel die wesentlichsten von seinen Resultaten ableiten.

Damals, vor mehr als 40 Jahren, war es ein Fortschritt der Wissenschaft, dass Dirichlet den Irrthum in dem Beweise aufdeckte, welchen Poisson **) für den Satz gegeben hat. Poisson summirte die unendl. Reihe $\Sigma\alpha^n X^n$ für $\alpha<1$ und suchte die Grenze dieser Summe für $\alpha=1$ auf. Man weiss durch einen Satz von Abel, dass diese Grenze mit ΣX^n übereinstimmt, — vorausgesetzt

*) Crelle, Journal f. Math. Bd. 17, 1837.

**) Journal de l'École polyt. 19me cahier, p. 145; Additions à la connaissance des temps pour l'an 1829 et pour l'an 1831; Théorie de la chaleur p. 212.

dass die Reihe der X convergirt. Den Beweis für die Convergenz hat aber Poisson, wenn man von einigen geringeren Mängeln absieht nur unter Voraussetzungen über die Continuität der Differentialquotienten von f geführt, die nicht einmal in dem Beispiele eintreffen, welches er in der Connaissance des temps pour 1829 S. 348 giebt.

Bei seinen Untersuchungen*) über die Convergenz der Reihe in (a) setzt Hr. Bonnet zwar weniger voraus, verlangt aber dass eine Function, welche aus f gebildet ist, nämlich

$$(c) \ldots \quad F(\theta) = \frac{1}{2\pi}\int_0^{2\pi} f(\theta, \psi)\,d\psi,$$

nach θ differentiirt werden könne, eine Voraussetzung, welche den Beweis wesentlich erleichtert. Für viele praktischen Anwendungen reicht übrigens der Beweis aus, da die Voraussetzung bei Functionen zutrifft, welche einer partiellen Differentialgleich. genügen.

Herr Kronecker machte mich vor längerer Zeit darauf aufmerksam, dass bei unserer heutigen Kenntniss von Eigenthümlichkeiten der Functionen auch Dirichlet's Beweis nicht mehr völlig genügt, da er die Voraussetzung enthält, dass das Aggregat

$$\Theta(\psi) = -\sin\tfrac{1}{2}\psi\int_\psi^\pi \frac{F(\eta)\sin\eta\,d\eta}{\sqrt{2(\cos\psi - \cos\eta)}} + \cos\tfrac{1}{2}\psi\int_0^\psi \frac{F(\eta)\sin\eta\,d\eta}{\sqrt{2(\cos\eta - \cos\psi)}}$$

nach ψ differentiirt werden könne, wenn $F(\psi)$ den durch (c) gegebenen Mittelwerth vorstellt. Ich bin nicht im Stande anzugeben, welche Eigenschaften f hierzu besitzen muss, nicht einmal ob die Differentiation in dem einfachen Falle möglich sei, wenn für f eine continuirliche Function der Coordinaten θ und ψ gewählt wird.

Zum Glück lässt sich die Lücke, welche hierdurch im Beweise für die Entwickelbarkeit nach Kugelfunctionen entstanden ist, mit Hülfe einer Arbeit des Herrn Ulisse Dini**) ausfüllen; ich benutze dieselbe da wo es nicht möglich war Dirichlet zu folgen.

---

*) Liouville, Journal de M. 1852: Thèse de Mécanique.

**) Annali di Matematica pura ed applicata diretti da F. Brioschi e L. Cremona, Serie II^a, Tomo VI^0, Fascicolo 2^0, Maggio 1874, Milano: Sopra le serie di funzioni sferiche S. 112—140 und Fasc. 3^0 S. 208—215. Auch Herr Dini findet eine Ungenauigkeit in Dirichlet's Beweise, über den er sich so äussert: Nella dimostrazione di Dirichlet p. es. la quantità che si trova indicata con $\Theta'(0)$ dovrebbe calcolarsi cercando il limite di $\Theta'(\psi)$ per ψ positivo e tendente a zero, e non prendendo per essa, come fà Dirichlet, il valore di $\Theta'(\psi)$ per $\psi = 0$, o al-

§ 117. Indem wir uns zur Aufsuchung der Grenze von S^n wenden (§ 116), betrachten wir mit Dirichlet zunächst die Summe der Glieder X im Punkte $\theta = 0$. Daselbst ist $\gamma = \theta_1$; führt man wie oben, durch (c), die Function $F(\theta)$ ein, so wird das in dem Ausdrucke (b) für X vorkommende Integral nach ψ_1 gleich

$$2\pi P^n(\cos\theta_1) F(\theta_1)$$

und es bleibt also die Grenze für $n = \infty$ des Ausdrucks

$$S^n = X^0 + X^1 + \cdots + X^n$$

aufzusuchen, wo

$$X^n = \frac{2n+1}{2} \int_{-1}^{1} F(\theta) P^n(\cos\theta) \sin\theta \, d\theta.$$

Mit Herrn Dini benutzt man hierzu die Gleichung (16, b) S. 93, durch welche sich ergiebt

$$(d) \ldots \quad 2X^n = \int_0^\pi F(\theta) \left[\frac{dP^{n-1}}{d\theta} - \frac{dP^{n+1}}{d\theta} \right] d\theta$$

und für $n = 0$

$$2X^0 = -\int_0^\pi F(\theta) \frac{dP^1}{d\theta} \, d\theta.$$

Hierdurch erhält man

$$-2S^n = \int_0 F(\theta) \frac{dP^n}{d\theta} \, d\theta + \int_0 F(\theta) \frac{dP^{n+1}}{d\theta} \, d\theta,$$

wenn man in beiden Integralen bis $\theta = \pi$ integrirt.

Es zeigt sich nun erstens, dass die Grenze, welcher sich die rechte Seite mit wachsendem n nähert, unabhängig von θ ist, nämlich dieselbe ist, welche man findet, wenn man in beiden Integralen nicht bis π, sondern nur bis zu einem beliebigen positiven unter π liegenden festen, ja sogar auch nur bis zu einem positiven, mit wachsendem n zu Null abnehmenden θ integrirt, vorausgesetzt, dass $F(\theta)$ und $F(\pi - \theta)$ endlich und von $+0$ bis zu einem beliebig kleinen θ continuirlich bleiben, ferner innerhalb der Integrationsgrenzen nicht unendlich oft vom Wachsen zum Abnehmen übergehn und umgekehrt.

Diesen Satz beweist man durch eine Methode, welche bereits im 2. Zusatz zum I. Kapitel bei der Theorie der trigonometrischen

meno dovrebbe anche mostrarsi la continuità di $\Theta'(\psi)$ per $\psi = 0$, ciò che da Dirichlet non vien fatto, e porterebbe, mi pare, alcune restrizioni.

Reihen angewandt wurde und so ausführlich dargelegt ist, dass es erlaubt sein wird, hier kürzer zu sein. Ohne der Allgemeinheit zu schaden wird man z. B. annehmen dürfen, dass $F(\theta)$ von 0 bis π positiv sei und überhaupt nicht zunimmt.

Die n Werthe von θ zwischen 0 und π, bei denen $P^n(\cos\theta)$ verschwindet, mögen $\alpha_1, \alpha_2, \ldots \alpha_n$ heissen; zerlegt man

$$\int_0^\pi F(\theta)\frac{dP^n(\cos\theta)}{d\theta}d\theta$$

in eine Summe von Integralen desselben Elements zwischen den Grenzen 0 und α_1, α_1 und α_2, etc., schliesslich α_n und π, so wird in jedem derselben, das erste und letzte ausgenommen, dP einmal das Zeichen ändern, indem zwischen je zwei reellen Wurzeln irgend einer ganzen Function $\chi(\theta)$ je eine der Function $\chi'(\theta)$ liegt. Ist β_m die zwischen $\theta = \alpha_m$ und $\theta = \alpha_{m+1}$ liegende Wurzel von $dP^n = 0$, so giebt eine neue Zerlegung

$$\int_{\alpha_m}^{\alpha_{m+1}} F(\theta)\frac{dP^n(\cos\theta)}{d\theta}d\theta = \int_{\alpha_m}^{\beta_m} + \int_{\beta_m}^{\alpha_{m+1}}$$

$$= P^n(\cos\beta_m)[F(\beta_m - \delta_m) - F(\beta_m + \varepsilon_m)],$$

wo δ_m zwischen α_m und β_m, ε_m zwischen β_m und α_{m+1} liegt. Das Integral auf der Linken ist also in jedem Falle kleiner als der Zahlwerth von

$$P^n(\cos\beta_m)[F(\alpha_m) - F(\alpha_{m+1})].$$

Aus der Gleichung (29, c) auf S. 178 ist bekannt, dass $P^n(\cos\theta)$ sich mit wachsendem n, bis an die Ordnung $\frac{3}{2}$, dem Werthe

$$\sqrt{\frac{2}{n\pi\sin\theta}}\cdot\cos\left((n+\tfrac{1}{2})\theta - \frac{\pi}{4}\right)$$

nähert so lange θ eine nicht mit n zu Null convergirende Grösse bezeichnet. Zu dem Beweise, den wir hier führen wollen, genügt dies jedoch nicht. Es nähert sich aber, wie am Anfange des § 42 nachgewiesen und S. 183 besonders hervorgehoben wurden, $P^n(\cos\theta)$ sogar dann noch der Null, wenn θ selbst unendlich klein wird, allerdings nur so, dass $n^\alpha\theta$ schon mit n in's Unendliche wächst, wo $\alpha < \frac{1}{4}$.

Hieraus folgt, dass

$$(e) \ldots \int_0^\pi F(\theta)\frac{dP^n(\cos\theta)}{d\theta}d\theta - \left[\int_0^\eta + \int_\zeta^\pi\right]$$

mit wachsendem n sich der Null nähert, wenn man für η und $\pi - \zeta$ beliebig kleine Grössen setzt, feste oder sogar, was jetzt geschehen soll, mit n veränderliche, freilich nur solche, welche mit $\sqrt[4]{n}$ multiplicirt noch in's Unendliche wachsen.

Zweitens gelingt es die Grenze aufzufinden, welcher sich die beiden zu subtrahirenden Integrale in (e) nähern. Das erste Integral von 0 bis η giebt nämlich, nach dem zweiten Mittelwerthsatze *),

$$F(+0)\int_0^{\eta} \frac{dP^n}{d\theta}\, d\theta + (F(\eta) - F(+0))\int_{\xi}^{\eta} \frac{dP^n}{d\theta}\, d\theta,$$

wenn ξ einen Werth vorstellt, der zwischen 0 und η liegt, möglicher Weise auch gerade gleich 0 oder η ist. Der Faktor von $F(0)$, der gleich ist $P^n(\cos\eta) - 1$, nähert sich mit wachsendem n beliebig der Grenze -1, indem nach dem oben hervorgehobenen Satze $P(\cos\eta)$ für $n = \infty$ sicher Null wird und $F(\eta) - F(+0)$ wird Null, da η mit wachsendem n zu Null herabsinkt, so dass die Grenze des ersten Integrales $-F(+0)$ ist. Das zweite von den abzuziehenden Integralen in (e), nämlich das Integral von ζ bis π, giebt für $n = \infty$

$$(-1)^n F(\pi - 0),$$

wie die Substitution $\pi - \theta$ statt θ in demselben sofort zeigt. Wendet man die gleiche Methode endlich auf das Integral in dem Ausdruck für $-2S^n$ auf S. 435 an, welches den Index $n+1$ statt n enthält, und setzt die gefundenen Werthe dort ein, so heben sich die zwei gleichen und mit verschiedenen Zeichen versehenen Theile fort, welche sich auf die Grenze π beziehen, und man findet dass

$$S^n - F(+0)$$

sich mit wachsendem n der Grenze 0 nähert.

Auch hier kann man, ähnlich wie im Zusatze S. 59 unter (c) und (d), den Fall berücksichtigen, dass F ausser θ noch einen Para-

*) Nach demselben ist

$$\int_a^b f(x)\varphi(x)\,dx = f(a)\int_a^{\xi} \varphi(x)\,dx + f(b)\int_{\xi}^{b} \varphi(x)\,dx,$$

wenn ξ eine nicht ausserhalb der Grenzen a und b liegende Grösse bezeichnet, $f(x)$ eine Function, die zwischen den Grenzen weder ihr Zeichen ändert, noch vom Abnehmen zum Zunehmen übergeht.

meter enthält. Ist dieser so beschaffen, dass der grösste Werth von F unter einer angebbaren festen Grenze bleibt, so wird $S^n - F(+0)$, für alle Werthe des Parameters, sich der Null in gleichem Grade nähern.

Mit Dirichlet mache ich auf die Bedeutung von $F(0)$ aufmerksam. Gemäss der Einführung durch (c) wird $F(+0)$, vorausgesetzt dass $f(\theta, \psi)$ in der Umgebung des Werthes $\theta = 0$ continuirlich, und zwar nach allen Richtungen in gleichem Grade continuirlich ist, man also vor der Integration statt nach derselben θ zu 0 machen darf

$$= \frac{1}{2\pi} \int_0^{2\pi} f(0, \psi) d\psi.$$

Wenn $f(\theta, \psi)$ sich auf der Kugel mit dem Radius 1 einwerthig darstellen lässt (s. o.), also im Nordpol, für $\theta = 0$, von ψ unabhängig ist, so ist $F(+0)$ genau der Werth von $f(\theta, \psi)$ im Nordpol, gleich $f(0, \psi)$. Im allgemeinen stellt aber $F(+0)$ der Mittelwerth von $f(\theta, \psi)$ im Nordpole $\theta = 0$ vor, d. h. das Mittel aus den Werthen, welche $f(\theta, \psi)$ auf einem unendlich kleinen Parallelkreise annimmt, der nahe dem Nordpol beschrieben ist, wenn die Entfernung vom Pol zur Grenze 0 abnimmt. In dem Falle, welchen dieser Paragraph behandelt, d. h. für $\theta = 0$, wird daher die Summe der unendlichen Reihe ΣX^n gleich dem Mittelwerthe von $f(\theta, \psi)$ im Nordpol.

§ 118. Der allgemeine Fall, welcher sich auf die Darstellung der Function $f(\theta, \psi)$ in einem beliebigen Punkte θ, ψ bezieht, erledigt sich durch Reduktion auf den früheren. Zu einer solchen kann man sich zunächst der analytischen Coordinatentransformation bedienen, über welche im § 72 gehandelt wurde. Damit dieselbe anwendbar sei, ist hinreichend, dass $f(\theta, \psi)$ endlich und im allgemeinen im gleichem Grade continuirlich, höchstens in Punkten oder Linien discontinuirlich sei. Führt man nach § 72, Gleich. (a), in den Ausdruck (b) des § 116 neue Coordinaten ein, nämlich für θ_1 und ψ_1 die entsprechenden Grössen γ und δ, so hat man

$$\sin\theta_1 \, d\theta_1 \, d\psi_1 = \sin\gamma \, d\gamma \, d\delta;$$

und X^n geht in

$$X^n = \frac{2n+1}{4\pi} \int_0^{\pi} d\gamma \sin\gamma \int_0^{2\pi} f(\theta_1, \psi_1) P^n(\cos\gamma) \, d\delta$$

über. Aus dem innern Integral lässt sich $P^n(\cos\gamma)$ herausziehen;

setzt man das Integral

$$\frac{1}{2\pi}\int_0^{2\pi} f(\theta_1, \psi_1)\,d\delta,$$

in welchem für θ_1 und ψ_1 ihre Ausdrücke in die vier Bogen θ, ψ, γ, δ, unter denen θ, ψ als Constante auftreten, zu substituiren sind*), gleich $F(\gamma)$, so hat X^n dieselbe Form wie im vorigen Paragraphen, nämlich es ist

$$X^n = \frac{2n+1}{2}\int_0^{\pi} F(\gamma)\,P^n(\cos\gamma)\sin\gamma\,d\gamma;$$

daher erhält man $F(+0)$ für die gesuchte Grenze der Summe S^n. Um die Bedeutung dieses Resultates klar zu stellen, zieht man aus (a) des § 72 durch Auflösung jener Gleichungen

$$\begin{aligned}\cos\theta_1 &= \cos\theta\cos\gamma + \sin\theta\sin\gamma\cos\delta,\\ \sin\theta_1\cos(\psi_1-\psi) &= \sin\theta\cos\gamma - \cos\theta\sin\gamma\cos\delta,\\ \sin\theta_1\sin(\psi_1-\psi) &= \sin\gamma\sin\delta.\end{aligned}$$

Wenn γ zu 0 abnimmt, so nähern sich θ_1 und ψ_1, so lange θ weder 0 noch π ist, resp.

$$\theta - \gamma\cos\delta, \quad \psi + \gamma\frac{\sin\delta}{\sin\theta},$$

so dass $F(+0)$ jetzt für den beliebigen Punkt θ, ψ dieselbe Bedeutung hat wie früher für den Nordpol, den Punkt $(0, \psi)$, und es wird S^n mit wachsendem n dem Mittelwerth der Function $f(\theta, \psi)$ im Punkte ϑ, ψ beliebig nahe kommen, und zwar gleichmässig für alle Punkte, indem hier θ und ψ als Parameter in $F(\gamma)$ auftreten. Wir fassen das Resultat der Untersuchungen in diesem Kapitel in folgender Art zusammen:

Alle Punkte auf einer Kugelfläche mit dem Radius 1 werden durch ihre kleinste sphärische Entfernung θ von einem als Nordpol betrachteten Punkte und ihre Länge ψ festgelegt. Von einem Punkte θ, ψ aus beschreibt man mit einem sphärischen Radius γ einen Kreis auf der Fläche; das arithmetische Mittel aus allen Werthen, die eine endliche Function $f(\theta, \psi)$ auf der Peripherie des

---

*) Z. B. in dem extremen Falle $\theta = \pi$ wird $\theta_1 = \pi - \gamma$, $\psi_1 - \psi = \delta$, also

$$2\pi F(\gamma) = \int_0^{2\pi} f(\pi - \gamma, \delta)\,d\delta;$$

für $\theta = 0$ wird $\theta_1 = \gamma$, $\psi_1 - \psi = \pi - \delta$.

Kreises annimmt sei $F(\gamma)$. Hat diese Function in der Nähe von $\gamma = 0$ nicht unendlich viele Maxima und Minima, so ist die Summe der Reihe

$$X_0^0 + X_1^1 + X^2 + \cdots,$$

wenn man setzt

$$X^n = \frac{2n+1}{4\pi} \int_0^\pi d\theta_1 \sin\theta_1 \int_0^{2\pi} f(\theta_1, \psi_1) P^n(\cos\gamma) d\psi_1,$$

gleich $F(0)$, und zwar convergirt

$$F(0) - \sum_{n=0}^{\infty} X^n$$

mit wachsendem n für alle θ und ψ in gleichem Grade zu Null. Man bemerkt zugleich, dass es gleichgültig ist, ob man über die ganze Kugelfläche oder nur über die Umgebung des Punktes θ, ψ integrirt.

Bei dieser und bei ähnlichen Untersuchungen beziehen sich die Resultate zunächst auf F und nicht auf f. Gehen wir in dem Hauptfalle, dass $f(\theta, \psi)$ continuirlich bleibt, auf f zurück. Wenn dann θ nicht 0 oder π ist, so wird $F(0)$ gleich $f(\theta, \psi)$ und die Reihe eine Entwickelung von $f(\theta, \psi)$ selbst. Dasselbe findet noch für $\theta = 0$ und π statt, wenn $f(0, \psi)$ resp. $f(\pi, \psi)$ von ψ unabhängig ist.

So lange θ und ψ einem Flächenstück angehören, für welches das Mittel $F(\gamma)$ eine continuirliche Function von θ und ψ wird, was z. B. stattfindet, wenn $f(\theta, \psi)$ continuirlich nach θ und ψ ist, so convergirt also die Entwickelung von $f(\theta, \psi)$ in eine Reihe von Kugelfunctionen mit zwei Veränderlichen θ, ψ in gleichem Grade.

Ohne Rechnung lässt sich, nach Dirichlet, der allgemeinere Fall auf den speciellen reduciren, durch Anwendung einer geometrischen Betrachtung derselben Art, wie die schon im § 72 benutzte. Man denkt sich auf einer Kugelfläche mit dem Radius 1 einen festen Punkt A (m. vergl. die Fig. auf S. 310), dessen Coordinaten θ, ψ sein mögen; die Kugelfläche sei mit Masse von der Dichtigkeit $f(\theta, \psi)$ belegt. Der allgemeine Ausdruck von X^n besteht, abgesehen von dem constanten Faktor $(2n+1) : 4\pi$, aus einem Integrale über alle Punkte der Kugelfläche, dessen Element gleich ist dem Produkte aus der Masse in jedem Punkte θ_1, ψ_1 mal der Kugelfunction P^n von dem Cosinus der kürzesten Bogenentfernung des Punktes θ_1, ψ_1 oder A_1 von dem festen Punkte A. Der Satz des vorigen Paragraphen zeigt, dass die Summe dieser Glieder, ΣX^n, gleich der mittleren Dichtigkeit in A ist, wenn A in den Nordpol fällt. Da aber dieser Punkt sich von den übrigen Punkten auf der Kugel nicht unterscheidet, so gilt das Resultat auch noch, wenn A nicht in den Pol fällt, und es ist demnach, wie auch A liegen möge, die Reihe ΣX^n gleich dem Mittelwerth der Dichtigkeit $f(\theta, \psi)$ im Punkte A.

Dieses geometrische Verfahren hat Dirichlet später wieder aufgenommen, um die verschiedenen Fälle zu untersuchen, welche vorkommen können, wenn aus dem für die Oberfläche der Kugel gegebenen Potentiale, nach den Principien von Gauss und Green, eine entsprechende Vertheilung von Masse auf der Kugelfläche aufgesucht werden soll *).

Als Beispiel für die Entwickelung einer Function $f(\theta, \psi)$ nach Kugelfunction kann man den Fall durchführen, dass f auf der einen Hälfte der Oberfläche einer mit dem Radius 1 beschriebenen Kugel 1, auf der andern Hälfte 0 sein soll, wenn beide Flächen in einem grössten Kreise zusammentreffen. Der Mittelwerth $F(0)$ ist auf der einen Hälfte 1, auf der andern 0, auf dem grössten Kreise $\frac{1}{2}$, so dass die Summe der Reihe in den drei verschiedenen Fällen, welche für die Lage des Punktes θ, ψ eintreten können, die Werthe resp. 1, 0, $\frac{1}{2}$ annimmt, während die Reihe für die in der ersten Fläche liegenden Punkte in gleichem Grade convergirt, ebenso für die in der zweiten Fläche, drittens für die auf der Peripherie des trennenden Kreises befindlichen.

§ 119. Wir verlassen den Gegenstand mit einer Anwendung auf den besonderen Fall, in welchem $f(\theta, \psi)$ für jedes θ von ψ unabhängig ist, sich also auf eine Function $f(\theta)$ von θ allein reducirt, und handeln daher wieder von der Entwickelung der Functionen einer Veränderlichen nach Kugelfunctionen. In diesem Falle wird

$$\int_0^{2\pi} f(\theta_1, \psi_1) P^n(\cos\gamma)\, d\psi_1 = f(\theta_1) \int_0^{2\pi} P^n(\cos\gamma)\, d\psi_1$$

$$= 2\pi . f(\theta_1) P^n(\cos\theta) P^n(\cos\theta_1)$$

und der Mittelwerth von $f(\theta, \psi)$ gleich dem arithmetischen Mittel aus $f(\theta+0)$ und $f(\theta-0)$. Wir haben hierdurch als Ergänzung des § 13 (m. vergl. S. 64) die Bedingungen gefunden, welche hinreichend sind, damit eine Function von θ sich nach Kugelfunctionen von $\cos\theta$ entwickeln lasse. Man hat nämlich aus (a) und (b) des § 116 das **Resultat**:

Bezeichnet $f(\theta)$ eine endliche Function von θ, welche nur eine endliche Anzahl von Maximis und Minimis besitzt, so sinkt

$$f(\theta+0) + f(\theta-0) - \sum_{n=0}^{\infty} (2n+1) P^n(\cos\theta) \int_0^{\pi} f(\theta) P^n(\cos\theta) \sin\theta\, d\theta,$$

für $0 < \theta < \pi$, mit wachsendem n, unter jeden Grad der Kleinheit.

*) Ueber einen neuen Ausdruck zur Bestimmung der Dichtigkeit auf einer unendlich dünnen Kugelschale, wenn der Werth des Potentials derselben in jedem Punkte ihrer Oberfläche gegeben ist. Geles. in der Akad. d. Wiss. am 28. Nov. 1850.

So lange $f(\theta)$ continuirlich bleibt, convergirt die unendliche Reihe in gleichem Grade. Wenn $\theta = 0$, so ist statt $f(\theta + 0) + f(\theta - 0)$ zu setzen $2f(+0)$, und $2f(\pi - 0)$ für $\theta = \pi$.

§ 120. Wenn in der Function $f(\theta, \psi)$ statt θ gesetzt wird $\frac{r}{n}$ und die Function $f\left(\frac{r}{n}, \psi\right)$ mit wachsendem n sich einer Grenze nähert, so tritt an die Stelle der Summenformel, welche im § 116 die Entwickelung einer Function nach Kugelfunctionen zweier Veränderlichen lieferte, als Grenze der Reihe, durch welche f oder sein Mittelwerth dargestellt wird, ein bestimmtes Integral auf, in welchem statt der P die Cylinderfunctionen J vorkommen. Die so entstehende Formel zur Darstellung einer Function durch Cylinderfunctionen fand Herr Carl Neumann *) durch eine Methode, die er nicht für eine strenge, sondern für ein heuristisches Verfahren erklärt; Herr Mehler hat einen Beweis der Formel geliefert **). Herr Ermakoff zeigt ***), wie sie aus dem Fourier'schen Lehrsatze abgeleitet werden kann. Dieser lautet für eine endliche Function $\eta(x, y)$ von zwei Veränderlichen, wenn man der Kürze halber nur den Fall der Continuität in's Auge fasst

$$\eta(x, y) = \frac{1}{4\pi^2} \int_{-\infty}^{\infty} d\lambda \int_{-\infty}^{\infty} \cos\lambda(\alpha - x) d\alpha \int_{-\infty}^{\infty} d\mu \int_{-\infty}^{\infty} \eta(\alpha, \beta) \cos\mu(\beta - y) d\beta.$$

In diesem Integrale vertausche man die Ordnung der Integrationen und setze dafür die Grenze von

$$\frac{1}{4\pi^2} \int_{-\infty}^{\infty} d\alpha \int_{-\infty}^{\infty} d\beta\, \eta(\alpha, \beta) \iint \cos\lambda(\alpha - x) \cos\mu(\beta - y) d\lambda\, d\mu,$$

wenn die Integration nach λ und μ über ein ebenes Rechteck ausgedehnt wird, welches alle Punkte von λ und μ gleich $-\infty$ bis ∞ enthält. Statt dessen integrirt man über einen Kreis, der um den Anfangspunkt mit einem in's Unendliche wachsendem Radius beschrieben wird. Dazu führe man Polarcoordinaten ϱ, φ ein, indem man setzt

$$\lambda = \varrho \cos\varphi, \quad \mu = \varrho \sin\varphi; \quad d\lambda\, d\mu = \varrho\, d\varrho\, d\varphi.$$

---

*) Allgemeine Lösung des Problems über den stationären Temperaturzustand eines homogenen Körpers, welcher von zwei nicht concentrischen Kugelflächen begrenzt wird, Halle, 1862, S. 149.

**) Mathematische Annalen, 5. Band, S. 135.

***) Mathematische Annalen, 5. Bd., S. 639.

Dann wird

$$\iint \cos\lambda(\alpha - x)\cos\mu(\beta - y)\,d\lambda\,d\mu$$

$$= \int_0^{\varrho} \varrho\,d\varrho \int_0^{2\pi} \cos\varrho[(\alpha - x)\cos\varphi + (\beta - y)\sin\varphi]\,d\varphi.$$

Setzt man

$$\alpha - x = R\cos\varphi_1, \quad \beta - y = R\sin\varphi_1, \quad R^2 = (\alpha - x)^2 + (\beta - y)^2,$$

so lässt sich eine Integration durch Einführung von J ersetzen und es wird

$$\int_0^{\varrho} \varrho\,d\varrho \int_0^{2\pi} \cos[\varrho R\cos(\varphi - \varphi_1)]\,d\varphi = 2\pi \int_0^{\varrho} \varrho J(\varrho R)\,d\varrho.$$

Dadurch entsteht die Gleichung

$$\eta(x, y) = \frac{1}{2\pi}\int_0^{\infty} \varrho\,d\varrho \int_{-\infty}^{\infty}\int_{-\infty}^{\infty} \eta(\alpha, \beta) J(\varrho R)\,d\alpha\,d\beta,$$

worin R die geradlinige Entfernung des Punktes x, y von den Punkten α, β vorstellt. Führt man noch für x, y und dann auch für α, β Polarcoordinaten ein, nämlich

$$x = r\cos\psi, \quad y = r\sin\psi, \quad \alpha = r_1\cos\psi_1, \quad \beta = r_1\sin\psi_1,$$

und setzt $\eta(x, y)$, dieses in r und ψ ausgedrückt, gleich $\chi(r, \psi)$, so erhält man die Formel von Herrn Neumann

$$(74)\ \ldots\quad \chi(r, \psi) = \frac{1}{2\pi}\int_0^{\infty} \varrho\,d\varrho \int_0^{\infty} r_1\,dr_1 \int_0^{2\pi} \chi(r_1, \psi_1) J(\varrho R)\,d\psi,$$

$$R = \sqrt{r^2 - 2rr_1\cos(\psi - \psi_1) + r_1^2}.$$

Die Ableitung von (74) beruht darauf, dass man in der Fourier'schen Formel die Ordnung der Integrationen vertauscht und das Integrationsgebiet, eine unendliche Ebene, nicht mehr als Grenze eines Rechtecks, sondern eines Kreises betrachtet. Um Bedenken zu beseitigen, wählt man besser statt der gewöhnlichen Form des Fourier'schen Lehrsatzes die andere

$$\pi\eta(x) = \mathrm{Lim}\int_{-\infty}^{\infty} \eta(\alpha)\frac{\sin\lambda(\alpha - x)}{\alpha - x}\,d\alpha,$$

$$\pi^2.\eta(x, y) = \mathrm{Lim}\int_{-\infty}^{\infty}\int_{-\infty}^{\infty} \eta(\alpha, \beta)\frac{\sin\lambda(\alpha - x)}{\alpha - x}\,\frac{\sin\mu(\beta - y)}{\beta - y}\,d\alpha\,d\beta,$$

wenn man oben die Grenze für $\lambda = \infty$, unten für $\lambda = \infty$ und dann für $\mu = \infty$ nimmt Die erste Formel folgt aus dem vierten Satze auf S. 62, wenn η eine Function bezeichnet, welche das Integral absolut convergent macht, so dass dieselbe Zahl g, gleichmässig für alle reellen λ, das Integral

$$\int_0^{h} \eta(\alpha)\frac{\sin\lambda\alpha}{\alpha}\,d\alpha$$

kleiner macht als jede beliebig gegebene Grösse, wie gross man auch h nimmt. Ausserdem muss $\eta(\alpha)$ bis zu jedem Werthe von α hin die Eigenschaften haben, welche für das Bestehen des vierten Satzes verlangt werden. Man bemerke, dass die linke Seite, wenn $\eta(\alpha)$ nicht continuirlich ist, mit dem arithmetischen Mittel von $\eta(x+0)$ und $\eta(x-0)$ zu vertauschen ist. Aehnlich verhält es sich mit der zweiten Formel, bei der noch anzunehmen ist, dass

$$\int_{-\infty}^{\infty} \eta(\alpha, \beta) \sin \frac{\mu(\beta-y)}{\beta-y}\, d\beta,$$

wenn nach der Integration $\alpha = x \pm 0$ gesetzt wird, mit dem Werthe des Integrales gleichbedeutend sei, in welchem man $x \pm 0$ für α vor der Integration gesetzt hat. Geht man von diesen Formen und Voraussetzungen aus, so verschwinden die erwähnten Bedenken bei der obigen Ableitung.

Durch die Anwendung desselben Verfahrens auf die Darstellung von Functionen mit einer grösseren Anzahl von Veränderlichen finde ich aus dem Fourier'schen Satze Gleichungen von derselben Art wie (74). Während im Fourier'schen Satze bei der Darstellung einer Function von n Veränderlichen $2n$ Integrationen auszuführen sind, treten bei diesen Sätzen nur $n+1$ auf. So findet man für Functionen von drei Veränderlichen

$$\eta(x, y, z) = \frac{1}{2\pi^2} \int_0^{\infty} \varrho^2 d\varrho \int_{-\infty}^{\infty} \int_{-\infty}^{\infty} \int_{-\infty}^{\infty} \eta(\alpha, \beta, \gamma) \frac{\sin(\varrho R)}{\varrho R}\, d\alpha\, d\beta\, d\gamma,$$

wenn R die geradlinige Entfernung des Punktes x, y, z von α, β, γ vorstellt. Hier tritt also an die Stelle von J die Function ψ_0 von S. 240. In gleicher Art hängt η bei einer Anzahl n von Veränderlichen von der Function

$$\int_0^{2\pi} \cos(z \cos\varphi) \sin^{n-2}\varphi\, d\varphi$$

ab, welche, wie aus S. 234, Gleich. (41, a) bekannt ist, durch $2\pi j_{\frac{1}{2}n-1}(z)$ ausgedrückt wird und die wesentlich ein vielfacher Differentialquotient nach z^2 von $J(z)$ oder von $\sin z : z$ ist. Man findet für Functionen von $n+1$ Veränderlichen x_1, x_2, etc.

$$\eta(x_1, x_2, \ldots) = \frac{(2\sqrt{\pi})^{-n}}{\Gamma \frac{1}{2} n} \int_0^{\infty} \varrho^n d\varrho \int_{-\infty}^{\infty} \eta(\alpha_1, \alpha_2, \ldots) j_{\frac{1}{2}n - \frac{1}{2}}(\varrho R)\, d\alpha_1\, d\alpha_2 \ldots,$$

wenn gesetzt wird

$$R^2 = (x_1 - \alpha_1)^2 + (x_2 - \alpha_2)^2 + \cdots,$$

und die Integrationen nach α_1, α_2, etc. sämmtlich von $-\infty$ bis ∞ ausgedehnt werden.

III. Theil.

Die Lamé'schen Functionen verschiedener Ordnungen.

Erstes Kapitel.

Definitionen. Eintheilungen.

§ 121. Das Vorhergehende bot mehrfach Gelegenheit auf die analogen Eigenschaften von trigonometrischen Functionen, Kugelfunctionen und den von Lamé eingeführten hinzuweisen, denen sich die des Cylinders als Grenzfälle anschlossen. Ich habe den Namen Lamé'sche Functionen auf eine ganze Gattung übertragen, zu welcher die bisher behandelten als specielle Fälle gehören, und bei der sich die hauptsächlichen Eigenschaften der früheren wiederfinden. Die allgemeine Theorie derselben soll hier insoweit entwickelt werden, dass man erkennt, wie die sämmtlichen Functionen als derselben Gattung angehörend zu betrachten sind. M. vergl. meine Arbeiten hierüber in Borchardt's Journal Bd. 60: Ueber die Lamé'schen Functionen verschiedener Ordnungen; Bd. 61: Ueber einige bestimmte Integrale; Bd. 62: Die speciellen Lamé'schen Functionen, ferner: Ueber die Existenz und Anzahl der Lamé'schen Functionen im Monatsbericht der Berl. Akademie v. J. 1864.

In diesem Theile bediene ich mich der Buchstaben $a_0, a_1, \ldots a_p$ um gegebene Constante zu bezeichnen, von denen a_0 gleich Null ist. Man setzt ferner

$$\sqrt{x_0 - a_0} = A_0, \quad \sqrt{x - a_1} = A_1, \quad \ldots, \quad \sqrt{x - a_p} = A_p;$$
$$A_0 A_1 \ldots A_p = \sqrt{\psi(x)}; \quad du = \tfrac{1}{2} \frac{dx}{A_0 A_1 \ldots A_p}.$$

Lamé'sche Function erster Art, p^{ter} Ordnung und n^{ten} Grades sei jede ganze Function n^{ten} Grades der A, welche einer Differentialgleichung von der Form

$$(75) \ldots \quad \frac{d^2 W}{du^2} + \vartheta(x) W = 0$$

genügt, sobald $\vartheta(x)$ irgend eine ganze Function von x vorstellt, die eine Lösung W von (75) zulässt, welche eine ganze Function von x ist. Solcher Functionen ϑ existiren, wie ich unten nachweise, im ganzen

$$\frac{(n+1)(n+2)\ldots(n+p-2)}{1.2.3\ldots(p-1)}(2n+p-1)$$

verschiedene, indem man, wie üblich, Lösungen W_1, W_2, etc. verschieden nennt, wenn zwischen ihnen und Constanten c_1, c_2, etc. keine lineare Gleichung

$$0 = c_1 W_1 + c_2 W_2 + \cdots$$

besteht. Die Differentialgleich. (75) lässt sich offenbar auch in die Form bringen

$$(75, a) \ldots \quad 4\psi(x)\frac{d^2W}{dx^2} + 2\psi'(x)\frac{dW}{dx} + \vartheta(x)W = 0.$$

Aus der Definition folgt sofort:

1) Sind ψ_1, ψ_2, etc. alle möglichen ganzen Functionen, welche ψ theilen, die Einheit und ψ selbst eingeschlossen, so lassen sich alle verschiedenen Lamé'schen Functionen erster Art auf die Formen

$$\sqrt{\psi_1}.V_1, \quad \sqrt{\psi_2}.V_2, \quad \ldots$$

bringen, wenn V_1, V_2, etc. ganze Functionen von x bezeichnen. Denn nach der Definition ist jede Lamé'sche Function zunächst von der Form

$$\sqrt{\psi_1}.V_1 + \sqrt{\psi_2}.V_2 + \cdots;$$

da aber für jeden Index ι

$$\frac{d^2}{du^2}(\sqrt{\psi_\iota}.V_\iota) = \sqrt{\psi_\iota}.H_\iota,$$

wo H_ι eine ganze Function von x ist, so muss jede einzelne Function $\sqrt{\psi_\iota}.V_\iota$ für sich der Gleich. (74) genügen. Functionen bei welchen die multiplicirende Radikalgrösse $\sqrt{\psi_\iota}$ die gleiche ist, gehören derselben Klasse an.

Selbstverständlich, aber wesentlich zum Verständniss der Gleichungen (85), ist die Bemerkung, dass ψ_1, ψ_2, etc. für ein ungerades n eine ungerade, für ein gerades n eine gerade Anzahl von Faktoren besitzen.

2) Die ganze Function ϑ ist nach x vom Grade $p-1$. Da nämlich die Lösung W eine ganze Function n^{ten} Grades der A ist, also nach x vom Grade $\frac{1}{2}n$, wie man sich mit Bezug auf die

Art, wie diese ganze Function unendlich wird, ausdrücken kann, so wird $d^2W : du^2$ vom Grade $\frac{1}{2}n + p - 1$, also $\vartheta(x)$ vom Grade $p-1$.

3) Setzt man daher

$$\theta(x) = \varkappa_0 x^{p-1} + \varkappa_1 x^{p-2} + \cdots + \varkappa_p,$$

so ist

$$\varkappa_0 = -n(n+p-1).$$

Denn die Glieder der höchsten Dimension auf der linken Seite von (75) müssen sich fortheben.

4) Jede Differentialgleichung (75), von der eine Lösung eine Function erster Art ist, hat ein zweites partikuläres Integral, welches im Unendlichen verschwindet, und nach absteigenden Potenzen von x entwickelt mit der $-(n+p-1)^{\text{ten}}$ Potenz von $\sqrt{x}$ beginnt. Diese Lösung wird Lamé'sche Function zweiter Art und p^{ter} Ordnung genannt.

Bezeichnung. Diese Lamé'schen Functionen p^{ter} Ordnung, erster Art und n^{ten} Grades bezeichnen wir durch $\mathfrak{E}^n_m(p, x)$, die der zweiten Art durch $\mathfrak{F}^n_m(p, x)$, indem der untere Index die verschiedenen Individuen unterscheidet. Wo keine Zweideutigkeiten zu befürchten sind, kann man einzelne Indices fortlassen. Während es passend schien, bei den Functionen, welche früher schlechtweg die Lamé'schen genannt wurden, ohne Hinzufügung einer Ordnungszahl p, Lamé's Bezeichnung beizubehalten, bot es Vortheile, in der allgemeinen Theorie obige Abänderung vorzunehmen.

Die von Lamé eingeführten Functionen sind hiernach von der zweiten Ordnung und man hat

$$E^n(x) = \mathfrak{E}^n(2, xx), \quad F^n(x) = \mathfrak{F}^n(2, xx),$$

vorausgesetzt, dass man macht $a_1 = b^2$, $a_2 = c^2$.

§ 122. Lässt man von den Constanten a_1, a_2, etc., über die bisher keinerlei Annahmen gemacht waren, einige gleich werden, so erhält man diejenigen Functionen, welche specielle Lamé'sche Functionen heissen sollen und denen dieselbe Ordnungszahl p zuertheilt wird, welche den Functionen zukam, aus denen sie entstanden sind. Besondere Bedeutung kommt dem Falle zu, dass sämmtliche Constante a_1, a_2, etc. einander gleich werden, in welchem wir die Functionen Kugelfunctionen p^{ter} Ordnung nennen werden. Setzt man nämlich, ohne die Allgemeinheit dadurch zu beschränken, noch $a_1 = 1$, so wird

$$du = \tfrac{1}{2} x^{-\frac{1}{2}} (x-1)^{-\frac{1}{2}p} dx.$$

Für $p = 2$ und $\sqrt{x} = \xi$ wird daher

$$du = \tfrac{1}{2} d \log \frac{\xi - 1}{\xi + 1};$$

dies zeigt, dass die bisher behandelten Kugelfunctionen die speciellen Lamé'schen Functionen zweiter Ordnung sind, die dadurch entstehen, dass die beiden Faktoren A_1 und A_2 einander gleich werden.

Steigt man noch weiter hinab und setzt $p = 1$, in welchem Falle die speciellen Lamé'schen Functionen mit den allgemeinen übereinstimmen, so wird

$$du = \tfrac{1}{2} \frac{dx}{\sqrt{x} . \sqrt{x-1}} = \frac{d\xi}{\sqrt{\xi^2 - 1}}; \quad \xi = \cos iu,$$

$$\frac{d^2 \mathfrak{E}^n}{du^2} = n^2 \mathfrak{E}; \quad \mathfrak{E}^n = \cos inu, \quad \mathfrak{F}^n = e^{-nu}.$$

Alle Lamé'schen Functionen haben charakteristische Eigenschaften gemein. Hierzu gehört zunächst der folgenreiche Satz, dass

$$\int_0^\pi \cos \nu\theta \cos n\theta \, d\theta = 0,$$

wenn ν und n verschiedene ganze Zahlen sind, welcher in unseren Zeichen lauten würde

$$\int \mathfrak{E}^\nu (1, x) \mathfrak{E}^n (1, x) du = 0,$$

das Integral in den geeigneten Grenzen, von $u = 0$ bis $u = i\pi$ genommen. Ein ähnlicher Satz gilt für Functionen aller Ordnungen $\mathfrak{E}^n_m$.

Wenn der obere Index n auch in der Veränderlichen x vorkommt und zwar so, dass $n\sqrt{x}$ für $n = \infty$ noch endlich bleibt, so erhält man durch den Grenzübergang, indem man auch mit den Constanten so operirt, wie im § 103, S. 403, aus den allgemeinen Lamé'schen Functionen die Cylinderfunctionen jeder Ordnung p. Ist $p = 2$, so entstehen dadurch die Functionen des elliptischen Cylinders, während die speciellen Functionen derselben zweiten Ordnung sich in die Functionen des Kreiscylinders verwandeln. Alle Functionen, mit denen wir uns im Vorhergehenden eingehender beschäftigten, gehören daher der zweiten Ordnung an.

Zweites Kapitel.

Die speciellen Lamé'schen Functionen. Kugelfunctionen höherer Ordnung.

§ 123. Die Differentialgleichung der Lamé'schen Functionen gehört zu der allgemeinen Gattung (m. vergl. § 101)

$$(75, b) \ldots \quad 4\psi(x)\frac{d^2W}{dx^2} + 2\chi(x)\frac{dW}{dx} + \vartheta(x)W = 0,$$

wenn ψ, χ, ϑ ganze Functionen von x vorstellen, deren Grad resp. $p+1$, p, $p-1$ ist; ψ, χ, ϑ sind hier von solcher Beschaffenheit, dass eines von den partikulären Integralen eine ganze Function der Grössen A_0, A_1, ... A_p wird. Mit diesem beschäftigen wir uns hier, suchen in diesem Kapitel zunächst sämmtliche Kugelfunctionen p^{ter} Ordnung (erster Art) auf und handeln dann über ihre Eigenschaften.

Die Behandlung der Gleich. (75, b) wird um so einfacher, je kleiner die Zahl p ist. Man kann zeigen, dass jedes Mal, wenn zwei Grössen A_1 und A_2 einander gleich werden, die Lösungen einer Gleichung p^{ter} Ordnung sich unmittelbar aus denen der niedrigeren, der $p-1^{ten}$ Ordnung ergeben.

Beweis. Sämmtliche Functionen W der A vom n^{ten} Grade, auch die in denen $A_1 = A_2$, können nur die Formen haben

$$U(n), \quad A_1 U(n-1), \quad \ldots \quad A_1^n U_0,$$

wenn die U ganze Functionen der A bezeichnen, welche für $x = a_1$ nicht verschwinden, deren Grad nach den A durch die in der Parenthese daneben stehende Zahl angezeigt wird. Setzt man diese Ausdrücke in (75, b) ein, so entsteht für $U(n-\nu)$ die Gleichung

$$4\psi\frac{d^2U}{dx^2} + \left[\frac{4\nu\psi}{x-a_1} + 2\chi\right]\frac{dU}{dx} + \left[\frac{\nu(\nu-2)\psi}{(x-a_1)^2} + \frac{\nu\chi}{x-a_1} + \vartheta\right]U = 0.$$

In unserem Falle ist nach (75, a) $\chi = \psi'$; indem $a_1 = a_2$, so wird ψ durch $(x-a_1)^2$, χ durch $x-a_1$ theilbar. Da U für $x = a_1$ nicht verschwindet, so muss sein Faktor durch $x-a_1$ theilbar sein, so dass U einer Gleichung

$$4\psi_1\frac{d^2U}{dx^2} + 2\chi_1\frac{dU}{dx} + \vartheta_1 U = 0$$

genügt, wo die drei Functionen

$$\psi_1 = \frac{\psi}{x-a_1} = x(x-a_1)(x-a_3)\ldots(x-a_p),$$

ferner χ_1 und ϑ_1 ganze Functionen vom Grade resp. p, $p-1$, $p-2$ bezeichnen. Daher genügt $U(n-\nu)$ einer Gleich. nur von der $p-1^{ten}$ Ordnung.

Aus dem Bildungsgesetze von χ_1 bemerkt man, dass auch χ_1 mit ψ_1 einen Faktor ersten Grades gemein hat, wenn derselbe in ψ_1 doppelt vorkommt, so dass man in diesem Falle eine weitere Reduktion auf die Ordnung $p-2$ vornehmen kann. Allgemein, sind α Wurzeln einander gleich, β Wurzeln einander gleich aber von den ersten verschieden, etc., so wird man die Functionen W der p^{ten} Ordnung durch solche der Ordnung

$$p-(\alpha-1)-(\beta-1)-\text{etc.}$$

ausdrücken können.

Werden, wie es hier geschehen soll, sämmtliche Constante a_1, a_2, etc. einander gleich und dann gleich 1, so lässt sich das Resultat der Reihe von Reduktionen, die dann geschehen können, leicht übersehen. Dann ist nämlich

$$\psi(x) = x(x-1)^p,$$

während die Differentialgleich. (75, a) giebt

$$4x(x-1)\frac{d^2W}{dx^2} + 2[(p+1)x-1]\frac{dW}{dx} + (x-1)^{1-p}\vartheta(x)W = 0.$$

Hier bleibt noch der Coefficient von W zu bestimmen. Zu diesem Zwecke führe man, ähnlich wie oben, für $x=1$ nicht verschwindende Functionen U ein. Setzt man

$$(76)\ \ldots\quad W = (\sqrt{x-1})^\nu\, U(n-\nu),$$

so erhält man für $U(n-\nu)$ die Gleichung

$$4x(x-1)\frac{d^2U}{dx^2} + 2[(p+2\nu+1)x-1]\frac{dU}{dx}$$
$$+[\vartheta+\nu(x-1)^{p-2}((\nu+p-1)x-1)](x-1)^{1-p}U = 0.$$

Der Faktor von U muss eine ganze Function sein; da ϑ vom Grade $p-1$ und seine höchste Potenz, nach § 121, 3, mit $\varkappa_0$ multiplicirt ist, so kann dieser Faktor nur werden

$$\varkappa_0 + \nu(\nu+p-1),$$

woraus noch folgt

$$\vartheta.(x-1)^{1-p} = -n.(n+p-1) - \frac{\nu(\nu+p-2)}{x-1}.$$

Alle Kugelfunctionen p^{ter} Ordnung vom Grade n sind daher die Lösungen der Gleichungen

$$4x(x-1)\frac{d^2W}{dx^2} + 2[(p+1)x-1]\frac{dW}{dx} = \left[n(n+p-1)+\frac{\nu(\nu+p-2)}{x-1}\right]W,$$

wenn ν die ganzen Werthe von 0 bis n incl. durchläuft. Aus (76) findet man für $U(n-\nu)$ die Gleichung (76, a)

$$4x(x-1)\frac{d^2U}{dx^2} + 2[(p+2\nu+1)x-1]\frac{dU}{dx} + (\nu-n)(\nu+n+p-1)U = 0.$$

Mit dieser Gleichung in wenig verschiedener Form haben wir uns bereits in den §§ 31 u. f. eingehend beschäftigt; man hat nur $x = \xi^2$ zu setzen, um auch eine Uebereinstimmung in der Form zu erreichen. Da hier ν die Zahl n nicht überschreitet, so kann man sämmtliche Lösungen der ersten Art, die ganze Functionen von ξ werden, darstellen durch die Gleichungen

$$(77) \ldots \quad U(n) = \xi^n F\left(-\frac{n}{2}, \frac{1-n}{2}, \frac{3-p-2n}{2}, \xi^{-2}\right),$$

$$U(n-\nu) = \frac{d^\nu U(n)}{d\xi^\nu}; \quad \xi^2 = x.$$

Um diese Untersuchungen nicht zu weit auszudehnen, handele ich nicht über die zweiten Lösungen, welche die Functionen zweiter Art geben.

Hierdurch ist der erste Gegenstand der Untersuchung erledigt: **Die sämmtlichen Kugelfunctionen p^{ter} Ordnung und erster Art sind durch (76) und (77) gegeben,** wenn ν die Werthe von 0 bis n durchläuft, also an der Zahl $n+1$. Die sämmtlichen Functionen zweiter Art ergeben sich hieraus mit Hülfe von (76, a).

§ 124. Wir knüpfen beim § 69 an, um über die **Eigenschaften der Kugelfunctionen** höherer Ordnung zu handeln und setzen

$$(78) \ldots \quad \frac{1}{(1-2\alpha x+\alpha^2)^{\frac{p-1}{2}}} = \frac{\sqrt{\pi}}{\Pi\frac{p-3}{2}} \sum_{n=0}^{\infty} \alpha^n P^n(p, x),$$

wenn p alle ganzen positiven Zahlen von 2 an vorstellt. Um ähnliche Formeln für die Ordnung 1 zu erhalten, fügen wir hinzu

$$-\log(1-2\alpha x+\alpha^2) = \sqrt{\pi} \sum_{n=1}^{\infty} \alpha^n P^n(1, x),$$

woraus sich ergiebt

$$n.P^n(1, x) = \frac{2}{\sqrt{\pi}} \cos n\theta, \quad (x = \cos\theta).$$

Formeln, die noch für $n = 0$ brauchbar bleiben, erhält man durch die Festsetzung

$$n P^n(1, x) = \frac{1}{\sqrt{\pi}} \quad \text{für} \quad n = 0.$$

Aus (78) ergiebt sich

$$(78, a) \ldots \sqrt{\pi}\,\Pi n P^n(p,x) = \Pi\frac{2n+p-3}{2}(2x)^n F\left(-\frac{n}{2}, \frac{1-n}{2}, \frac{3-p-2n}{2}, \frac{1}{x^2}\right),$$

so dass, nach Vertauschung von x mit ξ, die **Function** P bis auf eine Constante mit $U(n)$ übereinstimmt. Daher gewinnt man aus dem Entwickelungscoefficienten und seinen Differentialquotienten nach x die Kugelfunctionen höherer Ordnung ebenso wie aus den U.

Der Entwickelungscoefficient $P^n(p, x)$ spielt im Folgenden dieselbe Rolle wie die Kugelfunction selbst, in welche er sich für $p = 2$ verwandelt; mit einer anderen Constanten multiplicirt, tritt er in (78, d) neben den durch Differentiation erzeugten Functionen $U(n-\nu)$ noch einmal, wie im Falle $p = 2$, als Zugeordnete auf.

Die Functionen P mit ungerader Ordnungszahl entstehen aus den Cosinus der Vielfachen, die mit gerader aus den Kugelfunctionen (mit der Ordnungszahl 2), durch Differentiation. (M. vergl. S. 298) Man hat, wenn man $x = \cos\theta$ setzt, und in der ersten Formel für $n = 0$ nur die Hälfte der rechten Seite, also $\frac{1}{\sqrt{\pi}}$ nimmt, folgende Reihe von Formeln:

$$(78, b) \ldots \quad nP^n(1, x) = \frac{2}{\sqrt{\pi}} \cos n\theta, \quad P^n(2, x) = P^n(x);$$

$$(n+1)P^n(3, x) = \frac{1}{\sqrt{\pi}} \frac{d\cos(n+1)\theta}{dx} = \frac{(n+1)}{\sqrt{\pi}} \frac{\sin(n+1)\theta}{\sin\theta}.$$

$$2^\nu P^n(2\nu+1, x) = \frac{2}{\sqrt{\pi}} \frac{d^\nu}{dx^\nu}\left(\frac{\cos(n+\nu)\theta}{n+\nu}\right),$$

$$2^\nu P^n(2\nu+2, x) = \frac{d^\nu}{dx^\nu}(P^{n+\nu}(x)).$$

Zur leichtern Rechnung mit diesen Functionen füge ich noch folgende Gleichungen hinzu:

$$(\alpha) \ldots \quad P^n(x) = \frac{1}{2^n \Pi n} \frac{d^n(x^2-1)^n}{dx^n},$$

$$(\alpha') \ldots \quad \cos n\theta = \frac{\sqrt{x^2-1}}{1.3\ldots(2n-1)} \frac{d^n(x^2-1)^{n-\frac{1}{2}}}{dx^n},$$

$$(\beta) \ldots \quad \frac{(x^2-1)^\nu}{\Pi(n+\nu)} \frac{d^{n+\nu}(x^2-1)^n}{dx^{n+\nu}} = \frac{1}{\Pi(n-\nu)} \frac{d^{n-\nu}(x^2-1)^n}{dx^{n-\nu}},$$

$$(\beta') \ldots \frac{(x^2-1)^{\nu-\frac{1}{2}}}{\nu.\Pi(n+\nu-1)} \frac{d^\nu}{dx^\nu}\left(\sqrt{x^2-1}\,\frac{d^n(x^2-1)^{n-\frac{1}{2}}}{dx^n}\right) = \frac{d^{n-\nu}(x^2-1)^{n-\frac{1}{2}}}{\Pi(n-\nu)\,dx^{n-\nu}},$$

$$(\gamma) \ldots P^n(p, x) \cdot \frac{2^{p-2}\sqrt{\pi}\,.\,\Pi n\,\Pi\frac{p-3}{2}}{\Pi(p+n-2)} = \int_0^\pi (x+\cos\varphi.\sqrt{x^2-1})^n \sin^{p-2}\varphi\, d\varphi$$

$$= \int_0^\pi \frac{\sin^{p-2}\varphi\, d\varphi}{(x+\cos\varphi.\sqrt{x^2-1})^{n+p-1}},$$

$$(\delta) \ldots \quad (2\sqrt{x^2-1})^\nu P^n(2\nu+2, x)$$
$$= \frac{\Pi(n+2\nu)}{\pi\Pi(n+\nu)}\int_0^\pi (x+\cos\varphi.\sqrt{x^2-1})^{n+\nu}\cos\nu\varphi\,d\varphi$$
$$= \frac{(-1)^\nu}{\pi}\,\frac{\Pi(n+\nu)}{\Pi n}\int_0^\pi \frac{\cos\nu\varphi\,d\varphi}{(x+\cos\varphi.\sqrt{x^2-1})^{n+\nu+1}},$$

$$(\delta') \ldots \quad (2\sqrt{x^2-1})^\nu P^n(2\nu+3, x)$$
$$= \frac{1}{2\sqrt{\pi}}\,\frac{\Pi(n+2\nu+1)}{\Pi(n+\nu)}\int_0^\pi (x+\cos\varphi.\sqrt{x^2-1})^{n+\nu} P^\nu(\cos\varphi)\sin\varphi\,d\varphi$$
$$= \frac{(-1)^\nu}{2\sqrt{\pi}}\,\frac{\Pi(n+\nu+1)}{\Pi n}\int_0^\pi \frac{P^\nu(\cos\varphi)\sin\varphi\,d\varphi}{(x+\cos\varphi.\sqrt{x^2-1})^{n+\nu+2}}.$$

Die beiden Formeln (α) und (α') sind die bekannten des § 6; (β) trat als (f) im § 33 auf und (β') ist eine neue Gleichung, die leicht aus den Untersuchungen des § 33 abgeleitet werden kann, wenn man sie auf die Gleichung des § 34 überträgt. M. vergl. über die Ableitung auch meine Abhandlung im 61. Bde von Borchardt's Journal: Ueber einige bestimmte Integrale § 7, 9, 10. Die Gleichung (γ) findet man mit Hülfe der Gleichung

$$\frac{\sqrt{\pi}}{(a^2+b^2)^{\frac{p-1}{2}}}\,\frac{\Pi\frac{p-3}{2}}{\Pi\frac{p-2}{2}} = \int_0^\pi \frac{\sin^{p-2}\varphi\,d\varphi}{(a-ib\cos\varphi)^{p-1}},$$

die sich durch Anwendung der mehrfach benutzten Substitution

$$\cos\eta = \frac{a\cos\varphi - ib}{a-ib\cos\varphi},\quad \sin\eta = \frac{\sin\varphi.\sqrt{a^2+b^2}}{a-ib\cos\varphi},$$
$$d\eta = \sqrt{a^2+b^2}\,\frac{d\varphi}{a-ib\cos\varphi}$$

ergiebt. Sie verwandelt das Integral auf der Rechten in

$$(a^2+b^2)^{\frac{1-p}{2}}\int_0^\pi \sin^{p-2}\eta\,d\eta = \frac{\sqrt{\pi}}{(a^2+b^2)^{\frac{p-1}{2}}}\,\frac{\Pi\frac{p-3}{2}}{\Pi\frac{p-2}{2}}.$$

Macht man nun

$$a = 1-\alpha x,\quad ib = \alpha\sqrt{x^2-1},$$

so entsteht als Ausdruck für die erzeugende Function der Kugelfunctionen

$$\frac{1}{(1-2\alpha x+\alpha^2)^{\frac{p-1}{2}}} = \frac{\Pi\frac{p-2}{2}}{\sqrt{\pi}\,\Pi\frac{p-3}{2}}\int_0^\pi \frac{\sin^{p-2}\varphi\,d\varphi}{(1-\alpha x-\alpha\cos\varphi.\sqrt{x^2-1})^{p-1}},$$

und hieraus unmittelbar ein Theil der Formel (γ), auf den man schliesslich, um (γ) vollständig zu erhalten, die Substitution anwendet, durch welche man im § 50 die Gleich. (35, g) ableitete. Endlich findet man für ein gerades p den Ausdruck (δ), und (δ_1) für ein ungerades p, indem man sich resp. der formula transformationis von Jacobi oder einer ähnlichen bedient, nämlich der beiden Gleichungen

$$\int_0^\pi \chi^\nu(\cos\varphi)\sin^{2\nu}\varphi\, d\varphi \quad = 1.3\ldots(2\nu-1)\int_0^\pi \chi(\cos\varphi)\cos\nu\varphi\, d\varphi,$$

$$\int_0^\pi \chi^\nu(\cos\varphi)\sin^{2\nu+1}\varphi\, d\varphi = 2.4\ldots(2\nu)\int_0^\pi \chi(\cos\varphi)P^\nu(\cos\varphi)\sin\varphi\, d\varphi.$$

Zur Transformation der numerischen Coefficienten kann man die Gleichung

$$2^m \Pi\frac{m}{2}\,\Pi\frac{m-1}{2} = \Pi m.\sqrt{\pi}$$

verwenden.

Neben diese Functionen treten alle Kugelfunctionen höherer Ordnung in der Art als Zugeordnete mit der Bezeichnung $P_\nu^n(p, x)$ auf, dass man setzt ($n \geqq \nu$)

$$(78, c)\ \ldots\quad P_\nu^n(p, x) = (\sqrt{x^2-1})^\nu\Big[x^{n-\nu} - \frac{(n-\nu)(n-\nu-1)}{2.(2n+p-3)}x^{n-\nu-2}$$
$$+\frac{(n-\nu)\ldots(n-\nu-3)}{2.4.(2n+p-3)(2n+p-5)}x^{n-\nu-4} - \ldots\Big].$$

Es sind, wie die Vergleichung dieser Formel mit (78) zeigt, die Zugeordneten von den Functionen P^n nicht wesentlich verschieden; es ist nämlich

$$(78, d)\ \ldots\ P_\nu^n(p, x) = \frac{\sqrt{\pi}}{2^{n-\nu}}\cdot\frac{\Pi(n-\nu)}{\Pi\left(n+\frac{p-3}{2}\right)}P^{n-\nu}(p+2\nu, x).(\sqrt{x^2-1})^\nu.$$

Man muss aber die Zugeordnete auch in diesem speciellen Falle der Lamé'schen Functionen nicht mit der Function $P^n(p, x)$ selbst verwechseln, um die richtige Verallgemeinerung der früher entwickelten Hauptsätze, z. B. des Additionstheorems aufzusuchen.

§ 125. In diesem Paragraphen beschäftigen wir uns mit der Verallgemeinerung der Gleich. (33, a)

$$(x+\cos\varphi.\sqrt{x^2-1})^n = \frac{\Pi(2n)}{2^{n-1}}\sum^{n}{}' \frac{P_\nu^n(x)}{\Pi(n+\nu)\Pi(n-\nu)}\cos\nu\varphi.$$

In der Bezeichnung, welche im vorigen Paragraphen eingeführt wurde, hat diese Gleichung die Form

$$(x+z\sqrt{x^2-1})^n = 2^n\Pi n\,\Pi(n-\tfrac{1}{2})\sum_{\nu=0}^{n}\frac{\nu.P_\nu^n(2, x)P^\nu(1, z)}{\Pi(n+\nu)\Pi(n-\nu)}.$$

Ich finde dass ganz allgemein für jede Ordnungszahl p die

Gleichung besteht

$$(79)\ \ldots\ (x+z\sqrt{x^2-1})^n$$
$$=2^{n+p-2}\Pi n\Pi(n-1+\tfrac{1}{2}p)\sum_{\nu=0}^{n}\frac{2\nu+p-1}{\Pi(n-\nu)\Pi(n+\nu+p-1)}P_\nu^n(p+1,x)P^\nu(p,z),$$

so dass also bei der Entwickelung des Ausdrucks auf der Linken nach Functionen p^{ter} Ordnung von z der Faktor der ν^{ten} Function, abgesehen von Constanten, eine ν^{te} Zugeordnete einer Function $p+1^{\text{ter}}$ Ordnung ist.

Die Formel, welche für $p=1$ bekannt ist, lässt sich für den Fall $p=2$ leicht beweisen, in welchem unsere Reihe die Entwickelung der linken Seite nach Kugelfunctionen zweiter Ordnung von z giebt. Der Coefficient von $P^\nu(2,z)$ ist nach (9) gleich

$$\frac{2\nu+1}{2}\int_{-1}^{1}(x+z\sqrt{x^2-1})^n P^n(z)\,dz,$$

und dies nach (δ') im §. 124

$$=\frac{(2\nu+1)\Pi n.\sqrt{\pi}}{\Pi(n+\nu+1)}(2\sqrt{x^2-1})^\nu P^{n-\nu}(2\nu+3,x).$$

Mit Hülfe von (78, d) verwandelt sich dies in

$$(2\nu+1)\frac{2^n\Pi n\Pi n}{\Pi(n-\nu)\Pi(n+\nu+1)}P_\nu^n(3,x),$$

so dass (79) für $p=2$ bewiesen ist.

Die allgemeine Formel (79) ergiebt sich aus den für $p=1$ und $p=2$ geltenden durch eine vollständige Induction von p auf $p+2$ dadurch, dass man (79) nach z differentiirt, darauf durch $\sqrt{x^2-1}$ dividirt, und die Formeln benutzt

$$\frac{dP^n(p,x)}{dx}=2P^{n-1}(p+2,x);\quad P_\nu^{n+1}(p+1,x)=\sqrt{x^2-1}\,P_{\nu-1}^n(p+2,x).$$

§ 126. Auf ähnliche Art gewinnen wir das allgemeinere Additionstheorem: Wenn gesetzt wird:

$$\cos\gamma=\cos\theta\cos\alpha+\sin\theta\sin\alpha\cos\gamma_1$$

$$\varkappa_\nu^n(p)=\frac{2^{2n+p-3}}{\sqrt{\pi}}(2\nu+p-2)\frac{\left[\Pi\left(n+\frac{p-3}{2}\right)\right]^2}{\Pi(n-\nu)\Pi n+\nu+p-2},$$

so erhält man die Gleichung

$$(80)\ \ldots\ P^n(p,\cos\gamma)$$
$$=\sum_{\nu=0}^{n}(-1)^\nu\varkappa_\nu^n(p)P_\nu^n(p,\cos\theta)P_\nu^n(p,\cos\alpha)P^\nu(p-1,\cos\gamma_1).$$

Für $p = 2$ ist diese Formel bekannt, nämlich (52), das Additionstheorem von **Laplace** selbst; wir führen ihren Beweis daher zunächst für $p = 3$, und bedienen uns für grössere Werthe der Ordnungszahl wiederum der vollständigen Induction, des Beweises von p auf $p+2$.

Wir gehen von der Gleichung (c') auf S. 310 aus

$$\int_0^\pi\int_0^\pi f(\cos\delta)\sin^p\eta\sin^{p-1}\zeta\,d\eta\,d\zeta = \sqrt{\pi}\,\frac{\Pi\frac{p-2}{2}}{\Pi\frac{p-1}{2}}\int_0^\pi f(\cos\eta)\sin^p\eta\,d\eta,$$

wenn δ von η, ζ und einem Bogen η_1 durch die Gleichung

$$\cos\delta = \cos\eta\cos\eta_1 + \sin\eta\sin\eta_1\cos\zeta$$

abhängt und f eine beliebige continuirliche Function ist. Setzt man hier $p-2$ statt p und

$$f(z) = (a+ibz)^{1-p},$$

so verwandelt sich die rechte Seite nach der Formel auf S. 453 in

$$\frac{2\pi}{p-2}(a^2+b^2)^{\frac{1-p}{2}}.$$

Macht man ferner auf der linken Seite

$$a\cos\eta_1 = a_1, \quad a\sin\eta_1 = a_2,$$

so erhält man die **Gleichung** (81)

$$\frac{1}{(a^2+a_1^2+a_2^2)^{\frac{p-1}{2}}} = \frac{p-2}{2\pi}\int_0^\pi\int_0^\pi\frac{\sin^{p-2}\eta\sin^{p-3}\zeta\,d\eta\,d\zeta}{(a+ia_1\cos\eta+ia_2\sin\eta\cos\zeta)^{p-1}},$$

eine Formel, die ich auch auf den Fall übertragen habe, dass auf der Linken die Summe statt von drei Quadraten von einer grösseren Anzahl, bis von $p+1$ zu nehmen ist *). Man hat nämlich

$$\frac{1}{(a^2+a_1^2+\cdots+a_p^2)^{\frac{1}{2}(p-1)}}$$

$$= \frac{\Pi(\frac{1}{2}p-1)}{\pi^{\frac{1}{2}p}}\int\sin^{p-2}\theta_1\sin^{p-3}\theta_2\ldots\sin\theta_{p-2}\,d\theta_1\,d\theta_2\ldots d\theta_{p-1},$$

wo nach den θ von 0 bis π zu integriren ist.

Aus der Gleich. (81) ergiebt sich das Additionstheorem für die Functionen p^{ter} Ordnung durch dasselbe Verfahren, welches im § 75 für $p = 2$ angewandt wurde. Man setzt dazu

$$a = \cos\theta - \beta\cos\alpha,$$
$$a_1 = \sin\theta - \beta\sin\alpha\cos\gamma_1,$$
$$a_2 = \quad -\beta\sin\alpha\sin\gamma_1,$$

*) **Borchardt's** Journal: Ueber einige bestimmte Integrale, Bd. 61, § 9.

wobei $\cos\theta$ positiv und β hinreichend klein angenommen wird, um sowohl die nachfolgende Entwickelung zu erlauben, als auch um α einen positiven Werth zu ertheilen. Aus (81) findet man

$$\frac{1}{(1-2\beta\cos\gamma+\beta^2)^{\frac{p-1}{2}}} = \frac{p-2}{2\pi}\int_0^{\pi}\int_0^{\pi}\frac{\sin^{p-2}\eta\sin^{p-3}\zeta\,d\eta\,d\zeta}{(r-\beta\mathfrak{r})^{p-1}},$$

$$r = \cos\theta + i\sin\theta\cos\eta,$$

$$\mathfrak{r} = \cos\alpha + i\sin\alpha\cos\varepsilon,$$

$$\cos\varepsilon = \cos\eta\cos\gamma_1 + \sin\eta\sin\gamma_1\cos\zeta.$$

Wir entwickeln nun nach aufsteigenden Potenzen von β, beschränken uns aber (um die Formeln ein wenig abzukürzen) auf den Fall $p = 3$. Man erhält dann

$$2\pi\sqrt{\pi}\,P^n(3, \cos\gamma) = (n+1)\int_0^{\pi}\int_0^{\pi}\frac{\mathfrak{r}^n}{r^{n+2}}\sin\eta\,d\eta\,d\zeta.$$

In diese Gleichung setzen wir für die n^{te} Potenz von $\mathfrak{r}$ ihre Entwickelung aus (79) nach Functionen zweiter Ordnung von $\cos\varepsilon$, nämlich

$$\mathfrak{r}^n = 2^n \Pi n\,\Pi n \sum_{\nu=0}^{n}\frac{2\nu+1}{\Pi(n-\nu)\Pi(n+\nu+1)}P_\nu^n(3, \cos\alpha)P^\nu(\cos\varepsilon),$$

worauf sich die Integration nach ζ ausführen lässt; denn nach dem Satze von Legendre auf S. 313 ist

$$\int_0^{\pi}P^\nu(\cos\varepsilon)\,d\zeta = \pi P^\nu(\cos\eta)P^\nu(\cos\gamma_1).$$

Das übrig bleibende Integral

$$\int_0^{\pi}\frac{P^\nu(\cos\eta)\sin\eta\,d\eta}{(\cos\theta+i\sin\theta\cos\eta)^{n+2}}$$

wird ferner nach (δ') im § 124 gleich

$$2.(-2)^\nu\sqrt{\pi}\,\frac{\Pi(n-\nu)}{\Pi(n+1)}(i\sin\theta)^\nu P^{n-\nu}(2\nu+3, \cos\theta).$$

Für das Produkt der beiden letzten, θ enthaltenden Glieder, setze man noch nach (78, d)

$$\frac{2^{n-\nu}}{\sqrt{\pi}}\,\frac{\Pi n}{\Pi(n-\nu)}P_\nu^n(3, \cos\theta)$$

und erhält schliesslich die zweite Grundform für die Additionstheoreme der Kugelfunctionen höherer Ordnung

$$(80, a)\ \ldots\quad P^n(3, \cos\gamma) = 2^{2n}\frac{\Pi n\,\Pi n}{\sqrt{\pi}}\sum_{\nu=0}^{n}(-1)^\nu\frac{2\nu+1}{\Pi(n-\nu)\Pi(n+\nu+1)}$$

$$P_\nu^n(3, \cos\theta)P_\nu^n(3, \cos\alpha)P^\nu(\cos\gamma_1),$$

wo gesetzt war

$$\cos\gamma = \cos\theta\cos\alpha + \sin\theta\sin\alpha\cos\gamma_1.$$

Die allgemeine Form (80) hätte man ebenso direkt ableiten können, beweist sie aber auch von p auf $p+2$ durch eine Differentiation nach $\cos\gamma_1$ und Division der entstehenden Gleichung durch $\sin\theta\sin\theta_1$. M. vergl. den Schluss des § 125.

Anmerkung. Hängt eine Reihe von Bogen durch die Gleichungen

$$\cos\gamma_1 = \cos\theta_1\cos\alpha_1 + \sin\theta_1\sin\alpha_1\cos\gamma_2$$
$$\cos\gamma_2 = \cos\theta_2\cos\alpha_2 + \sin\theta_2\sin\alpha_2\cos\gamma_3$$
$$\cos\gamma_{p-1} = \cos\theta_{p-1}\cos\alpha_{p-1} + \sin\theta_{p-1}\sin\alpha_{p-1}\cos\gamma_p$$

zusammen, und setzt man

$$K = \varkappa^n_{n_1}(p).\varkappa^{n_1}_{n_2}(p-1)\ldots\varkappa^{n_{p-2}}_{n_{p-1}}(2)$$
$$\Theta = P^n_{n_1}(p, \cos\theta)P^{n_1}_{n_2}(p-1, \cos\theta_1)\ldots P^{n_{p-2}}_{n_{p-1}}(2, \cos\theta_{p-2})$$
$$A = P^n_{n_1}(p, \cos\alpha)P^{n_1}_{n_2}(p-1, \cos\alpha_1)\ldots P^{n_{p-2}}_{n_{p-1}}(2, \cos\alpha_{p-2}),$$

so findet man, durch wiederholte Anwendung von (80), $P^n(p, \cos\gamma)$ aus dem Produkte

$$(-1)^{n_1+n_2\ldots n_{p-1}}.K.\Theta.A.P^{n_{p-1}}(1, \cos\gamma_p)$$

durch Summation über alle nicht negativen ganzzahligen Werthe (incl. Null) von n_1, n_2, ..., für welche

$$n-n_1,\quad n_1-n_2,\quad \ldots,\quad n_{p-2}-n_{p-1}$$

nicht negativ werden. Die Anzahl der Glieder, aus denen $P^n(p, \cos\gamma_1)$ durch Addition entsteht, ist daher

$$\frac{(n+1)(n+2)\ldots(n+p-1)}{1.2\ldots(p-1)}.$$

§. 127. Theoretische Schwierigkeiten sind bei der nachfolgenden Uebertragung von den früher gefundenen Eigenschaften der Kugelfunctionen zu denen der allgemeineren nicht zu überwinden. Es wird daher erlaubt sein, hier nur kurz über diesen Gegenstand zu handeln.

1) Aus der Differentialgleich. (76) der W, die bis auf Constante mit den Zugeordneten $P^n_\nu(p, \xi)$ übereinstimmen, folgt nach den häufig angewandten Methoden, dass

$$(a)\ \ldots \int_{-1}^{1} P^n_\nu(p, x)P^m_\nu(p, x)(1-x^2)^{\frac{1}{2}p-1}\,dx$$

verschwindet, wenn m und n verschiedene ganze Zahlen sind.

Hieraus ergiebt sich für $\nu = 0$, $m = 0$ der Zusatz

$$(b) \ldots \int_{-1}^{1} P^n(p, x)(1-x^2)^{\frac{1}{2}p-1}\,dx = 0.$$

2) Setzt man $\nu = 0$, so folgt ferner, dass eine Function von x sich nur auf eine Art in eine in gleichem Grade convergirende Reihe entwickeln lässt, welche nach den Functionen $P^n(p, x)$ mit veränderlichem n fortschreitet.

3) Der Werth von (a) für $m = n$ wird u. a. auf folgende Art gefunden, die übrigens noch einmal beweisen würde, dass der Ausdruck verschwindet, wenn m und n verschieden sind.

Nach (78, d) transformirt man (a) in

$$(-1)^\nu \frac{\pi}{4^{n-\nu}}\left(\frac{\Pi(n-\nu)}{\Pi\left(n+\frac{p-3}{2}\right)}\right)^2 \int_{-1}^{1} [P^{n-\nu}(p+2\nu, x)]^2(1-x^2)^{\frac{1}{2}p+\nu-1}\,dx.$$

Es sei zunächst p ungerade $= 2\mu + 1$; dann wird mit Hülfe von (β') im §. 124 erhalten

$$(x^2-1)^{\mu+\nu-\frac{1}{2}} P^{n-\nu}(p+2\nu, x)$$
$$= \frac{1}{2^{n+\nu+p-2}} \cdot \frac{\Pi(n+\nu+p-2)}{\Pi(\frac{1}{2}p+n-1)\Pi(n-\nu)} \frac{d^{n-\nu}(x^2-1)^{n+\mu-\frac{1}{2}}}{dx^{n-\nu}}.$$

Setzt man diesen Werth in das vorstehende Integral ein, integrirt $n-\nu$mal durch Theile und vertauscht den $n-\nu$fachen Differentialquotienten von $P^{n-\nu}$ mit der Constanten, die ihm nach (78, a) gleich ist, so findet man schliesslich als Werth des Integrals unter (a), welches man durch $c_\nu^n(p)$ bezeichne, für ein ungerades p

$$(82) \ldots \quad c_\nu^n(p) = \frac{(-1)^\nu \pi}{2^{2n+p-2}} \cdot \frac{2n+p-1}{2} \cdot \frac{\Pi(n-\nu)\Pi(n+\nu+p-2)}{\left[\Pi\left(n+\frac{p-1}{2}\right)\right]^2},$$

eine Formel, die auch für ein gerades p gilt, wie eine ganz ähnliche, noch einfachere Rechnung zeigt.

Hieraus ergiebt sich der Satz

$$(82, a) \ldots \quad c_\nu^n(p) . \varkappa_\nu^n(p) = (-1)^\nu \sqrt{\pi} \cdot \frac{2n+p-2}{2n+p-1},$$

welcher ebenso zu verwenden ist, wie der im Falle $p = 2$ gefundene entsprechende (d) auf S. 327, aus dem sich das durch (f) auf S. 328 bezeichnete Integral ergab, welches die Entwickelung einer Function von zwei Veränderlichen nach Kugelfunctionen lieferte.

4) Ich schliesse diesen Paragraphen mit der Zusammenstellung

einiger Formeln, die beim Rechnen mit höheren Kugelfunctionen mehrfach Verwendung finden: (m, n, p sind ganz und positiv)

$$\Pi\frac{n}{2}\int_0^\pi \sin^n\varphi\, d\varphi = \sqrt{\pi}\,\Pi\frac{n-1}{2},$$

$$\int_0^\pi (P^n(p,\cos\varphi))^2 \sin^{p-1}\varphi\, d\varphi = \frac{2^{3-p}}{2n+p-1}\,\frac{\Pi(n+p-2)}{\Pi n},$$

$$\int P^m(p, a_1x_1 + a_2x_2 + \cdots + a_{p+1}x_{p+1})$$

$$\times P^n(p, b_1x_1 + b_2x_2 + \cdots + b_{p+1}x_{p+1})\,\frac{dx_1\,dx_2\ldots dx_p}{x_{p+1}} = 0,\ (m < n)$$

$$= \frac{4\pi^{\frac{1}{2}p}}{2n+p-1}\,P^n(p, a_1b_1 + a_2b_2 + \cdots + a_{p+1}b_{p+1}),\ (m = n),$$

wenn über alle Werthe integrirt wird, für welche

$$x_1^2 + x_2^2 + \cdots + x_{p+1}^2 = 1.$$

Setzt man

$$\begin{aligned}
x_1 &= \cos\theta_1\\
x_2 &= \sin\theta_1\cos\theta_2\\
x_3 &= \sin\theta_1\sin\theta_2\cos\theta_3\\
&\quad\text{etc.}\\
x_p &= \sin\theta_1\sin\theta_2\ldots\sin\theta_{p-1}\cos\theta_p\\
x_{p+1} &= \sin\theta_1\sin\theta_2\ldots\sin\theta_{p-1}\sin\theta_p,
\end{aligned}$$

so wird erhalten

$$\frac{dx_1\,dx_2\ldots dx_p}{x_{p+1}} = \sin^{p-1}\theta_1\sin^{p-2}\theta_2\ldots\sin\theta_{p-1}\,d\theta_1\,d\theta_2\ldots d\theta_p.$$

§ 128. Will man die Theorie der Anziehung auf ein Gebiet von $p+1$ sogenannten Dimensionen übertragen, so muss man, um eine vollständige Analogie zu haben, annehmen dass die Anziehung statt nach dem Newton'schen Gesetze nach den p^{ten} Potenzen der Entfernung erfolge, und daher statt des in der Einleitung auftretenden Ausdrucks T einen anderen einführen, so dass

$$T = [(\xi_1 - c_1)^2 + (\xi_2 - c_2)^2 + \cdots + (\xi_{p+1} - c_{p+1})^2]^{\frac{1-p}{2}};$$

über diese allgemeinere Function T handeln wir jetzt. Indem man setzt

$$\xi_1 = rx_1,\quad \xi_2 = rx_2,\quad \ldots,$$

ferner für x_1, x_2, etc., durch die am Schluss des §. 127 befindlichen Gleichungen, Bogen θ einführt, die Grössen a in gleicher Weise von Bogen α abhängig macht, so erhält man

$$T = (1 - 2r\cos\gamma_1 + r^2)^{\frac{1-p}{2}},$$

wo γ_1 derselbe Winkel ist wie in der Anmerkung des § 126, wenn man nur dort γ_p mit $\theta_p - \alpha_p$ vertauscht.

T genügt offenbar der Differentialgleich.

$$(83) \ldots \quad \frac{\partial^2 T}{\partial \xi_1^2} + \frac{\partial^2 T}{\partial \xi_2^2} + \cdots + \frac{\partial^2 T}{\partial \xi_{p+1}^2} = 0.$$

Führt man statt der ξ die Coordinaten r und θ ein, wozu sich Herr Carl Neumann, dessen Aufzeichnungen ich vor vielen Jahren das fertige Resultat entnehmen durfte, der Methode von Jacobi (§ 71) bediente, so entsteht die Gleichung

$$(83, a) \ldots \quad 0 = \frac{\partial}{\partial r}\left(\Delta \frac{\partial T}{\partial r}\right) + \frac{\partial}{\partial \theta_1}\left(\frac{\Delta}{u_1}\frac{\partial T}{\partial \theta_1}\right) + \cdots + \frac{\partial}{\partial \theta_p}\left(\frac{\Delta}{u_p}\frac{\partial T}{\partial \theta_p}\right),$$

wenn man zur Abkürzung setzt

$$\Delta = r^p \sin^{p-1}\theta_1 \sin^{p-2}\theta_2 \ldots \sin\theta_{p-1}$$

$$u_1 = r^2, \quad u_2 = r^2\sin^2\theta_1, \quad \ldots \quad u_p = r^2\sin^2\theta_1 \ldots \sin^2\theta_{p-1}.$$

Entwickelt man T nach aufsteigenden Potenzen von r, so genügt der Coefficient von r^n, der nach (78) bis auf einen constanten Faktor $P^n(p, \cos\gamma_1)$ ist, der Gleichung

$$(83, b) \ldots \quad 0 = n(n+p-1)P + \sum_{\nu=1}^{p} \frac{w_\nu}{\sin^{p-\nu}\theta_\nu} \frac{\partial}{\partial \theta_\nu}\left[\sin^{p-\nu}\theta_\nu \frac{\partial P}{\partial \theta_\nu}\right],$$

wo gesetzt ist

$$w_1 = 1, \quad \frac{1}{w_\nu} = (\sin\theta_1 \sin\theta_2 \ldots \sin\theta_{\nu-1})^2.$$

Im speciellen Falle $\alpha_1 = 0$ wird $\gamma_1 = \theta_1$, und man findet die Gleichung für $P^n(p, \cos\theta)$

$$0 = n(n+p-1)P + \frac{1}{\sin^{p-1}\theta} \frac{\partial}{\partial\theta}\left(\sin^{p-1}\theta \frac{\partial P}{\partial \theta}\right),$$

die wesentlich mit der Gleichung von W auf S. 450 für $\nu = 0$ übereinstimmt.

Die Function $r^n P^n(p, \cos\gamma_1)$ ist ganz, homogen und vom n^{ten} Grade nach ξ_1, ξ_2, etc. Ein ähnliches Resultat wie S. 323 unter (ζ) stellt sich auch hier heraus, dass nämlich die allgemeinste ganze homogene Function n^{ten} Grades der ξ, welche (83, a) genügt, gleich ist $r^n X^n$, wenn gesetzt wird

$$(83, c) \ldots \quad X^n = \sum \Theta . (k\cos(n_{p-1}\theta_p) + l\sin(n_{p-1}\theta_p)),$$

wo Θ dieselbe Bedeutung hat wie in der Anmerkung des § 126, k und l willkürliche Constanten bezeichnen und die Summation sich auf dieselbe Anzahl Glieder bezieht wie oben. Da für $n_{p-1} = 0$ das betreffende, l enthaltende, Glied fortfällt, so hat diese Function im ganzen

$$(83, d) \ldots \quad \frac{(n+1)(n+2)\ldots(n+p-2)}{1.2\ldots(p-1)}(2n+p-1)$$

willkürliche Constante k und l.

Dass X^n der Differentialgleichung genügt, ist klar, ebenso dass es homogen und als Function n^{ten} Grades durch die ξ ausgedrückt werden kann. Dass die Constanten sich nicht auf eine geringere Zahl reduciren lassen, sondern dass zwei Functionen X^n, die nicht überall dieselben Constanten k und l haben, verschieden sind, beweist man mit Hülfe der Formel (a) im § 127, Nr. 1 nach der bekannten Methode zur Bestimmung von Coefficienten in Reihen. Ich zeige daher nur, dass eine homogene Function n^{ten} Grades, welche (83) genügen soll, durch die angegebene Zahl von Constanten bestimmt ist.

Dazu setze man, für diesen Paragraphen,

$$\frac{\partial^2 V}{\partial \xi_2^2} + \frac{\partial^2 V}{\partial \xi_3^2} + \cdots + \frac{\partial^2 V}{\partial \xi_{p+1}^2} = \varDelta V.$$

Soll eine homogene Function n^{ten} Grades V der Differentialgleichung

$$\frac{\partial^2 V}{\partial \xi_1^2} + \varDelta V = 0$$

genügen, so mache man

$$V = f_n + \xi_1 f_{n-1} + \cdots + \xi_1^n f_0,$$

wo f_0, f_1, etc., f_n homogene Functionen resp. des Grades 0, 1, etc., n von ξ_2, ξ_3, etc. vorstellen. Die partielle Differentialgleich. wird erfüllt, wenn man hat

$$\varDelta f_n + \xi_1 \varDelta f_{n-1} + \cdots + \xi_1^n \varDelta f_0$$
$$+ 1.2 f_{n-2} + 2.3.\xi_1 f_{n-3} + (n-1)n\xi_1^{n-2} f_0 = 0,$$

so dass nur dem Systeme von Gleichungen genügt werden muss

$$1.2.f_{n-2} = -\varDelta f_n, \qquad 2.3.f_{n-3} = \varDelta f_{n-1},$$
$$3.4.f_{n-4} = -\varDelta f_{n-2}, \qquad 4.5.f_{n-5} = \varDelta f_{n-3}, \quad \text{etc.}$$

Man kann daher für f_n und f_{n-1} ganz willkürliche homogene Functionen der p Veränderlichen ξ_2, ξ_3, etc. vom Grade n resp. $n-1$ nehmen, und erhält durch diese Gleichungen die übrigen Coefficienten f. Wählt man für f_n und f_{n-1} die allgemeinsten derartigen Functionen, die also resp.

$$\frac{(n+1)(n+2)\ldots(n+p-1)}{1.2\ldots(p-1)}, \quad \frac{n(n+1)\ldots(n+p-2)}{1.2\ldots(p-1)}$$

willkürliche Constanten enthalten, so wird in der allgemeinsten Function V in der That die unter (83, d) angegebene Anzahl vorkommen können, daher, nämlich wegen (83, c), auch vorkommen.

Ueber diese allgemeinen Kugelfunctionen vergl. m. eine Arbeit von Herrn Cayley im 13. Bd. von Liouville's Journal, von Clebsch im 60. Bde. von Borchardt's Journal, von Herrn Mehler im 66. Bde. desselben Journals. Der wesentliche Inhalt der letzteren wurde bereits 1864 als Schulprogramm in Danzig veröffentlicht.

§ 129. Die Cylinderfunction höherer Ordnung erhält man durch Uebergang zur Grenze von den Lamé'schen Functionen derselben Ordnung aus, und zwar die einfachsten, welche den Functionen des Kreis-Cylinders entsprechen, wenn man in der Kugelfunction höherer Ordnung $P_\nu^n\left(p, \cos\frac{\theta}{n}\right)$ die Zahl n in's Unendliche wachsen lässt, nachdem man die Function vorher mit einer geeigneten Constanten, nämlich $P^n\left(p, \cos\frac{\theta}{n}\right)$ mit n^{2-p}, multiplicirt hat. In der That findet man

$$\text{Lim. } n^{2-p}P^n\left(p, \cos\frac{\theta}{n}\right) = \frac{2^{2-p}}{\sqrt{\pi}\,\Pi\frac{p-3}{2}}\int_0^\pi e^{i\theta\cos\varphi}\sin^{p-2}\varphi\,d\varphi.$$

Auf diese Art erhält man zunächst die Functionen der ersten und zweiten Art, welche durch Differentiation von $J(\theta)$ und $K(\theta)$ nach $\theta\theta$ entstehen, also wesentlich die früheren Zugeordneten zu den Cylinderfunctionen sind, — dann aber, für ein ungerades p, die ebenso aus ψ und Ψ entstehenden Functionen (§ 60), wo

$$\psi(\theta) = 2\frac{\sin\theta}{\theta}, \quad \Psi(\theta) = \frac{e^{i\theta}}{\theta}.$$

Des bequemeren Druckes wegen bezeichne ich in diesem Paragraphen die νfache Differentiation einer Function nach dem Quadrate ihres Arguments durch ein ihr vorgesetztes D^ν. Man kann nun dieselben Buchstaben J und K für alle diese Functionen benutzen, indem man setzt

$$J(2\nu+2, \theta) = D^\nu J(\theta), \quad K(2\nu+2, \theta) = D^\nu K(\theta),$$
$$J(2\nu+3, \theta) = D^\nu \psi(\theta), \quad K(2\nu+3, \theta) = D^\nu \Psi(\theta).$$

Es scheint selbstverständlich dass und wie man diesen Functionen durch Differentiiren und Multipliciren mit Potenzen von θ noch Zugeordnete hinzufügen kann. Zum Abschluss werde ich noch das Additionstheorem für eine der Cylinderfunctionen höherer Ordnung ableiten, und wähle dazu $K(2\nu+2, \theta)$.

Man differentiire (56, *a*) νmal nach $\cos\varphi$; auf der linken Seite kann man hierfür ebenso oft nach $(\theta_2)^2$ differentiiren und mit der ν^{ten} Potenz von $-2\theta\theta_1$ multipliciren. Dadurch erhält man mit Hülfe von (78, *b*) eine Gleichung, die man nur noch durch die ν^{te} Potenz von $\theta\theta_1$ zu dividiren hat. Dann entsteht

$$K(2\nu+2, \theta_2) = \sqrt{\pi}(-4)^\nu \sum_{\mu=0}^{\infty} (\mu+\nu)(4\theta\theta_1)^\mu . D^\mu K(2\nu+2, \theta)$$
$$\times D^\mu J(2\nu+2, \theta_1) . P^\mu(2\nu+1, \cos\varphi).$$

Durch diese Gleichung wird die Cylinderfunction zweiter Art, durch eine ähnliche die erster Art, von θ_2 nach Kugelfunctionen ungerader Ordnung von $\cos\varphi$ entwickelt. Man kann leicht die entsprechenden Reihen aufstellen, welche die Reihen für die Cylinderfunctionen ungerader Ordnung von θ_2, geordnet nach Kugelfunctionen gerader Ordnung von $\cos\varphi$, geben.

Drittes Kapitel.

Eigenschaften aller Lamé'schen Functionen.

§ 130. Nach den Andeutungen des I. Kapitels sollen hier einige wesentliche Eigenschaften, die früher nur für die Functionen zweiter Ordnung abgeleitet waren, auf die Functionen aller Klassen übertragen werden.

Hierzu bedienen wir uns der Untersuchung im § 101. Es sei $\psi(x)$ eine ganze Function vom Grade $p+1$, ferner χ und ϑ von der dort vorausgesetzten Beschaffenheit. Man kann aus Ausdrücken wie V dort in (*b*), eine zweite Lösung von (*a*) zusammenstellen, wenn man eine erste f kennt. Die bekannte ganze Function Ψ auf S. 389 ordne man nach Potenzen von x in die Reihe

$$\Psi = a_0 + a_1 x + a_2 x^2 + \cdots + a_{p-2} x^{p-2},$$

in welcher die a nicht Constanten, sondern ganze Functionen von z sind. Die Wurzeln von $\psi(x) = 0$, die verschieden sein mögen, heissen r_0,

$r_{\nu+1}, \ldots r_p$ und man setze

$$V_\nu = \int_{r_\nu}^{r_{\nu+1}} \frac{f(z)\,dz}{x-z}, \quad c_\nu^q = \int_{r_\nu}^{r_{\nu+1}} z^q f(z)\,dz.$$

Hierdurch erhält man

$$\psi(x)\frac{d^2 V_\nu}{dx^2} + \chi(x)\frac{dV_\nu}{dx} + \vartheta(x) V_\nu = a_0 c_\nu^0 + a_1 c_\nu^1 + \cdots + a_{p-2} c_\nu^{p-2},$$

und zwar im ganzen p solcher Gleichungen, von $\nu = 0$ bis $\nu = p-1$. Man bezeichne nun die Determinanten eines Systems, welches aus

$$\begin{matrix} c_0^0 & c_0^1 & \ldots c_0^{p-2}, \\ c_1^0 & c_1^1 & \ldots c_1^{p-2}, \\ \cdot & \cdot & \cdot \quad \cdot \quad \cdot \\ c_{p-1}^0 & c_{p-1}^1 & \ldots c_{p-1}^{p-2}, \end{matrix}$$

nach Weglassung der ersten, zweiten, etc. letzten Horizontalreihe entsteht, mit den üblichen Vorzeichen versehen, durch $C_0, C_1, \ldots C_{p-1}$, so dass

$$c_0^\nu C_0 + c_1^\nu C_1 + \cdots + c_{p-1}^\nu C_{p-1} = 0,$$

und findet dann sofort das Resultat: Aus dem ersten Integrale $f(x)$ der Differentialgleichung

$$(a) \ldots \quad \psi(x)\frac{d^2 W}{dx^2} + \chi(x)\frac{dW}{dx} + \vartheta(x) W = 0,$$

ergiebt sich das zweite Integral

$$(84) \ldots \quad W_1 = C_0 V_0 + C_1 V_1 + \cdots + C_{p-1} V_{p-1} = \sum_{\nu=0}^{p-1} C_\nu \int_{r_\nu}^{r_{\nu+1}} \frac{f(z)\,dz}{x-z},$$

wenn die C die oben angegebenen Constanten sind.

Diese Determinanten C lassen sich ziemlich einfach ausdrücken, indem man eine Veränderliche z, nach welcher von r_ν bis $r_{\nu+1}$ integrirt wird, durch z_ν bezeichnet. Dann ist

$$c_\nu^\mu = \int z_\nu^\mu f(z_\nu)\,dz_\nu;$$

macht man das Produkt

$$\begin{matrix} (z_2 - z_1)(z_3 - z_1)\ldots(z_{p-1} - z_1), \\ (z_3 - z_2)\ldots(z_{p-1} - z_2), \\ \cdot \quad \cdot \quad \cdot \quad \cdot \quad \cdot \quad \cdot \\ (z_{p-1} - z_{p-2}) \end{matrix}$$

gleich Π_0, weil in ihm z nicht mit dem untern Index 0 versehen ist, und ein entsprechendes Produkt, dem der untere Index ν fehlt, statt dessen 0 eintritt, gleich Π_ν, so hat man

$$C_\nu = \int \Pi_\nu f(z_0) f(z_1) \ldots f(z_{p-1}) dz_0 \, dz_1 \ldots dz_{p-1},$$

wo unter dem vorstehenden $p-1$fachen Integral sowohl $f(z_\nu)$ als dz_ν fehlen. Diesen Werth setzt man in (84) ein und erhält mit Hülfe eines einfachen Satzes über Zerlegung in Partialbrüche die zweite Form von W_1, nämlich das Resultat: Setzt man

$$\begin{aligned}\Pi = (z_1 - z_0)(z_2 - z_0) &\ldots (z_{p-1} - z_0),\\ (z_2 - z_1) &\ldots (z_{p-1} - z_1),\\ &\ldots\ldots\ldots\\ &(z_{p-1} - z_{p-2}),\end{aligned}$$

so wird eine zweite Lösung der Differentialgleich. (a) aus der ersten $f(x)$ durch das $p$fache Integral gewonnen

$$(84, a) \ldots \quad W_1 = \int \frac{\Pi . f(z_0) f(z_1) \ldots f(z_{p-1})}{(x - z_0)(x - z_1) \ldots (x - z_{p-1})} dz_0 dz_1 \ldots dz_{p-1}.$$

§ 131. Auf die Differentialgleichung, welcher die Lamé'schen Functionen p^{ter} Ordnung genügen

$$(75, a) \ldots \quad \psi \frac{d^2 \mathfrak{E}}{dx^2} + \tfrac{1}{2} \psi' \frac{d\mathfrak{E}}{dx} + \frac{\theta}{4} \mathfrak{E} = 0,$$

würde man diese Theorie anwenden können, wenn diese Functionen für sämmtliche Wurzeln von $\psi(x) = 0$ verschwinden, indem dann ψ die Rolle spielte wie ψ_2 im § 101. Man kennt aus § 121 die Form von ersten Lösungen unserer Differentialgleichungen, indem $\mathfrak{E}(p, x)$ aus einem Produkte besteht, dessen einer Faktor eine ganze Function von x ist, dessen anderer Faktor die Quadratwurzel aus einem Theiler von ψ. Heisst dieser Theiler ψ_2 (betrachtet man also die $\mathfrak{E}$, welche der Klasse angehören, die für einen bestimmten Theiler ψ_2 von ψ verschwindet. Im IV. Kapitel zeigt sich, dass solche Functionen wirklich existiren), und setzt man

$$\psi = \psi_1 \psi_2, \quad \mathfrak{E} = \sqrt{\psi_1} . W,$$

so wird wegen (75, a)

$$\psi \frac{d^2 W}{dx^2} + (\tfrac{3}{2} \psi_2 \psi_1' + \tfrac{1}{2} \psi_1 \psi_2') \frac{dW}{dx} + \eta W = 0,$$

wo η eine ganze Function von x vom Grade $p-1$ bezeichnet. Diese Gleichung hat die verlangte Form von (a) im § 101 (dort ist ψ_3 gleich 1 zu setzen). Indem man von der ersten Lösung

$$f(x) = \frac{\mathfrak{E}(p, x)}{\sqrt{\psi_1(x)}}$$

ausgeht, erhält man also als zweite Lösung, als Lamé'sche Function zweiter Art die zu einer bestimmten Function $\mathfrak{E}$ gehört,

$$(85)\ \ldots\quad \mathfrak{F}(p, x) = \sqrt{\psi_1(x)} \sum_{\nu=0}^{p-1} C \int \frac{\mathfrak{E}(p, z_\nu)\, dz_\nu}{(x - z_\nu)\sqrt{\psi_1(z_\nu)}},$$

wenn z_ν, wie oben, eine Veränderliche bedeutet, nach welcher von r_ν bis $r_{\nu+1}$ integrirt wird, und C_ν eine Constante vorstellt, deren Ausdruck ich nicht hierher stelle, da er hier nicht von Bedeutung ist, der aber im vorigen Paragraphen vollständig als Determinante definirt wurde, so dass die Function zweiter Art F Abel'sche Integrale nur erster und zweiter, nicht dritter Gattung enthält. Durch Zusammenziehen findet man, entsprechend der Form (84, a), für dasselbe $\mathfrak{F}$

$$(85, a)\ \ldots\quad \mathfrak{F}(p, x)$$

$$= \sqrt{\psi_1(x)} \int \frac{\mathfrak{E}(p, z_0)\mathfrak{E}(p, z_1)\ldots\mathfrak{E}(p, z_{p-1}).\, \Pi.\, dz_0\, dz_1 \ldots dz_{p-1}}{(x - z_0)(x - z_1)\ldots(x - z_{p-1})\sqrt{\psi_1(z_0)\,\psi_1(z_1)\ldots\psi_1(z_{p-1})}}.$$

§ 132. Man kann auch die Formel

$$\mathfrak{E}(p, x) \int_x^\infty \frac{dx}{(\mathfrak{E}(p, x))^2 \sqrt{\psi(x)}}$$

für $\mathfrak{F}(p, x)$ ableiten, welche (62) entspricht. Man schliesst aus derselben u. a., dass die $-(n+p-1)^{\text{te}}$ Potenz von $\sqrt{x}$ die höchste in $\mathfrak{F}$ vorkommende sei, wenn $\mathfrak{E}$ nach $\sqrt{x}$ vom n^{ten} Grade ist, was auch schon aus Betrachtung der Differentialgleichung (§ 121, Nr. 4) folgte.

Wendet man dieses auf (85) an, so erhält man, indem man durch $\sqrt{\psi_1(x)}$ auf beiden Seiten dividirt, den Satz: Ist $\mathfrak{E}(p, x)$ eine solche Lamé'sche Function erster Art vom Grade $\frac{1}{2}n$ nach x, die mit $\psi_2(x)$ zugleich verschwindet, wenn $\psi_2(x)$ einen Faktor von $\psi(x)$ des Grades μ bezeichnet, so sind die Ausdrücke

$$\sum_{\nu=0}^{\nu=p-1} C_\nu \int \mathfrak{E}(p, z_\nu) z_\nu^\varkappa \frac{dz_\nu}{\sqrt{\psi_1(z_\nu)}}$$

Null für alle nicht gebrochenen und nicht negativen $\varkappa$ von 0 bis

$$\varkappa = p - 2 + \frac{n - \mu}{2} \text{ incl.}$$

Dies ist der allgemeine Satz auf dessen Bedeutung ich mehrfach bei den specielleren Functionen hingewiesen habe. Man kann sich seiner bei der Definition der Lamé'schen Functionen bedienen, wie der Satz, dass

$$\int_{-1}^{1} x^{\varkappa} P^n(x)\,dx$$

für alle Werthe $\varkappa = 0, 1, \ldots, n-1$ verschwindet, die Kugelfunction P^n definirte. In derselben Art wie aus dem vorstehenden Satz folgt, dass

$$\int_{-1}^{1} P^n(x) P^m(x)\,dx = 0,$$

wenn m und n verschieden sind, folgt hier dass

$$\sum_{\nu=0}^{p-1} C_\nu \int \mathfrak{E}^m(p, z_\nu) . \mathfrak{E}^n(p, z_\nu) . z_\nu^{\varkappa} \frac{dz_\nu}{\sqrt{\psi(z_\nu)}}$$

Null ist, wenn $\varkappa$ einen der Werthe 0, 1, etc. bis $p-1$ erhält, und $\mathfrak{E}^m$ und $\mathfrak{E}^n$ zu derselben Klasse gehören, d. h. wenn ihre Quadrate mit $\psi(x)$ denselben grössten gemeinschaftlichen Theiler besitzen.

§ 133. Die Gleichung (85) beweist die Verbindung der Lamé'schen Functionen mit dem Nenner und Reste eines Kettenbruchs, welche man für $p = 2$ aus § 102 kennt. Ist wiederum $\mathfrak{E}$ gleich $\sqrt{\psi_2}$ mal einer ganzen Function, so wird $\sqrt{\psi_2} . \mathfrak{E}$ eine ganze Function, welche identisch gleich ist

$$(\sqrt{\psi_2(z)}\,\mathfrak{E}(p, z) - \sqrt{\psi_2(x)}\,\mathfrak{E}(p, x)) + \sqrt{\psi_2(x)}\,\mathfrak{E}(p, x),$$

und man hat aus (85)

$$(86) \ldots \quad \sqrt{\psi_2(x)}\,\mathfrak{E}(p,x) . \sigma - Z^n = \frac{\mathfrak{F}(x)}{\sqrt{\psi_1(x)}} .$$

Hier ist gesetzt

$$\sigma = \sum_{\nu=0}^{p-1} C_\nu \int \frac{dz_\nu}{(x - z_\nu)\sqrt{\psi(z_\nu)}},$$

$$Z^n = \sum_{\nu=0}^{p-1} C_\nu \int \frac{\sqrt{\psi_2(x)}\,\mathfrak{E}(p, x) - \sqrt{\psi_2(z_\nu)}\,\mathfrak{E}(p, z_\nu)}{x - z_\nu} \frac{dz_\nu}{\sqrt{\psi(z_\nu)}} .$$

Die Functionen

$$\sqrt{\psi_2(x)}\,\mathfrak{E}(p, x), \quad \frac{\mathfrak{F}(x)}{\psi_1(x)},$$

von denen die erste ganz und vom Grade $\frac{1}{2}(n+\mu)$, die zweite vom Grade $-\left(p + \frac{n-\mu}{2}\right)$ ist und sich auch in eine ähnliche Form bringen lässt wie die, welche das Integral auf der rechten Seite von (85, a) hat, spielen die Rolle des Näherungsnenners resp. des Restes (N^n, R^n) vom Kettenbruche für das ganze Abel'sche Integral dritter Gattung σ, dessen Näherungszähler Z^n ist. Die Schlüsse, welche man aus diesen Formeln für die Bestimmung des Verhältnisses der Constanten C zieht, entsprechen völlig dem, was im § 102 über r, das Verhältniss der Constanten α und β, gesagt wurde.

§ 134. In der 1. Anmerkung zum § 90 wurde darauf aufmerksam gemacht, dass das Produkt $E(\varrho)E(\mu)E(\nu)$ der Gleichung $\Delta V = 0$ genügt, wenn diese in elliptische Coordinaten transformirt wird. Etwas ähnliches findet bei den allgemeinen Functionen p^{ter} Ordnung statt.

Es genügt jede bestimmte Function $\mathfrak{E}(p, x)$ nach (75, a) der Gleichung

$$\frac{d^2 W}{du^2} + \vartheta(x).W = 0,$$

wenn ϑ eine bestimmte, im Folgenden festzuhaltende, Function $(p-1)^{\text{ter}}$ Ordnung ist. Setzt man für x die $p+1$ Werthe λ_0, λ_1, etc., λ_p und bezeichnet die entsprechenden Abel'schen Integrale u durch u_0, u_1, etc., u_p, so erhält man hieraus eine Anzahl von $\nu+1$ Gleichungen, denen $\mathfrak{E}(p, \lambda_0)$, $\mathfrak{E}(p, \lambda_1)$, ..., $\mathfrak{E}(p, \lambda_p)$, also auch das Produkt dieser Functionen $\mathfrak{p}$ genügt. Man mache

$$(\lambda-\lambda_0)(\lambda-\lambda_1)\ldots(\lambda-\lambda_p) = f(\lambda),$$

dividire die Gleichungen der Reihe nach durch $f'(\lambda_0)$, $f'(\lambda_1)$, ..., $f'(\lambda_p)$ und addire; dann fällt ϑ vollständig fort, da $\lambda\vartheta(\lambda)$ von niedrigerem Grade ist als $f(\lambda)$ und man findet, dass das Produkt der $p+1$ Functionen $\mathfrak{E}$

$$\mathfrak{p} = \mathfrak{E}(p, \lambda_0)\mathfrak{E}(p, \lambda_1)\ldots\mathfrak{E}(p, \lambda_p)$$

der Gleichung genügt

$$(87) \ldots \sum_{\nu=0}^{p} \frac{1}{f'(\lambda_\nu)} \frac{\partial^2 \mathfrak{p}}{\partial u_\nu^2} = 0.$$

Wenn man in $\mathfrak{p}$ beliebig viele Functionen $\mathfrak{E}$ durch $\mathfrak{F}$ ersetzt, so erhält man dieselbe Gleich. (87).

Würde man das Produkt nur von p solcher Functionen gebildet haben

$$\mathfrak{q} = \mathfrak{E}(p, \lambda_1)\ldots\mathfrak{E}(p, \lambda_p),$$

so setze man

$$\varphi(\lambda) = (\lambda-\lambda_1)\ldots(\lambda-\lambda_p).$$

Mit Berücksichtigung des Umstandes, dass die höchste Potenz von λ in $\vartheta(\lambda)$, die $p-1^{\text{te}}$, den Faktor $-n(n+p-1)$ hat, wenn $\mathfrak{E}$ vom $\frac{1}{2}n^{\text{ten}}$ Grade ist, findet man

$$(87, a) \ldots \sum_{\nu=1}^{p} \frac{1}{\varphi'(\lambda_\nu)} \frac{\partial^2 \mathfrak{q}}{\partial u_\nu^2} = n(n+p-1)\mathfrak{q}.$$

Auf die Differentialgleichung (87) gelangt man auch von einer anderen Seite, nämlich indem man in die Differentialgleichung

$$(a) \ldots \quad \frac{\partial^2 V}{\partial \xi_1^2} + \frac{\partial^2 V}{\partial \xi_2^2} + \cdots + \frac{\partial^2 V}{\partial \xi_{p+1}^2} = 0,$$

für die $p+1$ rechtwinkligen Coordinaten $\xi_1, \xi_2, \ldots, \xi_{p+1}$ ebenso viele elliptische $\lambda_0, \lambda_1, \ldots, \lambda_p$ einführt, wozu man sich der Formeln des § 71 bedient.

Das Wesentliche zur Ausführung dieser Transformation findet man in der 26. Vorles. von Jacobi's Vorles. über Dynamik herausgegeb. von Clebsch. Man setze $p+1$, wo dort n, und $\lambda_{\nu-1}$, $-a_{\nu-1}$, wo dort λ_ν und a_ν vorkommen. Nach Formel 12 bei Jacobi wird dann

$$\Sigma\left(\frac{\partial V}{\partial \xi_\nu}\right)^2 = 4\,\Sigma\,\frac{(\lambda_\nu - a_0)(\lambda_\nu - a_1)\ldots(\lambda_\nu - a_p)}{f'(\lambda_\nu)}\left(\frac{\partial V}{\partial \lambda_\nu}\right)^2,$$

wo f dieselbe Bedeutung hat wie in (87). Hierdurch sind die Grössen L auf S. 306 gegeben, aus denen die transformirte Gleichung gebildet wird.

Der Ausdruck von ξ_ν in λ ist

$$\xi_{\nu+1}^2 = \frac{(\lambda_0 - a_\nu)(\lambda_1 - a_\nu)\ldots(\lambda_p - a_\nu)}{(a_0 - a_\nu)(a_1 - a_\nu)\ldots(a_{\nu-1} - a_\nu)(a_{\nu+1} - a_\nu)\ldots(a_p - a_\nu)}.$$

Um auch die analoge Gleichung von (58, c) im § 87 zu finden, setze man

$$\xi_1 = r x_1, \quad \xi_2 = r x_2, \quad \ldots, \quad \xi_{p+1} = r x_{p+1},$$
$$x_1^2 + x_2^2 + \cdots + x_{p+1}^2 = 1,$$

und führe statt der ξ die unabhängigen Grössen r, x_1, x_2, x_p und für die letzten p wiederum $\lambda_1, \ldots \lambda_p$ ein, wodurch man hat

$$(b) \ldots \quad x_{\nu+1} = \frac{(\lambda_1 - a_\nu)\ldots(\lambda_p - a_\nu)}{(a_0 - a_\nu)(a_1 - a_\nu)\ldots(a_p - a_\nu)}.$$

Indem man mit diesen Coordinaten die Rechnung wiederholt, wozu man das Quadrat des Bogenelements bei $p+1$ Dimensionen,

$$\partial \xi_1^2 + \partial \xi_2^2 + \cdots + \partial \xi_{p+1}^2,$$

in dieselben transformirt, oder indem man von der früheren Formel (87) zur Grenze übergeht, findet man die linke Seite von (a) durch die neuen Coordinaten ausgedrückt. Hierzu setzt man, wenn ε eine unendlich kleine Grösse bezeichnet,

$$\varepsilon\lambda_1, \quad \varepsilon\lambda_2, \quad \ldots \quad \varepsilon\lambda_p; \quad \varepsilon a_0, \quad \varepsilon a_1, \quad \ldots \quad \varepsilon a_p,$$

für

$$\lambda_1, \quad \lambda_2, \quad \ldots \quad \lambda_p; \quad a_0, \quad a_1, \quad \ldots \quad a_p,$$

und r^2 für λ_0. Dann verwandelt sich (a) in die Gleichung

$$(87, b) \ldots \quad -\frac{1}{r^{2p}}\,\frac{\partial^2 V}{\partial v^2} + \frac{1}{r^2}\sum_{\nu=1}^{p}\frac{1}{\varphi'(\lambda_\nu)}\,\frac{\partial^2 V}{\partial u_\nu^2} = 0,$$

wo φ dieselbe Bedeutung hat, wie in (87, a) und v, welches dem

u_ν für $\nu = 0$ entsprechen würde, gleich ist $\int r^{-p} dr$, so dass das erste Glied mit

$$-\frac{\partial^2 V}{\partial r^2} - \frac{p}{r}\frac{\partial V}{\partial r}$$

vertauscht werden kann.

Die Gleich. (83) des § 128 zeigt, dass die Function

$$T = (1 - 2r\cos\gamma_1 + r^2)^{\frac{1-p}{2}} = [(\xi_1 - c_1)^2 + (\xi_2 - c_2)^2 + \cdots + (\xi_{p+1} - c_{p+1})^2]^{\frac{1-p}{2}}$$

für V gesetzt, der Gleich. (a) genügt, also für $\mathfrak{p}$ gesetzt der Gleich. (87), — wenn nämlich die c irgend welche Constante bezeichnen. Aus unseren Untersuchungen geht **erstens** hervor, dass T, die $(1-p)^{\text{te}}$ Potenz der Entfernung des beweglichen Punktes ξ_1, ξ_2, etc. von einem festen im sog. Raume mit $p+1$ Dimensionen, umgesetzt in die elliptischen Coordinaten λ_0, λ_1, etc., derselben Differentialgleichung (87) genügt wie das Produkt $\mathfrak{p}$ von $p+1$ Functionen, nämlich irgend einer Lamé'schen Function von λ_0 mit denselben Functionen von λ_1, etc., endlich von λ_p.

Entwickelt man T nach aufsteigenden Potenzen von r, so ist mit der n^{ten} Potenz von r, abgesehen von einem constanten Faktor, $P^n(p, \cos\gamma_1)$ multiplicirt. Nimmt man der Kürze halber den festen Punkt mit den Coordinaten c in der Entfernung 1 vom Anfangspunkte, so wird

$$\cos\gamma_1 = c_1 x_1 + c_2 x_2 + \cdots + c_{n+1} x_{n+1}.$$

Führt man für die x die p Coordinaten $\lambda_1, \ldots \lambda_p$ durch die Gleich. (b) ein, so genügt T, für V gesetzt, der Gleich. (87, b), daher $P^n(p, \cos\gamma_1)$, für $\mathfrak{q}$ gesetzt, der Gleich. (87, a), und man hat **zweitens**: Die Kugelfunction p^{ter} Ordnung $P^n(p, \cos\gamma_1)$, worin

$$\cos\gamma_1 = c_1 x_1 + c_2 x_2 + \cdots + c_{n+1} x_{n+1},$$

die in Kugelcoordinaten $p+1^{\text{ter}}$ Dimension θ, θ_1, etc. der Gleich. (83, b) genügt und durch eine Summe von Produkten aus je p verschiedenen Gliedern dargestellt wird (Anmerk. zu § 126) — genügt in elliptischen Coordinaten $p+1^{\text{ter}}$ Dimension $\lambda_1, \lambda_2, \ldots \lambda_p$ (Gleich. (b) S. 470) derselben Gleichung (87, a) wie das Produkt

$$\mathfrak{q} = \mathfrak{E}(p, \lambda_1) . \mathfrak{E}(p, \lambda_2) \ldots \mathfrak{E}(p, \lambda_p),$$

wenn $\mathfrak{E}$ in allen p Faktoren **dieselbe Function** bezeichnet.

Bei der Auflösung gewisser physikalischer Probleme, die sich auf die Anziehung von Massen beziehen, welche nach dem Newton'schen Gesetze auf einander wirken, ist es erforderlich, die Entwickelung der reciproken Entfernung zweier Punkte nach Kugelfunctionen und Lamé'schen Functionen vornehmen zu können. Mit Hülfe der vorstehenden Formeln wird man übersehen, wie sich die Lösungen, welche wir auffinden, gestalten, wenn die Massenwirkung nach einer beliebigen Potenz der Entfernung erfolgt. Ein Punkt, der hierbei noch in Frage kommt, die Frage nach der Anzahl jener Produkte q, wird im folgenden Kapitel seine Erledigung finden.

Viertes Kapitel.

Ueber die Existenz und Anzahl der Lamé'schen Functionen höherer Ordnung.

§ 135. Im Folgenden wird nachgewiesen, dass, für ein gegebenes $\psi(x)$ vom Grade $p+1$, genau die unter (83, *d*) S. 462 vorkommende Anzahl

$$\frac{(n+1)(n+2)\ldots(n+p-2)}{1.2\ldots(p-1)}(2n+p-1)$$

von verschiedenen Functionen $\vartheta(x)$ gefunden werden kann, von der Beschaffenheit, dass die Lösungen von (75)

$$\frac{d^2W}{du^2}+\vartheta(x).W=0$$

Lamé'sche Functionen p^{ter} Ordnung vom n^{ten} Grade sind. Die Lösungen für verschiedene θ sind offenbar verschieden, so dass man ebenso viele Functionen jeder Art erhält, als ϑ vorhanden sind.

Zunächst fragen wir, welche Bedingungen ganze Functionen $\chi(x)$ und $\vartheta(x)$ erfüllen müssen, wenn die Differentialgleichung

$$(88)\ \ldots\quad \psi(x)\frac{d^2W}{dx^2}+\chi(x)\frac{dW}{dx}+\vartheta(x)W=0$$

eine Lösung besitzen soll, welche eine ganze Function n^{ten} Grades nach x ist, setzen aber fest, dass ψ vom Grade $p+1$, χ und ϑ höchstens vom Grade p resp. $p-1$ seien. Dies tritt immer ein, wenn es sich, wie bei den Lamé'schen Functionen, um eine Differentialgleichung handelt, deren allgemeines Integral keine höhere Transcendante enthält, als eine rationale Function von Integralen algebraischer Functionen, und die für $x = \infty$ eine bestimmte Ordnung besitzt.

Wir sagen von einer Function W, sie sei für den endlichen Werth $x = a$ von der Ordnung α, wenn $(x-a)^{\alpha+\varepsilon} W$ und $(x-a)^{\alpha-\varepsilon} W$, wie klein auch ε genommen wird, für $x = a$ resp. 0 und ∞ wird; wir ertheilen ihr im Unendlichen die Ordnung α, wenn $x^{-\alpha-\varepsilon} W$ und $x^{-\alpha+\varepsilon} W$ für $x = \infty$ resp. 0 und ∞ wird, so dass z. B. $\log x$ eine bestimmte Ordnung, nämlich Null, hat.

Sind y und z zwei partikuläre Lösungen von (88), so ist nämlich

$$\log(yz' - zy') = -\int \frac{\chi}{\psi} dx.$$

Wäre χ nicht vom niedrigeren Grade als ψ, so würde $yz' - zy'$ für $x = \infty$ wie eine Exponentialgrösse 0 oder ∞, hätte also keine Ordnung.

Soll die Lösung für jedes x, welches $\psi(x)$ zu Null macht, eine Ordnung haben, so kann $\frac{\chi(x)}{\psi(x)}$, gehörig gehoben, im Nenner nur ungleiche Faktoren besitzen, was aus derselben Gleichung zwischen zwei partikulären Lösungen folgt, welche wir oben benutzten.

Der folgende Satz erledigt die am Eingange gestellte Frage:

Sind die beiden ganzen Functionen $\psi(x)$ und $\chi(x)$ gegeben, erstere vom Grade $p+1$, letztere vom Grade p, so wird genau für $\frac{(n+1)(n+2)\ldots(n+p-1)}{1.2\ldots(p-1)}$ verschiedene Functionen $\vartheta(x)$, je ein partikulares Integral von (88) eine ganze Function ν^{ten} Grades nach x.

Für $p = 1$ ist unter der oben angegebenen Zahl, die allgemein durch (n, p) bezeichnet werden mag, 1 zu verstehen. Es ist hierbei vorausgesetzt, dass die Coefficienten in ψ und χ unabhängige Grössen sind; ich nenne hier die Grössen a, b, etc. unabhängig von einander, wenn zwischen ihnen keine algebraische Gleichung mit ganzzahligen Coefficienten besteht. Es mag hier sogleich eingeschaltet werden, dass von Grössen a, b, etc., die durch eine oder mehrere solcher algebraischen Gleichungen verbunden, die also abhängig sind, gesagt werden soll „sie seien noch weiter specialisirt", wenn ausser den schon bestehenden Gleichungen noch eine oder mehrere solcher Gleichungen, die natürlich den ersten nicht widersprechen dürfen, zwischen ihnen gesetzt werden.

Die so eben erwähnte Voraussetzung für das Bestehen des Satzes verlangt mehr als erforderlich ist; man sagt mit demselben Rechte, eine ganze Function n^{ten} Grades von x mit unabhängigen Coefficienten verschwinde für n verschiedene Werthe von x, während doch hierzu schon genügen würde, dass die Coefficienten nur nicht einer bestimmten Gleichung mit ganzzahligen Coefficienten genügen, nämlich der bekannten, welche gleiche Wurzeln anzeigt. Auch für das Bestehen unseres Satzes reicht hin, dass die Coefficienten gewisse algebraische Gleichungen in endlicher Anzahl mit ganzen Coefficienten nicht erfüllen, Gleichungen, die in jedem Falle, nur nicht in übersichtlicher Form, wirklich gebildet werden können.

§ 136. Um den Beweis des Satzes zu führen, setze man in (88) für W und ϑ ganze Functionen des Grades resp. n und $p-1$ ein, nämlich

$$W = x^\nu + g_1 x^{\nu-1} + g_2 x^{\nu-2} + \cdots,$$
$$\vartheta = k_0 x^{p-1} + k_1 x^{p-2} + k_2 x^{p-3} + \cdots.$$

Es ist ersichtlich, dass die erforderliche und hinreichende Bedingung dafür, dass W der Gleichung (88) genügt, darin besteht, dass gewisse $\nu+p$ Gleichungen erfüllt werden, die linear sowohl nach den g als nach den k und den Coefficienten von ψ und χ sind. Um den Charakter derselben zu zeigen, ohne doch mit allzu weitläufigen Formeln zu operiren, stelle ich sie für den Fall $p=3$ auf. Es seien die gegebenen Functionen

$$\psi(x) = x(c_0 x^3 + c_1 x^2 + c_2 x + c_3),$$
$$\chi(x) = \quad b_0 x^3 + b_1 x^2 + b_2 x + b_3$$

und die gesuchten

$$W(x) = g_0 x^n + g_1 x^{n-1} + g_2 x^{n-2} + \cdots + g_n,$$
$$\vartheta(x) = k_0 x^2 + k_1 x + k_2.$$

Damit W der Differentialgl. (88) genüge, müssen die Coefficienten g und k dem System von Gleichungen genügen:

$$0 = g_0[k_0 + nb_0 + n(n-1)c_0],$$
$$0 = g_1[k_0 + (n-1)b_0 + (n-1)(n-2)c_0] + g_0[k_1 + nb_1 + n(n-1)c_1],$$
$$0 = g_2[k_0 + (n-2)b_0 + (n-2)(n-3)c_0] + g_1[k_1 + (n-1)b_1 + (n-1)(n-2)c_1] + g_0[k_2 + nb_2 + n(n-1)c_2],$$
$$0 = g_3[k_0 + (n-3)b_0 + (n-3)(n-4)c_0] + g_2[k_1 + (n-2)b_1 + (n-2)(n-3)c_1] + g_1[k_2 + (n-1)b_2 + (n-1)(n-2)c_2] + g_0[nb_3 + n(n-1)c_3],$$
$$0 = g_4[k_0 + (n-4)b_0 + (n-4)(n-5)c_0] + g_3[k_1 + (n-3)b_1 + (n-3)(n-4)c_1] + g_2[k_2 + (n-2)b_2 + (n-2)(n-3)c_2] + g_1[(n-1)b_3 + (n-1)(n-2)c_3]$$

. . . .

Auf diese Art werden die Gleichungen fortgebildet, so dass die nächste die Beziehung zwischen den vier g mit den Indices 5, 4, 3, 2 giebt. Den Schluss bilden die Gleichungen

$$\begin{array}{lllll}
0 = g_{n-1}[k_0+1.b_0] & +g_{n-2}[k_1+2b_1+2.1c_1] & +g_{n-3}[k_2+3b_1+3.2.c_2] & +g_{n-4}[4b_3+4.3c_3], \\
0 = g_n[k_0] & +g_{n-1}[k_1+1.b_1] & +g_{n-2}[k_2+2b_2+2.1.c_2] & +g_{n-3}[3b_3+3.2c_3], \\
0 = & \quad g_n[k_1] & +g_{n-1}[k_1+1.b_2] & +g_{n-2}[2b_3+2.1c_3], \\
0 = & & \quad g_n[k_1] & +g_{n-1}[b_3].
\end{array}$$

Aus der ersten von ihnen bestimmt sich k_0 vollständig durch die gegebenen Coefficienten b_0 und c_0 von ψ und χ; die folgenden n Gleichungen geben sämmtliche g ausgedrückt durch dieselben bekannten Coefficienten b und c und die $p-1$ (im Beispiele zwei) Unbekannten k_1, k_2, etc. Die Werthe der g, aus der zweiten bis $n+1^{\text{ten}}$ Gleichung in die letzten $p-1$ substituirt, geben dann $p-1$ Gleichungen höheren Grades zwischen den Unbekannten k_1, k_2, etc., k_{p-1} und den bekannten Coefficienten von ψ und χ, die nur rational in diesen Gleichungen auftreten. Sind die k einmal aus diesen $p-1$ Gleichungen bestimmt, so giebt die Substitution der gefundenen Werthe in die zweite bis $n+1^{\text{te}}$ alle g. Heissen zwei Systeme von zusammengehörigen k, heissen also die Systeme $k_1, k_2, \ldots, k_{p-1}$ und $k'_1, k'_2, \ldots, k'_{p-1}$ verschieden, wenn nur nicht jedes k gleich dem k' mit demselben untern Index ist, so sieht man aus der Form der zweiten bis $n+1^{\text{ten}}$ Gleichung mit völliger Gewissheit ein, dass jedem Systeme der k ein System der g, verschiedenen Systemen der k verschiedene Systeme der g entsprechen. Man erhält also so viel verschiedene Gleichungen (88) und daher so viel verschiedene ganze Functionen W vom n^{ten} Grade, als es verschiedene Systeme von k giebt.

Zunächst zeigt sich, dass der Grad der Eliminationsgleichung höchstens (n, p) ist, dass also nicht mehr als (n, p) verschiedene Systeme der k existiren können. Wirft man einen Blick auf die $n+p$ Gleichungen, die man, mit Ausnahme der ersten für k_0, für den speciellen Fall $p=3$ oben findet, so wird man die Wahrheit dieser Behauptung vielleicht nicht sogleich erkennen, und den Grad der Eliminationsgleichung für höher halten; setzt man aber statt k_2, k_3, etc. für den Augenblick x_2^2, x_3^3, etc., wo die untern Zahlen Indices, die obern Potenzexponenten vorstellen, und der Symmetrie halber x_1 für k_1, so bemerkt man sofort, dass $g_1, g_2, \ldots, g_n$ ganze Functionen der x resp. vom

Grade 1, 2, ..., n sind, so dass nach der Substitution die $p-1$ letzten Gleichungen nach den x vom Grade $n+1, n+2, \ldots, n+p+1$ werden, ihre Eliminationsgleichung also höchstens auf den Grad $(n+1)(n+2)\ldots(n+p+1)$ steigt. Berücksichtigt man, dass jedem Werthe von k_1, k_2, k_3, etc. resp. einer von x_1, zwei von x_2, drei von x_3, etc. entsprechen, so ist die obige Behauptung erwiesen.

Unter der Voraussetzung, dass die Eliminationsgleichung nicht identisch verschwindet, wird sie wirklich jenen Grad erreichen, und (n, p) verschiedene Systeme der k geben. Denn es existiren, wie ich unten zeige, selbst dann noch (n, p) verschiedene Systeme, wenn die Coefficienten von ψ und χ in gewisser Art specialisirt werden. Dass aber jene Eliminationsresultante nicht identisch verschwindet, geht aus folgender Betrachtung hervor, welche ich einer brieflichen Mittheilung meines Freundes Kronecker entnehme. Wenn in der erwähnten Finalgleichung, welche die Functionen $\vartheta(x)$ und $W(x)$ bestimmen soll, sämmtliche Coefficienten verschwinden, so bleibt, wie die allgemeinen Principien der Elimination ergeben, mindestens eine der Wurzeln von $W(x)=0$ unbestimmt. Legt man dieser Wurzel nach einander alle Werthe bei, für welche $\psi(x)$ verschwindet, so erhält man hierdurch besondere Bedingungen für die Function $\chi(x)$, welchen diese aber selbst nach den unten vorkommenden Specialisirungen nicht genügt. Hr. Kronecker fügte in der bezüglichen Mittheilung hinzu, dass diese Bedingungen in der That erfüllt sind und eine der Wurzeln von $W(x)=0$ unbestimmt bleibt, wenn ψ und χ so beschaffen sind, dass für gewisse Functionen $\vartheta(x)$ beide Integrale der Gleichung (88) ganze Functionen von x werden*).

---

*) Im Monatsbericht der Berliner Akademie vom Januar 1864 fügte Herr Kronecker meiner Mittheilung noch Folgendes hinzu: Führt man die n Wurzeln der Gleichung $W(x)=0$ als Unbekannte ein, zu deren Bestimmung also die n Gleichungen:

$$\psi(x_k)\,.\,W''(x_k)+\chi(x_k)\,.\,W'(x_k)=0 \quad \text{für} \quad k=1,2,\ldots n$$

dienen, wenn darin die Coefficienten von W', W'' durch die symmetrischen Functionen von x_1, x_2, ... ersetzt werden, so ersieht man unmittelbar, dass eine der Grössen x beliebig bleibt, wenn die Eliminationsgleichung verschwindet. Durch eine einfache Umformung dieses Gleichungssystems lässt sich aber auch der Grad der Finalgleichung ermitteln und zugleich nachweisen, dass gewisse Coefficienten derselben von Null verschieden sind, so lange über die Functionen ψ und χ nicht besondere Bestimmungen getroffen werden.

Um über die Anzahl der Systeme bei specialisirten ψ und χ zu handeln, setze ich solche Gleichungen zwischen den Coefficienten, dass ψ einen seiner linearen Factoren $x-a$ zweimal, χ ihn einmal enthält. Dann haben alle W, welche (88) genügen, die Formen:

$$U(n);\ (x-a)U(n-1);\ \ldots;\ (x-a)^n U(0),$$

wenn die U wie im § 123 ganze, nicht durch $x-a$ theilbare Functionen von x vorstellen, deren Grad eingeklammert zur Rechten neben dem Buchstaben U steht. Durch Substitution dieser Formen in (88) ergiebt sich für jedes U eine Gleichung wie (88), in der statt ψ und χ wiederum ganze Functionen mit unabhängigen Coefficienten auftreten, die aber nicht mehr auf den Grad $p+1$ und p, sondern p und $p-1$ steigen. Nimmt man nun an, der zu beweisende allgemeine Satz sei bewiesen, wenn ψ ein Produkt von p linearen Faktoren ist — und für ein Produkt aus zwei Faktoren ist er sehr leicht zu erweisen — so hat man demnach für den Fall, dass ψ aus $p+1$ Faktoren besteht von denen zwei gleich sind, im ganzen

$$(n, p-1) + (n-1, p-1) + (n-2, p-1) + \cdots + (0, p-1),$$

d. h., nach Ausführung der Summation, (n, p) verschiedene W, also (n, p) verschiedene ϑ und eben so viele verschiedene Systeme der k.

§ 137. Der Satz, der hierdurch bewiesen ist, dient dazu, die Existenz der Lamé'schen Functionen p^{ter} Ordnung (erster Art, woraus die zweiter Art von selbst folgt) die zu einer ganzen Zahl n gehören, nachzuweisen und ihre Anzahl zu bestimmen. Es mag im Folgenden der Fall $p = 1$ ausgeschlossen werden, weil in demselben eine Modifikation im Beweisgange erforderlich ist; er bietet übrigens durchaus keine Schwierigkeiten dar, sondern führt sogleich auf endliche hypergeometrische Reihen.

Jene Functionen sind Integrale von (88), wenn ψ wiederum vom $p+1^{\text{ten}}$ Grade ist, χ aber nicht allgemein bleibt, sondern gleich $\frac{1}{2}\psi'(x)$ gesetzt wird. Sie sind ferner nicht ganze Functionen von x, sondern ganze Functionen n^{ten} Grades von A_0, A_1, ..., A_p (M. vergl. S. 445).

Ist zunächst n gerade, und zwar $n = 2\nu$ gesetzt, so kann man (§ 121, No. 1) jede in die Form bringen

$$(a) \ldots \quad A' A'' \ldots A^{2m} V(\nu - m),$$

wenn A', A'', etc. je $2m$ verschiedene von den A vorstellen, $V(\nu-m)$

eine ganze Function $\nu - m^{\text{ten}}$ Grades von x ist, und m ganze Zahlen zwischen 0 und $\frac{p+1}{2}$ vorstellt. Alle Functionen in der Form (a) die, für W gesetzt, (88) genügen und nur solche sind die zu $n = 2\nu$ gehörenden Lamé'schen Functionen p^{ter} Ordnung.

Durch Einsetzen der Form (a) statt W in (88) findet man für jedes V eine Differentialgleichung von derselben Art wie (88), in der ψ dieselbe Bedeutung behält wie dort, in der aber für $\chi(x)$

$$\tfrac{1}{2}\psi'(x) + \psi_1'(x)\psi_2(x)$$

zu nehmen ist, wenn $\psi_1(x)$ der Reihe nach alle Faktoren von $\psi(x)$ vorstellt, $\psi(x)$ in $\psi_1(x)\psi_2(x)$ aufgelöst wird, und ψ' und ψ_1' die Differentialquotienten von ψ und ψ_1 sind. Die Anzahl der Werthe von V, die einer dieser Gleichungen dadurch angehören, dass man ψ und ψ_1 in derselben festhält und die gehörigen ϑ wählt, ist nach unserem Satze bekannt, nämlich $(\nu - m, p)$ wenn ψ_1 aus $2m$ Factoren A^2 besteht. Hält man m fest, und wählt alle möglichen ψ_1, so erhält man also

$$(c) \ldots \quad \frac{(p+1)p(p-1)\ldots(p+2-2m)}{1.2.3\ldots 2m}(\nu - m, p)$$

verschiedene Functionen W. Indem man m alle ganzen Werthe von 0 bis $\frac{p+1}{2}$ giebt, erhält man die Anzahl aller W gleich der Summe von Gliedern (c) von $m = 0$ bis $m = \frac{p+1}{2}$. Diese Summe lässt sich ausführen und giebt die gesuchte Anzahl der Lamé'schen Functionen gleich $(n, p) + (n-1, p)$.

Streng genommen konnte hier der Satz über die Anzahl der ganzen Functionen, welche einer Differentialgleichung genügen, nicht ohne Weiteres angewandt werden, da ψ und χ nicht unabhängige Coefficienten enthalten, sondern solche, die linear von den Coefficienten von ψ_1 und ψ_2 abhängen. Die Methode, durch welche der Beweis jenes Satzes geführt wurde, bleibt aber noch vollkommen anwendbar. Es beruht dies auf dem Umstande, dass der obige Beweis von p auf $p+1$ noch immer bindend ist; man sieht nämlich sofort ein, dass wenn α Wurzeln in $\psi(x)$ gleich a, von selbst genau $\alpha - 1$ Wurzeln in dem Ausdruck

$$\chi = \tfrac{1}{2}\psi' + \psi_1'\psi_2$$

gleich a werden.

Wäre n ungerade gewesen, so hätte man dasselbe Resultat für die Anzahl der Lamé'schen Functionen erhalten.

Schliesslich soll noch darauf hingewiesen werden, dass es zwar nicht ohne Interesse sein mag, wenn hier ausser dem Beweise für die Existenz der Lamé'schen Functionen auch ihre Anzahl gefunden ist; für die Theorie dieser Functionen hat es aber eine grosse Bedeutung, dass grade die oben angegebene im § 128 unter (83, *d*) aufgeführte Zahl sich hier herausstellt. Berücksichtigt man die Bedeutung die sie dort hat, so erhält man den Satz: Die Anzahl der Lamé'schen Functionen p^{ter} Ordnung (erster Art), welche zu n gehören, ist genau so gross wie die Anzahl der willkürlichen Constanten in der allgemeinsten homogenen Function n^{ten} Grades W von Grössen $\xi_1, \xi_2, \ldots, \xi_{p+1}$, welche der Differentialgleichung

$$\frac{\partial^2 W}{\partial \xi_1^2} + \frac{\partial^2 W}{\partial \xi_2^2} + \cdots + \frac{\partial^2 W}{\partial \xi_{p+1}^2} = 0$$

genügt.

Diese allgemeinste Function liess sich in die Form bringen

$$r^n X^n, \quad (r^2 = \xi_1^2 + \xi_2^2 + \cdots + \xi_{p+1}^2),$$

worin X^n in Kugelcoordinaten, die sich auf $p+1$ Dimensionen beziehen, durch (83, *c*) ausgedrückt wird. Aus dem obigen Satze folgt, dass dieselbe Function X^n in elliptischen Coordinaten, welche zu derselben Dimension gehören, durch die Gleichung

$$X^n = \sum c_\nu \mathfrak{E}_\nu^n(p, \lambda_1) \mathfrak{E}_\nu^n(p, \lambda_2) \ldots \mathfrak{E}_\nu^n(p, \lambda_p)$$

ausgedrückt wird, in welcher die c willkürliche Constante bezeichnen, und die Summation sich auf $(n, p) + (n-1, p)$ Werthe von ν bezieht.

Zusatz zur Seite 417.

Die Umwandelung der allgemeinen quadratischen Form V auf S. 415 in die Form (69) mit $2n+1$ Gliedern kann man immer durch eine orthogonale Substitution vornehmen, deren Coefficienten sich für jedes n angeben lassen; ihre Berechnung aus den a erfordert keine höhere Operation als das Ausziehen von Quadratwurzeln. Dies zeigt der

Satz. In die Form V auf S. 415 kann man statt $x_1, x_2, \ldots x_n$ durch eine orthogonale Substitution Veränderliche $w_1, w_2, \ldots w_{n-1}$, v_n, so einführen, dass das Aggregat der mit $2x_0$ multiplicirten Glieder,

$$A = a_{10}x_1 + a_{20}x_2 + \cdots + a_{n0}x_n,$$

sich in $v_n\sqrt{a_{10}^2 + a_{20}^2 + \cdots + a_{n0}^2}$ verwandelt.

Nach diesem Satze geht nämlich V auf S. 415 in

$$x_0^2 + 2x_0 v_n\sqrt{a_{10}^2 + a_{20}^2 + \cdots + a_{n0}^2} + V_1$$

über, wenn V_1 eine quadratische Form mit nur n Veränderlichen $w_1, w_2, \ldots w_{n-1}, v_n$ bezeichnet. Wendet man das gleiche Verfahren wiederholt an, so reducirt sich V_1 auf einen Ausdruck

$$v_n^2 + 2v_n u_{n-1} + V_2,$$

wo u_{n-1} eine neue Veränderliche und V_2 eine quadratische Form von dieser und $n-2$ anderen Veränderlichen vorstellt. So fährt man fort; die Umformung ist vollendet, wenn man bei einem Ausdruck V_n anlangt.

Zum Beweise des Satzes setze man zur Abkürzung

$$a_{\iota 0} = a_\iota, \quad r_\iota = \sqrt{a_1^2 + a_2^2 + \cdots + a_\iota^2}.$$

Man führt dann zwei neue Veränderliche v und w durch die orthogonale Substitution ein

$$a_1 x_1 + a_2 x_2 = r_2 v_2,$$
$$-a_2 x_1 + a_1 x_2 = r_2 w_1,$$

aus der man erhält

$$x_1 = \frac{a_1}{r_2} v_2 - \frac{a_2}{r_2} w_1, \qquad x_1^2 + x_2^2 = w_1^2 + v_2^2.$$
$$x_2 = \frac{a_2}{r_2} v_2 + \frac{a_1}{r_2} w_1,$$

Dadurch verwandelt sich A in einen Ausdruck, wiederum von der ursprünglichen Form aber mit einer geringeren Zahl von Veränderlichen (mit nur $n-1$), nämlich in $A = r_2 v_2 + a_3 x_3 + \cdots + a_n x_n$. Eine $n-1$ fache Wiederholung desselben Verfahrens reducirt offenbar A auf ein Glied $r_n v_n$, wie im Satze behauptet wurde.

Ich füge noch die Rechnung und die fertigen Resultate für die zweite und dritte Transformation hinzu:

Für die zweite Transformation setzt man

$$r_2 v_2 + a_3 x_3 = r_3 v_3,$$
$$-a_3 v_2 + r_2 x_3 = r_3 w_2$$

und erhält

$$v_2 = \frac{r_2}{r_3} v_3 - \frac{a_3}{r_3} w_2, \qquad x_1^2 + x_2^2 + x_3^2 = w_1^2 + v_2^2 + x_3^2$$
$$x_3 = \frac{a_3}{r_3} v_3 + \frac{r_2}{r_3} w_2, \qquad = w_1^2 + w_2^2 + v_3^2.$$

Die anzuwendende orthogonale Substitution ist also

$$x_1 = -\frac{a_2}{r_2} w_1 - \frac{a_1 a_3}{r_2 r_3} w_2 + \frac{a_1}{r_3} v_3,$$
$$x_2 = \frac{a_1}{r_2} w_0 - \frac{a_2 a_3}{r_2 r_3} w_2 + \frac{a_2}{r_3} v_3,$$
$$x_3 = \frac{r_2}{r_3} w_2 + \frac{a_3}{r_3} v_3,$$

und giebt $A = r_3 v_3 + a_4 x_4 + \cdots + a_n x_n$.

Für die dritte Transformation setzt man

$$r_3 v_3 + a_4 x_4 = r_4 v_4,$$
$$-a_4 v_3 + r_3 x_4 = r_4 w_3,$$

löst diese linearen Gleichungen nach x_4 und v_3 auf, substituirt den letzteren Werth in die oben gefundenen Ausdrücke für x_1, x_2, x_3 und erhält schliesslich

$$
\begin{aligned}
x_1 &= -\frac{a_2}{r_2}w_1 - \frac{a_1 a_3}{r_2 r_3}w_2 - \frac{a_1 a_4}{r_3 r_4}w_3 + \frac{a_1}{r_4}v_4,\\
x_2 &= \frac{a_1}{r_2}w_1 - \frac{a_2 a_3}{r_2 r_3}w_2 - \frac{a_2 a_4}{r_3 r_4}w_3 + \frac{a_2}{r_4}v_4,\\
x_3 &= \frac{r_2}{r_3}w_2 - \frac{a_3 a_4}{r_3 r_4}w_3 + \frac{a_3}{r_4}v_4,\\
x_4 &= \frac{r_3}{r_4}w_3 + \frac{a_4}{r_4}v_4,
\end{aligned}
$$

$$x_1^2 + x_2^2 + x_3^2 + x_4^2 = w_1^2 + w_2^2 + v_3^2 + x_4^2 = w_1^2 + w_2^2 + w_3^2 + v_4^2,$$

$$A = r_4 v_4 + a_5 x_5 + a_6 x_6 + \cdots + a_n x_n.$$

Während der Drucklegung dieses Zusatzes erhalte ich von Herrn Kronecker seine Abhandlung über Sturm'sche Functionen, welche im Monatsberichte der Berliner Akademie d. W. erscheint. Auf S. 105 u. f. wird dort, ebenso wie hier, die Aufgabe gelöst „eine beliebige quadratische Form mittels einer orthogonalen Substitution in eine Jacobi'sche Form zu transformiren“.

Verbesserungen.

Seite 132 Formel (19) statt $n-1$ l. m. $n+1$.

„ 231 statt der Formel auf Zeile 5 v. u. l. m.

$$Q_\nu^n(x) \pm i.\cos\nu\pi.(2n+1)\pi\frac{[1.3\ldots(2n-1)]^2}{\Pi(n+\nu)\,\Pi(n-\nu)}P_\nu^n(x).$$

„ 347 statt $\cos\nu\varphi$ l. m. in den beiden letzten Formeln des 2. Kapitels $P^\nu(\cos\varphi)$.

Seite 36 statt $d\varphi$ auf der linken Seite von (6) l. m. $d\eta$.

„ 80 Zeile 19—20 v. o. statt daher ist der Modulus der Summe l. m. Ferner ist die Summe der Moduln.

„ 80 Zeile 23 v. o. fehlt ein Komma hinter Moduln.

„ 106 soll Zeile 16 v. o. erst nach Gleich. (5) gelesen werden.

„ 119 Formel 5) statt $\alpha+\beta+\gamma$ l. m. $\alpha+\beta-\gamma$.

„ 148 Zeile 8 v. o. statt ϱ^2 in der Formel für Q l. m. ϱ^{-2}.

„ 149 Zeile 9 v. o. statt $(1-x^2)d^2y$ l. m. $(1-x^2)^2 d^2y$, und statt m^2 l. m. ν^2.

„ 152 in der letzten Formel des § 31 statt $-56x(x^2+\frac{1}{7})$ l. m $-56(x^2+\frac{1}{7})$.

„ 153 Zeile 10 v. u. statt $(n+1)$ l. m. $(2n+1)$.

„ 154 Zeile 4 v. o. statt $\frac{2n-1}{2}$ l. m. $-\frac{2n-1}{2}$.

„ 171 letzte Zeile des § 39 statt $\frac{1}{2}\pi$ und π l. m. $-\frac{1}{2}\pi$ und $-\pi$.

„ 177 Zeile 15 v. o. in den oberen Grenzen statt $\frac{1}{2}$ l. m. $\sqrt{\frac{1}{2}}$.

„ 200 Zeile 7 u. 8 v. o. statt μ und ν l. m. m und n.

„ 202 Zeile 4 v. o. ist das Komma fortzulassen.

„ 220 Zeile 13 v. o. statt ξ^{-2} l. m. ξ^2.

„ 225 Zeile 10 und 7 v. u., ferner in Gleich. (c) auf S. 226 erhält $\sin\nu\varphi$ das entgegengesetzte Vorzeichen.

„ 231 Zeile 12 v. o. ist $\cos\nu\pi$ fortzulassen und statt $\mp$ zu setzen $\pm\cos\nu\pi$.

„ 231 Zeile 6 v. u. statt $\psi_0 < \psi < \psi$ l. m. $\psi_0 < \psi < \pi$.

„ 240 Zeile 3 v. o. statt j l. m. πj.

Seite 241 Zeile 2 v. o. statt (44, e) l. m. (44, f) und streiche π.

„ 245 Zeile 4 v. u. statt S. 224 l. m. S. 244.

„ 272 Zeile 15 v. o. statt $\varkappa^0$ l. m. $\varkappa_0$.

„ 288 Zeile 12 v. o. statt $n-1-g_{\nu+1}$ l. m. $n-1+g_{\nu+1}$.

„ 292 Zeile 1 v. u. statt a l. m. c.

„ 293 ersetze man die Formel auf Zeile 2 v. o. durch

$$\frac{c_1\omega_0}{y-x} = \sum_0^{\nu} c_{\nu+1} N_\nu(x) R_\nu(y) - \frac{N_\nu(x) R_{\nu+1}(y) - N_{\nu+1}(x) R_\nu(y)}{y-x}.$$

„ 293 Zeile 7 v. o. statt $1 : a_\nu$ l. m. $c_1\omega_0 : c_{\nu+1}$.

„ 301 Zeile 16 v. o., Zeile 14 u. 9 v. u. statt K l. m. das erste Mal $\mathfrak{K}$, die beiden anderen Male $\mathfrak{K}_1$.

„ 307 Zeile 7 v. o. schalte man hinter „obigen Werth“ ein: innerhalb der Kugel, bis in die Begrenzung, ausserhalb aber Null.

„ 308 Zeile 12 v. u. statt $\mathfrak{L}$, $\mathfrak{M}$, $\mathfrak{N}$ l. m. $\mathfrak{L}^2$, $\mathfrak{M}^2$, $\mathfrak{N}^2$.

„ 311 Zeile 8 v. o. statt $\int_0^\pi\int_0^\pi$ l. m. $\int_0^\pi$, und statt ∂y l. m. $\partial\varphi$.

„ 313 Zeile 12 v. o. statt $a_0^{(n)}$ l. m. $\frac{1}{2}a_0^{(n)}$.

„ 320 Zeile 4 v. o. streiche man $d\eta$ im Nenner.

„ 443 Zeile 1 v. u., in der untern Grenze, statt 0 l. m. g, und in Formel (74) statt $d\psi$, l. m. $d\psi_1$,.

FSC
www.fsc.org
MIX
Papier | Fördert gute Waldnutzung
FSC® C083411

Kolibri 360 GmbH
Ferdinand-Jühlke-Straße 7
99095 Erfurt, Deutschland
produktsicherheit@kolibri360.de